《中国传统工艺全集　第二辑》

· 中国科学院"九五"重大科研项目
　国家新闻出版总署"九五"重点图书出版项目

· 中国科学院自然科学史研究所主办
　中国科学技术史学会传统工艺研究会和上海分会协办

· 中国科学院和大象出版社共同资助编纂出版

农畜矿产品加工

图书在版编目（CIP）数据

农畜矿产品加工／周嘉华等著.— 郑州：大象出版社，
2015.10
（中国传统工艺全集／路甬祥主编. 第 2 辑）
ISBN 978-7-5347-8347-0

Ⅰ.①农… Ⅱ.①周… Ⅲ.①农产品加工 ②畜产品—
加工 ③矿产—工业产品—加工 Ⅳ.①S37 ②TS251 ③F764

中国版本图书馆 CIP 数据核字（2015）第 071972 号

农畜矿产品加工

周嘉华　李劲松　关晓武　朱　霞　著

出 版 人　王刘纯
责任编辑　管　昕　燕　楠
责任校对　裴红燕　李婧慧　毛　路　张迎娟
封面设计　付铼铼
内文设计　付铼铼

出　　版　大象出版社（郑州市开元路 16 号　邮政编码 450044）
　　　　　发行科　0371-63863551　总编室　0371-65597936
网　　址　www.daxiang.cn
发　　行　全国新华书店
印　　刷　郑州新海岸电脑彩色制印有限公司
开　　本　890mm×1240mm　1/16
印　　张　24
版　　次　2015 年 10 月第 1 版　2015 年 10 月第 1 次印刷
定　　价　385.00 元
若发现印、装质量问题，影响阅读，请与承印厂联系调换。
印厂地址　郑州市文化路 56 号金国商厦七楼
邮政编码　450002　　　　　电话　0371-63944233

国家出版基金项目
NATIONAL PUBLICATION FOUNDATION

中国传统工艺全集　第二辑

路甬祥　主　编

农畜矿产品加工

周嘉华　李劲松　关晓武　朱霞　著

中原出版传媒集团
大地传媒

大象出版社
·郑州·

总序

 中国的传统工艺源远流长，种类繁多，技艺精湛，科学技术和文化内涵极为丰富，其影响遍及社会生活的各个方面。所有传世和出土的人工制作的文物几乎都出自传统工艺，据此，在一定程度上可以说，中国古代灿烂多彩的物质文明是由众多传统工艺所创造的。即此一端，可见传统工艺对民族和社会的发展曾起过何等重大的历史作用。

 传统工艺的现代价值同样不容忽视。作为中华民族固有文化重要组成部分的传统工艺，既是弥足珍贵的科学遗产，又是技术基因的载体。古老的用作艺术铸件的失蜡法，经过现代科学技术的改造，跃变成为先进的、规模宏大的精密铸造行业，这是人们所熟知的科学技术史上推陈出新、古为今用的范例。许多传统工艺（诸如宣纸、紫砂、景泰蓝、锣钹制作等）至今仍在生产中应用，且因其自身工艺特点和文化特质而难以为现代技术所替代。随着我国现代化建设的进展、人们物质生活和精神生活水平的提高，对传统工艺制品的需求将不断增长。传统工艺定将在社会经济文化发展、提高国民素质、美化人民生活、对外贸易、国际文化交流方面进一步发挥作用，满足各阶层的多层次需要，从而显现其科学价值、文化价值和经济价值。

 所有文明国度都十分珍视自己的文化史、科学史、艺术史和工艺史。在现代化进程中，如何保护包括传统工艺在内的民族文化，是一个带有普遍性的问题。在我国，传统工艺的保护和继承发扬同样面临严峻的挑战；在改革开放的形势下，又有再度焕发青春的大好机遇。基于这种情况，我们把传统工艺的文献资料整理、考订、实地考察、模拟实验等研究成果的编撰、出版视作我国科学文化事业的一项基础性建设，既具有存亡续绝的抢救性质，又可对弘扬民族文化、进行爱国主义教育、实现传统工艺的现代价值起到积极的推动作用，在学术层面上，对科学技术史、人类学、民俗学等相关学科也有重要意义。

 鉴于我国目前尚无传统工艺的系列著作，中国科学院在"九五"规划中，特将"中国传统技术综合研究"列为重大科学研究项目。"中国传统工艺全集"则是这一项目的两个子课题之一。

 本课题系由我院自然科学史研究所主持，中国科学技术史学会传统工艺研究会和上海分会协助，第一辑共14卷，包括陶瓷、丝绸织染、酿造、金属工艺、传统机械调查研究、漆艺、雕塑、造纸与印刷、金银细金工艺和景泰蓝、中药炮制、文物修复和辨伪、历代工艺名家、民间手工艺和甲胄复原等分卷；第二辑共6卷，包括造纸（续）　制笔、陶瓷（续）、制墨　制砚、农畜矿产品加工、锻铜与银饰工艺、中国传统工艺史要等分卷。为保证编撰质量，特聘一批著名学者为顾问，从全国范围延请多年从事传统工艺研究、有较深学术造诣和丰富实践经验的专家学者和工程技术人员，担任各分卷的主编、副主编、编委和特约撰稿人。

由于传统工艺各分支学科的研究基础和具体条件不尽相同，本书现有的卷目设置和所涵盖的工艺类目与内容是存在欠缺之处的。我们希望在《全集》各卷推出之后，在各有关部门的支持下，继续予以充实、完善，俾能名实相符，也希望读者和学界同仁对已出的各分卷给予批评指教，容我们在修订再版时补正。

本书在立项和编撰过程中，得到院内外众多单位和专家学者的大力支持，大象出版社慨允承担出版任务并予资助，在此谨致谢忱。

2004 年 8 月

前　言

在世界文明史中，各地区几乎都经历了漫长、风采各异的农业文明时期。农业文明的生态标志主要是以农牧业为主的生产布局，其生产方式主要以手工劳动为主。长达两千年的中国封建社会一直以自给自足的小农经济为主体，其中成家必备的基本物质为柴、米、油、盐、酱、醋、茶，即俗话说的开门七件事。砍柴割草的柴刀、烧水煮饭的铁锅、犁地收谷的铁制农具、榨油榨糖的设备、晒盐熬盐的工具、做酱酿醋的技巧都离不开传统的手工技艺。由此可见，传统的手工技艺不仅关系到国计民生，而且还是社会精神及文化要素的重要载体。一些技艺传承至今不仅成为非物质文化遗产、具有历史意义，而且有不容忽视的实用和科学价值。

通过对传统手工技艺资源状况的社会调查，可以发现有许多手工技艺都属于农畜矿产品加工，因为在农业社会，农畜矿产品加工几乎囊括了社会物质生产的大部分领域。本卷所写的内容在不重复第一辑各卷的相关内容外，选择了生活常见必需品油、盐、糖、茶等项目。"酿酒工艺（蒸馏酒）"一章则是在上一辑《中国传统工艺全集·酿造》的相关内容之外，补充了几种名优蒸馏酒工艺的考察资料，因为许多读者一再反映，酿造卷中对大家都关注的历史名酒的生产介绍得太简单了，希望能有较深切的了解。

本卷的上述内容，基本以民间的社会调查资料为主，附带讲一些相关技艺的历史轨迹。因为所涉及的传统手工技艺有相当多项目已在20世纪80年代后的社会生产发展和技术革新中被机械生产所替代，若不抓紧收集整理，不远的将来即可能踪迹无存。本卷所介绍的制盐技术分别是远在云南西北部留存的井盐制作技术和作为非物质文化遗产而受保护的浙江沿海地区的海盐晒制技术。本卷介绍的榨油技术主要是浙江衢州、山西神池、广西北部和贵州等地还留存的木榨油技艺。为了研讨传统的养蜂取蜜技术，笔者专程前往中国最大的养蜂县——浙江江山县进行采访。传统的甘蔗榨糖熬制技术目前在广东、广西等产糖地区已少见，我们在西南边陲的云南瑞丽才看到完整的甘蔗木榨取汁及土法熬糖技艺。制茶、饮茶是中国先民对世界文明的伟大贡献。中国机械化制茶的流水线正在迅速推广，传统的制茶技术正被改造。本卷列举了绿、黄、青、红、黑、白茶及花茶的几种具有典型意义的制茶传统工艺的个案，以便从中窥视全貌。中国的传统酿酒工艺在世界酿酒史上独树一帜，无论是科学内涵还是技术传承，都具有独特而深远的意义。本卷只是列举了几种有代表性的著名白酒（蒸馏酒）的传统生产技艺的精髓。我国皮革、毛皮的应用历史悠久，本卷从蒙古靴制作的机理、沿革、加工技艺种类、加工技艺范例和皮革制品实例这五个方面对传统皮革加工技艺及制品予以陈述。

总之，上述几种大众熟悉的传统工艺介绍，可以帮助人们了解中国农业文明的局部概况和中国先民的聪明才智及对世界文明的贡献，同时，还能更好地理解传统工艺的保护传承的现实意义和文化价值。希望本卷能和《中国传统工艺全集》其他卷书一样，吸引更多人关心传统工艺，为传统工艺的保护传承和可持续发展做出贡献。本卷涉及的技术门类较多，由于缺乏对这些技术的精细认识，错误和不足在所难免，企盼同道学友指教斧正。

目　录

第五章　酿酒工艺（蒸馏酒）

第六章　皮革加工工艺

附　录

第一章　古代食盐生产工艺

食盐的主要化学成分是氯化钠，化学式为 NaCl。人们日常看到的盐是白色透明的立方体晶体，当混有泥沙等杂质时，颜色将变成黄褐色或灰褐色而且显暗白。依其来源，盐可分为海盐、池盐、井盐、岩盐等；而在日常生活中，人们一般更多地按照盐的不同形状将其分为粒盐、砖盐、筒盐、花盐等。

食盐是人类生存最为重要的物质之一，陶弘景说："五味之中，惟此不可缺。"当人类处于渔猎时代，人体所需的盐分可以从动物的肉血中得到补给。当步入农业时代后，谷物成为食物，这时人体生长发育所需的盐分要在自然界中寻找。正因如此，早期人类的聚居地常与盐产地相邻。如著名的肯尼亚北部的图尔卡纳盐湖，世界屋脊上的小柴旦盐湖。我国最负盛名的池盐产地是晋南的解池，相传平阳、蒲坂、安邑分别为尧、舜、禹部落的居处，它们都临近解池绝非偶然，在黄河上游还有甘肃、宁夏、青海交界处的盐池群。长江流域则有川东、川北的井盐、岩盐，下游有江浙的海盐。人类对盐的需求是生理性的，缺盐时会出现疲乏、头晕、休克等症状。人们还发现，如果食物中添加盐分，食物会变得更加可口。对盐的需求促使人们逐渐摸索出了盐的食用和加工方法。

中国盐业生产起源非常早，在长期的发展中形成了独特的盐法制度与生产工艺。中国盐业是古代中国最重要的财政来源，是中央集权统治的重要保障。盐业生产很早就确立了以国家为主导的资源垄断、生产控制、运销及引岸制度，形成了独特的盐法制度。在对自然资源的利用中，还形成了不同的工艺体系，一是西南地区的井盐生产工艺，二是沿海地区的海盐生产工艺，三是西北地区的池盐生产工艺，三种类型各有特点，反映了不同地区人们利用周围自然资源的智慧。盐业生产对中国社会、经济和文化的发展和繁荣做出过巨大的贡献。

第一节　古代盐法与资源、生产、运销的垄断

中国古代很早就有"盐政""盐法"。汉代以后，曾经先后实行过执照法（引法）、工团制（纲法）、票据制（票法）、定额税制（归丁）、官运制（官运）和盐场课税制（就场征税）等盐政制度，这些制度的出现都是对前一个制度中的弊端进行修正和弥补的结果。[1] 而各地区对同一种盐政制度的实行又是各有变通。从总体上说，国家对盐业的控制和垄断可以从资源、生产和运销三个方面来进行归纳。

一、盐法与盐业资源垄断及盐课

中国古代长期以盐税作为最重要的赋税，统治阶级对盐业的控制和管理起源很早。据《周礼·天官冢宰》记载，在周代天官中，专门设有"盐人"以掌管"盐之政令，以共（供）百事之盐"。

春秋时期，山西解池所产食盐备受统治者的重视。据《左传·成公六年》谓："晋人谋去故绛（作者注：绛，晋国都城，今山西翼城县东南，晋国都城从绛迁往新田后，称新田为绛，称原来的绛为故绛）。诸大夫皆曰'必居郇、瑕之地（作者注：郇、瑕之地原为古国，后被晋国所灭，位于今山西临猗县西南），沃饶而近盬，国利君乐，不可失也'。"这说明了解池所产之盐被作为重要战略资源来看待。春秋齐国政治家管仲实行

食盐的专卖，这种寓税于价的方法成为后世盐法的肇始。

战国时期，李冰为蜀郡守，修筑都江堰时，发现了地下的卤水资源。《华阳国志·蜀志》记载："南安县（今乐山市）郡东四百里治有清衣江会。县溉，有名滩一曰雷垣，二曰盐溉，李冰所平也。"盐溉也就是从地下流出的天然卤水，这记载明确指出李冰在修建都江堰水利工程时，由于必须填平、堵塞某些盐卤露头、卤水流出所形成的盐滩，发现了盐卤资源，表明政府对井盐发掘和开采的重视。

汉代，国家对食盐资源的开采、生产和营销进行了垄断，在有盐业资源的地区派盐官管理，西汉沿海置盐官的地方有：辽东的平郭，辽西的海阳，渔阳的泉州，渤海的章武，千乘和北海的都昌、寿光，琅邪的海曲、计斤等处。沿海地区的盐官占总数的一半，说明海盐当时已成为主要的盐种。[2] 在沿海产盐地区，还使用官器牢盆（煮盐的工具）对食盐生产进行控制。《汉书·食货志》记载，汉武帝元狩四年，采纳了东郭咸阳的意见："愿募民自给费，因官器作煮盐，官与牢盆。"在四川，井盐资源很早就由官府开采、发掘和利用。李冰根据治水所积累的经验，开凿盐井，从而有了古代第一口盐井：广都盐井（今四川双流县东南华阳镇）。汉宣帝地节三年（公元前 67 年）"穿临邛、蒲江盐井二十所，增置盐铁官"[3]。西晋张华《博物志》卷二记载："临邛火井一所，从广五尺，深二三丈。在县南百里，昔时人以竹木投以取火，诸葛丞相往视之。后火转盛热，盆盖井上煮盐得盐。"这说明当时已开采了产卤水又产天然气的火井。据《华阳国志·蜀志》《汉书·地理志》《元和郡县志》《舆地广记》等记载，开凿井盐的地区包括巫县、临江、朐忍、汉发、南充国、成都、广都、郫县、南安、牛鞞、什邡、江阳、汉安、南广、定管、武阳、临邛、汉阳等 18 个县。盐政管理甚至到达云南地区，《汉书·地理志》载"连然（今云南安宁），有盐官"，置盐官收纳盐税。

唐代实行食盐专卖制度，盐税成为国家的重要收入。食盐的产量也持续增长，海盐的产量超过池盐与井盐。《元和郡县志》曰："今海陵县官置盐监一，岁煮盐六十万石，而楚州盐城、浙西嘉兴、临平两监所出次焉。"海陵监的海盐产量位居第一。浙东越州兰亭监的食盐产量也很高，南宋施宿《嘉泰会稽志》卷十七记载："唐越州有兰亭监官场五，曰会稽东场、会稽西场、余姚场、怀远场、地心场，配课盐四十万六千七十四石一斗。"刘晏为管理盐业设置了嘉兴、海陵、盐城、新亭、临平、兰亭、永嘉、大昌、侯官、富都等十监。代宗时，海盐产量增长很快。广德二年"江淮盐利不过四十万缗"，永泰元年为 60 万缗，大历十四年高达 600 万缗，海盐占全国同期盐利收入的 85.7%。[4]

宋代，承袭前朝旧制，继续对盐业实行专卖制，"大为监，小为井，监则官掌，井则土民于鬻，如其数输课"[5]。四川先后设立了陵井、蒲江、富顺、公井、淯井、南井、富国、永安、云安、大宁等十监，官名井监使，监下辖井，井上设场务管理。政府根据各监所辖的盐井和产量规定"日额"和"岁额"。北宋海盐的官营盐场已遍及沧、密、楚、秀、温、台、明、泉、福、广、琼、化诸州，即自沧州以南沿海岸线展开。宋代沈括《梦溪笔谈》称，海盐已成为京东、淮南、两浙、江南东西、荆湖南北、福建、广南东西十一路居民的主要食盐来源。《宋史·食货下三》记载："宋自削平诸国，天下盐利皆归县官。官鬻、通商，随州郡所宜，然亦变革不常。"据史料记载，南宋盐课收入达 2100 万余贯，占全年财政收入 6000 万贯的 35%，这是一笔相当可观的收入，它说明了盐的专卖在经济运转中的重要作用。

元代，盐课也是国家重要的财政收入。一般来说，盐课收入占"天下办纳的钱"的一半以上。据《元史·食货二》记载："福建之盐……至顺元年，实办课三十八万七千七百八十三锭。其工本钞，煎盐每引递增至二十贯，晒盐每引至一十七贯四钱。"元代盐业生产的规模有所发展，产盐的地区，北起辽阳，南迄岭南，旁及四川、河东，共设盐场 136 所。固定的盐业劳动达 5.2 万余户。[6] 元世祖末年食盐产量达 170

余引（每引100斤）。到了元朝中叶，食盐产量激增到260万引左右。由于盐课税收在元代财政收支的重要地位，元代再次实行由政府直接经营盐业生产，不许民间介入。元代的盐业生产主要依靠对盐户的控制，他们规定，盐户必须世代从事制盐，不得改业。他们有特殊的户籍，与民户分开，固定在一定的盐场上劳动。当时北方各盐区，包括解州盐池，因历经战乱，旧户逃散，主要依靠重新招收劳力。劳力中有部分人就是元政府发遣判处"徒"刑的罪犯。他们到盐场"带镣居役"，期满放还。这些临时的盐户，既不懂技术，也不会专心于生产，故对食盐生产技术的进步不会有积极作用。元朝为了保障盐课的收入，政府还按照户籍人口强行摊派盐额，按额征收盐价，垄断盐利。

明代前期，食盐的生产仍然牢牢地在政府的掌控之中，朝廷由户部总管盐政，其下在两淮、两浙、长芦、山东、福建、河东产盐区设六个转运司（名称为都转运盐使司）。另有广东、海北、四川、黑盐井、白盐井、安宁盐井、五井等盐课提举司。由此可见，盐的生产和运销仍属官营的范畴。随着生产的发展，人口的增长，在明代中叶工业经济中的纺织、陶瓷等部门开始出现资本主义萌芽。一位名叫丘浚（1420—1495年）的官居一品大员，就主张"人人各得其分，人人各遂其愿"的新的经济思想，他反对由国家和大盐商互相勾结垄断经营食盐的"榷盐"制度，认为盐和各种自然资源都是"天地生物"，应该由全体人民共有之。他主张在国家监督管理下实行私人生产、私人运销的制度，食盐一概"任民自煮"。但是生产食盐的灶户要向官府申请，经批准后发给证明，使用官府的牢盆，并交纳一定举火钱（即生产税），即可煮盐自卖。

清代，盐业生产技术有了较大的进步，主要体现在四川井盐深钻技术的发展和海盐地区晒盐法的推广。清初，盐税在国家财政收入中占有重要的位置，全国盐税收入大约200万两。清代中叶为550万两，清末达到了760万两，与田赋国税相埒。[7]

以云南井盐的记录为例，从汉代到清代，每个朝代都有产盐地点、产量和课税的详细记载。汉代已在连然设盐官。《华阳国志·南中志》记载："连然县（今云南安宁），有盐泉，南中共仰之。"[8]唐代樊绰《云南志》卷七载："安宁城中皆石盐井，深八十尺。城外又有四井，劝百姓自煎。……升麻、通海以来，诸爨蛮皆食安宁井盐。"[9]表明元朝在云南设榷盐官。《元史》卷二十八记载："五月辛卯朔，设大理路白盐城榷税官，秩正七品；中庆路榷税官，秩从七品。"[10]中庆路相当于今昆明地区，辖安宁州。马可·波罗（Marco Polo）于13世纪游历云南并记载："其地（安宁、昆明一带）有盐井而取盐于其中，其地之人皆恃此盐为活，国王赖此盐收入甚巨。"[11]明初，安宁井是云南最著名的大井，其名声和产量超过黑井。《明会典》记载："洪武间，安宁盐井盐课提举司岁办盐七十七万二千六百八十斤零，弘治间岁办无定数。"[12]安宁井在明初是当时云南上缴盐税最多的盐井之一。

黑井是云南盐井后起之秀，在元代已经非常有名。元《混一方舆胜览》云："云南盐井四十余所，推姚州白井、威楚黑井最佳。"[13]清初，黑井成为云南产量最大的盐井。李芯在《滇南盐法图》"黑井图说"中记载："滇南盐井有八，黑井居第一，盖八井课价，黑井过半焉。"黑井是民间发现的，云南地处边疆，即使盐业资源不是直接由官府所发现，也被纳入中央政府的垄断之中。如诸葛元声《滇史》记载："时七局村蛮阿如所畜黑牛饮此地，日肥泽。阿召踪迹之得卤泉，遂报蒙诏，始开黑井煎盐利民，故号'俗富'。"[14]记载的事件发生于南诏（蒙诏）时期，说明统治者把民间发现的盐业资源归为己有。

明代《滇略》卷三中记载了顺荡井（云龙五井之一）盐泉初出时盐官验示的情况："惟顺荡井自岩穴涌出，有池盛之，熬作楪形，最洁白，无滓。此泉初出甚盛，日百余斤，所司遣官验示，土人惧其增课，以木石壅其源令缓。既去，泉流遂微。"[15]按照盐法，盐泉属国家所有，民众是不能私自拥有和生产的。发现盐泉后，要报官查验，并根据盐泉的产量上税。顺荡井是流出地表的自流井，不用汲卤。当地人用木石堵住源泉让卤水流得缓而少，目的是少上盐税。

盐业资源垄断的实质是国家所有，但有的盐业资源的开采并不是由国家投资，而是由民间开发的。在这种情况下，云南盐法的实施出现了一些变化，承认民间部分拥有盐业资源的所有权和经营权。云南的"丁份制"，即灶户拥有盐井的卤权或股份。第一批灶户往往是盐井的发现者、开发者或出资者。《民国盐政史云南分史稿》记载："云南三区制盐各灶户大都由其先世集股开凿碙硐或卤井成效后，报官署各按所出代价分别摊给卤丁或碙丁碙班分担，并照所摊数目承领应得碙卤煎制成盐，以为子孙相继之世业，如无违法之事，则煎盐领薪之权利即得承远世守。"[16]"丁份制"在民国时期仍然被承认。黄培林《民国年间滇盐的产制管理》认为："民初，沿袭旧制，仍按丁份分配矿卤。民国9年（1920年）以后，云南盐运使署提出《改组各井灶方案》，为执行中央政府《制盐特许条例》作准备。通令各井场清查原有丁份，经过核实换发特许证券，'准循例制盐，而彰国家信用'，也就是对丁份制的继续承认。"[17]"丁份"是对盐业份额的称谓，在不同的井，民间有不同的名称、不同的单位和不同的资源分配制度。《云南省志·盐业志》记载："矿、卤份额的称谓各场不同，滇中黑井、元井、阿陋井称为'丁份'；琅井称为'股份'；滇西白井称为'石'；乔后、拉鸡、云龙称为'灶'；滇南磨黑、石膏、益香称为'分担'……"[18]以云南省云龙县诺邓井为例，在民国时期，该井一共有480角（丁份）卤权，为230多户灶户所拥有。盐务机构通过卤权来计算灶户应该交多少盐，并发给相应的薪本。

总之，中国历史上，中央政府都是通过盐务机构来实施对盐业资源的占有，在国家机器的威慑下，从政治、军事、经济和意识形态等方面对这一资源进行控制和管理的。

二、盐法与灶户制度及生产控制

中国古代盐法中，灶户制度对中国各地盐业生产的组织和实施是有效率的，主要反映了政府盐务机构对盐业从业人员的招募、组织和控制。灶户是国家户籍管理中的一个门类，政府通过灶户制度控制盐业生产技术及其专业人员，实行对盐业生产和产品的垄断和专卖。

（一）"灶户"组织与盐业生产控制

历代官府都招募为国家煮盐的灶户或盐户，对编入灶籍的人户的管理历来都是严格的。一方面，由于灶户所承担的盐业生产是"重役"和"苦役"一类，如果不严厉，逃役会经常发生；另一方面，盐业生产需要一定的技术，为了保证生产的延续，灶户的技术要代代传承下去。

沿海的灶户与四川、云南的灶户有所不同。据刘淼《明代盐业经济研究》谈到明代沿海的灶户："'濒海有盐灶'，则定为灶籍，括入灶籍的人户，即称为灶户。灶户必须为朝廷煎办盐课，承当朝廷的'户役'，因此，灶户必须'世守其业'，世代'以籍为定'，不得'诈冒脱免，避重就轻。如果有违，则处以'杖八十'之刑罚。"[19]"按《大明律》的规定，灶户户役无疑是不能'辄与改役'的，这即是'役皆永充'之意。即便是'官至台司，亦寸土受盐，见丁办课，例无蠲荫。'如果是灶户出身的人做了官，在"'任所及邻境州县置田宅报作民籍，脱免原役'，一经发现，立刻'俱发原籍当差'，承办户役盐课"[20]。沿海的灶户是在从事一种不可改变的行业，传袭着一种不可变换的身份。

四川、云南的灶户在开采和发掘盐井中出资出力，获得盐井卤权的股份或丁份，他们的身份与沿海灶户是不一样的。由于盐业生产的利润高，一些地主或豪门招募人力，掘井煮盐，当盐井挖掘"见功"后才报官，纳入灶籍。所以灶户的祖先往往出资开凿盐井，获得相应的卤权和灶户身份，并传给下一代，这就是四川、云南灶户的来源。据《华阳国志》卷一记载："其豪门亦家有盐井。"四川、云南的灶户并不像沿海的灶户一样，从事一种不可改变的行业，传袭一种不可变换的身份。他们的灶户身份与卤权直接联系在一起，灶户身份不一定可以传袭下去。只有拥有卤权的人才拥有灶户的身份，一旦失去卤权，同时就失去灶户身份。

云南省云龙县诺邓井的灶户制度被当地人称为"十六灶"，从明代以降，该井一直设有官方的机构和人员，利用"十六灶"组织对盐井进行管理和监督。"十六灶"有规定的字号，为乾、元、亨、

图1-1　《滇南盐法图》安宁井

利、贞、温、良、恭、俭、让、仁、义、礼、智、信、金十六个字，囊括了诺邓井所有的灶户。"十六灶"组织一直都设有灶户公推的两三个灶长。官方利用"十六灶"来明确卤权，管理卤水，监督生产，收缴盐课，并发给薪本。

清代《滇南盐法图》反映了清代盐务机构对井盐生产的控制，几乎每一个井图中，都有盐井名称、"灶房""分卤房"和"收盐馆"等。例如，《滇南盐法图》安宁井图中，盐井位于河中的井台上，井台上建有一亭，一井官坐窗前督促汲卤工作，亭子的左边壁上写着"卤亭"二字。（图1-1）

根据在云南诺邓井的调查，管理卤水的井官在民国时期叫督卤员，由灶户民主选举出来，工资由国家发放，督卤员每个月"分卤"的账本由盐务机构检查。具体的分卤办法，是一背卤水发出去，同时拿一只签给背卤人，背卤人把卤水背到灶户家，把签交给灶户，最后灶户把签拿回来交给督卤员记账。黄培林《民国年间滇盐的产制管理》谈到民国时期云南实行"计卤较煎"制度："具体办法是税局、场署、灶公会三方面汇同，每井以一灶为试煎，以当地的卤水若干担，烧几斤柴？发多少矿卤应收回多少成盐？"[21]以此为依据收缴盐产品，并发给薪本。其中所说的灶公会就是灶户组织，灶户组织在盐业生产中起到了一个承上启下的作用。一方面灶户组织与下层盐区有利益关系，要尽力维护灶户和盐区的利益，另一方面又要符合国家的盐法，主张国家的利益。因此，灶户组织往往都要在官方与民间的磨合中，建立起一个上下彼此能够相容的格局。

（二）灶户组织与盐产品的控制

从汉代开始，在中国沿海地区官府雇用平民煮盐，生产设备由官府供给，如滩田、场地、作坊和盐灶，并发给重要的生产工具——牢盆，并且明令不得私自煮盐。在各个生产区，官府都是使用各种各样的印章或托模在盐产品上打上字，以公示盐产品属于官府所有。

在云南诺邓井，至少清代开始就使用一种托盐的工具——托模，并废除了用手捏盐的传统方法，要求灶户改成用托模托盐，并在托模上刻上灶户的灶号和姓氏。这样用托模托出的盐产品上就有灶户的灶号和姓氏。在诺邓，作者找到了一个托模的一半，那是木头刻的托模，但是字号已经模糊了。据老人们回忆，托模上有好几个字，上面是"云龙"二字，下面是个"诺"字，一边是灶号，另一边是灶户的姓氏。从灶户生产的盐上，就可以知道盐产品是云龙诺邓哪一灶哪一家生产的。官方通过托模来管理灶户的产品，主要是为了防止制造私盐，并且便于课税。

在《滇南盐法图》黑井图中，中间房屋的外墙上方写着"锯盐仓"三字。其中有两人弯腰使用大锯上下锯盐，还有一人在搬盐块，周围地上堆放着盐块。右边的房子里也有两人正在锯盐。黑井的盐煎好之后，形成一个大锅的形状，重一百公斤左右，所以要把它锯成四块便于搬运。左边的房子里有一人正在在用大

图1-2　《滇南盐法图》黑井

秤称盐，旁边有两人协助，这是收盐、发盐的地方，要把核准的盐纳入官仓，或是把官仓的盐发给特定的人运输。门外有一人正在抬盐，另一人已挑盐而去。（图1-2）

由此可以看出，被加工为盐产品后，官府对于盐产品的管理和控制更加严格，对盐产品的规格、数量和质量都是有要求的。

三、古代盐法与专卖制度及销岸制度

中国古代盐法体现为国家专卖制度，例如宋代的食盐专卖为政府提供了可观的财政收入。宋代盐的专卖基本上有两种方式：一是官运官卖，政府直接控制生产和流通的利润；二是通过课税来占有盐的生产和运销的利润，并且形成了不同地区生产的食盐必须在特定的区域内由指定的专卖人员进行运销。刘淼认为："明中叶以前，官卖食盐制度已发育成熟，构成系统的严密的运营体制，成为中国传统社会官卖盐的最终模式。"[22]

（一）古代盐法与专卖制度

盐为国计民生所不可或缺的重要物资，它的产制和运销都能获取丰厚的利润，是古代最重要的专类商品，因而在生产和销售的管理方面历来得到统治者的高度关注。从春秋时期管仲相齐伊始，"官山海""通商工之业，使海盐之利"，盐税就成为历代朝廷的大宗岁入。

西汉初年，统治者在工商业方面采取了"勿扰关市"的不干涉政策，明确认可民间的盐铁业，"纵民得铸钱、冶铁、煮盐"。汉武帝时对盐铁实行官营垄断的政策，采取的方式是：在官府管理的盐场中募工煮盐，使用官府盐场的设施，产出的食盐由官府收购。西汉政府在全国设立了36处盐官，组成了收购、运输、销售的经营网络。这些盐官多由原来的盐商担任，政府让他们全权经营国家的盐业。

隋朝开皇三年（583年），朝廷曾允许百姓采盐，不必纳税。唐肃宗乾元元年（758年），平原太守颜真卿采用食盐专卖方式筹集军费。同年，盐铁转运使第五琦借鉴颜真卿的做法，奏请肃宗同意，《旧唐书》卷一百二十三记载："于是创立盐法，就山海井灶收榷其盐，官置吏出粜。其旧业户并浮人愿为业者，免其杂徭，隶盐铁使，盗煮私市罪有差"；"就山海井灶近利之地，置盐院，游民业盐者为亭户，免杂徭"。"亭户"，被编制入专门的户籍，史称"盐籍"。国家免除亭户们的杂税徭役，使其专事食盐生产。由"盐监""盐院"等官吏对亭户进行管理，以一定的定价统购亭户的盐产品，形成垄断价格，即"榷价"，运销各地。

唐宝应元年（762年），刘晏领东南盐事，对第五琦的盐法进行修改，创立了"就场征税"法，即除产盐地外，不再设盐官，食盐的运输和销售由商人负责。刘晏在主要产盐区和运输区设了13处巡院，并将盐税加在盐价中，听凭盐商运销，即民制官收，官卖商运。这种民制、官收、商运、商销的专卖制度，激发了盐商的积极性，使盐税达到了全国岁收的一半。

北宋至明末，盐法主要是"引制"。"引"就是当时商人领取茶、盐的一种凭证，官府准许商人交款领"引"，商人凭"引"运销茶、盐。除使用"引"制外，还辅以其他盐法，如"折中法""盐钞法"等。"折中法"允许商人缴纳钱帛、粮草，换取定额食盐，在指定地点销售。"盐钞法"是北宋庆历八年（1048年）实行的商人凭盐钞运盐的制度，由政府发行盐钞，载明盐量及价格，商人持券至产地交验，领盐运销。宋朝以后，盐法曾多次发生调整，但直到明万历四十五年（1617年），盐制都是遵循间接专卖的模式，只是围绕盐商获得经营权的方式不同而有所变化。

明万历四十五年,明政府实行纲运制度。所谓纲运制度即将各商所领盐引分为若干纲,每年以一纲行旧引,其余九纲或一十三纲行新引。盐引即指经政府许可的盐商经营资格的书面形式。纲商纳银领引后,可同灶户直接交易。这样做实际上把官收商销的间接专卖制,变成了专商收销的特许专卖制或叫盐商专卖制。

清朝的盐法在全国各地并不统一,因为产盐之地督抚可就盐政制定政策,故造成多种政策并行的局面。但其主要制度仍未跳出盐商专卖制的框架。

中国古代的食盐专卖制度一般都是按照法定的顺序进行的,不同时代不同地区的工作流程是有差异的,但一般都包括官收、官运与官销三个环节。以下是笔者结合文献与实地考察的材料,以云南民国时期为例对中国专卖制度的具体操作流程进行分析。

1. 官收

官收就是灶户按照时间和数量把一定的盐产品送到指定的官仓,在管理人员的监督下,缴纳产品、结清账目的过程。《云南省志·盐业志》记载了民国时期黑井官收的方法:"由查产员登薄核记,通知各灶及官仓,以便指交称收。各灶整平抬进官仓,在仓内解锯为两半,盐面上加盖收盐日期毛印。"[23] 由于煮水工艺不同,黑井的盐产品是锅形的,称为盐平,一锅盐叫一平,有80—100斤,背盐一般是背半平,因此官收时锯为两半,在两半上加盖毛印。在诺邓,灶户是把一坨坨的筒盐送到设在诺邓的盐局,由盐局的管理人员,当地称"师爷",进行过秤验收,验收后,管理人员就在验收好的官盐上盖上红、黑两个皮印。

2. 官运或官商并运

官仓收到盐以后,是由官方运往销岸,或是由官方指定的商人运往销岸进行销售。据《云南省志·盐业志》记载:"抗日战争爆发后,因主要交通工具为政府所控制,商运力量薄弱,采用官商并运,或官运商销。"[24] 笔者的田野调查表明,云南诺邓井生产的食盐是采取官商并运的方法把盐产品运往销岸。

3. 官销

在销售方面,"民国32年遵章招设公卖店,配盐承销。规定各县公卖店不得少于5家,并请当地县政府、县党部、县参议会、县商会4机关证明,确系当地的有经营资本的守法居民,才准登记营业。为了防止抬价翻卖,囤积操纵,须在指定地点遵章售卖后,也由4机关盖章证明,公卖店在下次抄购盐斤必须缴验证明"[25]。这些商人"须先到场署、税局缴清薪、竜、饷、捐、税款,领取运票、税单,再到仓抄领盐斤"[26]。笔者的田野调查表明,在诺邓井,有两户人家经营官盐生意。当地人反映,官府虽允许做官盐生意,但沟通渠道不容易,要有本事才能买到官盐。一般来说,做官盐生意的人家都有比较大的资产。

从民国时期国家食盐专卖制度中,可以看到有几个重要管理手段:第一是官盐上面有官印;第二是官盐有运票;第三是官盐有税票。私盐是脱离官方管理的逃避税收的盐斤,以上三者都没有。

(二)古代盐法与销岸制度

中国古代盐法还有一个重要的部分就是销岸制度。中国的盐区遍布东西南北,在历史上按各盐区的地理位置、交通条件,经过国家的控制与引导,在漫长的历史演变中,形成了各自的行销范围——销岸,各个区域的居民也形成了食用某个盐区食盐的习惯。

在云南,有很长时间各地的食盐是由不同的盐井提供,形成了一些对不同食盐的偏好和评价,昆明的认为黑井盐最好,而云龙县的认为诺邓盐最好。在民国时期云南实行专卖时,销岸划分比较严格,但还是按历史上形成的行销地来调配的。诺邓井盐的销岸在腾冲,腾冲是滇西的边境重镇,属于今天宝山地区腾冲县。而在盐区通往各销售中心与集市之间形成了盐区与销岸之间联系的通道。一般来说,各盐区通往销岸都有一条固定的官道或盐道。

由于各盐区行盐的销岸是法定的，凡是不按照销岸行盐的产品被认定为私盐，"一种即所谓越界私盐"[27]，是与销岸制度相抵触的盐斤。在文献记录中，我们发现有关于销岸之争的记录。例如明代云南文献《嘉靖大理府志》记录了白井的行盐及销岸之争："初，白井盐通□□□永昌二郡，后开五井，始分行盐地方。台井之盐，专行大理。五井之盐，专行永昌。在官虽有定章，在民犹循旧习。盖白井课多，五井课少。大理止于府属，永昌远入诸夷。况白井盐咸，五井盐淡。然则白井之盐时到永昌，永昌之人兼贩白井。此势之所必至，禁之所必犯者。二井官民，互凌互夺，□可谓不察矣。"[28]这说明了在明代，云南的白井与后开的五井存在着销岸之争，官方所准行盐的销岸与民间长期延续下来的民间习俗不同，因而二井官民彼此争斗。

《康熙楚雄府志》卷一："黑井、琅井、阿陋猴井所产，系商人运赴迤东、云、曲、临、澂各府发卖。楚属百姓反食姚安府白井团盐。近愚民闲有食黑、琅盐者，俱以私盐获罪。山中彝猡无力卖食白盐，甘茹淡。地虽产盐之利，良可悲也。"[29]这反映了销岸制度中非常荒谬的地方。按理说产盐之地的百姓应该食本地所产的盐，销岸应该指定为本地。但是黑盐产地楚雄的百姓被指定食外地大姚的食盐，本地百姓食本地的黑盐，却因私盐获罪。说明有一些销岸的指定很不合理，不仅浪费了食盐的运力，增加了成本，而且迫使良民不得不食私盐。

从以上分析可以看出，国家专卖制度主要包括了对产品、运销和配给消费三大体系的控制和支配，以保证国家直接从生产者灶户、运销者盐商和食盐消费者中获利。

但是，国家食盐专卖制度在不同时代和地区都有发展和变通，也暴露出盐法的弊病。据沈括在《梦溪笔谈》中介绍说："陕西颗盐旧法，官自搬运置务拘卖。兵部员外郎范祥始为钞法，令商人就边郡，入钱四贯八百售一钞，至解池请盐二百个，任其私卖得钱，以实塞下省数十郡般（搬）运之劳。异日辇车牛驴以盐役死者，岁以万计。冒禁抵罪者不可胜数。至此悉免行之。"[30]通过沈括的陈述，可以看到官运官卖与盐钞法之间的利与弊。官运官卖实际上是承继五代之旧法，是地方势力割据的恶果。而实行盐钞法，商人可以到中央在各地开设的"榷货务"，花钱买"钞引"，然后再拿着"钞引"到产盐地收盐，运盐到指定的地方出售。"钞引"相当于现代的支票，榷货务实为盐钞交易所。这种方式，盐利的部分收入直接就归朝廷所有，商人通过组织盐的流通也可从中获利。

一些历史学者也认为，在边远的地区曾在较长时期实行过自由贸易主义，但也并不是始终如一的，它不时被中央帝国强行推行的一些盐政所代替。黄培林认为：在云南"康熙（1662—1722年）中叶，云南盐政改行'官运官销'，各州、府、县官向民间强派'烟户盐'，当时百姓贫穷，常年淡食，官府为疏销积盐，推行计口售食，按户摊派，强迫人民购买，百姓无奈，常以'后领之盐卖去而完前盐之课'……嘉庆年间(1792—1820年)，改'灶煎灶卖，民运民销'"[31]。这说明了中国盐政在不同时代和不同地区实施的差异，反映了国家食盐专卖制度存在着不可克服的弊端。

（三）古代的私盐

在中国的各个历史时期中，私盐都是一个屡禁不止的问题，它直接影响到国家的财政收入，为统治者所关注。私盐是指国家控制以外的、漏税的、非法生产和运销的食盐。它出现在整个盐业生产、运输和销售的环节中，与国家控制的、纳税的、合法生产和运销的官盐相对立，简单地说，私产、私运、私销的盐都叫私盐。从盐法的不同方面，对于私盐的界定稍有不同。认为私盐是"一种不纳任何饷课、逃避所有挈查的盐斤"，是从国家盐税制度来界定的，而认为是"一种所谓越界私盐"，是从岸销制度来界定的。总之，私盐的界定是与各个时期的盐政密切联系在一起的。

私盐的生产。私盐产生很早，与国家食盐专卖制度的创立同时产生。《史记·平准书》记载："敢私铸铁器煮盐者，钛左趾，没入其器物。"这说明了对私盐生产的惩罚。《新唐书·食货志》记载："亭户冒法，私鬻不绝。""亭户"即"盐籍"，后世称"灶户"，是专门为国家生产食盐的生产者，却成了私盐的提供者。生产私盐发生在井场的生产环节中，所以叫场私，又叫制私。[32] 历代的私盐数量很大，一般认为达到一半以上。李福德、赵伯蒂《从历代缉私看川盐缉私》认为："自民国以后，私之多约居产额的十分之三、四。"[33] 笔者的田野调查显示，民国时期云南灶户生产的私盐是达到了四成，与四川的情况相同。民国时期，云南实行"计卤较煎"制度。不仅根据每一口井的卤水的产量，而且根据卤水的浓度的高低来核查应该纳的盐税。云南灶户采取与井上工人作弊，使核查的卤水浓度比实际低的方法，截留更多的私盐，普遍瞒产私盐四成多。

私盐的运销。宋代，在福建路西部的上四州地区（建、剑、汀州及邵武军），"地险山僻，民以私贩（盐）为业者，十率五六"[34]，可见参加人数之多。私盐运销历代都被认为是犯罪，如太平兴国二年（977年）的诏令，对颗盐、末盐、青白盐的私煎、私贩、越界等，规定了一些量刑的标准："持仗盗贩私盐者，三人以上，持仗及头首并处死。"[35] 明、清也有相应的法律制裁。私盐的运输发生在盐道上，私盐的贩卖发生在盐的销岸或中转站。私盐的运销有不同的形式，以民国时期为例，私盐的运销形式只有两类：一类是涉及管理人员的私盐活动；另一类是不涉及管理人员的私盐活动。涉及管理人员的私盐活动包括两类人员：一类是收官盐、盖官印的人员；另一类是缉私队的官兵。诺邓井的调查表明，比较大的私盐活动都牵涉了盐务机构管理人员。例如，民国时期，云南的官盐上要加盖官印，盖印的人员在私盐上盖上官印，私盐就变成官盐，在运输、销售时有极大的便利。涉及管理人员的私盐运销投资较大，一般是具备一定的经济能力和社会关系的人加入，能把风险大、非法的私盐运销，伪装为合法的运销。不涉及管理人员的私盐活动：在盐区参加不涉及管理人员的私盐活动的民众数量多，一般是无钱无势的村民，没有多少资金，走私仅仅是为了糊口，面临更严酷的自然环境和交通条件，是用性命去抗争的生存活动。

从制度的运行来看，国家通过专卖收纳盐税，以确保国家获得丰厚的财政收入。但是其盐政在生产和流通环节存在着不可克服的弊端。国家以低价从灶户手中收缴盐产品，高价出售，从中获利。国家从灶户手中低价收缴盐产品，使灶户不卖私盐，就无任何利润，因而私盐的生产不可避免。官盐环节过多，产生费用高，比私盐贵，商人必然向灶户买私盐。有些地方或有些时期官盐没有行销，消费者必然买私盐消费。盐业管理和监督的官员，或由于处于有利可图的位置而贪污受贿，或由于盐政的弊端而执法无力。因此，这种制度必然造成私盐泛滥。

第二节　古代的盐业生产与工艺类型

中国盐业资源类型丰富，形成了不同的工艺技术体系，大致有三类：一是中国西南地区的井盐生产工艺；二是中国沿海地区的海盐生产工艺；三是中国西北地区的池盐生产工艺。它们代表着不同区域中食盐生产工艺的生产水平与特点。以下，我们试图结合文献记载与田野调查材料对中国古代不同盐业生产工艺类型进行介绍。

一、中国井盐生产的历史与现状

中国古代内陆地区，由于交通运输原因，人们除了食用海盐，井盐和岩盐也是重要的食盐来源。根据地质资料，我国的卤水资源丰富，遍及四川、云南、贵州、甘肃、青海、西藏、新疆、湖北、江西、山东等地。尤其川、滇地区，是我国井盐卤水开采最早的地区。井盐是以凿井的方式开采地下的天然卤水及固态岩盐，然后将卤水煎炼成的盐。

图1-3　云南顺荡井的老盐工在尝盐卤

据常璩在《华阳国志·蜀志》中记载："周灭后，秦孝文王以李冰为蜀守。冰能知天文地理……又识齐水脉。穿广都盐井诸陂地，蜀于是盛有养生之饶焉。"[36]古代最早开采的天然卤水，又可分为地表卤水和地下卤水两种。地表卤水即分布在地表浅层的天然卤水，有的卤水出口就暴露在地面上，如云南的顺荡井。（图1-3）

地下卤水则是埋于地层深处，埋藏较深，封闭良好的卤水。这种卤水具有比地表卤水更高的矿化度。无论是哪种卤水都需要通过钻井的方法才能大量开采。

从现有的古代文献来看，古代井盐的开采主要集中在四川，四川应是中国井盐开采的发祥地。李冰是开采井盐的第一个有文献记载的人，李冰生活在战国时代，这就表明井盐开采的起始时间应在战国。有人会问：井盐最初的开采为什么出现在四川的广都地区？为什么时间在战国？这当然与四川的自然条件有关，也与战国时期的历史背景有关。

地质勘探资料表明，四川成都平原的地下，特别是南部眉山、新津一带地下地层有丰富的盐卤，其中卤水含盐量达100克/升左右，局部地区矿层埋深仅20—30米，并有盐卤水流出的露头区。这样的地质条件为井盐的开采提供了条件。战国时期，冶铁技术的出现和发展，使人们有可能利用铁制工具生产，特别是挖土掘井。战国时期，秦据蜀地，出现了来自陕西、甘肃、湖北、湖南的大量移民，不仅需要更多的食盐供应，而且还带来中原地区先进的农业技术，特别是中原的凿井技术，对井盐的开采有促进作用。都江堰水利工程进行了大规模的"淘滩""挖砂""堆堤""作堰"等作业，在工程中发现了卤水，并积累了开采"大口浅井"的操作经验。由此可见，四川井盐生产始于战国时期，具有了充分的条件。

从秦汉到北宋初年，四川井盐的生产技术主要是汲取卤水的技术，采用由中原掘井技术演化而来的大口浅井技术，这一时期可谓是我国井盐技术史的第一个阶段。

井盐生产有别于海盐、湖盐，因为自然条件的不同，井盐的生产必须包括地质、钻井、采卤、制盐四大生产环节。这些环节又是彼此联系、相辅相成的。

采集卤水必须寻找有盐卤资源的开采点，在古人尚未具备相关盐卤成矿地质条件知识的情况下，人们一是寻找已露头的盐泉，二是借助于动物舐食咸泉土、咸石的启示，以确定开采的井位。只有在某个井位上试采成功，才有可能进行大规模的开采活动。人们通过生产实践，不断地丰富找矿经验。上述这些找矿法，在很大程度上仰仗卤水资源露头的恩赐。后来通过长期生产实践积累的经验，伴随着地质知识的萌芽和发展，以及寻找铜、铁、金、银等金属矿藏技术的移植和创造，人们对井盐矿藏的开采、利用逐步向地下深处开拓，促进了井盐开采技术的发展。

井盐生产技术有别于湖盐、海盐之处在于凿井取卤。井盐生产的凿井技术成为最关键的技术。中国的凿井技术起源很早，史书中有"黄帝穿井""伯益作井""舜穿井"等传说，实难考证。但是，考古出土的殷商时期的陶制井圈足以证明，当时生活在中原一带的先民已懂得凿井而饮。

井盐的开采技术源于古代水井开凿技术。在李冰治水中，与引水工程配套，亦开凿了不少水井。在凿井中又发现地下浅层的天然卤水，李冰根据治水积累的经验，用开凿水井的方法开采卤水，从而有了古代第一口盐井。之后，井盐开采技术很快在四川各地推广。秦代，四川有三个县开凿盐井，当时由于凿井技术与工具的落后，人们主要使用锄、锸、凿等简易工具挖土掘井，开掘成"大口浅井"。

到了汉代，盐井开凿区域逐渐扩大，开凿井盐的地区包括 18 个县，凿井的数量也相应有了很大增加，如汉安县"有盐井卤池以百数"。

据汉墓出土的画像砖及史料证明，当时盐井开凿数量增加，但凿井技术没有很大进展。1956 年从成都附近羊子山出土的汉代井盐生产画像砖可推算出，当时的盐井直径为 1.3—1.4 米，井深约 2 米。与西晋张华《博物志》卷二中的记载"临邛火井一所，从广五尺，深二三丈"相符。事实上，当时的盐井也有较深的，东汉末年，谯周《蜀王本纪》记载"临邛有火井，深六十余丈"，换算成现在的公制，相当于井深已达到 130 米左右。由此可见，当时的盐井有深有浅，视卤水储藏的深度而定。不管是深是浅，当时的盐井大多是井径大，井身浅。井径大的可"纵广三十丈"，小的亦能容一人下到井底钻凿；井身浅的一般数丈，深的不过数十丈，后人称为"大口浅井"。

早期的"大口浅井"大多仅数丈深，都是由人力使用锄、锸、凿等简单的铁制工具挖掘或破碎岩石，再将其运出井口，逐步加深，直到获得盐卤。由于盐井浅，所以挖掘技术较简单。除挖掘外，主要的技术在于防范井壁下落坍塌，当时人们采用固井的方法也与水井近似，以木或石砌壁来防止井壁坍塌。

汉代以后，大口浅井的采卤制盐技术在四川和云南得到推广。大口浅井在云南最具有代表性，大体可以分为直井和斜井。在云南井盐生产虽然起步较晚，据樊绰《云南志》卷七记载："安宁城中皆石盐井，深八十尺。城外又有四井，劝百姓自煎。"[37] 此时云南的盐井已在沪南（今大姚）、郎赕（今禄丰琅井）、剑川、丽江等地成批出现。

据李吉甫《元和郡县志》记载，唐代陵州的陵井（今四川仁寿县境内）已深达 80 丈（今约合 248 米）。"陵井纵广三十丈深八十余丈，益部盐井甚多，此井最大，以牛皮囊盛水引出之。"可见，大口浅井愈挖愈深，井盐产量也在迅速增加，可以认为大口浅井到了唐代已进入全盛时期。这些深达数十丈的盐井开凿表明其开凿技术已发展到较高水平。

20 世纪 50 年代，考古工作者在成都羊子山汉代砖室墓中发现一块画像砖，上面清晰地描绘着一幅生动的井盐生产图景。左方是大口浅井，井架的顶上有滑轮，架上有 4 个盐工两两相对吸卤，注入卤池，卤水用"笕"输送到灶房煎煮。这个场面表明汉代井盐生产的规模已很大，当时吸卤的方法是利用井杆上的辘轳式滑车。若如画像砖所绘，绳的两端所系的是吊桶，一上一下，可提高效率。而唐代的陵井，用大皮囊汲卤，十分沉重，故用牛拉，将装满卤水的大皮囊拉到井上。

现今在四川云阳盐厂还可以看到与陵井类似的固井方法。该厂白兔盐井就是一个典型的大口盐井，井径 3 米多，井深 53 米，井形为八边形。在表层比较疏松的岩层采用厚 10 厘米、长 145 厘米、宽 26 厘米的木板来固井。即用八块这样的木板构成一个八边形的框架，一个个框架再垒叠，构成井壁。在贴板和井壁之间，则用石灰和杂泥混成的三合泥填充。井口是由 20 块约 50 厘米长的木板构成略为内缩的井口，在其上搭上木板以便于汲卤工人站在上面操作。据传，这口浅井始凿于汉代，沿用了 2000 年，至今仍保存完好，是一份珍贵的实物资料。

大口浅井的深度一般不超过数十丈，所以只能开采浅层卤水。四川盆地的盐卤资源的特点是卤水埋藏浅者则浓度低，是所谓黄卤，内含黄色泥质氧化铁相当多；埋藏深者则浓度高，是所谓黑卤，内含较多的腐败有机质及低价氧化铁。大口浅井则只能开采黄卤，而且经历代频繁采卤，到宋代初年时已经接近枯竭了。

宋初，随着新政权采取的宽松政策，社会秩序相对安定，经济生产得到恢复和发展，人口也随之有了增长。人口的迅速增加加大了对食盐的需求，大口浅井开凿技术的停滞不前造成食盐产量下降。社会的需求形成对井盐开采技术改革的巨大压力。盐荒而引发的社会动乱，迫使朝廷对盐政进行调整，在庆历八年（1048 年）再度解除四川盐禁，进一步开放商人代销。

这种社会环境为崭新凿井工艺技术的发明、推广创造了适宜的氛围。标志着井盐开采技术步入一个新的时期的是卓筒井的发明。

卓筒井发明于北宋庆历年间（1041—1048 年），苏轼在其《东坡志林》中有相当详细的记载："自庆历、皇祐（1049—1054 年）以来，蜀始创用筒井，用圜刃凿如碗大，深者数十丈。以巨竹去节，牝牡相衔为井，以隔横入淡水，则咸泉自上。又以竹之差小者，出入井中为筒，无底而窍其上，悬熟皮数寸，出入水中，气自呼吸而启闭之，一筒致水数斗。凡筒井皆用机械，利之所在，人无不知。"[38] 从记载可知，卓筒井是小口径盐井，井径与巨竹内径同，大口直径为 8—9 寸，深度为数十丈，开凿技艺在当时很先进。概括地说，表现在三个方面：①发明了冲击式的顿钻凿井法，在世界技术史上第一次使用了钻头——"圜刃"来开凿井。②利用巨竹去节，首尾相衔接成套管下入井中，以防止井壁沙石入坠和周围淡水浸入，在世界技术史上又首创套管隔水法。③创造了汲卤筒，即将熟皮装置于一段竹筒的底部，构成单向阀，每当竹筒浸入卤水中时，卤水便冲激皮阀上启，而卤水入于筒中；每当提起竹筒时，筒内卤水便压迫皮阀关闭而卤水不漏，这是中国机械技术史上的一大发明。总之，卓筒井的发明开创了西方冲击式顿钻钻井之先河，被誉为现代"石油钻井之父"。

北宋的文同在《奏为乞差京朝官知井研县事》中也谈到当时井研县及嘉州（今四川乐山）、荣州（今四川荣县）的卓筒井："伏见管内井研县，去州治百里，地势深险，最号僻陋，在昔为山中小邑，于今已谓要剧索治之处。盖自庆历以来，始因土人凿地植竹为之'卓筒井'，以取咸泉，鬻炼盐色。后来其民尽能此法，为者甚众。……（井研县）与嘉州并梓州路荣州疆境甚密，彼处亦皆有似此卓筒盐井者颇多，相去尽不远……连溪接谷，灶居鳞次。"[39] 从记载可知，卓筒井一经问世，便很快在巴蜀地区得到推广。

尽管苏轼和文同都生活在卓筒井出现的年代，他们关于卓筒井的记载，勾画出关于卓筒井的大致轮廓，由于只是目睹，而不是亲自劳作，他们对圜刃是怎样凿成数十丈深的盐井仍缺乏明确的技术描述。

卓筒井技术的推广，促进了井盐的生产。当它的发展，特别是可以隐藏而逃避课税时，威胁到官办盐井的垄断利益时，官府曾经强令将其填闭。这种政令势必影响或限制其技术的进一步改革和提高，因此在此后宋元的 200 多年里，其技术基本上停留在初始水平，没有新的突破。

明代初期继承宋、元的盐业政策，仍然由政府直接控制盐的生产和专卖。盐商只能根据政府的安排在取得盐引，即贩盐的专利执照后，凭盐引到指定盐场买盐，运到指定的地区销售。随着商品经济的发展，明代中叶以后，盐业政策有了变化，主要表现在政府对盐业的控制被削弱，特别是余盐开禁。所谓余盐开禁指盐场主生产的超额盐可以自行处理。余盐的开禁导致万历年间有了票盐制的推行，标志着商、灶间直接购销关系的建立。灶户有了自己处理余盐的权利无疑会调动其生产积极性，这就成为原本停滞不前的井盐生产技术改进的一股动力。

明代宋应星在《天工开物》中关于井盐的生产技术是这样记载的："凡蜀中石山，去河不远者，多可造井取盐。盐井周圆不过数寸，其上口一小盂覆之有余，深必十丈以外，乃得卤信，故造井功费甚难。其器冶铁锥，如碓嘴形，其尖使极刚利，向石山舂凿成孔，其身破竹缠绳，夹悬此锥。每舂深入数尺，则又以竹接其身，使引而长。初入丈许，或以足踏碓梢，如舂米形，太深则用手捧持顿下，所舂石成碎粉，随以长竹接引，悬铁盏挖之而上。大抵深者半载，浅者月余，乃得一井成就。盖井中空阔，则卤气游散，不克结盐故也。井及泉后，择美竹长丈者，凿净其中节，留底不去，其喉下安消息，吸水入筒，用长缅系竹沉下，其中水满。井上悬桔槔、辘轳诸具。制盘驾牛，牛拽盘转，辘轳绞缅，汲水而上。入于釜中煎炼（只用中釜，不用牢盆）顷刻结盐，色成至白。"[40]宋应星虽然没有去过四川，但是他能根据前人的资料作以上叙述实属不易。他的记述虽然简单了一点，但基本技术要点都已提及。

对明代井盐生产技术的记述最详尽可靠的是明代四川射洪人马骥的《盐井图说》。马骥，明代嘉靖、万历年间人，曾中举人，做过射洪县令。在任职期间，他同郭子章、岳谕方等好友，对射洪的盐井进行了考察，通过"三问壮丁、井匠、颇得其详"，并对井盐生产的"其凿之甚艰，其入之甚深，汲之甚苦"的状况感慨万分。其间观察到的井盐生产技术使他们产生浓厚兴趣，于是由岳谕方绘制了《盐井图》，由马骥写出《盐井图说》，把他们考察的成果记录下来。可惜的是《盐井图》已佚，我们无法形象地窥视当时井盐生产的情景。好在《盐井图说》被收入曹学佺的《蜀中广记》和顾炎武的《天下郡国利病书》之中，为后人留下了关于明代井盐生产技术的珍贵资料。

《盐井图说》全文如下：

盐井其来旧矣。先世尝为皮袋井，围径三五尺许，底有大塘，利饶课重，工力浩巨，非一载弗克竣，今皆湮没殆尽，不可考。民循故业以纳课，率多从竹井制。其施为次第，在井匠董之。凡匠氏相井地，多于两河夹岸、山形险急、得沙势处，鸠工立石圈，尽去面上浮土，不计丈尺，以见坚石为度，而凿大小窍焉。大窍，大铁钎主之；小窍，小铁钎主之。钎一也，大钎则有钎头，扁竟七寸，有轮锋，利穿凿。兴井日，北口傍树两木，横一木于上。有小木滚子，以火掌绳钎末，附于横木滚子上。离井六七步为一木桩，纠火掌篾而耦舂之，滚竹运钎，自上下相乘矣。匠氏掌钎篾坐井口傍，周遭圆转，令其窍圆直。初则灌水凿之，及二三丈许，泉蒙四出，不用客水，无论土、石，钎触处俱为泥水。每凿一二尺，匠氏命起钎。用筒竹一根，约丈余，通节，以绳系其梢，筒末为皮钱，掩其底。至泥水所在。匠氏揉绳伸缩，皮歙水入，挹满搅出。泥水渐尽，复下钎凿焉。次第疏凿，不计工程力大，较至二三十丈许，见红石岩口，大窍告成矣。随议下竹，竹有木竹、□竹二种。木竹，取坚也，刳木两片，以麻合其缝，以油灰鲜其隙。□竹出马湖山中，亦以麻裹之。木竹末为大麻头，累累节合，下尽全竹，四溃淡水障阻，不能浸淫。乃截去大钎头，用钎梢凿小窍，法如大窍。然凿至二十丈，中见白沙数丈，有咸水数担，名曰'腰脉水'，去咸水不远。寻凿之，而咸水渊涓自见也。

水有广水，昼夜力汲不竭，然味近淡。有咸水，昼夜计有数，然味亦不齐，有一担而煮盐五六斤者，有八九斤至十二三斤者，顾遇何如耳。

厥工既就，始树楼架，高可似敌楼。上为天滚，有辘轳声，制筒索吸水，如前吸泥水法，而枢轴则管于车床也。床横木为盘，盘有两耳，作曲池状，左右低昂逆施，左揖地右伸，右揖地左伸，循环用力，索尽筒出。咸水就灰笆泼水，而煎烧有绪矣。转辘轳者，盖三人为之。力厚者则制牛车，车状大，力逸而功倍也。此自成井而论。

若掘凿之际，钎偶中折而坠其中者，或遭淤泥作阻者，其出法亦巧，而为器亦异。钎带火掌篾而坠者，以搅镰钩出，为力易易。惟钎半坠，或止坠钎头者，取之之法，制为铁五爪，如震手状，爪背入木数寸，以竹三尺许，劈碎一尺，缠扼爪木，令坚致；上一尺亦劈碎，则活系橦子钎，不令拘泥偏向；中一尺通其节，以待橦子钎假道挞伐。垂爪入井，爪定所堕钎头，匠氏从上瞀索橦子钎由筒中击木，木击五爪，数击，则爪攫剿钎头者，牢不可以游滑自匿，虽欲不出，不可得矣。若被淤泥填溢大小窍，犹关格症然，甚者制为搜子，以和解其胶密。搜子者，铁条之有啮者也。未甚者制为漕钎，以冲击其脂凝。漕钎者，橦子钎之有啮者也。支解既析，则为刮筒以取其泥。刮筒之制，与盐筒殊科，不通其节，而每节之始，凿为方口，投井中吸泥，亦如汲水式。盖水可以疏通龛受，泥则逾节不可，是则匠氏作法意也。

嗟乎，一井之成，其次第节目如此，亦云劳矣。乃劳归灶丁，利归商贩，富灶任逸，佣灶任力。终岁穷日疲竭若何，而征输又告急矣。至有坍塌而乾赔国课者；有逋欠而逃徙流离者。是在上之人宽一分，则民受一分之赐云。[41]

细读这段记载，不难看出马骥用了近三分之二的篇幅来描述当时的钻井技术，按凿井的顺序，系统地从相井地、立石圈、凿大窍、扇泥到下竹、凿小窍做了完整的陈述。可见他已认识到这种技术的价值。

它的技术要点简单归结如下：

（1）勘探井位："凡匠氏相井地，多于两河夹岸、山形险急、得沙势处。"笔者在自贡的调查表明，当地在选择井位时，要"相山""看龙脉"，民间有一些口诀："三牛对马岭，不出贵人出盐井"；"依山可作井，同沟不同脉"；"两溪夹一梢，昼夜十大包"；"嘴对嘴，长流水。湾对湾，打不干"；"山嘴对山嘴，必定有广水"。

（2）开凿井口，安置石圈：先铲除地面浮土，不计丈尺，直至掘到坚石为度，然后安置好井口石圈，于是开始钻凿，"大窍，大铁钎主之；小窍，小铁钎主之。……大钎则有钎头，扁竟七寸，有轮锋，利穿凿"。

（3）坚井架、凿大窍：开凿之日，在井口"傍树两木，横一木于上。有小木滚子，以火掌绳钎末，附于横木滚子上。离井六七步为一木桩，纠火掌篾而耦舂之，滚竹运钎，自上下两乘矣"，这样钎钻一起一落，其力可将岩石舂碎如砂砾。"匠氏掌钎篾坐井口傍，周遭圜转，令其窍圆直。初则灌水凿之，及二三丈许，泉蒙四出，不用客水，无论土石，钎触处俱为泥水"。在凿钻过程中，还须时时清孔，"每凿一二尺，匠氏命起钎。用筒竹一根，约丈余，通节，以绳系其梢，筒末为皮钱，掩其底。至泥水所在。匠氏揉绳伸缩，皮敛水入，舀满搅出。泥水渐尽，复下钎凿焉"。这样反复凿疏，"较至二三十丈许，见红石岩口，大窍告成矣"。

（4）下套管：大窍开成，开始下套管。套管为竹管，"竹有木竹、□竹二种。木竹，取坚也，剖木两片，以麻合其缝，以油灰衅其隙。□竹出马湖山中，亦以麻裹之。木竹末为大麻头，累累节合，下尽全竹，四溃淡水障阻，不能浸淫"。

（5）钻凿小孔：摘取大钎头，改用钎梢，继续下钻凿小孔。"凿至二十丈，中见白沙数丈，有咸水数担，名曰'腰脉水'，去咸水不远。寻凿之，而咸水渊涓自见也。"

（6）架设汲卤盐井架，"高可似敌楼。上为天滚，有辘轳声"。

（7）汲卤：先制作汲筒索以汲卤水，其原理和结构如前吸泥水法。"而枢轴则管于车床也。床横木为盘，盘有两耳，作曲池状，左右低昂逆施，左揾地右伸，右揾地左伸，循环用力，索尽筒出。咸水就灰笆泼水，而煎烧有绪矣"。转动辘轳者，或三人推转，或牛拉牵，"车状大，力逸而功倍也"。

从这些工艺技术要点可以清楚地看到卓筒井在当时的发展水平。若按此文所述，当时川北盐区的卓筒井上部大孔深 20—30 丈，下部小孔深 20 丈，共计有 120—150 米深。

随着钻井深度的逐渐增加，到了清代嘉庆、道光年间，据李榕所著《自流井记》，其时"（盐）井至二百六七十丈而咸极"，可知当时井深已接近 300 丈。[42] 又据《四川盐政史》（卷二）记载，其时富荣东、西两场（即自流井和贡井）盐井最深，分别已达 320 丈和 300 丈。[43]

在深井钻孔技术成熟以后，人们在钻井时必然有很多机会遇到岩盐层。清末时，川民开始采用水溶法开采岩盐深层的矿体。接着又创造了自然连通的开采方法，岩盐资源很快就成为井盐生产中的另一重要开采对象。

关于自盐井卤水中提取食盐的技术，在西南地区有一个发展过程。初时，在一些地区流行着"刮炭取盐"或"淋灰取盐"的做法。例如《华阳国志·蜀志》谓："县在郡西，渡泸水，滨刚徼，曰摩沙夷。有盐池，积薪，以齐（卤）水灌，而后焚之，成盐。"[44] 樊绰的《蛮书》谓："蕃中不解煮法，以咸池水沃柴上，以火焚柴成炭，即于炭上掠取盐也。"[45] 这就是"刮炭取盐"。明代周季凤《正德云南志》卷八记载波弄山："下有盐井六所，土人掘地为坑，深三尺许，纳薪其中，焚之，俟成灰，取井中之卤浇灰上，明日皆化为盐。"可见这种土法在偏僻地区沿用颇久。当然，煮盐之法，大约早在汉代时，于巴蜀井盐区已开始采用，这种方法叫作"敞锅熬盐"，一直延续到现在，但其中细节则在不断改进。初时，大概是简单地把卤水煮干，盐成时"凝如锅范"，"厚四五寸许，大径四尺，重可五百斤"，但质地不纯，味苦，易潮解，并且食用不便。后来则发展为"煮花盐法"[46]，据光绪年间辑纂成书的《四川盐法志》卷二以及同治年间所修《富顺县志》"盐政新增"的记载，可知迟至清代时，熬盐的某些举措与今日自贡盐井的工艺已很相似，包含了很多颇具科学意义的技术经验。例如：

（1）在煮盐前，往往先进行黄卤与黑卤的搭配，调剂浓度。黄卤的 NaCl 浓度为 100—150 克／升，并常含有一些有毒性的 $BaCl_2$；黑卤的 NaCl 浓度为 170—200 克／升，并含有较多的硫酸盐。兑卤的比例一般是黄卤比黑卤为 6∶4 或 7∶3。在此过程中，可使 $BaCl_2$ 转变为 $BaSO_4$ 而将沉淀除去，Ba^{2+} 的毒性即可排除。

（2）当煎煮近于饱和时，往卤水中点加豆浆，可以使钙、镁、铁等的硫酸盐杂质凝聚起来，并以其吸附作用将一些泥土及悬浮物包藏住，此"渣滓皆浮聚于面"，用瓢舀出，再"入豆汁二三次"，直至"渣净水澄"。

（3）当卤水浓缩、澄清后，点加"母子渣盐"。"母子渣盐"就是在其他锅中煎制出的、结晶状态良好的食盐晶粒，它可以促使浓缩的卤水析出结晶。《四川盐法志》中有很好的说明："所谓母子渣者，别煮水，下豆汁澄净后，即减火力，以微火温焊，久之，水面盐结成，片如雪花，待彼锅盐水煮老澄清，把此入之，盐即成粒盐。"

（4）洗去"硝质"，提高盐质，以防潮解。所谓"硝质"实际上是镁盐（$MgSO_4$、$MgCl_2$ 等）。盐工们用竹制长网勺从卤水中打捞起盐粒后，"置竹器（篾渊）内"，再用"花水"冲洗盐粒（"沃数次"）。"花水者别用盐水久煮，入豆汁后即起之水也"，所以花水实际上是澄清的饱和盐水，因此它可以洗去"硝质"，又不会溶去盐分。如此所得精品盐叫作"花盐"，"粒匀面色白，类梅花、冰片"。

二、中国西南井盐生产的田野考察

（一）云南诺邓井的历史及现状

1. 云南诺邓井的历史记载

诺邓井位于云南省云龙县果郎乡，离县城六七公里，全部人口为白族，共 868 人，操白、汉两种语言。诺邓井是历史悠久的著名盐井，唐代开始有记载，《云南志》记载："剑川有细诺邓井……当土诸蛮自食，无榷税。蛮法煮盐，咸有法令。"[47] 说明在唐代诺邓井已经被开发，诺邓先民进行井盐生产，主要用于自己食用，尚无对井盐的课税。

宋、元两代云南史料极少，尚未发现对诺邓井的直接记录。

明代洪武年间，诺邓设有提举司，井盐生产被纳入了政府的盐政管理，有盐税征课。明代《景泰云南图经志书》卷五记载："五井盐课提举司，在浪穹县西北三百里，洪武十六年建置。内有吏目厅。所属盐课司五：诺邓井盐课司、大井盐课司、山井盐课司、师井盐课司、顺荡井盐课司。"[48] 明代《正德云南志》卷三也记载："五井盐课提举司，在浪穹县西北三百里，洪武十六年建。内有吏厅，所领有诺邓井、大井、山井、师井、顺荡井五盐课司，岁办额课三千七百余引。"[49] 明代《万历云南通志》卷六亦有记载[50]。明代《天启滇志》记载，晚明设于诺邓的提举司被撤销。[51]

清代，关于诺邓井的记载更多、更详细。清初，顾祖禹《读史方舆纪要》卷一百十记载："诺邓井，州西北三十五里，盐井也，置盐课大使于此，所辖又有石门一井。"[52] 清代有很多新盐井被开发，诺邓井的地位有所下降。清代《滇南盐法》第四帧"云龙井图说"曰："山行二十里山之坞，有诺邓井焉。由诺邓遵江行百余里复有师井……"[53] 对诺邓井记载最详细的是《康熙云龙州志》："诺邓井：在州署东北，距石门井十五里。出东山下，名大井，介两溪之中。深七丈，方围二丈余，卤脉微细，以人进井，舀入桶内，然后用木车扯出井。灶数一百八袋，与金泉以角计者相似，而其名异，一日之卤分给四袋之灶户煎煮，每袋得卤十八背，至二十七日给遍，周而复始。用小灶一围，铜锅四五口，昼夜煎熬。每背成盐五斤八九两，总计日产盐四百二斤余，色黄白，自捏成块，似鼓腔样。柴系四山所生，杂木或倮彝背卖，或自雇夫采取。每煎盐百斤，柴薪价约六七钱。又小井一处，味极淡，久弃。附井居民二百余户。"[54] 它提供了当时诺邓井的自然环境、卤水分配、采卤方法、煎煮情况。光绪年间，诺邓井的日产盐量为 460 斤，与康熙年间日产盐量 420 斤相比，产量提高不大。

民国时期，在诺邓村 350 户常住户中，有 230 户是有卤水资源的灶户，靠生产井盐为生，并向政府上缴盐产品。1949 年后，政府把卤水资源收归国有，废除了延续几千年的灶户制度，把分散的家庭作坊户集中起来，创办了盐厂。1949 年到 1996 年诺邓盐厂的日产盐量维持在一吨半到二吨半之间。诺邓盐厂为了发展生产，进行过多次生产技术革新，但是都没有走出传统井盐的生产技术模式，一直被认为是"土法制盐"，因而效益低下、质量达不到要求。1996 年，诺邓井被封井，井盐生产终止。

2. 云南诺邓井盐生产的实地考察

2002 年和 2003 年，笔者两次到诺邓井进行实地考察。诺邓盐井处于山箐底，上有井房覆盖，盐井的井口已经被淡水淹没。只见井房内还保存有汲卤的井架，盐井旁还有破败的制盐灶房、烟囱，尚存熬盐的灶、大锅和小桶锅及其他废弃的煮卤设备。通过对老盐工和灶户的深入访谈，笔者了解了诺邓传统的家庭作坊式的制盐工艺，包括盐井的构造、汲卤技术及煮盐工艺。（图 1-4、图 1-5）

图 1-4　云南诺邓井的井架

图 1-5　卤水背桶

（1）诺邓井的结构及汲卤技术。诺邓井深 22 米，有两个井硐，一个是咸水井硐，方围 7 米左右，一个是淡水井硐，方围 10 米左右。咸水井硐是汲取咸水的通道，淡水井硐是汲取淡水的通道。井下的技术结构的要领在于形成了汲卤系统和汲水系统，通过这种技术构造有效地分开咸水与淡水。在盐井的井口下面，有咸水与淡水两个蓄水池，咸水池有 4 平方米，淡水池有 6 平方米，淡水池与咸水池相连，但两池用两个木板隔开，木板中间用胶泥塞住，使之不能渗漏，隔开咸水与淡水。卤水的源头在井的最深处，共有两处。一处叫大井或大仓，是主要的盐泉，卤水多而味咸；另一处叫小井或小仓，卤水少而味淡。井口下 4 平方米的咸水池与盐泉——大仓和小仓之间有两条咸水通道连接。咸水通道是枧槽所铺，大仓和小仓的地势高，咸水池的地势低，竜工用竹竜从高处汲水，咸水顺着水道流入井下面 4 平方米的咸水池中。由此可以看出，井下卤水的开采是通过竹竜汲卤输入挖成有高低落差的枧槽中，利用落差来把卤水输送到井口下的咸水池中，再用木桶和天车（辘轳）把卤水从咸水井硐中汲出备用。汲水系统也就是淡水通道，由明沟暗道组成。淡水通道在地下形成一个有开口的倾斜圆圈，开口的两头地势高，圆圈的中间地势低，井里的淡水就从高处流到低处，最终由通道把井里的所有淡水引入 6 平方米的淡水池中，再用竹竜把淡水从淡水井硐中汲入河中。

《康熙云龙州志》记载开采卤水："以人进井，舀入桶内，然后用木车扯出井。"[55] 当时汲卤工具——竹竜尚未传入诺邓，开采卤水的方法是人进去用瓢舀，把卤水背到井口下，再用木车运出井外。当时每日的卤水分给灶户煎煮，灶户是卤权的持有者，卤权可以世代相传。康熙年间，卤工使用简单的生产工具，以人力从井下背出 72 背桶卤水，并"总计日产盐四百二斤余"[56]。

约民国初期时，竹竜传入诺邓，直接导致了汲卤和输卤技术的进步，完善了诺邓井下的汲卤系统和汲水系统。从咸水系统来说，形成了以竹竜为动力的咸水汲引系统，使咸水能够直接流到井口下，不再需要卤工井下运卤。井下的咸水竜一共有两条，主要源泉——大仓上有两条八尺左右的咸水竜，由两个竜工操作，从大仓源头上把卤水汲到咸水通道中。在小仓源头上有一条六尺长的小咸竜，由一个竜工操作，把咸水汲到另一条咸水通道中。咸水通道是枧槽，把咸水直接引到井口下的咸池中。再用木桶通过天车（辘轳）提到井上。提咸水时，两个卤工穿短衣短裤，站在井口的两边，一人把桶放下时，一人提卤上来。两只提桶一上一下，两人要配合默契，当地人把提水戏称为"七上八下"。卤水提上来以后，倒入木槽，卤水顺着木槽流入地面的大木缸中备用。

从淡水汲引系统来说，全部淡水用竹竜汲出井外，注入河中。汲淡水竹竜叫淡竜，一共有六条，分别安装在呈"之"字形的楼梯上，楼梯一共六级，一级楼梯一条竜并配有一个水池。淡水通过六级提升，把井下的淡水抽送到地面，并注入河中。

可以看到，云南诺邓井把淡水和咸水分开是依赖卤工操作的。民国时期，卤工仍然是国家雇用的正式工人。如果不是竜工每天汲水，盐井很快就会被淡水淹没，咸水和淡水会很快混在一起，这是云南盐井中的一种。还有一种盐井，淡水在掘井时已被永久性地处理好了，或被压制好，不让它出头，或疏导入河。不用汲淡水的盐井是更便捷、有效的盐井。

（2）诺邓井的煮盐工艺。灶是煎煮工艺的主要生产设备。诺邓的盐灶中间是大锅，旁边是形状如桶的锅，大锅直径93厘米，高31厘米；周围的桶锅，直径38厘米，高31厘米。每次煮水的前一两天，也都要先安锅。桶锅数目各家不一，有10—12口，绕大锅围成一圈。灶准备好以后，就可以起煎。

①烧锅：从起煎开始，一直到煎煮工作完毕，不能熄火，而且要保持火旺。烧锅时先要在锅上擦上香油，然后在锅中注满卤水，这是为了减轻铁锅起锅巴的程度。

②散水：水达到沸点后，水蒸发，卤水浓缩，为了尽快出盐，把中间大锅的水舀到周围的桶锅中，并在大锅中加入冷卤水，这道工序民间叫散水。经过这道工序使大锅周围桶锅的卤水变得越来越浓。

③归锅：桶锅开始结晶出盐以后，就停止从大锅中舀较淡的卤水到桶锅中，而是在10口左右的桶锅之间，把一侧桶锅中更浓的卤水散到另外几个锅中，促使散入浓缩卤水的几锅卤水先出盐。这一工序民间叫归锅或并锅。

④捞盐：煮成盐沙，即出盐以后，女工开始捞盐，操作是一手执笊篱，一手持漏瓢，把锅里的盐沙舀入笊篱，笊篱装满后，沥去水分，倒入尖底篾箩中。尖底篾箩放在一个木架子上，下放容器接沥出的盐水。

⑤脱锅：锅里的盐沙捞完后，所剩的少量浓卤水散到其他锅中。然后加冷卤水化掉锅里的锅巴。民间把这一工序叫"脱锅"。脱锅水也是浓度高的卤水，也要散入其他锅里。这一工序是为了减少锅巴的形成，锅巴不仅造成资源浪费，而且降低煎煮的传热效果，增加铁锅烧破的可能。

⑥春盐：一次春四五斤的一团，把盐粒春成细面。大研臼一次春得多，小研臼可以一个人春，一次春得少。春好后，放入簸箕中晾三四天。

⑦捏盐：捏盐一般都要请专门的女工。在簸箕中春好的细盐上加入适量"盐澄水"，搅拌均匀，把托模放在一块木板或铁板上，用手把拌好的盐塞入托模内，并拿板子用适当的力把盐拍紧，然后在上面浇一点"盐澄水"，拆模时，把箍拿掉，把两瓣模托轻轻拿掉，用垫着的板子配合，把托好的盐轻轻地放下。

⑧烧盐：先把上次烧盐留下来的混有盐的炭面撒在地上，上面再撒一层谷糠，上面放好的盐。一排排地放好，排好四五十坨后，把烧火时钩出来泡好、晒干的泡炭先放在盐上，再用铁铲子把灶里烧红的炭铲在泡炭上，用一个很大的扇子不停地扇火，火就在盐上烧起来了。上面烧硬后，用火夹把盐夹起来烧下面。掌握火候非常重要，以烧干、烧硬但不煳为好。

⑨包装：盐冷却下来以后就是包装。在竹箩中放一层干草，上面放一层盐，再放一层干草，再放一层盐。草是为了防潮、防撞。十砣一箩，一背有二十四筒，放好后待驮运。

诺邓盐生产出来后，要靠马驮人背，把盐运出去，主要行销保山、腾冲至缅甸一带。过去，诺邓筒盐味道醇正，深受滇西北各族人民欢迎。由于诺邓的盐质优良，用诺邓的井盐来腌制和酿制的"诺邓火腿""诺邓酱油"在当地也很有名。

（二）四川自贡燊海井的历史及现状

1. 四川自贡燊海井盐生产的历史背景

四川自贡燊海井位于大安区阮家坝山下一个叫长堰塘的堰塘旁边。占地面积3亩，井位海拔341.4米，该井开钻于清代道光十五年（1835年），采用中国自宋代以来的传统技术冲击顿钻法进行开掘，顿钻技术包括凿井、测井及纠斜、补腔、打捞、修治木柱等，开凿历时三年始成。井深1001.42米，是当时世界上第一口超千米盐井，创造了当时世界钻井的最高纪录。该井为一口天然气和黑卤同采的高产井，在以后的100多年创造了可观的经济价值。据有关资料记载，燊海井钻成11年后，俄国的谢苗诺夫于1846年钻成了一口浅井，采出少量井油。又过了13年，美国的狄拉克于1859年8月，钻成一口21.69米深的井，而且只从井里采出1.8吨多的井油。所以，燊海井的凿成，在人类钻井史上占有重要的一页。1988年，燊海井被列为全国重点文物保护单位。

燊海井在竣工初期，曾出现十分壮观的井喷现象，既产卤，又产气，完全解决了煮盐燃料的问题。当时日产天然气8500立方米，黑卤14立方米，需烧盐锅80余口。到1875年以后，天然气产量逐渐降低，需烧盐锅20余口，日产盐约3000斤。1944年，该井天然气日产量一度增加为3200立方米，需烧盐锅30口。现在天然气日产量为1500立方米。燊海井的开凿，使各地盐绅商贾纷至沓来，在周围凿井设灶，呈现"天车"林立、锅灶密布的繁华景象。燊海井灶在100多年间曾几度更名，先为元昌灶、荣华灶、乾元灶、四义灶，后改名益记德信灶、新记同森灶、君记同森灶、益记同森灶、金和德星灶、福记同益灶、建记同森灶等。

2. 四川自贡燊海井盐生产的实地考察

2007年1月，作者到四川省自贡市燊海井进行实地考察。燊海井现占地1500余平方米，主要建筑有碓房、大车房、灶房、柜房等，主要生产设备有碓架、井架、大车、盐锅、盐仓、采输气设施等，是研究我国古代科技史、经济史的重要实物资料。燊海井是国家级非物质文化遗产项目保护单位，现在仍然使用传统的汲卤方法和煎盐工艺进行生产，向人们展示了这一古老的手艺。

（1）燊海井的汲卤技术及设备。

①井。燊海井为井房所覆盖，井房高6米，长14米，宽6米，是一个用木头架设的工棚似的建筑，用10根柱子作为支撑。燊海井是产天然气和卤水两种资源的井，采用石圈和木柱固井，井口只有18厘米，井径为16厘米左右。木柱下，深度在64米至125米之间，井径为11.4厘米，以下至井底为10.6厘米。采到的卤为黑卤，产于三迭系地层（距地表约1000米），每升含盐100—150克/升，因含有机物和硫化物，故呈黑色。过去采用楠竹提卤水，打通关节后使用，现在用一根钢管，直径约8厘米。原来吊桶用的是竹篾，现在用钢绳。

②天车。燊海井的天车，高18.3米，雄伟挺拔，用数百根圆杉木经锟工从下而上以麻绳捆扎而成，用来提捞汲卤。木头选用一根根质轻、滤水和耐腐蚀的杉木制成，具有很强的承重能力。天车有4个脚，每个脚的直径为50厘米。顶上架设天辊，地上有地辊，又称为天轮和地轮。天辊和地辊起润滑轮的作用。地轮的直径为140厘米，厚25厘米，有30根辐条，用铁制成。天轮没有测量到直径，四周拉12根风篾稳定井架。（图1-6）

③大车。在燊海井口的右边是一个大车，有16根车辐条，是用来提卤水的设备。大车在车房内，车房宽14米，长则在数十米以上。大车呈圆柱形，用硬木做成，直径约4.5米，高2.5米，中间用轴固定车心，周围捆上4根底杠，作为拴牛推车的牛杠。绕于大车周围四分之三的扁带形竹篾为大车的制动装置，勒紧便可控制车动。提捞时，将竹篾绳的一端固定在大车上，经地轮和天轮后，另一端连接井

图1-6 自贡燊海井的天车

图 1-7　自贡燊海井的大车

口的楠竹筒，然后将楠竹筒放入井中的卤水层，竹筒内的单向活塞便自动打开，卤水灌入筒内。用 4 头牛推动作动力提卤水，卤水提出后，经人用手压住大车的竹篾，大车即停止转动。然后用铁钩子勾开竹筒活塞，将卤水倒入地上的桶里。挑水工即可把卤挑到灶房，倒入盐锅中制盐。赶牛的人叫"打牛脚杆的"。（图 1-7）

燊海井最早是用人力推动大车提捞卤水，一般需要 8—12 人，后来用牛推，用 4 头牛即可推动大车转动。现在，开始采用电动卷扬机作动力，用钢筒取代了楠竹筒，用钢绳取代了竹篾绳。

④人工踩架。人工踩架在井口旁，是锉井的重要设备，由 6 根圆木架设而成，为长方形井架。踩架顶上安装有花辊子，用作绕篾绳，下面正对井处是踩板，踩板一端的碓头，通过连环与篾绳和锉井的工具连接，工人有 6—8 人，分成两组，每组 3 人或 4 人，同时踩上踩板，利用杠杆原理，碓头翘起，锉井工具即向上升起，当工人们同时跳离踩板时，锉井工具靠自身重力迅速向下冲击，如此反复击碎岩石，同时向井下灌水，将碎岩石混合成泥浆，用"扇泥筒"将泥浆提出。锉井的主要工具有下锉吊挽连环、挺子、把手、蒲扇锉、扇泥筒等。

（2）燊海井的煎盐工艺及其设备。

①灶房。灶房建在井房旁边的台阶之上，宽 15 米，长 16.3 米。灶房顶上漏风，有两层瓦，层与层之间是空的，可以使灶房的通风处于良好状态。灶房中保留有传统的灶，这是一种平锅灶，出现于 20 世纪 30 年代。现有 8 口平底锅，直径 1.6 米，厚 25 厘米，均为铁制。过去是用生铁铸造铁圆锅，这种锅在化盐巴时容易破，现在用钢板焊制的钢锅，质量要好得多。煮盐时，用天然气作为燃料。

制盐的主要原料为黄卤、黑卤和盐岩卤三种，燃料为从燊海井采的天然气。输气的设施是用楠竹打通竹节后通气，竹子埋在地下，是看不见的。制盐的锅灶采用圆锅灶，又称为瓮宠灶。主要制盐工具有灶宠子、铁铲、烟子扁、磨盐扁等。

每次用铁管汲卤水约 80 公斤，卤水中约含盐 14%。在新中国成立前，把卤水从井中抽出后，是人挑卤水到大灶房的。现在则采用水泵抽到山上的大水池，再用水管输到大锅里。

②煎盐的生产工艺。燊海井生产的盐为花盐，在清代的《四川盐法志》中对花盐的生产方法有详细的记载："将煮时，置锅缘以土砖，再用泥灰围锅口，高二寸许（曰'泥围子'），火炙少坚燥，始注水满锅，勿令溢，水十分，黄者七，黑者三，煮许时，稍减火势，以勺挹视，水有盐花，稍缩又加新水，数加而盐性定不缩，即入豆汁澄之。又煮许时，渣滓皆浮聚于面，随挹出，又入豆汁二三次，渣净水澄，用母子渣盐两勺许，不宜多，多则盐粒过细，煮至竭而盐成（曰母子盐，所谓母子渣者，别煮水，下豆汁澄净后，即减火力，以微火温焊，久之，水面盐结成，片如雪花，待彼锅盐水煮老澄清，挹此入之，盐即成粒盐）。成一锅可百余斤，或百斤。两锅可得盐一包（在井火旺者一昼夜可煮两锅，火微者昼夜一锅或两昼夜一锅不等），取出置竹器内（曰渊篾），用花水沃数次，卤随水出，粒匀而色白。"[57]

现在燊海井生产花盐的工艺为低压火花制盐，制盐工艺共分为四大流程：

图 1-8　自贡燊海井煎盐

　　浓缩卤水。卤水注入锅中，约煮 8 小时。24 小时不间断，共出三轮盐。工人每天 3 班轮，每班 4 人。现小锅有 8 口，用于增加盐的浓度，位于烟道旁边，比大锅高一些，利用余热可以把卤水加热。加热后把小锅中的水舀到大锅里，利用热能节能增加卤水的浓度。同时用铲子搅，形成"旋涡"，把肉眼看得见的杂质用铲子舀出来。（图 1-8）

　　注入豆浆。对于肉眼看不见的杂质，用黄豆磨成的豆浆提纯。主要目的是提清化净，这是敞锅制盐中的一项重要工艺。因为锅内杂质多，若不分离，会造成盐质劣，加入豆浆，就能解决这个问题。在锅中加入相当于卤量 3%—5% 的豆浆水，分离出杂质，以提高盐质。每生产 1 吨盐，用 3—4 公斤黄豆浆。

　　淋花水。主要是淋去盐中的杂质，把锅里的盐铲到篾包上，置于盐槽的木桥上。把篾包的上部盐用铲子扒平扒松，让卤水漏在水沟里，约沥 12 小时以上。铲净盐后，把卤水放到平底锅里，化成盐巴。以后沟里的卤水可以回收。

　　下母子渣盐。主要目的是促使盐卤结晶成盐。实际上就是加入盐种，须另锅熬制。最后是淋盐、验盐。

　　现在每天可产两吨多盐巴。早晚出盐时，甄子不够，就放在竹篓子里，竹篓子为椭圆形，直径 50—70 厘米，高 50 厘米。燊海井生产的原盐氯化纳含量高，水分低，杂质少，具有外观色白、干燥、无污等特点。用天然气熬制出来的盐称为花盐，当地人说，自贡当地泡菜一定用这个盐，泡出的菜鲜、脆，特别好。（图 1-9）

　　除燊海井外，自贡正在生产的井还有东源井，原名"炳源井"，最初由三家股东合资，于 1858 年开钻，后来长时间开钻不见功，资金又出现了问题，钻井无法进行下去，只好把井卖给了林丹岩等人。1889

图 1-9 自贡燊海井的盐产品

图 1-11 自贡东源井井口

图 1-12 自贡东源井汲卤

年 7 月 7 日重新开钻，更名为东源井。1892 年初次见功产天然气，开始烧盐。东源井恰好处在地质断裂、转变的地方，有利于天然气和卤水的集聚，所以能够长期高产稳产，一直到现在都能产气汲卤，得到高效利用。（图 1-10—图 1-12）

三、中国海盐生产的历史与现状

海水是咸的，是因为它含有比河水、江水多得多的盐分。海水中盐类的含量因地域不同

图 1-10 自贡东源井井架

而略有差别。通常情况下，每升海水含食盐 20 多克。食盐质量的优劣主要根据其氯化钠的含量或纯度来决定。因为海水中还含有 Mg^{2+} 、Ca^+、K^+、SO_4^{2-}、CO_3^{2-} 等离子，构成 $CaSO_4$（石膏主要成分，在盐场中习惯称其为碱皮）、$MgSO_4$（医药上是泻药，盐场俗称卤汁）、$MgCl$（是卤块的主要成分，俗称卤杠）、KCl、$CaCO_3$、$MgBr$ 等盐类。海水中各种盐类百分数的总和，叫作含盐度。海水含盐度愈高，海水比重就愈大。当海水涨潮涌上某个凹地后，经过风吹日晒，水分自然蒸发，海水逐渐浓缩成卤水，当卤水成为过饱和盐溶液后，即海水的含盐量超过其在海水中的溶解度时，在某种条件下，从卤水中就会有食盐的结晶体析出。或当海水中的水分完全蒸干后，在凹地也会留下食盐的结晶体，这种现象在海岸上不难发现。生活居住在

离海岸不远的原始人群观察到这一现象从而发现了食盐，并不断探索这一现象，继而掌握了食盐的采集技术。

根据古籍记载的传说，中国先民煮海水取盐约兴起于神农教民稼穑的时代，即原始农业兴起的时代。传说将先民制盐与原始农业联系起来是符合历史事实的，也是有科学道理的。只是当原始人定居后，发展起以种植业为主的农耕生活时，才凸显出对食盐的需求。至于具体到哪个时期，人们又是如何掌握海盐制取技术的，实难考证。但是根据原始社会的生产水平，人们采用直接煮煎食盐的方法，要耗费大量燃料，无论从哪个角度来看，都是不合算的，因此极可能推广的方法是：先将海水通过风吹日晒加工成食盐含量较高的卤水，然后将卤水煎煮而提取食盐。相关的历史记载，讲述的制盐方法都是煮海水取盐。

关于煮海卤成盐的史料，今存最早的应该是《管子•地数篇》。管子对曰："可。夫楚有汝汉之金，齐有渠展之盐，燕有辽东之煮。此三者亦可当武王之数。十口之家，十人咶盐，百口之家，百人咶盐。凡食盐之数，一月丈夫五升少半，妇人三升少半，婴儿二升少半。盐之重，升加分耗而釜五十，升加一耗而釜百，升加十耗而釜千。君伐菹薪煮沸水为盐，正而积之三万钟。至阳春请籍于时。"桓公曰："何谓籍于时？"管子曰："阳春农事方作，令民毋得筑垣墙，毋得缮冢墓；丈夫毋得治宫室，毋得立台榭；北海之众毋得聚庸而煮盐。然盐之贾必四什倍。君以四什之贾，修河、济之流，南输梁、赵、宋、卫、濮阳。恶食无盐则肿，守圉之本，其用盐独重。"[58]

随着生活对食盐的需求，秦汉以后，海盐的生产在不断扩大。根据宋代苏颂编著的《图经本草》中记载，北宋时期海盐的生产，仅官营盐场已遍及沧、密、楚、秀、温、台、明、泉、福、广、琼、化诸州，即沿着中国东部自沧州以南沿海岸线展开。根据沈括《梦溪笔谈》的记载，这些地区生产的海盐已成为京东、淮南、两浙、江南东西、荆湖南北、福建、广南东西十一路居民的主要食盐来源。海盐产量虽然很大，但是海盐生产的方法，尽管各地因地制宜、各有特色，被其基本的技术依然是先制卤，后熬盐。

制卤的具体方法有很多，《图经本草》所记载的方法如下："……然后于海滨掘地为坑，上布竹木，复以蓬茅，又积沙于其上。每潮汐冲沙，卤碱淋于坑中，水退则以火炬照之，卤气冲火皆灭，因取海卤注盘中煎之，顷刻而就。"[59]

宋代乐史在《太平寰宇记》中，也较翔实地记载了通州海门县（今江苏长江口）海陵的刮沙浸卤的方法："凡取卤煮盐，以雨晴为度，亭地（按：指已经饱吸盐分的海滩沙土地）干爽。先用人牛牵挟剌刀取土，经宿。铺草籍地，复牵爬车，聚所剌土于草上成'溜'，大者高二尺，方一丈以上。锹作卤井于'溜'侧。多以妇人、小子执芦箕（舀水器），名之曰'黄头'，舀水灌浇，盖以其轻便。食顷，则卤流入井。"[60]

以上两者的记载，在技术方法上是类同的，都属于运用刮沙浸卤的方法。所谓刮沙即将已吸附大量海盐的海滩沙土，即上文所称的亭地或积沙收集起来，放置在竹木、茅草覆盖的架子上。浸卤即利用潮汐上来的海水或人工提舀海水冲淋放置在竹木、茅草之上的积沙，让海水溶解积沙中的盐分，使提高了含盐量的卤水流入坑中或井中。由于卤水含盐量高，煎熬出盐就容易了。为了提高卤水的含盐量，在进行刮沙浸卤的过程中，切忌碰上阴雨天；否则，雨水就会稀释卤水，影响效率。

为了提高熬煎成盐的效率，盐工会对卤水的浓度进行监测。当时的盐工就使用一种石莲法来判定卤水的浓度。《太平寰宇记》中介绍了这种石莲法："取石莲（原文作石帘）十枚，尝其厚薄（按：指卤水浓度）。全浮者全收盐，半浮者半收盐，三莲以下浮者，则卤未堪（用），却须剩开……"明人陆容《菽园杂记》谓："（卤水）以重三分莲子试之。先将小竹筒装卤，入莲子于中。若浮而横倒者，则卤极咸，乃可煎烧；若立浮于面者，稍淡；若沉而不起者，全淡，俱弃不用。"[61]这种方法，在宋代、元代、明代的著述中多有记述，具体方法不尽相同。

关于浸卤（即淋卤）的方法，古籍中要数元代陈椿《熬波图》的记载最为详明，并有一批插图给人以形象的说明。其记载如下："灰淋一名灰挞，其法于摊场边近高阜处掘四方土窟一个，深二尺许，广五六尺。先用牛于湿草地内踏炼筋韧熟泥，用铁铧锹掘成四方土块，名曰生田。人夫搬担，逐块排砌淋（坑）底，筑踏平实，四围亦垒筑如墙，用木槌、草索鞭打无纵，务要绕围及底下坚实，以防泄漏。仍于灰淋（坑）侧掘一卤井，深广可六尺，亦用土块筑垒如灰淋法。埋一小竹管于灰淋（坑）底，下与井相通，使流卤入井内。"其工艺的重要改进是在淋卤池侧设置了一个卤井。因为淋卤池中的卤水可能浓度不一。若浓度差一点，就可暂不放入卤井，待达到要求的浓度后，再放入卤井。这样用于煎熬的卤水浓度就有保证了。

明代，海边盐场淋卤煎盐的技术有了较大的发展。陆容的《菽园杂记》有了清楚的记载，宋应星《天工开物》的记载最为权威。宋应星在《开工开物》中就他所掌握的资料，将当时的制卤技术归纳为三种。

第一种是在地势高阳的滩地，用草木灰来吸取沙中的盐分。"高堰地、潮波不没者，地可种盐。……度诘朝（明旦）无雨，则今日广布稻麦藁灰及芦茅灰寸许于地上（盐沙土），压使平匀。明晨露气冲腾，则其下盐茅勃发。日中晴霁，灰、盐一并扫起淋煎。"[62]这种方法早已载于元代陈椿之的《熬波图》中。清代王守基的《盐法议略》谓："秋日刈草煎盐而藏其灰，待春暖以后，摊灰于亭场，俟盐花浸入，用海水淋之成卤。"[63]这就是对该方法的极明晰的解释。这种方法是盐民的新创造，他们发现草木灰有强烈的吸附食盐的能力，因而加以利用而制成卤水。

第二种是在地势稍高、海水将及浅渍的滩地制盐。"潮波浅被地，不用灰压。候潮一过，明日天晴，半日晒出盐霜，疾趋扫取煎炼。"[64]这种方法显然已近乎晒盐了，但是它只适用于滩沙极为细腻、吸附海盐能力较强的情况。故陆容《菽园杂记》卷十二对此法则另有一说："凡盐利之成，须借卤水。然卤之淋取，又各不同。有沙土，（海水）漏过，不能成咸者，必须烧草为灰，布在摊场（亭场），然后以海水渍之，俟晒结浮白，扫而复淋。有泥土细润常涵咸气者，止用刮取浮泥，搬在摊场，仍以海水浇之，俟晒过干坚，聚而复淋。"[65]陆容介绍的方法似乎是把上面第一种方法和先前积沙淋卤的方法糅合起来，在技术上更全面，效益必将获得提高。

第三种是在最低的摊场就采取《图经本草》所描述的淋卤方法，"逼海潮深地，先掘深坑，横架竹木，上铺席苇，又铺（盐）沙于席苇之上，俟潮灭顶冲过，卤气由沙渗下坑中。撤去沙苇，以灯烛之，卤气冲灯即灭，取卤水煎炼。"在第一种与第二种两种情况下，用草灰附之海盐要经过淋卤后再加以煎炼，其淋卤之法，则与第三种情况下的淋卤基本相同。

制卤之后的工艺主要是煎制。最早采用的煎制器具，先秦文献没有记载，估计是五花八门。仅从当时制作工具的材料来推测，一是陶制，二是金属制（青铜）。但是这两种都不理想，陶盆传热慢，又易在烧煎中碎裂。而且烧制成大型的扁平陶锅，在技术上有相当难度，采用小型的陶盆，效率又太低。若用青铜锅来煎熬，一则青铜不耐腐蚀，二则青铜材料珍贵，成本太高。最可能的是因地制宜，仿照发明制陶的方法利用当地的竹子，编制成平锅形，再上下涂抹一定厚度的蜃灰泥，烧干了即可当作煎锅。

《史记·平准书》中记载："因官器做煮盐，官与牢盆。"[66]牢盆由官方提供给盐户使用。但是牢盆究竟是什么形制，究竟由什么材料制成，尚待考证。

汉代沿袭前代的称谓，把煮盐卤的锅叫作牢盆。苏颂在《图经本草》中就写道："其煮盐之器，汉谓之牢盆，今或鼓铁为之，或编竹为之，上下周以蜃灰，广丈、深尺、平底，置于灶背，谓之盐盘。《南越志》所谓'织蔑为鼑，和以牡蛎'是也。"[67]由苏颂的记载可以判定，当时煎盐的器具是很大的，直径过丈，深有尺余，平底，其状若盘。因为器具有这样大的表面积，显然不可能是陶制，而是铁制或竹篾加牡蛎灰制成。

随着冶铁技术的发展，铁制工具在汉代得到进一步的推广使用，制作煎盐的牢盆出现较晚些。铁制的牢盆比较耐用，但是成本较高。更多的盐工采用的还是竹篾编制、外涂牡蛎灰的牢盆，它就地取材，成本低廉。使用这种牢盆，产量和效率都是较好的。据南宋李心传《建炎以来朝野杂记》记载，淮浙之盐亭户，以"镬子"煮盐[68]。这一记载与《图经本草》稍有不同。它称煮盐器具为镬而不是牢盆，镬即无足的釜。

《太平寰宇记》（卷一百三十）记载："取采芦柴、茷草之属，旋以石灰封盘角，散皂角于盘内，起火煮卤。一溜之卤，分三盘至五盘，每盘成盐三石至五石。既成，入户疾着木履上盘，冒热收取，稍迟则不及收讫。"它以石灰封盘，推测应是铁制，铁皮之间的缝隙用石灰补。以芦柴或茅草为燃料，加热前，散皂角于盘内，以利于食盐的结晶和絮凝。在煮卤中，以木锨操拌，趁热收取食盐。一盘煎下来可得盐3—5石（宋制每石50斤），即一盘可得150—250斤盐。

元代，《熬波图》翔实地记载了当时的盐业状况。关于煎盘，《熬波图》曰："铁盘模样，盘有大小阔狭，薄则易裂，厚则耐久。浙东以竹编；浙西以铁铸。或篾或铁，各随其宜。""以篾为者，止可用三二日，焚毁继成弃物，则应酬官事而已，终不如铁铸者，可熬烈火烹炼也。""方盘虽薄，容易裂；圆镬虽深又难热。不方不圆合而分，样自两淮行两浙。洪炉一鼓焰掀天，收尽九州无寸铁。明朝火冷合而观，疑是沅江九肋鳖。"陈椿记述了熬卤成盐煮具的形状、大小、厚薄及其利弊。同时指出当时浙东盐场以竹编篾盘为主，浙西则以铁铸的镬为主，各随其具体情况而定。随后又指出篾盘只能用二三日，不如铁铸的使用长久。最后用诗歌来描述铁制熬盘的形状，说明生产铁盘耗费了大量的铁。

陈椿还介绍了铸造铁盘的方法："镕铸样（盘）各随所铸大小。用工铸造，以旧破锅镬铁为上。先筑炉，用瓶砂、白墙炭屑、小麦穗和泥实筑为炉。其铁样（盘）沉重难秤斤两，只以秤铁入炉，为则每铁一斤用炭一斤，总计其数，鼓鞴煽镕成汁，候铁镕尽为度，用柳木棒钻炉脐为一小窍，炼熟泥为溜，放汁入样（盘）模内，逐一块依所欲模样泻铸。如要汁止，用小麦穗和泥一块，于杖头上抹塞之即止。样（盘）一面亦用生铁块一二万斤，合用铸冶工食所费不多。""大样（盘）大小十余片，中盘四片，小盘二。"然后又介绍了承接铁盘炉灶的砌造和拼凑铁盘、装泥抹盘缝等工序。在以上工序完成后，才开始煎盐，其过程如下："上卤煎盐：样（盘）面装泥已完，卤丁轮定样（盘）次上卤，用上管竹相接于池边缸头内，将浇料酱卤自竹管内流放上样（盘），卤池稍远者愈添竹管引之、样（盘）缝设或渗漏，用牛粪和石灰掩捺即止。""捞洒撩盐：煎盐旺月，卤多味咸，则易成就，先安四方矮木架一二个，广五六尺，上铺竹篾，看样（盘）上卤滚后，将扫帚于滚样（盘）内频扫，木机推闭，用铁铲捞沥欲成未结糊涂湿盐，逐一铲挑起，撩床竹篾之上，沥去卤水，乃成干盐。又掺生卤，频捞盐，频添卤，如此则昼夜出盐不息。比同逐一样（盘）烧干出盐倍省工力。若卤太咸，则洒水浇；否则样（盘）上虀，如饭锅中生糒焦，通寸许厚，须用大铁槌（一名拌槌）逐星敲打划去了，否则为虀所隔，非但卤难成盐，又且火紧致损盘铁。"

以上记载完整地记叙了煎盐的工艺过程，其中有两点是很重要的。一是用铁铲将已结晶析出的湿盐铲出放在竹篾之上，沥去卤水，乃成干盐，这时同时渗进生卤，频捞盐，频添卤，昼夜出盐不息。这样做比逐一盘烧干出盐倍省工力。这样操作是非常科学的，它不仅充分利用了铁盘在灶上的热能，同时利用已结晶的盐粒作为过饱和溶液（卤水）的结晶的诱导因素。这种操作是连续性生产，比间断性生产效率高。二是卤水不能太淡，太淡了结晶慢且少，费时费柴。卤水又不能太咸（浓），太咸要洒水冲淡，否则盘上结板，像饭烧焦了一样，不仅影响煎卤，而且还会损坏铁盘，必须用大铁锤敲碎后铲去。

因为卤水咸淡（浓稀）影响煎卤，《熬波图》提到了测试卤水咸淡的石莲法。"要知卤之咸淡，必用莲管秤试。如四莲俱起，其卤为上，淋过淡灰，次日再晒。管莲之法，采石莲先于淤泥内浸过，用四等卤分浸四处，取咸釉卤浸一处（第一等），三分卤浸一分水浸一处（第二等），一半水一半卤浸一处（第三等），一分卤浸二分水浸一处（第四等），后用一竹管盛此四等所浸莲子，四放于竹管内，上用竹丝隔定，竹管口不令莲子漾出，以莲管汲卤试之，视四莲子之浮沉以别卤咸淡之等。"这里介绍的石莲法，和后来化工生产中常用的比重计测溶液浓度的方法原理也是相同的。

明代，海盐生产效率有所提高。从陆容《菽园杂记》和宋应星《天工开物》的相关记载中可以说明这一点。

陆容《菽园杂记》中对当时两浙地区的煎盐方法有了进一步说明："锅有铁铸，宽浅者谓之□盘；竹编成者，谓之篦盘。铁盘用石灰粘其缝隙，支以砖块。篦盘用石灰涂其里外，悬以绳索。然后装盛卤水，用火煎熬，一昼夜可煎三干，大盘一干可得盐二百斤以上，小锅一干可得盐二三十斤之上。若能勤煎，可得四干。大盘难坏而用柴多，便于人众，浙西场分多有之；小盘易坏而用柴少，便于自己，浙东场分多有之。盖土俗各有所宜也。"[69]一直沿用至明代的竹篦盘是中国古代煎盐生产中的一项发明，别具特色，各代古籍多有记载，而且也在不断改进，至清代时又以铁条为骨架，提高了它的耐用性。王守基《盐法议略》中就有介绍，不过他所讲的则是广东地区所通用的："竹锅大者周围丈余，小者亦六七尺，用篦编成。涂以牡蛎，用铁条数幅支架，使之骨立。其受火处以白蚬灰（壳）荡五六分厚，即能敌火，不致焚毁。"[70]

宋应星在《天工开物·作咸》中对煎盐的叙述也很详细："凡煎盐锅，古谓之牢盆，亦有两种制度。其盆周阔数丈，径亦丈许。用铁者，以铁打成叶片，铁钉拴合，其底平如盂，其四周高尺二寸，其合缝处一经卤汁结塞，永无隙漏。其下列灶燃薪，多者十二三眼，少者七八眼，共煎此盘。南海有编竹为者，将竹编成阔丈深尺，糊以蜃灰，附以釜背。火燃釜底，滚沸延及成盐。亦名盐盆，然不若铁叶镶成之便也。凡煎卤未即凝结，将皂角椎碎，和粟米糠二味，卤沸之时，投入其中搅和，盐即顷刻结成。盖皂角结盐，犹石膏之结腐也。"[71]

《天工开物》的记载在煎盐工艺上较之《熬波图》等记载没有技术上的飞跃，但记载更清楚，特别是"皂角结盐法"的介绍。宋代乐史《太平寰宇记》曾记述这种方法，但《天工开物》不仅过程讲得清楚，还指出原理与石膏点豆腐一样。化学作用是利用皂角和粟米糠的凝聚作用，以促进食盐晶体的析出。这也算是古代盐工的一项有趣发明。

海盐生产由煎盐工艺转向晒盐工艺是制作工艺的一大进步，不仅节约了燃料和材料，而且充分利用了大自然的热能和风能，展示了人的智慧。池盐生产在唐代已开始垦畦浇晒，这种方法推广到海盐生产几乎经历了500年之久。据《元史·食货志》记载："福建之盐：……至顺元年，实办课三十八万七千七百八十三锭。其工本钞，煎盐每引递增至二十贯，晒盐每引至一十七贯四钱，所隶之场有七。"[72]由此可推定，晒制海盐在元代至顺元年前已出现在远离山西的福建。晒制海盐的技术是否从福建盐场开始？池盐的晒制技术又是如何推广到海盐生产中来的？这些问题尚待研究。

明代中叶，晒盐技术得到推广，有更多的产盐区采用这种较先进技术，改煎为晒。《明史·食货志》称："淮南之盐煎，淮北之盐晒，山东之盐有煎有晒。"但其时的晒海盐法，还是以天日曝晒代替煎炼，仍未摆脱预制海卤（淋卤）的工序。崇祯三年（1630年），礼部侍郎徐光启曾奏议，建议在江淮、两浙之地于海盐生产中废煎改晒："福建漳泉等府海水亦淡，却用晒盐，盖是卤汁所成，今臣所拟即福建法也，而加广大焉。其法于平地筑而坚之，以砖石铺底砌墙，墙高于底二尺，势如浅池。砌法皆以三和之灰。三和者，一石灰，二石砂，三瓦末也。砌讫又建三和之灰涂之，令涓滴不漏。墙底之外为井以容卤，井有盖。池之方广无定度也。池之四周立柱架梁，用苇席为短棚，可舒卷，以就日而御雨也。淋卤如常法。卤既成，入于井。日出则庢卤于井，入之于池。卤不得过二寸，晒二三日成颗盐矣。盐成，刮取之。勿尽刮，久而底盐存积为盐床，盐床厚而入之卤则其成盐也更易。"[73] 可见徐氏所说的晒盐法，仍然是"淋卤如常法"者，但此议也未被摇摇欲坠的朝廷所采纳。

明代，河北沧州兴建了长芦盐场，出现了与现代海盐晒制法相似的方法。此后，该盐场获得迅速发展，很快成为中国海盐生产的中心和典范。关于长芦晒盐，《天工开物》介绍解盐时谈及："解池……土人种盐者，池傍耕池为畦垄……引水种盐，春间即为之……待夏秋之交，南风大起，则一宵结成，名曰颗盐，即古志所谓大盐也。以海水煎者细碎，而此成粒颗，故得'大'名。其盐凝结之后，扫起即成食味。……其海丰（今山东无棣县）、深州（为沧州之讹[74]）引海水入池晒成者，凝结之时，扫食不加人力，与解盐同；但成盐之时日，与不藉南风，则大异也。"[75] 可见，明末长芦晒盐法摆脱了"制卤"的工序，可谓完全的晒盐法。《天工开物》"引海水入池晒成者"的记录可能来自明人章潢的《图书编》卷九一中的记载："海丰等场产盐，出自海水，滩晒而成。彼处有大河口一道，其源出于海，分为五派，列于海丰、深州（显然为沧州之讹）海盈二场之间。河身通东南而远去。先时有福建一人来传此水可以晒盐，令灶户高淳等，于河边挑修一池，隔为大中小三段，次第浇水于段内，晒之，浃辰则水干，盐结如冰。其后，本场灶户高登、高贯等、深（沧）州海盈场灶户姬彰等共五十六家，见此法比刮土淋煎简便，各于沿河一带择方便滩地，亦挑修为池，照前晒盐。有占三五亩者或十余亩者，多至数十亩者……或一亩作一池，或三四亩作一池，共立滩池四百二十七处。所晒盐斤，或上纳丁盐入官，或卖于商人添色。虽人力造作之工，实天地自然之利。但遇阴雨，其盐不结。"据邢润川考证，海丰、沧州盐场采用这种完全的晒海盐法最迟也不会晚于嘉靖初年。

从明代后期开始，海滩晒盐的方法大致是在海滨预先掘好潮沟，以待海潮漫入以供卤。在沟旁建造由高至低的七层或九层（最高者十一二层）的晒池，晒制时用风车或两人用柳斗将潮水戽入最高层晒池。这种晒池，长芦、山东、辽宁谓之卤台，淮北谓之沙格，福建、广东谓之盐埕，也叫石池。每当涨潮时海水灌满沟渠。退潮后将沟中海水戽或车入最高一层晒池，注满曝晒，经适当浓缩后，则放入次层晒池。如此逐层放至末池。仍用上述石莲子等估测卤水浓度。及至已成浓卤，便趁晴曝晒，于是得到颗盐。清代初年，天主教士传来了意大利西西里岛人所创造（大约在 1000 年前）的所谓"天日风力晒盐法"的经验，得到康熙帝的赞赏和奖励，于是先在辽宁、长芦推广。其后沿海各地也相率引进、融合此法。从此晒海盐法便逐步完全取代"煮海"的方法了。到清代后期，特别在洋务运动以后，随着近代的化学、化工知识的传入，一些生产海盐的盐场进一步完善了晒法生产海盐的技术，从而形成了较完备的生产流程。

考虑到不同地域不同层次的海水的含盐比重的不同，盐工们很注意潮水的规律。尽可能在晴天无雨的季节里纳入比重较高的海水，以提高晒卤的效率。随后又根据影响蒸发制卤的各种因素，例如气象中的温度、风速、风向等因素，摸索出薄晒勤跑、走水留底、冰下抽咸、化冰排淡、加卤、灌满池漂、勤扒盐、下盐种等技术措施来提高卤水和结晶盐的产量和质量。

薄晒勤跑是制卤过程中的一项操作技术。在蒸发池中，实行浅水制卤，叫作薄晒。因为在池中咸水浅，日照下液温上升较快，可增加水分蒸发速度，使咸水提前达到饱和程度。薄晒的缺点是产生的饱和卤水数量要少，故采取咸水勤跑的办法，加强其流动而提高效率。只薄晒而不勤跑，不但浓缩成的咸水量太少，而且易造成咸水还没到结晶池就在蒸发池中结晶析出，影响流程的继续。只勤跑不薄晒，会使咸水走到结晶池时，浓度还远不到饱和度，也将影响生产效率。因此薄晒和勤跑必须密切地结合起来，掌握好。怎样掌握好薄晒的薄和勤跑的勤？要依照不同的季节、日照、温度、湿度、风力、风向等具体因素而定。

走水留底又叫作卤咬卤，即在蒸发池中走咸水时，池子里的卤水不走干，约留三分之一或四分之一，然后把上部蒸发池里的咸水走下来，与它混合。留底咸水的比重较新下来的卤水比重稍高，所以两者混合后，还没开始蒸发，咸水的比重即升高了。这样做避免了晒滩而充分地利用了太阳光照热能，当然有利于制卤。加上走水过程中，利用咸水的流动，促成下层咸水蒸发。

冰下抽咸。北方的海盐产区，到了冬季，由于气温低，水分蒸发量低，利用日光蒸发水分来制卤就较困难。盐工们利用冰冻时节，淡水和咸水的不同比重和不同冰点，而采用冰下抽咸的技术以获取较浓的卤水。因为含盐分愈大，咸水的比重也愈大，在海滩晒盐池的咸水层中，它分布在下层。当气温降到 0 摄氏度以下，上层（比重较小）的咸水先结冰，而下层（比重较大）的咸水尚未结冰，这时从冰下抽取咸水，就能获得质量较好的卤水。

化冰排淡。应用同样的原理，冬季适当的时候除去晒盐池上层的冰块，也可以浓缩海水。这种方法叫作化冰排淡，不仅用于冬季制卤，还可以为春季提早灌池做好准备。总之，冰下抽咸和化冰排淡这两种方法是充分用自然条件为人们做工。

灌满池漂是灌池子时的一种操作。在第一次往结晶池里灌卤水时，把结晶池口的板子打开，使用饱和的卤水，急流涌灌，迅速地把卤水的量灌足，这时，在池内的卤水面上，将漂起一层盐的细微结晶。由于灌池后，满池里漂起了盐花，所以叫满灌池漂。这样操作的目的很明确，就是为了让卤水借助于这些细微的结晶，而很快生长成大量的结晶体，即加快了结晶的速度。这些细微的结晶作为母核，在过饱和卤水中逐渐成长，当它长到足够大时，即结晶体变大且变重了，就会下沉到池底，这就是人们所生产的盐粒。如果卤水灌入结晶池后，没有立即漂起盐花，那么即使卤水是过饱和溶液，也必须经过一段时间后，才能打破饱和溶液的平衡，让食盐结晶析出。灌满池漂的实际效果是打破卤水的过饱和状态，让食盐晶体迅速成长壮大。

当盐花打破了卤水过饱和状态，而促进食盐晶体的成长析出，直到卤水由过饱和状态回复到饱和状态，重新建立起新的平衡。此后食盐晶体的形成和成长主要依赖水分的蒸发，卤水进一步变成过饱和状态。

将卤水灌入结晶池中，叫作加卤。加卤是生产过程中一项很重要的工序。它也是有讲究的，不是什么时间加都行，而是要选择最适当的时间。在晒盐生产的旺季，夏天十分强调在清晨气温较低时加卤。一般来说，一天气温最高约在下午两点，而清晨五点左右气温最低。清晨加卤，一方面使比重不同的新卤水和结晶池中留存的卤水有充分的时间来混合，另一方面混合好的卤水可以充分利用有效的日照蒸发时间，使食盐结晶充分地成长。假若在气温较高的时候灌入温度已升高的卤水在结晶池中，不仅因降低池温而影响食盐结晶的成长，还会由于新旧卤水没有充分混合，而减慢了结晶的析出。此外，因为气温低，卤水中硫酸钙的溶解度降低，从而使硫酸钙能充分析出而沉淀，最终提高了食盐的质量。

旺产季节一般采用深卤结晶。所谓深卤是指在一定的卤水深度中，让食盐晶体缓慢地成长。这深度一般保持在 10 厘米左右。为什么要在旺季实行深卤结晶呢？这是因为卤水有一定深度，就可以尽量吸收热量，充分利用热能，多蒸发一些水分，以增加产量。卤水过浅，一天的日照只能利用几小时，食盐结晶就析出了，产量显然较低。卤水过深，大于 20 厘米时，日光不容易晒到盐渣上，卤水也不易流动，势必影响结晶的速度。与深卤结晶相配合的还有勤扒盐。将长期结晶与勤扒盐科学地协调好是获得高产和提高盐的质量的重要手段。

下盐种是指在新做好的结晶池中，撒下适量的已晒好的盐。由于新池中没有盐粒，卤水就缺少结晶核，形成过饱和液而不易结晶。在新池中撒下盐种，就会打破卤水的过饱和状态，使撒下的盐粒成为晶核，促成食盐结晶尽快成长析出。下盐种时要注意盐种数量适当，而且要撒得均匀，否则影响效果和产出的食盐质量。

　　总之，在科学原理的指导下，古代的晒盐工艺得到改进，晒盐的生产逐步形成一个配套的技术体系，不仅提高了生产效率，还保证了产品的质量。到了 20 世纪，晒盐技术主要朝着三个方向发展：一是逐步实现生产过程的机械化，减轻了盐工的生产劳动强度。二是在科学知识的引导下，加强精制食盐的操作，为人们生活提供了符合卫生指标、保证产品质量的精细食盐。三是开展了对晒盐生产过程中，多种盐类资源（包括工业用盐）的综合利用。地球上的海水资源将通过晒盐、精制盐技术的发展而得到更充分和合理的开发利用。

四、中国海盐生产的田野考察——以浙江象山海盐为例

（一）浙江象山海盐生产的历史背景

　　浙江象山县的晒盐区分布在县境沿海地区，北自钱仓，由爵溪折而南至石浦、四都，迂回 200 余里，史称"灶舍环列其中"，是历史上产盐规模较大的地区。象山县四季分明，光照较多，热量充足，四季均可晒盐。尤其是每年的 6 月到 8 月间，为晒盐的旺季。（图 1-13）

　　《新唐书•地理志》中已有象山产盐的记载。北宋后期，人口增加 10 倍，盐的需求激增，北宋徽宗政和四年（1114 年），改一家一户制盐为官办，在县东北 30 里玉泉山下，设玉泉盐场，置盐官。南宋至清代，象山的盐场逐渐增多，玉泉场辖有瑞龙、玉女溪、东村三个分场，民国末年，玉泉场一度广辖三门、宁海、象山三县。1949 年后，盐区（场）几经调整废兴，至 20 世纪 70 年代末，形成昌国、花岙、白岩山、新桥、旦门五大骨干盐场，总面积近 3 万亩，比原盐地增加近 10 倍。全县盐场主要集中在涂茨、昌国、花岙沿海成片地区。从工艺技术的发展上来讲，象山的海盐生产经历了以下几个阶段：最初是元人称之为"熬波"的制盐法。元代以后，逐渐采用刮泥淋卤和泼灰制卤法，清嘉庆开始，从舟山引进板晒法结晶，清末又引进缸坦晒法结晶，成为盐业生产工艺上的一大变革。20 世纪 60 年代后试验成功平滩晒法，采用新技术，并用机器逐渐代替手工操作，但传统晒盐技艺仍有一定保留。

图 1-13　浙江象山盐场

（二）浙江象山海盐工艺的实地考察

2007年6月，在浙江省象山县文化局的帮助下，笔者到象山对海盐工艺进行实地考察。（图1-14）晒盐是中国食盐手工技艺中的一个类型，它以海水为基本原料，利用近海滩涂出现的白色之泥（咸泥）或灰土（泥），结合日光和风力蒸发，通过淋、泼等方法制成盐卤（鲜卤），再通过火煎或日晒、风干等方式结晶，制成粗细不同的成品盐。

图1-14 浙江象山盐场 挑盐

1. 象山海盐生产的主要器具和设施

（1）灰场（土）制作器具。削刀、扒碌、竹竿、木瓢、勾担、畚箕、夹板、翻扒、笤帚。

（2）制卤器具。灰溜、井（或缸）、短木、细竹、竹管、柴灰、稻草、木勺、石莲。

（3）煎灶或坦晒。煎法：草舍、铁盘、篾盘、皂角末、米糠、铁锅（大锅两具，中锅一具）、木桶、薪。坦晒：坦格铺缸片（每格50—100平方米不等）、盛卤木桶、笤帚、箩筐、箩杠、仓坨。

2. 象山海盐的生产工艺

通过实地考察，象山海盐的生产工艺（以晒灰制卤和煎灶、坦晒为例）可总结如下：

（1）辟滩场。近海筑塘御潮，建水闸，纳潮排淡；开沟筑塍为界，成方块滩场，环场沟渠贮海水，同时挖若干潭贮潮。

（2）制灰土。先用削刀削松滩场泥，以碌扒击碎泥块，再用竹竿搅泥成细，形如灰状。挑潭中海水，用木瓢洒泼匀透，使泥（灰）吸收水中盐分，日中再泼再晒，至日落，以削刀将泥（灰）集聚，用木板夹成长堤状，以防夜雨。次日天晴，仍翻扒推平，以碌扒扒松，方法如前。一般盛夏2—3日，秋冬4日，泥（灰）中已饱含盐分。

（3）制卤。在滩场中心便利位置筑土圈如柜，长8尺，阔6尺，高2尺，深3尺，称灰溜。在溜旁开一井，深8尺（或用缸以承溜），溜底用短木数段平铺，木上再铺细竹数十根，覆以柴灰，然后填所晒场泥（灰）入溜中，用足踏实，再以稻草覆灰，挑潭中海水泼草灰上，使其缓缓渗入井中，即成咸卤（鲜卤），可上灶煎盐。测卤咸度用石莲沉浮而定。后改为用柴灰平铺盐田，引海水入盐田，吸取其咸分。灰晒干后扫成堆，如是重复两天，灰中饱含咸分。再挑灰至漏碗，灌海水至漏底，即成鲜卤。

（4）结晶。①煎法：设泥灶，将铁盘或篾盘、铁锅（大锅两具，中锅一具）置其上，注入卤水加热，将皂角末和半糠搅沸卤中，顷刻成盐。②坦晒：择盐田适中地段，围成方格（每格50—100平方米不等）。格内土压实，铺上碎缸片，中分数格，将鲜卤注入坦格中，利用阳光与风力，使卤浓缩结晶成盐。

在长期的实践中，还形成了纳潮操作规程、制卤操作规程、结晶操作规程、堆坨操作规程等。盐制品有粗细两种，旧时玉泉煎制的盐色白、粒细、味鲜，俗称细盐。后产晒盐色白、粒粗，称粗盐。制盐的副产品有苦卤、卤冰，为制盐剩余母液，味苦，可用于制作豆腐及肥田之用。由于海盐生产费用低，产量高，在盐产品中，所占比例已越来越高。

此外，西藏芒康县盐井镇河两岸有盐井，制作工艺有别于云南、四川的煎煮法，而类似于沿海地区的日晒法。盐田东西两岸共约有3000块，筑盐田的方法是用多根圆木柱作支撑，呈网状排列，层层叠叠，最

图1-15　西藏芒康的盐井　　　　　　　　　　图1-16　西藏芒康的盐田

多达7—8层，错落有致，绵延数里，成为盐场的一大景观。（图1-15、图1-16）

五、中国池盐生产的历史与现状

由于人类生存繁衍对食盐的需求，人们很早就开始采盐，并将采盐作为生活的重要内容。因地域环境的不同，人们只能依靠自然界的恩赐，分别采集和食用自己活动范围内的盐，即大多数是就近采集湖盐、海盐、井盐、岩盐、土盐、草盐等。

考察史前文明发祥之地，要么是自然产盐的地区，要么是得盐便利之处。远古文明的发展大多与食盐的供应便利相关联。在中国，黄河流域曾是华夏文明的发祥地之一。黄河下游临近海边，主要产海盐，而黄河中上游，属内陆地区，历史上有两个重要的产盐区：一个是位于河东，即今山西运城南面，安邑与解县之间的解池；另一个是位于今西北甘肃、宁夏、青海交界的盐池群。这两个产盐区生产的都属于内陆湖盐，即开采盐湖中的天然结晶盐，或以湖表面卤水晒制成盐。

山西运城盐湖生产的食盐，历史上曾称其为苦盐、颗盐、大盐、解盐，是池盐中开采最早，也是最著名的食盐。考古工作者在以解池为中心的几百里地区内，先后发现了属于旧石器时代的西侯度、匼河、公主岭、蓝田、南海峪洞穴等许多文化遗址。在进入新石器时代后，中国最早的一批原始公社部落大多就是以山西运城为中心，在黄河两岸聚居，并在这里相互争战。从自然环境来看，这一地区土地肥沃，气候温凉适宜，并有丰富的水和动植物资源。除此之外，运城解池盛产食盐也是一个至关重要的因素。

据考古研究，这一带不仅发现了属于仰韶文化、龙山文化的新石器时代的诸多文化遗存，中国先民还在这里创造了灿烂的河东文化。考古又证实今临汾市南郊有尧都古迹，今永济县薄州镇东南有舜都故址，今夏县禹王城是禹都遗址，同时也为夏朝国都。此外夏县城北的西阴村相传为西陵氏之女、黄帝之妻、我国养蚕织丝的发明者嫘祖的故乡，运城平原北侧的稷王山相传为后稷教民稼穑之地。这些地方都距解池不远。有人认为，中国历史上的所谓尧、舜、禹"禅让"之说的实质，是三帝在不同时期都掌握了解池的盐利，有了作为联盟首领的经济基础。考古发现还表明在解池四周的夏县、运城、闻喜、绛县、新络、河津、永济、陕县、温池等地广泛分布着二里头文化东下冯类型，这一类型恰好是夏文化的重要内容。可以说，解池作为河东地区最大的产盐地，曾孕育了夏代的文明。此后，商文化系统自东向西发展，周文化自西向东延伸，除有晋南铜矿外，丰富的盐资源是其深刻的原因。春秋战国时期，盐在国家政权中仍然起到了重要作用，从经济发展到建立霸业或政权更替，对盐产业的支配权一直是个不容忽视的因素。正因为认识到这一点，在西汉，汉武帝为了振兴经济，采取了盐铁的专卖，在朝廷设立了一套盐铁管理机构和一些专业性的政府工业作坊。倚重盐铁之利，遂使国家财税收入大增，维系并发展了封建专制的政权，由此可见，当时的盐之利已成为国家经济赖以发展的强大支柱。解盐的开采和利用在其中的作用是可想而知的。

在陕西、甘肃、宁夏、青海、新疆、内蒙古等西部和北部地区，由于干旱和半干旱的气候，分布着大小不一、形态各异的众多盐池，加上部分地区的丰富水源，从而孕育了西北地区的马家窑文化、齐家文化、辛店文化等。食盐的供需遂成为生活在这一地区各个民族的凝聚动力。食盐产区将族群吸引到它的周围，共同创造了当地的原始文明。这些地区除池盐的开采外，还有岩盐（即石盐）的利用和交换。

在春秋时代以前，解盐的生产方式主要是组织大批人力，直接到湖里采捞由卤水中自然析出的食盐结晶。这种食盐结晶严格来说应属于石盐范畴，它是从卤水中析出而泡浸在卤水之中。《左传•成公六年》谓："晋人谋去故绛。诸大夫皆曰'必居郇、瑕之地，沃饶而近盬，国利君乐，不可失也'。"可见当时河东大盐即解盐的开采，获利丰厚。晋人在《洛都赋》中云："河东盐池，玉洁冰鲜，不劳煮沃，成之自然。"《水经注》卷六曰："《地理志》曰：盐池在安邑西南。许慎谓之盐监。长五十一里，广六里，周百一十四里，从盐省，古声。吕忱曰：宿沙煮海谓之盐，河东盐池谓之盬，今池水东西七十里，南北十七里，紫色澄渟，潭而不流，水出石盐，自然印成，朝取夕复，终无减损。……则盐池用耗，故公私共塌水径，防其淫滥，故谓之盐水，亦为塌水也。故《山海经》谓之盐贩之泽也。……《春秋》成公六年，晋谋去故绛，大夫曰：郇瑕地沃饶近盬。服虔曰：土平有溉曰沃，盬，盐也。土人乡俗，引水裂沃麻，分灌川野，畦水耗竭，土自成盐，即所谓咸醝也，而味苦，号曰盐田。盐盬之名，始资是矣。"

由以上记载可知古代解盐的地理位置和面积。直到魏晋南北朝时，人们仍可以采捞那些自然结晶而得的石盐。在雨大水多的时节，人们还有意筑塌而防其泛滥，塌即遏水之土堰。《水经注•济水》明确指出："以竹笼石，葺土而为塌。"所以解池就成为盐贩之泽。当地人从引水沃麻、引湖水灌溉中发现畦水耗竭，土自成盐，从而掌握了晒盐法，开始了垦畦汲卤、晒制湖盐的生产技术。

最初，人们主要使用采捞的方法来获得湖中自然形成的结晶盐，随着人口的增加，对结晶盐的需求量愈来愈大，特别是商品交换的需求，仅靠采捞是难以满足需要的，因为朝取夕复，结晶盐的量是有限的。据《战国策》谓："骥之齿至矣，服盐车而上太行……负辕而不能上。"所运的盐应是山西运城的解盐。在古代很长一段时间里，陕西地区的食盐主要是山西的解盐。

山西运城解池的盐湖属于硫酸盐型，盐卤水中氯化钠含量相对来说并不很高。据山西地质局调查资料表明，1965 年运城盐湖表面卤水的成分见下表：

成分	NaCl	Na_2SO_4	$MgSO_4$	$CaSO_4$	K^+
含量（克/升）	16.07	21.94	12.64	2.8	0.3

当盐湖经长期不间断地"集工采捞"后，卤水含盐量会逐渐下降，自然结晶的石盐必然越来越少。为了满足不断增大的对结晶食盐的需求，人们只能是另辟途径来获取食盐。途径就是垦畦汲卤，晒制湖盐。

晒盐法到底出现在何时，许多人认为它大概产生于春秋时代。根据《周礼》的记载，周代天官冢宰下属中设有"盐人"。既然朝庭设有官职专管盐政和盐的生产供应，那么像解池方圆几百公里的大盐湖，盐的生产应是有组织的，而不是什么人都能随意进去采捞的。周边的人们可能划地为域，近者各守或豪贵封护。人们不仅从盐池中为自己采捞生活必需的颗盐，还要从卖盐、贩盐中获得大利。《史记•货殖列传》就记载："猗顿用盬盐起。"[76] 猗顿是战国时西河猗氏（今山西临猗县南）巨贾，他就以经营河东盐池致富。经营、开发河东盐池，仅靠采捞湖中自然结晶的石盐，产量极为有限。由此可推测，在春秋时期的山西运城解池，人们已采用晒盐法制盐。

利用硫酸盐型的盐湖卤水提取食盐，从现代的物理化学的观点来看，这个过程是很复杂的。卤水要经过一系列养卤、配卤及化学变化的过程，才能达到氯化钠的结晶条件，而制得高质量的晶状氯化钠（食盐）。古代的先民没有科学知识的指导，只能凭长期实践中不断总结积累的经验，而逐步创造了从培养硝板（古称盐板）到养护卤水，日晒制盐的工艺过程。这个实践过程，从春秋时代算起，到了唐代，经过了长达2000年的时间，池盐的日晒法才趋于成熟。

唐代初期，太宗皇帝李世民曾亲临山西运城盐湖视察，以示对制盐业的重视。那时的解池，主要是靠晒盐法来制盐。据唐代张守节《史记正义》记载："河东盐池畦种，作畦若种韭一畦，天雨下池中，咸淡得均。既驮池中水上畦中，深一尺许，以日曝之，五六日则成矣；若白矾石大小若双陆，及暮则呼为畦盐。"这就是说，当时人们已采用垦地平整分畦，将晒盐畦地建成像种韭菜一样的畦垄，雨天过后，将经雨水稀释的湖中卤水，用牲口驮运至畦中，卤水约1尺多深，然后风吹日晒，蒸发浓缩，五六日则有结晶盐析出。白矾石究竟是何物？若从盐湖卤水结晶成分来推测，可能是硫酸钠结晶形成的硝板，当时人们称其为畦盐，后人称其为盐板。这种硝板在湖盐的生产中极为重要。

山西运城解湖周边是盐官设置较多的地方，可见湖盐生产的重要。随着制盐业的发展，魏晋南北朝时期尽管政令坚持食盐专卖政策，以控制盐利归朝廷。但实际上，专卖制度已难以推行，豪门贵族不顾法令，侵占川泽，专擅盐利的现象到处可见。部分地区甚至取消了专卖，允许民间自制食盐，只收税即可。《魏书·食货志》记载："河东郡有盐池，旧立官司以收税利……盐池天藏，资育群生。仰惟先朝限者，亦不苟与细民竞兹赢利。但利起天池，取用无法，或豪贵封护，或近者吝守，卑贱者远来，超然绝望，是以因置主司，令其裁察，强弱相兼，务令得所。"[77]

国家食盐专卖政策的削弱和食盐税收政策的推行，特别是私营制盐业的发展，促进了盐业生产的竞争。除了对盐税、盐利的控制权的竞争，提高生产技术、降低生产成本、增加生产产量也是竞争的重要内容。在这种背景下，湖盐的生产更注重推广并发展晒制法，采捞自然成盐的份额越来越少。这就促成了垦畦浇晒工艺在唐代趋于成熟。据《新唐书·食货志》记载，当时解池的产盐量，谓："蒲州安邑、解县有池五，总曰两池，岁得盐万斛（唐代时仍以十斗为一斛），以供京师。"[78]

自唐以后，垦畦浇晒的制盐法得到了大力推广，相关的记载也多起来。其中，唐慎微的《重修政和经史证类备用本草》记载说："……以河东者为胜，河东盐，今解州安邑两池所种盐最为精好是也。……解人取盐，于池旁耕地，沃以池水，每临南风急，则宿昔成盐满畦，彼人谓之种盐。"[79]

宋代，盐的专卖为政府提供了较多的财政收入。但是，民制食盐的自由贸易是存在的，它促进了盐业生产的发展。《宋史·食货下三》记载："引池为盐，曰解州解县、安邑两池，垦地为畦，引池水沃之，谓之种盐，水耗则盐成。""安邑池，每岁岁种盐千席"，"颗、末盐皆以五斤为斗，颗盐之直（值）每斤自四十四至三十四钱，有三等"。[80]可见产量是不少的，且产出的盐有等级品位的差别。宋代都城以食用山西的颗盐为主，并以颗盐为最佳。

无论是《宋史·食货下三》的记载，还是《重修政和经史证类备用本草》等本草著作的介绍，似乎宋代解池的晒盐技术仍是停留在垦地为畦。而到了明代，记载有了重要的变化。据李时珍在《本草纲目》中介绍："池盐出河东安邑、西夏灵州（今宁夏灵武）。今惟解州种之。疏卤地为畦垄，而堑围之。引清水（按：应为池水）注入，久则色赤。待夏秋南风大起，则一夜结成，谓之盐南风。"[81]李时珍的记载有一个特别值得注意的变动，宋代的记载是以耕地为畦，而李时珍则改为以卤地为畦。一字之差，不仅反映了李时珍务实、细致的科学态度，而且也反映了池盐晒制法一项重大的技术进步。所谓的卤地已不是原先的耕地，而是覆满硝板的湖边地。所谓的硝板，是历代生产池盐后废弃的固体沉积物，主要成分为白钠镁矾和芒硝。硝板表面非常坚硬，如同石板。上面可修整为平滑的石板，下面则呈蜂窝状，有空隙。李时珍讲的以卤地为畦，就是将硝板加工为畦，让浓缩后的卤水在硝板上风吹日晒。以卤地替代耕地为畦是湖盐晒制技术的重要进步，其科学内涵及意义下面再谈。这一技术进步应是盐民在长期实践中的经验总结。起初盐民在湖边耕地上，整地筑畦，引湖水入畦晒盐。时间长了，那些晒盐的畦地经年累月，卤水中的 Na_2SO_4、$MgSO_4$、$CaSO_4$ 等成分也会结晶沉积在地面上形成硝板卤地。可能人们起初没有认识到硝板在晒盐中有用，而把它铲除，堆弃在一边。后来无意间发现，在这硝板上晒卤制盐，不仅制得的食盐更纯净更好，晒制的效果也较好，从而发展出利用硝板（即卤地）作畦晒盐。利用硝板养卤晒盐，究竟始于何时，从史料上来看，难有定论。若从科学推理上来说，可能在宋代后期或明代前期。说在宋代后期，似乎证据不足，说在明代前期，似乎又保守一点。因为在湖边的耕地上形成硝板只是时间问题，而发现在硝板上晒卤能获得较好的效果则需要盐民在实践中去观察和比较。也可能有些盐民已发现这一窍门，没有声张因而没有被推广。而文人记载这种技术上的进步，则由于没有自己的亲历，往往有点迟钝，更何况耕地与卤地只有一字只差，难被点破。

宋应星《天工开物》卷五"作咸"曰："凡池盐，宇内有二：一出宁夏，供食边镇；一出山西解池，供晋豫诸郡县。解池界安邑、猗氏（今山西临猗县）、临晋（古县名，也在今山西临猗）之间，其池外有城堞，周遭禁御。池水深聚处，其色绿沉。土人种盐者，池傍耕地为畦陇，引清水入所耕畦中，忌浊水，参入即淤淀盐脉。凡引水种盐，春间即为之，久则水成赤色。待夏秋之交，南风大起，则一宵结成，名曰颗盐。……其盐凝结之后，扫起即成食味。种盐之人，积扫一石交官，得钱数十文而已。其海丰（今河北盐山县）、深州（今河北沧州一带），引海水入池晒成者，凝结之时，扫食不加人力，与解盐同。但成盐时日，与不借南风则大异也。"[82]宋应星较详细地描述了池盐的生产过程，他已注意引清水忌浊水，但仍写以耕地为畦陇。这表明有两种可能，一是宋应星并没有实地去考察，因而没有注意部分卤地已替代耕地；二是在当时卤地替代耕地仍不普遍。南宋时，政治经济重心南移，解池作为兵家必争之地，动荡的形势必然会影响晒盐技术的发展。

元代中叶，食盐产量激增到 260 万引左右。食盐产量在南北方的情况是不同的，由于福建等大部分南方沿海盐场开始推广晒盐法，从煮盐到晒盐的技术转变，既降低了成本，又增加了产量。南方产盐区生产的大变，使海盐的产销越发成为食盐供销的主要品种。相形之下，对池盐的需求在减少。解州湖盐的开采虽然仍有部分盐户采用畦晒法，但更多的盐户又倒退到采捞法，即听任盐在池中凝结，然后再捞取，不烦人力而自成。

明代，畦晒法才重新恢复。一品大员丘浚主张在国家监督管理下实行私人生产、私人运销的制度，食盐一概"任民自煮"。丘浚的经济思想深刻地反映了明代商品经济发展的状况，在这种社会条件下，池盐的生产技术不仅恢复了畦晒法，而且进一步推广了在硝板上做畦晒盐的技术。

清代，解池的池盐生产技术已完全成熟。据实地调查，生产工艺过程大致上是：在硝板上构筑结晶畦，靠人工将"滩水"（即盐池表面的卤水）引入蓄卤池，经一段时间的蒸发，浓缩卤水，并使难溶的石膏成分先行结晶析出，及至卤水中盐分达到一定的浓度后，再引入下一级蓄卤池，继续通过日晒蒸发浓缩，并先让硫酸盐矿物，如白钠镁矾（$Na_2SO_4 \cdot MgSO_4 \cdot 4H_2O$）和芒硝（$Na_2SO_4 \cdot 10H_2O$）结晶沉淀，然后再一次引入更下一级的蓄卤池，进一步蒸发、浓缩。每一次转移卤水时都用"过笭"滤去沉淀物。最后将除去大部分硫酸盐的卤水移入晒盐畦中，配以淡水，再进行曝晒，使食盐结晶析出。

这个生产过程与海盐的晒制有很大的不同，它至少具备以下三个技术特点：一是在硝板上筑成的结晶畦上结晶；二是卤水成盐前必须搭配淡水，忌浊水；三是借助于南风，能获得好收成。这就是在解盐长期生产实践中，人们依据解池卤水的特点和解池的气候状况而摸索出来的技术奥秘。

为什么要在硝板上晒盐？

在唐代，治畦浇晒法得以推广，张守节在《史记正义》中已有描述。但是在此后很长一段时间里，史籍对晒盐的畦地究竟是什么构造，一直没有具体记载。李时珍在《本草纲目》中将畦地改为卤地，后人才注意到硝板的出现和应用。

事实上，硝板的存在是很自然的，即人们在硝板上筑畦晒盐的出现起初很有可能是不自觉的。据1934年在西北实业公司工作的曹焕文先生所进行的取样分析，硝板的主要化学成分大致为：硫酸钠为40%—43%，硫酸镁为25%—36%，氯化钠在1%—1.6%之间。[83] 由此可以认为硝板是由硫酸钠和硫酸镁结合而成的复盐，分子式为 $Na_2SO_4 \cdot MgSO_4 \cdot 4H_2O$，学名为白钠镁矾。颜色呈白色（乳白或灰白，甚至为灰色），味涩，咸苦，溶于水，一般为晶体，有时呈短柱状粗大颗粒，有时为细小颗粒。白钠镁矾的生成状况完全取决于卤水的成分和当时的气温条件。

前面已介绍运城解池盐湖表面卤水的主要成分为 Na_2SO_4、$NaCl$、$MgSO_4$ 及 $CaSO_4$。通常情况下，这些物质以离子（Na^+、Mg^{2+}、Cl^-、SO_4^{2-}）形态存在于卤水中。在一定量的水中，每种盐类都有一定的溶解度。在一定的温度条件下，溶液中所溶解的盐类已经达到最大限度时，即此盐不能继续溶解时，此时该溶液叫作饱和溶液。只有超过饱和溶液，才有结晶出盐的现象。据此，盐湖水在风吹日晒条件下，水分不断蒸发，而卤水步步浓缩，当浓缩到一定程度时，上述盐类会依其饱和点即溶解度的不同而先后进入过饱和状态，依次结晶析出。温度的高低也会对不同盐类的溶解度产生影响，因此在浓缩卤水、析出盐类过程中温度也是一项应考虑的因素。

解池的盐湖属于硫酸盐型的盐湖，湖中卤水中主要成分的溶解度依下列次序增大：$CaSO_4 > MgSO_4 > Na_2SO_4 > NaCl$，而且温度变化对 $NaCl$ 的溶解度较 Na_2SO_4、$MgSO_4$ 的影响要小。因此在盐湖卤水晒制过程中，随着水分的蒸发，卤水的浓缩，首先应是 $CaSO_4$ 析出，但是卤水中 $CaSO_4$ 的含量仅为2.8%，实际上它较晚才能成为过饱和状态，故没有结晶析出。因而首先析出的是 Na_2SO_4（其在卤水中含量为21.94%，高于 $NaCl$ 的16.7%），接着是 $MgSO_4$（其在卤水中含量为12.64%）。它们率先结晶析出，很自然地结合成复盐：白钠镁矾和芒硝。当将浓缩的卤水转移到下一级蓄卤池时，白钠镁矾和芒硝或被过滤掉或沉积在上一个蓄卤池的底部。时间一长和蓄卤池的多次使用，就会形成在硝板上晒卤水的事实。由于没有近代的化学知识，古代的盐工并没有认识到在硝板上晒盐有什么好处，很可能由于对硝板的他用，而将其铲除。后来有人发现在硝板上晒卤，不仅节省劳力，而且能获得质量更好的食盐。来自实践的经验，遂使硝板上晒盐成为传统工艺中的重要一环。据考察，在硝板上晒盐至少有以下几点好处。

第一是在硝板上晒卤，有利于卤水中 SO_4^{2-}、Mg^{2+}、Ca^{2+}、Na^+、Cl^- 离子形成 $Na_2SO_4 \cdot MgSO_4$ 结晶析出。这因为 $Na_2SO_4 \cdot MgSO_4$ 在水中的溶解和结晶析出是一个可逆化学变化，即在某种温度条件下，$Na_2SO_4 \cdot MgSO_4$ 等物质在卤水尚未呈饱和状态时，卤水可溶解硝板中的 $Na_2SO_4 \cdot MgSO_4$ 结晶；当卤水中 $Na_2SO_4 \cdot MgSO_4$ 已达到饱和或过饱和状态时，硝板上的 $Na_2SO_4 \cdot MgSO_4$ 结晶就成为晶核，帮助 $Na_2SO_4 \cdot MgSO_4$ 结晶析出。为了更好地让硝板促进这一化学变化，盐工们要么在坚硬的硝板结晶畦的四角打斗窝，即从硝板表面打一个圆形或丁字形的洞直达硝板底层，因为硝板表面虽然坚硬得像一块石板，底部却有像蜂窝状的空隙，空隙中充斥着 $Na_2SO_4 \cdot MgSO_4$ 饱和的卤水，俗称硝板肚子。也可以在硝板结晶畦边打一条1米宽的壕沟代替斗窝。

无论是斗窝或壕沟，其使用目的都是使引入的卤水与硝板底下的肚子相互沟通，有利于在硝板结晶畦上顺利将卤水中的 $Na_2SO_4 \cdot MgSO_4$ 析出排除，最终获得高质量的食盐。

第二是硝板结晶畦起调节温度的作用。硝板结晶畦上面和它的肚子里都有卤水，在日照下，太阳的热能可使表面卤水升温，除促进卤水蒸发浓缩外，还能通过硝板将热能传递给硝板下面肚子里的卤水，使其温度也升高，从而形成对表面卤水的上下加热，蒸发浓缩就更快了。此外，到了夜间，结晶畦表面卤水的温度降低了，而硝板下面肚子里的卤水，其温度下降较缓慢。它通过硝板将保存的热能传导到表面卤水，从而减缓由于白昼的温度反差而影响卤水或结晶食盐的质量。同时硝板生成的最佳温度在 22.5℃—24.5℃。而夏季晒盐季节，白天日晒的温度都在 30℃ 以上，当地白昼和夜间的温差一般为 15℃ 左右，因此夜间气温下降，恰好进入硝板生成的适度范围，从而进一步让 $Na_2SO_4 \cdot MgSO_4$ 的复盐析出，促使卤水中氯化钠含量提高，保证了食盐的质量。

第三是提高产品食盐的质量。在排除 $Na_2SO_4 \cdot MgSO_4$ 等成分后，在硝板上浓缩的卤水中，其主要成分为食盐和水，随着过饱和食盐溶液的形成，首先会生成 NaCl 结晶核，然后结晶核徐徐生长，最后形成颗粒大、形体完整、色白纯洁的食盐晶体。倘若这个结晶过程不是在硝板上，而是在土面上进行，那么食盐晶体中可能会混入杂质，很难保证纯白的颜色。

卤水晒制过程中，须给其搭配淡水。这是解盐晒制传统工艺的又一特点。张守节在《史记正义》中就有"天雨下池中，咸淡得均"的话。稍后沈括在《梦溪笔谈》中也说："解州盐泽，方百二十里。久雨，四山之水悉注其中，未尝溢；大旱未尝涸，卤色正赤，在版泉之下，俚俗谓之蚩尤血。唯中间有一泉乃是甘泉，得此水然后可以聚人，其北有尧捎水，一谓之巫咸河。大卤之水不得甘泉和之，不能成盐。唯巫咸水入，则盐不复结。故人谓之无（巫）咸河，为盐泽之患，筑大堤以防之，甚于备寇盗。原其理，盖巫咸（河）乃浊水，入卤中则淤（沉）淀卤脉，盐遂不成，非有他异也。"[84] 沈括清楚地记载了甘泉水之利和浊咸水之害。

据考证，在今盐池卧云岗池神庙的东南侧确有甘泉，宋崇宁年间，曾封此甘泉水为普济公，并建神庙以供瞻仰。而盐池北面的巫咸河为浊水，让它与卤水相混，则会影响食盐结晶的生成。清代的《古今图书集成》在"山川典"中记载："池内北百步许有淡泉，甘洌，俗谓：盐须此水方结。"[85] 此淡泉即前人所讲的甘泉。其他许多相关的书籍，均有关于解盐晒制过程中搭配淡水的记载。

综观以上文献，可以认为解盐在生产过程中给卤水搭配淡水的技术由来已久。在实践中，人们已认识到在晒制的卤水中搭配淡水的必要，而且淡水的质量越纯净越好，从天而降的雨水被认为是最好的淡水，故由它生产的盐被誉为"雨水盐，是解盐佳品"。

为什么要在卤水晒制中搭配淡水？古代的盐工对此知其然，而不知其所以然。按常理，随着晒制过程中水分的蒸发，卤水浓度逐渐增大，似乎浓度愈大，盐类的结晶会尽快产生。事实上，在这种快速浓缩成盐的过程中，即使通过笭筛的方法除去先行结晶的 $Na_2SO_4 \cdot MgSO_4$ 复盐，卤水仍会溶有一定量的 $Na_2SO_4 \cdot MgSO_4$，它们的细微结晶会伴随食盐结晶而析出，从而使成盐发苦，影响食盐质量。当在浓缩的卤水中，特别是出盐前浓缩的卤水中掺入适当的淡水后，淡水在稀释卤水时就会将剩余的 $Na_2SO_4 \cdot MgSO_4$ 复盐的细微结晶全部溶去，并让它通过斗窝或壕沟进入硝板中。而后在蒸发浓缩中，食盐就会以纯净的方式结晶析出。搭配淡水就像给成盐洗了个澡，把黏附在食盐晶体上的杂质清除。此外，由于清除了食盐晶体上的杂质，减少了食盐晶体与硝板表面之间的粘连，因而在铲收食盐时就容易得多。

搭配淡水，甘洌的甘泉当然好，但在引灌过程中难免混入或溶入其他杂质，相形之下，雨水最为纯净。

雨水盐以其颗粒大、结晶好、色白而为人所称道,此外,雨水从天而降,人们以为这是天助,故更受欢迎。只可惜,天雨并不被人们所控制。

搭配淡水有两种方法:一是先灌卤水后配淡水;二是卤水和淡水同时灌进畦内。搭配淡水应该适量,如何才算适量?传统工艺中,全凭盐工的经验,放水到一定程度,他用手伸进去测试,手感温度和浓度合适即可。只是到了近代,人们方采用仪表测试来确定。

搭配淡水要适当,为什么要忌浊水呢?顾名思义,浊水是含有大量杂质,特别是悬浮或未溶细微颗粒而混浊的水。最常见的浊水可能是流经泥地而未经沉淀过滤的水。由于浊水中可能含有 Al^{3+} 等离子,当它们与卤水中的盐分相遇后,极易引起卤水中出现胶状泥浆的沉淀,这些沉淀不仅会阻塞硝板之中的盐脉,而且会影响盐类结晶的正常析出。

南风成盐是解池晒盐法的又一特点。对于这一特点,沈括在《梦溪笔谈》中写道:"解州盐泽之南,秋夏间多大风,谓之盐南风。其势发屋拔木,几欲动地。然东与南皆不过中条(山),西不过席张铺,北不过鸣条,纵广止于数十里之间,解盐不得此风不冰,盖大卤之气相感,莫知其然也。"[86] 宋代王得臣《尘史·占验》中说:"今解、梁盛夏,以池水入畦,谓之种盐,不得南风,则盐不成,俗谓之'盐风'。"[87] 又宋代赵彦卫在《云麓漫钞》中说:"解州盐池……其雇于官而种盐者曰'揽户',治畦其旁,盛夏引水灌畦而种之,得东南风,一夕而成,取而暴之。"[88] 他们的记叙虽然不尽相同,但是有一点是共同的,夏秋之交刮南风时是成盐的最佳时机。为什么晒盐独睐"南风"呢?

据《解州志·山川》记载:"……又东十五里为分云岭。岭巅出云,东西分布,世传尸盐泽者也。宋宣和间有成宝公庙,今废,岭下有风谷洞,若半井,投叶既飞。其风出则飞沙摧木。旁有盐风洞,洞口若盆。每仲夏应侯风出,其声隆隆,俗谓之盐南风,盐花得此,一夕成盐。其上有天井山,谷口旧有风神庙。"[89] 这一认识有正确的一面,也有错误的一面。由于解池周围的山川地势,多风,尤其是夏秋两季多南风,这是一个气候特点。南风是一种季节风,每到仲夏时节必然来临。中条山上有岩洞生风,也是一种自然现象,它与晒盐并无直接关系。沈括所谓"秋夏间多大风,谓之盐南风",宋应星所谓"待夏秋之交,南风大起"都是符合客观实际的。但是,由于没有相应的气候知识,盐工们会把南风起看成是天神助也,因而盖风神庙以祈求风神帮助。沈括所谓"其势发屋拔木,几欲动地"是有点夸张了,这种夸张起于对风神的崇敬。实际上,大风刮起,飞沙走石,发屋拔木,只能给食盐结晶和盐业生产带来灾害。只有徐徐南风才对池盐的结晶析出有益。天日晒盐,主要是使卤水中的水分蒸发而浓缩,最后形成食盐的过饱和溶液,促使食盐晶体析出。而带走蒸发的水分,有风与无风大不一样。众所周知,如果在绝对静止的空气中,卤水曝晒所产生的水蒸气只能是悬浮在结晶畦的表面,会形成一层湿度很大的气团覆盖在结晶畦上面,这一气团对卤水的持续蒸发是不利的。当风吹拂晒盐池,将已蒸发的水蒸气不断驱走,可保证卤水中的水分不断蒸发,促进了食盐结晶析出。其实风不仅驱赶了结晶畦上的水蒸气,还由于风使卤水在畦田中产生波动,这种波动相当于一个搅拌器的作用,也有利于卤水池中水分蒸发和结晶盐的析出。

上述前人记载中说"不得南风,则盐不成"是符合实际的,但是说"盐花得此,一夕成盐"就有点夸张了。解盐在夏秋季生产中,食盐结晶的析出一般要5—6天,最快也得3—4天。

以上即是中国食盐的三大类型及其多样的生产工艺技术。第一大类为中国西南地区的井盐生产。云南诺邓井的井盐生产反映了大口浅井时期的技术特点,井口大而浅,以卤水为原料,木柴为燃料获得产品;四川桑海井的井盐生产反映了深钻井时期的技术特点,井口小而深,以天然气为燃料获得产品。第二大类为中国沿海地区的海盐生产,浙江象山的海盐生产工艺,以海水为原料,在滩涂进行日光晒盐,晒场面积广大，费用低，产量高。第三类为山西运城的池盐生产，以解池咸水为原料，用畦晒法，使咸水在畦上结晶，搭配淡水，借助于南风获得产品。这三类典型具体地表现了中国食盐生产工艺的不同类型和特点。

注释：

[1] 姜道章著，张世福、张莉红译：《论清代中国的盐业贸易》，《盐业史研究》1989 年第 2 期，第 74—76 页。

[2] 钟长永：《中国盐业历史》，成都：四川人民出版社，2001 年，第 18 页。

[3] 〔晋〕常璩撰，刘琳校注：《华阳国志·蜀志》，成都：巴蜀书社，1984 年，第 31 页。

[4] 钟长永：《中国盐业历史》，成都：四川人民出版社，2001 年，第 54 页。

[5] 〔元〕《宋史·食货下五》，北京：中华书局，1977 年，第 4471 页。

[6] 这两个数据是根据《元史》卷九四 "盐法" 统计出来的。

[7] 钟长永：《中国盐业历史》，成都：四川人民出版社，2001 年，第 161—165 页。

[8] 〔晋〕常璩撰，刘琳校注：《华阳国志·南中志》，成都：巴蜀书社，1984 年，第 399 页。

[9] 〔唐〕樊绰著，赵吕甫校释：《云南志》，北京：中国社会科学出版社，1985 年，第 262 页。

[10] 〔元〕《元史》卷二十八，北京：中华书局，1976 年，第 630 页。

[11][意] 马可·波罗著，冯承钧译：《马可·波罗行记》（The Travels of Marco Polo），第 121 章，《哈剌章州》，石家庄：河北人民出版社，1999 年，第 429 页。

[12] 方国瑜主编：《云南史料丛刊》第十二卷，昆明：云南大学出版社，2001 年，第 581 页。

[13] 〔元〕《混一方舆胜览》，云南大学历史系民族历史研究室油印本，1979 年，第 115 页。

[14] 〔明〕诸葛元声撰，刘亚朝点校：《滇史》，德宏：德宏民族出版社，1994 年，第 142 页。

[15] 〔明〕谢肇淛：《滇略》卷三，原本藏南京图书馆，国家图书馆古籍部缩微胶卷影印本，第 26 页。

[16] 朱旭：《民国盐政史云南分史稿》第 1 册，民国 19 年铅印本，昆明：云南省图书馆藏，第 39 页。

[17] 黄培林：《民国年间滇盐的产制管理》，《盐业史研究》1992 年第 1 期，第 49 页。

[18] 云南省地方志编纂委员会：《云南省志·盐业志》，昆明：云南人民出版社，1993 年，第 129 页。

[19] 刘淼：《明代盐业经济研究》，汕头：汕头大学出版社，1996 年，第 108—109 页。

[20] 刘淼：《明代盐业经济研究》，汕头：汕头大学出版社，1996 年，第 109 页。

[21] 黄培林：《民国年间滇盐的产制管理》，《盐业史研究》1992 年第 1 期，第 49 页。

[22] 刘淼：《明代盐业经济研究》，汕头：汕头大学出版社，1996 年，第 100 页。

[23] 云南省志编纂委员会：《云南省志·盐业志》，昆明：云南人民出版社，1993 年，第 153 页。

[24] 云南省志编纂委员会：《云南省志·盐业志》，昆明：云南人民出版社，1993 年，第 166 页。

[25] 云南省志编纂委员会：《云南省志·盐业志》，昆明：云南人民出版社，1993 年，第 176 页。

[26] 云南省志编纂委员会：《云南省志·盐业志》，昆明：云南人民出版社，1993 年，第 152 页。

[27] 吴海波：《近十五年来清代私盐史研究综述》，《盐业史研究》2001 年第 3 期，第 46 页。

[28] 〔明〕李元阳：《嘉靖大理府志》，云南省图书馆藏抄本。

[29] 〔清〕张嘉颖、刘联声：《康熙楚雄府志》卷一，清康熙五十五年刻本，影印。

[30] 〔宋〕沈括：《元刊梦溪笔谈》卷十一，北京：文物出版社，1975 年，第 24—25 页。

[31] 黄培林：《云南盐税琐谈》，《盐业史研究》1990 年第 4 期，第 48 页。

[32] 云南省地方志编纂委员会：《云南省志·盐业志》，昆明：云南人民出版社，1993 年，第 233 页。私盐分为六类，第一类就是场私。

[33] 李福德、赵伯蒂：《从历代缉私看川盐缉私》，《盐业史研究》1995 年第 2 期，第 60 页。

[34] 〔宋〕李心传：《建炎以来系年要录》卷八十五，绍兴五年二月乙酉。

[35] 姜锡东：《关于宋代的私盐贩》，《盐业史研究》1999 年第 1 期，第 3—11 页。

[36] 〔晋〕常璩撰，刘琳校注：《华阳国志·蜀志》，成都：巴蜀书社，1984 年，第 30—31 页。

[37] 〔唐〕樊绰著，赵吕甫校释：《云南志》，北京：中国社会科学出版社，1985 年，第 262 页。

[38] 〔宋〕苏轼：《东坡志林》卷四，北京：中华书局，1981 年，第 77 页。

[39] 〔宋〕文同：《丹渊集》，见《四部丛刊·集部》第 100 函《陈眉公先生订正丹渊集》卷三十四第 7 册，第 15 页。

[40] 〔明〕宋应星：《天工开物》卷上，上海：国学整理社，1936 年，第 101 页。

[41] 〔明〕曹学佺：《蜀中广记》卷六十六"井法"，第 19 页。

[42] 〔清〕李榕：《自流井记》，见《十三峰书屋文稿》，参看《中国古代矿业开发史》第 388 页注 2。

[43] 夏湘蓉等：《中国古代矿业开发史》，北京：地质出版社，1980 年，第 388 页。

[44] 〔晋〕常璩撰，刘琳校注：《华阳国志·蜀志》，成都：巴蜀书社，1984 年，第 320 页。

[45] 〔唐〕樊绰：《蛮书》卷七，《丛书集成初稿》史地类 3117，第 32 页。

[46] 参看《明清四川井盐史稿》第 71—74 页及张子高《中国化学史稿·古代之部》第 154—155 页。

[47] 〔唐〕樊绰著，赵吕甫校释：《云南志》，北京：中国社会科学出版社，1985 年，第 263 页。

[48] 〔明〕陈文：《景泰云南图经志书》卷五，北京：国家图书馆藏明景泰刻本。

[49] 〔明〕周季凤：《正德云南志》卷三，昆明：云南社会科学院抄本。

[50] 〔明〕李元阳：《万历云南通志》卷六，北京：国家图书馆，明刻本晒蓝本。

[51] 〔明〕刘文征：《天启滇志》卷六"盐课"，云南省社会科学院藏刻本。

[52] 〔清〕顾祖禹：《读史方舆纪要》卷一百十，"云南五"，清嘉庆刻本，北京：国家图书馆古籍部藏。

[53] 〔清〕《滇南盐法图》，国家博物馆保管部藏。

[54] 〔清〕王符：《康熙云龙州志》卷六"赋役附盐政"，原本藏于哈佛大学汉和图书馆，国家图书馆古籍部缩微胶卷影印本。

[55] 〔清〕王符：《康熙云龙州志》卷六"赋役附盐政"，原本藏于哈佛大学汉和图书馆，国家图书馆古籍部缩微胶卷影印本。

[56] 〔清〕王符：《康熙云龙州志》卷六"赋役附盐政"，原本藏于哈佛大学汉和图书馆，国家图书馆古籍部缩微胶卷影印本。

[57] 〔清〕丁宝桢等：《四川盐法志》卷二"井厂二"，第 35—36 页。

[58] 《管子》，上海：上海古籍出版社，1988 年，第 214 页。

[59] 〔宋〕苏颂著，胡乃长等辑：《图经本草》，第 39 页。

[60] 〔宋〕乐史：《太平寰宇记》"淮南道八"，台湾《文渊阁四库全书》。

[61] 〔明〕陆容：《菽园杂记》，北京：中华书局，1985 年，第 148 页。

[62] 〔明〕宋应星：《天工开物》，上海：国学整理社，1936 年，第 99 页。

[63] 〔清〕王守基：《盐法议略》，"滂喜斋丛书"，清同治十二年（1873 年）刻本。

[64] 〔明〕宋应星：《天工开物》，上海：国学整理社，1936 年，第 99 页。

[65]〔明〕陆容：《菽园杂记》，北京：中华书局，1985 年，第 148 页。

[66]〔汉〕司马迁：《史记·平准书》，北京：中华书局，1959 年，第 1429 页。

[67]〔宋〕苏颂著，胡乃长等辑：《图经本草》，第 39 页。

[68]〔宋〕李心传：《建炎以来朝野杂记》，"国学基本丛书"，上海：商务印书馆，1937 年。

[69]〔明〕陆容：《菽园杂记》，北京：中华书局，1985 年，第 148 页。

[70]〔清〕王守基：《盐法议略》，"滂喜斋丛书"，清同治十二年（1873 年）刻本。

[71]〔明〕宋应星：《天工开物》，上海：国学整理社，1936 年，第 100 页。

[72]〔明〕宋濂：《元史·食货志》，北京：中华书局，1976 年，第 2392 页。

[73]〔清〕徐光启：《屯盐疏稿》"晒盐第五"，崇祯六月初九上，见清代徐允希编《增订徐文正公集》卷二，宣统元年五月江南主教姚准刊，上海慈母堂排印本第 2 册第 37 页。另可参看《中华盐业史》第 264 页。

[74] 张子高指出："深州在内地，并不产盐，而沧州所辖之长芦镇则盐产重地也。"见张子高著《中国化学史稿（古代之部）》第 152 页。

[75]〔明〕宋应星：《天工开物》，上海：国学整理社，1936 年，第 100—101 页。

[76]〔汉〕司马迁：《史记·货殖列传》，北京：中华书局，1959 年，第 3259 页。

[77]〔北齐〕魏收：《魏书·食货志》，北京：中华书局，1974 年，第 2862 页。

[78]〔宋〕《新唐书》卷五十四，北京：中华书局，1988 年，第 1377 页。

[79]〔宋〕唐慎微：《重修政和经史证类备用本草》，北京：人民卫生出版社，1957 年，第 106 页。

[80]〔元〕脱脱：《宋史·食货志》，北京：中华书局，1977 年，第 4413—4414 页。

[81]〔明〕李时珍：《本草纲目》上册，北京：人民卫生出版社，1982 年，第 630 页。

[82]〔明〕宋应星：《天工开物》，上海：国学整理社，1936 年，第 100—101 页。

[83] 柴继光：《潞盐生产的奥秘探析》，《中国盐业史国际学术讨论会论文集》，成都：四川人民出版社，1991 年，第 82 页。

[84]〔宋〕沈括：《元刊梦溪笔谈》卷三，北京：文物出版社，1975 年，第 9 页。

[85]〔清〕《古今图书集成·山川典（上）》鼎文版，第 363 页。

[86]〔宋〕沈括：《元刊梦溪笔谈》卷二十四，北京：文物出版社，1975 年，第 3 页。

[87]〔宋〕王得臣：《尘史·占验》，《丛书集成初编》总类 208，第 58 页。

[88]〔宋〕赵彦卫：《云麓漫钞》卷二，《丛书集成初编》总类 297，第 51—52 页。

[89]〔清〕《古今图书集成·山川典（上）》鼎文版，第 365 页。

第二章　食用植物油传统制作工艺

油脂是一类品种繁多的物质总括，主要指由生物体内取得的脂肪，从化学角度来看它们是多种高级脂肪酸的甘油酯。一般人们称那些在常温下呈液态的为油，呈半固态或固态的为脂。实际上两者也无绝对界线，例如猪脂、牛脂人们亦称猪油、牛油。食用油脂可根据其主要来源分为植物油脂和动物油脂两大类，那些应用化学方法加工制成的某些脂肪酸的甘油酯，称其为合成油脂。虽然同为油脂，但是其具体所含的脂肪酸的质和量各有不同，例如来自植物种子的花生油、豆油、芝麻油等所含的不饱和脂肪酸就比猪油、牛油要多得多。因此人们根据各种油脂的性质分别用于食品工业、轻工业（制肥皂、油漆等）、化学工业（制润滑剂、蜡烛等）及医药业。

第一节　古代的榨油技术

人类处于茹毛饮血的野蛮时代时，人们食用从动物身上获得的油脂是可以想象的，但是从植物种子中榨取油料从何时开始却无从考研。明代黄一正《事物绀珠》所说的"神农作油"，以及明代罗颀《物原》所说的"成汤作蜡烛"都不可信。《周礼·天官》里无"油人"之职，表明在当时加工油脂尚不能与酒、醋、盐同语。到了西汉晚期，《氾胜之书》说到"豆有膏"，这似乎表明这时人们已认识到从豆中可榨出油。《后汉书·舆服志》中有"大贵人、贵人、公主、王妃、封君乘油画軿车"的记载，因为将油应用于绘画装饰，不可能是动物油脂，而可能是植物油，例如桐油。既然能从桐籽中榨取桐油，当然也就可能榨取其他种子的油，例如大豆、芝麻等植物油。沈括在《梦溪笔谈》卷二十六"药议"中曾说：胡麻即今油麻，更无他说。余已于《灵宛方》论之。其角有六棱者，有八棱者。中国之麻，今谓之"大麻"是也。有实为苴麻，无实为枲麻，又曰"牡麻"。张骞始自大宛得油麻之种，并谓之麻，古以"胡麻"别之，谓汉麻为"大麻"也。此说值得讨论。

胡麻又名脂麻、油麻，今称之为芝麻。陶弘景《本草集经注》中称："茎方名巨胜，茎圆为胡麻。"北宋寇宗奭《本草衍义》说："胡麻，诸家之说，参差不齐，上是令脂麻，更无他义。"实际上芝麻品种很多，其硕果有四棱、六棱、八棱，个别品种还有八棱以上的。种子颜色有黑、黄、褐等色。《新修本草》（即《唐本草》）记叙："此麻（指胡麻）以角作八棱者为巨胜，四棱者为胡麻。"笔者在考察西北地区包括山西北部的胡麻油时发现（河北、河南、安徽）的芝麻与胡麻籽有明显的差别，胡麻油与芝麻香油的食用口感也不一样。总之，由于芝麻的品种很多，有的可能是西部地区的品种，即有人认为是从西域传入的胡麻；有的则是本地的原有品种，正如陶弘景注释说："本生大宛，故名胡麻。"又据《汉书·西域传》等文献，张骞通西域后引进的植物有葡萄、甘蓿，可能还有大蒜、安石榴、胡桃、胡葱等。有些品种的芝麻不一定是从西域引进的，那么植物油的压榨法从西域传入就值得商榷了。

在古代，中国先民的食用油历来较注重动物油脂，植物油则主要用于燃灯取光，在文献中植物油作灯油较为常见。在20世纪煤油作为油灯之前，中国古代，宫廷和富裕之家大多是以羊、牛脂制成蜡烛来取亮，《齐民要术》"杂说"中写道："作假蜡烛法：蒲熟时，多收蒲台，削肥松（即多松脂的松柴），大如脂，以为心，烂布缠之，融羊、牛脂，灌于蒲台中，宛转在板上，按令园平。更灌，更展，粗细足，便止。融蜡灌之。足得供事。其省功十倍也。"一般农家主要用菜籽油等作为灯油。与此同时，大豆、芝麻等在饮食上与米、麦、高粱等粮食的加工方法类同。

明确记载植物油压榨法的文献出现在唐代韩鄂的《四时纂要》卷三："四月，压油：此月收蔓菁子，压榨年支油。"年支油即常年用的油，此后许多文献都有植物种子可以榨油和食用加工中油煎、油炸的记载，但是清楚描述榨油技术的文献要数宋应星的《天工开物》。宋应星对榨油技术的介绍不仅展现了当时榨油技术的面貌，同时也是对传统榨油技术的一个总结。

宋应星在书的卷首就指出，草木果实含有的油脂，不会自己流出来，人们要凭借水火、木石来加工，才能取得其中的油脂，这就是技术，是人们的聪明所在。油脂能使车轮灵活地转动，由它制成的油灰可以为船身填补缝隙，没有油脂，车船就难以通行了。蔬菜的烹饪没有油脂也是不行的。总之，油脂的功能不止这些方面。接着在"油品"一节，他介绍了油料的品种、用途及其优劣。宋应星还根据自己的测试列出了多种油料的含油率。为便于窥见，列表如下：

表2-1　食用油

	序号	油料名称	现名（亦名）	补注
上品	1	胡麻油	芝麻油、香油	
	2	菜菔子油	萝卜籽油	
	3	黄豆油	豆油	
	4	菘菜籽油	菜（白菜型）籽油	
中品	5	苏麻油		形似紫苏，籽粒大于胡麻籽
	6	芸薹籽油	菜（油菜）籽油	
	7	茶籽油	山茶油	其树高丈余，籽如金罂子，去肉取仁
下品	8	苋菜籽油		
	9	大麻仁油		种子像胡荽籽，皮可搓麻绳

表2-2　燃灯油

	序号	油料名称	现名（亦名）	补注
上品	1	桕仁内水油		
中品	2	芸薹籽油	菜（油菜）籽油	
	3	亚麻籽油		陕西所种，俗名壁虱脂麻，气恶不堪食
	4	棉籽油		
	5	胡麻油		点灯耗油量大
下品	6	桐籽油	桐油	毒气熏人
	7	桕混油		有皮膜，使用不便

表2-3　造烛之油

序号	油料名称	补注
1	桕皮油	
2	蓖麻籽油	

续表

序号	油料名称	补注
3	桕混油＋白蜡	
4	各种清油＋白蜡	
5	樟树籽油	点灯光度不弱，但有人不喜欢它的香气
6	冬青籽油	韶关地区才用，嫌其含油量低
7	牛油	

表 2-4　油料的含油量与含油率

序号	油料名称	含油量（斤）	含油率（%）	补注
1	胡麻油	40	黄芝麻 56.75%，白芝麻 52.75%，黑芝麻 51.40%	属于不干性油
2	蓖麻籽油	40	55%	属于不干性油
3	樟树籽油	40	65.39%	
4	菜菔子油	27	42%	甘美异常，益人五脏，属于干性油
5	芸薹籽油	30	39.9%—42%	如果除草勤，土壤肥，榨法又好，每石可榨 40 斤。若放置一年，就空而无油
6	茶籽油	15	30.1%	油味像猪油一样，但是枯饼只能用来引火或毒鱼
7	桐籽油	33	51.6%	
8	桕混油	皮油 20，籽油 15		皮、籽混榨得桕混油 33 斤（籽、皮都必须干净）
9	冬青籽油	12	20.7%	属于不干性油
10	黄豆油	9		江浙一带豆油供食用，豆枯饼可作猪饲料
11	菘菜籽油	30	36.6%	油清如绿水
12	棉籽油	7	14%—25%	刚榨出的油很黑浊，放置半个月就清了
13	苋菜籽油	30	7%	味甘可口，但嫌冷滑
14	亚麻籽油	20 多	44%	
15	大麻仁油	20 多	30%—35%	

　　注：含油量是宋应星按每石油料压榨所得的油料数，含油率是近人测算的，应是近似值。

　　从宋应星所列举的油料的资料来看，笔者有以下几点认识：（1）在古代，先民在认识到植物果实或种子可以榨出油后，曾做过很多尝试，因而获得许多植物油及对这些植物油的认知。宋应星根据他的认知和实践，列出了十余种油料，可以肯定的是，中国先民当时已知或已利用的油料远不止这些。（2）在古代，人们是通过榨得的油的颜色、气味、口感，特别是使用中的经验来判断植物油的优劣和可能的用途。由于当时尚无近代科学的指导和分析，对这些植物油的认知有明显的缺失。例如对山茶油、胡麻油及黄豆油的认识就有局限性，因而造成各种植物油的采集利用存在着发展不均衡的问题，大多是因地制宜而使植物油的产出有明确的地域性特点。（3）从宋应星的总结来看，古代的食用油主要有芝麻油、菜油及豆油。至于现在人们主要食用的花生油、葵花子油则没有提及。

　　花生原产于南美洲的巴西。明代文人徐渭（1521—1593 年）曾在《渔鼓词》中写有"茨菰，香芋，落花生"词句，表明他已见过花生。上海大公报主编的《中国土特产》说花生是 16 世纪末从印度传入我国的。

明代方以智《物理小识》载："番豆名落花生，土露子，二三月种之，一畦不过数子。行枝如薤菜虎耳藤，横枝取土压之，藤上开花，丝落土成实，冬后掘土取之。壳有纹豆，黄白色，炒熟甘香，似松子味。"清代赵学敏（约1719—1805年）在其著述的《本草纲目拾遗》卷七"果部上"中谈道："落花生，一名长生果，《福清县志》：出外国，昔年无之。蔓生园中，花谢时，其中心有丝垂入地结实，故名。一房可二三粒，炒食味甚香美。康熙初年，僧应元往扶桑觅种寄回，亦可压油。"清代《汇书》载："近时有一种名落花生者，茎叶俱类豆，其花亦似豆花而色黄，枝上不结实，其花落地即结实于泥土中，奇物也。实亦似豆荚而稍坚硬，炒熟食之，作松子之味，此种皆自闽中来。"综上所述，花生通过多种途径传入我国，开始种植应在16世纪，在江苏、福建、山东等沿海地区率先栽培，以后再向内地传播，因此宋应星在《天工开物》中没有记述是可以理解的。

葵花原产于美洲的墨西哥、秘鲁，明末传入中国。明代赵崡撰写的《植品》卷二记载，葵花系明朝万历年间由西方传教士传入的。葵花子又名香瓜子。直到18世纪葵瓜子才既为炒货食品又可榨油。在现在的食用油中，仅次于菜油、花生油、豆油。

西方盛行的橄榄油和亚热带地区盛产的棕榈油，在中国古代没有见闻。

这些植物果实或种子的榨油技术基本上很相似，主要有榨法、磨法、煮法。对此《天工开物》有如下记载：

> 凡取油，榨法而外，有两镬煮取法，以治蓖麻与苏麻。北京有磨法，朝鲜有舂法，以治胡麻。其余则皆从榨出也。
>
> 凡榨，木巨者围必合抱，而中空之，其木樟为上，檀与杞次之（杞木为者，防地湿，则速朽）。此三木者脉理循环结长，非有纵直文，故竭力挥推（椎），实尖其中，而两头无璺折之患，他木有纵文者不可为也。中土江北少合抱木者，则取四根合并为之，铁箍裹定，横栓串合而空其中，以受诸质，则散木有完木之用也。凡开榨，空中其量随木大小。大者受一石有余，小者受五斗不足。凡开榨，辟中凿划平槽一条，以宛凿入中，削圆上下，下沿凿一小孔，剜一小槽，使油出之时流入承籍器中。其平槽约长三四尺，阔三四寸，视其身而为之，无定式也。实槽尖与枋，唯檀木、柞子木两者宜为之，他木无望焉。其尖过斤斧而不过刨，盖欲其涩，不欲其滑，惧报转也。撞木与受撞之尖皆以铁圈裹首，惧披散也。
>
> 榨具已整理，则取诸麻、菜子入釜，文火慢炒（凡柏桐之类属树木生者，皆不炒而碾蒸），透出香气，然后碾碎受蒸。凡炒诸麻、菜子，宜铸平底锅，深止六寸者，投子仁于内，翻拌最勤。若釜底太深，翻拌疏慢，则火候交伤，减丧油质。炒锅亦斜安灶上，与蒸锅大异。
>
> 凡碾埋槽土内（木为者以铁片掩之），其上以木杆衔铁陀，两人对举而推之。资本广者则砌石为牛碾，一牛之力可敌十人，亦有不受碾而受磨者，则棉子之类是也。
>
> 既碾而筛，择粗者再碾，细者入釜甑受蒸。蒸气腾足，取出，以稻秸与麦秸包果（裹）如饼形。其饼外圈箍，或用铁打成，或破篾绞刺而成，与榨中则寸相稳合。
>
> 凡油原因气取，有生于无。出甑之时，包果（裹）怠缓，则水火郁蒸之气游走，为此损油。能者疾倾，疾裹而疾箍之，得油之多，诀由于此。榨工有自少至老而不知者。包裹既定，装入榨中，随其量满，挥撞挤轧，而流泉出焉矣。包内油出滓存，名曰枯饼。凡胡麻、菜菔、芸薹诸饼，皆重新碾碎，筛去秸芒，再蒸、再果（裹）而再榨之，初次得油二分，二次得油一分。若柏、桐诸物，则一榨已尽流出，不必再也。

若水煮法，则并用两釜。将蓖麻、苏麻子碾碎，入一釜中，注水滚煎，其上浮沫即油。以勺掠取，倾于干釜内，其下慢火熬于水气，油即成矣。然得油之数毕竟减杀。

北磨麻油法，以粗麻布袋搅绞，其法再详。

总括以上文字，宋应星讲了四点：

（1）制法除榨法外，还有煮法、磨法。蓖麻油、苏麻油主要采用煮法。芝麻油在北京采用磨法，在朝鲜采用舂法。其他油都采用榨法。

（2）榨油首先要制好榨具。榨具要用两臂抱围粗的木材来制，将其中间挖空。最好选用樟木，其次是檀木、杞木。杞木怕潮湿、易腐朽。这三种木材因其木纹都是扭曲的，而不是直纹，因此当尖木楔插入其中并尽力捶打时，两头不会开裂。其他直纹的木材都不适用。在中原、江北一带少有两臂抱围粗的大树，可用四根木材拼合起来，用铁箍箍紧，再用横栓串合起来，挖空中间，以便放置榨油料，这样便可把散木当作完木来使用。挖空的中间到底有多大，这要看木材的大小，一般情况下，挖空的空隙大的可容纳一石多油料，小的则可装五斗左右。在挖空的部分还要凿出一条平槽，这条平槽要

图2-1　《天工开物》所载的南方榨

用圆凿来凿，凿出上下呈圆孔的平槽，再在平槽下沿凿一个小孔，削一条小槽便于榨出的油通过平槽——小孔槽流到承接油的器具中。这个平槽长三四尺，宽三四寸，大小根据榨具而定，没有一定的规格要求。用于插入槽里供挤捶的尖楔和枋木，也要用檀木或柞木来做，其他木材不合用。尖楔只能用刀斧砍成，而不能用刨，因为尖楔需要的是粗糙涩黏，而不是光滑，以防滑出。撞木和受撞的尖楔都要用铁圈裹住头部，以免在捶撞中披散。（图2-1）

（3）榨具准备好后，接下来是油料的预加工，其工序大致是：文火慢炒→碾碎→蒸→包裹成饼→榨油→枯饼→重新碾碎→蒸→包裹成饼→再榨油。

麻籽或菜籽等油料经简单地清除杂物、灰尘后放入锅里，用文火慢炒。（凡属木本的桕、桐之籽实，只碾碎后蒸而不必炒）当炒到透出香气时就取出，碾碎，再入蒸锅里蒸。炒麻籽、菜籽宜用铁铸的六寸深平底锅，因为籽仁在锅中炒时要不断翻拌，若锅太深了，不便翻拌；当翻拌少时，受热不匀的籽仁就会因为质量受损而降低出油率和油的质量。炒锅应斜放在灶上，与蒸锅不一样，这样既不影响炒拌又便于出锅。

碾碎籽仁是在地上进行的，将碾槽埋在地上（若碾槽用木材制成，应用铁片覆盖在槽面），两人相对一起推碾。资本雄厚的可以用石块砌成石磨用牛来拉磨碾料，一头牛的力气可顶十个人的力气。有的籽实只用磨而不用碾，例如棉籽之类。碾过的碎籽要过筛，去掉那些掺杂在油料中的皮壳。那些过不了筛的较粗的碎粒还需再碾。过筛后的细粒放入蒸锅里蒸，当蒸到一定时候时取出，倒入预先用铁箍或竹箅固定好的稻草或麦秆包里，压成饼形，这饼（即铁箍）的尺寸应与榨具中的空隙尺寸相符。蒸的时间视油料的品种而定。（图2-2）

图 2—2　《天工开物》所载的"炒、蒸油料"

油是通过蒸气来提取，"有形"生于"无形"，因此出甑（蒸锅）时如果做饼（包裹）太慢了，会使一部分闷热的蒸气逸散，出油率就会降低。技术熟练的工匠能够做到快倒、快裹、快箍，得油多的诀窍就在这里。有的榨工从少到老都不明白这个道理。

包裹好了，就将饼放入榨具中，要尽量装满，然后挥动撞木把尖楔打进去挤压油料饼，油就会像泉水一样流出来。榨完油的油料饼人们称其为枯饼。像芝麻、菜籽等枯饼大都要重新碾碎，筛去茎秆等杂物，再蒸、再裹、再榨。往往初榨得油二分，二榨得油一分。像柏籽、桐籽之类的油料，一榨中油已全部流出，就不必二榨了。

（4）水煮法：准备好两只铁锅同时使用。先将蓖麻子或苏麻子碾碎，放入一个锅中，加水煮沸，上面漂浮的泡沫便是油。用勺子将其撇取，倒入另一个干的铁锅中，用慢火熬干水分，便得到油。用这种方法所得到的油量必定会有损失。

磨法：在北京等地有用磨法来制取麻油的。这种方法是将磨过的芝麻装在粗麻布袋里，扭绞出油。

不同的油料可以采用不同的技术，宋应星所知道的三种方法中，应是以木榨法为主，水煮法、磨法只适用于少数品种，而且盛行于北方的小磨香油法与上述磨法还不完全一样。据此笔者猜测中国地域广阔、民族众多，古代榨油方法肯定不限于这三种。

第二节　近现代食用植物油榨取的传统工艺

从明末清初到 20 世纪 80 年代，宋应星所陈述的传统榨油工艺，仍然在广大城乡适用，可以说这种传统的木榨油工艺是我国近现代榨油业的重要组成部分。

植物油不仅是居家生活的必备之物，而且在近代的对外贸易中占据重要地位。豆油、花生油、菜籽油、芝麻油及棉籽油等均为重要的出口产品，特别是豆油和大豆，豆饼一度取代生丝占据出口贸易的第一位。

表 2-5　1935—1937 年我国出口的主要植物籽仁和食用油（单位：吨）

籽仁种类	1935 年	1936 年	1937 年	食用油种类	1935 年	1936 年	1937 年
花生	1662276	1854067	1735857	花生油	38595	31100	41476
棉籽	161233	74858	67379	棉籽油	7504	12290	24724
菜籽	60900	70000	92030	大豆油	84044	57133	62503
芝麻	64900	17942	5303				

由上表可见，出口的成品油远远少于出口的油料，说明当时的机器榨油业仍欠发展，传统的木榨油手工作坊由于产能所限，难以满足出口需求。

东北是盛产大豆的地方，在清末，大量的内地移民，特别是山东移民闯关东后，东北的黑土地得到开发，大豆等农产品激增。当时豆油供食用，榨完油的枯饼（豆饼）不仅可做精饲料，也是最好的肥料。大豆加工一举多得，因而备受重视，各地纷纷发展以家庭经营为主的榨油小作坊。它们都是使用骡马与石臼将大豆碾碎，再用木榨机来榨油出饼的小作坊。大连从 1906 年到 1909 年出现了 35 家榨油作坊。据不完全统计，此间在东北有油坊 300 余家。

山东历来就是黄河下游的农业发达地区，以烟台为例，19 世纪末仅有榨油作坊数家，但是到了 1900 年油坊猛增至 40 家。这些油坊大都使用畜力，规模大者有磨六盘，小者也有两盘，总共 112 盘，每盘设备一日可榨大豆 11 担 5 斗。当时烟台从事榨油业者约千人，骡马六七百头。山东潍县有油坊 30 多家，安丘、青岛等地榨油业也很强盛。当本地黄豆欠缺时，他们都从河南运来黄豆榨油取饼，故山东成为当时中国重要的食油产区。山东是率先引进花生种植的地区之一。由于自然环境适宜，花生的种植在山东发展很快，到了 20 世纪上半叶，山东半岛还成为花生和花生油的主要产区。

江苏省历来就是产油大省，城乡油坊林立，其中武进兴化的油坊稍有名气。武进榨油大多用牛力推动石磨或石碾，再用木架楔式机榨油。每日一盘设备可加工黄豆三石，得油 33 斤，豆饼 180 斤。据统计光绪二十年（1894 年）至宣统元年（1909 年），江苏省城镇有 20 余家油坊，散布乡间的尚有 40 余家，原料黄豆主要是就地生产，当本地黄豆不够时，就到河南、湖北收购。

表 2-6　江苏手工榨油作坊统计

创办年代	地区	场坊名	场坊主姓名	工徒人数	产量		产值合计（元）
					油	饼	
道光初年	兴化	源顺坊	杨继潘、杨迪安	50	2340 石	156000 片	55560
1848 年	上海	信记	徐胜兰	30	1400 石	4500 石	27100
1862 年	华亭	汇源	马良	32	82500 斤	24750 斤	27000
1864 年	金山	允康	尤少波	23	1750 石		
同治初年	太仓	公益兴	陆邦昌	24	13400 石		191440
同治年间	昆山	晋隆油坊	刘正庭	30	1230 石	2900 块	16930
光绪初年	兴化	杨源隆坊	杨雨霖	50	2760 石	18300 片	66900
1884 年	上海	薛复顺	薛心卿	22	600 石	6000 石	26000
1886 年	赣榆	元泰坊	刘毓珏	24	3132 石	31320 石	89000
1890 年	吴县	三丰	周少莆	40	1550 石	3300 石	22050
1893 年	金山	恰记	丁仲贤	20	1350 石		20000

创办年代	地区	场坊名	场坊主姓名	工徒人数	产量		产值合计（元）
					油	饼	
1898 年	武进	裕源恰	谢文新	30	1750 石	19200 石	72500
1899 年	兴化	亿隆坊	余秋甫、扬雨霖	43	2020 石	143400 片	50849
1902 年	昆山	萃源油坊	徐杏生	20	1230 石	2400 块	20950
1902 年	元和	义隆和	平章信	40	1200 石	3300 石	17850
1903 年	赣榆	恒利永坊	宋毓瑊	24	3132 石	31320 石	89000
1904 年	六合	周大昌	周锡侯	28	2000 石		18500
1906 年	清河	和记	陈尚纶	28	534 石	3730 石	11451
1906 年	华亭	同兴恒记	李桂亭	35	2912 石	9990 石	45058
1908 年	兴化	恒源油坊	徐国宝、顾乃秋	30	1740 石	12000 片	41160
1909 年	东台	西泰源	朱术功	22	2050 斤		40100
不详	东台	庆记	王吉人	22	4200 斤		31128
1911 年	清河	晋丰源	张静如	20	508 石	3834 石	12382
1912 年	吴县	丰源仁记	高元祥	20	1000 石	2500 石	14450

在清末的洋务运动中，以蒸汽为动力，用手推螺旋式铁榨机榨油的新式榨油技术传入中国。第一家机器榨油厂是英商太古洋行于 1868 年在辽宁营口设立的。由于当地手工业者的极力反对，阻隔了原料黄豆的收购渠道，在开张几年后又不得不关闭。直至甲午中日战争，洋人获得了在中国开矿办厂的特权后，1895 年太古洋行在营口重建机器榨油厂。洋务派的干将盛宣怀也于 1896 年投资 21 万元在上海创建大德机器榨油厂，其榨油技术明显优于传统的手工榨油工艺，表 2-7 所列项目可以一目了然。

表 2-7　机器榨油与手工榨油的比较

	机器榨油	手工榨油
油料（黄豆）	8 斗（240 斤）	8 斗（240 斤）
得油（斤）	22	20
豆饼质量	结实、干净、清淡（色）	酥松、潮湿、发灰（色）
生产成本	0.25 两白银	3 两白银

盛宣怀之后，许多有资本的官员或民族工商业者纷纷投资兴建机器榨油厂，外国资本家自然也不肯错过这一发财的机会。表 2-8、表 2-9 分别是民族资本和外资在 19 世纪末 20 世纪初兴建机器榨油厂的情况。

从表 2-8、表 2-9 来看机器榨油厂主要分布在交通便利的城镇。尽管机器榨油产油率高、产量大、成本低，但是购置一套机器设备投入的资金也较大，故在以自给自足的小农经济为主的广大农村，手工榨油坊仍有发展，它依然是农民一项重要的副业。

表 2-8　1896—1913 年民族机器榨油工业发展情况

年份	厂名	地点	投资额（元）	性质	负责人
1896	大得机器榨油厂	上海	210000	商办	朱志尧
1898	临洪油饼厂	上海	280000	商办	沈云沛
1899	同昌榨油厂	上海	130000	商办	朱志尧

年份	厂名	地点	投资额（元）	性质	负责人
1901	源丰实业公司	淮安	42000	商办	陈琴堂
1902	广生油厂	通州	70000	商办	张笺
1905	大有榨油厂	上海	140000	商办	席裕福、朱葆三
1905	源丰豆粕厂	汉口	280000	商办	阮雯衷
1906	镇泰榨油厂	镇江	50000	商办	江业恒
1906	清华实业公司	河南清华镇	280000	商办	程祖福
1906	大均饼油厂	常州	300000	商办	恽祖祁
1906	丰盈榨油厂	安庆	140000	商办	张昕恩
1906	赣丰饼油厂	赣榆	420000	商办	许鼎霖
1907	裕兴榨油厂	阜阳	280000	商办	陈恩培
1907	启新榨油厂	河南周家口	140000	商办	丁殿邦、顾若愚
1907	永丰榨油厂	天津	10000	商办	吕善亭
1907	天兴福油厂	大连	65000	商办	
1907	允丰饼油厂	汉口	420000	商办	凌盛禧
1907	裕华实业公司	济宁	699000	商办	吕庆圻、吕庆埕
1908	致记油坊	大连	53000	商办	
1908	福昌油坊	大连	7100	商办	
1908	天盛榨油厂	汉阳	280000	商办	
1909	同聚祥油厂	大连	48000	商办	
1909	沅升榨油厂	镇江	40000	商办	汪瑜述
1911	福顺成油坊	大连	95000	商办	
1911	聚顺祥油坊	大连	37000	商办	
1911	泰昌利油坊	大连	36000	商办	
1913	大源榨油厂	镇江	100000	商办	

表2–9　1895—1913年外资机器榨油工业发展情况

年份	所在地	厂名	投资额（元）	国籍
1895	营口	太古元油坊		英
1895	上海	上海油厂	250000	英
1905	汉阳	日信豆粕第一工厂	530000	日
1906	汉口	日信豆粕第二工厂	487000	日
1906	营口	牛庄小寺油坊	1558000	日
1907	上海	增裕榨油厂	168000	中、英
1908	大连	日信豆粕制造株式会社	892000	中、日
1909	大连	三泰油坊	357000	日
1909	上海	立德油厂	364000	中、英
1910	大连	小寺油坊	238000	日
1911	大连	斋藤油坊	118000	日
1913	大连	大连寺儿沟油坊	400000	日

1949 年以前中国广大农村到底有多少手工油坊，当时并没有做过详尽的统计。根据当时中央工业试验所油脂试验组 1940 年发表的《如何改进土榨法》的报告中的记载，四川省政府作过一个大概的统计，在421 个县中有手工油坊 1331 家，平均每县 33 家，依此推测当时全国应有数千家"土榨法"油坊。在当时，机榨主要用于大豆、花生及棉籽等较大籽仁的油品榨取，而像芝麻、菜籽、胡麻籽等的榨油大多仍依赖传统的木榨油技术。十年内战时期和抗日战争时期，城市的机榨油业由于油料的收购和成品食油的销售都遇到了麻烦，故食油的需求依旧依赖乡镇的手工榨油。针对这一实况，政府部门开始重视手工榨油业的发展，中央工业实验所还专门对手工楔形木榨工艺和设备进行了专门研究，并提出了一些改进意见。

20 世纪 70 年代，在许多乡村城镇，手工榨油作坊还很普遍。改革开放后，农村经济有了较快的发展，在农业的许多领域，工业化生产迅速地取代了传统的手工业，手工榨油作坊也随之逐渐消失。

第三节　磨制——小磨香油

在北京市西城区一家农贸菜市场里，有一排加工各种食品的连排作坊，其中就有一家作坊是加工芝麻产品的，销售现场磨制的芝麻酱（黑、白芝麻酱均有）和香油。这家作坊门脸贴着"大名府香油"的招牌，里面陈设很简单，有一个炒芝麻用的铁锅，一个磨芝麻的石磨，一个进行油渣分离的铁锅，对外展示的窗台上整齐码放着瓶装芝麻酱和香油。从屋里散发出的阵阵芝麻香油的气味，使人忍不住驻足观看。

小磨香油传统的生产工序大致上是洗→炒→磨→晃（兑汗→折墩→晃油）。用于磨制香油的芝麻应是饱满油亮的。因为将芝麻从芝麻秆上脱粒的过程是在场地上进行的，难免会混入尘土、碎叶等杂质。用簸箕扬去部分杂质后，再用清水淘洗，晾干，作为原料的芝麻就比较干净了。这样的清洗很有必要，否则尘土、秕子等杂质将混入下道工序，最终影响香油和芝麻酱的卫生和质量，食品的卫生是千万不能忽视的。

炒熟芝麻是第二道工序。传统的方法是在土灶铁锅中炒，在掌握好火候的同时，还要在锅中不时用耙子来回翻动芝麻，以免受热不均。火候和炒熟程度的掌握十分关键，它不仅关系出油率，还直接影响油的色香味。而这一技巧主要凭借经验，油匠必须在长时间的实践中才能熟练地掌握它。这种技艺具有只可意会难以言传的魅力。现在炒芝麻，为了省力，人们已开始使用鼓风机助燃加强火力和电扇叶轮代替人工炒拨芝麻。尽管机械帮助了人力，但是将芝麻炒到恰到好处，还是要凭借经验的。

磨是将炒好的芝麻放到石磨里慢慢磨碎。磨细的程度由石磨内的磨纹粗细所决定。磨得细一点，芝麻酱就显得稀一点；磨得粗一点，芝麻酱就显得稠一点。口味略有差异，人们会根据自己的喜好来选择。现在一些油坊使用电力或干脆用电磨。

晃是出油、撇油的最后一道工序，也是很关键的一步，稍稍掌握不好，将大大影响出油率和油的质量。晃的过程是先兑汗，再折墩，最后晃油。兑汗即往芝麻酱中兑开水，比例大致上是 1∶1，实际上不同季节的兑水量不同。俗话说"冬流流，夏牛头"，意思是说冬季时兑水少一些，夏季时兑水多些。掌握水量要考虑温度对油渣溶水溶油的影响，水油混合互溶是有讲究的。折墩其实是北方部分地区的一种方言，意指没有计划或规律的行为，在这里指胡乱地翻转。过去人们用手将浆锅里兑水后磨碎的芝麻酱上下翻转，以便让水在油浆中将油置换出而浮现于表层。现在大多采用机械（以电为动力）的浆片在锅里搅动油浆，让油与渣分离。当搅动停止后，再静置一段时间，油就会浮于锅的上层，人们可以用油锤将油撇出。油锤是一个顶部有把手的扁圆形的中空油壶，其上方偏圆心地方有一个小孔，撇油时上层的油可由小孔进入油壶，当油灌满油壶后，提起来将油倒入油盆或油瓶中。撇过油的存渣还可以重复折墩两三次，以便进一步将油晃出。

由于流水线机械榨油产出的油不如上述手工磨制的油香，加上手工磨制香油设备简单、投资少、产品售出价格合理，因而有广阔的市场，故这项传统工艺能够传承下来，经久不衰。

第四节　传统食用植物油榨取工艺的考察

自 2004 年起，笔者在做非物质文化遗产项目的调研中发现，原先广布农村乡寨的手工木榨油作坊难寻踪迹，那些木榨油设备大多已被电动的小型榨油机所取代。20 世纪 80 年代后出生的人甚至不知曾有木榨油设备和技术的存在。他们只知道自家日常食用的油要么是从商店买来的，要么是用家里收获的菜籽、黄豆从小油坊里换来的。笔者通过多方努力才获知尚有少数地区，特别是边远山区或少数民族贫困地区仍保存着手工木榨油设备和工艺。在有关部门的帮助下，笔者选择几处做了重点考察，力求掌握第一手资料，以展示在中国大地流传近千年的榨油工艺。

一、开化县传统的手工榨油工艺

2009 年 9 月 12 日，笔者在浙江省衢州市文化局的安排下，在该局非遗保护处陈玉英处长陪同下，前往开化县长虹乡考察传统的手工榨油工艺。开化县位于浙江省西部边境的浙、皖、赣三省七县的交界处。县域总面积 2236 平方千米，森林覆盖率达 80.4%，素有"九山半水半分田"之称，是个典型的山区县。地处亚热带季风气候区，四季分明。菜油和山茶油的产出自古以来就是该县农业的主要项目，据统计到 2009 年，全县除广种油菜榨收菜油外，尚有山茶树 4723 万亩，每年生产山茶油达 10 万余斤。

在开化，使用木榨设备手工榨油（菜油、茶油）已有悠久的历史。在 20 世纪 60 年代以前，该地尚未使用机械榨油，人们都是运用传统的手工木榨工艺。这种传统的农村手工业，历来都是父子、师徒代代相传。通过追忆，至少已有 5 代以上的技艺传承人。虽然 80 年代以后，机械榨油在该地有所发展，但是传统的手工木榨油工艺在一些乡村得到传承，据统计，目前在开化县有手工木榨油坊 28 家，分布在长虹乡、苏庄镇、齐溪镇、大溪边乡等地。笔者考察的长虹乡芳村就有两家。

在芳村，我们看到的手工木榨油坊，可谓是一家标准的乡村油坊，进门首先进入眼底的是一个直径约 5 米的碾盘，碾盘是木质的，从材质到设计及制作都显得很精细，碾槽上滚动的碾轮是铁质的或者是包着铁皮的木轮，由于还在使用，所以磨得铮亮，毫无锈斑。在碾盘旁有一口径 1.5 米的炒籽锅。再往里走就看见并排而立的两套木榨设备，木榨主件是一根以樟木为原料的"油槽木"，长度约有 6 米，横切面直径在 1 米以上。可以想象作为材料的樟木该有多粗多高，必定是生长数十年的老樟树。在油槽木中心凿出一个长 2 米、宽 40 厘米的木槽，这就是放置油胚饼再插入木桩榨出油的"油槽"。油槽下部还开了一个便于让油流出的小口。在油槽木旁堆放着三根木桩，它们同样用的是樟木一类的好木料，用斧子砍成像大型方扁酒瓶状的木桩，接受油锤撞击的一头用铁皮紧裹。附近的屋梁上悬挂着一个重达 30 斤的石块，这个石块呈四面体，它就是人们用以撞击木桩的石油锤。在房子的一角还砌有一个能蒸油料的锅灶。房屋里面的墙下整齐地码放着已榨完油的枯饼（即油饼）。

油坊的主人叶新培，1963 年出生，1982 年拜师学艺成为榨油师傅，现在从炒籽、蒸粉、做饼到榨油等工序他都能熟练掌握，除了榨菜籽油、山茶油，桐油、豆油、花生油、棉籽油的榨取也不成问题。这套木榨油设备现在仍在使用，每年四五月间都会生产菜籽油和山茶油。

传统榨油工艺大致可以分为七个步骤，下面以山茶油的榨取为例作一介绍。

山茶果的收摘、堆沤、晒果脱壳及收集山茶籽一般不由油坊操作，油坊只是收购经加工过的山茶籽。油坊里的榨油工序是：烘炒→碾粉→蒸粉→做饼→入榨→出榨→入缸。

烘炒：收来的山茶籽经简单的清洗后放入灶台上的大铁锅里炒干，灶火不宜大，以免部分炒焦，这不仅影响油质的香醇，还关系到能否多出油。炒干的标准是香而不焦。

碾粉：将炒干的山茶籽投到碾槽中碾碎。碾盘的动力由水车（最初的动力是牛拉，稍后就是由水车带动，现在大多用电力）带动。水车和碾盘的直径一般都在 4 米以上，碾盘上有三个碾轮，所有的构件均由木材制成。由水车作为动力碾碎茶籽大约需要 30 分钟（牛拉的约 1 小时，电动的约 10 分钟）。（图 2-3）

蒸粉：将碾成粉末的山茶籽放入木甑，在小锅上蒸熟，一般一次蒸一个饼，约需 2 分钟。蒸熟的标准是见蒸汽但不能熟透。（图 2-4）

做饼：将蒸熟的粉末填入用稻草垫底的圆形铁箍之中，用脚踩手包做成胚饼。因为一榨需用 50 个胚饼，故从蒸粉到完成 50 个胚饼约需两个小时。（图 2-5、图 2-6）

入榨：将 50 个胚饼逐一装入木榨油槽里，开榨时再插入木桩，掌锤的师傅执着悬吊在空中的油锤，悠悠地一下又一下撞到"进桩"上，于是被挤榨的油胚饼便会流出金黄色的清油，清油顺着预留的小槽流到接油器中。（图 2-7）

出榨：榨油要经过几轮，先排放木方进（木桩），一块又一块逐次插入，最后用木尖（即头尖的木桩）楔入。几轮开榨，油胚饼里的油逐步榨尽，这时候就可以出榨了，出榨的顺序是先撤木进桩，然后再撤饼。（图 2-8—图 2-10）

图 2-3　开化榨油　碾粉

图 2-4　开化榨油　蒸粉

图2-5　开化榨油　做饼

图2-6　开化榨油　做成的油饼

图2-7　开化榨油　入榨

图2-8　开化榨油　木楦

图2-9　开化榨油　开榨

图2-10　开化榨油　石质油锤

　　入缸：就是每次将榨得的茶油逐一倒入大缸中，最后密封保存。

　　以上从原材料到成品油的七道工序，构成了流传千年的传统手工榨油工艺。在这些工艺中，许多技术上的操守，例如炒籽、蒸粉、做饼的火候和时间掌握，都是凭借油坊师傅长期积累的经验，在古代的文献中，没有具体的数据作参照。淳朴的山民在从事这项生产时，不断地向它注入深切的乡情，使它不仅仅是愉快的劳动，而且还成为展示风情的民俗活动。每年开榨前，除了做好设备、工具整理和环境卫生清洁等工作，还要举行祭祀仪式，用猪头、香火摆案桌，在木榨机前祭拜，保佑榨油平安多出油。每年榨油结束时，还要举行封榨仪式，在木榨上披上一块红布，点香跪拜，感谢上天保佑，去年平平安安，来年红红火火。在整个榨油过程中，那吱呀吱呀碾粉的水磨声，伴随着有节奏的甩锤的号子声"哎——嗨哟——嗨——嗨——嗨哟——哎——"，为人们创造一种舒畅的气氛。那轮锤撞击榨楦的瞬间，就像一幅优美的动态画面，展示了劳动创造生活的和谐。手工榨油的工艺流程，就像一场赏心悦目的技艺表演，充满了文化和艺术的气息。

传统手工木榨的油，特别是山茶油，不仅色泽金黄透亮，气香至纯，沉淀物少，宜贮藏，而且含有极高的不饱和脂肪酸及其他营养成分，是一种深受人们欢迎的纯天然植物油。

二、常山县木榨油坊

常山县位于开化县之南，在钱塘江上游，邻赣、皖、闽三省，交通便利，素有"衢通八省，两浙首站"之称。这里从气候到土壤都非常适宜植被生长，油茶、胡柚、食用菌等是常山特产。据说，此地山民种植油茶已有悠久的历史，特别是在宋代末年大量栽种油茶，到了明代中叶，油茶已遍布山区、丘陵。民国期间各乡均种有油茶。据县志记载和社会统计，1948 年常山县有油茶 11.7 万亩，到了 1957 年油茶面积增至 22.8 万亩，1975 年达 28.4 万亩，1984 年为 29.3 万亩，到采访时的 2009 年年均产油茶籽 940 吨。可见茶油生产在常山经济中的地位。1963 年油茶科学研究所在常山建立，1979 年常山被列入全国油茶生产基地县。由于油茶林遍布乡村，故木榨油坊很多，能传承至今的，谢家木榨油坊就是一个典型。2009 年 9 月 13 日，笔者在常山县文化局办公室主任吴林锋陪同下，来到常山县新昌乡，考察了谢氏木榨油厂。

来到村子里，就看到"谢氏木榨油厂"几个大字写在油坊的外墙上，十分醒目。这个油坊的建筑与周边的民房也有明显的不同，屋顶由竹木架起，屋檐很高，而且一侧敞气，空气是流通的，房屋的空间很宽绰，也是一台水车带动的碾盘，大小与开化的差不多，两套木榨油设备同样是用大口径的樟木制成的，只是由于长期使用，木具上到处都有厚积的油斑。油渍浸入木纹里而使木板呈黑色。橦木楔是半新的，表明仍在使用。橦木楔使用是有损耗的，即橦木楔在使用若干次后，可能因受损而要更换。其他许多设备都与在开化看到的相近，只是显得年代久远些。工艺过程也是完全相同的。（图 2-11—图 2-23）

图 2-11　常山县谢氏木榨油厂

图 2-12　笔者与技艺传承人谢樟华

图 2-13　常山榨油　茶果

图 2-14　常山榨油　堆沤茶果

图 2-15　常山榨油　木榨机

图 2-16　常山榨油　木榨机细部：木楦和石锤

图 2-17　常山榨油　木榨机细部：油饼和油糟

图 2-18　常山榨油　碾粉设备

图 2-19　常山榨油　包饼，上榨

图 2-20　常山榨油　上榨

图 2-21　常山榨油　榨油

图 2-22　常山榨油　装油

图 2-23　常山榨油　取饼

在传统木榨油工艺迅速消失的今天，浙江省衢州市开化县和常山县仍能保存这一工艺的全套设备，并每年通过山茶油的榨取来展示这一非物质文化遗产，实属不易。假若油坊主人没有保护的意识，完全可以将木榨的器具作为珍贵的木料卖个高价。然而他们清楚，这是老祖宗的技艺，是一种宝贵的文化遗产，倘若丢失，将永远在人们的记忆中留下遗憾。故此他们决心加入到非物质文化遗产保护的队伍中去，不仅要保存好，而且要通过整理和展示，为后人的历史认知和民族文化遗产的保护做出贡献。

三、山西神池县胡麻油手工榨油工艺

2009 年 9 月 3 日，在山西省非物质文化遗产保护中心主任赵忠悦的帮助下，笔者到神池县考察了当地的一家手工榨油作坊。

神池县地处晋西北黄土高原，南距忻州市区 147 公里，距太原市 220 公里，地理坐标为东经 111°—112°18′，北纬 38°56′—39°24′。神池县境内群山绵亘，沟壑纵横，地势自东向南、西北倾斜，平均海拔 1548 米。年平均气温 4.6℃，年降水量 481.3 毫米，无霜期年均 110 天，属温带大陆性季风气候。

神池县春秋时为北狄地；战国时隶属于赵国；秦时属雁门郡；隋唐隶于鄯阳县；金元隶宁武县；清雍正三年（1725 年）建县始命名神池。

神池地区的土壤及气候十分适于胡麻的生长，因此，胡麻在神池地区农作物中的种植比重很大。《齐民要术》记载，胡麻系张骞在出使西域过程中从域外引进的物种。迟至东汉，神池开始种植胡麻，且经久不衰。《中国实业志·山西卷》记载：民国 24 年（1935 年），全县种植胡麻 10 万余亩，总产量 180 万余公斤，种植面积及产量均居全省之首。1949 年至 20 世纪 70 年代初，胡麻的种植面积约 6 万亩；1975 年，神池县被山西省确定为油料生产基地，从此胡麻种植迅猛发展，至 1980 年，种植面积达 22 万余亩，占总播种面积的 29.35%，产量突破千万公斤。20 世纪末，神池县的胡麻种植面积已达到总播种面积的 50% 以上，

图 2-24　神池　一望无际的胡麻地

图 2-25　神池　胡麻籽

丰富的胡麻籽资源，为胡麻油的生产提供了坚实的物质基础。

早期的人们尚不知胡麻可以用来榨油，只是捣籽为泥合饭拌菜食用。成书于梁朝天监十五年（516 年）的《经律异相》记述，僧人"稻饭胡麻滓合菜煮"，是受欢迎的"美饮食"。

迟至南宋，人们开始用胡麻籽榨油，成书于南宋天禧年间的《释氏要览》中对胡麻油作为食用油品的事情有所记述。胡麻油馨香可口、味道醇正，深受人们喜爱。神池地区胡麻油生产的历史久远，且品质优良，清代道光年间兵部尚书、寿阳人祁隽藻的《马首农言》中记载"油出神池"，可见神池胡麻油的影响之大。

用神池胡麻油生产的神池月饼同样名扬天下。用胡麻油调制的馅经久不干，保持独特风味，神池因而博得"月饼之乡"的美誉。在晋商广泛的商贸活动中，神池月饼及胡麻油的美名远播四方。

从胡麻籽中榨取胡麻油的工艺在民间已经流传了 1000 多年。胡麻油色泽棕红、透明，味道香浓，营养丰富，历来被当地民众视为珍品，是炒菜、制作点心以及孕妇坐月子的必备用油，在晋、陕、内蒙古等地很有名。古人对其评价极高，认为常食胡麻及胡麻油可防治一切疾病，抗衰老，健体美容。中医学说："胡麻和胡麻油品性味甘、凉，具有润肠通便、解毒生肌之功效。"《本草纲目》等本草著作及《名医别录》等中医典籍对它都有许多褒奖。近年来的研究表明胡麻油是一种优质的食用油，其内含 48% 的亚麻酸，营养价值可比深海鱼油，有健脑促智、降血压、抗血小板聚集、扩张动脉和预防血栓等功效。

神池县因盛产胡麻而成为胡麻油手工榨油工艺最为集中、保存最为完好的传承地域。清泉岭榨油厂则是传承该工艺的一个典型代表。（图 2-24、图 2-25）

胡麻油的榨取技艺由胡麻籽的精选加工、炒熟、磨碎、压榨、沉淀、过滤等工序组成。由于传统工艺采用木、石制作的机械设备，在加工过程中不会影响油质，故产品香味醇正、绵长。

该传统制作工艺的传承地分布在山西、内蒙古、陕西、甘肃、宁夏等胡麻种植区，尤其在晋西北比较普遍。胡麻油的食用则超出了上述区域，特别是当人们对胡麻油食用、医药价值有进一步的认识后，胡麻的种植会有新的发展。

胡麻油传统压榨工艺的流程如下：胡麻籽筛选→炒熟→磨碎→蒸制→压制成饼→压榨→沉淀→过滤→装缸存贮→分装。

在操作中应注意如下事项：①胡麻籽筛选：选择有光泽、颗粒饱满的胡麻籽,同时除去泥土、草籽等杂质。②炒熟：炒至胡麻籽呈红白色，开炸露心即可。③磨碎：用石磨将炒熟的胡麻籽压碎，进一步露出白心。④蒸制：使胡麻籽进一步熟化，部分油质溢于表面，且有一定黏性，便于打包。⑤压制成饼：将蒸熟的胡麻籽倒入筐内，上压木板，用木锤将其打压成饼状。⑥压榨：用直径 80—100 厘米、长六七米的大圆木的自重，加上杠杆作用原理，压出油脂，引入陶制油缸。⑦沉淀：将陶缸用火加热，使缸内油脂温度达到 50℃ 左右，

图 2-26 神池 包圈

图 2-27 神池 麻饼

图 2-28 神池 油梁，下面悬挂着拽子

图 2-29 神池 油梁，远端支点是"将军柱"，近端的是"二将军柱"

图 2-30 神池 压榨出油流入缸内

用以加速油渣沉淀。⑧过滤：将上层油脂引出，并将分离出的油渣压制成饼渣，即麻渣。⑨存贮：将油脂装入柳条编的油篓或油缸中存贮。

一般情况下，人们还要将榨完一次的麻饼用石滚碾压碎，再进行二次压榨。

榨油的主要器具是木质油梁。忻州、朔州等地的油梁所用木材年代较为久远，当地人介绍是用杂木或榆木、松木做成，视木料材质和经济条件而定，独木、三五根木料组合的油梁均有所见。油梁的一端是近力点（我们看到的几处油梁远近力矩比大约在 4:1），在它的两边，从地面到房梁竖着两根较为粗大的柱子，俗称"将军柱"，柱子上边垛放着多层圆木，圆木上、屋顶外砌着石头垛，俗称"泰山"，使油梁在上部具有稳定的压力。房顶的"泰山"成为油坊显著的标志，很远就能够看到。

压榨时吊油梁是个强度很大的力气活。在油梁的远力点安装着粗麻绳，拴上两块几百斤重的巨石（俗称"大二圪蛋"）吊在近力点，辅助以人力翘

图 2-31　神池　右上角系油坊的特有标志"泰山"，寓意泰山压顶

图 2-32　吊在油梁上的"大二圪蛋"

起油梁，在支点处的槽内放置油饼（一般是10个），油饼由铁圈加固，上面压上石板或垫木，让油梁压紧，然后在压板上放置重物（石块）并辅助以人力（有的地方采用脚踏绞盘）向下拉动油梁，挤压油饼。一般一条油梁用三四个人，每次榨油经过四道工序，第一回叫软饹，以后依次叫二遍、三遍、四遍。榨一回顶出一个铁圈再续一个，梁底下总不少于6个。（图2-26—图2-34）

图 2-33　脚踏绞盘

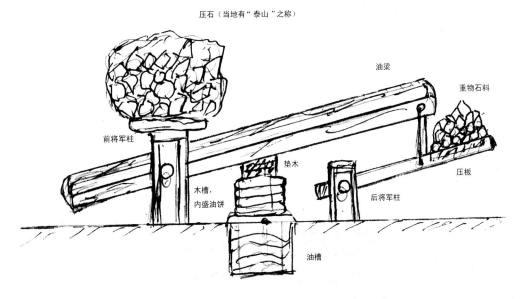

图 2-34　山西神池油梁木榨示意图

四、其他少数民族地区的传统手工榨油工艺

这种原先遍地开花的传统手工榨油工艺在内地逐渐远去，但是在经济发展稍微迟缓的少数民族聚居的边疆地区仍然顽强地生存着，下面是北京科技大学李晓岑教授在云南调研时的记录。

云南各少数民族还使用各种榨具进行榨油等生产活动。云南榨油的原料在历史上多有记载，如明代《大理府志》卷二说当时大理地区有红花油、核桃油。《滇海虞衡志》中记载了花生油、蓖麻油等。《滇系·赋产》中记载了菜油、苏籽油、麻籽油、芝麻油、胡麻油、桐油、芦花籽油等。我们在丽江县大具乡调查时，看到一种植物，称为"野苏子"，是当地纳西族传统的榨油植物，这是对野生植物原料的利用，以下介绍纳西族和彝族的榨油工具。

（一）纳西族的榨油

2000年9月，我们在纳西族地区看到了一些用于榨油的榨具，其形制有多种。一种是组合式的卧式榨具，这是在川滇边界的纳西族的甲波村调查到的，其结构为在两个木头上，各挖空一个等大的宽槽，把两块榨油夹板置于其中间，边上加上楔木。压榨时，在榨油夹板中间放入油籽，两边加上两两相对的四块楔形木，并用木棒在两边用力把楔木打入，使两块榨油的夹板之间形成很大的压力，从而把油料中的油榨出，流到下面的盆中。这是一种打楔式的榨油法。

我们测量了甲波村的这种榨具，夹板长97厘米，厚9厘米，圆径30厘米。做木槽的木头长96厘米，槽宽46厘米，榨油的原料为核桃、大麻。

另一种挖槽式榨具是在永宁泸沽湖一带广泛使用的。其结构为在一个整木上，挖出深槽，下开一孔作为出油通道。压榨时把油料放入深槽的底部，放上荷叶等作为隔离带，上置一重木作为压力，再放一木板，一人用力往下压。压力就直接压在油料上，料被挤压后，油从下面的小孔流出，接入一个碗中。

我们在泸沽湖畔达祖村测量了一下这种榨具，其长50厘米，宽40厘米，高30厘米。1公斤籽可榨出半公斤油，出油率不算太高。据温泉的达巴说，温泉也有这种榨具，这是相当原始的榨具。

这两种榨具，原理上有较大的不同。一为间接式的压力，一为直接式压力，以第一种榨具的压力较大，出油率高，有更高的效率。（图2-35）

图2-35 纳西族榨油器

（二）彝族的榨油

彝族使用的榨具也有几种形式。一种是石碾式榨具，1998年2月我们在禄丰九渡彝族村调查时见到。其碾槽为石质，直径为2米多。在畜力牵引下，巨大的立式石轮在碾槽中滚压油料，反复碾榨后，油从槽边的小孔中流出，接入桶中即可。

另一种是单木槽榨具，这在云南彝族地区较多。在一根大树干上凿出宽槽，安放在鞍马式的支架上。压榨时，油料用荷叶或粽叶包裹，放置于槽的中部，边上不断打入楔木，形成压力，从而把油压榨出来。

在手工榨油的行业中，人们一般称那些榨花生、大豆、菜籽等油料的作坊为大槽油坊，而以磨芝麻为主的称作小磨作坊，当然该小磨作坊也可磨花生等。传统的大槽油坊主要有两类木制榨油器具，一类称"响榨"，即使用锤子把四个大木楔插入隔板和木槽之间，将木槽中的油料饼挤榨出油，所以又称其为"打油"，因在打榨过程中，油匠会喊号子来运动石锤，故叫"响榨"；另一类称"立榨"，它是靠皮绠转轴，挤压出油。

机器榨油的原理主要出自立榨。小磨作坊除了石磨熟的油料，还运用了"水代法"，即在磨好的油浆中兑入适量的水，让油浮于表面，与渣分离，从而可将油撇出。

从上述李晓岑介绍的纳西族和彝族的手工榨油器具资料来看，可以看到多种民间榨油手艺的原生态。笔者认为，彝族石碾式的榨具应是最原始的榨具之一，它仅依靠立式石轮在石槽中的滚压，从而将油从油料中榨出，这种方式从榨具到生产操作都是较简单的，可以想象出油率是很低的，故在中原地区就很少见闻了，《天工开物》中就没有提到这种榨油方式。

纳西族的两种榨具都属于响榨一类的榨具，但各有各的特点。组合式卧式榨具之所以称其为组合式，是因为其由两根木头组合而成，它在两根木头上各挖一段等大宽槽，组合后再设置两块榨油夹板，油料就放置在夹板中，两边打入木楔将油榨出。由于油料没有包裹，会造成夹板中油料体积过大而影响榨油率，同时操作起来也不方便。这种挖槽式榨具与上述浙江、山西等地木榨油具结构上相近，除了规格小些，主要的特点是它将油料放在木槽中，再在其上放块重木，通过杠杆式的压力榨出油来，油料上放块荷叶也相当于对散粒状的油料进行了简单包裹。这种榨具的榨油率可能高于前面组合式榨具，故在泸沽湖一带广泛使用。

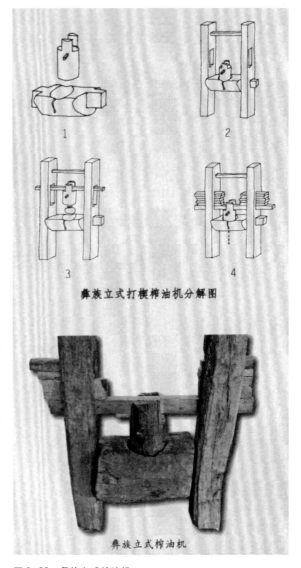

彝族立式打楔榨油机分解图

彝族立式榨油机

图 2-36 彝族立式榨油机

彝族的石碾式榨具前面已论及，单木槽榨具基本上与中原地区的木榨油具的主要构件相近，只是规格要小得多，无论是结构上还是操作上都显得更原始、简单，效率当然也会差些。总之，少数民族地区的手工榨油工具可能还有多种，但其构造原理和操作程序大致上相差不多。构件主要是木质，但是其各部件的巧妙组合，从简单到稍复杂的，其传力效率都是较高的，体现了少数民族群众对机械设计的掌握和力学知识的应用，是先民智慧的展示。这些设备和传统的技术作为历史的产物，如今已逐渐被人们所弃用，但是作为曾流传过千年的传统生产技艺，它蕴含了先人诸多的文化思想信息，如对高质量物质生活的执着追求、对周边物质世界的观察和利用等。保存这些传统的生产器具和生产技艺是民族民俗文化建设中十分有价值的内容。（图 2-36）

（三）广西桂北地区及贵州黔东南地区少数民族的手工榨油工艺

近年来，笔者先后数次赴广西桂北地区及贵州黔东南地区进行传统工艺考察。在考察中看到，这些地区侗族、苗族、壮族、瑶族的茶油（或菜籽油）传统加工工艺基本相仿，榨具的形制也很相近。历史上，这些地区的人口是相互迁徙，分合往复，与日常生活密切相关的生产技术在民族融合的过程中也不断相互影响，不断改良。在不少地方，我们采访时都遇到这样的陈述：祖辈从其他地区迁来，环境上周边生活的民族部落有的发生了变化，比如原来和苗族相近的生产技术由于迁徙后和壮族比邻而发生趋同变化，但主要的变化动因还是资源环境的变化，只是榨具形制变化而已，其他环节的工艺还是传承不变。在黔东南的考察中，笔者也曾将桂北地区考察的数据资料（包括照片）向当地的侗族、苗族等民族的人们询问比对，回答都是：我们以前的器械也是这样的，有的比这些还要大。我们的树木大哦，他们还是从我们这里运输木料呢！——言语间透出自得。

桂北和黔东南地区茶油制取的基本流程需经过采果、堆沤、晒果、脱壳、晒籽、碾粉、过筛、烘炒、蒸粉、包饼、榨油、过滤等十多道工序。从工序上看，与我国其他地方的传统榨油工序一致。就植物油脂提取的原理而言，都遵循通过粉碎、高温等手段，使得油脂分子从纤维素上脱离，经过挤压析出的原理。浙江、江西等地汉人的传统榨油与之几乎一样，而黔东南地区早期戍边的卫所驻地的汉人原籍也多是这些地区，技术传统的相互影响或可管中窥豹。

榨油主要器具包括：粉碎器具有水碓或旱碾（畜力）、石臼，烘籽的器具有木质或竹制的蒸子（焙笼），压榨的器具是木榨。其中木榨在历史上有雷公榨、锤头榨、飞锤榨。较普遍的是飞锤榨，在很多地方，不同民族地区都能见到；雷公榨考察中只在苗族和侗族地区见到；至于锤头榨只是听到口述，未见实物。

1. 飞锤榨

当地侗族、苗族、壮族、瑶族均有类似器具。飞锤榨榨体较大，撞杆也很长，因此这类油坊的面积通常是雷公榨油坊的四五倍。这种木榨和《天工开物》所载榨具图基本相仿，主体分上、下两部分，入榨前上半部分移开，油饼入榨后加上推子顶在油饼后面，再将两部分榨木对合。上楔时，码放好方木后将楔子从侧方楔入。飞锤榨的油锤大概是因当地木料多，见到的多是长长的撞杆，而不是浙江等地那样沉重的石质油锤（很像"南方榨"的样子）。但是，也是通过木质连杆或绳子悬吊起来，人力挥动撞杆撞击楔子。木榨顶端下方出油孔流出油脂。我们看到一家侗族油坊保留的器械和制作工艺相对完整，以此为例，说明其构造和操作方法。

这座油坊的主人吴氏，是侗族人。据他讲述，祖辈的时候，这里的瑶族、壮族和侗族人制取茶油时基本上是使用木制楔榨。当时在他们的村寨里有四五家油坊（一般是单榨），都是十几户人家共同出资、出力建一家油坊来共同使用。使用水碓或畜力拉动的石碾粉碎油料（在这里是使用水碓）。目前油坊中使用的木榨，是吴氏从一个壮族寨子收购来的，吴氏自己的老家在深山里，做茶油使用的木榨和这种楔榨形制是一样的。从吴氏的介绍中得知，近十年来，机榨普遍代替了手工制油，很多木制器械也被当作一般木料出售了。

原料的初加工——做油饼，《王祯农书》记载："凡欲造油"，先用大锅炒芝麻，炒熟后，用石臼春捣，或者用碾子碾压，充分粉碎，而后用草包裹起来，做成"油饼"，贮存备用。《天工开物》记载：将粉碎后蒸过的原料，"以稻秸与麦秸包果（裹）如饼形。其饼外圈箍，或用铁打成，或破篾绞刺而成，与榨中则寸相吻合"。当地做油饼的情形大致如此。每年十月下旬开始，山上的油茶果成熟，人们分片采摘，回到家将茶果挑拣后堆起来，沤掉表皮，很像核桃、银杏果实的初加工。共同使用油坊的人家会约定好各自的使用时间，用碾子（水碓）粉碎基本上各家都能够独立完成，榨取过程往往需要几家人合伙操作，一般需要壮劳力5人，分别负责上榨和开榨，而蒸做油饼的工作妇女也能够参加。

现存的木榨两端各有基座，榨体长约380厘米，半径约63厘米；半圆形的油槽壁厚18厘米，最宽处约45厘米，与油饼相吻合；油槽内靠近开口的地方纵向镶有两条铁条，宽2.3厘米，厚0.4厘米，与木榨等长，被油脂浸泡得十分光滑，是用来减少摩擦力的；上下两部分间的开口与方木等高，15厘米；楔子木长155厘米，承受撞击部位包有铁片，为16.5厘米×11.5厘米的矩形，远端较窄，为7厘米×15厘米；撞杆长585厘米，截面为16厘米的正方形，撞击部位包有铁皮；在距撞击端72厘米的地方装有木质连杆，由长17厘米、宽3.5

厘米的铁条相连接,约有400厘米,直达屋顶悬挂处。

每次上榨后的油饼都要再碾压一番,以求榨取更多油料。

笔者了解到的几家使用飞锤榨的油坊,一般出油率不足三成,大致在二两七八钱的样子。但是黔东南地区早期村寨中的油坊基本上是自给自足,每家一年需求的几十斤油一天就能够榨出,而他们也不追求速率,榨好一两家的油就休息了,第二天接着榨。一些没有油坊的寨子,人们就要到邻近有油坊的村寨去榨油,习惯上每年榨油的油坊相对固定,人际关系也很好。

飞锤榨是黔东南地区使用很普遍的榨具,集体合作社下的粮油加工厂也基本上是使用这种榨具。(图2-37—图2-45)

2. 雷公榨

笔者在从江、锦屏等地看到过雷公榨,苗族、侗族都有这种很特殊的榨具,操作方法也一样。本文以笔者在从江县岜沙苗寨所见的油坊为例介绍这种榨具。(图2-46)

岜沙距从江县城7.5公里。传说苗族的祖先蚩尤有三个儿子,岜沙人就是他第三个儿子的后裔。岜沙全村371户,约2061人,所用语言属于汉藏语系

图2-37 大唐湾 榨油作坊

图2-38 大唐湾 油榨

图2-39 大唐湾 油榨(局部)

图2-40 大唐湾 撞杆

图 2-41 大唐湾 撞杆的连轴

图 2-42 大唐湾 饼圈

图 2-43 大唐湾 楔子

图 2-44 大唐湾 油榨测量 1

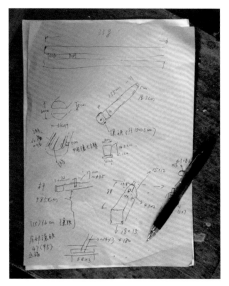

图 2-45 大唐湾 油榨测量 2

图 2-46 雷公榨

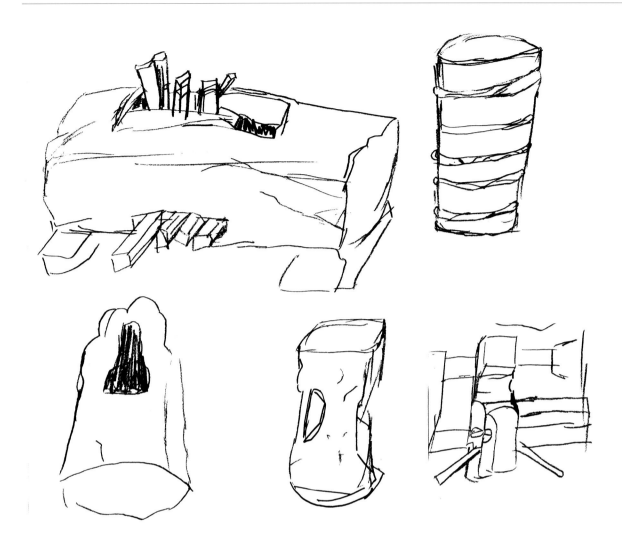

图 2-47　雷公榨　器具素描

苗瑶族语苗语支。寨中的建筑为干栏式吊脚楼，多为两层，以杉树皮盖屋顶居多，少数为青瓦、茅草屋顶。火堂是家庭中的主要活动场所，故而火堂的面积占房屋总面积的一半以上。二层的前面部分是走廊，廊前吊瓜柱，中部凿孔，置晾杆，供晾衣服和晾布用。底层圈养牲畜。路边建有禾晾，高约 10 米，供秋天晾晒糯禾用。

　　岜莎有五个古老的自然寨，分别叫作老寨、宰戈新寨、王家寨、大榕坡新寨和宰庄，这里可能是中国保存最完好的苗族远古部落。在贵州，很多比从江县更偏远的侗乡和苗寨都已不同程度地受到了外来文明的影响，但这支名叫岜沙的远古苗族支系，却顽强地坚守着自己古老的风俗，被人们称为"最后的枪手部落"（国家有关部门批准岜莎男子可以佩带猎枪）。

　　雷公榨这种独特的榨具对木料的要求较高，一般直径都要在 80 厘米以上。岜莎的山上被森林覆盖，巨型树木到处可见，制作原料的获取便不是什么困难的事情了。

　　雷公榨是由独木制成，从上方榨口入榨，油饼入榨后顶上推沟尖，推沟尖后面从侧方开口顶上方木，即可开榨。上楔是从上方插入楔子，人力挥动石质油锤敲击上方楔子，油锤一般在 15 公斤左右，由三个人轮流击打，劳动强度很高。油槽的前端下方开有出油孔，油脂由此流入油桶。（图 2-47）

　　雷公榨测量数据（厘米）：

　　长：约 225

首部：64×56

尾部：58×49

上面：距首部58——上榨口（115×19）——52

侧榨口：63×14.5

内径：24—30

顶：34

出油孔：距前端7，居中，孔径7

质材：枫香木

推沟尖：顶圆，径29；底方，（20—17）×13；长41.5

圆柱部分：高7，斜面6

把长：24（图2-48）

提楔：50×14×8

把长：13，有冲击凹陷：高13.5，深度1.5（图2-49）

（四）木姜子油的制作工艺

在关注传统食用植物油脂制取技艺的过程中，我们还了解到一种不多见的手工制油的加工技艺——蒸馏制取法。这是贵州侗族、仡佬族等少数民族制取木姜子油等植物油脂的方法。

木姜子油，即山苍子油，又名山鸡椒油等，是采用蒸馏法从山苍子果实中提取的植物油脂。作为调味品的山苍子油一般是由山苍子精油与食用植物油稀释勾兑而成的一种调味油，有很浓郁的生姜味道，具有除膻祛腥、提味增鲜的功效。在贵州铜仁市的石阡地区，木姜子油在日常饮食中应用很普遍，几乎是不可或缺的调味品。

山苍子，落叶灌木或小乔木，喜光或稍耐荫，浅根性。一般生长在荒山、灌丛、林缘及路边。这种植物的花期在2—3月，果期在7—8月。山苍子是我国特有的香料植物资源之一。在我国广东、广西、福建、台湾、浙江、江苏、安徽、湖南、湖北、江西、贵州、四川、云南、西藏均有生长。

与山苍子同属的植物全世界约有200多种，在中国实际分布有70多种。其中有些柠檬醛含量较高的品种也被当地的农民称为山苍子，像毛叶木姜子和杨叶木姜子等在当地也被称为山苍子。当中的16种已在民间得到使用，其中用于提取精油的品种有9种，用于药物的有8种，利用种子中的脂肪性油的有6种，被大家广为知晓的多数为提取精油的品种。本文主要介绍作为食用调味香料用的山苍子油——木姜子油的制取工艺。

图2-48　推沟尖

图2-49　提楔

最初的了解是从《隆里乡志》中得到的。隆里，是黔东南锦屏县的一座古镇，是明清时期戍边的军事重镇，当时除镇中的汉族军民外，周边多为侗族部落。《隆里乡志》中记载了当地林业资源的历史状况，其中有关山苍子的记载引起了笔者的注意："山苍子：又名木姜子。山苍子油原用山苍子通过加工蒸馏而得，它的用途为制造紫罗兰酮和香料及美容化妆品的原料。其山苍子为落叶小乔木，一般高3—5米，嫩枝呈黄青色，老枝皮呈古铜色，并有白色斑点，叶薄光滑，互生、全绿。花雌雄异株，农历十月生出黄色花蕾，次年春初开出黄色小花，花形与桂花相似；清明前后结椭圆形浆果，3—5枝簇生，7—8月份果实成熟。乡内各村均有，五六十年代全乡最多年产量可达5万斤。农民在当地加工出售给供销社，通过外贸部门出口。"

这种采用蒸馏法制油的技艺在早期的文献中未见记述，在对锦屏及周边地区的调查中了解到这种方法的历史至少在百余年以上。但是在2013年4月间对黔东南地区的考察过程中没有见到这种传统技艺的活态形式。2014年4月下旬和8月初，笔者考察了黔东铜仁市石阡县，在石阡县中学汪娅老师和县政协文史委蔡主任的帮助下有幸看到了这种仍在使用中的传统蒸馏制取木姜子油的技艺。

2014年，笔者先后两次到传统木姜子油制作技艺影响较大的青阳乡火麻村进行了有针对性的考察。

青阳乡火麻村地处偏远山区，交通闭塞，长期以来，当地人们的吃、穿、用等物品几乎完全以自给自足的方式解决。吃：米以水碾、碓舂来加工；米粉、面粉，用石磨来加工；酒，用山上的草药制小药曲，以糯米酿制醪糟（甜米酒），以大米、玉米、红薯、荞麦等酿制烧酒；糖，主要以养殖的蜜蜂的蜂蜜，或以红薯、麦芽熬制出饴糖，加工各色糖果；油，茶油和菜籽油主要以使用土榨进行人力榨取，木姜子油则以蒸馏方式提取；穿，主要以自家种麻、种棉，自家纺织的方式予以解决；用，主要以当地传统工匠加工来完成。因此，这里保留了不少传统手工技艺，很多手艺至今仍在日常生活中广泛使用，这是笔者选择这里为重点考察对象的原因。

火麻村有80余户人家，300多人，基本上都是仡佬族。这里采用传统手工技艺制取的木姜子油在石阡地区很受欢迎，据了解有一半以上的人家都掌握这一技艺。我们详细考察了村里两家制作木姜子油的"作坊"。

与其他地区所见的油坊相比较，其他地区做油的场所即便是四面开放的建筑，也都是在房屋里面进行操作的。而火麻村的"油坊"，设备装置却是安放在纯自然环境中的，是露天的"作坊"。（图2-50）

木姜子油制作的主要具体工序为：果实采摘→蒸馏→油品采集。

（1）果实采摘：当地人七月中下旬就开始上山收集木姜子，果实采集后或直接进行蒸馏，来不及蒸馏的便放置在阴凉处通风摊晾，不然果实极容易发霉，严重影响油品质量。（图2-51—图2-53）一般情况下，

图2-50　露天的蒸馏木姜子油的场地

图 2-51 青阳乡山上生长的山苍子

图 2-52 木姜子果实

在立秋前后的一个月间进行集中采摘加工的工期。这一个月过后，基本上就是零星地生产了。

（2）蒸馏：将木姜子放入甑子中，两家的甑子一次能装 200 斤左右；加盖，用泥料将甑子四周密封；加热，隔水蒸煮；油水蒸气从导管排出，经冷凝管冷凝，形成液体，流入油桶。当地环境条件下，一般加热 2 小时左右即开始产生油水蒸气，20 个小时左右，基本上蒸尽油蒸气。（图 2-54—图 2-56）

（3）油品采集：在油桶的上端开孔安置引流管（竹管），桶中的油水液体因互不相溶而迅速分离，利用油、水比重不同，油轻水重，向桶中加水，使油层上浮，当达到开孔位置时，油液从引流管流出，将油品采集。（图 2-57、图 2-58）加工场地的溪水温度一般是在 15℃ 以下，近年来当地的出油率一般在 3% 左右。

图 2-53 采摘下来的木姜子果实等待蒸馏加工

图 2-54 简易的土灶上安放着蒸馏的甑子

图 2-55　甑子的盖口和冷凝管接口处用泥料密封

图 2-56　上部与甑子相接的部分为竹制冷凝管，尾端没入溪水中的为 U 形金属冷凝管

图 2-57　油水收集桶，上端引流管出油；下部为泄水管，用以放出多余的水

图 2-58　向桶中缓缓注水以使油层液面提升到出油口位置

从整体上看，这里目前使用的蒸馏技术是直管冷凝方式。主要装置有甑子（加热釜，竹质或木质）、冷凝管（包括竹质的导管和铁质的冷凝管）、油桶（木姜子油水收集分离器）。

①甑子：一般上部内径在 70 厘米左右，下部略宽些，约在 78 厘米；距甑子底部约 25 厘米处放置箅子，箅子下面是水，上面装放木姜子果实，这里的甑子一锅可装 200 斤木姜子。甑子下面是泥和石头砌筑的简易灶，木柴加热蒸煮。

②冷凝系统由两部分组成：一是竹子制成的导管，导管直径约 8.5 厘米，一边安置在甑子上部，向下倾斜，另一边连接冷凝管，导管长约 170 厘米。严格说来，油水蒸气在导管中也经历着冷却过程，只是冷却剂为环境空气；现在的冷凝管基本都是铁质的，有简单的"之"字形的，也有 U 形的，接导管的部分用棉布缠裹，并用泥密封；当地称冷凝管为"冰管"，隐没在山涧溪水中。（图 2-59）

考察中了解到早期的一些局部装置已经有所发展，主要集中体现在冷凝环节的一些变化上，如早期的冷凝甑子（冷凝釜）已经简化，取而代之的是巧妙地利用自然冷水资源——河流小溪，以及空气环境进行冷凝。

图 2-59　U 形"冰管"

图 2-60　蔡启明夫妇在老宅前

图 2-61　蔡启明在其蒸馏器具前

此外，比较突出的变化是早期的冷凝管基本上是竹制的管材，目前已经有了铁质的管材，并由简单的"之"字形变化为 U 形，显然，这样的变化提高了冷凝的效率。

笔者对村中比较有代表性的两户制作木姜子油的人家进行了调查，油坊的主人分别为蔡启明和郑锡江。笔者在"油坊"现场仔细测量了蒸馏的设备并观察了全部的工序流程，对操作者进行了访谈。

蔡启明，男，汉族，现年 65 岁，小学文化，贵州省石阡县青阳乡火麻村院子头组村民，是当地传统蒸馏提取木姜子油的技艺传人。（如图 2-60、图 2-61）

青阳乡火麻村的蔡氏家族，祖上于明朝嘉靖年间自江西丰城迁至贵州石阡府（今石阡县汤山镇），后辗转至甘溪红岩（今甘溪乡红岩村）。清嘉庆年间远祖蔡帮虎为避战乱，迁居现在的青阳火麻地，在当地有清道光二十九年（1849 年）所立墓碑，碑文中记载了蔡氏家族迁徙而来的事情，其后至今已历九代。青阳火麻地僻人稀，蔡氏家族以农耕为主业，在此地得以偏安生息。据传，至蔡家世字辈（此地第三代），家族达到鼎盛时期，当时一度发展至上百人口，山林、田产丰厚，楼院林立，以至于当地人中传有"蔡知府"一说。后因兵匪侵扰，家道中落，弟兄分散，其中一支迁居至江口县，一支迁居至黔东南一带，只剩下蔡启明祖上的这一支依旧留驻在火麻地老宅。

蔡启明之父蔡光武生于 1928 年，曾就读于石阡中学，1999 年去世。在蔡光武掌理家务时期，深挖沟壕以防匪患，经营有方，家道中兴。因其地有河通达湖南，春夏发水，时有商贩前往贩运木材、牲畜等，因此钱粮颇丰。当时蔡家建有占地近 2000 平方米的四合院一座（火麻地"院子头"地名因此而得），田产近 500 亩、山林三四万亩。

说到蒸馏技术在制取木姜子油方面的应用，蔡启明的描述与笔者早期的推断暗合，源于烧酒技艺的影响。

蔡启明曾听其祖父讲过，蒸馏技术在蔡氏家族运用的历史至少可以追溯到 150 年前，主要用于烧酒制作及香料提取。香料，就是指用作食用调味油脂的木姜子油。

在没有制取木姜子油之前，木姜子是直接食用的，采摘回来后洗净、捣烂，即可作为调料使用。笔者也曾品尝了木姜子的味道，仅仅一颗果实，浓郁的辛辣味道直冲脑顶，回味时感觉应该很像是姜粉调制的油料味道，开胃的功效十分显著。

早时的蔡家，立有自家的烧酒作坊，烧造高粱酒和玉米酒。蒸馏器具经历了从天锅到直管冷凝的演进过程。直到1949年前，蔡家的用酒量都比较大，完全是自家制作供给。逢年过节，酿酒更是家中的大事。其中，有两件事情可以佐证用酒的消耗量之大：一次是蔡家解放前夕请木偶戏班唱了足足一个月的戏，每天需办酒席供应上百人的吃喝；一次是解放前夕蔡家为祖上超度，历时近一个月时间，每天需办酒席供应上百人吃喝。还有平时，亲友交往也较频繁，酒作为待客必需品以及赠送亲朋礼物，消耗量较大，大致估算，每年用酒应在两三千斤左右。

当地盛产木姜子、野八角等香料。其中，木姜子，新鲜时香味浓烈，干枯之后香味所剩无几。由于木姜子油的挥发性较强，通常捣烂后如不尽快使用，油脂大部分就挥发掉了。因此，当地制作菜籽油、茶油的榨取方式无法应用于制作木姜子油。后来，人们从白酒烧造技艺中得到了启发，由此产生了蒸馏技术在木姜子油提取上的运用。

尽管目前蒸馏制取木姜子油的确切起始年代无从考证，但从蔡家人的讲述中得知，至少已经有了百余年的历史。木姜子油提取的最初蒸馏设备与烧酒是基本一样的。不同的是，木姜子油提取，多了一个油水分离装置。最初用天锅换水冷凝时，提取的油量很小；经过不断尝试，人们采取延长冷凝管从而延长冷凝时间的方法：以整棵竹子去巅（头梢）、打通竹节作为冷凝管（当地称"冰管"）。由于室内空间有限，不便安放很长的竹制冷凝管，所以蒸馏提取木姜子油由最初的室内逐步演变为室外，以冰凉的溪水浸泡竹质冷凝管。近几十年，焊接技术出现后，才使得冷凝系统由最初的竹质冷凝管逐步被如今所见到的传导性能更好的金属弯管取代。

图2-62　郑锡江父子在蒸馏制取木姜子油

蔡家不仅自己制作木姜子油，也将此项技艺传授给了周边的人们。因此，当地人说起蒸馏法制作木姜子油的源头，基本上都会讲起蔡家的祖先制酒、做油的事。

图2-63　笔者和郑绍礼一起密封甑子

郑锡江是当地目前木姜子油产销量较大的一家油坊的主人。（如图2-62—图2-64）

郑锡江，1978年出生，仡佬族。祖上由江西迁来，在此地定居已经至少有五代以上。他制作木姜子油的手艺是其父亲郑绍礼（今年62岁）传授的，目前油坊的运作是由郑锡江承担。据郑绍礼讲，他是向村里的人学的手艺，现在村里面有一半以上的人家都会这门手艺，他家是从他这辈开始制作木姜子油的。

图2-64　郑锡江为笔者讲述早期的蒸馏技艺

郑家的蒸馏设备已经使用了 20 余年,当时置办这套设备花了 100 余元,目前的造价已经达到 500 多元了。郑家出售的木姜子油是纯木姜子油,没有用其他食用油勾兑,色泽鹅黄清澈,香味浓郁,一般三四口之家一年有 2 两左右就足够用了,很受周边人们的喜爱。20 年前,他家的木姜子油售价是每斤 28 元,目前为 200 元 / 斤左右。这些年来,产量最大的一年出油 40 斤,2013 年出油 30 多斤。制作木姜子油获得的收益刚好可以作为家庭一年的日常零用。

除调料用途外,郑锡江还讲了当地人使用木姜子和木姜子油的其他用途。用木姜子泡酒,这种酒有健胃、顺气的功效;木姜子油还可以用作外用药物,治疗疔疮,有消肿、消炎的功效。有时候,在羊的饲料中拌入木姜子,可以起到预防疾病的作用。木姜子的根、茎、叶和果实均可入药,有祛风散寒、消肿止痛之效,果实中药名为"毕澄茄",可治疗血吸虫病。

近些年,蒸馏法制取木姜子油的技艺在贵州地区还有用于制作缬草油和柏根油的。缬草油是一种香料,有木香、膏香、麝香异样的特殊香气,用缬草的根茎蒸馏而得。柏根油则是用作航空油的添加组分。

在以往研读《天工开物》"膏液"一篇文字的时候,对于宋应星在做油饼环节中特别强调的"出甑这时,包裹怠缓,则水火郁蒸之气游走,为此损油"这段话,仅仅对宋应星所强调的"损油"层面的意思有所理解,即当油料蒸煮出甑后,须要尽快打包;但对于宋应星在此之前所给出的解释"凡油原因气取,有生于无"的含义却并未有深刻的认识。当亲眼看到现实中用蒸馏法制取木姜子油的过程后,对于宋应星的"凡油原因气取"一语便有了新的体会。

第三章　食糖制取工艺

　　糖与脂肪、蛋白质、维生素、无机盐及水都是人类生存、生长的必需营养物质。当人们进食糖类物质后，会通过人体内的相关生物酶将其分解消化，从而变成葡萄糖被吸收，再通过血液输送到各器官为一切生理活动提供能量。可以说，没有糖类物质，就没有生命。糖几乎存在于一切有机物质中，人们获取糖的途径有很多，例如每天食用的由谷物加工而成的食品（米饭、面食等）中就有丰富的糖类（淀粉），故此人们不必专门食用食糖加工的食品也能维持人体的能量供应。

　　随着近代科学的发展，特别是化学和生理学、营养学的发展，人们对糖这类物质逐渐有了更深的认识。糖类物质是有机化合物中的一大类，已被人们认识的有一百多种，它们分别以葡萄糖、果糖、淀粉、纤维素等多种物质形态存在于植物的根、茎、叶、果实及种子之中。从化学角度来看，它们统称为碳水化合物，即主要由碳、氢、氧等几种元素构成。根据化学结构和能否被水分解，这些糖类物质基本可分成单糖、双糖、多糖等三类。单糖是不能再水解的糖，是最简单的碳水化合物。自然界中较常见的单糖主要有戊糖和己糖。细胞中的核糖和脱氧核糖都属于戊糖，它们的分子中含有 5 个碳原子。人们熟悉的葡萄糖、果糖属于己糖，它们的分子中含有 6 个碳原子。葡萄糖分子中含有醛基（-CHO），故属于醛糖；果糖分子中含有酮基（-CO-），故属于酮糖。由此可见，葡萄糖和果糖在化学结构上是同分异构体。葡萄糖是一种白色结晶体，极易溶于水。在众多环境下，它是利用双糖或多糖水解而产生的，几乎任何生物体内都有它的存在，因为它为生物体内的氧化还原反应提供热能，是生命活动的能源。果糖是黄色结晶体，也易溶于水，比葡萄糖甜，它往往与葡萄糖共存于水果、蜂蜜等甜食中。

　　1 个分子经过水解能生成 2 个单糖分子，这就是双糖，人们常见的蔗糖、麦芽糖、乳糖等属于双糖。蔗糖可分解为一分子葡萄糖和一分子果糖，麦芽糖分子式与蔗糖相同，它水解后则产生两个分子的葡萄糖，故麦芽糖不如蔗糖甜。乳糖存在于哺乳动物的乳汁之中，它被乳糖酶分解为半乳糖和一个分子葡萄糖。

　　多糖是由许多单糖失去水分缩合而成，例如淀粉、纤维素等。可以说凡是植物都含有多糖，因为植物可以通过光合作用而将二氧化碳和水变成单糖，单糖在植物体内通过聚合变成多糖而贮存起来，所以植物本身就是一个天然的制糖厂。当植物的根、茎、叶及种子被人或动物食用后，通过体内相关酶的作用，多糖就会水解为单糖以供生命活动的需求。在自然界中，多糖在酸或微生物的作用下也可分解为双糖或单糖。最常见的例子就是麦芽糖通过多种途径由大米、玉米、高粱、小米、大麦、小麦、土豆、薯类、豌豆等来制取。蔗糖可以通过榨取甘蔗或甜菜的液汁浓缩而得。

　　有关糖的上述基础知识，古人并不了解，但是他们从生活经验中获知只要饭（谷类等）吃饱了，生命就能延续。能吃到香美的甜食即可算作一种奢侈的享受。味甜的食物虽然很多，但能加工成食糖的品种却很有限。人们对甜味物质的选择和加工，促成了制糖工艺的产生和发展。人们饮食对食糖的需求逐渐形成了社会生产中的制糖行业。这个行业从规模到市场都没有制盐、酿酒那么大，可以说有一定的局限性。以下就最常见的几个食糖品种——蜂蜜、饴糖、蔗糖的生产工艺作些具体探索。

第一节　蜂蜜

养蜂采蜜可以说是传统农业门类中技术含量较高,同时也最富于诗意和爱心的一项技艺。直到明清时期,这项技艺的关键劳作,还主要依靠蜜蜂,人们只是野蛮地掠取,没有太多的技术含量。随着近代科学的发展传播,人们科学地认识了蜜蜂和整个养蜂采蜜的过程,这才把养蜂采蜜提高到一个新的水平。

一、养蜂采蜜的历史回顾

蜂蜜是人类继乳汁、水果之后认识的又一甜品。乳汁中含有甜味的半乳糖,故婴儿从母乳中首次品尝到甜味。水果是许多动物,特别是灵长类的猿猴最爱吃的食品,人类也不例外。多数的水果或多或少含有葡萄糖和果糖,人类正是从成熟的水果中体会到香甜味是多么让人回味追寻。人们也曾从采食某些鲜花中获知花蕊中有糖分,却不知如何采集它。观察中人们会发现在自然界中,蜜蜂有一种天生的本领,它们会采集花蕊中的糖分,并将它们加工成蜂蜜以供蜂王生长和繁殖后代所用。蜂蜜贮存在蜂巢之中,棕熊一类的动物会不顾工蜂的螫咬而去蜂巢掠食甜香浓郁的蜂蜜。人不会像棕熊一样强掠,而是采用多种方法智取。人们何时开始采集蜂蜜,实难考证,但是有一点是可以肯定的,那就是人们很早很早以前已经会主动采集蜂蜜作为自己的甜食了。

据对甲骨文的研考,发现其中已有"蜜"字,说明当时蜂蜜已成为人们享受甜味的重要来源。许慎在《说文解字》中谈到"蜜",说:从相关文献来看,直到战国时期,似乎人们主要还是通过火烧烟熏或捣毁野生蜂巢的办法来采集蜂蜜,不知道割炼蜜,吃蜜时连蜂子一起吃下肚。《尔雅》郭璞注"土蜂"说:"今江东呼大蜂,于地中作房者为马蜂,啖其子者也。"又注"木蜂"说:"似土蜂而小,在树上作房,江东亦呼为木蜂,又食其子。"《说文解字》则说:"蜂,飞虫,螫人者。蜜,蜂甘饴也,一曰螟子,从虫冥声。蜜,或从宓。"蜜、螟子、宓可能都是指将蜂子和蜜混合在一起的甘饴。古人吃这类甘饴不仅感觉甜香适口,而且还觉得吃后有助于身体强壮,故公认它是一种很好的滋补品,于是,这类甘饴逐渐成为统治阶级饮食中的佳品。

吃蜂蜜既成为一种时尚,自然会促使人们去寻找、采集它。野生蜂大多结巢于高山危崖或老树窟窿之中。土蜂结巢于崖壁,所酿蜂蜜称崖蜜、石蜜、石饴或阪蜜。木蜂结巢于树上,所酿之蜜称木蜜。当这类蜂蜜经数载而未受割收,就会因时间久远,水分蒸发而成红砂糖一样的干块。然而当时采集野生蜂蜜是相当危险的。生活的需求,促使采集野生蜂蜜成为居住在山林地区人们的一项劳作。到了唐代,蜜的主要来源仍是采集野生蜂蜜。据《唐书·地理志》记载,当时有 19 个州郡贡蜜,大部分是野生蜂蜜。

野生蜂蜜不仅产量有限,采集也十分艰难,这就促使人们去观察蜂群的生活规律,从而发现蜂群也可以像家畜那样被驯化养殖,这样人们就可通过养蜂主动地获取蜂蜜。据考,古代文献中关于养蜂的记载,始于东汉。皇甫谧的《高士传》(下)中就记述了东汉时期著名的养蜂人姜岐。姜岐生活在道教和炼丹活动盛行的年代，又长期居住在当时盛产野生蜂蜜的甘肃天水、武都一带。他的亲友和邻里中有相当多的人都以采集野生蜂蜜作为主要的收入来源，因此与他们的广泛接触、共同劳动，不仅使姜岐熟悉并积累了丰富的采蜜经验，同时通过劳动和刻意的观察很自然地摸索出一套将野蜂圈养成家蜂的办法。由于他不仅能采集野生蜂蜜，而且还有高人一筹的养蜂本领，故远近闻名，许多人慕名前来求教，他的养蜂技术便逐渐传播开来。

养蜂业的兴起，除了与人们对糖（甜味品）的需求有关，还与古代制药和炼丹有一定的联系。当时的"神丹"大多是一些带有一定毒性的无机物的混合物，不仅不易消化吸收，而且口感也极差。要想吞服这些丹药，人们只好借助于蜂蜜，让蜂蜜调和这些粉状的物质而制成丸状，既便于服食，又有甜的口感。按方士们的观点，蜂蜜还具有味甘平、益气补中、止痛解毒的功效，"久服强志轻身，不饥不老"。

到了3世纪，博物学家张华在其《博物志》中对养蜂技术作了较详细的记载，认为当时养蜂的关键是诱捕蜂王，驯野蜂为家蜂。

养蜂业在晋代的发展，首先表现在当时一些文人对养蜂的记述和宣传，其中有一篇描绘细致的《蜜蜂赋》是这样写的："无花不缠，无陈不省。吮琼液于悬峰，吸霞津乎晨景。于是回鸾林篁，经营堂窟。繁布金房，叠构玉室。咀嚼华滋，酿以为蜜。自然灵化，莫识其术。散似甘露，凝如割肪。冰鲜玉润，髓滑兰香。穷味之美，极甜之长。百药须之以谐和，扁鹊得之而术良，灵娥御之以艳颜。"在这篇短文中，作者生动地描述了蜜蜂的辛勤劳作，同时指明蜂蜜已成为配制百药不可或缺的珍品。作者的见解反映了当时人们的普遍认识。短文描述的蜜蜂可能还是野蜂，因为当时人们使用的蜜源主要还是来自野蜂巢。相对于人们生活的需求，特别是炼制丹药的需求，蜂蜜的供应则显得十分不足。代表统治集团利益的封建政府一方面开源，即奖励采蜜炼蜜，以增加蜂蜜的产量，例如《晋令》中就规定"蜜工收蜜十斛，有能增煎二升者，赏谷十斛"；另一方面则制定多种法规，限制百姓私采和享用。梁代有个地方叫新安郡，该郡有个产蜂蜜的蜜岭，政府规定，采蜜只能由太守掌管。在临海郡的蜜岩，采蜜则成为太守的专利。曾经做过高官的陶弘景，回故乡炼丹所需的2斤白蜜，还得由皇帝亲自批准，由地方政府供给。

正因为蜂蜜不易得，产量有限，于是进一步促使人们对养蜂炼蜜的重视，这在很大程度上推进了养蜂业的发展。

南北朝时期的养蜂业在推广中有了新的发展，首先研究养蜂技术的人多了起来，如著名的医药学、本草学家陶弘景。他对家蜂蜜和野蜂蜜进行过比较研究，特别赞赏家蜂蜜。由于当时的家蜂蜜产量已有较大增长，故家蜂蜜已作为商品上市，深受人们的喜爱。陶弘景介绍长安市场上的家蜂蜜说："白如凝酥，质量甘美，耐久储不坏。"在继承汉代张仲景用蜜作为润肠剂治便秘之后，陶弘景在其所著的《名医别录》中进一步说："蜜能养脾气、除心烦、饮食不下，止肠澼，肌中疼痛，口疮明目。"此后在民间逐渐开始用蜜兑水制成日常的保健饮料。

家蜂蜜采集的关键技术在于家蜂的繁殖和圈养。随着养蜂业的发展，人们积累的这方面的知识也日臻丰富，养蜂技术的进步集中反映在对家蜂较系统的研究上。唐宋时期，以捕猎驯化野生蜂为主的养蜂业为人们所关注。当时对野生蜂的描述如下："白蜂巢，成式修竹里私第，果园数亩，壬戌年，有蜂如麻子蜂，胶土为巢于庭前檐，大如鸡卵，色正白可爱。""竹蜜蜂，蜀中有竹蜜蜂，好于野上结巢，巢大如鸡子，有带长尺许。巢与蜜并绀色可爱，甘倍于常蜜。"[1] "空中蜂队如车轮，中有王子蜂中尊。分房减口未有处，野老解与蜂语言。前人传蜜延客住，后人秉艾催客奔。布囊包裹闹如市，坌入竹屋新具完。小窗出入旋知路，幽圃首夏花正繁。相逢处处命侪侣，共入新房长子孙。"这首《收蜜蜂》形象地描写了当野蜂群拥护着蜂王飞过时，"野老"前面以蜜糖为诱引，后面燃艾驱赶，将蜂群赶入布囊中，然后放入人工蜂房饲养的过程。南宋时代的罗愿所著述的《尔雅翼》就对当时的养蜂技术作了较详细的记载。在该书中，不仅列数了蜂的种类、蜂蜜的色味及蜂蜜与周边的植物的关系，还特别讲述了群蜂的生活习性，指出蜂群总是拥护着蜂王飞行，只要控制好蜂王，就能将这群蜜蜂收养起来。这实际上就是养蜂的要诀。另一位学者王元之所写的《蜂说》也较详细地记叙了蜂群和蜂王的生活及它们的分族和分工。关于蜂蜜，宋代唐慎微在《重修政和经史证类本草》中说："食蜜有两种，一种在山林中作房，一种人家巢槛收养之，其蜂甚小而微黄，蜜皆浓厚而微黄，又近世宣州有黄连蜜，色黄味小苦。雍洛间有梨花蜜，如凝脂。亳州太清宫有桧花蜜，色小赤。南京柘城县有何首乌蜜，色更赤。并以蜂采其花作之，各随其花式，而性之凉亦相近也。"这几则记载说明唐宋时期，人们在养蜂取蜜的实践中已积累了一定的认知。到了元代，这种技术有了进一步发展，元朝政府把养蜂正式纳入农事行列。由朝廷主管农业和水利的大司农司编纂的《农桑辑要》就专节增添了蜜蜂养殖的内容，其全文如下："蜜蜂：人家多于山野古窑中收取。盖小房，或编荆囤，两头泥封；开一二小窍，使通出入。另开一小门，泥封，时时开却，扫除常净，不令他物所侵。秋花雕尽，留冬月蜂所食蜜，余蜜脾割取作蜜、蜡。至春三月，扫除如前。常于蜂巢前置水一器，不致渴损。春月蜂成，有数个蜂王，当审多少，壮与不壮，若可分为两个，其余摘去；如不壮，除旧蜂王外，其余蜂王，尽行摘去。"[2] 这里介绍了怎样从废弃的窑洞或黄土洞穴中将野生的蜜蜂招引回来予以家养。家养有两种方式：一是箱式养蜂，即盖小房；二是篓式（筒式）养蜂，即编荆囤。不仅要保持蜂巢清洁，更要防范其他飞禽和动物的侵犯。冬天取蜜时，必须给蜜蜂过冬留下一定的蜂蜜，否则蜜蜂会饿死。春天到了不仅要在蜂巢前置水供蜜蜂饮用，还要特别注意观察新旧蜂王的状况，以便挑选强壮的蜂王，一蜂巢之中只能留下一只蜂王，若不及时分巢，极易发生自然分群飞走的状况。

与养蜂技术同时发展的是蜂蜜的收集和加工技术。关于这方面的技术，元代维吾尔族人鲁明善所著的《农桑衣食撮要》有较详尽的介绍："十月，天气渐寒，百花已尽，宜开蜂窠后门，用艾烧烟微熏，其蜂自然飞向前去。若怕蜂蜇，用薄荷叶嚼细涂在手面上，其蜂自然不蜇。或用纱帛蒙头及身上截，或用皮五指套手尤妙。约量存蜜，自冬至春，其蜂食之余者，拣大蜜脾，用利刀割下，却封其窠。将蜜脾用新生布纽净，不见火者为'白沙蜜'，见火者为'紫蜜'。入窠盛顿。却将纽下蜜相入锅内，慢火煎熬。候融化拗出相再熬。预先安排锡镟或瓦盆，各盛冷水，次倾蜡汁在内，凝定自成黄蜡。以相内蜡尽为度。要知其年收蜜多寡，则看当年雨水如何。若雨水调匀，花木茂盛，其年蜜必多。若雨水少，花木稀，其蜜必少。或蜜不敷蜜蜂食用，宜以草鸡或一只或二只，退毛，不用肚肠，悬挂窠内，其蜂自然食之，又力倍常。至来春二月间，开其封视之，只存鸡骨而已。"[3] 此外，鲁明善还特别告诫，当雨水少、花木稀，蜜尚不足蜜蜂食用时，可以草鸡肉供养蜜蜂过冬。

徐光启所著的《农政全书》中关于养蜂技术的记载基本抄录元代王祯所著的《农书》的相关内容，《农书》有关内容则是来自元代的《农桑辑要》和鲁明善的《农桑衣食撮要》，只是增加两处内容：一是在蜂巢防范飞禽和动物的侵犯之后，加上"及予家院扫除蛛网，及关防山蜂、土蜂，不使相伤"。二是在春月蜂成后的那一段，改写为："春月蜂盛，一巢只留一王，其余摘之。其有蜂王分巢，群蜂飞去，用碎土撒而收之，别置一巢，其蜂即止。春夏合蜜及蜡，每巢可得大绢一匹。有收养生分息数百巢者，不必他求，而可致富也。"[4] 补充内容虽不多，但是较之前人在工序环节的描述上更清晰，阐释也更科学。

从上述文献来看，可以认为，至迟到元代，养蜂和蜂蜜加工技术已臻完备。这些技术都是人们在长期的实践中摸索出来的。但是由于缺乏对养蜂学和蜂蜜本身的科学认识，在广大的农民眼中，掌握养蜂技术还不是那么简单，故养蜂业的发展在各地并不普及和平衡。直到明代，正如宋应星所说："蜂造之蜜，出山岩土穴者，十居其八，而人家招蜂造酿而割取者，十居其二也。"即当时人工养蜂所收之蜜仅占蜂蜜总产量的20%，蜂蜜主要仍来自野蜂蜜。西北地区更是如此。

关于养蜂和炼取蜂蜜的基本技巧，宋应星和徐光启的介绍是一样的。但因宋应星做过调查，所以在具体认识上，《天工开物》中的记载与以前文献的记载略有差异。例如：关于蜜的颜色，他说："蜜无定色，或青，或白，或黄，或褐，皆随方土花性而变。如菜花蜜、禾花蜜之类，百千其名不止也。"关于蜂王，他指出："凡蜂不论于家于野，皆有蜂王。王之所居，造一台如桃大，王之子世为王，王生而不采花，每日群蜂轮值，分班采花供王。王每日出游两度，游则八蜂轮值以待，蜂王自至孔隙口，四蜂以头顶腹，四蜂傍翼飞翔而去，游数刻而返，翼顶如前。"这一描述很形象生动，更凸显蜂王在蜂群中的地位。关于蜜蜂蜇人，他告诫："凡家人杀一蜂二蜂皆无恙。杀至三蜂，则群起蜇人。"还特别警示："凡蝙蝠最喜食蜂，投隙入中，吞噬无限。杀一蝙蝠悬于蜂前，则不敢食，俗谓之枭令。"这一警示也是前人没有提及的。《天工开物》中还介绍了当时部分乡民利用撒酒糟来招引蜂群以利于家蜂分群的方法。关于酿蜜取蜜，宋应星描述说：蜜蜂先造的巢脾，形状像排列整齐的鬃毛一样，蜜蜂咀嚼花心汁液，然后又吐在巢脾上一点一滴积聚起来形成蜜。割脾取蜜时，会有许多蜂蛹被绞死在脾里，故底层是黄色的蜂蜡。摘取野蜂蜜时，要找到深山岩壁上多年没有被割取过蜜的蜂巢，因其中窝藏的蜜已成熟，当地人大多采用长竹竿在巢穴上刺一个洞，蜜就会流下来。若有些蜂巢不够一年，人们只好爬上去割取。宋应星还特别指出土穴中所酿的蜜多产在北方，南方因地势低和天气潮湿，一般只有崖蜜而没有穴蜜。一斤蜜脾可炼12两蜂蜜。西北地区蜂蜜产量约占全国的一半，完全可以与南方产的蔗糖相媲美。宋应星的介绍使人们对当时的养蜂业和酿取蜂蜜技术及蜂蜜在整个制糖业的地位有更深和更全面的了解。

二、养蜂采蜜的传统工艺

明清以后的数百年里，养蜂业随着近代科学在中国的传播发展也有明显的进步，最大的变化就是家蜂群逐渐取代了野蜂群，人们通过养蜂学知识的传授，已能主动地养殖和发展蜂群，由家蜂酿制的蜂蜜成为蜂蜜的主要来源。蜂源虽然由野蜂群转变为家蜂群，但养蜂和采蜜的技术仍然是传统的。

为了了解养蜂制蜜工艺的现状，笔者于2009年专程来到浙江省江山市进行调研。江山境内养蜂打蜜历史悠久，最早的记载见于东汉。江山位于浙江西南部的半山区丘陵地带，海拔较高，北接天目山麓南沿，南靠栖霞岭，地域偏远，山高林密，植被茂盛，各种花花期交错，因此一年里有很长的时段都是山花烂漫，因此该地特别适宜养蜂。自1992年江山市被国家农业部畜牧兽医司确认为"全国最大的养蜂市（县）"以来，该市蜂业规模和养蜂总产值连续18年居全国各市（县）第一，2001年被农业部命名为"中国蜜蜂之乡"，是全国最大的蜂产品生产基地与蜂产品原料集散地。蜂产品不仅已成为该市的农业特色支柱产品，而且远销东南亚、欧盟和美国，赢得极高的声誉。

蜂有数百种，中国传统饲养的蜜蜂，为中华蜜蜂，俗称土蜂、中蜂，是我国特有的蜂种。这种土蜂主要喜爱在高山密林中采集野花蜜，故产蜜量相对较低，采蜜难度也较大。自1930年以后，人们引进意大利的蜂种。江山县就是我国最早引进饲养意大利蜜蜂的八个县之一。意蜂繁殖力强、产蜜量高，特别是适应力强，故蜂农可以携带意蜂通过公路、铁路运输进行转地饲养。因此这种蜂群发展较快，人们在鲜花盛开的季节，在城郊看到的养蜂群箱，大多是这种蜂群。

据《江山市志》记载，民国29年（1940年）全县组建了第一个集体养蜂场，许多私人养殖的蜂群也陆续折价入场，壮大了集体养蜂场，当时饲养的土蜂约有 8750 群，意蜂 20 群。此后时局虽在不断变化，但养蜂采蜜作为蜂农的生计仍然延续下来。发展规模虽有起伏，但是养蜂采蜜的工艺还是传统的那一套。

与意蜂相比，江山本地的土蜂采集力、抗病力及抗逆性都较强，特别是它嗅觉灵敏，飞行敏捷，善于发现和采集零散的花蜜，善于避开胡蜂和其他天敌的追杀。因此江山市更适宜进行土蜂群的定地放养。虽然土蜂产蜜不如意蜂，但是在市场上，土蜂蜜（即野蜂蜜）因口味更佳而受到追捧，市场售价为意蜂蜜的一倍以上。具体的养蜂采蜜制作工艺如下：

养蜂采蜜的传统工艺一般分为引蜂、管理、割蜜、过滤、灌装等工序。

（1）引蜂：农户家里养的蜂大多是用最传统的方法从山林中引来的。每年 3 月左右油菜花盛开或 6 月板栗花开时，是引蜂的最佳时节，因为这时候正值蜜蜂繁殖旺盛期。蜂农需把一定规格的蜂桶固定在一个蜜蜂经常出没的地方。蜂桶由木头制成，两头镂空，桶口上小下大。蜂桶中间加一层由长竹筷架组的隔层，隔层上铺放一些稻草和棕叶；下层在桶的下沿处开一道锯齿形的出口，口的大小刚刚适合蜜蜂的飞进飞去；上层的桶口必须加一个盖子能揭能盖，平时将盖子盖好，防止淋到雨或见到光。

（2）管理：蜂桶引进蜜蜂后就不能随便移动，否则会使飞出去的蜜蜂找不到回来的路，从而离开蜂桶。要想有好的蜂蜜收成，不仅需要对蜜蜂进行维护，而且还要适时地进行喂养。所谓的喂养，即在花粉少的时节，特别是秋天和冬天，视情况在蜂桶中放一些白糖喂养蜜蜂。4 月花粉相对减少和 8 月酷暑天气炎热时节，蜜蜂最容易出逃不归，这时就要加强维护。

（3）割蜜：一般等到蜂蜜装满蜂巢后就可以割蜜了。年景好的时候，一年可以割两三次蜜，多数情况一年只割一次。一桶蜂巢蜜多的时候有 10 斤左右，不好的时候也有 4—5 斤。传统的割蜜方法也很独特，具体操作如下：

先准备好割蜜的工具：竹片、鹅羽毛、布、锥子、扁竹畚、铁钩等。接着把布平铺在地上，将蜂桶放倒平躺，用扁竹畚盖住蜂桶的大口，再赶紧用布把扁竹畚和蜂桶包起来，以防蜜蜂见光跑走或蜇人，用竹片敲打蜂桶，把蜜蜂赶到扁竹畚里去，之后再用鹅羽毛将藏在桶边的蜜蜂赶走。蜜蜂赶完后，立刻用绳子把包着扁竹畚（里面裹着蜜蜂）的布包扎好，将其放好（最好插放在一个预先准备的圆形桶中），这样蜜蜂就保护好了。然后再用锥子将蜂桶中作为隔层的竹筷子敲出来，取出隔层里的棕叶和稻草，小心地把蜂窝取出来，用铁钩将蜂窝中的蜂蜜表层钩破引流出来，盛在盘子里。整个过程大概需要 1—2 小时。割完蜂蜜后，再把隔层、蜂窝依次原样装好，放回原处，再将布袋松口放出蜜蜂。

（4）过滤：割下来的蜂蜜一般要让其在一种特制的筛蜜篮子里过滤一次，把杂质剔除掉。

图 3-1　野外的养蜂箱

图 3-2　土蜂桶

图 3-3　割蜜刀

图 3-4　分（摇）蜜机

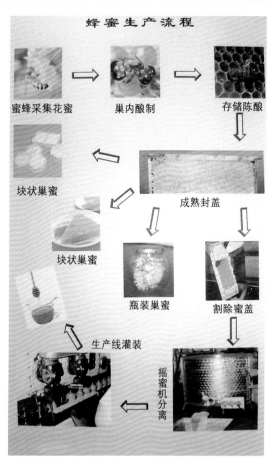

图 3-5　蜂蜜生产流程

（5）罐装：将过滤后的蜂蜜装进瓶或罐中便可以储存起来了。（图 3-1—图 3-5）

土蜂由于花蜜源较分散，故集蜜时间较长，一般一年最多采蜜 2 次。而随车流动的意蜂，采蜜点大多是花蜜相对集中的开花点，采完这个花期再赶另一个花期，集蜜量就较多，故采蜜次数就较多。与意蜂不同，土蜂营造巢脾，粘固框耳，填补箱缝隙，完全使用自身分泌的纯蜡，而不是采集植物的芽苞、树皮或茎干伤口上的树胶来补充，因而由土蜂巢脾熔化提取的蜂蜡，不仅颜色洁白，而且熔点（66℃）也较意蜂蜡的熔点（64℃）高。

根据蜜蜂采集花蜜源的不同，当地蜂蜜的品种有椴树蜜、荆花蜜、枣花蜜、槐花蜜、杂花蜜等。

第二节　饴糖

饴糖是谷物糖化后的制品。其原料广泛，制取技术也不难，因此，古代至近代很自然地成为人们所需甜食的重要且可靠的来源。相对于产品有限而显珍贵的水果、蜂蜜，饴糖制品便是大众最熟悉的糖品了。但是饴糖与蜂蜜，特别是与蔗糖相比，它最大的遗憾是较难成为调味品，从而使它在食用的广泛性上打了一个折扣。

饴糖工艺源于人们对谷物的认识和利用，也像酒、醋的酿造一样，始于对自然现象的观察和模仿。

一、古代的饴糖制作工艺

从现有的资料可以判定，饴糖的出现绝非是某人一时的发明，而是人们从观察自然现象中领悟出来的。谷物在存放中，受潮、受热都可能会发芽。发芽时，谷物会自发地将内贮的淀粉在生物酶的作用下分解成双糖和单糖，即麦芽糖和葡萄糖、果糖等，以供作物发芽生根的生理需要。发芽的谷物内贮有一定的葡萄糖、果糖等单糖，当人们舍不得将这些发芽的谷物丢弃，而是将这些发芽的谷物煮熬成食物后，很自然地发现，食物是甜的。假如将这种带甜味的糊化后的食物放置一段时间，空气和器具上的酵母菌和酒化酶就会进一步将其发酵成酒，这种酒在较高的气温中与空气接触又会在醋酸菌氧化下变成醋。糖与酒、醋的化学变化可以用以下的反应式来表现：

$$谷物淀粉 \xrightarrow{糖化酶} 葡萄糖 \xrightarrow{酵母菌} 酒精（乙醇） \xrightarrow{醋酸菌} 醋（乙酸）$$

其实，淀粉糖化变葡萄糖，葡萄糖又发酵成酒、醋，这是一个常见的自然现象。人们正是发现了这一奥秘后，加以模仿而逐渐掌握了熬糖、制酒、做醋的技艺。至于这三项技术究竟谁先谁后，实难考证，但从科学常识来推断，它们的技术被掌握的时间应相差不远，只是不同地区在不同时期被重视和推广的程度不同而已。

《诗经·大雅·绵》中有一句诗"周原膴膴，堇荼如饴"，意思是周平原真肥美，"堇""荼"就像饴糖一样铺在大地上。"堇"是一种野菜，亦称旱芹；"荼"是一种苦菜。这句诗虽然没有具体讲糖，但是用"饴"来形容菜蔬，说明饴糖已经是当时人们熟知的食品。

谷芽既能做糖，又能做酒和醋。利用谷芽做成的酒叫作醴。醴在夏、商、周时期很流行，这不仅在于醴的生产工艺简单好操作，而且时间较短，可以随时生产。醴带有甜味，在一定程度上可代替有甜味的水。而谷芽熬糖，相对来说，技术难度较大。由此推测，饴糖的制作在当时没有像生产醴那样普遍。同是谷芽，常用做醴，熬糖当然会少了。到了春秋战国时期，这种情况有了变化。人们的口味要求高了，嫌醴酒味薄，而更喜欢饮用由曲制成的酒。醴遂被淘汰，这就促使谷芽更多地转向饴糖的制作，因此自战国时代起，各地生产的饴糖多起来了，此时相关的文献关于饴的记载也多了起来。如《礼记·内则》："子事父母，枣、栗、饴、蜜以甘之。"其意是为父母、公婆配上枣、栗、糖、蜜等甜食，使其饮食甘甜。这里饴明确为糖。《楚辞·招魂》："粔籹蜜饵，有餦餭些。"王逸作注说："餦餭，饧也，言以蜜饴和米面熬煎粔籹，又有美饧，众味甘美也。" 粔籹大概指馓子，即一种油炸的面食，蜜饵为蜜渍果品，餦餭即指干饴。《吕氏春秋·审时》："得时之黍，芒茎而徼下，穗芒以长，抟米而薄糠，舂之易，而食之不噎而香，如此者不饴。"[5]这段话的意思是：适时而种的黍，生长得高而直，其穗生芒而长，其结出的果实黍米圆壮而皮薄，舂起来容易，吃起来香，这样的米就像饴一样食而不厌了。

到了汉代，由于农业得到相当的发展，粮食较富足，特制谷芽以熬制饴糖已较普遍，饴糖不再是贵族所专有，逐渐进入百姓家庭。东汉时，街头上甚至能听到售卖饴糖的叫卖声。《淮南子·说林训》中说："柳下惠见饴曰：'可以养老。'盗跖见饴曰：'可以粘牡。'见物同而用之异。"[6]意思是鲁大夫柳下惠看到饴糖说：吃饴糖可以延年益寿；而其弟，被诬为盗贼的盗跖看到饴糖说它可以放在门枢上，开门时就没有响声。同一食物不同人有不同的用法。可见饴糖在当时已被社会上更多人所食用，并有多种用途。

这一时期人们对饴糖及其制造工艺也有了较明确的认识,许慎的《说文解字》中说:"饴,米糵煎者也。"[7]在这个定义中,清楚地说明饴即当时主要的糖品,同时指出饴与糵的关系——饴由糵煎熬而得。实际上这个定义也有个演进的过程。早期,人们对含糖物质的口感常用一个"甘"字来形容。由于口感的甘味来自舌头,故在造字中就延伸出一个甜字。古人最初称甜味的实体为饴。也有的称其为饧。"饧"音同"唐",故又增加一个名称"餹"或从米为"糖",即成为现在通用的"糖"字,饧和糖实指同一实体,即成为一切以谷物为原料,通过煎熬其芽而制成的实体的总称。汉代刘熙在《释名》中指出当时的饴糖品种有三:糖之精者曰饴,形怡怡然也。稠者曰饧,强硬如饧也。如饧而浊者曰餔。谓:"饧,洋也,煮米消烂洋洋然也。饴,小弱于饧,形怡怡也。"简略地说,当时的饴糖按稀稠软硬可分为三种,饴的形态稀薄,呈浆状,是饴糖类中的上品,饧的形态比饴稠厚,餔则是浑浊的干固态。

中国幅员辽阔,各地的物产不尽相同,又有各地的方言,因而对于饴糖各地的称谓也不同。古代与饧字义相近或相关的字很多。《方言》:"饧谓之张皇(郭璞注:即干饴也),饴谓之餃,饴谓之糖,饧谓之餹(郭璞注:江东皆言糖也)。凡饴谓之饧,自关而东,陈、宋、楚、卫之间通语也。"黄河中下游地区又称干饴为凉饧。汉代的税务部门则称饴糖为"膏饧"。东晋称甘饴为"甘脆",南朝又称饴为"胶饴"。后来有地方干脆称干饴为"脆糖""关东糖",把稍软的饴糖叫"湿糖""糖稀"。这种由谷芽熬制的饴糖在称呼上,人们一直将它与甘蔗汁熬成的蔗糖相区别。

汉代崔寔所著的《四民月令》是最早记载关于饴饧制作的文献,他说:"十月先冰冻,作凉饧,煮暴饴。"[8]其意是到了冰冻的十月,人们可以制作较厚的饧和快速煎成的薄饴。假若作为商业上的需求熬饴糖,只要有原料,什么时候煎熬都可以。但是作为普通家庭,一般都是选择入冬之初,此时已完成谷物收割,谷物较富有,传统的节日又较多,庆贺中需要饴糖,可能还有一个原因是这个时节熬出来的饴糖,不易酸坏。

熬糖的原料,南方多用稻米,北方则多用黍米。有钱人家愿用高质量的谷物制糖,这样可以保证所出饴糖的质量。一般人家则尽可能先用那些质量较次的谷物来熬糖,特别是在谷物收割时,遇上下雨,谷物受潮。这样的谷物不易贮藏,故可先用来熬糖。

饴糖生产工艺实际上主要分两步。首先是制糵,然后才是熬糖。东晋人谢讽所撰的《食经》中就有"作饴法",介绍的熬饧工艺为:"取黍米一石,炊作黍(应是饭),着盆中,糵末一斗搅和。一宿,则得一斛五斗。煎成饴。"6世纪北魏的贾思勰在《齐民要术》中更详细地记载了这种工艺:"作糵法:八月中作。盆中浸小麦,即倾去水,日曝之。一日一度著水,即去之。脚生,布麦于席上,厚二寸许。一日一度,以水浇之,牙生便止。即散收,令干,勿使饼;饼成则不复任用。此煮白饧。若煮黑饧,即待芽生青,成饼,然后以刀剜取,干之。欲令饧如琥珀色者,以大麦为其糵。《孟子》曰:'虽有天下易生之物,一日暴之,十日寒之,未有能生者也。'"

由上面这段文字可以看出当时制糵技术的初端:一般选择农历八月中旬为制糵生产的时间,先用盆浸泡小麦,泡一段时间,把多余的水倒掉,再在阳光之下曝晒。一天一次浸水、日晒,直至小麦萌发出幼根,再将其摊布在草席上,厚度约2寸,每天还要泼水浇之,直到根芽长出,即可收集起来,先晒干,不能等到其形成饼状,即根芽相互盘结成饼,成了饼则不好使用。此糵可以用来煮熬白饧,即浅白色的饴糖。假若想获得黑饧(即暗褐色的饴糖),则待麦芽发青色,并纠结成饼状时再收集,然后用刀将其割开后,再晒干。假若想获得琥珀色的饴糖,则应用大麦为原料制糵。孟子曾说过:天下的作物,假若一曝十寒,麦子是无法生芽的。故此要注意。这里简略地交代了制取白饧、黑饧、琥珀饧在制糵技术上的异同。

为什么要选在农历八月中旬?笔者认为这个时节大麦、小麦均已收割,人们对用于制糵的大麦、小麦数量心中已有底,另外此时节的气温、湿度也较适宜麦子的芽化。

关于熬糖技术，《齐民要术》有专节介绍，全文如下：

煮白饧法：用白芽散糵佳；其成饼者，则不中用。用不渝釜，渝则饧黑。釜必磨治令白净，勿使有腻气。釜上加甑，以防沸溢。乾糵末五升，杀米一石。

米必细师，数十遍净淘，炊为饭。摊去热气，及暖于盆中以糵末和之，使均调。卧于醋瓮中，勿以手按，拨平而已。以被覆盆瓮，令暖；冬则穰茹。冬须竟日，夏即半日许，看米消减离瓮，作鱼眼沸汤以淋之，令糟上水深一尺许，乃上下水洽讫，向一食顷，便拔醋取法煮之。

每沸，辄益两杓。尤宜缓火；火急则焦气。盆中汁尽，量不复溢，便下甑。一人专以杓扬之，勿令住手，手住则饧黑。量熟，止火。良久，向冷，然后出之。

用粱米、稷米者，饧如水精色。

黑饧法：用青芽成饼糵。糵末一斗，杀米一石。余法同前。

琥珀饧法：小饼如棋石，内外明彻，色如琥珀。用大麦糵末一斗，杀米一石。余并同前法。

煮铺法：用黑饧糵末一斗六升，杀米一石。卧、煮如法。但以蓬子押取汁，以匕匙纡纡搅之，不须扬。

由上文可见，煮白饧法：原料以白芽散糵为佳，假若糵已成饼状，则不能用。若用有渝的锅（据笔者推测"渝"可能指因生锈而变色），则煮出的饧会呈黑色。所以锅必须磨得锃亮干净，还不能使它沾有油腻。锅上还要加一个陶制的甑（将大缸去底即成），以防煮糖水时沸溢。用干糵末五升，配米一石为原料，即糵、米比例为 1:20。

用作原料的米必须研细淘洗干净，可以净淘数十遍。然后将米炊为饭，蒸透后拿出来摊开，散去热气，在它还有点温热时倒入盆中，与糵末混合，务使其和匀。再将它舀出放到醋瓮中。所谓醋瓮，是一个底边上开一个小孔的陶瓮。饧饭入瓮后，勿用手按，只需拨平即可。随后用被子覆盖住瓮口，保持一定的温度：冬天可以在瓮周围裹上一层保温层，需要一整天；夏天只要半日即可。当看到饧饭因发酵而下沉并冒出鱼眼般的泡沫时，用沸水淋之，令饧糟上水深一尺许，再搅伴使上下层水融合调匀。然后稍等一顿饭的时间，便可拨去瓮底边上的醋塞，取熔出的糖汁，煮熬浓缩。

每当沸溢时，就添加两勺饧汁，尤其注意要用慢火；火大了则易产生焦糊味。当煮到锅中汁尽，不再沸溢时，便可将锅上的甑拿开。一人专门用木勺扬之，千万不能停下；手停下则会使饧变黑。等到饧已熬熟，止火，待冷却后方可出锅。

假若用高粱米、粟米作原料，则饧如水晶色。

黑饧法：使用长出青芽的糵饼。糵末一斗加米一石，其糵米比例为 1:10。其他操作技术同上。

琥珀饧法：制成的饴糖小饼如同棋子一般，内外清彻透亮，色如琥珀即褐黄色。

生产琥珀饧需用大麦糵芽为原料，一斗糵配米一石，糵米比例为 1:10。其余方法同前。

煮铺法：用黑饧做，一斗六升糵末配加米一石，糵米比例为 1.6:10（4:25）。糖化和煮熬方法同前。不过它是采用蓬草（可能是一种较粗疏的过滤工具）过滤糖汁。煮时，用勺子不停搅拌而不是用勺子舀起来倒下去（扬）。

根据贾思勰在《齐民要术》中的记载，可以认为经过长期的实践，到了南北朝时期，人们已初步掌握了饴糖生产的整套技术。在这套技术中，有几点是很关键的：

首先是制糵技术。这里已不是简单地把大麦、小麦制成麦芽，而是制成多种糵。用白糵生产白饧。白蘖是麦芽处于刚长出，还没有转绿时的状态。当麦芽在光照下进一步生长，就会变绿，芽生根还会相互盘扭在一起成饼状。这时的蘖只能用来生产黑饧。不同的蘖可以生产出不同的饧。当时的人们还不知道只要在麦芽生长过程中，不让它见光，蘖芽仍然是白色，即使已成饼状，照样可以制得白饧。这当然是后话。蘖末在与煮熟的大米混合中，不仅是原料，更重要的是一种糖化剂。蘖末中含有丰富的糖化酶，它帮助将大米中的淀粉分解为糖类，这些糖分溶解在水里，成为糖浆而与米渣分离。因此制好饴糖，首要是制好蘖。

其次是强调煮熬糖浆时要掌握火候。不能用大火，只能用文火。因为饴糖经不起高温，如果到了102℃以上就成焦色。文火煮熬的目的在于浓缩，即蒸发掉多余的水分。煮熬中不停用勺舀扬糖汁的目的，一是避免局部温度过高，二是为了更好地赶走其中的水分。

到了唐代，由于中外科技交流，特别是印度的制糖技术的传入和影响，蔗糖的加工和生产有了长足的进步。在蔗糖成为普遍的食用糖之前，饴糖是古代中国广大地区的主要食用糖，此时的饴糖不仅是糖的主要来源，还以它为基础发展起一个糖果加工业，所谓白饧之白者，即后来俗称的关东糖。白乐天诗云："岁盏后推蓝尾酒，春盘先劝胶牙饧"，"三杯蓝尾酒，一碟胶牙饧"……以饧胶牙，俗称于岁旦嚼琥珀饧，以验齿之坚脱。可见，饴糖已成为当时常见的甜食。其生产技术较之《齐民要术》所介绍的制饴技术相差不多。唐代韩鄂在《四时纂要》中记述的"煎锡法"如下：糯米一斗，拣去粳者，净淘，烂蒸，出置盆中，不少汤，拌令匀，如粥状。候令如人体，下大麦蘖半升，筛碎如曲，入饭中，熟伴，令相入。如着手及粘物，即入半碗汤洗刮物、手，免令生水入。和拌了，布盖，暖处安。天寒，微火养之，数看，候销，以袋滤之，细即用绢为袋，粗则用布当袋。然后铜银器及石锅中煎，杓扬勿停手，稠稠即止。[9]其过程依然是熟饭加麦曲，控制好温度促使糖化，最后将滤去米渣的糖化液，煎熬成饴。由于制法简便，易于推广，所以《酉阳杂俎》"酒食"中记述，在唐代除统治者能吃到蔗糖外，一般人都吃饴糖，市场上就有大扁饧、马鞍饧、荆饧等出售。

关于饴糖，尽管历代医药本草学的一些专著都有提到，但是大多没有涉及其制造技术。宋应星则在其所著的《天工开物》中叙述了饴糖的生产技术："凡饴饧，稻、麦、黍、粟皆可为之。《洪范》云：'稼穑作甘。'及此乃穷其理。其法用稻麦之类浸湿，生芽暴干，然后煎炼调化而成。色以白者为上。赤色者名曰胶饴，一时宫中尚之，含于口内即溶化，形如琥珀。南方造饼饵者谓饴饧为小糖，盖对蔗浆而得名也。饴饧，人巧千方以供甘旨，不可枚述。惟尚方用者名'一窝丝'，或流传后代，不可知也。"

从宋应星的介绍来看，当时大多数谷物都可用来制饴糖，从而验证了古籍《尚书·洪范》所说的"稼穑作甘"的道理。其方法主要是将谷物浸湿、生芽、晒干，然后煎炼调化而成。为保证人们对甜品的需求，人们创造了很多方法和甜食的品种。这里宋应星没有详细介绍具体的生产技术，可能是宋应星认为这些技术已太平常了，因为在当时农村的许多地方这些技术已是家喻户晓了。用饴饧制作的甜品也很多，宋应星也不可能详细列叙。他只提到一种当时专作皇室供品的甜品"一窝丝"。这种名为一窝丝的甜品是利用饴饧的黏性经拔糖棒多次提拉成线丝状，再配以某些佐料而制成的又甜又酥的形如发丝的一类甜食。

二、现存的传统饴糖制作工艺

到了近代，饴糖的制作工艺虽然没有明显的发展，但是随着人们生活水平的变化，它仍然作为传统的甜食呈现在普通人家的日常生活中，特别是每逢春节等节假日，它更是为人们所喜爱。近年来，像北京这样的大都市，笔者在年货市场都能看到各种形状和内容的饴糖果品，如关东糖（糖瓜糖）、牛皮糖、豆面粉、高粱饴、麻糖等。这些糖品大多产自河北、山东等地。2008年在安徽黄山市老街，2007年在云南丽江古城，笔者都看到了当街撑拉饴糖的展示。后来又在浙江衢州市农村看到了这种白饧的生产过程：先将小麦制成麦芽，晾干后磨成蘖粉。将大米煮熟，摊凉后倒入陶缸中，撒入一定比例的蘖粉，充分拌匀，保温发酵一段时间。时间长短根据季节和气温而定，一般在一天左右。当看到缸中冒出鱼眼泡，醪饭发酵下沉后，可适时淋入适当沸水，使醪饭面上约有一尺水，再搅拌调匀，待饭渣下沉后，将液汁与饭渣分离，分离出的液汁即是糖汁。通过在文火中熬煮使其浓缩，在浓缩过程中一定要不断用勺搅拌，以免锅底结块粘连而出现焦糊，文火浓缩至液汁呈软团的糖块，可视糖水已熬制成饴。这时在预先准备好的笼屉上铺上一层布，

图 3-6　云南丽江集市的饴糖撑拉

并在布上撒上一层草木灰，将熬好的饴倒在布上，让其慢慢冷却。在饴糖块还有点余温时，可用木棍像擀面一样反复压拉，或让糖块围绕着一木棍来回撑拉，带有浅黄色的糖块越拉越白，最后将糖块拉成带管状空隙的短棍或圆饼等多种形状。假如不拉撑也可整块进入市场，整块地在市场上叫卖就是笔者小时候见过的捧敲糖 [即用一把凿刀将所需大小的糖块从大（整）块糖块上敲凿下来]。成形饴糖应当储存在陶瓮内，还必须撒上一些炒熟的豆面，以免糖块之间粘连。（图 3-6）

　　各地的饴糖工艺大同小异，产品则五花八门。人们以饴糖浆为原料，不同的配料和形式就有不同的品名。例如将饴糖压成片状，粘压上炒熟的芝麻，就成为麻糖；将饴糖拉成丝状，混以炒熟的豆面，做成小团块，就叫豆面糖；将炒熟的花生米粒研成碎粉状，与饴糖浆混合粘压成块，就是花生糖或花生酥糖。总之，以饴糖浆为原料，配以花生、芝麻、果料、豆类、杂粮等能制出多种形式且花样翻新的糖类果品。近代以来，市场上流行的众多软糖、牛皮糖就是古代所谓琥珀饴的变种，它们往往是在饴糖浆中掺入某些淀粉和香料混合制成的。贵州镇宁出产一种名叫波波糖的特产，就是用饴糖加工而成的。由于加工精细，配料独特，香甜酥脆的波波糖深受欢迎。

第三节　蔗糖

　　甘蔗在植物学上属于禾木科甘蔗属，约有 30 多种。据研究表明，甘蔗的野生品种——割手密、草鞋密在中国古代南方曾有广泛分布。由于这些被称为密的禾木作物的茎具有甜味，中国的先民就刻意将其采集并加以栽培。这种禾木作物榨出来的液汁不仅可以鲜吃，还可以熬糖，由此甘蔗逐渐成为制糖的主要原料。随着优良蔗种的引进和栽培技术的提高，特别是在人们认识到甘蔗含糖量高、制糖工艺简单、蔗糖产品质量好、作为甜味品使用十分便利后，甘蔗的种植和蔗糖的产出得到了重视和发展。

　　初期，人们采集来甘蔗以后或生啖（咀嚼），"咋啮其汁"，或榨取其汁，随榨随饮。供饮用的蔗汁就叫蔗浆。据现代制糖厂的分析检验，食用蔗汁中，蔗糖大约占 15%，水分占 80%—85%，还原糖（包括

葡萄糖与果糖）大约占 2%，胶状物（如果胶等）约占 0.1%，含氮物质（包括蛋白质、氨基酸、氨基酸酰胺等）大约占 0.03%，无机盐约占 0.3%，还有游离的有机酸（如乌头酸、苹果酸、草酸、柠檬酸等）可达0.5%。所以这种蔗汁只能随榨随吃，不能存放，因为其中的酸会促进蔗糖水解，生成更多的葡萄糖和果糖，而这些还原糖在蔗汁中普遍存在的酵母菌作用下又很容易生成乙醇（酒精）和乙酸（醋酸），因此搁置稍久，蔗汁就会变质。中国南方的先民究竟在什么时候开始种植甘蔗并享食蔗浆的呢？

一、早期蔗糖考

我国古代对甘蔗的称呼和写法很多。例如战国时有人称其为"柘"；西汉人张衡、司马相如称其为"薯（或诸）蔗"；西汉人刘向"杖铭"中称其为"都蔗"[10]，《神异经》中写作"甘蔗"；服虔写作"竿蔗"；许慎《说文解字》中则写作"薯蔗"；晋代问世的《凉州异物志》又写作"甘柘"[11]；唐代僧人慧琳的《一切经音义》又提到有"遮蚶草""芉柘""甘蔗""籍柘"等写法。因此我们可以大致判断，"甘蔗"特别是"蔗"，是非汉语的音译。慧琳曾明确说："此既西国语，随作无定体也。"西国是哪个国家，他没有说明。是印度吗？但《梵语杂名》和唐代时印度僧人僧怛多蘖多和波罗瞿那弥捨婆二人合辑的《唐梵两语双对集》都把梵文 iksu 音译为"壹乞刍"，意译才是"甘遮"，可见"甘遮"不是印度语的音译；其他邻国中，孟加拉族语称 bao，越南语称 mia，马来语称 tebu。所以梵文学家季羡林认为："甘蔗是外国传来的词儿，至于究竟是哪个国家，我现在还无法回答。"[12]也曾有人认为甘蔗一词并不是非汉语的音译。清乾隆时期的文人李调元就是其一，他在《南越笔记》中曾写道："蔗之名不一，一作甘蔗，蔗之甘在干，在庶也。其首甜而坚实难食；尾淡不可食，故贵在干也。蔗正本少，庶本多，故之曰诸蔗。诸，众也，庶出之谓也；庶出者尤甘，故贵其庶也。曰都蔗者，正出者也。曹子建有都蔗诗，张协有都蔗赋，知其都之美，而不知其诸之美也。"[13]但他的意见似乎有些牵强，因"甘蔗"二字出自《神异经》，近代学者已多认为它是魏晋南北朝时人伪托东方朔之作，因此这两个字远非甘蔗的最早文字，不能作为其称谓的起源；而且汉代以前的人们恐怕对甘蔗也不会有这么深刻全面的了解。此外李氏的意见也无法解释最早出现的"柘"的含义。近年，农史专家梁家勉提出了一个新的见解，饶有趣味，他认为：在远古文字出现之前，甘蔗早已出现，当人们尝到它的甜味采来食用时，初未有字，但已有其音。可以设想，原来其称呼必有其用意，可以是反映它的特征，以音会意。假如联系到原始甘蔗的食用情况，相信会与"咋"（音 zé，咬也，笔者认为当是"嗍"，音 zuō，吮吸也）和"咀"（音 jǔ，嚼也，咋嗍）的音意有关。这倒确可作为一种颇有见地的新说，供我们进一步探讨。

如果说到吃甘蔗，楚辞名篇《招魂》其中就有"胹鳖、炮羔，有柘浆些"的句子[14]，这里的"柘"是"蔗"字的假借字，"柘浆"就是甘蔗汁。这句话的意思是：煮鳖肉、炙羊羔，再以甘蔗浆汁作饮料。这在当时大概已是很丰盛的美餐了。西汉辞赋家司马相如在"子虚赋"中写到云梦（今湘鄂的华容、监利一带）的园囿花草时提到"江蓠蘼芜，薯柘巴且"。"江蓠""蘼芜"是两种水草，"柘"即甘蔗，"巴且"可能指芭蕉，又说是襄荷（茎叶似姜，根香脆可食）。[15]服虔的《通俗文》也提到过"荆州竿蔗"。可见在中国南方包括湘、鄂等地，在战国或更早就已种植和食用甘蔗了。但那时还只是榨取它的浆汁，饮蔗水，还没有发展到制糖。

其后人们采用了日晒和温火煎熬（加温到 80℃—90℃）或两者结合的方法，即"煮而曝之"的办法弄掉蔗汁中的大部分水分而得到较稠厚的胶状糖浆，在加热浓缩中微生物大部分被杀死，所以可以保存较长的时间，这种糖稀就叫作蔗饴或蔗锡。晋人陈寿在《三国志》中提到吴国孙权的儿子孙亮（252—258 年在位）

曾"使黄门以银碗并盖，就中藏吏，取交州所献甘蔗饧"，说明那时交州（今越南一部分及广西钦州地区、广东雷州半岛）的蔗饧已是名特产了。蔗饧其实在西汉时就有了。在班固所撰的《汉书》卷二十二中载有"郊祀歌"十九章，其中有"泰尊柘浆析朝醒"之句，说吃柘浆可以醒酒。东汉人应劭对这种柘浆有注释："取甘蔗汁以为饧也。"[16] 可见"柘浆"一词到汉代时已指甘蔗汁经过煎熬而成的糖膏了。

随着煎熬蔗汁技术的提高，可使水分充分蒸发而又不至焦化。当含水量下降到10%以下时，蔗饧冷却后就会固化凝成糖块，于是被称作"石蜜"，但它绝不是结晶糖。其为红褐色，所以应是原始的红糖块。关于这种石蜜，贾思勰的《齐民要术》卷十中曾援引东汉杨孚所撰《异物志》卷十中的一段文字："甘蔗远近皆有，交趾所产甘蔗特醇好……榨取汁为饧饴，名之曰糖，益复珍也。又煎而曝之，既凝，如冰，破如博棋，食之，入口消释，时人谓之（石蜜）者也。"[17]《南中八郡志》也记载："交趾有甘蔗，围数寸，长丈余，颇似竹，断而食之，甚甘。榨取汁，曝数时成饴，入口消释，彼人谓之石蜜。"当时的交趾郡相当于今越南北半部。西晋嵇含所撰《南方草木状》对"石蜜"也有类似的记载。[18] 所以南宋史绳祖所著《学斋占毕》中说："是煎蔗为糖以见于汉。"[19] 这话是对的，这种最早的蔗糖即指蔗饧或石蜜而言。当时西北地区也有了这种石蜜，《凉州异物志》对此就有记载，谓："石蜜之滋，甜于浮萍，非石之类，假石之名，实出甘柘，变而凝轻（原注：甘柘似竹，煮而曝之则凝如石而甚轻）。"[20] 这种石蜜亦称"西极石蜜"，出自西域，所以被视为异物。但至迟到萧齐时期（479—502年）我国内地也生产这种粗制红糖了。那时前来我国翻译佛经的伽跋陀罗在广州就看到过这种糖块。他把此见闻夹写在所译佛经《善见律毗婆娑》中，谓："广州土境有黑蜜石，是甘蔗糖，坚强如石，是名蜜石。"[21]

这里需要说明两点：1. 在蔗糖、石蜜出现以前，人们把蜜蜂在岩洞巢中所酿的蜜称为崖蜜，也叫石蜜，两者不可混淆。2. 以上《凉州异物志》引文中的"浮萍"绝非水上漂长着的那种浮萍，而是一种糖的名称。李治寰曾指出：南欧及小亚细亚一带有数种灌木经虫咬或刀划，能分泌一种糖汁。西方和阿拉伯人称这种甜汁为manna，梵语作amrta，波斯语作tarangubin，即甘露。《隋书·高昌传》说"高昌有草名羊刺，其上生蜜，其味甚佳"，就是这种甘露。唐代时将高昌改为西州，以刺蜜作贡品，陈藏器《本草拾遗》说："刺蜜，胡人呼为'给勃罗'。"《凉州异物志》所谓"浮萍"，可能就是西域商人对"给勃罗"的谐音。后世元人汪大渊所撰《岛夷志略》说："甘露每岁八、九月下，民间筑净地以盛之，旭日曝则融结如冰，味甚糖霜。"[22] 所以西域商人用甘露（浮萍）来衬托石蜜，以突出石蜜的珍贵。李氏的这番解释甚是确当。

我国在汉代时，除"石蜜"外，又出现了所谓"沙糖"，这个称谓最早出现于张衡的"七辩"中，有"沙糖石蜜，远国贡储"的话[23]，表明当时这种"沙糖"是域外进贡的。及至萧梁时期，陶弘景在其所撰《本草经集注·甘蔗》中又提到它，谓"甘蔗今出江东为胜，庐陵亦有好者。广州一种数年生，皆如大竹，长丈余。取汁以为沙糖，甚益人"，表明这时广州也能生产这种"沙糖"了。但这种"沙糖"究竟是怎样一种糖，曾长期令今人迷惑不解，或误以为是今日常见的那种松散砂粒状的红糖，但实际上它仍然是干固的粗制的红糖，即与石蜜基本上是同一种类的糖。而汉代至南北朝期间为什么会把它称为"沙糖"？由于它原是"远国贡储"的，所以其中有一段历史的缘由，季羡林、李治寰等对此考证甚详。他们指出：印度古代有一种用手团成的、比较粗的糖，名叫guda或gula。团时在糖膏中加些米（面）粉，并在手上也涂一层粉才去揉糖，很可能涂一次团一次。东汉时期，我国进口的那种沙糖，可能就是当年古印度用手团揉成的、名为guda的球糖，它当时之所以被译为"沙糖"大概是因为它很容易被打碎（因掺有米粉）变成黄色粉末，以形取名。从汉代把进口的这种粗制红糖球（从外观、质地上不完全同于石蜜）译名为"沙糖"后，佛经的翻译家们对guda这个词便"入乡随俗"，既不译成粗制糖，也未译成球糖，而是按照中国人的习惯译为"砂糖"。

萧梁时期，人们已经明白这种砂糖就是由甘蔗汁经浓缩加工而成的。广州等地已掌握了这种砂糖即红糖的生产技术了。从甘蔗到其浆汁，再从蔗饧到粗红糖，表示人们对蔗糖生产技术的认识在不断深化。

二、蔗糖制取技术的一个进步：红砂糖的熬制

我国制糖技术到了唐代有了长足的进展，不仅"石蜜"有了新品种（所谓乳糖，详见下文），而且有了脱蜜砂糖，即名副其实的散砂状红糖，这与汲取当时印度的先进制糖法有直接的关系。贞观十九年（645年）正月二十四日法师玄奘自印度取佛经回来，向太宗"献诸国异物"。他在其所撰《大唐西域记·印度总述》中谈到那里的物产时说："至于乳、酪、膏、酥、沙糖、石蜜……常所馐也。"[24] 因此他带来的各国异物中就包括了那时印度的砂糖和石蜜。其后不久，西域及天竺诸国又纷纷遣使来到长安，向唐王朝赠送了他们的土特产，介绍了一些相应的技术，其中的"熬糖法"得到了贞观天子的赞赏，于是便有了遣使赴印度取熬糖法之举。据欧阳修等所撰《新唐书》记载："摩揭陀，一曰摩伽陀，本中印度属国。……贞观二十一年（647年）始遣使者自通于天子，献波罗树，树类白杨。太宗遣使取熬糖法，即诏扬州上诸蔗。榨瀋（汁）如其剂，色味愈西域甚远。"[25] 但这段记叙中既未说明熬糖法的具体内容，是制石蜜还是制砂糖，也没有对其"剂"（调配法）加以解释。但唐代西明寺和尚道宣所撰的《京大慈恩寺释玄奘传》却有所说明：在玄奘回国后，天竺王"戒日及僧各遣中使赍诸经宝远献东夏，则是天竺信命自奘而通。……使即西返。（太宗）又敕王玄策等二十余人，随往大厦（按大厦是今阿富汗北部地区），并赠绫帛千有余段。王及僧等数各有差，并就菩提寺僧召石蜜匠。乃遣匠二人，僧八人，俱到东夏。寻敕往越州，就甘蔗造之，皆得成就"[26]。该文指出，王玄策到摩揭陀国请来了制作石蜜的工匠。宋人王溥所撰《唐会要》对此也有说明："（贞观）二十一年三月十一日，以远夷各贡方物，其草木杂物有异于常者，诏所司详录焉。……摩揭陀国献菩提树，一名波罗，叶似白杨。……西番胡国出石蜜，中国贵之，太宗遣使至摩揭陀国取其法，令扬州煎蔗汁，于中厨自造焉，色味愈西域所出者。"[27] 因此可以肯定，太宗时遣使至印度所取的熬糖法，主要是制作优质石蜜的技术。

当时印度的石蜜与中国汉晋时期的石蜜已有所不同，这在《新修本草》中有明确的说明。《新修本草》是唐王朝的"国家药典"，对这样一项由太宗遣使引进的先进技术必然会加以记载。所以《新修本草·石蜜》中所引《名医别录》文为："石蜜，味甘，寒，无毒……出益州（今四川省广大地区）及西戎（今黄河上游、甘肃西北部），煎沙糖为之，可作饼块，黄白色。"这显然是中国固有的石蜜。在这段文字之后有"新附"，即苏敬所作的补充说明："云用沙糖[28]、水、牛乳、米粉和煎，乃得成块。西戎来者佳。近江左亦有，殆胜蜀者。云用牛乳汁和沙糖煎之，并作饼，坚重。"[29]

显然，这种石蜜当是印度石蜜匠所传授而在"江左"推广的。所以过去西戎有（可以由印度传去），"近江左亦有"，"近"字正是指王玄策自印度归来后那些年，江左即指当时扬州、越州一带（即今江苏、浙江）。这种加牛乳、米粉的石蜜已有些像近世的牛奶糖，当时味道较红糖凝块要香甜醇美、洁白细腻。唐武周皇帝时孟诜撰《食疗本草》时亦作了说明："石蜜（乳糖）……波斯者良。蜀川者为次，今东吴亦有，并不如波斯。此皆是煎甘蔗汁及牛乳汁。煎则细白耳。"[30]

由于乳糖石蜜一般只能作为甜食、待客茶食及筵宴礼品，所以只起到糖果的作用，但还不能代替一般的红糖。

至于砂糖，《新修本草·沙糖》条目中也有"新附"。苏敬谓："蜀地、西戎、江东并有，而江东者先劣今优。"这就是说，在高宗永徽和显庆初年时，江东扬、越诸州的砂糖质量也有了明显的提高，我们

相信这也与印度制糖专家的到来有密切关系，也是汲取了印度砂糖制法所取得的成效，因为优质石蜜必然也要以优质砂糖为原料，溶化后再和牛乳煎炼才得到的。但很遗憾，苏敬未对此优质砂糖的形态加以描述。不知仍是固块状的红糖球，还是散松砂粒状的红糖。南宋时著名学者陆游在其《老学庵笔记》卷六中引用过南宋制糖局勘定官闻人茂德的一段话，说：“沙糖中国本无之，唐太宗时外国贡至，问其使人此何物，云以甘蔗煎汁。用其法煎成，与外国者相等，自此中国方有沙糖。唐以前书传凡言及糖者皆糟耳，如糖蟹、糖姜皆是。”[31] 如果这话确凿，那么宋代时人们所熟识的砂粒状干散的红糖制造技术也当是由唐太宗时聘来的石蜜匠师一并传授的了，与《新修本草》所记相符，而且可为其注。

那么印度的砂糖制法究竟是怎样的？在本世纪发现的《敦煌残卷》中有一份有关印度砂糖的简要说明，大约是我国唐代时期的记载，它向我们揭示当时印度砂糖法中至少有两项先进工艺：第一，蔗浆结晶前用“灰”处理；第二，自蔗浆中分出并滤去不能结晶的糖蜜，于是可以得到砂粒状干散的红糖。1982 年，季羡林对这份珍贵资料作了一番缜密严谨的考证和勘校。其中制砂糖并以“灰”处理的那段文字经勘校后如下：

　　　西天五印度出三般甘蔗：第一般苗长八尺，造沙糖多不妙；第二般，较一二尺矩，造好沙糖及造最上煞割令（指石蜜，见下文）；第三般亦好。初造之时取甘遮茎，弃去梢叶，五寸截短，着大木臼，牛拽，于瓮中承取，将于十五个锅中煎。旋泻一锅，著箸，捞出汁，置少许（灰）[32]。冷定，打。若断者熟也，便成沙糖；又折不熟，又煎。

对这段文字，季羡林已作了一番解释，可以参读。由于文中可能还有错讹及漏脱之字，因此有些地方仍很费解。然而我们以现代的科学知识来分析这段文字，可以看出确有很多值得称道的地方：其一，很注意对甘蔗品种的选择，按其经验，苗长过八尺者不适于熬糖，而矮杆六七尺者是造砂糖与石蜜的良种。而中国唐代以前的制糖业，按陶弘景的记载，以广州为例，是以“斩而食之”的甘蔗作为熬糖的原料，它如大竹，竟长丈余。显然，后来我国就参考、学习了印度的此经验，注意到各品种甘蔗的属性。在明万历十三年（1585 年）王世懋所撰《闽部疏》中便有明确说明：“蔗有二种，饴蔗节疏而短小；食蔗节密而长大。”[33]《天工开物》也着重说明了这项经验，指出：“凡甘蔗有二种。产繁闽广间……似竹而大者为果蔗，截断生啖，取汁适口，不可以造糖；似荻而小者为糖蔗……白霜、红砂皆从此出。”其二，在蔗浆冷定前“置少许”石灰（或草木灰）的举措，根据现代的科学制糖原理可知，它对砂糖的质量和产率至关重要。前文已述及，蔗汁中除蔗糖和水外，还有许多成分，虽然含量不算很大，但对制砂糖极不利，如各种有机酸会促使蔗糖水解生成还原糖，尤其在煎熬蔗汁时，这种情况更为明显。而这些还原糖在搁置蔗汁过程中不仅自身不能结晶并生成糖蜜（我国古代称为糖油），而且还妨碍蔗糖的结晶，所以用“灰”来中和、沉淀这些游离酸，对砂糖制法是个极大的改进。而且石灰的加入还可使某些有机非糖分、无机盐、泥沙悬浮物沉积或沉淀下来，既可改善蔗汁的味道，又可使蔗汁黏度降低，色泽变清亮，这都有利于保证蔗糖的析出和质量。

在此份《敦煌残卷》印度制糖法中还介绍了制作名叫“煞割令”的糖，季羡林指出，其原文为“Sarkara”，意译应为“石蜜”，但较过去的石蜜工艺，增加了“分出糖蜜”的重要举措。根据描述，这种“煞割令”实际上就是松散的砂粒状红糖。“制‘煞割令’法”说：“若造煞割令，却于锅中煎了，于竹甑内盛之。禄（漉）水下，闭门满十五日开却。着瓮承取水。竹甑内煞割令禄（漉）出后，手遂（搓）一处，亦散去，曰煞割令。其下来水，造酒也。”[34] 这段文字中所说“竹甑”“禄（漉）”水就是利用糖体自重的压力进行分蜜，漉出来的液体就是糖蜜，含大量葡萄糖和果糖，正可酿造糖蜜酒；所说"闭门满十五日开却"，就是要让室内温度不要骤然下降，而使糖浆逐渐冷却，徐徐分蜜，至期满十五日糖蜜基本漉尽，而蔗糖的结晶也得以缓慢进行，从而获得较大晶粒；所说"手遂（搓）一处，亦散去"，就是用手搓就可以把一块糖体捏散成结晶粒体。所以"煞割令"肯定就是名副其实的红砂糖了。这种石蜜可以长期贮存，不易潮解，是当时蔗糖中最重要的一个新糖品种了。当然《敦煌残卷》中的这些经验和做法未必在贞观、永徽年间都是由那几位石蜜匠师传授到我国的，很可能是其后又陆续引进的，因为我们现在还不能考证出《敦煌残卷》问世的精确年代。

从粗红糖到散沙状红糖，其技术进步主要归结为二：一是将蔗浆中的游离有机酸和某些非糖分的盐类及泥沙悬浮物加石灰以中和作用而沉淀下来，借分离而除去。二是通过过滤将不能结晶的糖蜜分离开来。由此而获得的结晶状红糖，表明制糖技术已发展到一个新水平。结晶状红糖的生产技术的推广，对于制糖业的发展和糖在日常生活中的影响都是很重要的。稍后冰糖的出现应是我国制糖技术发展的又一标志。

三、蔗糖制取的又一进步：冰糖的制取

我国宋代的"糖霜"就是我们今天所说的冰糖。那时又名糖冰。制作糖霜显然必须掌握比制作砂糖更高、更丰富的结晶蔗糖的技术，因此它的出现较晚些。最早提及"糖霜"一词的是北宋的两位大文学家，一位是苏轼，元祐年间他在润州（今江苏镇江）金山寺送别四川遂宁僧人圆宝时曾作诗："涪江与中泠，共此一味水。冰盘荐琥珀，何似糖霜美。"[35] 另一位是黄庭坚，元符年间他在戎州（今四川宜宾）收到梓州（今四川三台）雍熙长老馈赠的糖霜后，作诗答谢："远寄蔗霜知有味，胜于崔子水晶盐。正宗扫地从谁说，我舌犹能及鼻尖。"

宋人陶谷在《清异录》中则介绍说："甘蔗盛产吴中，亦有精粗，昆仑蔗、央苗蔗、青灰蔗皆可炼糖，桄榔蔗、白岩蔗乃次品。"宋人寇宗奭所撰《本草衍义》卷二十三也提到："甘蔗今川、广、湖南北、二浙江东西皆有。……石蜜、沙糖、糖霜皆自此出，惟川浙者胜。"[36] 由此可知，北宋时许多地方都种蔗熬糖，其中四川涪江流域生产的糖霜质地很好，外观可与琥珀、水晶媲美。

南宋初年，四川遂宁府（今四川遂宁）人王灼于绍兴元年至二十三年间（1131—1153年）撰写了著名的《糖霜谱》[37]，它全面地叙述了我国南宋前的蔗糖史，对糖霜的介绍尤为翔实。其中有关糖霜制作的内容可归纳摘要如下：

（1）"糖霜"一名"糖冰"。宋代时"福唐（福州）、四明（浙江宁波）、番禺（广东）、广汉（今川甘两省交界的白水江流域及四川涪江流域）、遂宁有之，以遂宁者为冠。四郡所产甚微而碎，色浅味薄，才比遂宁之最下者"。

（2）四川遂宁地区生产冰糖是从唐代大历年间（766—779年）开始的。据说是由一位姓邹的和尚来到遂宁伞山传授的。而在此以前未闻有制作糖霜的记载。到了宋代，遂宁郡小县的伞山一带就已经有40%的土地、30%的农户种植甘蔗、制作糖霜了。

（3）甘蔗有四个品种，"曰杜蔗，曰西蔗，曰芳蔗（《本草》所谓荻蔗也），曰红蔗（《本草》所谓昆仑蔗也）。红蔗止堪生啖；芳蔗可作沙糖；西蔗可作（糖）霜，色浅（指蔗皮），土人不甚贵；杜蔗紫嫩，味极厚，专用作霜"。

（4）制作冰糖的工艺如下：

……收糖水煎，又候（九分）熟，稠如饧。插竹编瓮中，始正入瓮，簸箕覆之。……糖水入瓮两日后，

瓮面如粥文，染指视之如细沙。上元（农历正月十五日）后结成小块，或缀竹梢如粟穗，渐次增大如豆，至如指节，甚者成座如假山，俗谓随果子。结实至五月春生夏长之气已备，不复增大，乃沥瓮（过初伏不沥则化为水，下户急欲前四月沥）。霜虽结，糖水尤在。沥瓮者庌出（汲水）糖水，取霜沥干。其竹梢上团枝随长短剪出就沥，沥定，曝烈日中，极干收瓮。四周循环连缀生者曰瓮鉴；颗块层出如崖洞间钟乳，但侧生耳。不可遮沥，沥须就瓮曝数日令干硬，徐以铁铲分作数片出之。凡霜一瓮中品色亦自不同，堆叠如假山者为上，团枝次之，瓮鉴次之，小颗块次之，沙脚为下。紫为上，深琥珀次之，浅黄色又次之，浅白为下。不以大小，尤贵墙壁密排，俗号马齿霜。面带沙脚者刷去之。亦有大块，或十斤或二十斤，最异者三十斤，然中藏沙脚，号曰"含凡沙"。

（5）关于糖霜的性质及收藏之法，王灼谓："霜性易销化，畏阴湿及风。遇曝时，风吹无伤也。收藏法：干大小麦铺瓮底，麦上安竹笐，密排笋皮，盛贮绵絮覆笐，簸箕覆瓮。寄远即瓶底著石灰数小块，隔纸盛，厚封瓶口。"

关于遂宁糖霜为异僧传授之事，其实早在北宋时谢采伯的《密斋笔记》卷三已有记载，谓："遂宁冰糖，正字（按，官职名称）刘望之'赋'以为伞子山异僧所授。其法：柞（榨之误）蔗成浆，贮以瓮缶，列间屋中，阅（越）冬而后发之，成矣。其（《冰糖赋》）略曰：'逮白露之既凝，室人告余其亦霜。猎珊瑚于海底，缀珠琲于枯篁。吸三危之秋气，陋万蕊之蜂房。碎玲珑于牙齿，韵沆瀣于壶觞。'"[38]

上述介绍说明遂宁糖霜在北宋时便已驰名全国，但刘望《冰糖赋》的介绍远不如王灼记录翔实，所以目前研究宋代糖霜工艺都以《糖霜谱》为据。但对于今天的读者来说，如果对冰糖制作缺乏实践经验，那么也很难充分读懂王灼的上述介绍。现援引制糖专家李治寰对《糖霜谱》冰糖制法的诠释文字以作说明："十月至十一月，将甘蔗削皮，截成如钱串般的短节，然后入碾；没有碾具，也可用舂。将糖水装入表里涂漆的瓮中（贮），入锅煎煮。初碾和初舂的蔗渣，号曰'泊'。再将泊在锅灶上蒸，蒸透后上榨，尽取泊中糖水，加入锅中煎煮。将糖水在锅中煎至七分熟，相当于含糖量66%—68%，温度约为105℃时，即撇去浮漂杂质。停歇三日，任其冷却、沉淀。然后再将澄清蔗汁舀入锅内，留下渣滓。将蔗汁煎煮至九分熟，相当于含糖量85%—88%，温度约为114℃—123℃时（根据甘蔗糖汁纯度而定），使它熟稠成糖浆。不能煮至十分热，太稠了便只结晶成碎冰糖。将若干枝细竹梢排列插于表里涂漆的瓮中，注入糖浆。瓮上用箕席覆盖。两日之后，以两指捻视糖浆，如呈细沙状，即可结晶成好冰糖。过了春节，糖浆开始结晶，竹梢初结如谷穗，渐大如豆，如指尖，如假山。到五月，即不再增大。至迟在初伏之前，就要将瓮中余下的糖水庌出。有的技术没有过关，糖浆不能结晶，尽变成糖水，但仍可煮制沙糖。将结晶的糖块在烈日下晒干，即成冰糖。结晶糖块的形态极不规则，一瓮之中，堆叠如假山者为上品，竹梢上的团枝次之，瓮壁四周所结晶的瓮鉴（板块形）又次之，小颗块又次之，沙脚碎粒为最下。大块冰糖甚至重二三十斤，必须用铁器敲碎。冰糖颜色紫者为上，深琥珀色次之，黄色又次之，浅白色为下。……当时对冰糖的包装、运输、保管都很有研究。因为冰糖容易吸潮溶化，怕阴湿、怕风，但在太阳下曝晒时，再大的风吹也不受伤害。收藏时，用干的大麦或小麦（糠秕）铺瓮底，麦（糠）上安放竹箩（冰糖置于其中），用笋皮排垫周围。装糖后用棉絮覆盖竹箩，再编竹箕覆瓮。如寄远处，用瓦罐盛装，罐底垫石灰数小块，以吸收潮气。铺纸后再装冰糖，并严密地厚封罐口。"[39]

由于遂宁冰糖在宋代是亲友间的馈赠珍品，很有声望，行销远近，所以遂宁的糖房中后来往往都供奉邹和尚的画像，尊为糖业祖师，伞山还有纪念他的庙宇楞严院。南宋人王象之所撰的《舆地纪胜》第155条"遂宁府仙释邹和尚"，也记叙了邹和尚传授糖霜法的事迹，看来确有其事。

综上所述，唐宋时期的蔗糖生产已有了一定规模，在工艺技术上也形成了自己的特点，可以说蔗糖生产已具有较先进的水平，并为以后明清时代的蔗糖生产所传承和发展。正如明代玉世懋在《闽部疏》中所介绍的："凡饴蔗捣之入釜经炼为赤糖，赤糖再炼燥而霜为白糖，白糖再煅而凝则曰冰糖。"这就是当时人们对蔗糖工艺的认知和概括。

及至明代，国内外都有了脱色白砂糖，所以往往以洋糖制冰糖，所得即今日的洁白晶莹的冰糖了。《天工开物·甘嗜》对其时的冰糖有所记载，谓："造冰糖者，将洋糖煎化，蛋清澄去浮滓。候视火色，将新青竹破成蔑片，寸斩，撒入其中，经过一宵，即成天然冰糖。"

最后应指出，到了明代，民间则把新问世的白砂糖也形象地称为糖霜，正如李时珍所说："轻白如霜者为糖霜。"而把过去的"糖霜"只称作冰糖，也就是说"糖霜"的含义有了变化。但宋应星未能分辨，于是误把宋代《糖霜谱》所描述的"糖霜"误解释为白砂糖，这就必须加以澄清了。

四、蔗糖工艺中的脱色技术

唐代在蔗糖的结晶技术方面无疑取得了很大进步（包括冰糖），然而可以肯定在制糖工艺中还没有采取脱色的措施，所以《新修本草》中说："沙糖……榨甘蔗汁煎，成紫色。"唐天宝十二载（753年）扬州的鉴真高僧东渡赴日宣讲佛法，曾携带了我国的蔗糖二斤十两赠予东大寺，并把制糖法也介绍到日本。他送去的"沙糖"当然是那时扬州最好的产品，但据日本人田中方雄等所撰《有机制造工业化学》（中卷）的记载，那次送去的"沙糖"乃是黑糖。即使到了宋代，据政和年间寇宗奭所撰《本草衍义》记载，当时的"沙糖"仍为黑紫色，他说："沙糖又次石蜜，蔗汁清（因不加牛乳），故费煎炼，致紫黑色。"[40] 所以在孙思邈的《千金要方》（成书于唐永徽二年，即651年）中虽多处提到用"白糖"，那不过是方法较得当而做出的相对较白净的砂糖（干固红糖）而已，并不是后世经脱色的白糖。

在讨论蔗糖脱色技术之前，有必要先说明一下蔗汁被着色的原因。简要地说，蔗汁中的着色物来自两个方面：一方面是来自甘蔗皮。紫色甘蔗的外皮有一种叫作花青苷（anthocyanins）的物质，它能溶于水，在强酸性介质中呈深红色，在强碱性介质中呈紫红色，可使榨出的蔗汁呈暗褐色。因此王灼在《糖霜谱》中说：杜蔗紫嫩，专用作霜，上等冰糖为紫色。另一方面是在制糖作业的过程中生成的有色物质，例如非糖分中的多酚类物质与铁质（当用铁制釜熬蔗汁时）及与空气中的氧起化学反应生成深色的化合物；又如葡萄糖、果糖等还原糖在煎熬过程中受热而遭到破坏会生成黑褐色腐植质和有机酸盐类，尤其在50℃以上的温度时，这种反应进行得更为显著；再者，这些还原糖还会与氨基酸及酰胺等含氮物质反应生成高分子量的深棕色物质。

我国对蔗糖进行脱色处理的最早尝试，似乎应当算利用鸭蛋清的凝聚澄清法。这种方法是把少许搅打后的鸭蛋清加到甘蔗原汁中，然后加热，这时其中的着色物质及渣滓便与蛋清一起凝聚，漂浮到液面上来，然后撇去，而使蔗汁变得澄清。最早的有关记载见于明弘治十六年（1503年）周瑛纂修的《兴化府志》。它记述了福建莆田、仙游等县的造白糖法，其卷十三"山海物考"说："甘蔗……捣其汁煮之则成黑糖，又以黑糖煮之则成白糖。"[41] 其卷十二"货殖志"中则说明了具体方法："白糖每岁正月内炼沙糖为之。取干好沙糖，置大釜中烹炼，用鸭卵连清黄搅之，使查（渣）滓上浮，用铁笊篱撇取干净。……"

明万历年间任泉州经历的陈懋仁所撰《泉南杂志》（卷上）也有记载："造白沙糖用甘蔗汁煮黑糖，烹炼成白。劈鸭卵搅之，使渣上浮。"[42]

方以智《物理小识》对此法也作了解释。不过清人怀荫布、陈仕、郭赓武于乾隆二十八年（1763年）所撰《泉州府志》对以上说法提出了一些"更正"："按《泉南杂志》载煮糖法误。……煮冰糖乃以鸭蛋搅之。"[43]
查《天工开物》，也是说只在造冰糖和兽糖时采用这种方法。怀氏、陈氏的依据大概就是《天工开物》。
不过笔者认为周瑛、陈懋仁的记载大概不会错，他们都是泉州府的地方官吏，亲自目睹，应当说是可靠的。
而怀氏、陈氏之所以会这样说，是因为到了明末宋应星所生活的时期，已普遍采用黄泥浆使黑糖脱色，尤
其是泉州，更是率先推广了这种方法的地区，所以成本较高的蛋清脱色法就只作为造冰糖时进一步精炼白
糖的方法了。而在泥浆法之前，鸭蛋清法则是唯一的手段。这种鸭蛋清法始于何时？可能开始于元末或明
初，因为元时马可·波罗还说：福建地区供应宫廷享用的糖（当然是最上等的）仍然很粗；巴比伦人的方
法也只是用木灰精。[44] 而莆田、仙游诸县又至迟在弘治年间（1488—1505 年）已采用这种方法，据《兴化
府志》载："户部坐派物料，本府白沙糖（指用鸭蛋清净化及黄泥浆脱色，详见下文）三千六百五十三斤，
内莆田县该三千四百二十斤，仙游县该二百三十三斤。"并说："莆作业布为大，黑白糖次之。……至大
小暑月乃破泥取糖……用木桶装贮……九月各处客商皆来贩卖。"说明当时莆田白糖生产规模相当可观，
糖户也很多。《兴化府志》还明确说：该制白糖法"旧出泉出，正统间（1436—1449 年）莆人有郑立者学
得此法，始自为之，今上下习奢，贩卖甚广"[45]。还应指出，古代文人对手工业的技术成就往往很不重视，
因此记载一般要远迟于实际应用，所以笔者认为这种净化法始于正统年间或明代初年的估计比较可靠、稳妥，
最早应在泉州流行。

在我国古代砂糖的脱色技术中成就最大、影响最广的当然是利用黄泥的脱色法。这项技术的发展从偶
然的发现到自觉的运用和改进大致可以分为两个阶段。

第一个阶段是盖泥法。由于有关这种方法的文献记载都较粗略，又多有错讹和疏漏，往往不大容易读
懂，因此有必要先对此法作一番解说：先将蔗汁加热蒸发，浓缩到黏稠状态（滴到冷水中，便凝固成软块），
即倾入一个漏斗状的瓦钵中，这种瓦钵上端宽大，下端窄小，并向下开口，过去有很多名称，如瓦罂、碢、
漏斗、瓦溜等。事先用稻草或其他栓塞封住其下口。2—3 天，钵的下部便被结晶出的砂糖堵塞住。于是拔
出塞草，把瓦钵置于瓮、釜或锅上，上面再以黄泥饼均匀压上，或用黄土泥密封钵的上口。总之，第一要
使黄泥与糖浆接触；第二要压力均匀，不可使糖浆局部下陷。这时黄泥便逐步部分地渗入糖浆中，吸附了
其中的各种着色物质并缓缓下沉到钵的底部，又随着糖蜜（明清时期叫糖油，即从糖液中分离出砂糖后剩
下的未结晶的胶粘母液）逐滴落入下面的瓮釜中。这样经过一个相当长的时间，脱色作用便完成。揭去土
坯或刮去干土，这时钵中的上层部分便成为上等白砂糖，即所谓"双清"；瓦钵底部仍为黑褐色糖，即所
谓"濮尾"。

关于这种做法，在明末清初人方以智（1611—1671 年）的《物理小识》中讲得比较清楚。其卷六中有
如下记述："糖霜……今盛于闽广。智闻余赓之座师曰：'双清'糖霜为上，'濮尾'为下。十月滤蔗，
其汁乃凝，入釜煮定，以锐底瓦罂穴其下而盛之。置大缸中，俟穴下滴，而土以鲜黄土作饼盖之，下滴久
乃尽。其上之滓于是极白，是为'双清'；'次清'，屡滴盖除而余者；近黑则所谓'濮尾'。"[46]

这种做法的源起显然是化学与化学工艺史界很感兴趣的问题。关于此事，清初人刘献廷（字继庄，别
号广阳子）（1648—1695 年）所著《广阳杂记》卷二中记载了一则传闻："涵斋言：嘉靖以前世无白糖，
闽人所熬皆黑糖也。嘉靖中一糖局偶值屋瓦，堕泥于漏斗中，视之，糖之在上者色白如霜雪，异于平日；
中则黄糖；下则黑糖也。异之，遂取泥压糖上，百试不爽。白糖自此始见于世。"

按刘献廷 19 岁后就定居江苏吴江县，历时 30 年，这段记述是听杨涵斋说的，不是实地考察，只能作
为参考。因为早在嘉靖以前，前述弘治十六年周瑛所修《兴化府志》中就已记述了种方法，而且已是当时

福建莆田、仙游两县家喻户晓的制白糖法，其记载较之《物理小识》还要详明。其做法是将黑砂糖溶化并加热，先用前文所引的鸭蛋清净化法将糖浆进行初步脱色、净化，再用笊篱除去上浮的渣滓，接着进行如下处理："（继续加热糖浆，）看火候足，利用两器，上下相乘，上曰□，下曰窝。□下尖而有窍；窝内虚而底实。乃以草塞窍。取炼成糖浆置□中，以物乘（趁）热觉（搅）之。及冷，糖凝定。（拔去草塞）糖油坠入窝中。三月梅月作，乃用赤泥封之；约半月后，又易封之。则糖油尽抽入窝。至大小暑月，乃破泥取糖，其上者全白，近下者稍黑，遂曝干之。"

前文已提及，该文最后指出：该法"彭志曰：旧出泉州，正统间莆人有郑立者学得此法，始自为之"。李治寰认为这种技术可能是郑和几次下西洋时一些海员从西洋某国学来的。这种见解值得参考。然而我们再查阅《泉州府志》，则另有别说。在卷十九"货之属"中有如下记述："糖，有黑沙糖，有白沙糖。白沙糖有三种，上白曰清糖；次白曰官糖；又次白曰贩尾。……凡甘蔗汁煮之，为黑糖；盖以溪泥，即成白糖。……盛黑糖者曰碥，下有孔，置于小缸上，上置泥，则下注湿，是为糖水。其清者为洁水，盛（成）冰糖，以砟凿其底，而注湿为霜水，不用盖泥。初人不知盖泥法，相传元时南安（属泉州府）有一黄姓，墙塌压糖，去土而糖白，后人遂效之。"[47]

这个关于盖泥法的源起传说，与《广阳杂记》所说颇为相似，但时间上则从明朝嘉靖年间提早到了元代。如果这话确实，那么李治寰的推测就有商榷的余地了，而且盖泥法的发明就可以比蛋清净化法还要早一些了。总之，这个问题还值得进一步考证。不过笔者倾向于盖泥法是我国糖房工匠从偶然事件中受到启示而发明的说法。

这种盖泥法经过后人的不断效仿，糖匠明确意识到黄泥浆具有脱色的本领，于是改进盖泥法，演变为添加黄泥浆的做法，这便是黄泥法发展的第二阶段，这一改进不仅使脱色效果更佳，而且大大提高了制糖脱色的效率，再无须从"三月梅月作"直到"大小暑月"。而且所制之糖质地均匀，皆为上乘精品。宋应星在《天工开物·甘嗜》中所描述的工艺就是属于这种方法，该书中关于煎熬、脱色与结晶部分的记述如下：

"每汁一石，下石灰五合于中。凡取汁煎糖，并列三锅如'品'字。先将稠汁聚入一锅，然后逐加稀汁两锅之内。……看水花为火色。其花煎至细嫩，如煮羹沸，以手捻试，粘手则信来矣。此时尚黄黑色。将桶盛贮，凝成黑沙。然后以瓦溜置缸上。其溜上宽下尖，底有一小孔，将草塞住，倾桶中黑沙于内。待黑沙结定，然后去孔中塞草，用黄泥水淋下，其中黑滓入缸内，溜内尽成白霜。"

为配合文字说明，书中还附了"轧蔗取浆"和"澄结糖霜瓦器"图片（图3-7），足可使读者一目了然。值得注意的是宋应星所描述的此项工艺中还明确提到了用石灰对蔗汁进行预处理，在压榨所得的蔗汁

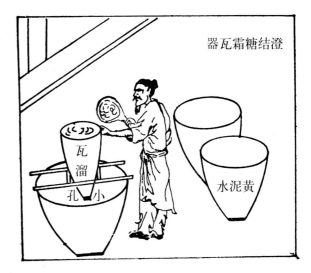

图3-7 《天工开物》澄结糖霜瓦器

中加入少量石灰使蔗汁中的杂质凝结沉淀，在继续加热煮沸的过程中，沉淀的微粒随泡沫浮到液面。泡沫可用筛孔的铜瓢撇出用布袋过滤便可得到澄清的蔗汁。这一举措对改善蔗糖的质量意义重大。

在《物理小识》中方以智还提到一种利用白土吸附的脱色法。其原文如下："造白糖法：煮甘蔗汁，以石灰少许投（入），调成赤沙糖。再以竹器盛白土，以赤沙糖淋下锅，炼成白砂糖。劈鸭卵搅之，使渣

滓上浮。"[48] 这种白土大概就是高岭土，即一种铝矾土，化学组成的硅酸铝，除具有很好的可塑性，可用作烧瓷原料外，还有很强的吸附性，因此确是一种很有效的蔗汁脱色剂。现代制糖业中还有应用。不过，在欧美各国似乎很晚才发现铝矾土及铝酸盐具有这种功能。直到 1941 年，朗特（W.A. Lande）才提出采用"波罗舍尔"（Porocel，也是一种铝矾土），指出其效果可与骨炭媲美。同年，海尼曼（B.Heinemann）也提出铝酸钠对糖浆有脱色作用。而利用含氧化铝物质作糖浆脱色剂的尝试，我国在 17 世纪已经进行了。不过这种方法在《物理小识》以后的书中未能再找到记载，似乎没有推广。

以上介绍的砂糖、冰糖技术都表明在唐宋时期，我国古代制糖技术有了较大的进步。这不仅表现在食糖新品种的创制和其相应生产技术的掌握上，还表现在对果蔗和用于榨糖蔗种的区分及新蔗种的引进和认识上，表现在甘蔗栽培技术的进步及其与气候和环境关系的认识上。总之，从甘蔗选种直到制成糖品的保藏等一整套技术已基本完善。元代的《农桑辑要》在详细介绍了甘蔗的栽培技术后，对于红糖的煎熬技术，该书是这样叙述的："煎熬法：若刈倒放十许日，却不中煎熬。将初刈倒稭秆，去梢、叶，截长二寸，碓捣碎，用密筐或布袋盛顿，压挤取汁。即用铜锅内——斟酌多寡——以文武火煎熬。其锅隔墙安置，墙外烧火，无令烟火近锅。专一令人看视。熬至稠粘似黑枣，合色。用瓦盆一只，底上钻箸头大窍眼一个，盆下用瓮承接。将熬成汁用瓢豁于盆内，极好者澄于盆；流于瓮内者，止可调渴水饮用。将好者止就用有窍眼盆盛顿，或倒在瓦罂内亦可，以物覆盖之。食则从便。慎勿置于热炕上，恐热开化。大抵煎熬者，止取下截肥好者，有力糖多；若连上截用之，亦得。"

根据这段文字，可以判定当时的蔗糖生产已成为制糖业的主流。但是各地技术发展状况仍不平衡，较先进的白糖、冰糖生产技术没有普及。到了明代，情况又有了变化。宋应星在《天工开物·甘嗜》中的记叙，可以说是最好的展示。

宋应星在糖品中主要介绍了蔗糖，从甘蔗的种植，一直到白糖、冰糖及兽糖的制成，十分详尽。可以说宋应星在这里是对当时蔗糖及其他制糖技术的全面总结。尽管关于榨蔗汁，熬糖浆，制红糖、白糖、冰糖的技术及脱色技术前面有人已做过介绍，但是宋应星还是根据自己的调查研究，作了清晰的陈述。此外，宋应星还对甘蔗的品种和种植及收获时机作了客观的介绍。《天工开物》中关于制糖技术的资料的确是很珍贵的，它帮助后人对中国古代制糖技术有了形象的了解。

根据宋应星对制糖工艺的陈述，现将其工序路线蓝图表述如下（从榨蔗开始）：

甘蔗 ⟶ 糖车（由两石辊组成的榨蔗机） —每蔗榨三次→ 蔗汁 —汁一石下石灰五合 / 过滤除杂质→ 澄清的糖汁 —加热浓缩→

糖荼（浓稠的糖浆） —倒入桶中凝结→ 块状的黑砂（又称乌糖，即红糖）

制白糖：

黑砂 —倒进糖漏 / 待凝结后→ 黑砂 —用黄泥水淋下→ 上层洋糖（即白砂糖）
下层黄褐色砂糖
漏下有色物质和糖蜜（又称糖水）

制冰糖：

洋糖 —加热熬化→ 糖液 —加入稀释的蛋清 不停搅拌并除去泡沫→ 熬到一定浓度的糖液 —倒入→ 密布篾片的瓷缸 —缓慢冷却结晶→ 天然冰糖

中国传统的手工制糖工艺在明代就已成熟完备，宋应星在《天工开物》中的陈述可以认为是一个小结。

五、中国古代传统蔗糖榨具

（一）传统蔗糖压榨器具综述

传统榨糖器具按照其演进的过程来看，包括石臼（舂）、石碾、杠（拉）杆式（平压）榨机、冲压式榨机、辊轴式榨机；按照动力来分，可分为人力、畜力、水力。按照辊轴的数量来分，可分为2轴、3轴；若进一步按辊轴的安放形式来分，可分为竖（立）式和卧式；若按照齿轮的形制来分，则可分为直齿、人字形齿、弧形齿等。早期的辊轴榨机是齿轴一体，17世纪后，汉族地区，特别是福建、广东、四川、台湾等地，才出现了齿轴分体、分别安装辊轴的情况。器具的出现在时间上有先后之分，在使用方面则存在着多种器具并行的情况。

汉族、彝族的榨糖器有石质的和木质的，到清末，汉族地区出现局部构建为铁质的情况；傣族的榨糖器具基本上为木质，部分辅助器械有竹制的。历史上传统产蔗区的榨糖器具情况基本上受到汉族或周边傣族、彝族的影响，形制大体相仿。

早期榨取蔗汁是用碓捣、石磙碾压来取汁。南宋理宗（1225—1264年）时祝穆所撰《方舆胜览》载："藤州土人，沿江种甘蔗。冬初压汁作糖，以净器贮之，蘸以竹枝，皆结霜。"藤州即今广西藤县。陈学文在《中国古代蔗糖工业的发展》中指出，宋代制蔗糖采取巨石碾轧或舂蔗取汁的方法。制糖之初，人们以石舂捣甘蔗以取汁。随后又先后学会了用石磙和木辘、石辘压榨取汁。至今，广西的平南县柘畲村还保留有原始舂蔗汁的石臼。（图3-8）

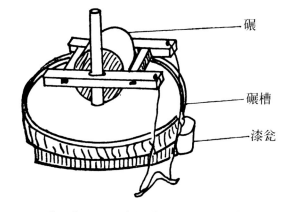

图3-8　《糖霜谱》　石碾（李治寰绘制，《中国食糖史稿》）

有关石质榨具，一些文献中有所记载。道光《新会县志》卷二"物产"中就提到这种形同石磨的器具，《蔗糖西法》亦有"以二石相比如两磨，纳蔗其中，牛榨之……"[49]的记述。考古人员曾在广东五邑（旧时称"四邑"，古代蔗糖产区）地区的一些乡野或荒野发现一些散落着打凿精巧的石质糖磙。这是过去五邑一带颇为盛行的土法制糖用的榨汁器具，五邑人俗称"糖碌"（即石辘，又叫碌碡、糖碌、石磨等），只是年代久远，早已被人们弃用了。这些碌碡的形状基本上都是大同小异，均以花岗岩石打造而成，高度约1米，直径约80厘米。顶端有一方孔，是用来插进硬木楔做轴承的。中间的周围也都凿有右深左浅、形状相同的方孔，是插入硬木楔做齿轮带动两个碌碡旋转的。碌碡底下是一个大石盆，也是用花岗岩打凿而成的，厚约20厘米，四周边缘凸起，中间凿有凹槽。同样是在缝隙中挤压取汁。全套工具重约1500千克，十分沉重。这种石磨移动和操作都十分费力，《广东新语》记载："每磨用水牛二十四只，每次二只拖动，约一点钟之久更换……"

　　制作此类石磨需要石匠仔细打磨，并且容易损坏。《蔗糖西法》中记述："石匠不能打细，此亦一病。缘石头不细，则木头磨齿常常损坏，势必常常修换，而业户所费修工并更换木头，以及蔗汁失落，人工多雇，所费诚属不少。"在不用此庞大石磨时，还要"将石磨移存地内"，石磨的使用寿命有的长达五十年以上，"五十年至一百年不坏极少，而十年八年即坏为多，此磨既属常坏，势必常修，所费实属浩大"。一般这种器具系多人出资制作并使用。在广东，土糖业的经营方式是"榨时，上农一人一寮，中农五之，下农八之十之"。在台湾，"查台湾之人有置一磨多系合四十八人，为十二股，每股四人，谓之业主"。

　　随着社会生产力的提高，制糖器具也不断发展。至唐宋时期，制糖器具已相当完备。《糖霜谱》中记述了早期制糖的设备和技术，当时人们已经拥有专门的甘蔗制糖器具："曰蔗碾，驾牛以碾所锉之蔗。大硬石为之，高六七尺，重千余斤。下以硬石作槽底，循环丈余。曰榨斗，又名竹袋，以压蔗，高四尺，编当年慈竹为之。曰枣杵，以筑蔗入榨斗。曰榨盘，以安斗，类今酒槽底。曰榨床，以安盘床，上架巨木，下转轴，引索压之。曰漆瓮，表里漆，以收糖水，防津漏……次入碾。碾阙则舂。碾讫号曰泊。次蒸泊，蒸透出甄入榨……"（图3-9）书中所记述的削、锉、碾、蒸、榨，而后煎，得到糖的过程，清晰地描述了这一时期人们在压榨甘蔗时充分考虑到了出糖率的问

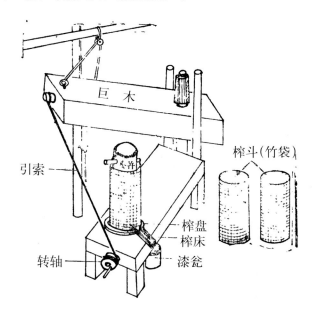

图3-9　《糖霜谱》　蔗榨（李治寰绘制，《中国食糖史稿》）

题。在压榨之前，将甘蔗充分粉碎，以保证压榨的出汁率，正是因为这道工序决定了后面的工艺。从中得到的信息似乎当时是先碾后榨，但对于"蔗榨"的形制并未作进一步的说明。根据同时期其他压榨器具及相关工艺，如榨油的相关器具，进行推测，能够推断出类似后来明清时期所出现的立式糖碌式的糖车出现的可能性很小，因为经过削、锉、碾、蒸后的物料已经松散，无法如同以后出现的方式进行边送料边压榨的操作；而类似油榨的冲击平压式的榨取方式可能性较大，榨油的工序便是先蒸，做饼（包料），而后整料（饼）放入榨机进行压榨。李治寰先生的《中国食糖史稿》中对此所作的推测示意图表示的工艺思想亦是大致如此。

　　明代，我国制糖工具达到了一个新的高度，由过去的用碓捣碎压汁、石碌碾碎压汁逐步发展到使用专门的糖车和附具。

　　清人陈恢吾的《农学纂要》记载："榨液器合三辘轳而成，或以石制，或以铁制，或以木制。"这里所描述的是三辊轴的榨机，是压榨糖用高粱的，而在中国古代汉族地区甘蔗压榨中多采用双辊轴榨机，除西南少数民族采用三辊轴榨机外，其他地区鲜见三辊轴的甘蔗榨机，以至于澳大利亚人唐立认为这种三辊轴的木榨机系由傣族人发明[50]。三辊轴榨机榨汁时送料可以相对同时往复，其功效要比双辊轴榨机的高，但三辊轴榨机需要"用马二头或工人二人"才能拉动。

　　宋应星的《天工开物·甘嗜》对制糖机械作了图文并茂的述说：

　　　凡造糖车，制用横板二片，长五尺，厚五寸，阔二尺，两头凿眼安柱，上笋出少许，下笋出板二三尺，埋筑土内，使安稳不摇。上板中凿二眼，并列巨轴二根（木用至坚者重），轴木大七尺围方妙。两轴一长三尺，一长四尺五寸，其长者出笋安犁担。担用屈木，长一丈五尺，以便驾牛团转走。

轴上凿齿分配雌雄，其合缝处须直而圆，圆而缝合。夹蔗于中，一轧而过，与棉花赶车同义。蔗过浆流，再拾其滓，向轴上鸭嘴扱入，再轧又三轧之，其汁尽矣。（图 3–10）

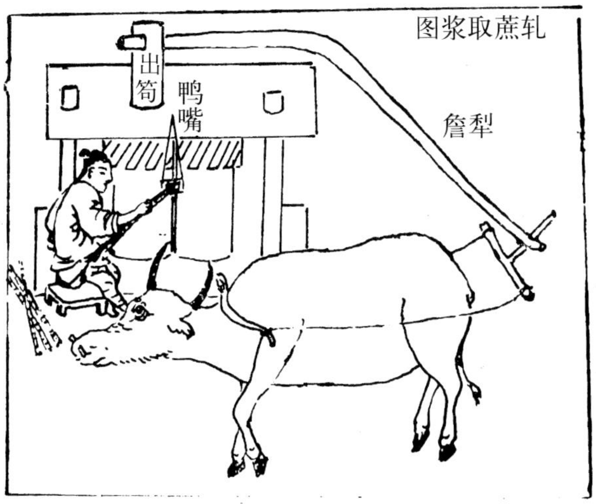

图 3–10 《天工开物》 蔗榨

清代，糖车构造又有所改进。李调元《南越笔记》卷十四载糖车形制说："以荔枝木为两辘，辘辘相比若磨然，长各三四尺，辘中余一空隙，投蔗其中，驾三牛之牯，辘旋转则蔗汁扬溢，辘在盘上，汁流槽中，然后煮炼成饴。"此时的糖车已省掉了鸭嘴，投蔗的空隙与两辘长度相当，投蔗因无鸭嘴限制，可以多投，加快了投蔗的速度，达到提高榨蔗量的效果；动力上，明代用一头牛牵动，清代用三头牛，增加了两倍，效率更高。清代中后期，又将木辘改为石辘，另备木柱石堑和土坑。"石磨（石辘）贯于柱上，木柱长约一丈有余，围约竟尺，两磨并立碾上，安齿令犬牙相错，故一转而两磨俱动，置蔗于两磨之中央而碎之，浆出而流于坑中矣。就地作堑二，大如磨式，在两磨之下，以便蔗水顺坑而流，从浅坑到深坑。"用石辘代替木辘，石堑代替木板，不但材料坚固，能耐磨损，而且运转效率也得到了提高。

清代的蔗糖榨具的主要进步是用石辘取代了明代压榨机上的木辘。唐立认为："17 世纪已经有石制辊轴，而至 19 世纪（蔗糖业）石辊已经极为普遍。"[51] 明清糖车比早期的以人力为主的榨蔗器具的先进之处是，用畜力拉动二辊既省力又能使甘蔗的出汁率增加。

（二）中国传统榨糖器具与国外榨糖器具的相互影响

世界各产糖区早期的榨糖器具基本上都是从臼舂起步的。只是到了石碾阶段，从形制到力学效果才有了差异。

由于蔗糖制作在中国出现的年代尚不明晰，以三国时期交州献东吴的甘蔗饧为最早[52]，那么，臼舂甘蔗的出现应在这一时期（3 世纪前后）。之后，才有了"压汁作糖"和碾压的记载。中国榨蔗石碾的出现和发展，在形制上从相关农具接转而来的印记比较清晰——石碌在"盘"或"床"上碾压。已有的研究结果表明，10—12 世纪，中国和中东国家主要的榨糖工具便是蔗碾。印度作为古代产糖国家，在蔗糖制作的技术方面逐渐领先于世界诸产糖国家和地区，在 6 世纪前后即以蔗碾榨汁[53]，10 世纪左右，一种用牛力牵引碾辊在石臼中碾蔗的蔗碾传入中国。

15—16 世纪，印度从轧棉机的结构设计上取得成功的借鉴，发明了卧式的辊轴榨机，学者们认为这种辊轴榨机可能发端于印度。16 世纪，印度的一种卧式两辊轴榨机传入中国。中国的贡献在于随后即发明了立式两辊轴榨机，也发明了石质的辊子。辊轴式榨机的出现，也引发了榨机动力及动力传接系统的推进，水利驱动的榨机应运而生。16 世纪以后，辊轴式榨机在世界各产糖国家和地区得到普及，沿用数个世纪之久，直至机器工业兴起才逐渐被铁制、蒸汽或电力驱动的榨机所替代。

有关辊轴榨具，我们在云南等地的考察中还能够看到。云南地区出现的蔗糖榨具基本上是木制的，傣族地区的榨具则全部是木制的；卧式、立式榨具同时存在；齿轮制式有直齿、弧形齿，其中直齿多为两排；榨汁采用压榨式工艺，无渗透法或渗透—压榨混合法工艺出现。具体情况在后面的考察章节中有所详述。

（三）中国古代榨糖过程中出汁率与榨蔗速率的取舍对于压榨器具发展的影响

中国古代的榨糖，臼春和碾压技术影响深远。石质器具的出现，巨型石碾的制造和使用，通过改进器具以获取更大压榨力量的目的成为技术突破的桎梏。

同时，出现了对两种效率的追求：一是出汁率，二是榨蔗速率。从现有资料可以看出，当印度人开始寻求通过改进榨蔗器具来提高榨蔗效率的时候（1540 年），我们追求的是出汁率和糖的品质（1613 年至《天工开物》刊印之前）。前文所列《糖霜谱》的有关记载是四川遂宁地区的工艺，从中可以发现，充分粉碎而后碾压，"碾讫号曰泊。次蒸泊，蒸透出甑入榨……"，糖汁流出，在此过程中，蒸汽对残存的糖分进行溶解稀释，便于糖汁榨出，从而得到了较高的出汁率。这种渗出法提取蔗汁的方式一度成为榨蔗取汁技艺的主流技术。这种技术对糖的品质会产生影响，从而造成中印糖品质量的差别和不同的工艺取向。

综上所述，中国的榨糖，经历了从早期的春捣、平压、碾压，直至滚压（辊轴挤压）；从压榨力学的角度而言，则是经历了从简单的平面直接重力冲击到滚动挤压的演进。

六、传统手工制糖工艺的传承

明清以来，通过近代科学的传入，对食糖的认识虽有进步，但是在生产技术上并无实质性的突破，整个制糖业仍维持在手工作坊的水平。甘蔗的种植在南方，故当时糖业的重心在广东、福建、四川、台湾等地。广西、云南也有蔗糖生产，似乎规模和技术都稍落后。

清朝时期，广东蔗糖闻名四方，远销国内外。在当时糖业兴旺的东莞、番禺、增城、阳春、潮州等地，蔗田和禾田几乎对半。开糖坊能致富，故每村都有糖坊两三个，仅徐闻一县就有制糖户 2000 余家，糖坊六七百处。每年冬至开始榨蔗熬糖到清明前后结束，约忙 100 天。当时粤南较普遍的糖坊规模和制糖工艺大致如下："作坊仅需茅屋两间，一为火房，一为制糖所，在外搭茅厂一所，长阔各二丈余，中置长石二，两旁立柱。又用圆石二，约高三尺，径二尺。石之周围，加木齿十六个，名之曰轧。石竖于两柱中，下有承轧石磐一枚，又埋长竹筒一枚，直接石盘之口，用扎竿一条，接圆石之顶，于杆木尾，用牛牵曳，则两圆轮自转，将蔗放入两石间，则蔗被夹而浆出，滴石盘内，而灌入竹筒中，流至制糖处。糖师即取浆入釜煎熬。凡蔗可榨二三次，三次之后即无糖矣。蔗滓以充熬糖之薪料。""制糖佣糖师二人，开糖灶于外，阔约四尺，深五尺，用三叉铁架一条，放灶面上，置大铁锅，以贮蔗汁。先将蔗汁熬熟，加入蛎壳灰少许，俟澄，即移入土塥中，以泥封固。半月许去泥封，塥中之糖即成。上面色白者为贡粉（白砂糖），中为冰花（冰糖）末层为水赤（赤砂糖）。糖在塥中甚坚，以铁器取下，乃成糖粉。"[54]

当时糖户将上好的白糖和冰糖出口销往海外，中等白糖主要内销。当时的糖价约为一银元可买冰糖 7.75斤，白糖 10.4 斤，赤砂糖 12 斤，一般红糖 17 斤。仅潮州地区在 1884 年以前，每县出口糖达 150 多万包（每包约 142 斤）。

福建糖业主要在闽南的漳州地区。从明朝正统年间（1436—1449 年）起该地糖业有了迅速发展。直到1900 年，漳州已有较大规模的制糖所 31 家（只统计在城内的），生产黑糖、白糖及冰糖，其中精制品出口外销，远至印度孟买。一家制糖所大约每年外销冰糖四五千笼、白糖二三百笼（每笼约 110 斤）。漳州的制糖法大致如下："甘蔗在产地压榨，汁为暗黑色液汁，盛在尖底瓮中，运到城内制糖所，所内有大桶二三个，径有一丈二三尺高，称之。又有土灶二个，各装置大铁锅四个，各锅相并列，其下燃火。大桶用以蓄蔗汁，再分注铁锅，以煮沸之，然后将上述沸腾热液倒入磁制平底瓶，瓶中有竹制篦装为轮状，上涂塞清洁之土，此土概得于西溪河底。放置，则其最上部，得纯白砂糖，竹篦之间，凝结鸢色冰糖，黑色砂糖沉淀瓶底。"

虽然四川遂宁的冰糖在宋朝名气很大,但是由于气候环境的影响,甘蔗的种植和糖业的发展却受到了制约。尽管传统的制糖技术较为先进,蔗糖的品种有糖清、红糖、白糖、结糖、冰糖、漏水糖等,但是其产品主要还是在四川内销。从清朝康熙到道光年间,四川糖业的中心——内江一带,规模稍有发展,"沿江(内江)左右,自西往东,尤以艺蔗为务。年日聚夫力作,家辄数十百人。入冬辘轳煎煮昼夜轮更。更壅资工值,十倍平农,因作为冰霜,通销远迩,利常倍称,咸甘心焉"。其制糖工艺基本上是传承《糖霜谱》所描述的那一套:"榨蔗取汁煎熬,贮于皇桶(即大木桶),称糖渍。熬糖清使酽,色遂赤,贮于桶,曰水糖(即红糖,亦称砂糖)。将取霜者,贮于瓦盎,谓之漏盎(底有小孔,以草塞紧)。上述工作都在糖房里进行。取霜,把漏盎放在瓦罐上(称漏罐),去塞,拿淤泥和水藻盖上,则水自下漏到罐里,称灌水糖。于是刮去盎面白霜二寸左右,谓之白糖,又以淤泥盖上,这样做三四次,这时盎底的糖仍黄色,又合漏水熬之,贮于盎,以铁铲搅拌,再放在簟上晒干,得结糖。这些工作都是在漏棚进行。用白糖化水,加猪脂熬,贮在瓦缸,结出坚块,状如琥珀,称为冰糖。冰糖下又称冰水,冰水用来熬桔、枣及各种水果称冰结水。这些工作全在冰糖房进行。"[55] 由上可见制糖工艺分别在糖房、漏棚、冰糖房中进行,分别生产红糖、白糖、冰糖及水果蜜饯。

自 19 世纪 60 年代起,外资洋行陆续在中国广东、福建、台湾等地建立机械加工糖厂。这些糖厂用以钢铁为原料的大型榨蔗机取代石辊榨蔗,榨出的蔗汁较过去干净。澄清中不仅加入了足量的石灰,还通入碳酸气来中和过量的石灰,使其变成沉淀而除去。煮熬蔗汁不是三口或四口锅而是一字排开的十口锅,前面几口锅装的蔗汁容量较大,受热温度也较高,蒸发浓缩就较快;后面几口锅受热温度稍低些,浓缩也较慢,防止过火烧焦产生焦糖。在煮熬过程中,人们可以根据泡沫的颜色、气味来判别蔗汁的酸碱度、浓缩的程度及是否有焦糖产生。正常的沸腾所产生的泡沫颜色由淡黄色逐渐变深最后呈金黄色。其气味也由蔗汁的清香逐渐变浓为甜蜜的香味。最后浓缩的程度可以用波美表来测量。糖液脱色漂白则改用活性炭脱色法或硫熏法,特别是改用高效率的离心机以除去糖蜜取得白糖。不难看出近代的制糖工艺仍是古代制糖技术的延续和发展。

机械糖厂从蔗农处收购甘蔗或粗糖,再经精细加工,让低价优质的食糖抢占中国市场,一度使土糖的生产受到明显的冲击。1932 年,国民政府实现了关税自主,通过关税抑制了洋糖进口,传统的土糖生产得到一定程度的恢复。由于种蔗的收益在农作物中是较高的,故许多地区的甘蔗产量激增。这不仅为土糖生产提供了保障,同时也促使一些官办或官民合营的新型糖厂陆续建成投产。在 1937 年前,我国已有机械糖厂 8 个。

抗日战争前我国机械糖厂情况表

省份	厂址	厂名	属性	轧蔗或甜菜 (吨/日)	机械来源	开工时间
山东	济南	溥益糖厂	民营	500	德国	1921 年
广东	新造	新造糖厂	省营	500	美国檀香山公司	1934 年
广东	市头	市头糖厂	省营	2750	捷克司科特工厂	1934 年
广东	惠阳	惠阳糖厂	军垦处	1000	美国檀香山公司	1934 年
广东	揭阳	揭阳糖厂	省营	750	美国檀香山公司	1935 年
广东	顺德	顺德糖厂	省营	1000	捷克司科特工厂	1935 年
广东	东莞	东莞糖厂	军垦处	1000	捷克司科特工厂	1936 年
广西	贵县	贵县糖厂	省营	300	美国檀香山公司	1935 年

1937—1949 年，抗日战争时期，新型糖厂难以发展，倒是一些简单的半机械化糖厂出现在产糖区。他们部分（少数）使用榨蔗机和过滤、真空装置，从蔗农手中收购土糖（因为蔗浆不易保存），加工制成白糖推向市场。在技术上无进步可言，只是保留了传统的手工制糖工艺。

即使在 20 世纪 80 年代以前，机械化生产的新型糖厂已占据产糖业的主导地位，但是在许多产糖地区传统手工制糖技术依然遍地可见。下面是一位学者 1958 年在广东潮州地区所见的制糖技术。[56]

榨汁：民间所用的榨汁机仍是由两个并立在石板上的大石辊构成的糖车，用两头牛来转动，当石辗转动时，甘蔗就从两辊间的狭缝进去，榨出的蔗汁通过竹管流到容器中。每根甘蔗一般要榨 3 次，第三次榨汁时要适当往甘蔗上喷水，以增加蔗汁，减少损失。

澄清：在蔗汁中加入少量的石灰促进蔗汁中的杂质凝结沉淀，随后加热煮沸，沉淀的微粒会随泡沫浮起，用有筛孔的铜瓢撇出，经过布袋过滤。当蔗汁表面的泡沫减少到一定程度，再将蔗汁舀入大桶中，静置一段时间，便可得到澄清的蔗汁，沉淀物会积聚到桶底。石灰的用量对糖的质量影响较大，加得太多，颜色深红；加得太少，杂质又难以除尽。宋应星介绍的是一石蔗汁加五合石灰，这用量也不是绝对合适。一般要看甘蔗的品种、质量，要看蔗汁中杂质的多少。在实际操作中，一般是有经验的煮糖师傅根据加石灰后蔗汁的颜色来判断所加的石灰量是否合适。

煮熬：澄清后的蔗汁要放在大锅中煮熬，浓缩至可以让糖分结晶。宋应星介绍的是并列三锅如品字，一锅熬稍稠点的蔗汁，两锅熬稍稀点的蔗汁。也有的地方用灶底为前低后高的孔明灶，其上一字排放四口大锅，蔗汁先在后面的锅里煮熬，煮到一定浓度时，逐一移至前面锅里，浓缩在头一锅里完成。从蔗汁中熬出高质量的糖，煮熬技术很关键，它的操作一般都是由经验丰富的老师傅掌控。老师傅根据糖液的颜色和糖液跳出液面的高低来判断糖液的浓度。最后靠试火候的方法来决定。该方法是用竹片蘸点糖液迅速放到盛有冷水的大瓷碗中，若糖液能凝结成块，则表明其达到了相当的浓度。同时老师傅用手指捏捏糖块，根据软硬的程度来判断其火候。若火候未到，则继续煮继续试，直到满意为止。此外，不同种类的糖，要求的火候是不同的。如制乌糖，即红砂糖、黑砂糖，火候要老些；若制糖菜（制白糖的原料），火候要嫩些。这一操作过程似乎比宋应星所介绍的，通过观察水花来掌握火候（当熬到水花呈细珠状，好像煮羹一样沸腾时，用手捻试一下，粘手则熬好了）要详细、准确一些。

结晶、脱色制白糖：将熬好的糖液倒入糖槽（一般是长约一丈，宽 4—5 尺，深约八九寸的大木槽）中，两人用铁铲将其反复地搅拌翻转，糖液很快就凝结，从而得到包含很多黄褐色结晶的红糖，再经简单加工成片状或块状就成为可以贮存的红糖了。

制白糖还须经过脱色和除蜜处理。脱色除蜜的操作在糖漏（宋应星称之为瓦溜）中进行。糖漏是一类请制陶师傅特意烧制的，直径约一尺，高一尺，尖端有孔的圆锥形陶罐。在使用糖漏前应先将其充分浸水，使其陶壁空隙中饱含水分，以减少以后糖质被吸附着在这空隙中。用草塞住糖漏顶端的小孔后，倒入已煮好的糖液，随后用铁铲搅拌至微细结晶产生为止。这种结晶的糖人们称其为糖茶，其内含结晶的糖分、不结晶的糖分及许多水分，许多色素物质也附着在糖结晶体的表面。溶在水中的不结晶糖分，就是糖蜜，有人称其为糖水。脱色除蜜之前，要将糖漏倒过来放在竹席上，拔去草塞，让糖块从糖漏中脱落。随后将糖块重新装进糖漏中，并将糖漏放在糖锅上（一个高约一尺多的瓷缸）。再将调好的黄泥浆水缓缓地淋下，糖中的色素随着糖蜜及其他杂质从糖漏中滴入糖锅。过 7—8 天，糖漏上层五寸多为洁白的砂糖，下层的砂糖略呈黄褐色。漏入糖锅的是黑褐色的糖蜜及泥浆。上述的黄褐色砂糖和黑褐色的糖蜜一般要经过类似过程的三次处理，还可以得到一些白糖和颜色带黄的赤砂糖。整个脱色、除蜜过程约需一个月。黑褐色的糖蜜也可以直接熬成红褐色的块糖。

制冰糖：将白糖再溶于水入锅煮熬。在煮熬过程中进行起清，即将鸡或鸭蛋蛋清、蛋黄制成的稀薄水溶液逐步加入糖液中，边加边搅，蛋液遇热凝结夹带不溶的杂质变成泡沫浮出，再用铜瓢将泡沫除去。当煮到需要的浓度后，倒入瓷钵（瓷钵中密布篾片数十条），加上木盖，再用谷壳包围，缓慢冷却，经过几天待结晶完全后，倾倒出钵中未结晶的糖蜜，然后将钵劈开，取出其结成团的冰糖。

改革开放的经济政策促使中国经济发展日新月异，传统的制糖工艺被迅速地置换或淘汰。一是因为蔗农只需及时卖掉种植的甘蔗给糖厂而获利，没必要自己应用传统的手工劳作来制糖卖糖。二是因为现代的机械化制糖生产不仅规模大，降低了劳动强度，而且生产过程的科学化保证了产品质量，降低了生产成本，还充分利用了甘蔗的资源。

第四节　云南、广西等地传统制糖工艺的考察

一、云南傣族传统制糖工艺的考察

傣族同胞主要聚居在云南南部的热带、亚热带地区，那里的气候较适宜甘蔗种植。历史上傣族同胞的食用糖主要来自甘蔗。甘蔗榨汁熬糖的技术在傣族已有一千多年的历史，该技术已成为其传统技艺中一个重要的分支。制糖技术从砍甘蔗开始，经由运甘蔗、洗甘蔗、榨蔗汁、过滤蔗汁、埋锅熬糖、木模冷却成糖块、笋叶包装贮存等多道工序，其中以木制榨糖机榨汁这一环节最富科技含量。木制的榨糖机既有立式和卧式两种类型之分，又有两轴或三轴之别。在云南省民俗博物馆陈列的就是立式的三轴榨糖机。该机由辊轴、辊轴支撑架、动力杆等主要部件组合而成。榨汁时，通过牛力、人力或水力推动或拉转动力杆，让辊轴上的主轴带动其他两个轴一起转动，这时人们顺势（顺着转动方向）将甘蔗（两三根为一簇）插入，利用辊轴之间的空隙挤压甘蔗，榨出蔗汁。一般在这种木制榨糖机上，甘蔗要来回榨两遍或三遍，尽可能地多获蔗汁。之所以说以木制榨汁机榨汁科技含量较高，不仅在于木榨机本身的设计中的技术含量，还在于从用料到制造中都包含许多智慧。辊轴是榨糖机中最重要的部件，傣族工匠大多选择材质坚硬的长叶榆树来制作，这种材质还有一个长处，即由于它木纹交错不仅具有相应的强度和硬度，胜任榨蔗中转运时的负荷，还不怕风吹雨淋日晒，不易腐朽干裂，此外这木质还具备少见的抗虫耐蛀特点。榨糖机的辊轴传动是通过齿轮之间的啮合，因而齿轮的设计也很关键。傣家人为齿轮设计了三种形状：直齿、弧形齿、人字形齿。相比较而言，人字形齿和弧形齿具有比直齿强度高、使用寿命长的优点，但是直齿可以正反回转，使用起来方便，可节省榨糖时间和劳力。故笔者在博物馆所见的榨糖机和后来的瑞丽榨糖机都是直齿。在辊轴上，傣族工匠设计的直齿是双层而不是一层，这又增强了齿轮的强度和传动力矩。

据说到2004年，西双版纳地区傣族的传统榨糖工艺已基本消亡了。为了更好地认识傣族传统的榨糖工艺，北京科技大学的李晓岑教授在西双版纳采集该地制糖工艺时曾作如下调查记录[57]：

傣族地区气候炎热，适合甘蔗生长，当地有悠久的榨糖业，至今仍保留有土法榨糖的方法。1998年4月和2000年12月，我们两次来到西双版纳，对傣族的传统榨糖工艺进行调查。我们在勐海县的曼扎、曼打火、曼枪，景洪的大勐龙等地都调查到了各种土法榨糖的工艺。云南壮族地区也有土法榨糖的工艺，这在有关报道中也提到过，限于条件，我们未能到壮族地区调查。

在我们之前，澳裔的日本学者唐立先生对云南傣族土法榨糖这一课题有很好的调查，已调查了水力榨糖机和人力榨糖机，材料十分丰富，为避免重复，我们主要从技术的角度进行简单介绍。

根据明代《天工开物》的"轧蔗取浆图"把榨蔗的榨具称为轧蔗机。傣族使用的榨糖工具有多种，我们调查到两种榨糖的方式，一种是水力式卧轴轧蔗机，另一种是牛力式或人力式轧蔗机。

1. 水力式卧轴轧蔗机

水力式卧轴轧蔗机在景洪的有些村寨使用。这是一种采用人字形齿的榨具。榨具通常安放在村边的小河中，用立式水力筒车带动，因传动轴为轴向水平放置，可称为水力式卧轴轧蔗机。

这种水力式卧轴轧蔗机在文献中似乎未见记载，是由澳裔的日本学者唐立先生以及中国学者尹绍亭先生等首先调查到的，这是很有功绩的。唐立认为，这种轧蔗机的人字形齿轮仅见于傣族地区，认为是傣族人发明的。这种齿轮当然是一种重要的成就，但是《天工开物》中轧蔗机上已有余齿轮的描绘，接近这种人字形齿轮。目前对传统榨糖技术的调查仍很不充分，所以以下结论还为时太早。

我们在景洪考察的这架轧蔗机已使用了20多年的历史，傣族人说，所用的木材是用"断刀树"做成，这是一种当地优良的硬质木材，坚硬可"断刀"，极耐摩擦和磨损，虽经多年，材质仍不会腐坏。

结构：这种机械由两部分组成。第一部分为水力驱动部分，这是一种立式水轮，其受水面是傣族地区特有的竹编宽幅面，有12个叶片，受力面很大，转速视水流速度而定，水急则转得快，水缓则转得慢。我们所见，每分钟约转4周。第二部分为压榨部分。榨具为两木质轧辊，分主动辊和从动辊，轴向水平放置，采用人字形齿轮咬合。共有4个人字形齿，通过齿轮，把水力转变为动力。但只能从一个方向转。主动辊很长，达558厘米，从动辊为250厘米。由主动辊传送力矩进行压榨。整座榨具高大壮观，是云南少数民族最有特点的传统机械之一。

压榨原理：当水轮带动主动辊转动时，其上的人字形齿轮与从动辊轴上的人字形齿轮啮合，从而带动从动辊转动而进行压榨。蔗汁流入竹筒中，再引入铁桶中装盛。

压榨过程：压榨时把甘蔗簇放入榨槽，两个榨槽间由于间隔很小，甘蔗过榨时被挤压，从而把汁榨出，甘蔗要重新掉头再榨。用一排竹筒接甘蔗汁。一般至少需要3人操作。1人进行过榨，1人拉甘蔗，1人用桶收蔗汁。榨机一次可过榨甘蔗10根，要反复榨2—3次，以充分把蔗汁榨出。这种榨具利用水力，节省了人力。

轧蔗机主人介绍说，200千克甘蔗可榨出120千克汁，可得糖40千克（数据未核实）。集中于11月至12月开榨，此榨具每天可榨4—5车甘蔗，约3—4吨。外面的人来榨，每榨1桶糖汁，收钱5角。有压榨机的人家，一天可收入压榨费50—60元。榨糖业只作为副业，收入用于补贴家庭之日用。

2. 牛力式或人力式轧蔗机

这种轧蔗机在勐海的一些村寨使用，榨具通常安放在田边的空地中。……1998年4月，我们在勐海的勐混镇的曼打火寨考察了一台轧蔗机，曾在2000年出版的《云南民族科技》中描述过。后来，此榨具被附近的曼打火寨用500元买走。2000年12月，我们来到曼打火寨测绘了这件榨具。其材质采用当地人称为"哭毛树"的木材制成，十分坚硬，已有十多年的历史，据介绍，一台轧蔗机的寿命为33年左右。

结构：这是直齿式的榨具。利用四根立柱固定于地面上，立柱高153厘米，间距120厘米，共有两个榨筒，为两柱直齿式，两辊轴中，主动辊长 217 厘米，从动辊长 113 厘米，辊轴上有两排直齿，齿径 40 厘米，辊齿高 56 厘米，榨筒压榨部高 36 厘米，用有圆孔的木板控制两辊轴的间隔。杠杆长达 4 米以上，借助人力和畜力可产生很大的力矩。这种轧榨机与明代《天工开物》中记载的木式轧榨机很相近，可能是从内地汉族地区传来的。但《天工开物》中画为斜齿，傣族轧蔗机则是直形齿。

压榨原理：利用杠杆原理，通过齿轮传递动力进行压榨。主动齿轮正方向旋转，从动齿轮则反方向旋转。

压榨过程：把甘蔗簇放入直齿式榨槽的下部无齿处，榨槽旋挤压甘蔗出汁。用人力推动或畜力驱动长臂木棒产生力矩，可正转或反转地反复压榨，转速则可快可慢，甘蔗在两边都可以过榨。这种榨具很费人力，但榨力强大，出糖率高。需要 3—5 人操作，2—3 人推杠杆，2 人榨甘蔗（1 人把甘蔗把入榨筒过榨，1 人把甘蔗拉出）。每次最多可一次过榨 4—5 根甘蔗，需来回过榨 3 次左右，使汁尽可能榨干。轧蔗机主人说，500 千克甘蔗，可出 300 千克汁，100 多千克糖。

这种人力式或畜力式轧蔗机的改进型是用金属辊轴，见于云南新平县的傣族村寨，为双柱式铁辊，铁辊之间用直齿咬合，榨柱则为 2—3 毫米的铁槽。铁辊长约 1 米，径约 20 厘米。把甘蔗插入金属齿中压榨，其齿口锋利，效率要高得多，可用人力或畜力轧蔗。这是一种新调查到的类型。

榨完甘蔗后，拿回家（指蔗汁），一个个傣族姑娘就在自家院中架锅熬糖。这是要除去杂质，蒸发水分，以熬成红糖。熬到一定程度时，应立即舀出糖汁，使其自然凝固，这样糖就制好了。傣族妇女常用笋叶把糖包好，拿到市场上出售。

榨糖的时节，每年集中于 11 月至 12 月之间，这时正是甘蔗成熟砍伐的季节，榨糖成为傣族地区的一大特色。现在，景洪的很多地方已改为效率较高的电力榨糖，传统木榨具已逐渐被淘汰。

刘仙洲先生在《中国机械工程发明史》（第一编）中曾根据王灼《糖霜谱》记载的制造蔗糖用碾压法推测，这种畜力式轧蔗机的发明时间在宋代以后、晚明之前。

笔者曾于 2010 年前往云南考察傣族传统制糖工艺。11 月，在德宏傣族景颇族自治州宣传部、文化局和糖办几位同志的协助下，先后考察了几个点。考察记录如下：

（一）土法制糖（红糖）工艺考察

调查范围：云南，德宏州，芒市及周边地区；考察人员：李劲松、周嘉华、李晓全、杨春萍、龚自麟、杨天强等。

德宏州地处云南西北部，位于东经 97°31′—98°43′，北纬 23°50′—25°20′之间；地处滇西峡谷地区，气候以南亚热带气候为主。甘蔗产区的年平均气温为 18.3℃—20℃，年降雨量为 1376—1649 毫米。

聚居在德宏州的芒市、遮放、瑞丽、陇川、盈江、遮岛等坝区的傣族人早在唐代以前就开始种植甘蔗。但文献记载鲜见。（图 3-11、图 3-12）

当地何时开始土法制糖，无准确时间可考。迟至明末清初，当地已经出现了以牛拉木榨和石碓压榨甘蔗、土法熬制红糖的工艺。光绪六年（1890 年），潞西坝区的印金、华榛、拉勒、上瓦帮、贺勐、弄坎等村寨陆续出现了木榨红糖的作坊。《云南芒遮板行政区地方志》记载："甘蔗产芒市，遮放坝，用以制糖，年约二三千砣（每砣 2.5 市斤），约值银二千余元。"根据当时所种植的甘蔗品种、出糖率 5%、亩产 700 斤计算，当时所涉及的地区种植甘蔗约 180—270 亩，产量 125—187 吨。若加上鲜食甘蔗，估计在 500 亩左右，产量约 300 吨。1928 年，干崖（盈江）土司曾设木榨作坊，因种植甘蔗和压榨的技艺缺乏而失败。20 世纪 40 年代，引进印度"491"等甘蔗品种，甘蔗种植面积有所增加，而且出现了以牛力木榨取汁、土锅熬制生产红糖的小作坊。1957 年，开始引进压榨法取汁，德宏地区大部分采取了木榨技艺。梁河县开始采用水碾

图 3-11　德宏州的甘蔗产区 1

图 3-12　德宏州的甘蔗产区 2

图 3-13　双架榨

石辊压榨。1958 年，梁河县的曩宋乡热水塘村引入牛拉木榨土法制糖，之后，该工艺技术在全县推广使用，周边地区也纷纷效仿采用，至 1960 年，梁河县用木榨法榨糖的生产队有 125 个，产红糖 340 吨。

土糖（红糖）的制作，大多以手工操作，最早的取汁方法是将甘蔗斩断，放在木或石臼中舂碎后挤压取汁，过滤则采用棕片过滤，煮制采用铁锅熬煮。最早的成品糖为稀红糖。1949 年后，这种原始方法几乎绝迹。之后靠畜力，设备依然很简陋，工艺较简单。每年秋末冬初，甘蔗成熟，蔗农搭伙筹集工料，搭盖蔗棚（寮）制作土糖。压榨取汁主要以两个或三个直立木柱（即单架或双架）为压榨辊，以畜力为动力。单架榨是将两个木辊相连，用牲畜拖动，压榨取汁，三人操作，日榨 300 千克左右；双架榨是用牛拉木榨榨取蔗汁，木榨由三个轧辊组成，呈一字排开，中间的是主辊，主辊有一个较长的中轴，顶端连接一根横杆，牛通过横杆另一端拉动横杆，带动主辊旋转，主辊再通过木齿轮的啮合，带动两旁的副辊转动（图 3-13）。甘蔗由人手工送入辊缝中后，蔗汁便挤压出来。压榨出的蔗汁经与木榨底槽相连的竹槽流入容器，放置备用。煮糖用铁锅熬制，土灶就安放在甘蔗地边靠近水源的地方，铁锅呈一字排开，第一只锅叫做头锅，依次排放的是二锅、三锅。蔗汁先倒入头锅煮沸，撇出泡沫后倒入二锅蒸发，达到一定浓度后转至三锅继续浓缩，变成浓糖浆，而后倒入旁边的一只锅进行搅拌，待温度降低，糖浆析出砂状晶体后，舀出倒入小碗中冷却，成型后磕出即成成品糖。制糖过程中边榨边熬制，每百千克鲜甘蔗可制成红糖 5—7 千克，每一组的木榨日榨量在 4—5 吨。土法制糖工艺流程为：

鲜甘蔗——木榨取汁——过滤沉淀——煮糖——并锅浓缩——熟糖浆——打砂——装碗——成品红糖。

1961 年，德宏州采用土法制糖的设备已有 400 多组。1964—1965 年，共入榨甘蔗 6388 吨，产红糖 400 吨，平均产糖率 6.2%，

随着机制红糖和机制白糖的生产建设和发展，土法制糖逐年减少。1988—1989 年，约有 14 组木榨红糖设备，出糖 298 吨，主要是自给自足或应当地市场需求。至 1990 年，土法制糖基本消失。

（二）压榨及熬制工艺考察

11 月 10 日：德宏州芒市，风平镇，户育村（寨），傣族村。

（1）路旁的一家作坊（作坊主周氏，约30岁），已历数代。

小机榨（柴油机）

甘蔗：自家种植，少量收购。由于征地，自家种植的甘蔗早收了几天，因而影响了最终的成品糖的质量，糖块暗黑。

工匠：以作坊主夫妻两人为主，另有雇工2人。

生产时间：每天12小时左右，出糖100千克左右。

熬制：煮糖用铁锅熬制，四口铁锅为一组，共两组，每组四口锅一字排开，两组并排放置，每组的两头口锅安在第一个灶上，后两口锅安在第二个灶上。第一口锅叫作头锅，依次是二锅、三锅、四锅。蔗汁先倒入头锅煮沸，撇去泡沫后倒入二锅继续蒸发，达到一定浓度后转至三锅继续浓缩。其后，较之以往的熬制工艺又添加了一口锅，继续浓缩，使之变成浓糖浆。四口锅熬制的工艺在以后我们考察的很多地方也可以见到，究其原因，想来是人们感觉经四口锅煎熬浓缩后的糖浆较之三口锅熬制所得到的糖浆在后面的加工过程中更容易达到要求。同时，在火力的安排上也更加合理，因为头两锅需要高温武火，而后面的两口锅则用文火，同样体量的灶足以供后面的两口锅的熬制，既省时省力，又节省能源。然后，将糖浆倒入旁边的一口锅中进行搅拌，使糖浆温度降低，当糖浆析出砂样晶体后，舀出倒入小碗中冷却，成型后磕出即成成品糖。

成品糖和半成品糖（糖浆）均有出售，很受当地人喜爱。曾现场采访前来的顾客，均表示感觉土法制糖要比机械制糖所得的产品味道要好。（图3-14 —图3-20）

图3-14 周氏熬糖的作坊

图3-15 四口锅一组，并锅浓缩蔗汁。共两组烧锅

图3-16 蔗汁在锅中浓缩

图3-17 打砂

图 3-18　装碗

图 3-19　糖浆在冷却

图 3-20　周氏与考察人员

（2）寨子中的作坊（作坊主线氏，30 岁左右），传承几代人。

小机榨（柴油机）

甘蔗：大宗为收购，新鲜，因而成品糖的质量很好，糖块鲜亮黄澄、香甜。

工匠：线氏，雇有缅甸籍工人 1 名。

熬制规模：1 组 4 锅。

熬制工艺同前。

女主人介绍说，那缅甸来的帮工是她远房的亲戚，除管吃住外，每月酬劳只需 600 元，而这 600 元在缅甸就算不错的收入了。工人干活很勤快，对熬糖也很熟练，因为在缅甸那边也是这样熬糖制糖的。

综观这两家农家小作坊熬制红糖的工艺，应该说是较原始的。（图 3-21—图 3-26）

（3）11 月 12 日：德宏州瑞丽，傣族村（寨），龙氏作坊。

图 3-21　缅甸籍工人将第四口锅中的糖浆倒出准备打砂

图 3-22　线氏在打砂

图 3-23　打砂，析出晶体

图 3-24　装碗

图 3-25　成品红糖块

图 3-26　路过的顾客正在购买糖块

工匠：龙氏夫妇（40 岁左右），并雇有缅甸籍工人数名。

木榨：立式双架（三轴），两排直形齿，无鸭嘴。拉杆从支点到远端约 4 米，辊轴高约 0.5 米。

压榨采用人力、畜力、机械混用。畜力是牛拉木榨；机械较有意思，龙氏在甘蔗大批量压榨的时候，每每要使用手扶拖拉机的机头带动木榨，龙氏夫妇在立轴的两侧对拉甘蔗，反复四五榨，劳动强度颇大；机头在场中绕圈，我们戏称为"铁牛"拉榨。

榨蔗时，将甘蔗插入辊轴之间，第一次插入五六根甘蔗，拉杆转动，带动立轴滚动，甘蔗经辊压，蔗汁流出，顺着引流槽流入容器。蔗渣继续传送至对面，由于辊压，蔗渣体量减小，对面会加料与蔗渣相叠以填满辊轴间隙，而后复送回对面，三轴两压同时相对进行，如此五六次，最后一般加料到 20 余根，并浇洒清水，以使榨汁充分。

熬制规模：1 组 4 锅。

熬制工艺同前。（图 3-27—图 3-29）

土法制糖通常以感观的指标为主，上等糖为坚硬糖精，色蜡黄、深黄或青黄，没有酸味、苦焦味，无黑渣杂质，含水分少，指甲刮之不黏指甲，呈砂状。糖型有小碗、大碗两种，小碗每块 100 克，大碗每块 250 克。达不到上述标准的为中等或次等糖。

尽管目前这一称之为"土法"的制糖工艺在德宏地区日渐式微，但不可否认的是，土法制糖工艺为德宏地区制糖业的发展奠定了基础。

图 3-27　云南瑞丽傣族的木榨榨糖

图 3-28　现场记录

综观云南傣族的传统制糖工艺，从木制榨机到熬制红糖，特别是熬制红糖，技术相对来说是较古老的，可以说有太多唐宋时期制糖技术的遗迹。傣族人熬制的红糖饼（当地人又称其为合子糖）由于保留了大部分糖蜜和其他甘蔗汁的原味和营养成分，在食用上比精制的白糖或冰糖更富有营养，难怪傣族妇女在做月子时，都主张食用这种红糖。

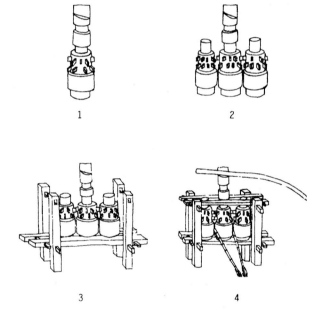

图 3-29　傣族立式榨糖机结构示意图

二、广西的传统制糖工艺的考察

广西民族大学 2008 级研究生刘安定在其导师万辅彬教授的指导下，于 2010 年前后，在广西大新县传统制糖工艺考察工作的基础上，完成了其学位论文《广西大新县土法制糖工艺调查研究——以那满屯为例》，文中对桃城镇黎明村那满屯传统制糖工艺的历史和现状作了较为详细的记述。有幸得到他们提供的相关资料，摘录如下：

据 1987 年版的《大新县志》记载，土榨糖是该县一项传统的手工加工业，历史上凡是种甘蔗的村屯都用土法榨糖。这种土榨法，一天可产糖片 250 斤左右。历史上产自这里的"养利糖片"十分有名，它金黄透亮、清甜可口。1950 年以后，农村中仍普遍沿用土榨方法榨蔗制糖，少数地方如宝圩、榄圩乡的一些村屯改用机榨。1975 年以后，蔗区的绝大部分甘蔗都被送进县糖厂机榨，土榨糖已逐渐减少。1985 年以后因种植甘蔗面积增多，一些地区又恢复了土法榨糖。

甘蔗是那满屯主要的经济作物之一，全屯蔗地共 310 亩，甘蔗种植面积占总耕地的 81.58%。其他村屯还有种植黑皮果甘蔗的基地。那满屯的甘蔗主要用于榨糖，目前使用的品种是"桂引 5 号"。甘蔗的种植期较长，但是田间打理相对其他作物较容易些，一般是每年的腊月或是春节期间开始种植，次年十月份收割。收割前几天一般要将枯叶剥去并清除出甘蔗地，这样做是为了让植株之间更加通风透气，让阳光更充分地照射到植株，增进甘蔗成熟，同时也便于收割工作。剥叶后的甘蔗要及时收割，一般放置不能超过七天，放置过久会导致蔗茎断裂，糖分损失。那满屯的甘蔗种植主要采用的是常见的宿根法和新植法相结合。留宿根收割的时候就要从蔗根处留 3—4 寸开始砍，如果不为第二年留宿根就全部挖起。收割回来的甘蔗要将其表面的包叶、泥沙等附着杂物用刀剔除；甘蔗的梢尖也要被砍除，因为这部分含糖分少，还含有一些淀粉、多元酚、色素、酵类等杂质，如果不除去会影响糖分。

那满屯土法制糖工艺有三个步骤：压榨、熬煮、晒糖成品。

压榨：据 1987 年版的《大新县志》描述，当时所用的榨蔗设备（绞车或糖车）有两个木质的立式辊轴，当地叫"绞轮"，大多用质地坚硬的龙眼木或一种叫"木宪木"的木材制成；也有用石头做的石辊，一大一小两个，两个辊轴各高两三尺，直径约 50 厘米，用轴、柱等把两个轮安装在左右一方，轴上有齿轮，可以使辊轴互相咬合，然后用畜力（20 世纪 60 年代出现过用水力）拉长杆使两个轮反方向旋转，榨糖时将甘蔗送入两个辊中间的缝隙，两边的辊轴通过轮上的辊齿的咬合向内转动挤压，蔗汁就顺着辊流下。另外还要使用到一种辅助性附件"鸭口"，帮助将头次压榨不够充分的甘蔗再次送入压榨口进行二次压榨。这与《天工开物》中的记载是吻合的，但是随着现代机械化进程的推进，传统榨蔗机已经逐渐退出人们的视线，这几年在那满屯已基本见不到这样的工具。《壮族历史与文化》中也提到过这种榨糖工具，如："绞车，榨糖的工具，主体为两个轮绞辘，绞辘长约 150 厘米，直径约 40 厘米，上下有轴，立一支架能使绕轴转动，上部还有齿轮，两绞辘间距为 1—2 厘米。作业时以牛、马之力带动，将蔗条插入两绞辘缝中，随着绞辘转动，在另一侧牵拉蔗条。一般可日榨原料蔗 4000 公斤。"[58] 但是文中同时指出，这种榨糖设备当时 [59] 已全部被淘汰。现在那满屯使用的基本都是小型的机械榨蔗机。那满屯的榨蔗机现在已基本采用现代机器，使用电力。

熬煮：民间传说的"孔明灶"是诸葛亮带兵打仗时所发明的。"孔明灶的形状是个长方体，上面可以安放四个大铁釜，后面有大烟囱，灶底为前低后高的斜坡。这种灶的优点是可以节省燃料。"[60] 但是对于"孔明灶"有确切考据的说法却一直未发现。那满屯的村主任介绍说他们这种灶是学习 20 世纪 60 年代潮汕地区的，那时潮汕地区使用多锅同煮，需要很多劳动力，后来为节省人力，那满屯只采用五六口锅，且最初灶膛是在地下的。现在在那满屯看到的这种灶，长 6—7 米、宽 1.5—2.0 米，灶台高出地面 0.5 米左右，低于地面的灶膛部分也是同样的深度。烟囱的高度在 4—5 米，灶台上有五口锅，从靠近灶口向烟囱的方向放置铁锅的圆孔在不断减小，最大孔的直径约为 70 厘米，最小的则只有 40 厘米。锅的直径也依照同样的规律，靠近灶口的最大的一口锅直径约为 95 厘米，靠近烟囱的最小的锅直径为 75 厘米。这五六口锅共一个灶膛、一个烟囱，生火的时候，火苗会从灶口处向烟囱的方向飘去，靠近灶口的温度会比较高，越靠近烟囱的方向火势越小。在靠近灶口处还砌有一个地下灶堂，也就是连接着灶口的一个横向的坑，坑的上半部分也就是露出地面的部分用几块木板条封盖，木板条之间留有缝隙，在灶口处燃料较多、火势较旺时人们会将木板条挪开增大板与板间的间隙，以提供给燃料更多的氧分促进燃烧，等火熄灭后，可以将木板掀开清除灶灰。（图 3–30）

蔗汁压榨出来后直接被倒入灶上的五口锅内，将灶火烧旺直到锅内的糖汁完全加热至沸腾。约 30 分钟后，用过滤网将浮于液面的杂质捞出（这些杂质被捞出后放置在一口专门用来盛放杂质的大缸内，可以用来酿酒），一边加热一边去杂质，水分不断蒸发。由于灶口的温度较高，靠近灶口的三口锅内的蔗汁更易受热，水分蒸发得也较快，当这三口锅内的液面下降时要把另外两口靠近烟囱的锅内的蔗汁调过来。为防止糖液溢出，那满屯人用一种上窄下宽两头空的竹筐罩在锅上（筐高约 80 厘米，直径略小于最小的一口锅的直径），当糖液沸腾时，液体沿着筐壁流下，很多杂质也同时附着在筐壁上，这些竹筐过一段时间会被拿去清洗，以免影响下次使用。在靠近烟囱的两口锅内的糖汁不断调入另三口锅的同时，也被补充进更多的新

图 3-30　广西大新县那满屯灶膛

榨出的蔗汁。随着水分的蒸发，靠近灶口的锅内的糖汁浓度不断增大，在这个过程中还要加入适量的猪油，问及加猪油的作用，那满屯人的说法是加入猪油可以减少泡沫并使成品糖口感更好。这是有一定的道理的。在潮州土法制糖中也有"加油土"的说法，"油土"可以是花生油、茶油或是菜油的沉淀物，潮州人俗称"未盖糖寮，先买油土"（没盖糖坊就要先买油土），可见加"油土"是多么重要。除了那满屯人的说法，另外还有观点称加油土是为防止糖汁粘在锅底损坏铁锅和影响糖片色泽。[65]（图 3-31）这种说法得到了广泛的认可。当浓郁的糖香不断飘出，糖液呈现深黄色并逐渐加深变暗时，有经验的煮糖师傅会用一把长柄勺不断搅拌糖浆并根据糖浆的黏稠度判断起锅的时机。据说在那满屯，以前都是靠老人用嘴咬凝固的糖块，根据口感来判断起锅的时机的，而现在仅凭肉眼就可以判断了。当糖浆起锅的时机到时，锅内的糖浆已是土糖的半成品，人们将事先准备好的一口备用大锅搬到附近，用长柄勺一边搅拌一边将糖浆从灶口的那口锅内舀入备用锅。空出来的锅又被倒入前几口锅内的蔗汁，前几口锅内又被补充进新榨蔗汁，整个过程依此循环。第一锅糖浆从开始蒸煮到出锅总共历时 1 小时 10 分钟左右，而这之后每锅糖浆出锅的时间只需要 50 分钟左右。（图 3-32、图 3-33）

晒糖成品：将糖浆抬入堂屋后，并不马上上晒台，而是整锅放置在一个轮胎上（尖底铁锅放在轮胎中间非常稳当，这个方法是村民自己想到的），用一支长柄小铁铲不停搅拌热糖浆，这样会使糖浆更快冷却，也防止糖浆结块粘在锅底。大约 10 分钟以后，糖浆变得更黏稠，这时就需要将糖浆上晒台。糖浆上晒台需要一定的技巧，由两人起锅稍稍倾斜，从晒台一端开始边移动边将糖浆慢慢浇入晒台，由于晒台的槽子较浅，所以倒入糖浆时绝不能过急过快，否则糖浆会溢出槽外。糖浆入晒台后，还要用小平铲辅助着将糖

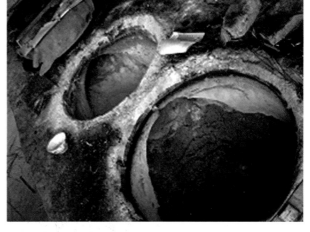

图 3-31　广西大新县那满屯灶膛 锅

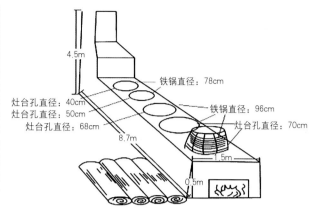

图 3-32　广西大新县那满屯灶膛 锅　美化示意图　　　图 3-33　广西大新县那满屯灶膛 锅　示意图

浆的浆面挑拨平整，糖浆完全冷却后凝固，呈浅咖啡色。这时就要准备对其切片，切片前先用不锈钢直角尺量好切片的位置，这种不锈钢直角尺很特殊，一条直角边有明确的刻度，另一条直角边则是一条相对较厚的铁条，没有刻度但是有明显的防滑纹。在离直角 15 厘米处用红色油漆标有记号，这样设计有两个目的：一是此端为画线人手执的一端，必须有防滑功能以方便执掌；二是一块片糖宽度刚好是 15 厘米，所以切片前只要照着这个长度做好标记再用刀沿着另一边画线切割即可。

那满屯的工艺传承方式与传统的工艺传承方式相近，即主要以口传心授的方式在父子间、兄弟间代代相承。但是年轻一代越来越不能接受，他们认为糖片的销路不大，且做工落后，与现代化生产相比较迟早要被淘汰；老人则相当乐观，他们认为糖片做好，是整个家庭的事业；青壮年则认为只要有经济价值就有做下去的理由，能做多久就做多久。

除人们的主观因素外，客观因素也无法与之对抗，很多地区以传统压榨出糖率低为由，将其列为高能耗生产，明令禁止传统手工木榨轧蔗。在此情形下，也就只有能做多久就做多久了。

注释：

[1]〔唐〕段成式：《酉阳杂俎》卷十七，《丛书集成初编》，第 277 册，第 142 页。

[2] 缪启愉校释：《元刻农桑辑要校释》，北京：农业出版社，1988 年，第 504 页。

[3]〔元〕鲁明善著，王毓瑚校注：《农桑衣食撮要》，北京：农业出版社，1962 年，第 120—121 页。

[4]〔明〕徐光启：《农政全书》卷四十一，北京：中华书局，1956 年，第 846—847 页。

[5] 陈奇猷校释：《吕氏春秋校释》，上海：学林出版社，1984 年，第 1781 页。

[6]〔汉〕刘安等著，陈广忠译注：《淮南子译注》，长春：吉林文史出版社，1990 年，第 815 页。

[7]〔汉〕许慎著，〔清〕段玉裁注：《说文解字注》，上海：上海古籍出版社，1981 年，第 218 页。

[8] 缪启愉：《四民月令辑释》"十月"，北京：农业出版社，1981 年，第 98 页。

[9]〔唐〕韩鄂原编，缪启愉校释：《四时纂要校释》卷二，北京：农业出版社，1981 年，第 91 页。

[10]〔唐〕欧阳询：《艺文类聚》卷六九，〔汉〕刘向《杖铭》："都蔗虽甘，殆不可杖。"上海：上海古籍出版社，1965 年，第 1210 页。

[11]〔清〕张澍辑：《凉州异物志》，《丛书集成初编》，第 3024 册，第 3 页。

[12] 季羡林：《一张有关印度制糖法传入中国的敦煌残卷》，《历史研究》1982 年第 1 期。

[13]〔清〕李调元：《南越笔记》，《丛书集成初编》，第 3126 册，第 178—179 页。

[14] 郑尊法：《糖》，《万有文库》第 678 册，上海：商务印书馆，1930 年，第 22—23 页。

[15] 北京大学中国文学史教研室选注：《两汉文学史参考资料》，北京：中华书局，1962 年，第 32 页。

[16]〔汉〕班固：《汉书》卷二十二，北京：中华书局，1962 年，第 1063 页。

[17]〔北魏〕贾思勰原著，缪启愉校释：《齐民要术校释》，北京：农业出版社，1998 年，第 722 页。

[18]〔晋〕嵇含：《南方草木状》卷上，《丛书集成初编》，第 1352 册，第 3 页。

[19]〔宋〕史绳祖：《学斋占毕》卷四，《丛书集成初编》，第 303 册，第 68 页。

[20]〔清〕张澍辑：《凉州异物志》，《丛书集成初编》，第 3024 册，第 2 页。

[21] 季羡林：《古代印度沙糖的制造和使用》，《历史研究》，1984 年第 1 期。

[22] 汪大渊著，苏继顾校释：《岛夷志略校释》，北京：中华书局，1981 年，第 369 页。

[23]〔宋〕李昉等：《太平御览》，北京：中华书局，1960 年，第 3805 页。

[24]〔唐〕玄奘：《大唐西域记》，上海：上海人民出版社，1977 年，第 42 页。

[25]〔宋〕欧阳修等：《新唐书》卷二二一，北京：中华书局，1975 年，第 6239 页。

[26]《续高僧传》卷四"玄奘传"，《大正新修大藏经》第 50 卷，第 545 页。

[27]〔宋〕王溥：《唐会要》，《丛书集成初编》，第 828 册，第 1796 页。

[28]"沙糖"二字原缺，据《重修政和经史证类备用本草》补正。

[29]〔唐〕苏敬等：《新修本草》，上海：上海古籍出版社，1985 年，第 235 页。

[30]〔唐〕孟诜、张鼎：《食疗本草》，北京：人民卫生出版社，1984 年，第 45 页。

[31]〔宋〕陆游著，刘剑雄等校：《老学庵笔记》卷六，北京：中华书局，1979 年，第 80 页。

[32] 此句原文为"瘼小许"，季羡林参考《天工开物》和《物理小识》后，把它勘正为"置少许（灰）"。

[33]〔明〕王世懋：《闽部疏》，《丛书集成初编》，第 3161 册，第 3 页。

[34] 李治寰：《中国食糖史稿》，北京：农业出版社，1990 年，第 125—126 页。

[35]〔清〕王文浩辑注：《苏轼诗集》卷二十四，北京：中华书局，1982 年，第 1269 页。

[36]〔宋〕寇宗奭撰：《本草衍义》卷二十三，见《重修政和经史证类备用本草》，北京：人民卫生出版社，1957 年，第 471 页。

[37]〔宋〕王灼：《糖霜谱》，见《中国科学技术典籍通汇》"化学卷一"，郑州：河南教育出版社，1995 年，第 877—879 页。

[38]〔宋〕谢采伯：《密斋笔记》，《丛书集成初编》，第 2872 册，第 33 页。

[39] 李治寰：《中国食糖史稿》，北京：农业出版社，1990 年，第 141—142 页。

[40]〔宋〕唐慎微：《重修政和经史证类备用本草》"砂糖"条，北京：人民卫生出版社，1957 年，第 471 页。

[41]〔明〕周瑛：《兴化府志》（明弘治十六年），北京大学图书馆善本书库藏本。

[42]〔明〕陈懋仁：《泉南杂志》，《丛书集成初编》，第 3161 册，第 9 页。

[43]〔清〕怀荫布、陈仕、郭赓武：《泉州府志》（乾隆二十八年），北京大学图书馆善本书库藏书。

[44] 马可·波罗（Marco Polo，1254—1324 年）是意大利旅行家，1275 年到 1292 年期间一直在元政府供职，在其《马可·波罗游记》第 81 章"武干市"中有以下记述："这个地方以大规模的制糖业著名，出产的糖运到汗八里供宫廷使用。把它纳入大汗（指元世祖忽必烈）版图之前，本地人不懂得制造高质量糖的工艺，制糖方法很粗糙，冷却后的糖呈暗褐色的糊状。等到这个城市归入大汗的管辖时，刚好有些巴比伦人来到帝廷，他们精通糖的加工方法，因此被派到这个

城市来，向当地人传授用某种木灰精制食糖的方法。" 这段文字是近年陈开俊等根据 1926 年出版的曼纽尔·科姆洛夫（Mannel Komroff）的英译本转译的。对文中的"武干市"，译者注称"似今之尤溪"。文中所说的"木灰精"无疑是从木灰浸液中提取到的结晶碳酸钾（以取代唐代时印度制糖法中的石灰）。巴比伦人很可能也是从印度学来的这种技术。《马可·波罗游记》新译本由福建科学技术出版社于 1981 年出版。

[45]〔明〕周瑛：《兴化府志》（明弘治十六年），北京大学图书馆善本书库藏本。

[46]〔明〕方以智：《物理小识》，北京：商务印书馆《万有文库》，第 543 册，第 134 页。

[47]〔清〕怀荫布、陈仕、郭赓武：《泉州府志》（乾隆二十八年），北京大学图书馆善本书库藏本。

[48]〔明〕方以智：《物理小识》，北京：商务印书馆《万有文库》，第 543 册，第 140 页。

[49]《蔗糖西法》第三篇《论机器制糖各法》，收于孙家鼐纂《续西学大成》农学卷，光绪二十三年（1897 年），飞鸿阁排印本。

[50] 唐立：《云南物质文化·生活技术卷》，昆明：云南教育出版社，2000 年，第 215 页。

[51] 唐立：《云南物质文化·生活技术卷》，昆明：云南教育出版社，2000 年，第 213 页。

[52]《三国志·吴孙亮传》注引《江表传》说："（孙）亮使黄门以银碗并盖，就中藏史取交州所献甘蔗饧。"

[53] 印度耆那教的教典中就记载了这种蔗碾，1540 年手抄经卷，这是世界上最早的榨糖工具图。

[54] 何炳修：《徐闻县实业调查概略》，清光绪年间石印本，第 2—3 页。

[55] 邱晋成等纂：《叙州府志》卷二十一，清光绪年间刻本，第 27—28 页。

[56] 刘绎如：《潮州制蔗糖的方法及糖的加工》，《化学通报》，1958 年第 6 期。

[57] 李晓岑、朱霞：《云南民族民间工艺技术》，北京：中国书籍出版社，2005 年，第 218—224 页。

[58] 张有隽主编：《壮族历史与文化》，南宁：广西民族出版社，1997 年，第 315 页。

[59] 以《壮族历史与文化》的成书时间看，应是 20 世纪 90 年代中叶。

[60] 刘绎如：《潮州制蔗糖的方法及糖的加工》，《化学通报》，1958 年第 6 期。

[61] 高纲勉、蔡正成：《潮州制糖的补充》，《化学通报》，1958 年第 9 期。

第四章　制茶工艺

茶不能饱腹，却成为中国民众开门七件事之一。茶被看重的一个原因是中国是礼仪之邦，客人登门，第一道待客的饮品不是酒，而是茶；茶是家庭必备的，也是衡量一个家庭生活品位和质量的重要标杆。另一个原因是我国是世界上最早发现茶树和利用茶叶的国家，饮茶发端于神农尝百草，兴于唐朝，盛于宋代，茶逐渐成为中华民族的举国之饮。饮茶习俗和情趣渗透到文学、美学、伦理学、经济学等许多领域，孕育出丰富多彩的茶文化。随着中外文化交流，饮茶、种茶的风尚遍及全球，如今茶与咖啡、可可并称世界三大无酒精饮料。种茶、制茶也很自

图 4-1　茶马古道上背茶的队伍

然地成为重要的农事，古代传承下来的制茶技艺是常见的手工技艺之一。茶及茶艺从中国走向世界，为人类的文明和健康做出了独特的贡献。（图 4-1）

第一节　古代的茶事

一、古代的茶事

神农发现并利用茶树的传说被普遍认为源于《神农本草经》中的记载："神农尝百草之滋味，水泉之甘苦，令民知所避就，当此之时，日遇七十毒，得茶而解。"《神农本草经》是东汉时的著作，原本早已亡佚，明清以来辑本颇多，但已无此段话。后人仍信此说，如唐代的陆羽在《茶经》中就说："茶之为饮，发乎神农氏。"其实神农氏是后人构思出来的，尊他为："因天之时，分地之利。制耒耜，教民耕作，神而化之，使民宜之，故谓神农也。"（汉代班固等撰《白虎通》）即神农是 5000 多年前开创中国农业生产的先民的集体化身。正是中国先民在劳动生活中发现了茶树叶子是无毒的，并可食用和具有某种药效，故有意地将茶叶逐渐由野生培养成一种人工种植的经济作物。这类经济作物的栽培逐步由小到大地成长为一种产业，茶逐步成为人类生活中的重要饮料之一。

人们对茶树的栽培和茶叶功效的认识有个实践的过程，与此相伴，茶叶的加工技术和饮用方法也有个渐进的变化过程。人们对野茶树的认识首要的是它的无毒而有利，"古者民茹草饮水"，即起初把茶树的叶子当作口嚼的食物，发现它虽然不是很好吃，有点苦涩，却是无害的，还能给人留下一种芬芳、清爽的感觉。特别当人们尝食某些植物而中毒后，嚼食茶叶似乎可以化解中毒后的痛苦。久而久之，茶叶的含嚼成为一种嗜好而传开。开始时，茶叶曾被当作一种祭品而备受珍惜，当产量多起来后，茶叶作为一种菜食逐渐进入千家万户。《晏子春秋》中说：春秋齐景公时（约公元前 547—前 490 年）晏相"食脱粟之饭，炙

三戈，五卵，茗茶而已"。晏婴身为国相，吃糙米饭，几样荤菜以外只有"茗茶而已"。茗即是古时对茶叶的称谓之一，表明当时茶叶已成为大众的菜肴汤料，即晏婴吃的是粗茶淡饭。毕竟直接咀嚼某些茶树鲜叶，口感欠佳，人们通过品尝茶食，发现茶叶煮水后，连汤带叶一起服用，特别是在加入盐、蒜、辣椒及某些配料后，口感味觉有了明显的改变。于是人们逐渐改生嚼茶叶的习惯为煎服茶汤，煮沸茶叶逐渐成为人们饮茶的主要方式。

从咀嚼茶树鲜叶发展到生煮羹饮，不是一种简单的饮茶方式的转变，而是人们对茶叶认识的进步，也是对茶叶需求的技术要求。茶树的鲜叶摘下来后，不耐贮藏：放置一段时间后，要么干枯，要么腐烂。因此只是咀嚼鲜茶叶，就会受到时间和地点的严格限制，一年之中只有很短的时日才能吃到鲜嫩的茶叶。若是生煮羹饮，鲜叶可以，妥当保藏的干叶也可以，这样人们就可以在较长时间内、在较多的地方享用茶叶带来的美味。生煮羹饮的方法还便于引入其他配料，如与桂、姜、盐及其他香料同煮食用，会进一步变更饮品的色香味。鲜叶贮藏最简单的做法是把鲜叶在阳光下晒干，以便随时取用。这可能是最原始的茶叶加工方法。然而干叶就不同于鲜叶，咀嚼它是较难下咽的，故食用方法只能改为煮或泡。

咀嚼茶叶最初是为了解毒，某些苦菜也有去热解毒的功效，故人们起初分不清茶叶与苦菜，就把茶叶当作食用的菜肴。至今生活在云南的傣族、哈尼族、景颇族都有吃"竹筒茶"的习惯。所谓竹筒茶是把鲜茶叶经日晒或蒸煮变软后，装入竹筒春实，滤出部分茶汁后，封住筒口，让其缓慢发酵，经二三个月后，劈开竹筒，取出茶叶晒干放入瓦罐中，加入香油即成一道菜肴。还有云南基诺族的"凉拌茶"：将鲜茶叶揉碎放在碗中，加入少许黄果叶、大蒜、辣椒和盐等配料，再用泉水拌匀即成凉拌茶。此外，龙井虾仁、五香茶叶蛋等中茶叶都是作为菜肴或配料使用的。

生煮羹饮流行的时间更长、地域更大。三国时期魏人张揖在《广雅》中记载了当时制茶和饮茶的方式："荆、巴间采叶作饼，叶老者，饼成以米膏出之。欲煮茗饮，先炙令赤色，捣末，置瓷器中，以汤浇覆之，用葱、姜、桔子芼（掺和之意）之。其饮醒酒，令人不眠。"《晋书》则说："吴人采茶煮之，曰茗粥。"中国茶业最早在巴蜀地区兴起，煮茶在当时很流行。其方法是茶叶先制成饼茶，在煮茶之前，先将饼茶烤炙成赤色，再捣成碎末，置容器（陶瓷器）中，以汤水浇覆（水量宜足）。若再加点葱、姜、橘皮作配料，煮后的茶水和茶叶、配料一齐吃下，这样的茶饮可以醒酒。这种生煮羹饮的方法一直传承至今天，如蒙古族的咸奶茶：将砖茶熬煮，滤去茶渣后再加牛奶混合；藏族的酥油茶：将茶砖熬煮，取茶汁倒入酥油筒中，加入事先炒熟捣碎的核桃肉、花生米、盐巴和糖、鸡蛋等，用小杵捣打后的浆液即是，要趁热饮用才佳。苗族、侗族的打油茶，土家族的擂茶，纳西族的盐巴茶，傣族的竹筒香茶，也大致相近。现在仍受钟爱的具有保健作用的八宝茶、中华冰菊茶、菊花茶等也属这一类，只是这些茶后来已大多改水煮为沸水泡。（图4-2）

茶叶饮用方法的改变促进了茶叶加工技术的进步。焙茶是最古老的茶叶加工方法之一，至今在云南佤族、傣族仍有饮焙茶的习惯。所谓焙茶即是把一芽四五叶的嫩梢从茶树上采下来，直接在火上烘烤成焦黄色，其加工技术就是简单的烘烤。

后来为了使茶叶保存时间长久一些，开始时人们将鲜叶用木棒捣成碎末制成饼状或团状，再晒干或烘干，收放在不易受潮的容器内。饮用时，先掰下一块，将其捣碎后放入壶或锅中，注入开水或加水煮沸。张揖在《广雅》中就描述了这种加工技术。

《三国志·吴书》"韦曜传"记载：吴王孙浩举行宴会，因为韦曜不会饮酒，吴王就"密赐茶荈以当酒"。可见茶在当时不仅是贡品，而且在宴席上还可以代替酒。在唐代以前，饮茶的主要方法是将团饼茶碾碎后

拉祜族饮烤茶

藏族打酥油茶

基诺族吃凉拌茶

傈僳族饮油盐茶

佤族饮烧茶

傣族饮竹筒茶

白族饮九道茶

汉族饮清茶

图4-2　不同民族的饮茶习俗

图 4-3　四川蒙山吴理真种茶遗址　　　　　　　　图 4-4　《陆羽烹茶图》

煮饮。团饼茶除上述制作方法外，还有用蒸汽将鲜茶叶蒸软后压缩成饼状，再晒干或烘干的方法。这种蒸汽杀青法后来逐步发展为锅炒杀青法。

由于气候、环境等因素，中国西南地区，特别是巴蜀之域曾是中国古代早期茶叶的产区和制茶、饮茶的中心。秦朝统一中国后，随着经济文化的交流，以饮茶为中心的茶事才开始向东及东南地区传播。这一时期，东南地区的气候和环境适宜种茶，再加上士大夫和寺院文化对饮茶时尚的倚重，茶叶生产和饮茶风气有了较大发展。到了隋朝，南北经济文化交流更为活跃，饮茶之风开始刮到北方。随着唐朝的繁荣，中唐之后，饮茶之风逐渐在北方地区得到推广和普及。茶业生产随之有了较大发展，据陆羽《茶经》的介绍，当时的产茶区有山南、淮南、浙西、浙东、剑南、黔中、江南、岭南等八大区域，44 州。实际的产茶区应比此多，当时大小不同的官、私茶园遍布茶区，可见茶叶生产十分兴盛。若从唐代茶税来推算，每卖十斤茶叶，交税 10%，初唐得税 40 万贯，那么当时的商品茶数量可达亿斤，加上私茶和地主、寺院、农家的自供茶，茶叶的产量是十分可观的。由于自然环境的差异、茶树种类的不同和加工技术的不同，形成了茶叶名品纷呈的局面。茶叶依加工方法的不同，大致分为粗茶、散茶、末茶、饼茶四大类。粗茶是将采摘下来的茶，不分芽、叶、梗，一起用刀切碎，晒干，食时放在锅里煮饮。陆羽称其为"斫"。散茶是将采摘的鲜叶，蒸青后烘干，不捣不压，封藏之，食时直接全叶煮饮。陆羽称之为"熬"。末茶是将茶叶烘或炒干后，碾成碎末存放，食时将其煮饮即可。陆羽称其为"炀"。饼茶则是将茶叶蒸青后捣碎，拍压成团饼形，用竹绳穿起来放在炽室烘干，再打包贮运。食时，掰一块煮饮。陆羽称之为"舂"。（图 4-3、图 4-4）

唐朝，饮茶之风盛行于朝野，"茶为食物，无异米盐，"成为开门七件事之一。茶叶被列入皇家的贡品，又是人们友好交往的礼品，"客来敬茶"已成为生活中的重要礼仪和传统的社交风尚。由此人们更加关注茶的质量、饮茶的方式及饮茶的用具，遂有了品茶之举。陆羽对唐代以前盛行的饼茶煮饮之法总结了"九难"："一曰造，二曰别，三曰器，四曰火，五曰水，六曰炙，七曰末，八曰煮，九曰饮。"具体地说，饮茶的第一道难关是茶叶的制造加工，若不良，香味差，如蒸汽杀青就很难掌握，过生过熟都会影响茶叶质量。第二道难关是鉴别茶叶的好坏，因为鉴别茶叶的色香味应有丰富的实践经验。第三道难关是饮茶的器具，不仅器具必须清洁无杂味，而且从烧水的炉子到煮茶的水壶都很讲究。第四道难关是火，煮茶的柴火不能产生烟或臭气，污染茶水，最好是用松针竹叶之类的带清香的燃料。第五道难关是水，最好的水是山水，即山上流下的泉水，河水则是上游的较好。第六道难关是炙，即鲜茶叶蒸青后加工成饼茶，在存放中会吸收水分，故饮用前要再加工，放在暖火上烘干变硬，便于碾碎。第七道难关是末，将茶叶碾碎也有

镏金银茶匙　唐代

琉璃盏托　唐代

镏金银笼子　唐代

镏金银茶罗　唐代

镏金银茶碾　唐代

图4-5　各个时期的茶具

讲究，大小的碎片称末，讲究就在末的粗细均匀上。第八道难关是煮，烹煮。烹煮中，末茶会漂浮在水面，水沸腾时，又易溢出，故烹煮中不仅要掌握适度火候，还要不时地搅拌。第九道难关是饮。对茶汤的浓度各人会有不同要求，而茶汤的浓度又取决于放入茶叶的量，其色香味则取决于茶叶的质量，所以能否饮到满意的茶汤，实际上取决于从茶叶的品质到茶叶的加工，到茶叶煎煮品饮等一系列的技巧。陆羽提出这"九难"，实际上是对当时流行煮饮团饼茶习俗的一种审视，对茶叶加工技术和饮用方法进行了反省。陆羽的观点反映了人们对茶叶的质量和饮用方法的关注，特别在饮茶的时尚中增加了文化艺术的元素后，饮茶的功能已不限于解渴和保健，还成为文化的展示、精神的享受。当饮茶侧重于饮用技巧时，发展起"茶艺"；当饮茶侧重于礼仪时，发展起"茶礼"；当饮茶侧重于道德品行时，发展起"茶道"。这就促使人们不仅要求茶叶的精细加工，关注茶叶的色香味形，同时还要讲究茶叶品第和饮用技巧的高低、优劣，从而从满足个人爱好和享受的"品茶"发展到社会性、商品化的"斗茶"。斗茶之风盛行于宋代。斗茶的实质就是茶叶的评比和茶艺的展示。人们有意识地把品茶、斗茶作为一种显示高雅的素养，表现自我的艺术活动而去刻意追求，饮茶之举融入文化活动，构成茶文化，反过来它又促进饮茶的进一步普及，推动制茶技艺和茶业进一步兴旺。（图4-5—图4-7）

图4-6　《调琴啜茗图》

图 4-7　《啜茶帖》　（北宋）苏轼

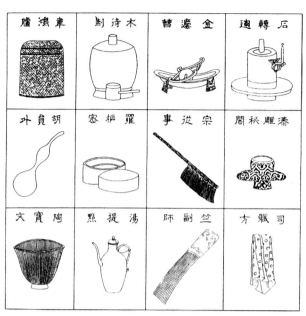

图 4-8　茶具图赞　宋代

图 4-9　《攆茶图》　（南宋）刘松年

在品茶、斗茶的实践中，人们发现冲泡散茶较之烹煮饼茶不仅方便一些，而且能更好地品尝到茶叶的本色。于是冲泡清饮散茶（不加任何香料或食品）在品茶或斗茶中被迅速推广。冲泡清茶中，开水倒下就像蜻蜓点水一样，让茶叶在水中上下翻滚，起了充分搅拌的作用。人们为这种饮茶方法总结了九个字：品、温、投、冲、闷、覆、斟、敬、饮。其意可理解为：品，欣赏干茶的外形和加工质量；温，用开水洗冲茶具，同时预热茶具；投，将适量茶叶投入茶壶；冲，冲入少量开水，浸泡茶叶；闷，加盖闷一二分钟，让茶叶展开；覆，再冲入开水至满，细泡出茶汤；斟，把壶中茶汤斟入杯中；敬，把盛茶汤之杯敬献给客人；饮，大家品饮茶汤，欣赏其色香味。（图 4-8、图 4-9）

冲泡清饮散茶在部分地区和民族中取代了烹煮饼茶的饮茶习俗。这就促进了炒青散茶技术的更快发展。饼茶制作尚可粗放些，而散茶的制作技术则要求精细，由此发展起近代的制茶传统技艺。

二、制茶技艺的演进和茶叶的分类

制茶技艺是随着饮茶方式的改变而逐步发展的。原始社会时，人们从咀嚼茶树鲜叶开始，当熟食流行后，人们把茶叶当作菜肴或药材而发展出生煮羹饮，即像现在的煮菜汤一样饮食茶叶。在其中还会加入多种配料或将鲜茶叶和谷物一起煮熟，产生了苦茶或茗粥之类的食物。为了便于贮存和运输，人们将鲜茶叶制成饼，再晒干、晾干或烘干。饮用时，再掰开碾碎，制作成羹饮。这种采叶作饼应是制茶工艺的初始。至于采用的是鲜茶叶晒干后再压缩成饼团状，晾干后收藏，还是先将鲜茶叶碾碎后制成饼团状，晒干或风干后再收藏，两种方法都有可能，问题是团饼茶在储藏中，不时会出现霉变现象，这是因为鲜叶上的霉菌在晒干或风干之时是难以除掉的。

　　在制作团饼茶的工艺中，人们为了克服鲜叶具有一定韧性、硬度及发脆等影响压紧制饼等因素，又发明了将鲜叶经蒸青或略煮"捞青"等软化办法，这一工序不仅可以使茶叶软化后便于压成团或饼，而且还能杀灭部分有害菌。这种蒸青或捞青的技术是制茶技术的又一进步，在唐代被迅速推广。陆羽在《茶经》中具体记述了这种较流行的技艺："晴，采之、蒸之、捣之、拍之、焙之、穿之、封之，茶之干矣"。在晴天采摘茶叶，将摘下来的鲜叶放在甑笼里用蒸汽杀青，然后把杀青后的叶子放在石臼里捣烂。蒸青在一定程度上破坏了鲜叶中的酶活性，既保存了较多的有效成分，又阻减了霉变的发生。捣烂，可使有效成分在烹煮时较容易浸出。"拍之"是指将捣烂的茶叶制成团或饼状。"焙之"是把湿的茶胚放在烘笼一类设备上烘烤，达到初步烘干。"穿之"是在茶饼上钻一孔，并用竹条穿起。饼茶按重量分为三种，一斤重叫上穿，半斤重叫中穿，1/4斤重叫下穿。"封之"即是将饼茶封闭在"育"（一种柜）中，用低温热火再烘，使其充分干燥。实际上当时茶叶的加工方法不止这一种，故将茶叶分成粗茶、散茶、末茶、饼茶等四类。一般说来这四类茶是由鲜叶直接加工而成。有另一种解释是把饼茶碾碎，用箩分筛，筛下的是末茶，可贮藏在有盖的匣子里。筛上的就是粗茶和散茶。陆羽卒于804年，其后李肇撰编了《唐国史补》（约写于825年），书中列举了不少散茶的产地和名称，如"剑南有蒙顶不花，或小方、或散芽，号为第一"。这些散茶有的与团饼茶并列，可见不是同样的制法，可惜具体的制法没有提到。从所列的茶名来看，大部分散茶都是名茶，都是后来闻名的蒸青绿茶。由此推测，上述两种解释都有一定的依据。即当时的制茶技术不止生产团饼茶一种。

　　对于蒸青饼茶，陆羽按其外形和色泽将它分为八等，依次是：胡靴，饼面有皱缩的细褶纹。犎牛臆，饼面有整齐的粗褶纹。浮云出山，饼面有卷曲的皱纹。轻飙拂水，饼面呈微波形。澄泥，饼面平滑。雨沟，饼面光滑有沟纹。以上六种都是肥嫩、色润的优质茶。竹箨，饼面呈笋壳状，含老梗。霜荷，饼面呈凋萎的荷叶状，色泽枯干。这两种是瘦而老的次茶。

　　唐代虽有多种制法的茶，但是却以团饼茶为主，如当时作为贡茶的宜兴阳羡茶和长兴顾渚紫笋茶都是饼茶。到了宋代，制茶技术有了新的提高。首先反映在贡茶的制作上，饼茶的捣，在唐代主要用杵臼手工捣舂，到了宋代，大多数改为碾，有条件的地方使用水力带动的碾磨机械。在"拍"的工序上，宋代较唐代更为讲究，不是做成团饼即可，而是利用饼范，使饼茶小巧玲珑，面饰图文并茂。最典型的是始创于北宋太平兴国年间的龙凤茶。龙凤茶是当时的一种贡茶，宋徽宗在《大观茶论》中说："岁修建溪之贡，龙团凤饼，名冠天下。" 龙凤茶的制造代表了当时的最高工艺水平。龙凤茶皆为做成团片的茶，其饰面龙翔凤舞，栩栩如生。其制造工艺据北宋赵汝励在《北苑别录》（1186年）中记述：分蒸茶、榨茶、研茶、造茶、过黄、烘茶等工序，即挑选匀整芽茶，在清洗后进行蒸青，蒸后再用冷水冲洗，然后小榨去水，大榨去茶汁，再置于瓦盆内兑水研细，入龙凤模压缩成饼，最后将茶饼烘干、存运。龙凤茶后来又有自己的发展，欧阳修在《归田录》中写道：茶之品，莫贵于龙凤，谓之团茶，凡八饼重一斤。庆历中，蔡君谟始造小片龙茶以进，其品精绝，谓之小团，凡二十八片（块）重一斤，其价值金二两，然金可有而茶不可得。自小团茶出，龙凤茶遂为次。大观年间又创制出三色细茶（即御苑玉芽、万寿龙芽、无比寿芽）及试新銙、贡新銙，均为采摘细嫩芽叶进行制造。（图4-10）

　　在团饼茶制作技术发展的同时，散茶的制作技术也在进步。《宋史·食货志》记载："茶有两类，曰片茶，

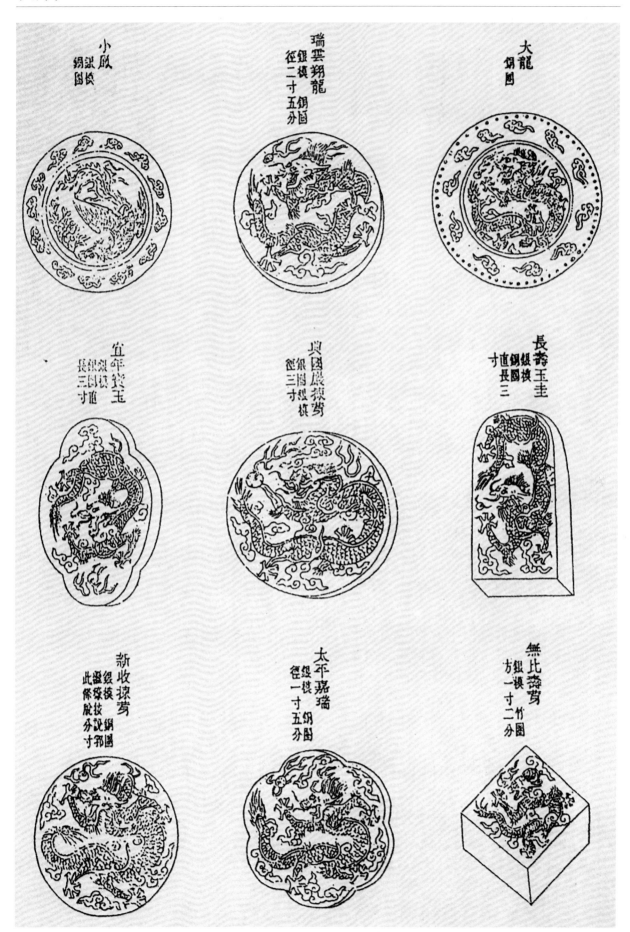

图 4—10 宋代龙凤团茶图谱

曰散茶。片茶……有龙凤、石乳、白乳之类十二等……散茶出淮南归州、江南荆湖，有龙溪、雨前、雨縠表绿茶之类十一等。"散茶虽然也是以蒸青茶为主，但是一种新技术开始在散茶制作中萌芽。唐代刘禹锡在《西山兰若试茶歌》里写道："山僧后檐茶数丛，春来映竹抽新茸，宛然为客振衣起，自傍芳丛摘鹰嘴。斯须炒成满室香，便酌砌下金沙水。……新芽连拳半未舒，自摘至煎俄顷余。"诗中"斯须炒成满室香"就明确该茶是将采下来的嫩芽叶，经过炒制而成的。"自摘至煎俄顷余"则是说这种炒制加工茶叶所花费的时间不是很长。这首诗是至今发现的关于炒青绿茶的最早文字记载，说明炒青这种新技术在唐代已出现。

宋、元时期多种制茶技艺在相应的区域获得发展。到了明代，制茶技艺的两点变化展示了技艺发展的趋向。第一点变化是制作团饼茶的地域缩小，生产散叶茶的范围扩大。在唐宋时期团饼茶的生产曾是茶叶生产的主流方式，龙凤茶制作技术的发展一度成为最受赞赏的技巧。但是在生产和饮用团饼茶的实践中，特别在多种制茶技艺的比较中，人们逐渐发现，团饼茶的制作较为耗时费工，而且水浸、榨汁都使茶叶原有的香味和口味受到一定的损害。相形之下，蒸青的茶叶，特别是散茶，其香味和原味就保存较好。于是人们就开始改蒸青团茶为蒸青叶茶。朱元璋于洪武二十四年（1391年）下诏令，废团茶兴叶茶。《明太祖实录》卷二一二记载了此诏令："庚子诏……罢造龙团，惟采茶芽以进。其品有四，曰探春、先春、次春、紫笋。"这道诏令无疑促进了由生产蒸青团饼茶向生产蒸青散叶茶的转变。第二点变化是蒸青技术向炒青技术的转变。蒸青、炒青的目的都是在高温下使鲜茶叶内大部分酶失活，除去大部分青气以利于此后的收藏保存。但是蒸青和炒青的效果却不一样。鲜叶中的青气成分的沸点在160℃左右。蒸汽杀青的温度只达100℃左右，鲜叶中的青气就不能充分挥发，虽然接近于杀透，但不能形成清香。而炒青的温度可达160℃以上，故能使鲜叶中的绝大部分青气在几分钟内挥发，残留下来的部分青气在高温的条件下转化为清香，此外稍低温的较长时间的炒烘还能促使鲜叶中的许多带香物质的形成、挥发，让人感受到它的清香。因此在实践和比较之中，炒青技术被逐步推广。明代许次纾在其所著的《茶疏》中对当时的炒茶有较详尽的描写："生茶初摘，香气未透，必借火力以发其香。然性不耐劳，炒不宜久，多取入铛，则手力不匀，久于铛中，过熟而香散矣，甚且枯焦，不尚堪烹点。炒茶之器，最嫌新铁。铁腥一入，不复有香。尤忌脂腻，害甚于铁，须预取一铛，专用炊饮，无得别作他用。炒茶之薪，仅可树枝，不用干叶。干则火力猛炽，叶则易焰易灭。铛必磨莹，旋摘旋炒。一铛之内，仅容四两，先用文火焙软，次加武火催之。手加木指，急急钞转，以半熟为度。微俟香发，是其候矣。急用小扇钞置被笼，纯棉大纸衬底燥焙，积多候冷，入瓶收藏。人力若多，数铛数笼。人力即少，仅一铛二铛，亦须四五竹笼，盖炒速而焙迟，燥湿不可相混，混则大减香力。一叶稍焦，全铛无用。然火虽忌猛，尤嫌铛冷，则枝叶不柔……"文中不仅介绍了炒青的过程，还讲述了炒茶之铁器、燃薪、火力、温度及时间等技术要素。

（图4-11）

明代关于炒茶的文献不止上述这几则，这表明炒青绿茶开始盛行。其制法的工序包括高温杀青、揉捻、复炒、烘焙至干等，形成的加工流程已十分接近现代的炒青绿茶的工艺。

在蒸青工艺向炒青工艺发展的过程中，各地的茶人根据自己的经验，特别是面对不同的茶叶资源和当地制

图4-11 《煮茶图》 （明）王问

茶的工艺传统，又创造了不少从外形到内质各具特色的炒青绿茶，如杭州的龙井茶、休宁的松萝茶、歙县的黄山云雾茶、平水的珠茶、婺州的举岩茶、六安的瓜片茶等。当绿茶炒制工艺掌握不当或茶人对其工艺进行某项改革时，茶品发生了变化，先后产生了黄茶、黑茶及白茶。黄茶的产生可能源于绿茶制作中技术掌握不当，如炒青杀青温度过低或杀青后未及时摊凉、及时揉捻，或揉捻后未及时烘干、炒干，堆积时间过长，都会使叶子变黄，茶汤呈黄色。黑茶的产生是由于杀青时叶量多，火温低，使叶色变黑，呈深褐绿色，或堆积后发酵沤成黑色。明代田艺衡在《煮泉小品》中有关当时白茶的制法是这样记载的："茶者以火作者为次，生晒者为上，亦近自然，且断烟火气耳。况作人手器不洁，火候失宜，皆能损其香色也。生晒者瀹之瓯中，则旗枪舒畅，清翠鲜明，尤为可爱。"即是说，白茶首选白叶茶，不蒸不炒，是生晒而成的。红茶则以日晒代替杀青，揉后又经一定的发酵，叶色变红而成。

从以上史实可以看出茶叶的命名和分类是依茶叶的产地和人们对茶叶的认知，特别是制茶技术的演进而决定的。同时也可看到，各地茶叶资源不同，历史文化积淀不同，制茶工艺不同，因而中国所产的茶叶品种繁多，分类较困难。目前仅依茶色来分可如表1所示，有绿茶、红茶、青茶、黄茶、白茶、黑茶等；若按制造程序来分，可分为毛茶、精茶及花香茶；若依制造发酵程度来分，如表2所示，有不发酵茶、半发酵茶、全发酵茶。发酵仅是茶叶加工中的一个环节，实际的加工技艺远比这要复杂得多。在长期的实践中，从生煮羹饮到晒干收藏，从蒸青到炒青，从团饼茶到散叶茶（再加工茶），人们已摸索出一整套因地制宜、因品牌、产品而异的制茶技艺，这就是我们通常所说的制茶的传统技艺。

表1　依茶色分类

绿茶	炒青绿茶	眉茶（炒青、特珍、珍眉、凤眉、贡熙等） 珠茶（珠茶、雨茶、秀眉等） 细嫩炒青（龙井、大方、碧螺春、龙顶茶、雨花茶、松针等）
	烘青绿茶	普通烘青（闽烘青、浙烘青、徽烘青、苏烘青等） 细嫩烘青（黄山毛峰、太平猴魁、华顶云雾、高桥银峰等）
		晒青绿茶（滇青、川青等） 蒸青绿茶（煎茶、玉露等）
红茶		小种红茶（正山小种、烟小种等） 工夫红茶（滇红、祁红、川红、闽红等） 红碎茶（叶茶、碎茶、片茶、末茶）
青茶		闽北乌龙（武夷岩茶、水仙、大红袍、肉桂等） 闽南乌龙（铁观音、奇兰、水仙、黄金桂等） 广东乌龙（凤凰单枞、凤凰水仙、岭头单枞等） 台湾乌龙（冻顶乌龙、包种、乌龙等）
白茶		白芽茶（银针等） 白叶茶（白牡丹、页眉等）
黄茶		黄芽茶（君山银针、蒙顶黄芽、鹿苑茶等） 黄小茶（北毛尖、沩山毛尖、温州黄汤等） 黄大茶（霍山黄大茶、广东大叶青等）
黑茶		湖南黑茶（安化黑茶等） 湖北老青茶（蒲圻老青茶等） 四川边茶（南路边茶、西路边茶等） 滇桂黑茶（普洱茶、六堡茶等）

表 2　依发酵程度分类

	绿茶	白茶	黄茶	青茶 （乌龙茶）	红茶	黑茶	花茶
代表作	西湖龙井、黄山毛峰、洞庭碧螺春	银针白毫、白牡丹	君山银针、鹿苑茶、蒙顶黄芽	安溪铁观音、武夷大红袍	祁门红茶、正山小种	湖南黑茶、四川边茶、普洱茶	茉莉花茶
发酵程度	不发酵	轻微发酵 5%—10%	轻度发酵 约20%	半发酵 30%—70%	全发酵 约100%	深度发酵 100%	视所用茶坯而定，大多采用绿茶

三、代表传统制茶技艺的历史名茶

当今制茶的传统技艺是从古代制茶技艺中传承下来的。而古代制茶技艺的精髓往往集中反映在一些历史名茶的制作中。所谓名茶大多是相对而言，它们要么曾是名噪一时的皇家贡品，要么这些茶品与名山、名寺、名人、名种相关联，获得了公众的赞赏。其实名茶的产生除与茶树品种、生长自然条件和生态环境及栽培技术有关外，还与茶叶的采摘、加工技术有关，从而具有独特的外形和优异的色香味品质。此外，还与一定的人文背景，文化积淀及饮茶的氛围、状况相关。因此历史上的名茶众多，达千种以上。但是能长久不衰，至今仍被人们认可的最多不过百种。许多历史名茶仅是一段时间闻名而已。（图 4-12、图 4-13）

现在人们所知的历史名茶主要是贡茶和文人雅士评述的名茶。据初步汇集，唐代的历史名茶约有 50 余种，主要分布在现浙江、江苏、安徽、湖南、湖北、四川、江西及陕西、福建等地，大多为蒸青团饼茶，少数为散茶。宋代的历史名茶增加至 90 多种，由于斗茶之风盛行，仅贡茶就有 40 多种，其中以名目翻新的龙凤茶为主体。产地除上述地区外，增加了云南的普洱茶和五果茶。茶品中仍以蒸青团饼茶为主，散茶明显增多。元代的历史名茶可能由于文献记载不多，减少至 40 余种。杭州的龙井茶已由宋代的蒸青团饼茶转变为散茶。明代从一开始，由于朱元璋的诰令"废团茶兴散茶"，蒸青和炒青的散茶渐多，历史名茶约有 50 多种。清代的名茶约有 40 余种，

图 4-12　龙井 上天竺寺前茶园

图 4-13　竹叶青茶园　四川峨眉

除传承明代的外，有不少是新创的，它们大多是炒青或烘青绿茶，一些新创的黄茶、黑茶、白茶、红茶及乌龙茶都进入名茶之列。当今保留的传统名茶都是清代的名茶。当代的名茶有数百种，主要分三部分。一部分是历史传承下来的名茶，如西湖龙井、庐山云雾茶、洞庭碧螺春、黄山毛峰、太平猴魁、信阳毛尖、六安瓜片、老竹大方、屯溪珍眉、桂平西山茶、君山银针政和白毫银针、白牡丹、苍梧六堡茶、安溪铁观音、凤凰水仙、武夷岩茶（有大红袍、铁罗汉、白鸡冠、水金龟四大名枞）、温州黄汤、祁门红茶、云南普洱茶。第二部分也属历史名茶，只是由于某种原因，一度中断生产了一段时间，后经人们的努力，又恢复了生产。如婺州（金华）举岩茶、开化龙顶、休宁松萝、顾清紫笋、蒙顶甘露、贵定云雾、敬亭绿雪、鹿苑茶、仙人掌等。第三部分是当代人们新创的名茶，如南京雨花茶、无锡毫茶、婺源茗眉、岳西翠兰、遂昌银猴、都匀毛尖、湄江翠片等。随着科技的发展及新技术的运用，新创的名茶会越来越多。本章关注的是前两部分历史名茶的传统制茶技艺。这些技艺是从古代传承下来的，至少已有百年的历史，它们凝聚了先民的智慧和技巧，有特别珍贵的文化价值。

第二节　绿茶

绿茶在我国有着悠久的生产历史，是分布最广、产量最多、品种最多的茶类。其外观造型千姿百态，香气和滋味因不同区域而各具特色，大多数用近沸之水浸泡后，清汤绿叶，看起来十分诱人，喝起来清香鲜爽。

一、绿茶制作的常规工艺

绿茶以适宜的茶树新梢为原料，不经过发酵工序，杀青后揉捻干燥，成品干茶呈绿色。将茶树的新梢嫩叶加工成茶需经过三道基本的加工工序：杀青、揉捻、干燥。杀青主要有加热杀青和蒸汽杀青两种。明代以前人们主要采用蒸汽杀青，明代以后，加热杀青盛行起来，现在主要以加热杀青为主。杀青前要经过适当摊放，蒸发少量水分。杀青顾名思义即是除去鲜叶中的青气，在底部烧热的铁锅中进行，用单手或双手迅速翻炒，抛得高，抖得散，使鲜叶内青气随水分充分蒸发。杀青更重要的目的是通过一定的高温彻底地破坏鲜叶中的酶活性。这样虽有少部分叶绿素被破坏，但大部分却保留了下来，避免了氧化，保证了绿色的特征，即干茶、茶汤、叶底都呈绿色。鲜叶在杀青中失去部分水分，就会变得柔软，以便成型。鲜叶杀青后要摊凉，让芽汁中的水分分布均匀，有利于揉捻和干燥。揉捻的目的是使茶叶形成一定的形状，同时让茶叶之汁附在叶表，待冲泡时茶汁迅速溶入水中。传统的揉捻采用手工操作，用双手握住杀青叶在篾垫上来回旋转搓揉，根据叶质的老嫩软硬决定用力的大小，一般以轻重轻、快慢快的节奏灵活掌握。适度的揉捻，叶子的成条率可达80%左右，碎茶率不超过3%。绿茶揉捻要求条索卷紧，茶汁适量挤出，既缩小体积，便于贮运，又美观而耐冲泡。有些绿茶为了获得自然形状或某种特殊的形状，不经揉捻而直接干燥。（图4-14）

干燥方法有三种：晒干、烘干、炒干。晒干最简单，但是靠天吃饭极易受气候影响，而且时间也稍长，

竹筛勃篮

箕和竹篮

盛茶筐

手工揉捻桌

篾垫

烘笼

发酵架

图 4-14　手工炒茶工具

极易影响茶叶质量。手工烘干一般采用竹制烘笼，上铺经揉捻的茶叶，下生炭火。烘时又分毛火和足火两个阶段。毛火温度高，烘烤时间短；足火温度逐渐降低，低温长烘。这样下来，茶叶的香气较好。但费工时，效力较低。现在许多茶场都采用烘干机，热空气从下而上，叶子从上而下，所受的温度先低后高，一般时间固定，只需控制好投叶量。机械烘干虽然效力高，但茶叶香气不如烘笼烘干的好。烘干的茶叫烘青绿茶。许多名茶都采用炒干的技术。少数名茶，如高级龙井采用一次炒干，多数炒青绿茶要分三次或四次炒干。长炒青一般把杀青作为头炒青，第一次炒干称作炒二青，第二次炒干称作炒三青，最后一次炒干叫辉干。

　　炒二青时，因为经揉捻的叶子水分含量仍高（约 60%），故下锅时温度较高，迅速翻炒，抛得高，抖得散，使水分尽快散发；若温度过低，或翻炒不快，就会造成叶汁粘黏在锅上，形成锅巴，影响茶叶质量。炒二青到叶子不粘手，并略有刺手感为适度，此时叶子的水分含量已降到 40% 左右。

　　炒三青是烘干过程中叶子进一步卷紧条索的关键工序，同时还要顾及蒸发水分和发展香气，技术要求较高。首先投叶量不宜太多，以免因含水量高而粘锅。根据情况随投随炒，一定要保持正常翻炒。其次要注意防范因条索不紧而在急火炒干中断碎，即一定要掌握好火候。最后是文火慢炒，但不能炒得太干，太

图 4-15　绿茶　眉茶　　　　　　　　图 4-16　绿茶　珠茶　　　　　　　　图 4-17　绿茶　龙井茶

干时易碎。据经验，大部分碎片末茶都是在叶子含水量低于 10% 以下时产生的。所以炒三青到含水量 15% 左右就可以结束。摊凉后再进行辉干。辉干实际上就是叶子在温度不高的设备中烘干，直到条索紧结、表面光润，辉自起霜，手捻成末，茶叶足干即好。

晒青绿茶制作一般较粗放，大部分在产区就地消费。烘青绿茶分两类：一类其原料采自特别细嫩的芽叶，烘出来的茶称毛峰。另一类普通烘青绿茶，精制后直接供给消费者的叫素烘青，大部分普通烘青绿茶留作窨制花茶，故称作花坯或茶坯。由于炒青绿茶在炒制中可设法将叶子塑造成不同形状，故有多种花式名目。在炒干时压成扁条形的，有龙井、旗枪、大方等。在揉捻成条索基础上，炒干时进一步卷紧的，有条索细紧的眉茶、颗粒圆结的珠茶、螺旋形的碧螺春、针形的雨花茶等。（图 4-15—图 4-17）

二、西湖龙井茶

西湖龙井茶因产于杭州西湖山区的龙井茶区而得名。它的主要产区在杭州市西部的狮峰山、梅家坞、翁家山、云栖、虎跑、灵隐等区域。（图 4-18、图 4-19）这一带林木繁茂，翠竹婆娑，气候温和，雨量充

图 4-18　龙井　狮峰山下胡公庙前十八棵御茶树

图 4-19　龙井茶园

沛，尤其是春季，更是细雨蒙蒙，溪涧常流，为茶树的生长创造了一个得天独厚的生态环境。此处产茶历史悠久，在 1200 多年前的唐代，陆羽的《茶经》就记载了杭州天竺、灵隐两寺出名茶。到了宋代，下天竺香林洞所产的香林茶、宝云洞所产的宝云茶和天竺白云峰所产的白云茶，因其品质优美，已成朝廷的重要贡品。宋代大文豪苏轼曾写诗赞美过一芽二叶（旗）的白云茶："白云峰下两旗新，腻绿长鲜谷雨春。"当时的茶树种在向阳的山坡上，必须在谷雨前采摘，故说谷雨春。当时制造的应是蒸青团饼茶，饮用方式是烹煮。传说在明代正德年间（1506—1521 年），人们在狮子峰下的延恩衍庆寺旁掘井抗旱，在龙泓泉底挖出一个形似游龙的大石头，于是将龙泓泉改名为龙井泉。衍庆寺也改名为龙井寺。此寺以茶兴佛，热闹非凡。田艺衡在《煮泉小品》中说："武林诸泉，唯龙泓入品，而茶亦以龙泓为最。其上有老龙泓，寒碧

图 4-20　龙井茶树

图 4-21　龙井茶手工加工工艺

倍之，其地产茶，为南山绝。"在明代，龙井茶的制法由蒸青团茶改为炒青。明代屠隆在《茶说》（1590年）中说："龙井，山中近有一二家炒法甚精。近有山僧焙青亦炒。"他写诗赞美道："采取龙井茶，还烹龙井水，一杯入口宿醒解，耳畔飒飒来松风。"屠隆的著说已指明当时的龙井茶已采用炒焙结合，

饮用方法也是杯子冲泡而不再是烹煮了。许次纾在《茶疏》（1597年）中写道："钱塘之龙井，香气浓郁，并可雁行，与岕颉颃。"文中"雁行"是描写一芽二叶嫩梢，冲泡后像雁那样整齐地头向下飞行。"岕"是指当时产在浙江长兴一带最著名的贡茶。"颉颃"即是不相上下的意思。到了清代，康熙皇帝在西湖孤山建行宫，把龙井茶列为贡茶，并常饮用。乾隆皇帝六下江南，多次到杭州天竺、龙井、云栖等地视察，观看茶农采茶制茶，品尝后赞口不绝，并敕封狮峰山下胡公庙前的十八棵茶蓬为御茶。据传乾隆把鲜叶夹在书里放在怀中，回宫后取出，已压成扁形，芳香异常。后降旨进贡此茶。从此龙井茶的名气更大了，茶农也特意将采下来的鲜叶晒一晒，再炒制成扁条形，遂成就了龙井茶的造型特色。（图 4-20、图 4-21）

备受赞誉的茶叶，促使以狮子峰为中心，直径达 3 公里的区域成为茶事兴隆的茶区，在这独特的小气候和优美自然环境中，一片片茶园朝气蓬勃地发展着。在这深厚的沙质土壤中生长着一垅垅优良的茶树，特别是此处还有与之相配的虎跑泉水、龙泓泉水、狮峰泉水等泡茶的好水。好茶必须有好水配，好水有利于茶的色香味形得以充分发挥。在风景如画的历史名城——杭州，"龙井茶，虎跑水"已成为畅游西湖美景的又一享受。

龙井茶是扁条形炒青绿茶的典范，历史上人们将它分为狮、龙、云、虎、梅五个品类，狮字号为龙井村狮子峰一带所产，龙字号为龙井、翁家山一带所产，云字号为云栖一带所产，虎字号为虎跑、四眼井一带所产，梅字号为梅家坞一带所产。20 世纪 50 年代又调整为狮、龙、梅三个品类。狮字号龙井色泽微黄，带糙米色，滋味鲜醇，香高持久；龙字号龙井芽叶肥嫩，芽锋显露，滋味浓醇；梅字号龙井外形挺秀，色泽绿翠，扁平光滑。狮、龙、梅各具特色，这样的特色是由它们的各自严格、考究的采制技艺决定的。

龙井茶的采制技艺相当考究，有着深邃的文化积淀。龙井茶区的茶树品种是经人们长期遴选、培育的优秀品种，芽叶柔嫩而细小，富含氨基酸与多种维生素。龙井茶的采摘有三大特点，概括为：早、嫩、勤。

茶农们常说：早采三天是个宝，迟采三天变成草。所以龙井茶采摘讲究以早为贵。明代田艺衡在《煮泉小品》中就说："烹煎黄金芽，不取谷后雨。"人们将清明节气前采制的龙井茶称作明前茶，质量是最好的。谷雨前采制的茶称为雨前茶，质量尚好。嫩指的是采摘的叶芽要细嫩、完整。人们称只有一个嫩芽的为"莲心"；一芽一叶，芽似枪，叶似旗，称为"旗枪"；一芽二叶初展的，叶形卷如雀舌，称作"雀舌"。通常制造1千克特级龙井茶，需要采摘7—8万个细嫩芽叶，其采摘的芽叶必须是完整的一芽一叶，芽长于叶，芽叶全长1.5厘米。"勤"是指在采摘季节，细嫩的芽叶要及时分批地采摘，按标准采大留小，一般春茶采摘前期是天天采或隔天采，中后期是隔几天必采一次，一年茶叶生产季节大约要采摘30批左右，采摘次数之多也是龙井茶所特有的。采摘也讲究技巧，采摘手势要用"提手采"，而不能用指甲刻断嫩茎，否则伤口就会变色。所以一到采茶季节，满目翠绿的茶山，只见三五成群的采茶姑娘，身挎茶篓，灵巧的双手像鸡啄米一样将细嫩的芽叶采收到茶篓里。

采回的鲜叶需在室内进行薄摊，厚度约3厘米。摊放8—10小时后，叶子失去部分水分，减重达15%—20%，鲜叶含水量以70%左右为适度。摊放的目的除了减少水分外，还在于散发青草气，减少苦涩味，增加茶香，提高鲜爽度。

经过摊放后的鲜叶要进行筛分，分成大、中、小三档分别进行炒制。不同档次的鲜叶，所需炒制的锅温、手法都不一样，这需要依炒茶师傅的经验而定。

高级龙井茶的炒制全凭炒茶师傅的一双手，在特制的铁锅中，不断地变换手法炒制而成。炒制手法有抖、搭、拓、撩、甩、抓、推、扣、压、磨等，号称"十大手法"。根据鲜叶的大小、老嫩程度和锅中茶坯的成型程度，手不离茶，茶不离锅，不断地变换手法炒制而成。在炒制中，技艺熟练的程度与否是很关键的，它决定了炒制出来的茶能否具有色香味及其程度如何。炒制是在热锅中进行的手工操作，不仅要求手能耐热，而且劳动强度很大。（图4-22、图4-23）

高级龙井茶的炒制又分青锅、回潮、辉锅三道工序。

抖

磨

甩

图4-22 老龙井加工

图4-23 老龙井加工 抹

所谓青锅，是指当锅温达到 100℃ 左右时，先涂抹少许油脂（白油）或石蜡以使锅内更加光滑，同时避免茶汁与铁锅接触而变色。然后投入 100—150 克经摊放过的鲜叶，以抓、抖的手法为主进行第一阶段炒制，青气和水蒸气迅速散发，避免了闷黄。抖后压，先快后慢，时间约 1—2 分钟。第二阶段逐渐改用搭、压、抖、甩等手法进行初步造型，时间根据青叶的含水量而定，一般是 2—3 分钟，所用压力由轻而重，以达到理直成条，压扁成型的目的。第三阶段主要采用压、抓、拓的手法，时间约为 8—9 分钟，直至炒至七八成干时起锅。从而完成了杀青和初步造型的过程。回潮即是将起锅后的叶片进行薄摊半小时。摊凉后经过筛分（即用竹筛除去头子）就可以进入辉锅工序。辉锅锅温控制在 60℃—70℃，每锅投叶 200—300 克，锅温应掌握低、高、低的原则，手法以压、拓为主，后阶段用抓，时间约 15—20 分钟。辉锅实际上是再一次炒制，目的是整形和炒干。当炒至茸毛脱落，叶片扁平光滑，茶香透出，而且折之即断时，立即起锅，再经过摊凉，簸去黄片，筛去茶末，即成龙井茶。

炒好的龙井茶很容易受潮变质，因此必须及时用纸把它包好，放到底层铺垫有块状石灰（即生石灰，能吸潮）的缸中，再加盖密封收藏。大约过半个月到一个月，若贮藏得法，龙井茶的香气会更加清香馥郁，滋味更加鲜醇爽口。优质的龙井茶如能保持干燥的贮藏，一年后仍能保持其色绿、香郁、味醇的优良品质。

龙井茶按质分类，一般的特、一、二、三级为高级龙井，四至六级为中级龙井，七级以下为低级龙井。高级龙井的色泽翠绿，外形扁平光滑，形似"碗钉"，汤色碧绿明亮，香气馥郁如兰，滋味甘醇鲜爽，一向有"色绿、香郁、味醇、形美"的四绝佳茗之美誉。

名茶需要好水配，此外还讲究科学的冲泡。一般在玻璃杯中放入适量茶叶，用 85℃ 的开水进行冲泡，1 分钟后即开盖，此时茶的芽叶一旗一枪，簇立在杯中交错相映，芽叶直立，上下浮沉，宛如青兰初绽，翠竹争艳。香郁味醇的碧绿茶汤，细品慢啜，有股香馥如兰、甘甜鲜爽的感觉沁人肺腑。

三、洞庭碧螺春茶

碧螺春茶是我国名茶之珍品之一，属炒青绿茶，以其外形卷曲如螺，色泽碧绿，采于早春而得名，又以形美、色艳、香浓、味醇而闻名中外。

碧螺春茶产于江苏吴县太湖洞庭山。洞庭山分东西两山，东山是宛如一个巨舟伸进太湖的半岛，西山是一个屹立在湖中的岛屿。两山气候温和，雨量充沛，太湖水面常是水汽升腾、雾气悠悠。这里空气湿润，土壤肥沃，质地疏松，微酸性，非常适宜茶树生长。在碧螺春的产区，茶树和桃、李、杏、梅、柿、橘、白果、石榴等果树交错种植，一排排青翠欲滴的茶蓬，像一道道绿色的屏风，一片片浓荫如伞的果树，蔽覆霜雪，掩映秋阳，构成一幅茶果树相间互影的独特风光。茶树、果树枝丫相连，根脉相通，茶吸果香，花窨茶味，碧螺春因此形成了一种花香果味齐备的特殊品味。

传说洞庭山上有个碧螺峰，石壁上生出几株野茶树，每年这里的人们都把它采来饮用。有一年，茶树长得特别好，茶叶多得连竹筐都装不完，采茶姑娘就把采下来的茶叶放在胸口的衣襟内，新鲜的嫩茶得到体温的热气，挥发出浓香，人们称它为"吓煞人香"，"吓煞人"是吴中方言，意思是非常特别。人们遂以此名为茶名。每年采茶季节，当地百姓男女长幼，务必沐浴更衣，全家出动，一起采茶，采摘的茶叶，悉置怀中。有一个叫朱元正的人，从中悟出了制茶的技艺，他采制的茶叶卖价很高。后来康熙皇帝南巡苏州，住太湖边，苏州官员以此茶进献，康熙嫌这名字不太雅，便赐题"碧螺春"。从此碧螺春名声大震，流传至今。清乾隆年间王应奎在《柳南续笔》中记载了此事。根据文献考证可以认为碧螺春茶始于明朝，到清朝时已是闻名遐迩了。

碧螺春的采摘也有三大特点：一是摘得早，二是采得嫩，三是拣得净。每年春分前后开采，谷雨前后结束，以春分至清明前采制的茶（明前茶）最为名贵。明前茶通常一芽一叶初展，芽长1.6—2.0厘米，叶形卷如雀舌，炒制1斤高级碧螺春约需采6.8—7.4万颗芽头，历史上曾有1斤干茶达9万颗左右芽头的记录。

采回的芽叶必须进行及时的精心拣剔，剔除鱼叶和不达标的芽叶，以保持芽叶的整齐匀称。芽叶剔除的过程就是鲜叶摊放的过程，摊放中在除去青气后，用湿布盖住，以免水分蒸发太快，影响质量，还可促使芽叶的轻度氧化，有利于品质的形成。一般的工作时间是这样安排的：早上5—9点采，上午9点至下午3点拣剔，下午3点至晚上炒制。通常拣剔1千克芽叶需2—4个小时。当天采摘，当天炒制，不炒隔夜茶。

炒制碧螺春有以下特点：手不离茶，茶不离锅，揉中带炒，炒中有揉，炒揉结合，连续操作，一锅到底，起锅即成。这不仅要求炒茶师傅有高超的技艺，而且也要有良好的体魄。

碧螺春炒制的主要工序为：杀青、揉捻、搓团显毫、烘干。（图4-24）

杀青：在平锅或斜锅中进行，当锅温达190℃—200℃时，投芽叶1斤左右。鲜叶下锅后，用单手将叶子沿锅壁旋转一周，捞起叶子，出锅抖散，使水蒸气散发，随后以抖为主，继续翻炒，做到捞净、抖散、杀匀、杀透、无红梗红叶、无烟焦叶，此时叶质变软，青气基本消失，叶色较暗，需时3—5分钟。杀青过程应注意叶子沿壁旋转的方向要始终一致，这样有利于卷曲成型。

揉捻：叶不出锅，仍在平锅或斜锅中进行，锅温降至70℃—75℃，采用单手五指分开，拢住叶子沿锅壁旋转摩擦，每旋转二三周要及时分块抖散，即抖、炒、揉三种手法交替进行，边抖边炒边揉，随着芽叶的水分减少，条索逐渐形成。炒时手握茶叶松紧应适度，太松不利紧条，太紧茶汁溢出，易在锅面上结"锅巴"，

高温杀青

热揉成形

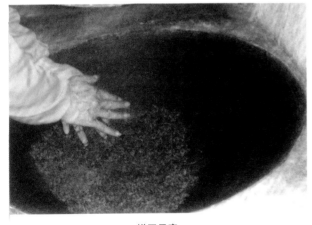

搓团显毫

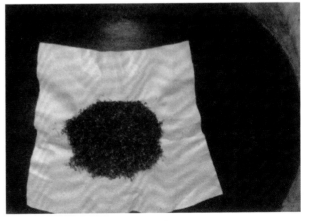

文火干燥

图4-24 碧螺春加工

产生焦烟味，并使茶叶色泽发黑，条索断碎，茸毛脆落。当茶叶达到有六七成干时，历时约 10 分钟。这时宜降低锅温，准备转入搓团显毫工序。揉捻共需 12—15 分钟左右。

搓团显毫：这是一道关键的工序，使芽叶形成形状卷曲似螺、茸毫满披的状况就在此时。它要求锅温达 70℃ 左右，边炒边用双手用力地将全部茶叶揉搓成数个小团，不时抖散。搓的方法是把叶子拢在两手心中，五指稍稍并拢，始终向同方向轻轻搓团，搓转四五次成一团，再搓一团，两团搓好后再抖散。反复多次，搓至条形卷曲，茸毫显露。直至芽叶达到八成干左右，可以转入下道工序。搓团显毫历时 13—15 分钟。

烘干：对初步形成外形似螺、初步显毫的芽叶开始采用轻搓、轻炒的手法，以达到固定形状、进一步显毫和蒸发水分的目的。当达到九成干时，可以起锅将茶叶摊放在桑皮纸上，连纸放在锅上文火烘至足干。这时锅温稳定在 40℃ 左右，足干的茶叶含水量在 7% 左右。这一过程约需 6—8 分钟。（图 4-25）

采来的新茶

炒茶过程

图 4-25　手工炒茶　洞庭湖碧螺春

碧螺春的品质特点是条索纤细，卷曲成螺，满身披毫，银白隐翠，香气浓郁，滋味鲜醇甘厚，汤色碧绿清澈，叶底嫩绿明亮，有"一嫩（芽叶）三鲜（色、香、味）"之称。当地茶农对其的描述为："铜丝条，螺旋形，浑身毛，花香果味，鲜爽生津。"碧螺春分为 7 级，随着芽叶增大，茸毛减少而从 1 级降至 7 级。在炒制中，又随着级别的降低，锅温升高，投叶量增多，做形用力较重。

品尝碧螺春，宜用 70℃—80℃ 的水冲泡，在玻璃杯中可见"白云翻滚，雪花飞舞"之状，闻到清香袭人。饮时则感到头酌色淡、幽香、鲜雅，二酌翠绿、芬芳、味醇，三酌碧清、香郁、回甘。

碧螺春的贮藏方法十分讲究。传统的方法是纸包茶叶，袋装生石灰，茶、灰间隔放置缸中，缸中加盖密封。现代普通的方法是采用三层塑料袋保鲜包装，分层扎紧，放在 10℃ 以下冷藏，久贮年余，其色、香、味犹存，鲜醇爽口。

四、黄山毛峰茶

黄山毛峰茶是烘青绿茶中的珍品，产于我国著名的旅游胜地黄山。黄山位于安徽省的南部，群山延绵，山高谷深，峭壁连云，悬崖摩天，瀑布泉水，点缀其间，以"巍峨高耸的奇峰，苍劲多姿的古松，清澈凉爽的山泉，波涛起伏的云海"的绝美景色闻名于中外。优越的地理环境，土层深厚，质地疏松，透水性好，气候温和，雨量充沛，加上常年缥缈的云雾，非常适宜茶树的生产。盛产黄山毛峰的茶园大都处于海拔 700—800 米山间荫蔽高湿的自然环境中，茶树包裹在云雾之中，不受寒风烈日的侵扰，却受周围遍野的草绿花香的熏染，使茶叶更具一种特有的品质。

据《徽州府志》记载："黄山产茶始于宋之嘉祐，兴于明之隆庆。"许次纾的《茶疏》认为它的品质"可与虎丘、龙井、蚧茶雁行"。雁行即齐头并进的意思。据清代的《黄山志》记载："莲花庵旁就有石隙养茶，多轻香，冷韵袭人断腭，谓之黄山云雾。……云雾茶，山僧就石隙微土间养之，微香冷韵，远胜匡庐。"据考证，黄山云雾即为黄山毛峰的前身。又清代江澄云在《素壶便录》中记载："黄山有云雾茶，产高山绝顶，烟云荡漾，雾露滋培，其柯有历百年者，气息恬雅，芳香扑鼻，绝无俗味，当为茶品中第一。又有一种翠雨茶，亦产黄山，托根幽壑，色较绿，味较浓，香气比云雾稍减，亦轶出松萝一头。"可见黄山云雾茶在当时已备受赞赏。

传承黄山云雾茶的后者就是黄山毛峰茶。根据《徽州商会资料》记载，它是清代光绪年间由谢裕泰茶庄所创制。该茶庄为歙县漕溪人谢静和创立，他不仅经营茶庄，而且精通制茶技术。从1875年起，每年清明时节，他亲自到黄山汤口、充川等地，登高山名园，组织人力采摘茶树肥嫩芽尖，再经精细炒焙，制成风味俱佳的优质茶，标名"黄山毛峰"，打入市场，远销东北、华北。从此，黄山毛峰名扬四方。

黄山毛峰按品质分为特级和一、二、三级。特级黄山毛峰又分上、中、下三等。1—3级各分两等。三级以下则是歙县烘青。好茶贵在及时采，特级黄山毛峰都是在清明前后采制，采摘标准为一芽一叶初展的芽叶，一般选用芽头壮实茸毛多的制高档茶。1—3级黄山毛峰在谷雨前后采制，采摘标准为一芽一叶，一芽二叶初展，一芽二叶，一芽三叶初展。鲜叶进厂后，先进行拣别，剔除冻伤叶和曾为病虫所害之叶，也拣出不合标准要求的叶及梗和茶果。保证芽叶质量匀净，然后将不同嫩度的鲜叶分开摊放，散失部分青气和水分。为了保鲜保质，一般要求上午采下午制，下午采当晚制。

黄山毛峰的制造工艺分杀青、揉捻、烘焙三道工序。

杀青一般采用直径约50厘米的桶锅，锅温要先高后低，约在150℃—130℃之间。每锅投叶量，特级200—250克，一级以下可增至500—700克。鲜叶下锅后，听到炒芝麻声响即可以认为温度适中。单手翻炒，手要轻，翻炒要快（大约每分钟50—60次），扬得要高（叶子离开灶面20厘米左右），撒得要开，捞得要净。杀青程度要求适当偏老，即使芽叶变得质地柔软，表面失去光泽，青气除去，茶香显露即可。

揉捻根据要求稍有不同。特级和一级原料的芽叶，在杀青达到适度时，继续在锅内抓带几下，起着轻揉和理条的作用。二、三级原料的芽叶在杀青起锅后，及时散去热气，轻揉1—2分钟，使之稍卷曲或成条即可。揉捻时速度宜慢，压力宜轻，边揉边抖，以保持芽叶的完整，白毫显露，色泽绿润。

烘焙分毛火和老火。毛火俗称子烘，也有的称其为初烘。老火又称为足烘。子烘时每只杀青锅配四只烘笼，火温先高后低，第一只烘笼烧明炭火，烘顶温度在90℃以上，以下三只烘笼的顶温分别为80℃、70℃、60℃左右，边烘边翻，顺次移动烘顶，采用流水作业。即将第一锅杀青叶放在第一只烘笼上烘，等到第二锅杀青适度时，将第一只烘笼上的茶叶移至第二只烘笼之上，再将第二锅杀青叶放在第一只烘笼上，依此类推。最后使第四只烘笼上的茶叶含水率在15%左右。子烘过程翻叶要勤，摊叶要匀，操作要轻，火温要稳。

子烘结束后，茶叶放在簸箕中摊凉30分钟，以促使叶内水分重新分布均匀。待经子烘的茶叶已积到8—10烘时，可将它们合为一烘，进行老火，即足烘。足烘的温度在60℃左右，文火慢烘，直至足干。在拣剔去杂后，再复火一次，温度约70℃，促进茶香透发，趁热装入铁筒密封，贮存待运。（图4-26）

黄山毛峰烘制工艺虽较简单，但要求高温杀青，杀透杀匀。子烘温度先高后低，足烘则低温长烘，为香味的形成打下基础。在最后的复火时，温度又

图4-26　烘茶　黄山毛峰

略有提高，并趁热装筒，当人们开启茶筒时，黄山毛峰的浓郁香味就可充分展示。

特级黄山毛峰堪称我国毛峰之极品，其条索细扁，翠绿中略泛微黄，色泽油润光亮，尖芽紧偎叶中，形状好似雀舌，带有金黄色鱼叶，俗称其为茶笋或金片，这是区别于其他毛峰的显著特征之一。（图4-27）此外茶芽肥壮、匀齐，白毫显露，色似象牙；冲泡水的温度以90℃为宜，冲泡后香气清鲜，馥郁酷似白兰；汤色清澈明亮带杏黄色，叶底嫩黄肥壮，匀亮成朵；品饮时感觉滋味鲜浓、醇厚，回味甘甜，可用"香高味醇，汤清色润"八个字来形容。一般

图 4-27　黄山毛峰

黄山毛峰可续水冲泡 2—3 次，而优质的黄山毛峰，冲泡 5—6 次依然余香犹存，沁人心肺。

五、开化龙顶茶

开化龙顶茶属于烘炒制嫩绿茶，在工艺上与黄山毛峰相近，是历史文化名茶。

开化龙顶茶产于浙江省衢州市开化县。开化县位于浙江省西部，浙、皖、赣三省交界处，是个山区县，素有"九山半水半分田"之称。钱塘江的源头就在此县。该县位于温暖湿润的亚热带季风区，年平均气温为 16.3℃，年平均降水量为 1990 毫米，雨量充沛。年平均日照时数约 1785.2 小时。由于属于南岭山系的天目山数条山脉分布在县境内四周，可以说是四周峰峦环列，形成一个四周高、中间低的盘形地貌，再加上地势西北高、东南低，中部盆地自北向南由山区向丘陵过渡。境内海拔过千米的山峰有 46 座，最高峰为白石尖，海拔达 1453.7 米，东南部的华埠镇下界首为海拔最低处，仅 90 米，西北部的山峰大多在海拔 1100—1300 米之间，这种独特的地貌就促成了全境有个特别的小气候环境，日夜温差大，平均相对湿度高达 81%，积温高，无霜期长，雾日达 80 天以上，可以说接近于终年云雾缭绕。当地人是这样描述的："晴日遍地雾，阴雨满山云。"这种气候特别适合茶树生长，正应了"高山云雾出好茶"的俗话。

在开化县，海拔 650 米以下的丘陵地带分布的主要是红壤，面积约有 239.7 万亩。海拔在 650 米以上的山区主要是黄壤，面积约有 23.7 万亩，无论是红壤还是黄壤，都是偏酸性土质，适宜茶树生长。开化全境可谓处处有山，山山有茶，千峰万壑，层峦叠翠，林木森蔚，艳花遍地，幽兰吐香，空气清新。茶树在这种没有污染的优越环境中生长，促使茶叶具有了兰香和板栗香也是很自然的。开化县西接江西婺源的绿茶区，实际上处在中国绿茶的"金三角"地区，茶农之间的交往，制茶技艺之间的交流都能促进制茶技艺的进步，保障茶叶有较高的品味。

开化在历史上就是一个著名的产茶区。明代崇祯四年（1631 年），开化的芽茶已被列为贡品，崇祯时《开化县志》中就有"上贡芽茶四斤"和"茶出金村者，品不在天池下"的记载。到了清代嘉庆年间，"茶靛两项之利，约当杉木之利"，意思是山农从制茶和生产靛蓝（染料）所获的收益已与卖杉木所获相当，可见茶业生产已有一定规模。自道光初年起，开化已成为当时国内眉茶的主要产区。据光绪二十四（1898 年）版的《开化县志》记载，芽茶进贡时，"黄绢袋袱旗号篓"限时进贡。清末民初，开化茶叶生产进入一个兴盛时期，当时在华埠、马金、苏庄有 20 余家茶号，仅桐村的载开顺茶号在 1929 年就收茶 55 余吨，运往杭州、上海，部分供洋行出口。龙顶茶的冠名也在这个时期叫开。据传，当时开化恒兴祥茶号的店主

张瑞荣（1851—1914 年）采茶季节带着茶工爬上海拔 800 米的大龙山，在龙顶潭旁采制芽茶，然后用锡罐包装，作为贡品进奉皇宫。由此人们称开化芽茶为开化龙顶茶。据民国 38 年（1949 年）的《开化县志稿》记载："茶四乡多产之，西北乡产者佳，其谷雨以前采摘者曰雨前。"由于开化是半山区，茶叶在该地经济中已占据重要地位。

抗日战争时期，茶号大多倒闭，茶叶生产转以家庭为主，传统的手工制茶技艺散落在民间。直到 20 世纪 50 年代，茶叶的规模生产逐渐恢复。1958 年毕业于浙江农业大学茶叶系的周光霖分配至开化县，他在推广茶叶科技的同时，率领三名助手深入农村发掘收集保存在民间的龙顶茶制作技艺，又上大龙山，在龙顶潭旁摸索并恢复了龙顶茶的手工制作工艺。又经过了八年的努力，从理论上和实践中整理出了一套龙顶茶的手工制作工序标准，传承和发展了开化龙顶茶的手工制作工艺。龙顶茶在 1982 年荣获"浙江名茶"称号，1985 年进入全国名茶的行列。此后开化龙顶茶先后获得省部级以上各类荣誉 86 项，开化成为浙江绿茶的重要基地，开化龙顶茶成为许多人喜爱的历史文化名茶。

图 4-28　笔者在浙江开化龙顶茶茶园考察

图 4-29　开化龙顶茶场

2009 年 9 月 12 日笔者在衢州市文化局陈玉英陪同下，专程造访了开化龙顶茶的生产基地，并会见了开化龙顶茶传统技艺的代表性传承人周光霖。72 岁的周老先生至今仍奔忙于茶区，指导开化龙顶

图 4-30　开化龙顶茶的形态

茶制作工艺的传承。周老先生热情地接待了我们，详细地讲叙了经他整理的开化龙顶茶的制作技艺。（图 4-28—图 4-30）

开化龙顶茶的制作技艺是当地茶农在长期制茶实践中的智慧结晶。从选料开始，整个制作过程既讲程序，又有严格的技术要求。有的工序，例如关键的炒烘技术，制茶师傅只能根据当时天气的湿度和烘锅的温度凭手感才能炒出好茶。

开化龙顶茶生产工序大体有以下七个步骤（图 4-31—图 4-35）：

（1）采摘标准：鲜叶主要采自福鼎大白、翠峰和当地鸠坑等无性系良种茶树，上品茶则要采高山云雾茶青。茶园要求环境绝对没有污染。清明前后，选择粗壮的芽叶，采摘一芽一叶，芽长于叶，芽长在 3 厘米以下。1 千克约有芽头 8 万个左右。

（2）适度摊放：采回的鲜叶放在室内通风之处，在清洁、干燥的篾垫上薄摊，至叶片发软，芽叶舒展，散发出鲜叶的清香。这道工序是许多茶在制作中易被忽视的环节，实际上很重要。一是在薄摊中不能叶芽互叠；二是用于鲜叶薄摊的篾垫必须干燥，篾垫还要放在架子上；三是摊放时间要根据当时的温度、湿度

图 4-31 开化龙顶茶 小锅杀青

图 4-32 开化龙顶茶 轻揉搓条

图 4-34 开化龙顶茶 适度摊放

图 4-33 开化龙顶茶 整形提毫

等环境条件科学掌握，时间过长或过短，皆影响茶质。

（3）小锅杀青：要求锅温由高至低，当锅温达到 150℃ 左右时，投入约 250 克的鲜叶。炒茶的操作要求是轻、快、净、散，即手势轻、动作快、捞得净、抖得散。待水分大量散发后，锅温降低到 90℃—100℃，此时叶色应转暗绿，叶质柔软，略卷成条，折梗不断，青气消失，失重约 30%，即可起锅。

图 4-35 开化龙顶茶 低温焙干

（4）轻揉搓条：杀青后的茶坯倒入篾匾内，稍加放凉后即可进行轻揉搓条。在匾内左手握茶，右手大拇指分开推左手，让茶叶在左手中笔直滚动。左手的握，右手的推，力度要适当、均匀。如此反复轻揉，中途解块，待有茶汁揉出、芽叶成条即可。

（5）初烘勤翻：初烘在竹制烘笼中进行。将经揉捻过的茶坯均匀地摊在烘笼上。摊叶要注意薄，烘焙中要勤翻、轻翻、快烘。勤翻、轻翻、快烘的目的不仅是使茶坯受热均匀，继续失去水分，而且还不应粘连成团。当初烘叶紧握不成团，松手即散开，就可下烘摊凉，此时的茶坯应失水达六成左右。

（6）整形提毫：理条整形对于茶叶的观赏特征的形成至关重要。开化龙顶茶的整形提毫基本上在炒锅中用手工操作。理条整形时，大拇指分开，四指并拢伸直，将锅底茶坯抓起向锅边炒，使茶叶沿锅在手中滚动，同时从手掌两边缝隙中自然滚出落在锅中，并不断从锅底抓起落叶，如此反复炒制，使手中茶叶直而整齐，达到理条整形的目的。

（7）低温焙干：烘焙在烘笼上进行。将已经整形的茶坯放在烘盘上，用文火慢烘，笼温先高后低，从80℃—60℃适时翻烘，翻烘时要轻拿轻放，保证条索完整，烘至能捏茶呈末，即达到九成干。这时茶香扑鼻，即可起笼贮藏。

上述七道工序传统上都是手工操作，因而它所使用的工具有炒锅、竹匾、烘笼、竹箩及木炭等常见的农家器具和材料。炒锅一定用铁锅，尺寸根据需要来掌握。铁锅要求光滑，特别是每年春天采茶制茶前需将其磨光擦净。一般铁锅还要轻薄，这样传热快，退热也快。杀青、初理、复理全在铁锅中进行。竹匾由毛竹编成，呈圆形或椭圆形，用于堆放茶青或干茶用。烘笼也用毛竹编成，分笼座和笼盘，盘放在座上。笼座中堆放着燃着的炭火，笼盘上放着需初烘或烘干的茶坯。竹箩是用来装干茶用的。木炭最好采用由硬杂木烧成的白炭，它色白、火旺、耐烧，不冒黑烟。

开化龙顶茶属于条形细嫩烘青绿茶，与黄山毛峰同属一类，它外形竖直挺秀，色泽翠绿，冲泡后能闻到馥郁持久兰花香和板栗香，喝入口滋味鲜醇爽口，回味甘甜，看杯子汤色杏绿，清澈明亮，叶片肥嫩匀齐。特别是泡后的茶叶在透明的杯子里不仅色泽很好，而且根根茶芽直竖在杯底，像一片雨后的春笋，生机勃勃，造就出一番海底森林般的壮观，极富观赏性。这种景象在其他绿茶中是少见的。产生这样的效果主要取决于轻揉搓条和整形提毫两道工序，没有熟练的技艺是很难达到的。

重视外形又兼顾内质的开化龙顶茶具有非同寻常的三绿（干茶色绿，汤水清绿，叶底鲜绿）特征，加上香高味醇、久冲耐泡的特点，在市场上深受喜爱，同时也获得专家们极高的评价。例如，1985年的全国名茶评比中，专家的评语是："条索紧结挺直，白毫披露，银绿隐翠，芽叶成朵匀齐，香气鲜嫩清幽，滋味醇鲜甘爽，汤色杏绿清澈。"

品质优异的龙顶茶与其他绿茶一样，长期饮用可以生津止渴、提神明目、清热解毒、消食清神、杀菌消炎、通便止痢、强心利尿、降血压、降血脂、降血糖、去腻肥等。当地人还用茶中的氟来防龋齿，用茶水洗烂疮疤等。总之茶被看成一种多功能饮品，是居家必备的资源。在当地还有以茶待客、以茶赐福、以茶言婚等民俗。在茶农家里，每年春节都要举办敬茶神的仪式，在祭台上要分别摆上"豆、米、茶"烧香礼拜，祈祷新年里财旺、粮足、身体好。种茶、制茶、饮茶成为当地人生活中的重要内容，由此伴生出茶诗、茶戏、茶舞及茶艺表演，极大地丰富了人们的文化生活。

开化县是个山区县，是浙江省全国林业重点县，制茶业是该县的支柱产业，从事制茶产业的人员达3.5万人。2008年开化龙顶茶的产量达到2068吨，产值占整个开化县农业产值的1/4。2001年开化县被国家列为全国生态示范县，在浙江全省率先实施钱江源森林生态保护工程，继续保持其山清水秀、没有污染的自然环境，这无疑为茶树生长创造了优异的环境。特别是在周光霖（图4-36）、洪永贵、应锡铨、王成矩、张月兰、汪樟红、郑锡良、童旗、丁观德等众多开化龙顶茶技艺传承人的带领下，不仅总结整理了开化龙顶茶的传统制作技艺，于2004年制定了地方标准《开化龙顶茶》，有力地推动了龙顶茶的生产上规模、达标准，还通过建传统手工艺制茶培训基地，让更多的茶农掌握技艺，确保开化龙顶茶的品质。

图4-36　开化龙顶茶技艺传承人周光霖

在以往春茶采摘炒制开化龙顶茶的基础上，他们又研制出夏茶、秋茶工艺，使优质的开化龙顶茶在夏秋也能盛收。传统的开化龙顶茶制作技艺在创新中得到传承和发展，让更多更好的开化龙顶茶来满足国内外市场的需求。

六、顶谷大方茶

顶谷大方茶是大方茶的上品，是产于中国绿茶"金三角"地区的又一历史文化名茶。

相传大方茶是由僧大方创制的。正德年间（1506—1521年），曾在飞布山上庵寺当住持的僧大方经昱岭关来到福泉山的福泉寺。在这里他汇集过去在虎丘等地的制茶经验，改进了福泉寺当地的制散茶方法。"用麻将铛（炒茶的铁锅）擦光净，以干松枝为薪炊热，候微炙手，将嫩茶握置铛中，札札有声，急手炒出，出之箕上，箕用细竹为之，薄摊箕内，用扇扇之，略加炒，另入文火焙干，色如翡翠。"（明代龙鹰《蒙史》）这就是僧大方改进发展的上品细嫩绿茶的制作技艺，这一技艺在当时是很先进的。稍后，僧大方应老竹岭石关僧人的邀请，到那里传授制茶技艺。僧大方的制茶技艺在当地得到进一步的传播。在当地按该技艺生产的茶叶统称为大方茶。在老竹岭炒制的茶叶习称老竹大方茶，在福泉山和老竹岭炒制的精品茶才称顶谷大方茶。

昱岭关位于安徽歙县东北部，与浙江省临安市淳安县相接。附近的老竹铺、三阳坑、金川等乡都是著名的产茶区。其中分布在金川乡的福泉山就有80公顷山地可种茶。福泉山属于白际山脉。白际山脉介于黄山与天目山脉之间，是天目山脉的延伸，有大小支脉三十余条，福泉山、飞布山皆属其支脉。白际山平均海拔有1000余米，最高峰搁船尖的海拔为1480米。处在高山峻岭的上述三个乡共有茶园1841公顷。该处属亚热带边缘，季风气候明显，气候温和，雨量充沛，四季分明，春寒多变，梅雨集中，秋伏多旱。年平均气温为16.4℃，年平均无霜期有226天，全年平均日照时数约为1963.2小时，占可照时数的44%。年平均降水量约为1477.4毫米，其中茶树开始萌动到休眠前的生长季3—10月降雨量为1239.1毫米，约占全年总降雨量的82.7%。茶园的土壤属山地黄壤，土层较厚，透水性好，富含有机质，呈酸性，适宜茶树生长。除此之外，还发现在海拔1000米以上的土壤中富含硒元素，因而大方茶叶中硒的含量达到0.3—0.5毫克/千克。硒元素可以抑制茶叶对重金属元素汞、铅、镉、铊等的吸收，还能促进对有毒农药的降解，使茶叶具有一定的抗氧化能力。据中医验方，大方茶对治疗白内障有特效，民间传闻大方茶曾治愈过乾隆帝的眼疾。

据《旧五代史》记载："乾化元年（911年）十二月，两浙进贡大方茶两万斤。"唐乾元二年（759年），置浙江东道和浙江西道，习称两浙。歙州隶属浙江西道。陆羽在其《茶经》中，也将歙州归属浙西茶区，说："宣州、杭州、睦州、歙州下（原注：宣州生宣城县雅山，与蕲州同；太平县生上睦、临睦，与黄州同；杭州临安、于潜二县生天目山，与舒州同。钱塘生天竺、灵隐二寺；睦州生桐庐县山谷；歙州生婺源山谷，与衡州同）"，可见歙州当时虽产茶，但是知名度并不高。明代弘治年间（1488—1505 年）的《徽州府志》记载的当时当地大宗茶叶品种情况如下："茶产于松萝，而松萝茶乃绝少，其名则有胜金、嫩桑、仙芝、来泉、先春、运合、华英之品，其不及号者为片茶八种。近岁茶品，细者有雀舌、莲心、金芽；次者为芽下白、为走林、为罗公；又其次者为开园、为软枝、为大方。制名号多端，皆松萝种也。"可见在当时的徽州地区，大方茶仍不在上品之列。稍后的正德年间，在僧大方改进制茶技艺之后，大方茶的品质和知名度才得以提升。

随着大方茶市场的扩大，接受大方茶的商客日愈增多。到了清代乾隆年间（1736—1795 年），歙县人鲍聚生在苏州阊门内西中市创设了鲍德润茶叶店，该店主要销售来自歙县的顶谷大方茶和老竹大方茶。大方茶以其特别的香浓持久、滋味醇厚的品味赢得市场 "吃口好"的口碑。据传乾隆南巡时曾到该茶叶店品茶，留下很好印象，为此挥毫写下了"鲍家名茶"四个字。由此，苏州府就派人到鲍德润茶叶店索纳贡茶。这一民间传说后来也进一步引申出乾隆南巡时曾到福泉山朝拜仙僧，并亲书"老竹大方"的又一故事。传说终究是民间意构的，但是从那时起大方茶成为贡茶却是千真万确的。太平天国时期，由于战乱，不仅名扬四方的大方茶在市场上境遇不佳，而且作为大方茶生产的标杆产地福泉寺、上庵寺也遭毁坏。上庵寺仅存遗址，福泉寺也只留下一个很小的庙宇。但是茶农和香客并没有忘记僧大方给他们带来的福音，每年七夕节前后都会成群集结于此，上香祭拜，以示他们对僧大方的感恩和期望来年茶叶丰收。由僧大方改进的制茶技艺从此散布于民间，成为当地茶农的传世手艺。20 世纪 50 年代以后，茶叶生产得到部分恢复，特别到了 70 年代，福泉山茶厂传承了传统的制茶技艺，生产以顶谷大方茶为龙头的扁芽形炒青细嫩绿茶，顶谷大方茶一跃而成为国家名茶之一。

顶谷大方茶必须在谷雨前采摘，采摘标准为一芽二叶初展，一斤干茶约有 3 万个芽叶。一般大方茶于谷雨至立夏之间采摘，以一芽二叶或一芽三叶为主。鲜叶加工前要进行选别和摊放。摊放可以蒸发掉部分水分。

大方茶的制作工艺主要是对细嫩芽叶的炒制，其工序有五道：杀青、揉捻、做坯、拷扁、辉锅。（图4-37）

杀青是绿茶加工的重要工序，它对其品质的形成起着决定性的作用。大方茶的鲜叶杀青是在口径约为 50 厘米的桶锅中进行。所谓桶锅即是一种锅底较深的铁锅。锅温先高后低，约 150℃—130℃，每锅投叶量 1 千克左右，翻炒要快，扬得要高，撒得要开，动作要轻，杀青程度要求稍嫩，即时间不宜过长。

揉捻也是在炒锅中进行的，手揉压力宜轻，时间很短，初步形成匀直的条索即可。

做坯继续在桶锅中进行，要求锅温在 120℃—140℃之间，每锅投叶量增至 1.5—2.0 千克。下锅后双手勤翻快抖，促使水分散失。炒到叶不粘手时，可以在锅壁上涂沫少量菜油或豆油，使锅壁光滑，然后开始拷拍。拷拍是采用双手沿着锅壁拷拍茶叶，结合整直茶条，力使其外形扁平紧直。直到水分散失至基本定型时，可以起锅摊放。摊放中茶叶会散热而叶质回软，此时可拷扁整形。

拷扁要求的锅温约为 90℃—100℃，每锅投叶约 1 千克。先在锅壁上涂点菜油或豆油，再将叶子下锅，然后用手掌带动茶坯在锅壁上下边拷边炒，拷炒之中再用手掌在锅壁上拍打茶坯，理顺茶条，直到茶坯像韭菜叶一样紧直平扁，可谓定型，即可出锅摊放。

辉锅操作与拷扁相近，辉锅的温度约 60℃—70℃。用手掌将茶坯在锅中扳烤，动作要轻，否则会造成扁平的茶片断碎。辉锅的主要目的在于边烘边促使茶叶片表面光滑。当茶叶含水量减少到 5% 左右时，茶坯即出锅冷却。冷却后要及时装罐密封贮藏。

顶谷大方茶在加工中，经过手力拷扁（亦叫针片），在工艺上接近龙井茶，在形状上也像龙井，但较粗大，

图4-37　顶谷大方茶的制作

茶叶因卷成条索而后拷扁，故不像龙井那样薄而平直，色又比龙井油褐。由此可以推测，大方茶与龙井茶在工艺上可能存在某种联系或互促的渊源。

大方茶的产区集中在歙县东北部昱岭关附近，虽然范围不大，但是产量颇丰。成品大方茶分特级及1—6级12等，其中顶谷大方茶为极品名茶。大方茶品质特征为外形扁平匀齐，挺秀光滑，翠绿微黄，色泽稍暗，满披金毫而隐伏不露；汤色清澈略黄，香气高长，有板栗香，滋味醇厚爽口，芽叶肥壮。普通大方茶一般色泽深绿褐润，似铸铁，形如竹叶，故称"铁色大方"或"竹叶大方"，俗称"竹铺大方"。

由于大方茶本身茶质好，加上吸香能力较强，人们常用它精制加工窨制成"花大方"，例如"茉莉大方""珠兰大方"。这些花大方颇有特色，不仅花香鲜浓突出，而且茶味醇厚不减，因此花大方在市场上很受欢迎。大方茶不仅色香味形俱佳，而且还因富含硒而具有一定的营养价值和药用价值。长饮大方茶，能改善血液循环，防止胆固醇升高、血管硬化及心肌梗死。大方茶还具有减肥的功效。总之，大方茶是一种名副其实的保健饮品。

种茶、制茶、卖茶、饮茶的长期活动在歙县当地形成了颇具特色的茶文化。每年的七夕节前后，都会有成千上万的香客来到福泉寺参与盛大庙会，在纪念大方仙僧的同时，举行茶禅，品尝新茶。茶禅仪式的基本程序有：①礼佛——焚香合掌；②调息——达摩面壁；③煮水——丹霞烧佛；④候汤——法海听潮；⑤洗杯——法轮常转；⑥烫壶——香汤浴沸；⑦赏茶——佛祖拈花；⑧投茶——菩萨入狱；⑨冲水——漫天法雨；⑩洗茶——万流归宗；⑪泡茶——涵盖乾坤；⑫分茶——偃溪水声；⑬敬茶——普度众生；⑭闻香——五气朝元；⑮观色——曹溪观水；⑯品茶——随波逐流；⑰回味——圆通妙觉；⑱谢茶——再吃茶去。人们将茶艺与佛事联系起来，希望通过茶与佛实现沟通，达到祈福扬善的目的。

第三节　白茶、黄茶

一、白茶

白茶属轻微发酵茶，发酵程度在 5%—10% 之间。其品质的主要特点是其干茶外表满披白色茸毛，色白隐绿，汤色浅淡，味甘醇。其加工的工艺过程主要是晾晒和干燥。这一过程不需揉捻，也不用炒制，因而茶芽完整，冲泡之后芽叶舒展，非常美观。茶叶轻微的发酵乃是萎凋和干燥中自然发生的正常现象。

白茶是我国的特产，相对于其他茶类，产量较少，故许多人对它不太熟悉。对白茶认识的误区主要有两个方面。人们较早认识的白茶，是宋徽宗赵佶在《大观茶论》中所论述的白茶。"白茶自为一种，与常茶不同。其条敷阐，其叶莹薄。崖林之间，偶然生出，虽非人力所可致。正焙之有者不过四五家，生者不过一二株，所造止于二三胯（胯即銙，指压制饼茶的模具）而已。芽英不多，尤难蒸焙，汤火一失，则已变而为常品。须制造精微，运度得宜，则表里昭彻，如玉之在璞，它无与伦比。浅焙亦有之，但品不及。"首先赵佶作为皇帝是不可能亲自参与白茶采集和制作的，很可能是抄大臣贡茶时所上奏折中的介绍。这里的白茶被制成茶饼，显然不是今天不炒不揉制成的白茶。这是一误区。另一误区是，一些绿茶被称为白茶，最典型的例子就是安吉白茶。安吉白茶虽名为白茶，却与真正意义的白茶不同，它属于绿茶，它的加工方法与绿茶制法相似，只是制作工艺有自己的考究。称其为白茶是因为安吉白茶的茶芽、嫩叶全为玉白色和白色的缘故。

田艺衡在其所著的《煮泉小品》中写道："芽茶以火作为次，生晒者为上，亦更近自然，且断烟火气耳。况作人手器不洁，火候失宜，皆能损其香也。生晒茶瀹之瓯中，则旗枪舒畅，清翠鲜明，尤为可爱。"这表明有一批像田艺衡一样的茶客，他们认为最好的茶叶是那种生晒的、更接近自然的。这种茶叶冲泡时，叶芽完全舒张，清翠鲜明，最为可爱。这种认知恰好导致了现代意义上的白茶产生。

现代意义上的白茶类产品最早被市场认同的大概是银针白毫。银针白毫主要产地在福建北部的福鼎及政和、松溪、建阳等地。银针白毫之所以获得如此高雅的命名，主要因为其单芽遍披白毫，色白如银，纤细如针。福鼎当地流传着多则关于银针白毫的传说。其中一个故事是：很久以前，太姥山麓一带久旱无雨，瘟疫猖獗。传说在洞宫山上的龙井旁有几株仙草能治病。有兄妹三人志刚、志诚、志玉，商定去寻找这株仙草，以救乡亲。老大志刚先行，来到洞宫山下，路旁一位白发老爷爷告诫他，上山时，无论听到什么，都不要回头。当志刚爬到半山腰时，忽然听到有人喊："你怎么胆敢往上闯？"志刚吓了一跳，回头寻看，一下子就变成了一块石头停立在山腰。志刚没有回家，志诚接着去找仙草，他也经历了同样的遭遇，变成了一块石头。最后为了实现找到仙草的凤愿，妹妹志玉出发了。在洞宫山下，她也遇到了那位白发老爷爷，同样被告诫千万不要回头，不过这次老爷爷还给了她一块糍粑。当她爬到半山腰上，怪声初起，她赶紧用糍粑塞住耳朵，怪声变小不再可怕了。于是她勇敢地爬到山顶龙井旁，找到了那株仙草。看到已开花的仙草，怎样才能更好地采回去呢？志玉从小劳作家事，根据农作物生长的规律，用井水浇淋仙草，仙草逐从花开到结孢。志玉采下种子下山，回乡后，将种子播种在土壤肥沃的山坡上，长成众多的仙草，拯救了无数的乡亲。这仙草便是银针白毫。（图4-38）

图4-38 白毫银针

虽然只是一则民间传说，但披露了两个信息：一是银针白毫茶有养身治病的功效；二是银针白毫茶是由野生茶树移植栽培而来的。经后人研究，银针白毫茶性寒凉，有退热祛暑解毒之功能。饮用它确有利于健体养身，在华北地区它被视为治疗养护麻疹患者的良药。据调查，在福鼎，约在清代嘉庆初年（1796年），茶农采用当地茶树——菜茶（有性群体）的壮芽，培育创制了银针白毫。1857年，进一步成功选育繁殖出福鼎大白茶新品种茶树，此后茶农遂以福鼎大白茶的壮芽取代菜茶为原料生产银针白毫。约在1880年，政和县的茶农也仿照此法选育繁殖出政和大白茶品种茶树，1889年开始生产银针白毫。

盛产银针白毫的福鼎县太姥山麓，地处中亚热带，常年气候温和湿润，雨量充沛，土壤肥沃，非常适宜茶树生长。福鼎大白茶就是在这样的优异环境中繁殖生长起来的。福鼎西面的政和、松溪也具有相近的自然生态环境，故也能培育繁殖大白茶并生产出银针白毫茶。

银针白毫的茶芽基本上只采自福鼎大白茶和政和大白茶两个品种，因为这两种大白茶品种的茶芽硕大肥壮，数倍于当地菜茶的茶芽。因此培育好这两种大白茶树是制造银针白毫的物质基础。每年秋冬，茶农都要对茶树培根施肥，加强管理，以期翌年春能长出肥嫩的壮芽。春天一般采摘头一二轮的顶芽，这顶芽最佳，第三四轮采摘的大多是侧芽，就没有顶芽那么肥壮。台刈后萌发的新一轮春芽也很肥壮，也是制造银针白毫的理想原料。夏秋的茶芽一般较瘦小，大多达不到制造银针白毫的原料要求，故此一般不采制。

银针白毫的制造工艺大致如下：茶芽 —→ 萎凋 —→ 烘焙 —→ 筛拣 —→ 复火 —→ 装箱。

春天采摘新梢上肥壮的嫩芽，采摘标准是嫩梢上萌发的一芽一叶，用手指将真叶和负叶从茶芽上轻轻剥离。再将剥出的茶芽均匀地薄摊在水筛（一种竹编的筛子）上，切勿使其重叠，每筛约半斤。将水筛移至微弱日光下或通风的阴凉处，放在架上，不可翻动，以免茶芽受机械损伤变红，也不能直接放到地上，一般晾晒至八九成干。然后用焙笼以30℃—40℃的文火焙至足干。火温太高，则芽色焦红，香气不纯；火力不足，则芽色容易变黑。在政和，当遇上好晴天，茶农会直接用烈日代替焙笼将已摊晾至七八成干的茶芽晒至全干。一般晴天晒干约需2—3天。全干的茶芽，俗称为毛针。毛针经筛选，拣除叶片、碎片、杂质后，再用文火焙干，趁热装箱。（图4-39、图4-40）

银针白毫的成品应是芽头肥壮、遍披白毫，条索紧实、挺直，两头尖似针状，色白如银。福鼎与政和产的银针白毫略有不同，前者汤味清鲜爽口，后者汤味醇厚。银针白毫泡饮的方法与绿茶相近，但有一点特殊，往往被外行人所忽视。这就是银针白毫茶在制作中未经揉捻，茶汁不易浸出，故冲泡时间较绿茶要长。一般情况下，一小撮约3克茶叶放入无色透明玻璃杯中，冲入沸水200毫升，要待上5—6分钟后，茶芽才部分沉落杯底（绿茶不用这么长时间），部分悬浮茶汤上部。此时观看可见芽尖向上，茶芽徐徐落下，竖立在水中慢慢下沉至杯底，茶芽条条挺立，上下交错，看上去像石钟乳那样美观。约10分钟后茶汤呈杏黄色，即可取饮。正是有这一观赏特性，欧洲的茶友中，有的会在泡饮红茶时，在杯中添加几枚银针白毫，以示名贵。

银针白毫早在1891年就在福州口岸进入外销行列，20世纪初期曾是生产销售的极盛时期，30年代后因战乱影响销路，产量一度下滑到年产仅1000千克以内，成为市场上难得一见的珍品。50年代后生产和销售逐渐恢复，主要销往港澳地区。

白茶可分为白芽茶和白叶茶两类，银针白毫就是白芽茶的代表。白叶茶的典型则是白牡丹茶。白牡丹茶的外形像一朵绿叶内夹裹着银白色毫芽的花朵，特别在冲泡之后，绿叶托着嫩芽，宛若蓓蕾初开，故名白牡丹。

白牡丹茶最早出现在福建建阳水吉。1922年政和茶农仿照银针白毫的经验产制白牡丹茶。后来到了60年代，松溪也能生产白牡丹茶，故今白牡丹茶的产区已广布政和、建阳、松溪、福鼎等县。（图4-41）

加工白牡丹茶的原料依然是采自政和大白茶和福鼎大白茶茶树的芽叶，其要求是白毫显，芽叶肥嫩。传统的采摘标准是春茶嫩梢的一芽二叶，芽与二叶的长度基本相等，并要求芽和二叶都应满披白色茸毛，即俗称的"三白"。有时还采用少量水仙品种的茶树嫩芽以供拼和之用。比起银针白毫的一芽一

图4-39　银针白毫　晒青

图4-40　银针白毫　凋槽萎凋

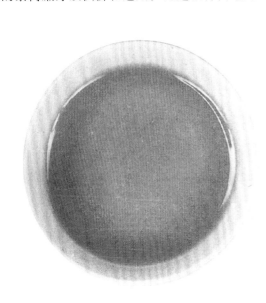

图4-41　白茶之"白牡丹"

叶，要求松宽一些，故其产量较多。与银针白毫一样，夏秋茶芽较瘦，不宜制作上品白牡丹茶。

白牡丹茶的制作工艺基本上与银针白毫一样，不需揉捻，只有萎凋和焙干两道工序，看似简单，实则不易掌握。在政和、福鼎，自然环境和气候变化都要求加工白茶极需经验。

萎凋大多以室内自然萎凋为主，这种自然萎凋的产品质量较好。大致的过程是，将采摘下来的芽叶放在通风的室内，均匀地薄摊在水筛上，水筛不是放在地上而是放在架上，以芽茶不重叠为度，当芽茶萎凋失水至七成干时，两筛并为一筛，萎凋达九成半干时下筛，置烘笼中以 90℃—100℃ 温度烘干，即为毛茶。正是这个漫长的萎凋过程中，由于芽叶水分的挥发是个渐进的过程，芽叶中的酶活性犹存，只是在慢慢地减弱，故不可避免地会在外界因素促进下出现以氧化作用为主体的发酵现象。又因为没经揉捻，茶汁没有外溢，仍包裹在叶片细胞内，这种发酵作用较轻微。这就是白茶为什么是属于轻微发酵茶类的缘由。

初制的毛茶还应经过简单的精制工艺才能贮藏包装再推向市场，所谓精制即是用手工拣出梗、片、蜡叶、红叶、暗张等，最后仍需再经过低温焙干，趁热拼和和装箱。这次的低温焙烘火候一定要适当，过高则易造成香味欠鲜爽；不足则易使成品香味平淡。

白牡丹茶的成品应是两叶抱一芽，叶态自然，色泽深灰绿或暗青苔色，叶片肥嫩，表面呈波纹隆起，叶背遍布洁白茸毛，叶缘向叶背微卷，芽叶连枝，形态特征十分明显。冲泡后汤色杏黄或橙黄，叶底浅灰，叶脉微红，汤叶鲜醇。

白牡丹茶和银针白毫一样都是福建省的特产，产地集中在闽北一带，产量有限，生产工艺虽然简单，但是操作难度相当，自然萎凋受环境、气候条件所制约，操作稍有不当，都会影响产品质量，佳品珍贵难求，20 世纪以来产品远销海内外，特别深得我国港澳和东南亚地区消费者喜爱。

二、鹿苑茶——黄茶佳品之一

鹿苑茶历史悠久，其产地位于湖北省宜昌市西北部远安县的鹿苑寺一带。建于南宋宝庆年间的鹿苑寺坐落在云门山麓，云门山之锦屏峰巍峨耸立，成为古刹之天然屏障。登上云门山，俯视群峰下的幽谷，潺潺龙泉河犹如玉带回转七曲，逶迤寺前。寺前寺后常有鹿群出没，嗷嗷而歌，故寺得名鹿苑。这里丹山碧水，兰香幽谷，清溪盘绕，云雾顶缠，风景如画，古人曾留下赞美其景色的"鹿苑八景"：

> 玉带萦回绕碧流，天开一幅锦屏幽。
> 溪边竹叶云垂幕，亭畔松萝月挂钩。
> 石柱果然千气象，华台哪复记春秋。
> 峰前座拥阿罗汉，笑向招仙日点头。

鹿苑寺风景区主要由一条长达 2.5 公里的峡谷及其周边的丘陵地形、丹霞地貌所构成。山坡峡谷中生长的兰草、山茶和四季常青的百年楠树相伴着在山脚、半山腰及石缝中的丛丛茶树。这些茶树中，有些是野生的，但更多的是寺庙里居住的和尚栽植的。采茶时节，和尚们将鲜茶叶采摘回寺，炒制成佛茶，除自用外，大多用于款待来寺的香客和附近的施主。随着香客和施主的评说，茶香味浓的鹿苑茶名声远播。当地的村民见鹿苑茶有较好的经济前景，争相引种，遂使鹿苑寺周边开辟了更多的茶园，种茶制茶成为当地的一项产业。

鹿苑茶品质优异，与茶树生长的自然环境息息相关。该地区终年气候温和，年平均气温为 15℃—16℃，无霜期为 239—242 天，年日照时长为 1878.5 小时，多为漫射光。雨量充沛，年降雨量在 1100 毫米左右。土壤为红沙石风化而成的红沙壤，肥沃疏松，pH 为 5.1，偏弱酸性，富含矿物质，非常适宜茶树生长。生长在山脚或半山腰的茶树以山精石液为养分，以兰草山茶为芳邻，叶肥芽壮，清香可人。名茶大多出自名山名寺，鹿苑茶顺应了这一规律，可谓地道的自然生态名茶。

陆羽在其所著的《茶经》"茶之出"中说："山南，以峡州上（峡州生远安、宜都、夷陵三县山谷）"，意思是在山南地区，以峡州出产的茶为上品，峡州茶主要产于远安、宜都、宜昌三县的山谷中。可见在唐代，远安就是产好茶的地方。

据清代编纂的《远安县志》记载，远安茶以鹿苑茶为绝品，鹿苑茶因产于鹿苑而得名，因其品质具有独特的风味，芬芳馥郁，滋味醇厚，被誉为湖北茶中佳品。乾隆年间被推举为贡品。相传乾隆皇帝饮用鹿苑茶后，顿觉清香扑鼻，精神倍振，饮食大增，即封鹿苑茶为"好淫茶"。意思是说，鹿苑茶的香气和神韵侵透了他的整个身心，令他心身愉悦，神清气爽。光绪九年（1883 年）高僧金田来鹿苑寺讲法，品茶后吟诗："山精石液品超群，一种馨香满面熏，不但清心明目好，参禅能伏睡魔军。"该诗称颂鹿苑茶为绝品，当时就将此诗刻于石碑，立在寺前，留传至今。由此可见鹿苑茶是历史文化名茶，又因为它与鹿苑寺密切相关，增添了茶佛一体的民俗特色。

早期的鹿苑茶应是绿茶，何时开始生产黄茶尚待探讨。据当地的民间传说：在很久以前，有一茶农正在炒茶，听说官府派人来收税，就赶紧把锅里正在炒的茶叶用包袱包好藏了起来。待官府来人走后，再拿出来继续炒。意想不到的是用包袱包过的茶叶，在炒干之后颜色变成了谷黄，香气更浓，沏泡出来的茶汤黄绿明亮，口味醇香甘凉。由此，茶农从中得到启发，这种黄茶较之绿茶别有一番品韵，同样会受茶客喜爱。于是经过多次摸索、实践，逐渐掌握了生产黄茶的关键工序：焖堆工艺。

黄茶的制作工艺是从绿茶工艺中派生出来的。其主要差异就是制取中引入了独特的焖堆工艺。下面简单地介绍一下鹿苑茶的传统制作工艺。（图 4-42、图 4-43）

图 4-42　笔者在鹿苑茶场 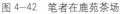　　　　　图 4-43　笔者和鹿苑茶技艺传承人合影

鹿苑茶传统制作工艺所使用的工具有：灶、圆底铁锅、竹篓、簸箕、小撮箕、小刷子、磨锅石、白布等。

灶：用土砖或火砖砌成的烟筒灶。外方内圆，高约 80 厘米，孔径在 60—80 厘米，视锅而定。

圆底铁锅：生铁锅，较一般炒菜锅大，口径约在 60—80 厘米。每年第一次炒茶前，要将铁锅洗净，并用磨锅石磨光。

竹篓：圆形或椭圆形，用来装鲜叶。

簸箕：竹制品，圆形，深 5 厘米，直径约 80 厘米，主要用于摊放茶叶。

小撮箕：竹制品，主要用来将鲜茶叶倒进锅中炒。

小刷子：俗称扫把苗子，由草木植物骨苗子的细枝制成，用来刷锅刷灶。

磨锅石：红砂石，拳头大小，用来将锅磨光。

白布：一尺见方，用来焖堆时覆盖茶胚。

烧灶的薪炭柴主要是花栎木和花栎木所烧成的木炭，以及少量的松毛。产于当地的花栎树柴，起火快、耐烧、少烟，是较好的炒茶薪柴，当地有句俗话："除了郎舅无好亲，除了栎柴无好火。"炒茶只用栎木太绝对，但是炒茶的确需要好的薪柴。木炭主要用于炒干。松毛则是用来赶火（助燃）的。

鹿苑鲜茶的最佳采摘时间为每年清明节前15天到清明节，即明前茶。茶农习惯于上午采茶，下午短茶（即将大的叶芽折短），晚上炒茶。

鲜叶采摘讲究新鲜、细嫩、纯净、匀齐。其优质的采摘标准是一芽一叶或一芽二叶，不带鱼叶、老叶、茶果等，确保鲜叶的净度。短茶一般在鲜叶摊放过程中进行，其短折标准是一芽一叶初展为宜，短折下来的单片和茶梗另行炒制。经短折好的芽叶仍需摊放2—3小时，然后进行炒制。

炒制工艺大致为五个程序：杀青→炒二青→焖堆→拣剔→炒干。与许多绿茶制造工艺不同，除焖堆外，它没有独立的揉茶工序。鹿苑茶用手做形的任务是在炒二青和炒干两工序中完成的。

杀青是炒制的第一道工序。炒茶前必须把铁炒锅洗净磨光。点火后，锅温达到160℃左右，投入鲜叶，其量为1—1.5千克，然后锅温掌握先高后低，由160℃降到140℃。炒时用手让鲜叶快抖散气，抖焖结合，时间约6分钟左右，炒至五六成干时起锅，趁热焖堆15分钟左右，然后散开摊放6分钟后，即可进入第二道工序。经过第一道工序杀青后的茶胚柔软如棉，手握成团，无青气，颜色暗绿。（图4-44、图4-45）

炒二青是第二道工序。炒二青时的锅温达到100℃左右即可。投入杀青后的坯叶1.5千克，继续抖炒散气，并借机整形搓条，这时的搓条应是轻搓、少搓，整形不是主要目的，而以防止产生黑条为要点。炒制时间大约为15分钟，茶坯达七八成干时及时出锅。摊放6分钟后再进行第三道工序。此时的茶坯有条索初形，颜色深绿，并有轻淡香气溢出。（图4-46）

焖堆是重要的第三道工序。鹿苑茶的品质特点的形成主要靠这道工序。这期间将炒二青的茶坯堆积在簸箕内，拍紧压实，上面盖上湿布。焖堆长达5—6小时，期间茶坯的颜色逐渐变黄，由于茶叶内质的发酵作用而产生更浓的香气。经过焖堆的茶胚呈谷黄色，散发出特有的清香味。（图4-47）

拣剔是第四道工序，主要是剔出扁平、团块茶和花杂叶，提高茶的净度和匀度。

炒干是炒制的最后一道工序。既是形成茶条索环状（"环子脚"）独特外形的关键工序，又是茶叶香

图4-44　鹿苑茶　杀青　　　　　　　　　　　　　　图4-45　杀青后的茶胚柔软如棉、手握成团

图 4-46 炒二青：继续抖炒散气，并借机整形搓条

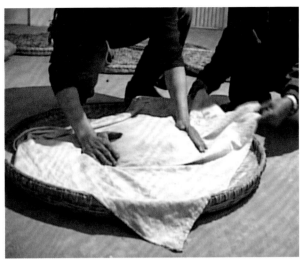

图 4-47 焖堆

味和色泽形成的关键工序。炒干的锅温要求在 80℃
左右，将经焖堆、拣剔的约 2 千克茶坯倒入锅中，
炒到茶条受热回松后，运用螺旋手法，继续搓条整形，
同时以焖炒为主，借以保持茶条"环子脚"的形成
和色泽油润。炒干大约需要 30 分钟，当茶条达到足
干后即可起锅摊凉，然后适时进行包装贮藏。成品
的鹿苑茶，色泽金黄，外形略带鱼子泡，白毫显露，
条索环状。冲泡后，清香持久，汤色黄绿明亮，叶
底嫩黄匀整，口感醇厚甘凉。（图 4-48）

一般 1 千克鲜茶叶经过上述五道工序炒制后，
能获得成品茶 0.26 千克。按过去的传统方法，成品
茶用黄草纸包裹好，储藏在陶罐中，陶罐上放几块

图 4-48 鹿苑黄茶

干木炭防潮，再密封即可。也有的茶农将茶叶放进干葫芦里，吊到火笼屋的墙壁上保存。这两种方法可保
存一二年而不改茶叶的色香味。当然，现在用塑料真空小包装加上精美外包装及放在冰箱中低温冷藏，保
存的效果也很好。

当地的茶师们将鹿苑茶的制作工艺概括成四句口诀：一要栎木柴（火好、无烟）；二要手法快（技艺娴熟）；
三要焖得好（焖出谷黄色和香味）；四要捻得开（炒好的干茶用手一捻即成粉）。由此可见，制作过程中
对火候高低的把握、炒制动作的力度频率及运动方向、焖堆时间的长短等方面都有严格的要求，茶师的经
验显然是很重要的。

在湖北远安县，"清溪寺的水，鹿苑寺的茶"已是妇孺皆知。人们对鹿苑茶的赞美是名副其实的。鹿苑茶形、
香、色、味俱佳。论形，白毫满披，条索呈环状；论香，清香扑鼻，沁人心脾；论色，色泽金黄、油润；论味，
汤色黄绿，滋味醇厚，回甘无穷，令人心旷神怡。不止于上述外观和品味上的好感，鹿苑茶也有上乘的内质。
1982 年，中国科技大学、安徽农学院茶叶系、上海工业食品研究所和商业部食品检测中心联合组织相关专
家学者对包括鹿苑茶在内的全国 27 种名茶进行科学检测，发现鹿苑茶内含的多酚类化合物、咖啡碱、水可
溶物、糖胺化合物、胡萝卜素等化学成分均居前列，并且还含有一定量的可溶性总糖和氨基酸。多酚类化
合物的含量高达 24.55%，这是决定鹿苑茶滋味和汤色的重要因素。能有这么高的含量是与鹿苑茶独特的加

工技艺密不可分的。咖啡碱能使人体的中枢神经产生兴奋和愉悦，是茶叶的重要成分。它在鹿苑茶中含量达 4.6%。水可溶物是使茶叶滋味浓郁的重要物质，其含量高达 46%。其中可溶性总糖的含量达 2.95%，这是茶味回甘清凉的重要原因。

糖胺化合物是参与茶叶香气合成的物质，其含量高达 0.78%，比绿、青、黑、白、红五大茶类都高。鹿苑茶内含氨基酸 18 种，其中对茶叶品质起重要作用的茶氨酸占整个氨基酸总量的 64.39%。鹿苑茶的含水率为 4.99%，在诸多名茶中，其含水率是比较低的。这表明鹿苑茶能在较长时间内保持其品质，利于保存储藏。总之，经过专家学者对鹿苑茶内外品质的分析鉴定，鹿苑茶作为全国名茶和黄茶类的代表就有了科学根据。

鹿苑茶作为品牌为数不多的黄茶的代表之一，其独特的工艺是当地茶农在长期制茶实践中创造的，是他们智慧的结晶，是极有价值的历史文化遗产。据调查，这一工艺主要在家庭和亲友之间传承，已长达数百年。在鹿苑村茶农中，尚在继续传承制茶技艺的家族有五个，能叫得上名字的约有四或五代，下面就是他们传承的谱系：

杨氏家族	彭氏家族	易氏家族	刘氏家族	黄氏家族
杨文贤	彭守文	易正树	刘启新	黄尚清
（生于 1886 年）	（生于 1885 年）	（生于 1884 年）	（生于 1883 年）	（生于 1869 年）
↓	↓	↓	↓	↓
杨明仁	文家顺	易平楷	刘正法	黄一炳
（生于 1909 年）	（生于 1910 年）	（生于 1915 年）	（生于 1917 年）	（生于 1891 年）
↓	↓	↓	↓	↓
杨绍槐	彭文洲	易学才	刘云照	黄光寿
（生于 1936 年）	（生于 1936 年）	（生于 1943 年）	（生于 1942 年）	（生于 1912 年）
↓	↓	↓	↓	↓
杨先政 高远兵	彭宗平	黄毅	刘孝明	张启才
（生于 1964 年）	（生于 1966 年）	（生于 1970 年）	（生于 1974 年）	（生于 1930 年）
				↓
				邓宗南
				（生于 1945 年）

其中杨先政、高远兵、彭宗平、易学才、黄毅、刘云照、刘孝明、张启才、邓宗南仍健在，他们均为当地的制茶能手。

1963 年，以鹿苑村为中心，成立了鹿苑茶科研所和国营鹿苑茶场，在邓宗南等人努力下，对制茶工艺进行了发掘和研究，使制茶工艺得以规范，确保鹿苑茶的品质有所提高。1982 年、1986 年先后两次参加商业部举办的全国名茶评比，均被评为全国名茶。1995 年 10 月，在第二届中国农业博览会上获得银奖。2002 年国营茶场和鹿苑茶科研所改制撤销，在政府引导下，民间炒茶能手以上述制茶技艺传承人为核心，组合成立了鹿苑村茶叶生产专业合作社。在新的平台上，鹿苑茶的传统制造技艺得到进一步保护、传承和发展。过去每年只能生产鹿苑茶精品 400 多千克，现在计划将鹿苑村的生产基地扩大到附近的高岩、红岩、董家、高楼等村，鹿苑茶的种植面积由现在的 400 亩发展到 2000 亩以上，特别是明确规定鹿苑茶基地只能采用传统的手工技艺炒制鹿苑茶，使精品鹿苑毛尖满足市场的需求。

第四节　乌龙茶

乌龙茶又称青茶，是半发酵茶类的总称，是我国的特产，也是中国诸大茶种中特色突出的一类。乌龙茶综合了绿茶和红茶的制作技艺，其品质也介于绿茶和红茶之间，既有绿茶的清爽芬香，又有红茶的浓醇鲜味，品尝后给人以齿颊留香、回味甘鲜的感觉。乌龙茶所具有的独特的品质特征，如 "绿叶红镶边"，就是由于它采用了别具一格的制作工艺——半发酵工艺。乌龙茶的制作工艺科学且综合地利用了绿茶不发酵和红茶全发酵的制作原理，只是轻微地擦伤叶缘组织，并要求这部分叶面细胞部分地起氧化作用，从而使其产品有独特的色香味。

一、乌龙茶的制作工艺

有关乌龙茶制作工艺的创始在民间有这样一个传说：清朝雍正年间，福建安溪县西坪乡有一位名叫苏龙的茶农，也是一位好猎手。一天他采茶至中午，突然一条山獐从身边溜过，他急忙举枪射击，击伤了山獐。山獐带伤逃向山林，他紧追不舍，终于捕获了猎物。当他把猎物背回家时，已是掌灯时分，全家人忙于宰杀和品尝，忘了将当天采摘的鲜叶杀青。第二天清晨，发现放置一夜的鲜叶已镶上了红边。没想到用这批镶了红边的鲜叶制好的茶滋味格外清香浓厚，全无往常的苦涩之味。据此苏龙潜心琢磨和反复试验，终于创制出一套新工艺，制出品质优异的新茶——乌龙茶。乌龙茶制作工艺在安溪的推广遂使安溪成为乌龙茶的主要产区。

对乌龙茶制作工艺的最早文字记载是清代王草堂的《茶说》（1717 年）。其相关内容概括如下：（1）乌龙茶的采摘分春、夏、暑、秋四季（闽北仅有春、夏、秋三季），春茶香，味佳质好；秋茶次之；夏、暑茶较差。（2）乌龙茶制作有萎凋（晒青）、摇凉青、炒青、焙茶、拣梗等主要工序。萎凋指"茶采后，以竹筐匀铺，架于风日中，名晒青"。摇凉青指"摊而摝"。摝是摇的意思。晒青、摇青、凉青也是人们所说的做青。做青的程度是"俟其青色渐收，然后再加炒焙"，即掌握"香气越发即炒，过时不及，皆不可"。"独武夷炒培兼施"，"即炒即焙"。焙后再"拣去其中老叶枝蒂，使之一色"。（3）把成品茶概括为"半青半红"，突显乌龙茶半发酵的特征。（4）指出乌龙茶工艺复杂，要心专手敏，要先后工序整体配合。王草堂关于乌龙茶制作工艺的记述与现行乌龙茶制作工艺要求基本一致，可见当时乌龙茶制作工艺已基本定型。

现在乌龙茶主要产于福建的闽北、闽南及广东、台湾，主要品种有安溪铁观音、武夷大红袍、武夷肉桂、闽北水仙、台湾冻顶乌龙茶、广东凤凰水仙等。（图 4-49）

不同产地的乌龙茶，其采制工艺在具体掌握上会有差异，但大同小异。例如在发酵程度上，台湾乌龙茶中的包种茶，做青时发酵程度较轻，红色部分占全叶面积的 20%—30%，稍带青绿。传统乌龙茶，包括武夷岩茶（大红袍、肉桂）、安溪铁观音、闽北水仙、广东凤凰水仙等发酵程度较台湾包种茶深，红色部

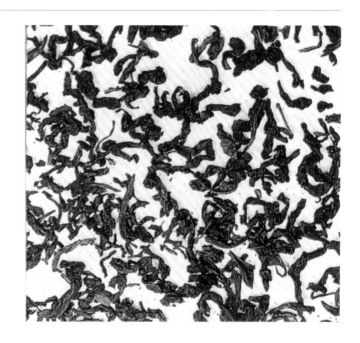

图4-49　乌龙茶"铁观音"

分占叶面的30%。台湾的乌龙茶发酵程度较重，红色部分可占叶面的70%。

乌龙茶的制作工艺大致有萎凋、做青、炒青、揉捻、干燥等工序，但是各地在具体掌握上有自己的特点。

闽南乌龙茶的初制工艺是：鲜叶──→凉青──→晒青──→摇青──→凉青──→炒青──→揉捻──→初焙──→包揉──→复焙──→复包揉──→干燥──→毛茶。

武夷岩茶的初制工艺是：鲜叶──→萎凋──→摇青（做青）──→凉青──→初炒──→初揉──→二炒──→复揉──→初焙（即毛火）──→扇簸──→摊凉──→拣剔──→复焙（即足火）──→毛茶。

台湾乌龙茶的初制工艺是：鲜叶──→日光萎凋──→室内萎凋与发酵（静置和搅拌）──→杀青──→静置闷热──→揉捻──→解块──→干燥──→毛茶。

由上可见在乌龙的制作工艺中，起着奠定乌龙茶香气和品味的关键工序是做青，它由凉青、晒青、摇青三个工序组成。下面是制作工艺中各项操作的要领。

萎凋实际上指凉青和晒青，其方法有四种。一是凉青，实际上是在室内将鲜叶摊放，并适时轻翻2—3次，让水分适当散发，叶表新鲜而无水分即可。二是晒青，它是利用日照光能使鲜叶继续失水，并促进酶的活化，除去青臭味，产生香气。晒青可与凉青结合进行，晒青时间应根据季节、气候、品种、数量等情况而定。晒至叶片失去光泽，叶色较暗，顶叶下垂，梗弯而不断，手握略有弹性为适。晒青后再进行室内摊凉。三是当碰上阴雨天，萎凋只能在室内用加温萎凋的手段。四是当代人采用人控条件萎凋。

摇青是做青的关键。将晒青后的鲜叶置于水筛工具或摇青机里，鲜叶在摇动中，叶片互相碰撞，擦伤叶缘细胞，促进酶的氧化作用，摇动后叶片由软变硬，俗称返青。经过静置一段时间后，氧化作用减慢，鲜叶逐渐膨胀，恢复弹性，又变软了，俗称返阳。经过4—5次的摇青，鲜叶在数次"动"和"静"的过程中会发生一系列生物化学变化，叶片呈现红边，叶片中央由暗绿变为黄绿，即达到"绿叶红镶边"的程度。摇青应掌握"循序渐进"的原则，转数由少渐多，用力先轻后重，摇后摊叶先薄后厚，凉青时间先短后长，发酵程度由弱渐强，历时8—10小时。实际上摇青还要根据"看青摇青，看茶做茶"的原则，根据不同产地、不同茶树品种及季节、晒青程度等具体情况灵活掌握。

炒青在做青之后进行。由于乌龙茶的内质已在做青阶段基本完成，故炒青的目的在于巩固做青所形成的品质，起着承上启下的作用。其具体过程是：前期温度要高，通过闷炒，迅速提高叶温，抑制酶的活性，巩固杀青效果。随后温度可低些，进行扬炒。整个炒青时间要根据叶子老嫩而定，老些一般5分钟左右，嫩些7分钟左右。炒至叶面略皱，失去光泽，叶缘卷曲，叶梗柔软，手捏黏性，青气消失，即可认为适度。

揉捻是将炒青后的杀青叶，经过反复的揉捻，将叶片由片状揉成条索的过程。这个过程除造型外，还要破碎部分叶细胞，挤出茶汁，黏附叶表，冲泡时易溶于水，增浓茶汤。揉捻中应掌握"趁热、适量、快速、短时"的原则，加压要掌握"轻—重—轻"。揉好的叶子要及时烘焙。若不能及时烘焙，则应摊凉，否则会因堆积过久而闷黄，在夏暑天要特别注意。

烘焙是制茶中的干燥过程，烘焙的目的除了抑制酶性氧化，蒸发水分外，还能通过热化，以消除苦涩味，使茶滋味醇厚。

武夷岩茶（即闽北乌龙茶）与闽南乌龙茶在炒青、揉捻、烘焙等工序的具体操作上是不同的。闽南乌龙茶较注重形状的卷曲紧结，故增加了包揉工序。其杀青后的工序是：初揉——→初焙——→初包揉——→复焙——→复包揉——→足火——→毛茶。而武夷岩茶在制作中是炒、揉、焙三者分次相间交替进行，即杀青与揉捻交叉进行，杀青要高温、快速，以闷为主，闷透结合。揉捻则要求热揉、重压、快速、短时，以重为主，轻重结合。操作中做到"二炒二揉"。其烘焙要做到高温水焙和文火慢烤，从而形成武夷岩茶的特有火功。

二、安溪乌龙茶（铁观音）

盛产铁观音的安溪县位于福建省东南部，晋江西溪上游，地处闽南金三角（泉州、厦门、漳州）中间结合部，居山近海，近海有崇山峻岭相阻隔，使安溪的低丘河谷之地不受海风直接侵扰。安溪气候属海洋性气候，具有相对低温、高湿、多雾的气候特征，构成了适合铁观音茶树生长的优越生态环境。安溪山地以红壤为主，土层深厚，土质松软，保水性好，有机质含量高，为茶树的生长和茶叶色香味独特品质的形成奠定了天然的基础。

安溪产茶始于唐末，兴于明清，盛于当代。始建于唐末的安溪名刹阆苑岩，历史上以产白茶闻名，其岩宇大门镌有"白茶特产推无价，石笋孤峰别有天"的对联，是安溪产茶的最早例证。五代时安溪全境种茶，将茶叶作为佳礼之风已盛。宋元时期，安溪种茶又有较大发展，清水岩、圣泉岩作为名茶产地已远近闻名。明清时期是安溪茶业走向中兴的重要时期，这期间有"一大发现、二大发明"。"一大发现"是发现名茶铁观音；"二大发明"是茶树短穗扦插育苗和铁观音制作技艺。雍正年间，安溪茶农吸取了红茶的"全发酵"和绿茶的"不发酵"的制茶机理，结合安溪实际，创造了一套半发酵的独特制茶工艺。起初的制作工序比较简单，纯粹使用"脚揉手捻"的人工操作。后来随着实践经验的积累和一些制茶机具的完善，在民国初年逐渐形成了一套较为完整的初制工艺流程：晒青——→凉青——→摇青——→炒青——→揉捻——→初烘——→包揉——→复烘——→复包揉——→烘干等10道工序。制茶机具已发明篾质手工筛青机、木质手推揉捻机、手摇炒青锅、篾质焙茶笼等，适应了生产的发展、质量的保证。这一工艺可根据季节、气候和鲜叶等不同情况而灵活掌握，有"看青做青""看天做青"等一系列技术。让鲜茶叶在人为的控制下，经晒青、凉青、摇青等工序而发生一系列物理、化学、生物的变化，最终形成"绿叶红镶边"现象，构成独特的色香味的内质，即带有天然的兰花香和特殊的观音韵的高雅品质。（图4-50）

具体地讲，安溪铁观音制作工艺包括采摘、初制、精制三部分，分别叙述如下。

（1）采摘工艺：一年可采4—5季，即有春、夏、暑、秋、冬茶可采。一般以嫩梢芽形成驻芽时，采下驻芽二三叶为标准。大多采用"双手虎口对蕊采摘法"，并做到三不带：不带梗蒂、不带鱼叶、不带单叶；五分开：不同树龄茶青分开，早午晚青叶分开，粗嫩叶分开，干湿叶分开，不同地方片青叶分开。

（2）初制工艺：晒青──→凉青──→摇青──→
炒青──→揉捻──→初烘──→初包揉──→复烘──→
复包揉工──→烘干。

晒青：一般在下午 4—5 时进行。把茶青放在筛
篾里，每筛摊叶 0.7—1.5 千克，历时 10—20 分钟，
其间翻拌 1—2 次。等叶面失去光泽，变成暗绿色，
叶质萎软，叶片下垂，嫩梗弯而不断，稍有弹性，
失水率在 5%—12%，并发出微微的香气即可。（图
4-51）

凉青：将晒青后的茶青移入凉青架上，两筛拼
成一筛，稍加摇动，谓"做手"，使茶青呈蓬松状态，
历时 40—60 分钟。凉青的目的在于散热，使叶内水
分重新平衡及继续蒸发水分。

摇青：又称为筛青。一般在下午 6 时左右进行
摇青。每茶筛装叶 2.5—3.0 千克。茶筛是悬吊在空中，
便于上下前后簸动，让叶子呈波浪式翻动，筛面和
叶子间摩擦碰撞反复进行，不断出现"退青""还阳"
现象，循序渐进。筛青一般为 4—5 次，历时 10—12
小时，直到梗蒂青绿、叶脉透明、叶内淡绿、叶缘
珠红，即达到青蒂、绿腹、红镶边为适度。其中要
注意四条原则：筛青历时由少渐多，凉青时间由短
渐长，摊茶厚度由薄至厚，发酵程度由轻至宜。摇
青是关键工序，它通过外力作用，擦破叶缘细胞组织，
溢出茶汁与空气接触，促进局部酶氧化，从而形成
红镶边即部分发酵的结果。

炒青：一般在翌日 5—6 时（即早上 5—6 时）
下鼎炒青，当鼎温升至 230℃—250℃时倒入叶子，
用木扒手翻炒，投叶量 2—3 千克，历时 8—10 分钟。
当叶色变青绿，叶张皱卷，叶质柔软，顶叶下垂，
手捏有黏性时，可认为炒青适度，此时失水率约达
16%—22%。炒青具有承上启下的作用：承上是利用
高温破坏酶的活性，制止继续氧化，巩固已形成的
品质；启下是继续蒸发水分，为揉、烘、塑型创造条件。
（图 4-52）

揉捻：把茶叶倒入木质手推揉捻机的揉桶内，
投叶量约 3—5 千克，转速为 40—50 转 / 分，历时 3—
4 分钟，其间要停机翻拌一次，操作掌握"趁热、适量、

图 4-50　红芯铁观音茶芽

图 4-51　铁观音　摊青

图 4-52　铁观音　手工炒青

快速、短时"的原则，防止焖黄劣变。揉捻致叶细胞部分破裂，茶汁凝于叶表，初步揉卷成条，为下步烘焙、塑型打基础。

初烘：将茶条放在焙笼，用炭火烘焙，投叶量1.5—2.0千克，温度90℃—100℃，历时10—15分钟，其间翻拌2—3次，烘至六成干，不粘手。初烘可以进一步破坏酶的活性，蒸发部分水分。

初包揉：趁热将茶坯倒入白细布巾中包揉，每包0.5千克，放在木板椅上，一只手抓住布巾口，另一只手紧压茶团，前后滚动推揉，用力先轻后重。先轻揉1分钟，解开布巾茶团，再重揉2—3分钟，使茶坯卷曲、紧结。初包揉后，立即解去布巾，将茶团解散，以免焖热发黄。此工序是铁观音的独特工序，它运用揉、搓、压、抓等技巧，进一步破坏叶细胞组织，揉出茶汁，使茶条有紧结、卷曲、圆实的外型，因此是造型的重要手段。

复烘：又称游焙，将茶坯再次倒入焙笼中，在80℃—85℃温度下，历时10—15分钟，其间翻拌2—3次，烘至有刺手感，约七成干。其要领是适温、快速，通过提升叶温和蒸发水分为下道工序作准备。

复包揉：趁热将茶坯倒入布巾中揉搓，揉至外形紧结圆实，呈"蜻蜓头"或"干形海蛎"状。之后扎紧布巾口，搁置一段时间，让外形固定下来。

烘干：让茶坯在焙笼中"低温慢焙"。此工序分两步。第一步叫"走水焙"，温度在70℃—75℃，每笼放3—4个压扁的茶团，烘至茶团自然松开，约七八成干即可下烘，摊凉散热1小时左右。第二步是"烤焙"，温度在60℃—70℃，投茶量为2—2.5千克，历时1—2小时，其间翻拌2—3次，烘至茶梗手折断脆，气味清醇，即可下烘，趁热装进大缸，即为毛茶。

（3）精制工艺：毛茶产生后，还有精制工艺。精制的主要目的在于簸拣除去梗片和杂质，再按质分级拼堆。在包装前再一次烘焙除去在拣剔过程中进入的水汽以利于包装储藏。精制工艺的工序包括筛分——拣剔——拼堆——烘焙——摊凉——包装。

铁观音原本是茶树的品种，由于该茶树适制乌龙茶，故由该茶树制成的乌龙茶亦称铁观音。铁观音茶外表色泽油亮，茶条表面凝集有一层白霜，香气敛藏，饮用中滋味醇厚，深受众多茶客，特别是闽、粤、台及海外侨胞所珍爱。他们沿袭传统的"工夫茶"的品饮方式来享用它，形成了由茶俗、茶艺、茶道组成的和谐一体的茶文化。

三、武夷岩茶之最——大红袍

闽北的乌龙茶以武夷岩茶为代表。武夷岩茶中，有大红袍、铁罗汉、白鸡冠、水金龟四大名枞，其中又以大红袍为最。（图4-53）

武夷山位于福建省东北部武夷山市（原崇安县）境内，群峰相接，峡谷纵横，九曲溪萦回其间，山美水秀。气候温和，冬暖夏凉。岩凹石隙构筑无数盆栽式茶园。茶园土层深厚，疏松、土肥，是茶树生长的好地方。其方圆60公里，共有76峰，99名岩，岩岩有茶，茶以岩名，岩以茶显，故名岩茶。武夷山是个天然植物园，茶树品种资源十分丰富，因此该地区产茶历史悠久，唐代已有文人写诗称赞武夷茶，宋代已被列为皇家贡品，元代还在九曲溪之四曲畔设焙局和御茶园，专办贡茶采制。明代的武夷

图4-53 大红袍的茶叶和茶汤

茶再次作为名茶被列入茶谱。在明末之前，该地主要生产蒸青团茶，明末罢贡茶之后，茶农积历代制茶经验的精髓，创制了武夷岩茶。随后，武夷岩茶的采制工艺得到流传，促使茶业有了新的发展。清代徐渤在《茶考》中记述武夷岩茶："岁所产数十万斤，水浮陆转，鬻之四方，而武夷之名甲海内矣。"武夷岩茶之所以深受人们赏识，不外乎它一有得天独厚的生态环境，二有丰富的适制乌龙茶的茶树品种，三有独特精湛的制作工艺。

清代崇安县令王梓在《茶说》中说："武夷山周围百二十里，皆可种茶，其品有二，在山者为岩茶，上品；在地者为洲茶，次之。"当今人们根据不同产地将茶分为正岩茶、半岩茶、洲茶三种。正岩茶指武夷岩中心地带所产的茶叶，其品质香高味醇，岩韵特显。半岩茶指武夷岩边缘地带所产的茶叶，其岩韵略逊于正岩茶。洲茶泛指崇溪、九曲溪、黄相溪溪边靠武夷岩两岸

图4-54　武夷山老茶树

所产的茶。其品质又低一筹。大红袍产于天心岩九龙窠的高岩峭壁之上，两旁岩壁直立，日照不长，气温变动不大，更巧妙的是岩顶终年有细小甘泉由岩隙滴落，滋润茶树，使大红袍天赋不凡，得天独厚，成为正岩茶之最。（图4-54）

武夷岩茶制作工艺独特、精巧，兼有红茶、绿茶制作工艺的精华，在制作中，首先选适制的茶种，其次要讲究严格的采摘标准，最后是运用精巧的焙制工艺。

开采之日，茶农于天微明起身，包头要在杨太白神位（据传是开发武夷山种茶的始祖）前烧香礼拜，然后鸣礼炮送工人上山。岩茶的采摘要掌握中开面开采，新梢形成驻芽，采3—4叶，相当于第1叶伸平，叶面积小于第2叶，而达2/3的。采摘春茶一般在谷雨后立夏前；夏茶在夏至前；秋茶在立秋后。鲜叶力求新鲜、完整。采摘名枞时还要讲三不采：雨天不采、有露水不采、烈日不采。采摘时间以上午9—11时为好，下午14—17时次之。

岩茶焙制工艺流程为萎凋（晒青）——做青——杀青（炒青）——揉捻——烘焙。晒青用竹制水筛，置于室外，阳光斜照，使鲜叶水分均衡蒸发，青气消失，叶质稍软，顶二叶下垂，叶表光泽消失为度。大约历时0.5—2小时，长短视日光强弱而定。然后移入室内凉青，待热气消发。若遇雨天，只好在室内用加温萎凋的方法。将晒青后的鲜叶置于水筛中，不断回旋、翻动，使叶缘摩擦，次数从少到多，力量从轻到重，间歇时间从短到长，周而复始，反复5—7次，历时8—12小时，其间摇青、做手交替进行，掌握"看青做青""轻萎凋重摇，重萎凋轻摇"的做青原则。做青适度后即炒青，炒青与揉捻、烘焙工序分次相间交替进行，即炒即焙，炒焙兼施。二炒二揉，初炒锅温在200℃—260℃，时间为2分钟，然后趁热手揉20多下，抖松再揉20多下，再进行第二次炒揉。复炒锅温在200℃—240℃，闷炒半分钟，起锅复揉1分钟左右。岩茶的烘焙先"走水焙"，温度为100℃—110℃，时间10—15分钟，约七八成干，筛去碎末，簸去黄片，进行摊凉，其间再拣去梗朴、黄片。然后再低温慢烤，温度75℃—85℃，时间1—2小时，足干后下焙，继续吃火，趁热收藏。由此可见其烘焙技术的特点是高温水焙和文火慢烤。（图4-55—图4-58）

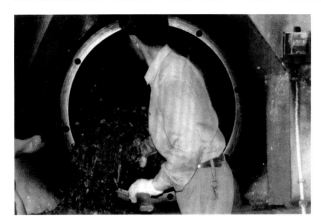

图 4-55　武夷岩茶加工　炒青

图 4-56　武夷岩茶加工　揉捻

图 4-57　武夷岩茶加工　烘焙

图 4-58　武夷岩茶加工　精选

　　武夷岩茶香气馥郁，胜似兰花而深沉持久，滋味浓醇清活，生津回甘，茶条壮结，色泽青褐润亮，叶面呈蛙皮状沙粒白点，泡后叶面呈"绿叶红镶边"，三分红七分绿。

　　大红袍的采制被视为神圣之事，采制前人们常需焚香礼拜，采制时使用特制的器具，由精练茶师操办。采制中特别强调"看青做青"，上午 8 时半采摘，9 时半晒青，历时 1 小时，翻拌一次。10 时半凉青，历时 15 分钟，10 时 3 刻移入青间，至次日 1 时 3 刻时炒青。摇青历时 14 小时 40 分钟，摇青 7 次。摇青转数顺序为 16、80、100、40、144、100、60。其中交替做手三次。摇青后再依序进行初炒、复炒、初烘、复烘。

　　大红袍的品质很突出，岩茶茶汤香气连续泡三次而不绝，一般名枞有"七泡有余香"的说法，而大红袍冲至九次尚不脱原茶真味。

第五节　红茶

　　采摘下来的茶树嫩枝芽叶经过萎凋、揉捻、发酵、烘干四道主要工序而制成的茶品即是红茶。在加工过程中，特别是经过发酵后，茶树的嫩枝芽叶的化学成分会发生明显的化学变化，茶多酚减少了90%以上，并产生了茶黄素、茶红素等新成分，香气物质也相应地发生变化和增减，直观地看，茶叶的色泽带红了，特别是茶汤更是红艳，同样香甜味醇，故名红茶。红茶是发酵茶，不同于不发酵的绿茶。

红茶是最受全世界人民喜爱的饮料之一，是生产和销量最多的一种茶。印度、斯里兰卡和一些东非产茶国都以生产红茶为主。在我国，红茶的产销虽不如绿茶，却是出口量最大的一个茶种。

红茶依其制作方法又区分为三类，一是工夫红茶，二是红碎茶，三是小种红茶。工夫红茶是我国特有的传统红茶，这类茶叶条索卷紧，细长有锋苗，色泽乌润，香气馥郁，滋味醇和，叶底较完整，汤色红亮。它的初制工艺分为萎凋、揉捻、发酵、干燥四道工序。揉捻时注意条索卷紧和完整，精制时又特别费工夫，故名工夫红茶。红碎茶是在工夫红茶初制工艺的基础上发展而来的。在揉捻工夫红茶时，难免会产生一些碎片末茶，在精制时人们将它从筛选中分出作为副产品来处理，在饮用中，又发现它们在色香味上并不差，而且更适合袋装或加牛奶和白糖饮用。于是人们干脆在揉捻时就把芽叶切碎，使它们充分发酵，干燥也不麻烦，由于是碎末浸泡，其有效成分更易浸出，茶汤反而更显色浓、味鲜、气香，适合于一次冲泡的消费方式。因此红碎茶出口同样深受欢迎。小种红茶是一种品种优异的茶叶，经特殊加工，带有烟味的红茶，是福建省的特产。

实际上，从工艺上来考察，工夫红茶、红碎茶、小种红茶的制作方法大同小异，只是小种红茶在工序中增加了与乌龙茶相同的过红锅（杀青）的技术。各种红茶的品质，特别是色香味的形成都有着类似化学变化的过程，只是变化的条件、程度存在差异。红茶的制作分初制和精制两大程序，初制一般是生产已能供人饮用的毛茶，大多由茶农生产。精制主要是将毛茶整形、分级、筛选、补火去水、再包装、贮运。精制一般由专业的厂家完成。

一、工夫红茶

工夫红茶的初制有鲜叶采摘、验收、管理、萎凋、揉捻、发酵、烘干几大工序。鲜叶采摘验收强调的是鲜叶的嫩度、匀度、净度、鲜度。细嫩的鲜叶由于其叶质肥厚柔软，制成毛茶时条索紧细、色泽纯润，浸泡的茶汤色泽亮、香气浓、味醇厚，叶底红匀艳亮。匀度是指同批采摘的鲜叶老嫩程度要均匀，这直接影响加工和毛茶的品质，净度是指鲜叶内是否有夹杂物。茶籽、茶蕾、幼果、枯病叶、来年老叶等都属于茶类夹杂物，虫尸、杂草、泥砂及其他植物的落叶则属于非茶类夹杂物，总之这两类夹杂物都应尽量剔除。鲜度是鲜叶新鲜程度的指标。采摘的茶叶要及时送至初制厂，在贮运过程中不能紧压，防止机械损伤。因为鲜叶存放过久或运输中的踩压都会使鲜叶发生红变或造成温度升高而渥沤。鲜叶进厂后要及时根据其嫩度、匀度、净度、鲜度进行分级，这一验收工作是很重要的，为以后的管理和加工提供基础。一般每年春、夏两季都有个鲜叶进厂的高峰时段，而当天进厂的鲜叶要隔3—4天才能加工，其间鲜叶的管理尤显重要。

离树的鲜叶在一定时间内，光合作用虽因水分、养分的缺少而逐步终止，而其呼吸作用仍在继续，分解大于合成。呼吸作用进行的结果致使鲜叶内的物质成分发生变化，糖类分解，高聚物的分解都伴随着热量的释放，若不及时散热，叶温升高将会沤坏鲜叶，同时鲜叶中的微生物因温度升高而加速繁衍，将使鲜叶变馊、变酸、变臭。因此验收后的鲜叶要在通风卫生的环境中薄摊，并经常检查有无发热现象。如有发热现象就要及时进行轻翻散热。

萎凋是使鲜叶经过一段时间失水而变得呈萎蔫凋谢状态的过程，既是失水，又是叶内化学成分发生变化的过程。失去部分水分，从而降低茶叶细胞的张力，叶梗由脆变软，增加芽叶的韧性，便于揉捻成条。

茶梢内的化学变化主要是酶活性在变，茶多酚在氧化，叶绿素在降低，蛋白质开始分解，氨基酸在增加，从而为红茶的色味形成奠定了基础。工夫红茶的萎凋程度以凋叶的含水量为指标，适度萎凋一般掌握含水量在 60% 左右，此时叶片柔软，摩擦叶片无响声，手握成团，松手不易弹散，嫩茎折不断，叶色由鲜绿变为暗绿，叶片失去光泽，无焦边集尖现象，且清香。

萎凋方法有自然萎凋和人工萎凋两种。自然萎凋又分室外日光萎凋和室内自然萎凋。在 20 世纪 50 年代前人们主要采用室外日光萎凋，60 年代集体化茶厂主要采用室内自然萎凋。60 年代以后，随着机械化的发展，茶厂改用人工萎凋，即在萎凋槽中加热萎凋。室外阳光萎凋只能在阳光不太强烈的情况下或在树荫下进行，上午 10 时至下午 3 时间，在水泥地或由石灰、黄泥、砂子按比例混合拍平的地面上薄摊晒青 30 分钟，然后在通风阴凉处摊放 1—2 小时。用这种方法，萎叶常有一种特殊的花香，但是掌握过程难度较大。室内自然萎凋在萎凋架上摊放，摊放的层厚间距和萎凋的时间视气温和室内通风状况而定，一般春茶晴天需 15—20 小时，阴雨天需 36—48 小时才能完成萎凋。采用萎凋槽萎凋，一般是将鲜叶摊放在通气槽中，通以热空气（不宜超过 30℃），摊厚约 20 厘米，时间达 6—12 小时即可。

揉捻是将萎凋叶在一定压力下进行旋转运动，使其溢出茶汁，紧卷条索的过程。这道工序很重要，目的有三：一是破坏芽叶的细胞组织，揉出茶汁，在酶的作用下开始氧化；二是茶汁溢出，黏于叶面，增进色香味；三是使芽叶紧卷成条，促成美观的外形。揉捻的方式很多，传统的方式是手揉或脚揉，现代有的采用木质揉捻机。一般来说，嫩叶揉时宜短，加压宜轻；老叶揉时宜长，加压宜重。揉捻机的通常操作是萎凋叶入桶空揉 5 分钟后再加轻压，待揉盘有茶汁溢出，茶条紧卷，再松压，使茶条略有回松并吸附茶汁于条表，再下机解块筛分散热。

发酵是指将揉捻叶以一定厚度摊放在特定的发酵容器中，茶坯继续氧化的过程。发酵过程中，芽茶内的茶多酚在氧化酶的催化下，氧化聚合成茶黄素、茶红素。茶黄素呈黄色，茶红素呈红色，醇厚味甜。正是它们与未氧化的茶多酚混合构成红茶汤的红色和浓烈鲜爽的滋味。发酵温度的掌控是保证发酵正常进行的关键。发酵温度一般由低至高，然后再由高至低，当叶温平稳并开始下降可视为发酵适度，叶色由绿变黄绿再变绿黄再变黄红色即为发酵适度的标志，此刻青草气味消失，散发出熟苹果的香气。春茶发酵时间一般为 2—3 小时，夏茶以 90 分钟为宜。

烘干是将发酵好的茶坯，采用高温烘焙，迅速蒸发水分达到保质的干度的工序。高温烘焙可迅速钝化酶的活性，发酵即停止。同时蒸发茶叶的水分，缩小体积、固定外形、防止霉变。此外高温促使低沸点的青草气味成分散发，并激化保存高沸点的芳香物质，使红茶显露其特有的甜香。传统的干燥方式是使用焙笼干燥，现在大多使用烘干机。干燥一般分为两次：毛火，足火。毛火温度较高，约有 105℃，摊叶 1.5—2 厘米厚，烘焙时间为 12—16 分钟，茶坯含水量在 18%—25%，然后摊凉 30 分钟左右，再进行足火烘焙。足火温度约在 90℃，摊茶厚度为 2—2.5 厘米，时间在 12—16 分钟，茶坯含水量降至 5%—6%。足火后立即摊凉，待茶温略高于室温即可装箱。毛火茶以用手握茶有刺手感，梗子不易折断为度。足火茶以用手握茶刺手，用力即有断脆声，用指捏即成粉末，梗子易折断，有浓烈的茶香为度。

工夫红茶的精制一般经筛分、风选、拣剔、复火、拼装等工序。毛茶通过筛分将茶坯根据其大小、精细、长短而分离，以便分别处理。对于那些不过筛的粗大茶坯则需切断扎细，达到过筛要求。风选是利用风力对分离茶坯做又一次分级，在一定的风力下，重者质好，落在近处；轻者质差，落在远处。剔除茶中的茶梗及其他夹杂物，以保证茶叶的洁净是第三道工序。复火干燥是指茶叶装箱之前对茶叶最后一次干燥，使其含水量达到 6% 左右。此后根据产品的标准进行拼配，先拼配小样，再拼配大堆，复检合格后再行复火清风，并将此过程产生的粉末及杂质除去。这是一项技术性较强的工作。最后是包装贮运。

二、祁门红茶

祁门红茶全名为祁门工夫红茶，简称祁红，是我国工夫红茶中最为名贵的佳品，国外赞它为与印度大吉岭茶、斯里兰卡乌伐的季节茶并列的世界三大高香红茶。

祁门红茶的主要产地在安徽省祁门县及与其毗邻的石台、东至、黟县、贵池等地，这里山峦起伏，清溪四布，阊江由北向南经祁门县城流入鄱阳湖。地势北高南低，山坡、丘陵、山间盆地、河谷平畈相交拥措，特别是沿河溪两岸冲积出的许多河洲都土地肥沃，腐殖质含量高，是种茶树的好地方。80%左右的茶园分布在海拔100—350米的峡谷和丘陵地带，10%—15%的茶园位于河洲之上。这里气候温和，在春夏季节，"晴时早晚遍地雾，阴雨成天满山云"，"云以山为体，山以云为衣"。这样优越的自然环境造就了祁门红茶的优良品质。

祁门产茶历史悠久，唐代诗人白居易在其所写的名诗《琵琶行》中有一句："商人重利轻别离，前月浮梁买茶去。"唐代祁门之地属浮梁，唐永泰二年（766年）将浮梁大部和黟县一部分合并建成阊门县，后改为祁门县。唐代祁门、休宁、歙县所产茶叶以浮梁为集散地，《元和郡县志》载："浮梁岁出茶七十万驮，税十五万余贯。"由此可见，白居易之诗印证了祁门县产茶在唐代已有盛名。清代光绪年以前，祁门盛产之茶是与六安瓜片相似的绿茶。改产红茶有这么一个传说：光绪元年（1875年），黟县人余干臣从福建罢官回原籍经商，在东至县设立茶庄，仿照"闽红"技术试制红茶，第二年又到祁门设茶庄，扩大生产和购销。由于红茶的质量好，卖价高，销路畅，获利丰，带动了许多人仿效，逐渐造就了祁门红茶这一品牌。与此同时，祁门人胡元龙亦有贡献。据1916年《农商公报》第二期记载："安徽改制红茶，权舆于祁建。而祁建有红茶，实肇始于胡元龙（又名胡仰儒）。胡元龙为祁门南乡之贵溪人，于前清咸丰年间，即在贵溪开辟荒山五千余亩，兴植茶树。光绪元年、二年之间，因绿茶销场不旺，特考察制造红茶之法，首先筹集资金六万元，建设日顺茶厂，改制红茶，亲往各乡教导园户，至今40余年，孜孜不倦。"一个是建茶庄卖红茶，一个是建茶园和生产红茶的茶厂，他们都应是祁门红茶崛起的功臣。

得天独厚的自然环境构成了茶树生长的天然佳境，酿成了茶叶的优异品味。在不断提高的制茶技艺的推促下，祁红无论在内质香气还是在购销产量上很快与当时已闻名的"闽红""宁红"齐名。在1911年前后产量达6万担以上。即便在此后国内军阀混战的乱世中，其他品牌的红茶生产逐渐衰落，祁红依然坚挺，维系至今。

祁门红茶品质超群还与其有着特殊的制作工艺有关。首先是选树采摘。祁门茶树有8个主要品种：槠叶种、柳叶种、栗漆种、紫芽叶、迟芽种、大柳叶种、大叶种和早芽种。槠叶种高产优质，占69.5%，是祁门红茶的主要原料，其内含香、味成分丰富，是构成祁门红茶滋味醇厚的物质基础。其次是柳叶种，占16.8%。采摘标准较严格。高档茶以一芽二叶为主，一般茶均系一芽三叶及相应嫩度的对夹叶。分多次留叶采，春茶采摘6—7批，夏茶采6批，秋茶不采或少采。

春茶每年于清明前后至谷雨前后采摘，现采现制，以保持鲜叶的有效成分。制作分初制、精制两大程序。初制包括萎凋、揉捻、发酵、烘干等工序，将鲜叶制成毛茶。工序操作要领上面已讲述，只是其中烘干过程讲究密闭门窗，保养香气，低温慢烘，以保其特殊甜香的留存。精制包括筛分、整形、评选、分级拼装等工序。其中应注意在筛分整形后，必须再次复火烘烤，以提高干度，保持质量，便于贮藏。（图4-59—图4-65）

图 4-59 祁红 采摘验收的鲜叶

图 4-60 祁红 在通风卫生条件下薄摊萎凋——室内的自然萎凋

图 4-61 祁红 发酵初始的叶色

图 4-62 祁红 发酵后期的叶色

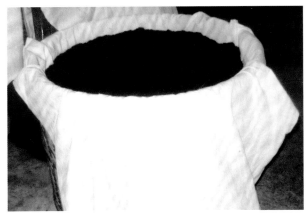

图 4-63 祁红 烘茶

图 4-64 祁红 高温烘焙后的茶叶

图 4-65 祁红 功夫红茶的筛分

历史上，茶庄有收湿坯毛茶的习惯，然后将茶坯在门窗紧闭的室内用文火慢烘，尽量保持茶叶的香气。即在精制前重复制毛茶的最后一道工序，这是因为收购的毛茶在贮运时仍在敞开的空间，会吸湿而受潮。

祁门红茶外形条索紧细秀长，金黄芽亮显露，色泽乌润，冲泡后汤色红艳润泽，叶底鲜红明亮，滋味醇厚甜润，其香气因火功不同而分别呈现出蜜糖香、花香、果香，香气清鲜持久。祁门红茶的清饮方法也有讲究，使用紫砂或白瓷茶具，将茶叶与水按 1：50 的比例冲泡，水温 90℃—95℃，2—3 分钟后将茶汤注入茶杯。春天饮红茶以祁红最宜，特别是加入牛奶和白糖后，乳色粉红，口感更佳。作为世界名茶的祁红在 1915 年巴拿马国际博览会获奖后，为国内外广大消费者所喜爱。特别是英国人，最喜欢祁红，皇家贵族都把祁红作为时尚的饮品。

三、正山小种红茶

福建北部武夷山地区历来就是重要的产茶区。北宋时期，在皇室中最受赞美的北苑贡茶就产于建安（今福建建瓯市武夷山脉南），陆廷灿在《续茶经》之一"茶之源"中记载："胡仔《苕溪渔隐丛话》：建安北苑，始于太宗太平兴国三年（978 年），遣使造之，取像于龙凤，以别人贡。至道间（995—997 年），仍添造石乳、蜡面。其后大小龙，又起于丁谓而成于蔡君谟。至宣政间，郑可简以贡茶进用，久领漕，添续入，其数渐广，今犹因之。细色茶五纲，凡四十三品，形制各异，共七千余饼，其间贡新、试新、龙团胜雪、白茶、御苑玉芽，此五品乃水拣，为第一；余乃生拣，次之。又有粗色茶七纲，凡五品。大小龙凤并拣芽，悉之龙脑，和膏为团饼茶，共四万余饼。盖水拣茶即社前者，生拣茶即火前者，粗色茶即雨前者。闽中地暖，雨前茶已老而味加重矣。又有石门、乳吉、香口三外焙，亦隶于北苑，皆采摘茶芽，送官焙添造。每岁縻金共二万余缗，日役千夫，凡两月方能迄事。第所造之茶不许过数，入贡之后市无货者，人所罕得。惟壑源诸处私焙茶，其绝品亦可敌官焙，自昔至今，亦皆八贡，其流贩四方者，悉私焙茶耳。"

由此可见，建安北苑产茶已有久远的历史，北宋初年开始制造龙凤模样的团饼茶，逐渐成名，丁谓、蔡君谟等地方官员始用北苑茶作为进贡皇室的贡品，郑可简还因此贡而升官领了漕运。贡茶的数量愈来愈多，形成五个系列，四十三个品种，数万块。每年需雇用上千人，历时两个月加工茶叶才能完成贡茶任务。贡茶全数上贡，市场上几乎见不到。人们在各地能买到的北苑茶几乎全是私茶。这些私茶都是居于偏远山沟里的茶农私自烘焙的，这些私茶不比官焙的贡茶差，在市场上很受欢迎。在这些私茶中出现了一种被称为小种的品牌。在陆廷灿的《续茶经》之八"茶之出"中记载："《随见录》：武夷茶，在山上者为岩茶，水边者为洲茶。岩茶为上，洲茶次之。岩茶，北山者为上，南山者次之。南北两山，又以所产之岩名为名，其最佳者，名曰工夫茶。工夫之上，又有小种，则以树名为名。每株不过数两，不可多得。洲茶名色，有莲子心、白毫、紫毫、龙须、凤尾、花香、兰香、清香、奥香、选芽、漳芽等类。"可见小种属于当时岩茶的佳品。

陆廷灿，江苏嘉定人，生活在清代康熙、雍正年间，曾在产茶的武夷山腹地崇安任知县、候补知事。他自述"余性嗜茶，承乏崇安，适系武夷产茶之地。值制府满公，郑重进献。究悉源流，每以茶事下询，查阅诸书，于武夷之外每多见闻，因思采集为《续茶经》之举。曩以传书鞅掌，有志未逮。及蒙量称奉文赴部，以多病家居，翻阅旧稿，不忍委弃，爰为序次第。恐学术久荒，见闻疏漏，为识者所鄙。谨质之高明，幸有以教之，幸甚"。这就是陆廷灿编写《续茶经》的原缘和经过。这本书草创于崇安任期上，定稿则在归田之后。书前有雍正乙卯（1735 年）黄叔琳序及廷灿作的凡例。此书目录完全与陆羽的《茶经》同，但内容上对唐之后的茶事资料收罗宏富，并进行了考辨，虽名为"续"，实则是一部完全独立的著述。《四库全书》收入此书，并称此书是"一一订定补辑，颇切实用，而征引繁富"，这一评价是客观公允的。

陆廷灿在崇安（今武夷山市）为官多年，不仅掌管茶事，而且还刻意探究茶史，考研相关资料，故他所述的小种茶的由来应是准确可信的。归纳他的论述可知，武夷山地区，周围百二十里都可种茶。北宋开始生产贡茶，规模逐渐发展变大，到了南宋、元朝，北苑龙团龙饼茶更是远近闻名。到了明朝，改生产团饼茶为散绿茶，无论是岩茶还是洲茶，在当时都是深受欢迎的绿茶。小种茶更是茶品中的佳茗。至于稍后，即在清代，小种茶演进为红茶，岩茶演进为青茶，那是制茶技艺发展的自然结果。

小种红茶有正山小种和外山小种之分。正山小种产于福建省武夷山市的星村乡桐木关一带，故又称桐木关小种。在宋代，崇安县仁义乡一带山区的农民主要以生产桐油和制作龙凤团饼茶及贩卖木材为其产业，因地处江西入闽的咽喉要道，故往来的人习称仁义乡为桐木关。据当地民间传说，大约在明末清初战乱时期，有一次军队过境桐木关，占驻了茶厂，茶农丢下正在制作的茶逃难去了，当重返家园时，原先待制的茶叶因没有及时烘干，而发酵产生了红变。这些完全发酵的茶叶，茶农舍不得丢弃，为挽回损失，他们试着用易燃的松木加温烘干，没想到他们加工的茶叶不仅依然条索肥实，而且色泽变得乌润，泡水后有股松香气逸出，口感醇厚，浓香味中略带那种桂圆干的美感。这种茶经茶农稍作筛分后即试着推向市场，没料到深受部分顾客的喜爱，很快在市场上走俏。更没有预料到的是那些来自荷兰和英国的商人尤喜这种茶叶，远胜于中国当时的高档绿茶。小种红茶经他们收购，经福州这一贸易口岸销至欧洲，在欧洲上层社会掀起了一股红茶热。小种红茶为什么会受欧洲人追捧呢？因为小种红茶不仅具有乌黑油润的色泽、深金黄色、呈糖浆状的茶汤，还有近似于上好威士忌的烟熏味，观感、口感均佳。此外，红茶的饮用与多种西式糕点的配用也很协调，在红茶中加入牛奶不仅茶香不减，而且绚丽的液色使糖浆状的奶茶别有一番滋味。为此红茶深受英国贵族的喜爱，特别是当英国皇室把喝红茶变成家庭生活的习惯，英国安妮女王又提倡以茶代酒后，在上流社会下午饮红茶遂成为一种社风时尚。小种红茶有这样重要的消费市场，很快成为英国乃至整个欧洲时髦而又昂贵的畅销货。当时中国福建提供的红茶是有限的，这就迫使英国的工商业者在英国的殖民地斯里兰卡和印度等地开辟种茶的农场，生产红茶，促进了印度大吉岭茶和斯里兰卡乌伐茶等红茶的发展。

小种红茶由于其茶味浓郁、独特，在国际上一直被看作中国最好的红茶，因此这种茶长期以来主要供出口外销，18 世纪起畅销欧洲，19 世纪又远销美洲。但是由于产地局限，产量不大，故后来以祁门红茶为代表的工夫红茶，也成为出口外销的大户。

小种红茶因在市场上有极高的声誉，很自然地就出现了一些仿品。产于福建政和、屏南、古田、沙县及江西铅山一带的，仿照正山品质生产的小种红茶，人们称其为外山小种，通常外山小种在质地上比不上正山小种。还有一些将一般的工夫红茶熏制成的小种红茶，人们称其为烟小种或假小种。这是人们在购买饮用时要注意的。

正山小种之所以具有条索肥壮、紧结圆直、色泽乌润、滋味醇厚及带松烟香等特征，主要是有优越的自然生态环境和一套特有的生产工艺。

正山小种的产地桐木关一带，位于武夷山脉之北段，隶属世界自然遗产地，国家自然保护区之内。茶园散布在平均海拔 1200—1500 米的黄岗山山麓，四周群山环抱，山高谷深，地势高峻，气候冬暖夏凉，年平均气温为 18℃，雨量充沛，年降水量达 2300 毫米以上。春夏之间，终日云雾缭绕，相对湿度达到 80%—85%，雾天多达 100 天以上。日照虽短，冬天霜期较长，但是土质肥沃疏松，含水分充足，加上当地茶农有培客土的习惯，即将落叶和枯萎的植被堆积拌土埋在茶树根上，天长日久，就成为不断添加的绿肥，从而致使土层加厚，腐殖质层厚达 5—6 厘米，强劲的肥力促使茶蓬繁茂，叶质肥厚嫩软。正是这样得天独厚的生态环境为正山小种茶树生长创造了优异的物质基础。

正山小种红茶的制造工艺，除了一般工夫红茶的全部工序，还增添了过红锅、复烙和用湿松柴熏焙烘干等特色技术。

芽叶一年只采摘两次，春茶在立夏开采，夏茶在小暑前后开采。开采的时间明显要比绿茶晚，一般绿茶大多在清明前开采，到立夏时节应已停止采摘。而武夷山麓，山高地寒，清明至谷雨时节，气温尚低，茶树尚未抽芽，新芽萌发自然就会晚点。加上当地采摘的鲜叶也像武夷岩茶一样，要求能达到一定的成熟度，即要求芽叶条索较肥壮，采摘的标准达到小开面一芽两叶或一芽三叶最好，这与上品细嫩绿茶要求的一芽一叶初展的标准也不同。

正山小种红茶的初制工艺有萎凋、揉捻、发酵、过红锅、复揉、熏焙、筛拣、复火、匀堆等工序。

萎凋一般在室内通过加温完成，因为当地立夏时节多雨少晴，极少依靠日光萎凋。加温萎凋当地称为焙青，是在专用的青楼中进行。青楼分上下两层，中间架设横档搁条，不铺地板，搁条间隔约6—10厘米，上铺青席（用竹皮编成的席子），下层距地面约2米。加温萎凋时，先在楼下烧松柴明火，待室温升高至25℃，把鲜叶均匀地摊放在青席上，厚度约3厘米。摊放时应适时翻料，所谓翻料即将萎凋的芽叶扫成一堆，再轻翻抖散，使水汽逸散均匀。一般情况下，晴天翻动一次，雨天翻动两三次，整个过程约需1.5—2小时，时间长短视萎凋状况掌握。日光萎凋的摊叶厚度和时间都取决于天气的晴朗程度，过程只需翻动一次，时间约为1小时。当鲜叶失去了光泽，叶质变软，梗折不断，叶脉呈透明状并散发出特有的清香，可以认为萎凋适度。

揉捻一般是在傍晚进行，在一列（2—5个）特设的铁锅中，倒入已萎凋适度的茶坯，厚约10厘米，用双足先轻慢后重快地揉转，即先轻压慢揉，再重压快揉，直至茶汁外溢，再将它松压慢揉解块抖散。采用同样的方法反复揉捻2—3次，直至芽叶紧卷成条，茶汁黏腻，稍带香味即可。传统的揉捻一直采用脚揉，从20世纪50年代以后，人们遂以揉捻机替代人脚，显然卫生些。

发酵采用加温发酵。将静置过的揉捻适度的茶坯抖散后置于竹篓或木桶内，上盖麻布进行发酵，俗称转色，并用力压紧，置于火灶上或烘青楼上加温，经6—8小时，待有80%以上的揉条叶面呈红褐色，梗脉变红，无青草气，并带有一股苹果熟时的清香时，可视为发酵适度。

过红锅的传统方法采用平锅，锅温在200℃左右，投入已发酵过的茶坯1.5—2千克，炒拌2—3分钟，当茶坯叶变软并有烫手的感觉时，即可起锅。这一特有工序的作用在于钝化酶促作用，停止发酵，以保存部分茶多酚，达到茶汤红亮，滋味浓厚，并进一步散发掉青臭气，保持香气纯甜的目的。这个过程要注意短时、高温，不能炒得太过。

复揉的作用在于发酵过程中茶条有些回松，通过揉捻使其再次卷紧，并在揉捻过程中增加部分茶叶细胞的破损，挤出更多茶汁附于表面，提高其吸烟量和茶汤浓度，方法是趁热将过红锅的茶坯复揉5—6分钟即可。

熏焙也是小种红茶的特殊技术，它是将复揉过的茶坯均匀地薄摊在水筛上，再放置于烘架上，在地上燃烧潮湿的松枝，同时紧闭门窗以烟熏烘茶坯或在焙房外挖一个大灶炕，在灶内燃烧松柴，将热烟由焙房地下的两条斜坡坑道导入熏焙茶坯。道口上盖青砖，可以任意启闭，调节焙房内的温度和烟量，历时8—10小时。熏焙初期温度要稍高些，经促进水分蒸发，稍后温度略降低，保持火力均匀，避免老火或外干内湿等状况发生。长时间的熏焙使茶坯进一步挥发水分，促其干燥，更重要的是让茶坯吸附松枝的燃烟，从而具有特别的香味。

初制工序完成后，继之要精制。精制一般有筛分、风选、拣剔、拼样、匀堆、复火、匀堆、装箱等工序。这一过程主要是将毛茶分级，清除杂质，按标准进行拼样和匀堆。因为在拣剔中茶叶会吸收水分，故在最后匀堆之前再进行一次复火，即在焙笼上对茶叶复焙一次，最后匀堆装箱。小种红茶的精制，筛、抖、扇、拣、烘之繁简，有时要视毛茶的质量要求而定。

第六节 黑茶

黑茶属于深度发酵茶，也是我国特有的茶类。从命名来讲，在北宋的熙宁年间就有用绿毛茶做色变黑的记载。在明朝嘉靖三年（1524年），御使陈讲曾上奏云："商茶低伪，悉征黑茶……官商对分，官茶易马，商茶给卖。"此奏疏表明当时在边贸中，开始用黑茶换马。其实，黑茶的出现可能是在绿茶制作中，杀青时叶量过多或火温偏低，时间过长所致；也可能是在毛茶堆积时，温度、湿度偏高，促成发酵，渥成黑色。这些黑茶失去了绿茶原有的色香味，却换来了滋味醇厚的另一种口感。由此人们创发了黑茶的制作工艺。黑茶在口味上较接近唐宋时期的团饼茶，受到了尚未改用绿茶的众多少数民族的喜爱。于是黑茶运往边陲成为主要的边贸茶。为了便于运输和储存，人们又仿照唐宋时那样，将黑茶压制成圆形、方形或砖形等紧压茶。有了边贸的大宗需求，黑茶产量逐年增加，花色品种日臻丰富，有茯砖茶、黑砖茶、花砖茶、青砖茶、康砖茶、金尖茶、六堡茶、方包茶、圆茶等，产区主要在云南、四川、湖南、湖北等地。黑茶的年产量很大，仅次于红茶、绿茶，成为我国的第三大茶类。以边销为主，内销为辅，少量外销。

一、云南普洱茶

普洱茶是中外享有盛名的云南名茶。滇南的茶叶主要在重镇普洱市集中加工，再运销青海、西藏等地，故得名普洱茶。据南宋李石的《续博物志》记载："两藩之用普茶，已自唐朝。"即早在唐朝时期居住在康藏地区的兄弟民族已饮用普茶（即普洱茶）。清代赵学敏在《本草纲目拾遗》中更明确地写道："普洱茶出云南普洱府……产攸乐、革登、倚邦……六茶山。"普洱茶种植面积很广，现在云南的许多地区，特别是西双版纳傣族自治州、普洱市都是普洱茶的主要产区。（图4-66、图4-67）

普洱茶是采用优良品质的云南大叶种茶树之鲜叶加工而成的。其散茶外形肥大、粗壮，茶条紧直、完整，干茶色泽乌润或褐红，冲泡后香气清幽，味醇浓郁，汤色浓红明亮，品饮时滋味醇厚回甘，具有特殊的陈香气，而且十分耐泡。普洱散茶是制作各种紧压茶的原料，将其蒸压加工而成的紧压茶有普洱沱茶、七子饼茶（圆茶）、普洱茶砖。

普洱茶的制作工序有：采摘、杀青、揉捻、晒干、渥堆、晾干、筛分、蒸压成型。

杀青：大多采用锅式杀青。因大叶种茶树的鲜叶含水量高，杀青时，必须闷抖结合，使其失水均匀，做到杀透杀匀。

揉捻：根据鲜叶的老嫩灵活掌握，嫩叶轻揉，时间短；老叶重揉，时间长。揉至基本成条为适度。

晒干：利用阳光晒，要薄摊，晒至茶青含水量达10%左右即可。遇上阴天没有阳光，可采用烘干，其实烘干的茶叶质量优于晒干的茶叶质量。

渥堆：这是普洱茶色香味品质形成的关键工序。先将茶叶匀堆，再拔水使茶叶吸收水受潮，然后将受潮的茶叶堆成一定厚度，让其自然发酵。当茶叶色泽变褐，并有一种特殊的陈香味逸出来，可以认为发酵完成，

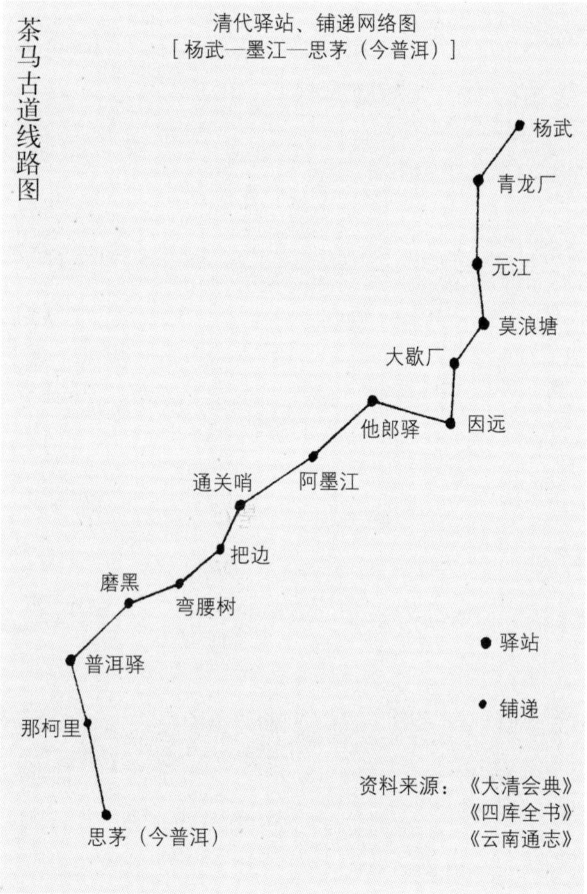

茶马古道线路图

清代驿站、铺递网络图
[杨武—墨江—思茅(今普洱)]

杨武

青龙厂

元江

莫浪塘

大歇厂

他郎驿　　因远

通关哨　　阿墨江

把边

磨黑　　弯腰树

普洱驿

那柯里

思茅(今普洱)

● 驿站

· 铺递

资料来源：《大清会典》
《四库全书》
《云南通志》

图 4-66　茶马古道路线图　(清代)

图 4-67　贩运普洱茶的马帮

时间视发酵程度而定，一般是若干天。

晾干：渥堆适度后，扒开茶堆，让其自然散发水分，自然风干。

筛分：干燥后的茶叶，先解散团块，茶叶松散成条，此后进行筛分分档。分档后的茶叶即是普洱散茶。

蒸压成型：将散茶通过汽蒸后加压成型，可分别压制成沱茶、砖茶、七子饼茶或小饼茶等紧压茶。

普洱茶的采制一年可分春、夏、秋三个时段，春茶又分"春尖""春中""春尾"三个等级，夏茶又称"二水"，秋茶则称"谷花"，一般以春尖和谷花的品质最佳。

笔者曾对云南省普洱市宁洱哈尼族彝族自治县（以下简称宁洱县）普洱茶的加工工艺进行过考察，在此记述如下：

宁洱县位于云南省南部，普洱市中部，地处横段山系南段、无量山脉南部边缘，北纬22°42′—101°37′之间，地跨北回归线。宁洱县曾经是普洱府、普洱殖边督办和行政公署所在地，是滇西南有名的历史重镇，驰名中外的普洱茶原产地和集散中心，茶马古道的源头。据史料记载，生活在宁洱境内的先民种茶、贡茶的历史，可以追溯到商周时期。唐代，普洱茶就远销内地和西藏，宋代已形成"茶马市场"，明代出现了"士庶所有，皆普茶也"的局面，到了清代，宫廷将普洱茶列为进贡珍品，并增设官茶局专司茶事。

普洱茶是以原普洱府所辖地及周边几个县出产的云南特有的大叶茶种茶叶为原料，经晒青后，再经自然发酵或人工发酵，制成符合国家食品卫生标准的散茶和紧压茶。普洱贡茶传统工艺专指流传于宁洱县世代传承的作坊式的手工工艺，不含机械制茶工艺和20世纪70年代发明的人工后发酵工艺。

普洱贡茶分散茶、紧压茶、茶膏三种。

图 4-68 宁洱 祭茶王树

图 4-69 普洱茶 杀青

普洱贡茶的生产，经过无数代人的实践，约定俗成为相对固定的程式。大体分为祭祀茶神、原料采选、杀青揉晒、蒸压成型 4 个程序。

第一，祭祀茶神。在普洱府境内，每年春茶开采之前，各民族都要按各自的礼仪对茶树王进行祭拜活动。祭拜的形式多种多样，但内容都大体相同，即感谢神灵的恩赐，歌颂茶树的功德，祈愿来年丰收、吉祥和幸福。（图 4-68）

第二，原料采选。开采时由村寨头人和有威望的老人经过占卜和实地察看，选出长得最好的茶园作贡茶的首采地，选出体貌端庄、品行端正、身无异味、心细而有经验的采茶女采首批茶。

第三，杀青揉晒。杀青揉晒是贡茶生产中关键而又独特的工艺。杀青，是在热锅里用闷、抖结合的方法，使鲜叶受热而均匀地失去部分水分。这一过程关键在温度的掌握，全凭经验和手感。因为茶叶的温度过低，鲜叶的生涩味不能清除；温度过高，对茶叶中的活性酶破坏太大，不利于后期发酵和茶多酚类物质的保留。普洱茶最显著的特点就在于后来的自然发酵而产生愈陈愈香的品味和独特的保健功效。揉捻，是用手直接搓揉已杀青的茶叶，关键在轻重的把握和重力方向的技巧，目的是使茶叶揉成条索状，便可晾晒成晒青茶。技法的高低直接影响茶叶的品味和芽条造型的优劣。（图 4-69）

图 4-70 普洱茶 蒸揉

图 4-71 普洱茶 压模定型

第四，蒸压成型。将晒青茶经过蒸软、袋揉、压模、定型、干燥、包装等工序，制成各种形状的紧压茶。（图 4-70—图 4-73）

茶膏是普洱贡茶中的又一独特品种，它便于携带和饮用，是在古代交通不便的条件下进行商贸活动的

图 4-72　普洱茶　茶砖干燥

图 4-73　普洱茶　包装

图 4-74　普洱茶　熬茶

图 4-75　普洱茶　熬制成浓稠茶膏

产物。

茶膏的生产工艺：一是选料，选择开春时最好的青毛茶作原料，以保证贡茶的质量；二是清洗，洗去茶叶在运转中沾染的污物；三是入水煎熬，让茶叶中的养料充分溶入水中，然后沥去茶渣，再经过反复1—2次的提取上清液工序，把提取的上清液在文火中煎熬数天，成为糊状，最后倒入器皿中，经过3个月以上自然风干而成型。（图4-74—图4-76）

普洱贡茶传统工艺浓厚的历史文化内涵和独特的生产工艺，成为现代普洱茶工艺研发的根基；其较强的民俗性、工艺的独特性和产品的丰富性、观赏性，为普洱茶品牌工艺的形成及茶产业的发展起到重要的推动作用，是中华民族乃至世界茶文化宝库中的传统文化瑰宝。不仅从历史、文化、政治、经济、民族、民俗、科技、艺术等方面均有较高的研究价值，而且从现代人追求回归自然、生态、健康的文化消费趋势看，还具有潜在的开发利用价值。（图4-77）

图 4-76　普洱茶　茶膏成品

二、四川边茶

图 4-77　普洱方茶

巴蜀地区不仅是中国最早种茶、饮茶的地区，也是历来产名茶、贡茶的茶叶产地之一。据不完全统计，唐代 50 余种名茶中，巴蜀地区就有十几种：蒙顶石花（产于剑南南雅州名山即今雅安、蒙山）、香雨（产于夔州即今奉节、万县）、仙崖石花（产于彭州即今彭县）、绵州松岭（现四川绵阳）、昌明茶、兽目茶（产于绵州四剑阁以南、西昌昌明神泉县西山，今绵阳安县、江油）、横牙、雀舌、乌嘴、麦颗、片甲、蝉翼（产于蜀州的晋源、洞口、横原、

味江、青城等地，今温江灌县一带）、邛州茶（产于邛州的临邛、临溪、思安等地，今邛崃、温江一带）、泸州茶又名纳溪茶（产于泸州纳溪，今泸县）、峨眉白芽茶（产于眉州峨眉山，今峨眉山一带）、赵坡茶（产于汉州文汉，今绵竹）、茶岭茶（产于夔州，今奉节、巫山、巫溪、云阳一带）、九华英（产于剑阁以东蜀中地区，现四川绵阳）。宋代的名茶中仍有蒙顶茶、纳溪梅岭等 7 种被列入名茶，特别是蒙顶茶，北宋诗人文同（1018—1079 年）曾有诗描述道："蜀土茶称圣，蒙山味独珍。灵根托高顶，胜地发先春。几树惊初暖，群篮竞摘新。苍条寻暗粒，紫萼落轻鳞。的砾香琼碎，蓬松绿甚均。漫烘防炽炭，重碾敌轻尘。惠锡泉来蜀，乾崤盏自秦。十分调雪粉，一啜咽云津。沃睡迷无鬼，清吟健有神。冰霜凝入骨，羽翼要腾身。落人直贤宰，堂堂作主人。玉川喉勿涩，莫厌寄来频。"诗人在对蒙顶茶的优异品味大加赞美的同时，对该茶从细嫩芽叶的采摘到文火慢烘的加工工艺都作了细致的陈述，"几树惊初暖""苍条寻暗粒"，早春时节采茶，在茶丛中选摘细嫩的芽叶，"漫烘防炽炭"，在烘焙中要注意火候即要采用文火慢烤，不能烤焦了。饮煮的水要像无锡惠山的泉水一样，盛茶用的杯子最好用陕西的乾崤盏，饮用这样的茶可以驱走睡意，使人精神抖擞，好似有一种清凉入骨，长上了羽翼要飞翔的感觉。品味特优的蒙顶茶备受历代文士茶客的称颂，成为历史名茶之一。

巴蜀地区既产像蒙顶茶之类的上佳绿茶，还产一类在历史和现实中有着重要意义的黑茶——四川边茶。边茶顾名思义有明显的地域特色。《西藏政教鉴附录》："茶叶自文成公主入藏地"，即至迟在唐代内地生产的茶叶已供给藏民饮用，特别是随着文成公主嫁给吐蕃国国王松赞干布后，那些贡奉朝廷的优质茶——龙凤团饼茶也作为入蕃的礼品展现给西藏的上层社会，无疑会推动更多藏族同胞对茶叶的认同。巴蜀毗邻当年的吐蕃国和其他藏区，很自然地成为茶叶的主要供应点。唐宋以来，朝廷对茶叶的产销曾先后实行过："茶马互市"（即以茶换马）、"榷茶制"、"引岸制"等政策，以茶系边，茶叶成为边疆各兄弟民族互惠互利的重要媒介。《明史·茶法》中记述：宋太祖设"茶马司于秦、洮、河、雅诸州，自碉门、黎、雅抵朵甘、乌思藏，行茶之地五千余里"。宋熙宁七年（1074 年）在雅安设茶马司，今有名山茶马司遗址，这是我国目前唯一有遗址可考的茶马司。《明史·茶法》中明太祖朱元璋曾"诏天全（今四川天全县）六番司民，免其徭役，专令蒸乌茶易马"。乌茶即今之黑茶。清朝中叶，在茶政上，一改过去的"茶引制"为招商"引岸制"，将雅安、天全、荥经、名山、邛崃等五县所产的边茶划为"南路边岸茶"，并规定雅安及其周边产茶县的口岸"批验所"设在打箭炉（今四川康定），专销康藏。从成都到康定需出南门，故称此路所产茶为南路边茶。同时又规定灌县、崇庆、大邑等地所产的边茶专销四川西北的松潘、理县等地，故称此路边茶为西路边茶。

南路边茶的主产地雅安市，位于四川盆地西缘，成都平原向青藏高原过渡地带的盆周山区。古代曾是羌族同胞聚居的"青衣羌国"，近代史上曾是西康省省会。山区最低处海拔515.97米，最高处海拔5793米。雅安市下辖二区六县（雨城区、名山区，天全、芦山、宝兴、荥经、汉源、石棉等县），除汉源、石棉不产边茶外，其余皆有边茶产出。边茶产区受大陆季风气候和东南暖湿气流共同影响，雨量丰富，年均降水量在1500毫米以上，日照少、空气湿度大，平均相对湿度达80%—83%，有"西蜀漏天""雨城"之称。境内多山，土壤是含较多腐殖质的砂质土或砂砾质黏土，表土层深厚、松软，易于排水，加上四季分明，夏无酷暑，冬无严寒，多云多雾的地理气候环境，非常适宜茶树种植。据传早在西汉年间，有个叫吴理真的当地人就在蒙山种茶树。从此茶树在蒙山一带广为种植，蒙顶茶自唐代起就成为历代皇室的贡品。"杨子江中水，蒙顶山上茶"就是古代茶客对蒙顶茶的赞誉，近代的蒙顶茶和蒙顶甘露应是其上佳绿茶的代表，南路边茶则是其声誉远播的拳头产品。

南路边茶又称乌茶、边销茶、大茶、雅茶、藏茶等。称其为乌茶是因为在长时间的贮存后其颜色变为黑褐色；称其为边销茶是因为其生产的目的主要用于边境贸易；称其为大茶是因为它的外形较大，便于运贮，从唐宋蒸青团饼茶到明末将散茶筑制成包，成为紧压砖茶；称其为雅茶是因为它主要产自雅安地区；称其为藏茶则由于它专门供应西藏、青海以及四川甘孜、阿坝等地藏民。藏族同胞有"宁可三日无粮，不可一日无茶"，"一日无茶则滞，三日无茶则病"之谚语。用南路边茶沥煮成的褐红明亮、滋味醇和的茶汤，加入酥油、盐、核桃仁末等配料后搅拌而成的酥油茶，更是每个藏族同胞天天必不可少的饮品。由此可见，南路边茶在藏族人民生活中的重要地位，它对于建设民族地区美好生活、增进民族和睦具有重要意义。

茶马古道是古代因以茶易马、茶马互市而兴起并发展的商贸通道。古代，通藏的茶马古道主要有三条：川藏道、滇藏道、川青道。它与通西域的唐蕃古道、南方的丝绸之路交错重叠。到了南宋，雅安的边茶一改原先的川——→陕——→甘——→藏或川——→甘——→青——→藏的路径，开辟了川——→藏的直接运输。这条贸易通道处于亚洲板块险峻奇峭的高山峡谷，需要跨越大渡河、雅砻江、通天河、金沙江、怒江、雅鲁藏布江等急流险滩，通达西藏并延伸至西部邻国尼泊尔、不丹、印度等。边茶在维系和发展茶马古道沿途多民族政治、经济、文化、宗教的交融、互动中发挥了不可估量的作用，对中华文明的远播和不同文明的交流也有积极的意义。

由于路途长远，路境艰险，依靠马帮驮队的边茶运输只能将散装叶茶改筑成紧压砖茶。历经民间制茶艺人的长期传承发展，南路边茶生产形成了独具特色的制作工艺。

四川南路边茶生产过程主要分为采割、原料茶初制、成品茶加工三个步骤。

采割。采割从字面上就可以发现与一般的茶叶是通过从茶树上采摘细嫩芽叶不同，它是用刀割的，是国内外唯一使用"茶刀子"采割的茶叶，即用刀将茶树的新枝嫩芽一起割下来。采割的原料茶当地分为本山茶、上路茶、横路茶、条茶、撒茶五种。所谓本山茶，产于雅安市雨城区周公山一带，于每年端午节和白露前后分两次留桩3.5厘米采割。上路茶，产于雨城区大河、严桥、中里等山区，每年于大暑至立秋之间采割一次，也是留桩3.5厘米。横树茶，产于名山、天全、荥经、洪雅、峨边等地，实行粗细兼收的区县，春季采细茶制绿茶，大暑至立秋前采割粗茶制边茶。条茶是指每年谷雨后、端午节前采割的粗茶，它是生产砖茶的主要原料之一。撒茶，主要是清明后、立夏前采收的一芽二、三、四叶，有毛尖、细芽，它也是制砖茶，特别是较好砖茶的重要原料。从以上边茶原料的采割情况来看，采割期较长，从清明直到立秋，时间并不划一。大多采用一细一粗的采收方式，即每年谷雨前采摘细茶鲜叶，而谷雨后养梢至立秋，刀割新梢作边茶的庄茶原料。也有的是春夏采细茶后的枝叉经修剪后，秋季仍可用刀割枝叶来做边茶，只是品质上稍差些。

原料茶初制分为做庄茶和复制庄茶两种。庄茶只能称其为半成品的边茶。复制庄茶就是将毛庄茶加工成庄茶。毛庄茶即经过初步加工的原料茶，它大多是其他地方产的原料茶或不立即加工成庄茶的原料茶。毛庄茶的初制工序为：杀青、拣梗、干燥，可见工序中是极力避开发酵的。毛庄茶的复制工序为：发水堆放、蒸茶、揉捻、渥堆发酵、干燥，可见关键是促成发酵。传统做庄茶有十八道工序，概括为一炒、三蒸、三蹓、四渥堆、四晒茶、二拣梗、一筛分。具体工序为：杀青——→渥堆（发酵）——→拣梗——→晒茶（干燥）——→蒸茶——→蹓茶（揉捻）——→二次渥堆（发酵）——→二次拣梗——→二次晒茶——→二次蒸茶——→二次蹓茶——→三次渥堆（发酵）——→三次晒茶——→筛分——→三次蒸茶——→三次蹓茶——→四次渥堆（发酵）——→四次晒茶。由工序来看，多次渥堆高温（50℃—75℃）发酵是其显著特点。渥堆，古称"做色"，现叫"发酵"，是促进茶叶色、香、味充分转换的重要工序。多次渥堆也是雅安边茶发酵与其他茶叶发酵的最大区别所在。其具体的操作大致如下：

原料茶渥堆一天，进行第一次翻拌，称作翻头叉，将茶堆砌成直径6尺（200厘米）左右的堆子，通过翻拌使茶叶氧化变色；继续渥堆7天左右，茶堆上有热气冒出，堆心温度升至60℃左右，开始进行第二次翻拌，称翻二叉；再继续渥堆4天左右，堆面上出现露水，堆心温度再次升到68℃左右，最高温度不能超过75℃，当茶叶颜色呈浅棕色时，可以进行第三次翻拌，称翻三叉。翻完后继续堆砌茶堆，然后停放一天，便可以开始晒茶，进入干燥程序。有的茶工为了偷工省时，没有坚持完成渥堆的次数和时间，茶叶的内质转化不充分，直接影响到茶叶质量，汤色和口感都差了。由此可见渥堆多次的重要性。一炒杀青为的是使鲜叶失去部分水分，同时让其叶片中的酶减弱活性；三蒸三蹓可以调节水分，让茶汁溢于叶面，配合发酵；四晒既可以减少湿度防止霉变又可以调节水分，杀灭杂菌；因有不少茶梗和老叶杂物，故需进行二次拣梗，以提高茶叶质量；筛分也是为了保证茶叶的质量。

南路边茶的发酵属于深度发酵，尽管在加工成庄茶中已历经多次发酵，发酵时间除四次渥堆外，在其贮存、运输中，发酵仍在继续，是典型的后发酵，由于鲜叶采割就杀青，故整个发酵过程的机理是非酶促发酵。整个茶叶加工的过程都遵循这一机理，不仅表现在做庄茶，还反映在其后的成品茶加工及储存过程中。

成品茶加工主要通过整理、拼配、春包等工序来完成。原料茶的整理大致经过筛分、风选、拣剔、切铡、干燥、停仓等操作，达到除去茶梗和杂质，散发霉味，调整含水量等目的。拼配是按照产品要求，依据原料茶的质量进行比例搭配拌和。春包，又称为压制。首先根据茶砖的大小确定料茶的数量，称茶定量，然后蒸茶，给料茶加温加湿，将其安放在茶兜子里，洒面茶、倒茶、春紧、安隔页、封口、出包、码包，最终将料茶压紧成茶砖。其中春包的技术有点讲究，要求压制出的茶砖既不能松，也不能太紧，既有利于长途运输，又有利于通风干燥和后发酵。

春包之后是包装。将冷却后的茶砖倒出茶笘子，取出隔页，包黄纸、打标签、再包牛皮纸、捆千斤篾，最后再装入茶笘子，编包成成品茶。以上工序至今仍全部靠手工完成。成品茶在入库前还应检验一次。入库后的码放应是小垛，以利于通风和茶叶的自然后发酵。从半成品到成品茶，直至饮用，由于采用自然干燥的方式，发酵一直在进行，茶叶的内质都在持续转化。

上述工艺中使用的传统器具大致上有：

（1）茶刀子和铡刀：前者是专用于割茶的月牙形刀具，后者用于铡茶或铡梗。

（2）锅灶：将大号铁锅呈35°左右倾斜砌在灶台上，用柴草、木炭和煤或天然气作燃料。用于鲜叶杀青和部分干燥。

（3）蹓板：多用青杠木做成，长6米，宽1米，厚5—6厘米，一端触地，另一端离地约3米高，形成 30° 左右的斜坡，两边有竹竿作扶手，用麻袋将茶叶自上而下蹓数次，起揉捻的作用。

（4）甑子和蒸锅：是蒸茶的主要设备。甑子由杉木制成，呈圆桶形，上口径约 33 厘米，下口径约 43 厘米，高约 90 厘米，上端有一个竹制的盖子，下端为竹制的篦子，上可承放茶叶，蒸锅为传统的瓮子锅，用锅底有直径约 10 厘米孔的旧锅扣在好锅上，再安放在灶台上，两锅接触处用油灰密封，以提高锅内的蒸汽压力。

（5）筛子：是用竹篾编成的，长 140 厘米，宽 100 厘米，其中筛孔的大小要根据筛茶时的质量要求而定。

（6）石炕：用于干燥茶叶，它用多块三角形红砂石板，在上面开一个长条形孔，将几个石板镶拼在中空的圆台上组成一个棱锥体，下面燃烧柴禾，上面放茶叶，通过石板传热来烘干茶叶。

（7）木架和蒸箱：木架是由硬杂木制成的舂制茶砖的活动模具，高约 120 厘米，长约 30 厘米，宽约 20 厘米。舂制原料茶需水汽蒸，加湿加温，这道工序在木制或铁制的蒸箱中进行。蒸箱大多采用往复式交替蒸制茶叶。经蒸制的料茶一般是放在木制的架盒子（即舂压茶砖的模具）中舂压，这样可以保证舂制的茶砖在外形、规格大小上基本一致。

近年来，为了减轻劳动强度，人们在传统工艺原理指导下，改进了一些传统的器具，研制出部分木制或铁制的机具设备，它们主要有双动式揉捻机、旋转式蒸箱、利用自由落体的舂棒将模具中的热茶舂压的舂包机、滚筒炒干机和风选机等。

南路边茶根据选料、工序、规格、外观、质量、包装等差异被分为许多品种，其中常见的品种有：（1）金尖茶：用做庄茶或复制做庄茶配以适量茶梗，茶果壳舂制而成，茶砖规格为 25 厘米 × 13 厘米 × 10.5 厘米，重 2.5 千克，四砖一包。主销四川甘孜、阿坝、凉山，青海玉树和西藏昌都等地区。（2）康砖茶：洒面茶用 3—5 级绿茶，里茶主要用做庄茶，配以适量条茶（级外绿茶）和嫩茶梗舂制而成。茶砖规格为 4.7 厘米 × 15.8 厘米 × 9.2 厘米，重 0.5 千克，每 20 砖一包。主销西藏拉萨等地区。（3）毛尖茶：用 1—2 级绿茶做洒面茶，3—5 级绿茶做里茶，每砖 0.1 千克。（4）芽细茶：用 2—4 级绿茶做洒面茶，4—5 级绿茶做里茶压制而成，每砖约 0.5 千克。毛尖茶，芽细茶基本以绿茶为料茶，历来产量、销量都很小，除藏区销售外，也做内销。（5）金仓茶：主要采用茶梗和金尖茶配合压制而成，茶砖规格同金尖茶。它的供应比较特殊，在饲料短缺时，用来喂养牲畜，故人们又称其为"马茶"。现在已很少生产。由上述介绍可知，运往藏区的茶砖主要是康砖茶和金尖茶。康砖茶外形呈圆角长方形，表面平整、紧实，洒面明显，色泽棕褐，内质香气纯正，汤色红褐尚明，滋味纯浓，叶底棕褐稍老；金尖茶外形呈圆角长方形，稍紧实，无脱层，色泽棕褐，内质香气纯正，汤色黄红尚明，滋味醇和，叶底暗褐。

南路边茶在制作过程中，通过多次高温渥堆发酵和加湿加温反复揉捻，鲜叶中多种有益物质发生充分的转化、氧化、分解、聚合等生化反应，促进了儿茶素、咖啡碱、维生素、蛋白质、有机酸及多种真菌类物质等有益成分的增加，正是这些营养元素，对于生活在高原地带，以牛、羊肉为主食的藏族同胞是十分必要的，饮茶不仅可以帮助他们消化这类高脂食物，补充多类缺失的维生素及微量元素，还可以抗高血压、高血脂，清除胆固醇的沉积，抗高原缺氧和高原辐射等。饮茶的药理功效有暖胃、正气、解毒、解腻，促进消化、帮助睡眠，对藏族同胞更为明显，难怪藏族民间认为"不可一日无茶"。由此可见，南路边茶在维系汉藏民族友谊中发挥了不可言喻的重要作用。

南路边茶制作工艺长期以来主要依靠茶号和茶庄的制茶工匠在劳动实践中的口授心记代代相传下来，近代始有少许文字记载。

据史料记载，明朝以前南路边茶生产尚不成规模，分散生产，朝廷设茶马司之类机构收购经营。明太祖朱元璋时边茶生产获得较快发展。边茶生产和贸易发展的一个重要标志就是一些兼有加工和销售功能的茶号即茶叶专卖店的出现。据《雅安县志》记载，在明朝嘉靖年间先后出现"义兴""天兴""恒泰""聚成"等茶号。清朝边茶贸易更加自由，民间私营茶庄迅速增多。至清末，雅安地区的茶号达200多家，清光绪三十二年（1907年），为了抗击英国侵略和抵制印茶入藏，巩固边茶在藏区的地位，川滇边务大臣赵尔丰及四川劝业道共同主持，组织雅安、名山、荥经、邛崃等县茶商集资33.5万两白银，成立了官督商办的"边茶股份有限公司"，该公司曾发挥了应有的作用，后来随清王朝倒台而解体。私营茶号在民国初年仍有100多家，但在军阀混战的乱世中，苛捐杂税的强夺致使边茶经营十分困难，民国24年（1935年），茶号仅剩30多家。1939年，西康省成立，私营茶号再次联合建立"康藏茶叶股份有限公司"，包销全部茶引，可惜的是，该公司仅在雅安、天全收购原料和代加工成品茶，规模并不大。1950年后，茶号增至48家，雅安占30家，天全占10家，荥经占8家。1953年公私合营，48家茶号合并为国营雅安茶厂、国营天全茶厂、国营荥经茶厂三家。直到1972年才增加国营名山茶厂，1985年建成国营雅安市茶厂。到了20世纪90年代，上述五家国营茶厂全部改制为民营企业，与此同时，民营资本又催生出一批中小型茶厂。这些茶厂的主营产品就是南路边茶。传统的边茶制作工艺就是以这些茶号、企业为依托代代传承下来的。由于南路边茶在汉藏民族联系中的重要纽带作用，它的生产不仅成为雅安经济发展的一项支柱产业，而且也备受藏区同胞的关注。突显的政治、经济意义促使和保障了南路边茶的传统加工技艺的传承和发展。近年来，在坚持南路边茶健康、持续发展的同时，人们还加强了以下几个问题的探讨：

（1）迫切需要用现代科技手段对南路边茶的传统技艺进行剖析研究，探寻其基本原理和操作运行规律，例如微生物作用机理、生化作用机理，包括茶多酚、糖类、蛋白质、咖啡碱、香气物质等在加工中的转化，从而使工艺在科学原理的指导下传承、保护和发展。

（2）边茶对于强健生活在高寒、缺氧、强辐射等恶劣自然环境中的藏族边民的体魄发挥了不容忽视的作用。因此边茶的保健作用及传统制作工艺对边茶的质量和保健功能的影响都是值得深入研究的。

（3）边茶中氟含量问题是当今我国茶学界、食品卫生界所关注的问题之一。氟对人体影响的利与弊是什么？茶叶氟含量指标多少为宜？从鲜叶到成品茶的加工过程中氟含量有无变化？怎样加工既满足传统需求又符合低氟要求的绿色边茶？

总之，实行食品市场准入制度和边茶生产的标准化管理，有许多问题尚待研究解决，这也是南路边茶传统制作工艺保护、传承、发展中的重大课题。

第七节　花茶

花茶是用茶叶和香花进行拌和窨制，使茶叶吸收花香而制成的香茶，亦称为窨花茶，是再加工茶类中最具有品味的一类。所谓再加工茶是相对于绿茶、红茶、乌龙茶、黄茶、白茶、黑茶等基本茶类而言的，说白了就是它是以基本茶类为原料经某种技术手段再加工而成的茶类，除花茶外，还有紧压茶、萃取茶、果味茶、药用保健茶及含茶饮料等。

花茶因窨制所配用的香花不同而产生不同的品种，有茉莉花茶、白兰花茶、珠兰花茶、桂花茶、金银花茶、玫瑰花茶、玳玳花茶、柚子花茶、栀子花茶、米兰花茶、树兰花茶等，它们都是以香花命名的。更有细致的，把花名和茶名都联起来的称谓，如茉莉烘青、珠兰大方、茉莉毛峰、桂花铁观音、玫瑰红茶、树兰乌龙、茉莉水仙等。各种花茶各具特色，但总的品质均要求香气鲜灵浓郁，滋味浓醇鲜爽，汤色明亮。

大部分花茶都采用窨制技术，故又称作熏花茶或香片。那种将花干拌入茶叶中形似花茶的叫作拌花茶。这种人为夹杂少许花干，并不益于提高花茶的香气，故拌花茶只不过是冒似花茶而已。

窨制花茶的茶坯即基本茶主要是绿茶中的烘青，也有少量的炒青和部分的细嫩绿茶，如毛峰、大方等，用红茶、乌龙茶制成的花茶数量较少。

花茶的饮用和花茶制备技术的演进都有一个悠久的历史。

一、花茶的历史

从古至今，中国人在饮食方面讲究色香味，饮茶也一样。在茶叶中加些香料或香花做成茶汤，早已有之。加什么香料？怎样使茶叶增香？人们经历了很长的摸索过程。据史料记载，陆羽在其《茶经·六之饮》中写道："饮有粗茶、散茶、末茶、饼茶者。乃斫、乃熬、乃炀、乃舂，贮于瓶缸之中，以汤沃焉，谓之庵茶。或用葱、姜、枣、橘皮、茱萸、薄荷之等，煮之百沸，或扬令滑，或煮去沫，斯沟渠间弃水耳，而习俗不已。"由此可见，在唐朝，人们在煮茶时就有加入茱萸、葱、姜、枣、橘皮等同煮成茶汤的做法。宋朝，有人曾在作为贡品的上等茶叶中加入龙脑香以增香。宋代蔡襄在《茶录》中提到茶香："茶有真香，而入贡者微以龙脑（一种从婆罗洲进口的香料）和膏，欲助其香。建安民间试茶，皆不入香，恐夺其真。若烹点之际，又杂珍果香草，其夺益甚。正当不用。"可见蔡襄主张一律不加其他香料。他认为茶本身已具有天然的香气。当把龙脑掺入茶膏里增加茶的香气，效果不见得好。建溪一带（当时盛产北苑贡茶的福建建安等地），人们制茶时都不加香料，怕香料夺去茶叶本身的香味，如果在烹煮点茶时，再掺杂各种珍果香料，那对茶本身香味的侵夺就更厉害了。唐宋时期的上层社会主要使用团饼茶烹煮茶汤。若加入龙脑之类的香料，经过烹煮，可想而知，此时的茶汤会有什么香气？唐宋时期，上层社会的男男女女都生活在香云缭绕的环境中，他们身上有散发着香气的香囊，洗浴时在浴缸中加入香料，庭院屋宅内幽香扑鼻，公堂衙门里芳香袭人，庙宇寺观中香烟袅袅。沁人心脾的香气在社会世俗生活中，不仅展示着身份地位，同时也体现了一种追求和享受。

北宋陶谷所著《清异录》中记载了一位叫韩熙载的人，他曾想方设法地要使焚香与自己花园中的茶花香自然地融合起来。根据他的经验："对花焚香有五味相和，其妙不可言者。"其"五味说"为："木犀宜龙脑，酴醾宜沈水，兰宜四绝，含笑宜麝，詹葡宜檀。"先不论他的经验究竟如何，至少有一点可以肯定，有些人曾做过多种香料与自然花香融合的实验，这无疑会对香料或香花窨茶提供借鉴。

南宋施岳在其词《岁月》中已有茉莉焙茶的记述。该词的原注写道："茉莉岭表所产……此花四月开，直至桂花时尚有玩芳味，古人用此花焙茶。"这一原注尚待考证，但可以认定用茉莉花来焙茶在古代已存在，赵希的《调燮类编》对此也有记载。

明代洪武年间废团茶，倡散茶，开始大量生产炒青、烘青、晒青绿茶，为花茶生产开辟了新的前景，因为团茶难以焙香，而散茶就不然。在"茶引花香，以益茶味"思想的引导下，花茶的窨制技术和产量还有显著的发展。若说在南宋至明初，制花茶还是文人雅士的自娱性产品，那么到了明朝中叶，花茶已成为市场中的商品。据明代钱椿年编、顾元庆校的《茶谱》在论述"花茶诸法"中记载："木樨、茉莉、玫瑰、蔷薇、兰惠、桔花、栀子、木香、梅花皆可作茶。诸花开时，摘其半含半放蕊之香气全者，量其茶叶多少，摘花为茶。花多则太香而脱茶韵，花少则不香而不尽美。三停茶叶一停花始称。假如木樨花，须去其枝蒂及尘垢虫蚁，用瓷罐。一层茶一层花投间至满，纸箬絷固，入锅重汤煮之，取出待冷，用纸封裹，置火上焙干收用。诸花仿此。"木樨花即桂花。可见明代已有多种花香，增香的办法主要是窨制。该书还介绍了橙茶和莲花茶。

橙茶："将橙皮切作细丝，一斤以好茶五斤焙干，入橙丝间和，用密麻布衬垫火箱，置茶于上烘热，净绵被罨之。三两时后随用建连纸袋封裹，仍以被罨，焙干收用。"

莲花茶："于日未出时，将半含莲花拨开，放细茶一撮，纳满蕊中，以麻皮略絷。令其经宿，次早摘花，倾出茶叶，用建纸包茶焙干。再加前法，又将茶叶入别蕊中。如此者数次，取其焙干收用。不胜香美。"

由上述记载可见，在明朝，花茶生产有了长足的发展，无论是对茶叶与香花的选择，还是用花量与茶叶的配比及包括窨制、焙干在内的窨制技术都较以往更为成熟。许多传统技术与现行的工艺原理是相通的。这个时期的花茶可以说是真正的花茶。到了清朝，花茶生产由于市场的需求，开始出现具有较大规模的商品化生产，与此相适应地出现了商号和茶场基地较集中的城镇，福建的福州约在咸丰年间（1851—1861年）成为我国第一个花茶窨制中心。20世纪初叶，江苏苏州也发展成为花茶制造中心之一，其后在浙江杭州、金华，安徽歙县，四川成都，湖南长沙，广西桂林，广东广州及重庆市都有了花茶的生产。花茶的产地主要集中在南方的绿茶产区，而其销售市场却在以北京为中心的华北地区和东北地区。

二、花茶的常规制作工艺

花茶是将鲜花与茶叶拌和，在静止状态下茶叶缓慢地吸收花香，然后除去花朵，再将茶叶烘干而成。可见花茶窨制工艺是利用鲜花吐香和茶叶吸香，一吐一吸之间，茶味花香相互交融的特性而设计的。生产出高质量的花茶一是选好茶叶和利用好它的吸收特性，二是选好鲜花和发挥它的吐香特性，三是掌握好一吐一吸的工艺、保障和促进它们交融的技巧。

茶叶作为一个生物体，内部有许多具有毛细血管功能的细微小孔，实为疏松多孔物体，这些小孔就可以吸收空气中的水分和气体。水分是传递香气的载体，叶体是随着吸收水分时而吸入香气的，当然也会随着水分挥发而带走部分香气。

用于制作花茶的毛茶，通常称其为茶坯。茶坯的质量首先由其毛茶的质量所决定。除此之外，仅经过鲜叶初制的毛茶，一般情况下，其外形整碎不齐，粗细不一，老嫩混杂，并含有片、末、梗、籽及其他夹杂物，所以毛茶必须先行精制。假若先窨花再精制，损失就大了。精制通常经过筛切、风选、拣剔等工序，将毛茶分级筛号，再进行拼配烘干。茶坯全国统一规定有1—6个级别以及茶芯、三角片、茶梗等之分。为了迎合高端的茶客还特别增加了一个特级坯。特级的花茶，茶坯原料选用高档绿茶名茶。1—2级为高档茶坯，3—4级为中档茶坯，5—6级为低档茶坯。不同品种的香花，根据市场需要可选用不同的茶坯。茉莉花茶用坯有1—6级及特级坯，白兰、珠兰、玳玳等一般仅选用了3—6级坯。

不同茶类含有不同的芳香物质，即具有一定的茶香。即便是同一茶类，茶香也会因制茶工艺的不同而有所不同。花茶在窨制过程中，既有茶坯本身的茶香，又有香花带来的花香。这两种香气交融在一起才能形成新的特有花茶香，这种交融也有一定讲究，即要求这两种香气必须能协调在一起，才能透出沁人的花茶香，否则，因为不协调而造成对花香的掩盖或干扰作用，甚至会形成一种让人厌恶的气味。如陈茶、日晒茶、高火烟焦茶、粗青气茶等有着某种浓烈的让人讨嫌的腐陈气，即使采用最好的香花及完善的窨制工艺，也窨制不出优质的花茶。又如炒青绿茶虽然有着浓郁的板栗香，但在鲜爽纯和上就不如烘青绿茶，由此炒青绿茶窨制的花茶就不如烘青绿茶好。再如同一种鲜叶制成的烘青绿茶、乌龙茶、红茶，都同属于烘青型茶叶，由于内含芳香物质及组成不同，会产生明显不同的香型。这些茶香对茉莉花香的亲和性、衬托力不尽相同，其窨制后的茉莉花茶情况也不一样。一般情况下，窨制成的茉莉花茶，以烘青为最香，乌龙次之，红茶最差。窨制玫瑰花茶时的情况又有变化，以玫瑰红茶为最佳，这里就体现了茶香与花香的协调性的重要。用不同茶树品种的原料制成的烘青绿茶，其对窨制花茶也有影响，例如大叶种烘青，滋味浓烈，香气特殊，个性强，由其窨制的花茶就不如中叶或小叶种烘青能更好地透发花香。此外，茶叶品质的季节差别也会对其窨制花茶的品质有影响，一般春茶比夏茶、秋茶好。

茶坯对香花的吸水吸香能力，主要取决于茶叶本身的干燥程度、表面积大小及与香花接触的距离。当茶坯的含水量在3.5%—5%之间，其吸水吸香能力较强；当含水量增至7%—9%，吸水吸香能力就明显降低了；当含水量达到18%—20%，吸水吸香能力几乎就没有了。故在花茶开始窨制之前，要么茶坯含水量已控制在4%左右，要么先进行茶坯的复火工序，促使其干燥程度符合要求。若茶坯含水量在12%—16%之间，如不复火干燥而进入窨制，不仅茶坯难以吸香吸水，而且还会产生水闷气，直接影响茶质。茶坯表面积的大小与造型相关。一般条形松的烘青茶的表面积要比条形紧的珠茶、眉茶的表面积大，碎茶比条形茶的表面积大。表面积大，吸水吸香能力自然就较强。与香花接触的距离是窨制中的技术问题，后面再叙。此外茶叶体内含有的萜烯类、棕榈酸等物质成分，本身虽然没有香气，但具有较强的吸附性能，能吸附花的香气和其他异味，因而起着定香剂的作用，这就是为什么茶叶在窨花烘干后，仍能保持很高香气的原因。

选好鲜花和发挥它的吐香特性是生产花茶的第二个关键步骤。理论上，凡是对人体无害且有益于健康，具有芬芳清香、香味浓郁纯正的香花都可以用来窨制茶叶。实际上人们对香花是有鉴别和选择的，只是部分香花用于窨制茶叶。当前在中国仅有茉莉、白兰、珠兰、玳玳、桂花、柚子、树兰、玫瑰等香花用于花茶的商品生产。在这些茶用香花中，茉莉以其突出的芬芳清香和窨制成的花茶鲜醇爽口而备受追捧，人们誉称它为"花茶之冠"。（图4-78）

茶用香花都必须待花朵成熟、开放吐香时，才能被用于窨茶。花开表明花朵进入生理上的成熟期，故花开才会放香，这是一般规律。不同的香花，花开吐香的状况会有差异。有的香花只要接近生理成熟期，提前（花朵仍未张开）采摘，放在一个特定的环境中，它仍能花开吐香。如茉莉花，当花蕾已饱满且洁白，花冠筒伸长，花萼离开，就可以采摘，下午采收，晚上可以开放。有的香花则必须在树上待到生理完全成熟，初开吐香，才能采收，若提前采收，虽然经过鲜花维护，但仍旧不会开放吐香。如白兰花、珠兰花只能待其开花吐香后才能及时采收。又如桂花在呈花苞时，没有香气，只有待花苞掉落，细小幼花才逐渐初开吐香，花粒边开放边长大，开花期8—10天，前期花香清新，开至4—5天，花粉成熟飘扬时，香气最浓，随后花谢花落。

由于茶用香花开放吐香有时间性，一般开花前期香浓芬芳，后期香气较淡，而且吐香时间有长有短，短的不到一天，如珠兰，长的则有8—10天，如桂花，所以窨花时间性较强，必须利用鲜花吐香的最佳时间，及时窨制，并掌握好窨制时间，待吐香减弱时及时出花，将茶叶烘干，保存花香。对于吐香时间短的，如珠兰，花蕾一般在上午开花吐香呈金黄色，中午前后香气浓烈，故必须赶在中午前窨制。同时要注意鲜花开放都需要有适宜的温度、湿度。鲜花经烘干称花干或原干，花渣烘干称退干。有的茶用香花的花干虽然爽度低，但香气还是很浓郁，香型接近鲜花，如桂花、珠兰花，有的香型则与鲜花显著不同，如茉莉。由此在窨制中就有讲究。一般都是采用鲜花及时窨茶，因为鲜花含水量较高，新陈代谢旺盛，吐香能力强，香气鲜锐

图 4-78　茉莉花基地　广西横县

芬芳，给人以舒适感，及时窨茶才能确保花茶的品质。窨茶后，有的要先出花再烘干，否则花干会影响品质，如茉莉花茶，有的也可以带花复火烘干，如桂花茶和珠兰花茶。

当用鲜花与茶叶拌和窨制时，由于挤压、失水、温度升高及缺氧等环境因素，鲜花的吐香能力会逐渐减弱，而花朵外形上则基本保持原状。一般是窨制时间长一点，则成品花茶的香味越浓鲜，但是时间一长，若掌握不好，如过早升温和闷热而使鲜花变色变质，反而会影响成品花茶的质量。

窨制中使用鲜花的量也有讲究，不同花香溶于茶汤后有不同的味感，这种味感就与窨制中使用鲜花的量有关。茉莉花的香味鲜醇爽口，故可重（大量）花窨制，而白兰花香味鲜浓却带涩，故只能轻（少量）花窨制。

市场上还混杂着某些假冒伪劣的花茶：一是将某些经化工提炼出的香精（例如茉莉香精）喷洒在茶叶上，冒充茉莉花茶。这种茶往往闻起来很香，泡饮时就不香了，这是因为香味不可能渗透到茶坯内。二是用水质茉莉香精溶入酒精，再用它来窨制花茶，由于香型远不及鲜花那样鲜纯自然，故泡饮时会感到明显的差距。总之假冒伪劣的茉莉花茶有害健康，必须坚决取缔。

花茶生产的第三个环节就是窨制。窨制过程依次是茶坯处理、鲜花维护、拌和窨花、通花散热、收堆续窨、出花分离、湿坯复火、转（再）窨或提花、匀堆装箱等工序。这些工序都有相应的技术要求，以达到预期的目的。

茶坯处理：进行窨香的茶坯在入窨前的处理主要指复火干燥和茶坯冷却。茶坯的吸香能力主要是依靠其干燥程度，当茶坯含水量超过 7%，一般都必须进行复火干燥。复火干燥过去是在烘笼上进行，现在则使用烘干机，烘干机的进风温度或烘笼里的温度大多控制在 100℃—110℃，温度切勿过高，慎防产生高火茶坯。在适当的时间内，当茶坯含水量达到 4% 左右，干燥程度即达到要求。若含水量低于 3%，易产生老火或烘焦，影响茶质；若含水量高于 5%，又会影响吸香能力。

复火干燥后的茶坯，温度仍达 50℃—70℃，必须冷却后才能入窨吸香，否则热茶坯会"烧熟"鲜花，从而使香气丧失鲜爽感。复火烘干后的茶坯应放在茶箱中贮存冷却，一般需 5—7 天，当叶温降至略高于室温1℃—3℃时就能窨花了。

鲜花维护：各类鲜花在适时采摘后都有一个吐香衰败的生理过程，维护得当则可以较充分地利用其吐香功能。首先在采收和运输过程中，要严防花朵被掀压损伤和被捂受热的情况发生。当运到加工场所后，立即选择一块阴凉洁净的地方将花朵及时薄摊散热，同时摊放中还可挥去表面水汽。摊放厚度一般在4—6厘米，若表面水汽多则应摊薄一些。不同的鲜花，将视其特性采用不同的工艺技术来维护。茉莉花如采摘时仍是饱满洁白的花蕾，在运输、摊放、堆积及筛花、凉花的过程中都必须造就一个适宜花朵正常发育的环境，以便鲜花开放。白兰花在薄摊中既要去除表面水分，又要盖湿布或湿毛巾来保温，在付窨前有的还要用拆瓣或切碎等手段处理，以保持其香气的正常散发。珠兰花则要折枝，俗称"打花边"。桂花除薄摊散热外，还要筛去枝叶、花柄及杂质。

拌和窨花：拌和前首先要明确合理的茶花配比，即100千克茶坯需用多少千克鲜花。这个配比要依据香花特性、茶坯质量、市场需求三个因素来确定。高档的花茶大多要求茶坯质量要好，花香的程度要高，故一般采用较好的茶坯、使用较多的鲜花来窨制。如茉莉花茶花量一般较多，变幅也较大，每100千克茶坯，用鲜花25—95千克。当窨制高档茉莉花茶时，100千克茶坯，鲜花用量超过40千克，窨制还需采用分次窨花，一般二级以上茉莉花茶多采用多次窨花；三级以下的则只采用单窨次。又如白兰花，鲜花用量就少，变幅也小，每100千克茶坯的鲜花用量仅4—6千克。玳玳、桂花、柚子等花茶，鲜花用量约在20—40千克。（图4-79）

图4-79 茉莉花茶 堆窨

茶花拌和也有一定的技术要求。茶叶吸收花香靠的是接触吸收，故在拌和过程中，动作要轻，混合要均匀。茶与花之间接触面积越大，距离越近，花香扩散、渗透、被吸收的速度就越快，茶坯吸香的效果就越好。拌和主要还是手工劳作，不仅劳动强度大，要求也较高。具体操作如下：人们将待窨的茶坯平铺在洁净的地面上（过去曾采用地板，现在多用水泥地），厚度约25厘米，然后把预先称量的鲜花均匀地撒在茶坯上，用铁钯轻轻地充分拌匀，使茶坯和鲜花紧密地混合在一起。经过拌和后的茶与花的混合物，俗称为"在窨品"或"窨堆"，再将在窨品放入茶箱或用竹篾栈条做成的囤里，也可以在地板上做成堆，进行窨花。不论箱窨、囤窨或地窨，都应注意控制窨堆的高度。一般情况是窨堆高，窨花后温度上升快，这有利于提高花茶的香度；若窨堆低，窨花后温度上升慢，这有利于花茶的鲜灵度。这是一对矛盾，故掌握适当的窨堆高度很重要。窨堆高度又因花而异。如茉莉花茶一般在30厘米左右。拌和前还要留出少量茶坯，用来覆盖窨堆面，以免花香挥发散失，但这种覆盖要薄，以刚好覆盖且略见花朵为宜。茉莉花茶在窨香过程中，若在地上做堆，还要关闭门窗，以利于保温。

通花散热：在茶与花的窨堆中，花在散发香味的同时，还会因呼吸作用而产生少许发酵味，这种味道会随着温度的升高而增强。由此窨堆经过一段时间后，堆温也会上升，控制好堆温就能减少发酵味的产生。当堆温上升到一定程度时就需要及时堆薄摊，翻动散热，散热时还应开门开窗，促进空气流通。当坯温下降到略高于室温时，随即收堆续窨。这一操作过程，称为通花或翻囤。通花的机理主要是通过散热，防止鲜花受热闷死。同时通花又通过供给新鲜空气，利于鲜花恢复生机，继续吐香。通花时，调换茶与花的接触面，能使茶坯较均匀地吸香，以提高花香的浓鲜度。由此可见，通花在窨制中是极其重要的一环，它直接关系到成品花茶的香味浓鲜度。何时可以开始通花，需要参照在窨时间、茶坯温度、茶坯含水量、茶坯香气及鲜花萎缩程度等多种因素。一般当气温高时，以茶坯上升温度为主，再参考窨花时间；若气温低，则以在窨时间、吸香吸水状况为主，再参考坯温。总之掌握适时通花，目前主要凭借经验。通花的方法因不同窨堆而异。箱窨的是将茶坯倒在

图 4-80 茉莉花茶 通花散热

阴凉洁净处耙平；囤窨的则是把栈条拿掉再耙平；堆窨的只用耙平即可。耙平的茶坯（含花）厚度为 5—10 厘米，每隔 15 分钟左右开沟翻动一次。若发现有茶与花混合不匀时，应及时拌匀。通花力求做到均匀、通透。（图 4-80）

收堆续窨：在窨品完成通花后，接下来很自然就是收堆续窨。收堆看起来很简单，把窨过的茶坯收拢起来，其实不然。收堆时首先要考虑堆温的高低，若堆温过高会使散热不透，容易影响在窨品的香气，使其不纯爽；若堆温过低，则会影响在窨品对香气的继续吸收。故适温收堆是要注意的。多高温度才算适温，不同香花有不同的标准，这也是要掌握的。收堆实际上要进行的是续窨，即收堆的茶坯继续在混合接触中吸收花香，收堆续窨的高度一般比通花的窨堆要低。

出花分离：出堆续窨时间一般不宜过长，应视各种香花的吐香习性、气温高低等因素灵活掌握。出花时先将窨堆耙开散热，防止因热久堆而影响在窨品的鲜爽度。出花方法过去采用人工用不同孔径的竹筛来分离茶坯和香花，现在则用抖筛机将茶与花分离。筛网孔径大小依茶和花的大小设定。一般茉莉花用 3—4 孔 / 寸，桂花用 10 孔 / 寸。筛出的茶坯称湿坯，应及时摊开放凉，然后及时复火干燥，以防湿坯闷堆。筛出的花朵称花渣，也应及时摊凉，或交会压窨或复火干燥。

珠兰花茶因为下花量原本就少，故不必出花，可带花烘干；桂花茶由于要求不同，既可带花烘干，也可烘干后再出花；白兰花茶较特殊，它既不用出花也不用烘干，可直接翻堆后装箱收贮。

出花的要求是茶中不带花渣，花渣中不夹杂茶叶，否则应进行复筛。

湿坯复火：出花后的湿坯（含水量一般在 12%—16%）进行烘干，称为复火。其目的只有一个，降低含水量，防止茶叶变质和保持已吸收的香气。也可以做中间品为转窨、提花创造新的吸香条件。茶坯的湿度与窨制中使用的香花量有直接正比关系，下花量愈大，湿度也愈大。烘干过去在烘笼中进行，现在大多在烘干机上操作，一般要求在 100℃—110℃ 的低温薄摊下慢速干燥，若用 120℃—130℃ 略高温度快速烘干，较多的香气会随着水分挥发而流失。烘干的程度视要求而定。烘干后直接作为成品匀堆装箱的称为"烘装"，烘干的干度要达到产品要求，如外销茶含水量为 7.5%，内销茶含水量为 8.5%。烘干后再应用于多次花茶转窨的叫"烘转"，其烘干的含水量掌握在 5%—6%，烘干后用于提花的叫"烘提"，其含水量为 6.5%—7%。"烘转""烘提"的中间产品习惯称其为茶坯。

湿坯复火的工序简单，但其技术要求很高。它既要蒸发掉多余的水分，又要最大限度地保留住香气，既要快速烘干以提高工效及减少香气耗损，又要严防高温造成的损香。整个过程全凭经验掌控，不得马虎一丝一毫，无论是烘火进风温度、摊叶厚度及烘干时间和进度都需要认真及时调整，俗话说："三分窨七分烘"，可见此工序的重要性。

湿坯复火后的茶叶温度仍较高，需及时摊放降温后才能匀堆装箱，否则会因叶温过高装箱，而造成"闷气"损香，俗称"火气耗鲜"。

为了提高一窨花茶的花香浓度，生产高档花茶，这些一窨花茶仍需作为茶坯再进行复窨或多次窨，或进行提花以提高鲜灵度，或进行打底以衬托主导花香。下面再简单介绍一下再窨、提花、压花和打底。

再窨：经过茶坯与鲜花拌和、窨花、通花、出花、烘干等一系列工序后，花茶即可产出，人们称之为一窨花茶或单窨次花茶。为了提高花香浓度，特将一窨花茶作为茶坯再重复窨一次，称其为二窨花茶或双窨花茶。复窨两次的花茶称为三窨花茶，依此类推。高档茶坯为增加其香味，需再窨 2—3 次，每次窨制工艺与以上工艺基本相同，仅用花量、温度、时间和水分含量等略有不同。特种茉莉花茶有六窨一提、七窨一提的。

提花：在窨花茶完成后，再用少量鲜花复窨一次，出花后不再复火，经摊凉后即可匀堆装箱，这一过程称为提花。其目的在于提高产品香气的鲜灵度。它不同于窨花，不需要再重复整个窨香工艺。为确保提花效果，提花用的鲜花要选择在晴天采摘的、朵大饱满的优质花，鲜花的开放度略大一些。

压花：有的香花，经窨花或提花用过的花渣尚有余香，如茉莉花，就可以再次使用它来窨制中低档花茶，所以利用花渣进行窨花称为压花。中低档的茶坯中含有少许的老叶枝梗，压花的明显作用就是清除茶叶的粗老味及其杂质引来的怪味。压花又分为重压花、轻压花。重压花指增加花渣用量，延长压花时间；轻压花则用花渣量少，时间也短。实践证明，重压花清除陈味、烟味、日晒味、青涩味等各种异味的效果远比轻压花好。压花的工艺过程类似于鲜花窨花，只是窨堆稍低，窨香时间要长一些，通常可达到 10 小时左右，中间还必须通花一次。经压花后起花分开的花渣，称为残花渣。大多残花渣另作处理。

打底：在窨花或提花时，特意配用少量第二种鲜花一起窨制，称为打底，说白了就是利用第二种鲜花的香气来衬托主体香，通过香气的协调，使主体香更为明显，且有鲜浓幽雅之感。当然第二种香型的介入，必须能够与茶香的主体香融合，不是随意什么香花都能用作打底的。如在窨制茉莉花茶时，可以配一定量的白兰鲜花，分次用于窨花和提花，让白兰花的浓郁香味来衬托茉莉花的清香芬芳，感官效果就更好了。打底用的鲜花除要注意与主导花香协调外，还必须掌握其适当的用量及使用的方法。如上述茉莉花茶用白兰花来打底，若用量过多或将白兰花切碎打底，均会造成白兰花香"透底"（也叫"透兰"），即白兰花香过强，干扰冲击了茉莉花香，造成不受欢迎的混浊香味。因此三级上的茉莉花茶若用白兰花打底，都不将白兰花切碎打底。窨花打底，都要经过复火工序，这可使白兰花香味降低，变得柔和一些。因此鲜花打底大多要走复火这一环节，生产过程中白兰花打底要掌握"窨花多用，提花少用"的原则。

三、"张一元"茉莉花茶的窨制工艺

在花茶中，产区辽阔、产量最大、品种丰富、销路最广的是茉莉花茶。茉莉花洁白高雅、香气清幽，近暑吐蕾、入夜放香、花开ությ尽。用茉莉花窨制的茉莉花茶既有茉莉花馥郁鲜灵的芳香，又有绿茶的醇厚滋味，所以当人们喝上一杯刚泡好的茉莉花茶时，会有一种清凉爽口、消渴解热、提神醒脑的感觉。明初茉莉花已名入最宜窨茶之鲜花的前列。明代李时珍在《本草纲目》中就明确记载："茉莉可熏茶。"表明茉莉花可用来窨制茶叶在当时已是共识。茉莉花茶作为花茶中的珍品，获得了人们的青睐，在清代开始有了规模生产。首先在福建福州有大生福、李祥春等茶号组织作坊进行大规模的茉莉花茶窨制。他们生产的茉莉花茶除在本地销售外，大量的是经过海路由福州运至天津，再转运北京、河北、山东、陕西及东北。京津地区成为茉莉花茶的热销点。由于茉莉花属于热带花卉，当时北方地区少有种养，故北方人通过茉莉花茶接触到了茉莉的清新芬芳，甚至被这一特有的花香茶味巧妙融为一体的品质所陶醉。茉莉花茶不仅通行于宫廷官宦之家，也走进了部分百姓之门，不仅成为待客必备品，也是年关送礼的佳品。清代咸丰年间福州已成为我国第一个茉莉花茶的加工中心。1873年台湾茶商将茶叶运到福州进行窨制茉莉花茶，表明茉莉花茶在台湾也有市场。1882年台商干脆从福州长乐引进茉莉花苗，台湾当地遂能直接生产茉莉花茶。1894年四川成都的茶商也从福州引种茉莉花苗，于是成都也有了茉莉花茶。20世纪初茶商将福州茉莉花茶的窨制技术引入江苏苏州，茉莉花茶在苏州得到生产和发展。抗日战争爆发后，南北交通困难，安徽和浙江的茶商难以将茶叶运到福州窨花，故苏州一度成为又一个茉莉花茶的加工中心。20世纪50年代以后，茉莉花茶的产量和销量迅速增长，浙江金华也开辟了茉莉花茶的生产基地。20世纪90年代，由于特别适宜种植茉莉花，且一年四季均能开花，广西横县逐步成为全国茉莉花茶又一个新的中心。

茉莉花茶的主要产区在南方，而它狂热的茶客群多集中在北方，特别是京津一带。茉莉花茶深受北京百姓的喜爱，已被染上京味，具有深厚的老北京文化底蕴。在北京茶庄中，最著名的当数百年老字号张一元茶庄和吴裕泰茶庄。北京的老顾客都说："张一元""吴裕泰"所卖的茉莉花茶"京味足"，只认这两个茶庄所售的茉莉花茶。

张一元茶庄是安徽歙县人张昌翼（字文卿）创办的。他出生于1869年盛产名茶的徽文化重地——歙县定谭村的一个农民家庭。在当地注重教育的氛围中，张昌翼七八岁被送到城南同仁堂办的义学念书，义学虽不及私塾或后来正规的小学，但也能学习认字和基本的运算。那年头穷人的孩子是不能只念书吃闲饭的，故他十几岁时，必须出门赚钱养家。光绪十年（1884年），在歙县同乡的介绍下，15岁的他来到北京，在花市西口对面的荣泰茶行当学徒。三年学徒期满，掌柜看他挺能干，便留他在柜上管账。管账的同时，他依然像学徒时那样，虚心地跟茶师学艺。本来在家乡时，他就耳闻目睹了许多制茶的知识，现在又通过学习，对茶叶制造和销售、饮用和品评有了更多的见识。他了解到南方人一般不喝花茶，花茶主要的客户在北方。北方天气较冷且干燥，故北方人喜欢喝比较温和的花茶，特别喜闻茉莉的芬芳。茉莉花茶是由茶叶经茉莉香花窨制而成的，其香味不仅与窨制技术有关，还与拼配的技巧相联系，不同的茶师会把档次相同的花茶按照不同比例拼配在一起，不仅保证了售出的花茶口感好、香气浓，而且还保证一年到头这些花茶都是一个品味。好学勤快的张昌翼本领强了，翅膀也慢慢硬了，十几年后他从荣泰出来自己单干。开始时他跟本行趸点货，自己拼配出来，在花市一带摆个茶叶摊。当时的崇文门外花市在京城商业繁华区内，一年多的茶摊让张昌翼挣了点钱，看到茶叶生意有赚头，他又跟几个朋友折兑了点钱，于1900年在花市大街羊市口外路南开了个茶庄，字号叫张玉元。生意慢慢做大了，资金也有了一定积累，1908年他又在观音寺（今大栅栏西口路北）开了个茶庄，取名"张一元"，寓意为"一元复始，万象更新"。精明的张昌翼生意愈做愈旺，到了1910年他在大栅栏又开了一家门店，取名张一元文记。为什么取名文记？这是因为张昌翼字文卿。文记有三间门脸、两层楼，是三间茶庄里最大的。

当年的前门外，除张一元茶庄外，还有森泰、西鸿记、庆林春、永安、元长厚、正明清等茶庄也很有名。在同行竞争中，"张一元"能立足并有较快的发展，这应归功于张昌翼有一套过人的经营方式。首先在茶源上，他于1925年在福建开办了自己的茶场，自制一种高品质的小叶花茶，这一品牌带动了整个"张一元"茶叶走俏，当时的前门外不仅商业繁华，而且还是梨园、澡堂子等娱乐休闲场所最集中的地区，像裘盛戎、马连良、李长春、李万春、谭富英等梨园名家都是"张一元"的老主顾，他们喝茶几乎都点名要"张一元"的茉莉花茶。这些名角名家喝茶都是很讲究的，他们对花茶的偏好反映了茶客的品味和文化诉求。"张一元"赢得茶客的另一个策略是在同行竞争中确保自己的花茶是一流的，是价有所值的。每到开春，三个"张一元"

店铺的掌柜凑到一块儿，掏钱托人（不能让自己的伙计去）到京城各大茶庄买小包茶，每个等级的都买回来，然后把买来的花茶逐一编号，挨个沏开品评，这在茶行叫密码审评。品评中，先闻其香味，看其汤色和茶底，再尝滋味和感觉，后看是哪里产的，根据品评的结果挑出最好的几包茶，查看它们出自哪个茶铺，假若不是自己铺子的，就分析这茶是怎样配制的、在配制上有何特点、配制后的成本高低如何。通过品评和分析许多茶样，逐渐找到自己最佳的配制方案，算出自己各种档次茶品的合理价格。口味定下来了，价格又便宜，因此茶客花同样的价钱都能喝到比其他茶铺里更好的茶。这就是"张一元"的经营之道。本来这些名角大家都喝"张一元"的花茶就是最好的广告，"张一元"还是在宣传上下了功夫，大栅栏里最早的霓虹灯就是"张一元"树起来的。此外"张一元"还开展了送茶上门的服务。由此，"张一元"能红遍北京，花茶甚至远销华北、东北等地就不难想象了。

1947年冬天，位于大栅栏的张一元文记茶铺失火，几乎把铺子烧光，"张一元"伤了元气。直到1952年，才修复重建。在1956年公私合营的手工业社会主义改造中，"张一元"字号取消了，取而代之的是闽春茶庄、红日茶庄，销售的花茶也是由茶叶公司配给的茶。20世纪80年代，"张一元"字号恢复了，但是真正的"张一元"不在乎它的名号，而在于有与其名号相应的茶，若继续靠卖茶叶公司配给的茶，"张一元"不能算是完全恢复元气。1992年来到茶庄的王秀兰（张一元花茶窨制工艺传承人）清醒地认识到这一点。她把"张一元"已退休的老职工请回来，向他们讨教什么是张一元口儿（指茶叶），张昌翼的孙子张世显具体地指出："老北京人爱喝'张一元'的茶，是因为它选用的是福建的茶坯，沏出来的茶不浑汤，看着透亮。"若汤色发浑，喝起来自然不是味。找到了症结，王秀兰三下福建茶叶产地，在几十家茶场中选中了4家，作为生产基地，按传统制作工艺组织生产，恢复优质花茶的质量标准，"张一元"又回来了，老北京人欣喜地喝到了那久违的品味。从此"张一元"茶叶的销售额直线上升，不时出现供不应求的局面。货真价实的"张一元"茶从1994年起陆续开发出12个品种的系列产品，分店开办了百余家，走出了北京，河北、山西、内蒙古都有分店，"张一元"的花茶在整个华北地区获得了良好的口碑。

"张一元"这个京城老字号在经营上以"实实在在的质量，实实在在的服务"为理念，靠"诚信为本"树立了企业的形象。"张一元"茉莉花茶窨制工艺于2008年被列入国家非物质文化遗产名录。

"张一元"茉莉花茶窨制工艺大致上有茶坯的选择、检验及处理，鲜花的挑选、检验及处理，茶、花的拌和、静窨、起花和烘焙、提花、匀堆装箱等基本工序。

（1）茶坯的选择、检验及处理：茶叶的老嫩与其吸香能力有一定的关系，因为吸香能力的强弱主要表现在茶香与花香的协调性上。嫩茶本身香气好，可衬托茉莉花香，而老茶香气差，衬托能力极弱，故嫩茶作茶坯比老茶好。以此类推，一般春茶比夏茶、秋茶好。张一元茉莉花茶采用福建春季产的烘青绿茶作茶坯。这种茶坯选自采摘的幼嫩芽叶经过初制加工成毛茶，再经整形和分级后配制成精茶。质量好的毛茶是制造优质茶坯的基础。毛茶的初制过程主要有萎凋、杀青、烘焙（七成干）、手工造型、烘干等工序。手工造型的目的是使茶汤中舒展的茶叶更有可观赏性。采用细嫩春茶作茶坯不仅是因为其组织结构疏松、吸香能力强、本身就有较好的清香味纯的茶感，还因其与茉莉花的香型比较协调。由这种茶坯窨制出来的茉莉花茶，茶味和花香融合无间，因此在品尝时清新鲜爽的愉快感受特别突出。茶坯制成后匀堆装箱，仓储待窨。

茶坯进行窨花前，应该对其检验一次，包括品质感官、理化、卫生等检验。品质感官检验要求品质正常、无着色剂或其他添加物。理化检验主要看其有无666、滴滴涕残留，铅、铜金属元素有无超标。卫生指标是看其有无霉变和污染等。检验不合格的茶坯就不允许使用。茶坯的水分要求在8%以内，水分超过9%的茶坯要及时进行烘干处理。茶坯的处理还要根据不同级别的茶叶进行归堆精制生产，以期达到相应等级规定的标准。不同品种的茶坯都应达到外形洁净匀整，无非茶类夹杂物及梗、片末。杜绝使用有异味、霉变、红梗、焦边的茶坯。

（2）鲜花的选择、检验及处理："张一元"选用的茉莉鲜花必须是数伏后的，花形饱满、大小均匀、色泽莹白的茉莉花。所谓数伏后是指从夏至到处暑之间，这个时节的茉莉花，由于气温较高，日照强，品质最优，产量也高。采摘一般选在下午3点钟后进行，这个时间的花蕾正好达到工艺上的成熟期，即花蕾的色泽已由青白转变为洁白，花冠筒已抽长，花蕾更饱满，而且花萼由于花冠筒的抽长而稍离花冠，即花萼不接触花冠。工艺成熟期的花蕾俗称为当天花蕾。采摘时不能夹带着枝叉和绿叶。入窨前还要检验一次，在察看花蕾是否符合要求的同时，还要清除因气温高和运输不当产生的"闷花""雨水花""虫花""红花"及非花夹杂物。

茉莉花蕾进厂后，为了养护鲜花的品质，促使其能匀齐地后熟和开放吐香，首先将其在平坦通风的地方摊放，摊放厚度为5—10厘米，让花散发在装运过程中产生的闷热和青草味，并挥发掉花蕾表面的水分。当温度接近室温或略高于室温1℃—3℃时即可进行堆花，堆花的厚度为40—60厘米，堆花的目的是促升温保暖，当堆温上升到38℃—40℃时（堆温中由于鲜花的新陈代谢活动会释放出热量，故温度上升），再进行一次翻堆、摊凉散热。这种堆花、翻堆、摊凉的操作大致要反复3—5次。在这个过程中花堆掌握先高后低（10—15厘米），通常伏天季节气温高，应以摊凉降温为主，摊与堆的时间间隔一般为30分钟左右。这种摊、堆及翻动的目的是促使花蕾在一定温度和充分氧气的氛围下匀齐开放。茉莉花释放香气的最佳条件是：室温30℃—33℃，相对湿度80%左右，空气流速5—6米/分，鲜花堆内氧气含量在17%—20%。

当花蕾开放的数量占总数量的70%左右（俗称开放率），花蕾开放后花瓣形成的角度达50°—60°左右（俗称开放度），这时可以进行筛花。筛花在筛网上进行，筛网的孔径分别为12毫米、10毫米、8毫米，分别获得的是一号花（大号花）、二号花（中号花）、三号花（小号花）。一号花用于窨制高级茶或用于提花，二号花用于窨制中低级茶，三号花一般用于窨制片、末茶。筛花的主要作用有三：一是进行净花和分级，按级对茶配花；二是通过过筛时的振荡作用，促进茉莉花开放；三是通过过筛除去那些已脱落的花萼、小蕾、病虫粒及其他杂质。

经过分级后的净花要称量以备下道工序使用。当茉莉花蕾的开放率达到90%以上，开放度达到90°左右时，即到了最适宜的付窨标准。这就完成了鲜花处理的两个程序：伺花和筛花。

（3）茶、花的拌和、静窨：茶坯和茉莉鲜花都准备好了，便可进入下道工序。窨制主要是让茶与花拌和，在静置中，茉莉吐香，茶坯吸香，花香茶香相互交融。窨制前要根据花茶不同品种及花茶外形和质量标准的配花要求，计算出该窨次所需的茉莉花数量。窨制时，在要求茶、花拌和时分布均匀的同时，还要保证茉莉花茶外形的完整，故尽量采用手工拌和。在时间把握上要求当茉莉花开放率和开放度都达到技术标准时，在30—60分钟内完成拌和作业。这样可避免茉莉花香精油的大量挥发散失。拌和的堆高一般在25—35厘米之间，若茶坯形状密实（如珍珠状），堆高可降低一些，避免堆温升得过快。

茶、花拌和后，堆在那里静置窨花，一般头窨全过程历时12—14小时，随着窨次的增多，可逐步减少静置时间，中间一般还进行通花。在静置窨花中，要注意堆温变化，适时调整堆高。堆温一般控制在38℃—42℃，若太高则要调低堆高；若堆温低于38℃，则要调高堆高。总之要创造一个适合茉莉花正常吐香的环境。

（4）起花和烘焙：起花即出花，将已完成窨制工序的茶坯与花渣分开。茶与花拌和后经过长时间的静置窨花，此时的茉莉花外形已呈"鸡皮皱"的萎缩状态，其呼吸作用在减弱、生理机能在衰退，芳香物质大部分已被茶坯所吸收。此时的茶坯也因吸收了相当的水分（芳香物质混在其中）也变得水湿软绵。这时必须及时起花，通过抖筛机迅速筛出花渣，防止因花渣酵化损害茶叶品质。筛出的茶叶应及时薄摊在通风处。起花时应掌握适时、快速、起净。机械筛不干净的茶头还应该迅速通过人工进行茶花拣别分离。分筛后的茶坯要及时烘焙，不能出现闷堆现象。

五窨以上的茉莉花渣和提花后的花渣，由于窨堆时间较短，起花时花色仍呈鲜白，尚有余香，可不舍弃而及时供压花之用或及时烘干成花干。压花一般在上午 10—11 点进行，尽可能把起花后的上述花渣经摊凉后及时用于压花。压花时，花渣与茶坯拌和后堆高 40—60 厘米，静置时间 3—4 小时，一般不超过 5 小时即起花。

对窨香后的茶坯的烘焙是很关键的。既要在烘焙中蒸发掉茶坯中的水分，又要尽可能地让茶坯保有其最大的香气。为此在操作过程中，要考虑烘焙窨次的水分要求与温度的关系，一般一窨水分掌握在 5%，二窨水分在 6%，三窨水分在 6.5%，四窨水分在 6.5%—7%，逐窨增加，其烘焙温度一般控制在 80℃—120℃，随着窨次增加。烘焙温度逐步降低。为了确保烘焙过程中的质量要求，必须经常从机口抽取少许茶叶样品，检视其香味质量及含水率是否符合不同窨次的不同要求。

花茶在窨制过程中，每一窨次烘焙都将使茶叶已吸收的花香部分随水分蒸发而逸失，故经过烘焙的茶叶都显得有点花香鲜灵不足。为了弥补烘焙工序带来的损失，确保成品既具茶香又有花香，大多花茶在起花之后都要进行提花。

为了保证成品的质量，在提花前还必须对茶坯进行一次处理。这次处理就是清除在窨制过程中混入或产生的梗、片末、花蒂、花蕾、花片及非茶类夹杂物。这样才能确保茉莉花茶的外形品质特征。

（5）提花：提花就是在最后一次窨花时以少量优质的茉莉鲜花与茶坯拌和，静置 6—8 小时，起花后不再烘焙，直接进行匀堆装箱。用于提花的茶坯水分含量通常在 6.5%—7%，提花后的水分含量其增幅必须控制在 7.5%—8.5% 之间，以保证成品的水分含量符合技术标准。

（6）匀堆装箱：窨制工艺的最后一道工序。在装箱前应先拼配小样，再经过水分、粉末等项目检验，当达到产品规格标准后，才可按比例进行匀堆装箱。为了保证质量，大堆的成品样还应再抽查其理化指标和进行品质鉴定。当然用于装茶的空箱也应检查，保证其干净、无灰尘杂物。

第八节　少数民族特殊的茶艺

在长期的饮茶生活中，人们慢慢领会到饮茶的真趣。友朋来，共饮茶，增进情谊；口渴时，饮杯茶，润喉生津；体乏时，饮口茶，舒筋消疲；休闲时，品味茶，耳鼻生香；烦躁时，饮点茶，静心安神；滞食时，饮茶水，消食去腻。同时，以茶为题形成许多民俗。在多民族的文化交流中，逐渐形成"千里不同风，百里不同俗"的饮茶习俗。这些习俗既是一个民族特有的文化符号，又寓意着深厚的民族情结。下面仅列举几项笔者有深刻印象的少数民族的饮茶习俗。

一、维吾尔族的咸奶茶和香茶

维吾尔族群众主要居住在新疆的天山南北，他们长期生活在大草原和水草丰茂、农产品富饶的绿洲。在这块土地上还有汉、蒙古、哈萨克、回、柯尔克孜、乌孜别克、塔吉克、俄罗斯等多个民族共同生活。这里虽然不产茶叶，可是自汉通西域以来，丝绸之路把茶叶作为重要的礼品带给沿线各民族，从此维吾尔族和其他聚居在天山南北的民族都视茶为宝，逐渐养成了喝茶的习惯，他们那里还流行一句俗话："宁可一日无米，不可一日无茶。"在当地居民的日常生活中，几乎"一日三餐有茶，提神清心，劳动有劲"，反之"三天无茶落肚，浑身乏力，懒得起床"。喝茶在生活中竟然有这么重要的作用，可见他们对茶的看重。喝茶后剩下来的茶渣他们也舍不得丢弃，他们用茶渣来喂养马、驴等家畜。他们认为茶渣能使马、驴有精神，还能使其毛色油光明亮。

他们酷爱喝茶，茶叶的消费量是很大的，当地又不产茶，茶叶主要是由内地运来的紧压茶，如产自湖北、湖南的青砖茶。这种砖茶由黑毛茶压制而成，在制作过程中，原料茶经过了汽蒸、渥堆、称茶、加茶汁搅拌、再蒸茶、装匣紧压、冷却定型和退砖、验收包砖、发花干燥等工序。这种砖茶属于后发酵的黑茶类，耐储藏，便于运输。

新疆地形为"三山夹两盆"，即：北有阿尔泰山，中有天山，中间夹准噶尔盆地，南有昆仑山，中间夹塔里木盆地。由于天山山脉的横亘，北疆与南疆的气候、自然环境有很大差异。居住在北疆高山草原的人们以畜牧业为主，以放牧为生。生活在南疆塔克拉玛干沙漠外围冲积平原上的人们以农业为主，以种植为生。不同的环境造就了不同的生产内容和生活方式。北疆的牧民喝加牛奶的咸奶茶，南疆的农民则喜欢喝加香料的香茶。

对于北疆的牧民，咸奶茶是终日必备，每餐必饮的。他们通常在帐篷中间的煤炉之上，悬挂着铝制茶壶，随时都可取饮热气腾腾的咸奶茶。进餐时要喝，进帐篷休息时也要喝。咸奶茶的制作过程很简单，先在茶壶里盛上八分满的水，然后将已敲成小块的砖茶投入其中，在煤炉上煮至沸腾，再煮4—5分钟后加入一碗牛奶或几个奶疙瘩和适量的盐巴。再煮5分钟左右，咸奶茶就煮好了。一般情况下一家一天至少可以喝三次（早、中、晚），咸奶茶作为饮品，有的人一天可以喝七八次。

每当客人来访，主人必会用咸奶茶款待。迎入客人后大家在帐篷中席地而坐，中间铺上一块洁净的白布，白布上放上烤羊肉、奶油、蜂蜜、馕（一种烤制的发酵面饼）及多种水果，主妇再为每人端上一碗热乎乎、香喷喷、咸淡适口的奶茶。主客边喝茶，边吃点心，边叙家常情谊，暖融融的温情洋溢在帐篷中。当客人喝完碗中的奶茶后，主妇立即又将奶茶斟满，主人会一直为客人敬茶劝吃。当客人已经吃饱喝足后，按当地习惯，在主妇敬茶时，客人用右手分开五指，轻轻地盖在茶碗上，这就表示"谢谢不用再加了"，主人就会心领神会，不再加茶了。咸奶茶的滋味，会因为砖茶的质和量、煮熬的时间及牛奶的量而有所差异，一般对于初饮者除了香浓鲜的感觉，还可能有点涩。对于常饮者，这种浓涩倒成为其特色。对于生活在高寒地区，少食菜蔬，多食肉多饮奶的北疆牧民来说，奶茶中的茶儿素、维生素等多种营养素物质确实是身体很好的补充，还能去油腻帮助消化。

南疆农民也喜欢喝茶，他们一日三餐喝的是香茶。这种香茶在制作方法上与奶茶相比，相同的都是将砖茶煮沸，而不是沸水冲泡，不同的是添加的配料不是奶和盐巴，而是胡椒、桂皮等多种香料碾成的细末。这种香茶不再有奶香、咸味，而是有点辛辣咸的香味。由于香料是呈细末状，故既可与砖茶碎块同时加入，也可在茶煮沸后加入，加入后要适当搅拌，饮用时要用一个网状过滤器过滤茶汤。若在就餐时饮用香茶，如一边吃馕一边喝茶，那么香茶更像吃饭时的汤。这种香茶中的香料，大多是公认的药材，如胡椒能开胃，桂皮可益气。此外，茶叶内浸出的咖啡碱和茶儿素等能提神，因此当地人认为这种香茶既能补充营养，又有保健作用，配合就餐实在必要。

无论是咸奶茶还是香茶，都是维吾尔族同胞的生活必需，这种必需已成为维吾尔族民俗中的亮点。

二、藏族的酥油茶

在中国的饮茶习俗中，各民族都有自己的特色，其中不能不提藏族同胞饮用的酥油茶。

主要聚居于青藏高原的藏族同胞，由于地处高原、气候干燥、空气稀薄，传统的农业以畜牧业为主，旱地上虽能种植某些像青稞之类的谷物，产量相对是较低的，蔬菜瓜果的种植更为稀少。这种农业结构就使藏族居民常年以奶肉、糌粑为主食。奶肉来自放牧家畜，糌粑则是由炒熟的青稞粉和茶汁混调而成的团饼状食品。调制糌粑需要茶汁，饮奶食肉更需要茶汤，藏族同胞认为："其腥肉之食，非茶不消，青稞之热，非茶不解。"可见饮茶在藏族同胞饮食生活中的重要地位，从茶汤中补充营养已成为当地藏民强健体魄的饮食必要。西藏的年人均茶叶消费量达15千克左右，居全国第一，远远超过注重绿茶清饮的内地居民。

大凡宾客进入藏胞的家门或帐篷，主人必定会用酥油茶和糌粑来款待。当宾客进门入座后，主妇很快就奉上一盘糌粑，随后为每人递上一只精美的茶碗。奉上茶碗后，主妇按照辈分大小和尊贵身份不同，依先长后幼的次序有礼貌地一一献上酥油茶。酥油茶是很有讲究的，其名目很多，配料特殊。一般的酥油茶的制作方法如下：茶叶大多选用四川边茶或普洱茶。这些茶都属于黑茶类的紧压茶。酥油则是自己家加工的：把牛奶或羊奶煮沸，用勺搅拌后倒入预先准备好的竹筒中，待冷却后，将凝结并浮于上面的一层脂肪刮取收藏，即是酥油。茶叶和酥油是家庭常备的，每天制酥油茶都遵循一套讲究的程序。首先是将清洁的水倒入锅中煮沸，当水沸腾后，用刀子将紧压茶捣碎放入，煮沸约半个小时，可视茶汁已浸出，这时可通过简单的过滤，将茶叶与茶汁分离。随后将茶汁倒入长圆柱形的打茶筒（这种打茶筒是专门制作的，它呈长圆柱形，大多用青铜制成，讲究的也有用银来制作的）内，再将预先已加热煮沸的牛奶或羊奶倒入打茶筒。这种鲜奶本身就含有一定量的油脂，若口味重油，还可以加入一些酥油，随后放入适量的盐巴和糖。之后盖住打茶筒，用左手握住打茶筒，右手将立于打茶筒内的打茶棒上下移动，不停地舂打筒中的茶、奶、油、盐、糖混合物。根据藏民的经验，在打舂中，当筒内声音由"咣当、咣当"之声慢慢变成"嚓咿、嚓咿"时，可视为打茶筒内茶汁、鲜奶、酥油、盐、糖已混为一体。这时可以说酥油茶已制成。这种酥油茶实际上是以茶、奶为主的多种原料的混合液体。其滋味多样，茶、奶、盐、糖的量与质都可以对茶味产生影响，配搭合理很重要。这种茶喝起来涩中带甘，咸中透香，十分可口。在青藏高原地区，喝酥油茶不仅暖身抗寒，加上糌粑还可饱腹强体。用它待客既显示了藏胞好客热忱的民风，又体现出藏民朴实统一的性格。

喝酥油茶的礼仪，藏胞有自己的讲究和习惯。例如客人在喝酥油茶时，尽管好喝也不能端起碗来一口喝尽。这种狼吞虎咽的喝法被认为是不礼貌的。一般每喝一碗茶，都要留下少许，这是表示对主妇打茶手艺的赞许，可以再来一碗。主妇见状就会立即上来再把茶碗斟满。如此几巡后，客人实在是不能再喝了，则可以将碗中剩余的那点茶有礼貌地泼在地上，表示自己喝饱了。这样主妇也就不会再劝饮了。

除接客待友外，在几乎所有的礼仪活动中，藏胞都会用到酥油茶。例如在祭祀中，虔诚的教徒要向喇嘛敬茶；在家族的节庆活动中，有钱的人要向来人施茶，以示积德行善。在一些大的喇嘛寺庙里，大多备有一个特大的茶锅，锅口直径可达1.5米以上，可煮茶水数担，专供香客们取用，这也算是佛门的施舍。总之，喝酥油茶在藏胞的生活中被视为必需，每家都备有茶具，终日煮熬，保证时都可以有茶饮，不论男女老少，一天下来大概要饮上十几碗。正因为饮茶这样重要，故茶叶在人际交往中成为珍贵的礼品。在男婚女嫁时，

茶叶作为礼品是必不可少的。在藏胞眼里，它象征着美满幸福。（图4-81）

图4-81 西藏寺院厨房中的酥油茶桶

三、蒙古族的咸奶茶

与新疆、西藏的牧民一样，长期以放牧牛羊为业的蒙古族同胞也喜欢喝加入牛奶、盐巴一起煮沸的咸奶茶。蒙古族人，特别是生活在草原蒙古包中的牧民，常常是"一日三次茶"。

每日清晨，蒙古包的主妇都要煮上一锅咸奶茶，供全家全天饮用。早上一边喝茶（喝热茶），一边吃炒米、油果等配食。所以早茶也可以称作早饭，是可以填饱肚子的，摄入的能量和营养是充足、丰富的。早茶过后，将剩余的咸奶茶放在微火上保温，以便随需随取。午茶有回蒙古包喝的，也有在外面喝的（随便走进哪家蒙古包都会有奶茶招待）。通常一家人要到晚上放牧回来后才正式用一次餐。一天早、中、晚三次喝茶，一般是不能少的。晚茶则是在晚餐后、睡觉前喝。因为晚餐少不了牛、羊肉，大量肉食填肚，晚上喝茶则有利于消渴和帮助化食。对于那些没有远离蒙古包的中老年的男子，喝茶的次数还会多些。据不完全统计，每个蒙古人每年平均的茶消费量约有8千克，多的可达15千克。

蒙古草原不产茶，所需的茶叶都是从内地运来的，主要是采自湖北的老青茶和湖南的黑茶。由于茶的转运路途遥远而且需求量大，故它们都是在当地加工成青砖茶或黑砖茶后再运往草原。这类属黑茶的砖茶不同于散茶，其紧实的质地很难用开水将茶汁浸出，故一般不能用开水冲泡，而必须采用煮茶的方式。煮奶茶时，先把砖茶打碎，将洗净的铁锅置于火上，盛2—3升水。水烧至沸腾后，放入已捣碎的砖茶，量约为25克，再煮沸3—5分钟，这时可加入牛奶，牛奶的量一般为水的五分之一，即0.5升左右。过一会儿再加入适量的盐巴，待整锅奶茶再次沸腾后，咸奶茶就煮好了。

煮咸奶茶在操作上较藏族的酥油茶简单一些，与维吾尔族的奶茶相近，其口味的好坏除与砖茶的质量和所加奶的新鲜程度相关外，还与煮茶用的锅、加的水有关，特别还与煮茶的时间和操作程序有关。煮茶用的锅一般采用铁锅，煮茶前要清洗干净，不能有铁锈或带有膻味。水当然最好是纯净水，奶则要新鲜，未经发酵。煮茶时间应掌控在煮沸后，及时放进捣碎的砖茶，再沸腾3—5分钟，掺入牛奶。茶叶不宜放迟了，也不能煮久了，更不能将放茶和掺奶的次序颠倒了，否则茶味就出不来了。加入适量的盐巴，水沸腾后就及时停火，否则奶茶的香味也就淡了。总之，在蒙古族看来，煮咸奶茶是有讲究的，只有注意到器、茶、奶、盐、温五者的协调，才能煮得咸甜可口、鲜美味正的好奶茶。作为家庭主妇的蒙古族妇女，从小就从长辈那里学习煮茶技艺，日后都练就了一手煮茶的功夫。当她们出嫁时，在婚礼上就要展示她们的煮茶技艺。这种煮茶的技艺往往被大家视作衡量有无教养的一种参照。

咸奶茶的配餐不仅有炒米、油果等点心，还有肉干、血肠等佳肴，品种多样，营养丰富，可见喝奶茶实质上与吃正餐差不多，这可能是游牧民族传承下来的饮食方式。这种饮食方式和食品的搭配，既保证了人们对脂肪、蛋白质、淀粉（糖）的基本营养需求，又为人体生长提供了多种维生素、咖啡碱、多酚类化合物、氨基酸、矿物元素，弥补了因少食青菜等植物性食品而造成的营养缺失。故在草原的游牧生活中，饮食咸奶茶是身体的必需。

四、（大理）白族的三道茶

大理市位于云南省西北部，横断山脉南端，地处金沙江、澜沧江、怒江、红河四大江河流域，动植物资源种类繁多，被誉为"植物宝库"和"动物乐园"。州内苍山、洱海珠联璧合，互相辉映，自然风光闻名遐迩。大理聚居着白族、彝族、汉族、回族、傈僳族、苗族、纳西族等多个民族，尽管语言、服饰、习俗、饮食及宗教信仰各不相同，但是各民族能和睦相处，共同造就了一幅壮观的繁华景象。

大理早在三千年以前就居住着白族的先民，唐宋时期曾先后建立过"南诏国""大理国"等地方政权，一度成为云南的政治、经济、文化中心，是中国西南边陲的文化发祥地之一。白族是一个好客的民族，不论是逢年过节、生辰寿诞，还是男婚女嫁及亲朋好友在一起的日子，白族人都会用三道茶来款待宾客。笔者每次到大理，都能品尝到地道的三道茶。"一苦二甜三回味"的三道茶不仅给人留下久久不能忘怀的滋味，而且它那值得回味的哲理更使人们对生活的征程有了新的理喻。

三道茶，白语叫"绍道亮"，既是白族人待客的一种风尚，也是白族一种古老的品茶艺术。据传，这一习俗起源于8世纪的南诏时期（与盛唐同期），当时的白族先民也与内地的汉族人一样，已将饮茶视为生活的一项重要内容。延续至明代，当徐霞客畅游大理时，当地已形成了"注茶为玩，初清茶，中盐茶，次蜜茶"的民间习俗。又经代代相传，演进为今日的三道茶习俗。所谓三道茶即茶分三道，味各不同。

宾客上门或宴会活动开始，主人一边接待客人、安排座席、嘘寒问暖相互致意，一边吩咐家人架火烧水。待水烧开，就由家中年长者或家中最有威望的长辈亲自司茶。先将一只小砂罐置于文火上烘烤，待小罐烧热后，取适量茶叶放入罐中，并不停地转动罐子，使茶叶受热均匀。所用茶叶大多采用当地产的云南名茶，如大关翠华茶、苍山雪绿、尖山云雾或当地的上好沱茶，还有的是主人刚从茶树上采摘的芽叶或经初制而成的毛清茶。当受热的茶叶在罐中发出"啪啪"声时，茶叶的色泽也由绿转黄，且产生淡淡的焦香，随即向罐中注入已经烧沸的开水。片刻再将罐中已冲泡好的茶水倾注到当地人叫作牛眼睛盅的小茶杯中，主人用双手举茶敬献给客人。客人双手接茶后，通常一饮而尽。白族人认为：酒满敬人，茶满欺人，故小茶杯半满即可。但是这少许茶水，由于茶叶经烘烤，茶汁十分浓，看上去色如琥珀，闻起来焦香扑鼻，喝进去滋味苦涩。这头道茶既香又苦，白族人称其为苦茶，即清苦之茶，它寓意做人的哲理："要立足，就要先吃苦。"

喝完第一道茶后，主人在小砂罐中重新烤茶置水或使用留在罐中的第一道茶，继续加入沸水。与此同时，换上小碗或普通茶杯（比一道茶的牛眼睛盅容量要大），在杯中放入生姜片、红糖、蜂蜜、炒熟的芝麻和切成薄片的核桃仁，再将砌好的茶汤冲入至八分满，敬献客人。此道茶甜中带香，别有一番滋味，白族人称这第二道茶为糖茶或甜茶，它的寓意是："人生在世，做什么事，只有吃得了苦，才会有甜香来。"

第三道茶称为回味茶，先将麻辣桂皮、花椒、生姜片等放入水中煮，将煮出的汁液放入杯内，加入刚冲泡的苦茶和一匙蜂蜜，容量不能太满，以半杯为宜。当客人接过茶杯后，应一边晃动茶杯，让茶汤与蜂蜜和佐料汁液混合均匀，一边趁热饮下，顿时口中感觉香、甜、苦、麻、辣五味俱全。有的或许在佐料品种上有所增减，但基本上保持五味特色。如在茶汤中加入乳扇。用牛奶熬制而成的乳扇，放在文火上烘烤，当它受热起泡变成黄色后，立即用手将其揉碎放入茶汤中。这种茶汤更带有一种突出的乳香味，接近白族传统食品所特有的风味。总之，回味茶，回味无穷，寓意人们牢牢记住"先苦后甜"的道理。

三道茶一般每道茶相隔五分钟左右，其间桌子上放着瓜子、松子、糖果及某些特色的点心、水果，以增加品茶的情趣，表明主人的真诚好客。

据传在很久以前，在大理的苍山脚下，住着一个手艺高超的老木匠，他带了一个徒弟。这个徒弟学了几年后便已能雕会刻了，但是师傅就是不让他出师。徒弟有点不解，忍不住问师父："我什么时候才能出师？"师父语重心长地告诉徒弟："作为一个木匠，会雕会刻，才只学到一半功夫，要是跟我上山，你能把大树锯倒，且锯成板子，扛回家来，才算出师。"徒弟一听，这有何难，于是要求第二天就跟师父上山。在山上师父指给他一棵粗大成材的麻栗树，徒弟立即锯起树来。当徒弟把树锯倒，已累得大汗淋淋，觉得口干舌燥，他恳求师父让他下山取水解渴，师父不依，要他接着把树锯成板子。又锯了一阵，徒弟口渴着实难忍，就随手抓了一把树叶，放进口里咀嚼用以解渴，脸上立即露出一副痛苦的表情：皱紧眉头，又咂舌头，忙吐口水。师父见状，问他："味道如何？"徒弟只好实说："好苦啊！"师父语重心长地说："劈树成材同样不容易，要学好手艺，不先吃点苦怎么能行啊？"这样直到日落西山，板子锯好，徒弟已累得筋疲力尽了。这时师父从怀里取出一块红糖递给徒弟，徒弟吃了这块糖，似乎力气又恢复了，精神也振作起来了，赶紧起身，一鼓作气将板子扛回家。师父对徒弟说，这就叫作先苦后甜。这之后，师父便让他出师了。在他告别师父之时，师父又特地给他倒了一碗茶，在茶中放入一些蜂蜜和花椒叶，搅拌后让他喝下去，然后问他，这茶是苦还是甜？徒弟回答，香、甜、苦、辣、麻，什么味儿都有，师父听后哈哈大笑，说道，这茶中情由，跟学手艺、做人的道理差不多，要先苦后甜，还得好好回味。从此三道茶成为白族晚辈跟先辈学手艺、求学拜师的一套礼俗。随着社会对三道茶礼俗哲学寓意的认识深化，它的应用范围日益延展，成为白族人喜庆迎客，特别是新女婿上门、子女成家立业时长辈告诫晚辈的一种必要的形式。

五、瑶族、苗族、侗族的油茶

2008 年 11 月，到广西桂林调研时，在桂林市文化局的安排下，笔者和市文化局的涂科长一行乘车来到盛产贡柑的恭城。中午 11 点多到恭城就直奔因打油茶而闻名的茶庄。开始时还纳闷，中午应该是先吃饭，何必到茶馆来喝茶。待主客人到齐后，店主端上来一大壶已熬制好的茶汤，每人添一碗，然后再端上爆米花、炒花生米、炒黄豆、绿豆糕、米花糖、糍粑及多种油酥点心。当品尝第一口油茶时，觉得有点淡淡的咸味和清香，口感很新鲜。接着喝下去，开始感到很顺口。边喝边聊再加上吃点心，不知不觉喝了好几碗，不仅肚子饱了，还觉得精神气挺足。按平时的生活习惯，午饭后会感到疲倦，有午睡的习惯，此时却倦意全无。中午的油茶使一行人精力充沛，给大家留下了很好的感觉。为此在第二天早晨，恭城县文化馆莫馆长在他家里专门为我们展示了油茶的制作过程。打油茶有一套专用设备，除一铁锅外，还有专用漏勺、小铁铲等。制作油茶的程序是，先点火烧热铁锅，再倒入少许茶油，待油热后，再放入茶叶（当时放的是自家采制的绿茶），据说他们更多的是选用茶树上的幼嫩芽叶，经不断翻炒，茶叶逐渐散发出清香。这时再加入芝麻、花生米、生姜（生姜入锅前最好先拍裂，炒煮才易出味）等。炒一会儿放水加盖煮，当煮沸 3—5 分钟后，茶汤起锅前再撒一把葱、蒜和少许食盐。茶汤煮好后，分盛在碗中，一碗又鲜又香又爽的油茶就可以喝了。当然莫馆长已为配食油茶准备了糍粑、米花糖等多种点心。由于觉得这油茶非常好喝，众人便不客气地连喝数碗，直到肚子饱胀为止。

喝油茶不仅在桂北地区，而且在贵州遵义等地，凡是聚居着侗族、苗族、瑶族同胞的地方都十分盛行。这些少数民族十分热情好客，当亲朋好友登门时，他们都喜欢以油茶来款待客人以表敬意，特别是喜庆节日，他们更是以打法讲究、佐料精选的油茶来款待贵客。即使在平日，一家人每天也要喝上几碗油茶汤。他们认为喝油茶可以驱邪祛湿、振奋精神、预防感冒。由此可见，打喝油茶已融入当地民俗。据老人们回忆，喝油茶的民俗早已有之，而且是世代相传。人们普遍认为清茶喝多了肚胀，油茶喝多了反而觉得神清气爽，故当地人在日常生活中用油茶代替了清茶。"香油芝麻加葱花，美酒蜜糖不如它。一天油茶喝三碗，养精蓄力有劲头。"当地人把喝油茶视作与吃饭同等重要，所以我们到恭城第一顿饭就是喝油茶。（图4-82—图4-85）

　　油茶作为民族文化的一个元素，当地人给予了它更多的关注和建设，从而使喝油茶从内容到形式都有所发展。莫馆长所展示打油茶的程序仅是民间家常的。当它作为礼仪上的内容后，油茶逐渐发展出鱼子油茶、糯米油茶、米花油茶、艾叶粑油茶等众多内容，配茶也增加了许多专门炒制的美味香脆的食品菜肴，例如炸鸡块、炒猪肝、爆虾仁等佳肴。从点茶始，经佐料选配、煮茶到配茶等工序都日愈精细讲究。点茶即选用作油茶的茶，通常为两种，一是当地专供油茶使用的末茶，二是选用从茶树上现采的幼嫩芽叶。如今讲究的是根据茶叶的生长季节和各人的口味爱好来定，例如春季，就采用茶树上刚萌生的芽叶。佐料即用于打油茶的配料。常见必备的佐料有食用油、生姜、花生米、芝麻、米花及小葱、大蒜。讲究的食用油主要用当地压制的茶油，生姜用老姜，花生米、芝麻也要挑选上好的，还可以根据自己的爱好和口味，再添加一些辛辣的调料。先用食用油煸炒茶叶、生姜、芝麻、花生米，一定要待茶叶等发出一股股清香后才能倒入水进行下一道工序：煮茶。煮茶主要是把握好火候和时间，一般由高手掌控。当色鲜味美的油茶制好后，下一道工序就是配茶，配茶即人们喝油茶的同时，还准备了丰富的点心、菜肴。配茶的品种和质地往往展示了主人的地位、经济实力和好客的亲和力。最后一道程序是奉茶。奉茶是讲究礼节的，通常在主人快要打好油茶时，就招呼客人入席围坐，主人会彬彬有礼地将筷子一一放在客人面前的桌子上。少顷，主人用双手分别依次向宾客奉上热气腾腾、洋溢着芳香的油茶。当然客人也用双手来接茶，并欠身点头致谢。在主人盛情的招呼下，客人一口接一口喝着油茶。为了表示对主人热忱好客的敬意，客人在边喝边啜的同时，大多都会对生香可口的油茶赞美

图4-82　广西侗族油茶　炒茶叶，三江高定

图4-83　广西侗族油茶　加水烹煮，三江高定

图4-84　广西侗族油茶　辅料米花，三江高定

图4-85　广西侗族油茶　用煮熟的油茶冲泡米花，三江高定

一番。当客人喝完碗中的油茶后，主人会立即添茶，让客人连喝几碗。按当地风俗，客人喝油茶不能少于三碗，所谓"三碗不见外"。实际上，这种喝油茶的形式就是一种多饮过程，似以油茶代酒的盛宴。这种独特的茶叶煮泡方法，和以茶汤作为主饮的餐宴形式其实有着深厚的历史文化背景。在唐宋煮茶、斗茶盛行之时，以茶饮待客与酒宴一样都是社交的重要礼仪，当时煮茶为了增加茶感，配有葱、姜、芝麻、炒米等佐料。如今这种形式主要在少数民族聚居的

图 4-86　红藤，贵州锦屏

图 4-87　红藤染成的红色糯米，贵州锦屏

地区盛行。藏族的酥油茶、蒙古族的咸奶茶、土家族的擂茶、傈僳族的雷响茶都是这种形式。

2011—2013 年，笔者先后数次赴广西桂北及贵州黔东南地区考察，所到之处，居民以侗族、苗族、壮族、瑶族等为主。这些地区的居民食用油茶的习俗很普遍，加入的米花是多彩的，有红、绿、白、黑、黄诸色。白色的是未经泡染的稻米炒制而成的，其他颜色的是稻米经不同植物泡染后炒制出来的，其中，以红藤染红米，以黑米饭树叶染黑米等最为常见。（图 4-86—图 4-89）

图 4-88　黑米饭树叶，贵州凯里

图 4-89　被染黑的糯米，贵州凯里

六、德昂族和布朗族的酸茶

（一）德昂族的酸茶

德昂族原名"崩龙族"。1985年9月17日，经国务院批准正式改名为德昂族。"崩龙"是他称，非本民族的自称，德昂族各支系中三分之二以上的人自称"德昂"，意思是"石岩"。德昂族是西南边疆现有最古老的民族之一，早在公元前2世纪就在怒江西岸一带生活，聚居于云南省芒市三台山和镇康县军弄等地。

德昂族是一个崇尚种茶、饮茶的民族，他们自称是茶叶的后代。有德昂族的地方，就有满山的茶树。德昂族没有本民族的文字，在他们的长篇口述史诗《达古达楞格莱标》（德昂语，大意为：最早的祖先传说）中说到，在远古混沌世界的上空，茶树是万物的始祖。当时大地一片荒凉，茶树将一百零二片茶叶降落凡间，幻化成五十一对男女，这就是人类的祖先。

德昂族种茶历史悠久，茶在德昂族民间不仅是常备的饮料，也是馈赠亲友的最好礼品。千百年来茶成了德昂族社会交往、防病治病的重要饮品。德昂族长期生活在山地，山里的气候闷热多雨，所以德昂族人的饮食以酸辣为主，而且喜欢喝浓茶。德昂族制茶方法与饮茶方式颇多，最具特色的便是德昂族的酸茶。其制作工艺有两种：一是土坑法，二是陶缸腌制法。

酸茶在德昂族男女双方定亲时饮用较多。宾主双方先嚼酸茶再含着茶点嚼，滋味回甘，香脆，十分爽口，边饮边讨论结婚的各项事宜，如聘礼、婚期、婚宴等。德昂族还有用酸茶做菜的习俗，有时是加入辣椒、洋葱等拌着吃，也有加泡椒、肉丁等炒着吃的。

2010年11月间，我们曾考察了云南德宏州芒市的"德凤茶业有限公司"，公司的主业是生产普洱茶。在公司会议室的一角，我们看到了这种传说中的酸茶，于是，我们对德凤的总经理卢美凤女士进行了访谈。她向我们详细地介绍了德昂族酸茶的制作方法和文化背景，还特意带我们品尝了酸茶和用酸茶做的菜肴（图4-90—图4-93）。

图4-90　德凤茶叶商标

图4-91　德凤茶厂中的酸茶

图4-92　对卢美凤进行访谈

图4-93　用酸茶做的菜肴

在德凤公司办公室主任小杨的协助下，我们对德宏州芒市三台山德昂族乡出冬瓜村杨大哥的酸茶制作进行了考察。杨大哥制作饮用的酸茶一般是采用土坑法：采摘后的新鲜茶叶经过摘拣，放入铁锅中翻炒杀青、摊凉。在竹篓中铺垫芭蕉叶，将茶叶裹好埋入院中事先挖好的土坑内（有的人家还会浇上米汤，用于发酵）。一周左右，将茶叶从坑中取出，揉搓、晾晒，待湿气散出后，包好，再发酵三四天（视当时环境、温度而定），取出晒干，酸茶就制好了。

据杨大哥介绍，寨中有的人家一次做的酸茶量较大，为了储存，会将晒干的酸茶舂细微湿后用两块木板紧压成薄片，晒干后切成小块，像茶饼一样存放起来。杨大哥还介绍了陶缸腌制法。他说酸茶制作量不大时，就会用陶缸直接腌制酸茶，只不过杀青后是将茶叶放入陶缸里，浇米汤后封好，一般十来天就可以食用了。这样做的酸茶一般用来做菜。（图4-94—图4-97）

图4-94　酸茶　三台山德昂族乡出冬瓜村的杨叔夫妇

图4-95　酸茶　摊凉

图4-96　酸茶　将鲜茶叶用芭蕉叶包裹放入竹篓中

图4-97　酸茶　将竹篓埋入土坑

（二）布朗族的酸茶

大约于公元前300余年至1世纪末，在中国云南西南部有一个小国叫哀牢国。南朝时期范晔在《后汉书·西南夷列传》中载述哀牢说："其称邑王者七十七人，户五万一千八百九十，口五十五万三千七百一十一。""土地沃美，宜五谷、蚕桑。知染采文绣……兰干细布，织成文章如绫锦。"

东晋常璩在《华阳国志·南中志》中称："其地东西三千里，南北四千六百里。"疆域包括今保山、临沧、普洱、西双版纳、德宏和怒江等地州全境或大部。生活在永昌（哀牢国）境内的濮人，后来分化为布朗、佤、德昂三个民族。

今天的布朗族主要分布在云南境内的昌宁、凤庆、云县、景东、双江、澜沧、勐海等地。

布朗族是一个善于种茶的民族。在漫长的历史长河中，茶一直在他们的生活中有着重要的地位。云南是茶的发源地。茶叶很早就进入了布朗族人的生活中。

布朗族妇女既是采茶能手，也是制茶能手。她们用土法制作的散茶、竹筒茶、酸茶很有地方特色。

布朗族酸茶的制作方法与德昂族大致相仿，比较有特点的一种做法是：将采回的鲜茶叶煮熟，加入盐、辣椒、姜等配料，搅拌、混合后装入竹筒或陶坛内，用笋叶封口扎紧，放置发酵至发酸。酸茶既可以做菜，也可以用开水冲泡作饮料。有些人还喜欢将其当作零食直接放入口中咀嚼。

第五章　酿酒工艺（蒸馏酒）

第一节　传统酿酒工艺的魅力和特色

那些曾在人们的生存和提高生活质量方面提供支撑的诸多手工技艺，在中国五千年的文明史中留下绚丽的华章；近代科学技术在中国的传播和发展，致使这些历经多种方式传承和发展下来的手工技艺面临着全新的境遇。不少由手工技艺支撑的部门或企业为了提高生产效率，降低成本，它们顺应时势，逐步以机械化、自动化生产取代传统的手工生产。许多地方的手工技艺很快被湮没了，例如曾在我国古代文明占有重要地位的传统农具制作及使用技术、手工粮油加工技术等大多消亡了；也有部分手工技艺即便作为一种民族的文化符号至今尚能生存，但是其生存空间已受到严重的挤压，例如手工造纸、手工制陶等。这一社会现象恰好反映了社会的进步，即先进的生产技术终究要取代落后的生产技术，生产要发展，社会在前进；但是从另一角度来看，这种现象也隐含着文化的多元性受到的挑战，有不少印记着我们祖先的聪明才智的技术形态，逐渐被弃用进而被遗忘。在这巨大的变革中，至少已有五千年历史的传统酿酒手工技艺却仍然能够保存下来，并且与时俱进。传统酿造技艺在机械化大生产中虽然部分技术有所变化，例如酒醅的起窖搬运等，但是，产品始终得以保持固有的传统技艺特色，而且借助机械的效率优势使生产规模达到前所未有的高度。目前在中国的辽阔大地上，许多传承悠久的酿酒企业依然遍布城乡，它们生产的美酒佳酿仍旧在千家万户点缀着欢乐的生活。人们不禁要问，传统的酿酒手工技艺的魅力缘何经久不衰？！

一、酿造工艺的演进

中国先民创造并传承的传统酿酒技艺包含着酿造工艺的精髓，它打开了人们探究微生物世界的大门；传统的技术思想仍然适用于这一目前处于前沿科学的领域，微生物世界的诸多环境因素因果相乘，相辅相成，最终相得益彰，传统的技术思想引发出一系列新的生物技术，并延续着它在社会发展中的美好前景。这就是中国使传统酿造技艺经久不衰的原因之一。下面作进一步的具体剖释。

先民是模仿自然界的发酵现象而发明了酿酒技术，生产出酒一类的发酵食品或饮料。在自然界中，发酵这种化学变化的现象是一种常见的自然现象，凡是富含糖（如葡萄糖、麦芽糖、乳糖、蔗糖等）的物质，例如水果、兽乳等，在一定自然条件（温度、湿度等）下，在酵母菌等霉菌或细菌的作用下都会发酵（即糖酵解作用），生成乙醇（酒精）和二氧化碳等。古籍曾多次记载，人们曾发现储藏的水果（葡萄、梨等）不经意地变成了香甜的酒液。古籍还记载了那些生活在深山野林中的猿猴也能够采集野生花果置于石洼，让其自然发酵成酒。猿猴即能为之，人又有何难。所以古人认为，酒与天地并存，酒是大自然的赏赐。要想吃到这类美食，只要模仿大自然的发酵现象，即可获取。人们就是这样逐渐学会了发酵酿造技术。

人们最早享用到的酒可能是源于水果或兽奶的自然发酵，稍后人们又发现煮熟的剩饭或粥和发芽、长霉的谷物也能发酵成酒，正如晋代学者江统（？—310 年）在《酒诰》中所说的："酒之所兴，肇自上皇，或云仪狄，一曰杜康。有饭不尽，委余空桑，郁积成味，久蓄气芳，本出于此，不由奇方。"[1]江统的观点代表古代部分学者对酿酒技术起源的认识。观察到谷物发酵成酒，并利用这种现象而制酒的不止江统一人。事实上，用谷物制酒在机理上要比应用水果、兽乳制酒要复杂。

谷物的主要成分为多糖类的高分子碳水化合物：淀粉、纤维素、蛋白质。稻米中含淀粉在 70% 以上，小麦含淀粉为 60%。淀粉不能被酵母菌直接转化为乙醇，它必须经过两个步骤才能被转化为乙醇。第一步是将淀粉分解为麦芽糖等糖类，即糖化过程；第二步是将糖分化为乙醇，即酒化过程。水果、兽乳酿酒只需完成酒化过程，而谷物酿酒则需完成糖化、酒化两个过程。两个过程依次先后进行，后人称其为单式发酵，假若使两个过程同时进行，则称为复式发酵。在发酵过程中，还有以下生化反应：

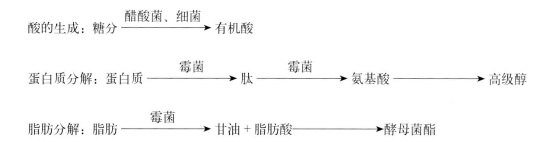

水解淀粉的糖化酶在自然界存在于多种物质之中，因而使淀粉完成糖化过程的方法有很多种，在古代最常见的途径有四种：一是利用人的唾液中的糖化酶，将谷物中的淀粉糖化；二是使谷物生芽，谷芽会分泌出糖化酶，促进淀粉分解变成糖分；三是将谷物加水加热糊化而促使淀粉分解变成糖分；四是利用某些可分泌糖化酶的霉菌使谷物中的淀粉转化为糖分。这是人们在生活中可以观察或体会到的自然现象，先民正是模仿这些自然现象，实现谷物的糖化，然后进一步让酵母菌完成糖分物质的酒化而造出酒。

在古代，人们通过以下几种方法促使谷物淀粉糖化，然后再发酵成酒。

第一，利用谷物生芽使淀粉糖化是最古老的技术之一。谷物发芽时，自身细胞会分泌糖化酶，将内含的淀粉分解为麦芽糖等单糖以供生根发芽的营养需求。故发芽的谷物可以直接用于酿酒，也可以用来制取麦芽糖之类的甜品。用谷芽酿酒只需将谷芽浸泡在水中，当有适合的环境（主要是适合的温度），空气中的酵母菌落入其中繁殖，谷芽发酵就会生成乙醇。

第二，利用人的唾液中的糖化酶，将谷物中的淀粉水解为单糖，再由空气中的酵母菌进一步使之发酵生成乙醇。人们在咀嚼淀粉类食物时，都会品尝到甜味，这就是唾液中的糖化酶在分解淀粉后给人的感觉。

第三，利用大自然中某些可分泌糖化酶的霉菌使谷物中的淀粉转化为单糖，再由酵母菌发酵产生乙醇。

人类早期将谷物发酵制酒的常见手段主要为以上三种，这三种糖化过程分别利用了植物体内、动物体内、微生物体内的酶来分解多糖或双糖物质成为单糖。这三种方法的应用在不同时期、不同地域又有不同的演进道路。

第一种通过谷物生芽糖化的技术，无论是在东方还是在西方，在过去还是当今都被广泛地采用过。在中国的先秦时期，先民用这种技术生产过醴，醴是由发芽的谷物所酿造的酒。《说文解字》说："醴，酒一宿熟也。"[2]《释名》称："醴，齐醴体也，酿之一宿而成，体有酒味而已也。"[3] 由此可见，醴应是一种以谷芽（蘗）为主，只经过一宿的时间发酵，带有甜味，酒味很淡的一类酒。醴又因原料的不同而分为稻醴、黍醴（黍即今黏黄米）、梁醴（粱可能是糯粟，高粱的一种）等。醴酒在商代很盛行，在诸多礼仪、祭祀中都是必不可少的。据宋应星所著《天工开物》述："古来曲造酒，蘗造醴，后世厌醴味薄，遂至失传，则并蘗法亦亡。"[4] 宋应星认为，蘗造醴的技术，因后世厌醴的味薄而遗弃失传，生产蘗的方法也随之消失了。

宋应星的看法只说明了一个事实，即用蘖生产醴的技术自两汉以来在中原地区的确被人们遗弃了，人们后来使用蘖主要用来制造饴糖。但是由于宋应星的视野受时代的局限，他对于用蘖造酒技术在其他地区的传承了解不多。例如在广大的藏区，人们日常饮用的青稞酒，有的就是采用了部分发芽的青稞（麦类之一种）参与酿制。在陕北的农村，人们在春节前利用贮存的麦芽磨成粉来酿制过年的酒，总之在某些偏远的地区人们还保存着近似醴的制作技艺用于制作某些饮料。

蘖制醴的技艺虽然在中原地区被遗弃，但在西汉以后却经朝鲜传到了日本，曾流行了一段时间，后来日本先民也学会用米曲制造米酒，并成为制酒的主流，但是利用短暂的时间（一夜）培养的醴依然作为一种特殊饮料而存在于祭祀的场合和某些茶馆中。在日本的某些茶馆中，被取名为甘酒的醴因为其酒精含量极低又略带甜味，被当作饮料一直很流行，特别是 20 世纪后期，甘酒还被看作一种健康的饮料而受到追捧。

在西方（包括中亚）沿用麦（大麦、小麦等）芽发酵制酒一直是其酿酒技术的主流。尽管关于啤酒在西方的起源有很多说法，但其核心技术：发芽的大麦或小麦经粉碎为面粉，再加水揉成面团，稍加烤制，最后再掰碎泡在水中，在空气中落下的酵母菌的作用下发酵成酒。这就是原始的啤酒，不用啤酒花酿造的啤酒，确切地说这种酒应称为麦芽酒，它们有几种不同的类型，从口味来看，有些是甜的，有些是酸的，总之无论是古代的希腊人、罗马人还是古代的阿拉伯人都已知道啤酒，也都认为啤酒不如葡萄酒好喝（啤酒、蜂蜜酒、葡萄酒是古代西方最古老的酒类品种）。

为了改善这种麦芽酒的口味，人们尝试着往其中加入一些不同种类的香料和草药。在实践中人们认识了啤酒花，直到 736 年在德国巴伐利亚的古文献中记叙了啤酒花，随后应用啤酒花于酿酒得到了推广和普及，真正的啤酒开始在欧洲乃至亚非一些地区大行其道。

当今人们已非常熟悉啤酒的酿造过程：先浸泡麦催芽制得麦芽，再将其焙烤至含水 3%—4% 后除根粉碎，随后将其和作为辅料的淀粉（如来自大米和玉米的）、水、啤酒花及酵母共同混合酿造。在这个过程中，麦芽中的糖化酶将其本身和辅料中的淀粉转化为麦芽糖和糊精，由此产生的糖类溶液（可称其为麦芽汁）再与啤酒花一起煮沸，冷却，再经酵母菌作用发酵成为含有酒精、二氧化碳和残余糊精的啤酒。在现代的啤酒工艺中，麦芽的制造是关键技术之一。麦芽制作的质量直接关系到啤酒的质量，其焙烤的温度还决定啤酒的品种。过程如下：

水、大麦 ──→ 浸麦槽（2—2.5 天，放水）──→ 发芽室（5—7 天，直至含 45% 的水）──→ 焙烤炉（浅色麦芽 80℃ / 深色麦芽 105℃，直至含 3%—4% 的水）──→ 除根 ──→ 糖化

用同样的技术，人们利用麦芽汁和酵母生产麦酒（即原始的啤酒）。由于酵母的活动受酒精浓度的限制，当酒精浓度为 18% 左右时，酵母活动就停止，因此依靠简单的发酵是无法取得含酒精 18% 以上的酒液的，为了突破这一限制，人们利用蒸馏技术将以上发酵液蒸馏，生产出了高酒精浓度的酒液。西方的许多烈性酒就是这样生产的，例如威士忌。威士忌的主要原材料就是麦芽（苏格兰威士忌：全麦芽；黑麦威士忌：麦芽和黑麦；爱尔兰威士忌：麦芽、小麦和黑麦）。

综上所述，无论是啤酒还是蒸馏酒，其发酵过程都分为两个步骤：糖化、酒化。糖化是通过麦芽中的糖化酶分解原料中的淀粉来实现；酒化则是让酵母菌在麦芽汁中将单糖转化为乙醇和二氧化碳来完成。上述两个化学过程又都是在液态下进行的。

第二种让淀粉分解糖化的方式是利用人的唾液中的糖化酶。人们在慢慢咀嚼淀粉类食物时大多都会有甜味的感觉，这是因为唾液中有分解淀粉的糖化酶。在古代，人们曾将熟的或生的谷物咀嚼后，吐出来积聚在容器中，唾液中的糖化酶将淀粉分解为单糖类，再由浸入的酵母菌将其中部分糖转化为乙醇即酒化。

这也可能算作一种早期的酿酒法。由于这种方法既费事又不牢靠（即杂菌易侵入，致使发酵变质），还不卫生，故从来就未被推广普及，只是在部分地区存在过。例如《魏书·勿吉国传》谓："勿吉国嚼米酿酒，饮能至醉。"[5] 清代后期的科学刊物《格致汇编》也曾介绍过，南美洲印第安部落也曾有人采用口嚼糖化的方法制造一种名叫"珍珠米"的酒 [6]。

第三种方法是利用微生物中某些具有糖化能力的霉菌（例如根霉、米曲霉等）帮助淀粉分解为单糖，再利用其中酵母菌将单糖转化为乙醇，从而完成整个酿酒过程。中国先民让剩饭或剩粥自然发酵成酒就是沿用这种方法。先秦时期酿酒遗址的考古发现表明，运用发芽发霉的谷物加水酿制成酒也是沿用此法。故有"若作酒醴，尔惟曲糵"之说。事实上无论发霉的谷物或饭食酿酒都存在失败的风险，因为在温度、环境不合要求时，那些致使腐败的杂菌就会侵入发酵过程，导致酒没酿成，得到是一坛酸败的臭醇。也正是在上述发酵酿酒的实践中，人们遂掌握适宜酿酒的原料、温度及环境等条件，特别是发现先将谷物发霉制成酒曲，再用酒曲和熟饭一起来酿酒，不仅成功机率大大提高了，而且酿出的酒质量也高了。由此人们发明了谷物制曲和用曲酿酒技术，以酒曲酿酒逐渐成为酿酒的技术主流。酒曲实质上是一类多菌多酶的制品。它既含有促进淀粉糖化的、经选择培育的霉菌，又有促使糖类酒化的酵母菌，因此在谷物酿酒过程中同时进行糖化和酒化，两个步骤合成一个步骤，人们称其为复式发酵。在实践中，中国先民发现用酒曲酿酒较用糵酿醴有许多长处，故从周朝开始，主要用曲酿酒，而用糵酿酒逐渐减少。《礼记·明堂位》中"夏后氏尚明水，殷尚醴，周尚酒"[7] 就反映了这一变化。

用曲制酒的技术进步首先反映在制曲技术的提高上。人们认识到无论是酿制醇香的美酒还是丰富酒的品种，关键的一招就是要制好酒曲。制曲大多是采用大麦或小麦，加上一点豌豆、小豆等豆类，经粉碎后加水制成块状或饼状，再让其在一定温度、湿度下接触环境中的霉菌，任其发育繁殖。自然界的霉菌有数以百计，能帮助发酵的主要有根霉、曲霉、毛霉、酵母菌、乳酸菌、醋酸菌等数十种微生物。微生物能分泌相关的酶来分解淀粉，蛋白质等原料中的营养成分才能生长繁殖。若曲块以淀粉为主，则曲里生长的微生物必然有较多的分解淀粉酶的菌种；若曲中含有较多的蛋白质，则能分解蛋白质的菌种就会增加。总之，曲中的菌系是靠后天通过逐次筛选培育而成的。具有优良组合菌系的酒曲就能酿出质量保证的酒。

人们认识到酒曲在酿酒中的关键作用后，就在不断摸索中着力发展制曲技术，从西汉起制曲技术最大的进步反映在饼曲和块曲的制作和运用上。先秦时期，酒曲的生产基本以散曲的形式出现。所谓散曲，是指将大小不等的颗粒状谷物，经煮、蒸、炒等手段加工成熟或半熟的状态后，引入霉菌让其在适当的温度、湿度下发酵繁衍，制成松散、颗粒状的酒曲。在实际操作中，发霉的谷物由于菌丝和孢子的生长繁殖而相互缠混，最终获得的曲大多自然成块团状，故当时散曲中有许多团块状，这就是块曲的雏形。人们还发现多数情况下块团状的曲较散曲具有较好的发酵能力。其实在当时的认知水平下，连微生物这个词都没听过，当然不知道在发酵酿酒过程中所起作用的霉菌绝大多数都是厌氧微生物，即它们适宜在缺氧的环境中繁衍，其代谢过程都是厌氧代谢。从这个意义上来说，发酵是厌氧的糖酵解作用。醋酸菌将乙醇氧化为醋酸则是一个例外，它喜氧。正是由于根霉、曲霉、毛霉、酿酒酵母等都厌氧，故块曲较之散曲更适合厌氧菌繁殖，加上块曲中水分、温度相对稳定也有利于厌氧菌繁殖。由此可见，人们是在实践的经验中，认识到块曲的酿酒能力强于散曲，从而有意识地将酒曲制成块状或饼状，遂以块曲、饼曲取代散曲用以酿酒。这是制曲技术的一大进步，也是酿酒工艺的重要发展。

中国幅员辽阔，各地的自然环境也有一定的差异。不同的环境决定了不同地区的酒曲中具有不同的菌系。西汉扬雄在《方言》中就列举了当时有八种之多的地方酒曲，北魏贾思勰在《齐民要术》中着重介绍了他所熟知的九种酒曲。贾思勰还根据酒曲的发酵能力将其分为神曲、笨曲两类。尽管原料配方不同，形制大小不同，制作工艺也略有精细、粗放之别，但是神曲、笨曲都能制成块曲。先人已认识到制好曲是酿好酒的前提，故贾思勰在介绍酿酒技术前用较大的篇幅来介绍制曲。这种状况一直延续下去，在宋代朱肱编著的《北山酒经》中，中篇集中介绍了他所知道的 13 种酒曲的制法[8]，他也根据制法的特点，将这些曲归纳为罨曲、曝曲、风曲三类。从朱肱的介绍中，我们不难看到当时的制曲技术较之魏晋南北朝又有新的提高，这些提高基本可归纳为：一是酒曲的形态已完全采用饼曲或块曲；二是制曲的原料除麦、米外，添加了一些豆类和中草药，创造了一些新品种的曲；三是制曲的原料由熟料向生料发展。由于上述变化，酒曲本身就打破了原先以来米曲霉为主的格局，促使曲内霉菌趋于多样化，并以糖化较强的根霉为主。总之在实践经验的引导下，先民使制曲技术得到逐步的提高，这种提高意味着人们通过遴选和培育促使酒曲具有更好的酿造能力。

二、中国传统酿酒工艺的特色

中国传统酿酒工艺的最大特色就是发明、发展了酒曲，并用它酿造具有独特风味的中国酒。中国传统酿酒工艺的第二个特色是浓醪发酵—固态发酵。这一特色的形成除与酒曲的使用相关外，还有这样一个演进过程，早在商周时期，人们为了提高酒液的酒精度，就曾经采用以酒代水再酿两次的方法生产酎。酎在战国已成为统治者的主要酒品。"孟夏之月，天子饮酎。"制造酎的生产技术到了汉代又得到进一步发展。曹操向汉献帝推荐的"九酝春酒法"就是一个典型。这种方法将酿酒原料分九批依次加入醪液中进行发酵，就相当于酎的三重发酵的三倍。由于在整个发酵过程中，用曲量不多，主要起培育菌种作用，而加入的水也有限，故可以认为发酵是接近浓醪发酵，其重酿出的酒当然比较醇酽。曹操推荐的来自他的故乡的酿酒技术随后被推广，并有发展，在《齐民要术》所介绍的 40 种酿酒方法中，分批投料的浓醪发酵几乎占据绝大多数，像"稺米酎法"等接近于固态发酵。后来这种浓醪发酵—固态发酵在酿酒技术中得到推崇和推广。浓醪发酵—固态发酵与使用酒曲发酵是相匹配的，它们同样都有利于厌氧的霉菌和酵母菌在酿酒过程中发挥更大的作用。由于普遍利用酒曲和浓醪发酵—固体发酵技术，中国的发酵原汁酒——黄酒，和蒸馏酒——白酒，拥有自己独特的醇香口感，中国这种复式的发酵技术遥遥领先于单边发酵分两步走的酿酒技术。

早期，无论是在中国还是在西方，尽管发酵食品和发酵饮料的开发已有数千年的历史，但是对于发酵、酿酒的科学奥秘都未有清晰的认识。直到 1837 年德国科学家施莱登（M.J.Schleiden，1804—1881 年）和施旺（T.Schwann，1810—1882 年）提出了细胞理论。随后科学家在高级显微镜下，看见了活跃在面团中的酵母细胞，证明发酵是由于酵母细胞在繁殖的结果。1857 年法国科学家巴斯德（L.Pasteur，1822—1895 年）研究葡萄酒在陈酿中变酸的课题，进而发现酵母细胞有好多种，有的促使发酵，变糖为乙醇，也有的则在完成发酵后让酒变酸（巴斯德当时所指的酵母细胞实际上是包括酵母菌、醋酸菌在内的多种霉菌）。他明确指出发酵过程是一个与微生物（酵母菌、细菌等）活动相联系的过程，在提出巴斯德灭菌法的同时，揭示了酿酒的机理。在上述科学家的共同努力下，微生物学这门新学科开始建立，人们开始用这门新科学来指导对食品和医疗许多新领域的研究。此后西方学者才注意到中国独特的酿酒方法。1892 年法国学者卡尔麦特（L.C.A.Calmette，1863—1933 年）研究了传教士从中国带回来的神奇的中国酒曲，从中分离出了毛霉、米曲霉一类微生物。在法国巴斯德研究所同事的帮助下，他初步揭示了中国酒曲的独特功能。1898 年，他又将自己的这一发现在欧洲申请了应用毛霉于酒精生产的专利。现在盛行于欧洲各国的淀粉发酵法生产酒精就是应用这一专利的成果。这一成果一改过去的单边发酵（先糖化，后酒化）为复式发酵（糖化、酒化同时进行），不仅提高了生产效率，同时也降低了成本，保证了质量。

酵母酿酒的过程（目前通称为生醇发酵）实际上是糖在酵母体内新陈代谢产生酒精的过程。巴斯德的研究表明，上述糖发酵产生酒精的过程中，那些厌氧微生物起了关键作用。巴斯德的工作只是取得了阶段性的成果，生醇发酵的机理仍存在尖锐的争论，巴斯德和一些生物学家认为，必须有"活体"微生物存在，发酵才能实现。而以德国化学家李比希（J.v.Liebig，1803—1873 年）等为代表的化学家则认为，发酵是个化学过程，不一定要依赖活体，双方都是科学权威，谁是谁非只能通过进一步深入研究才能判定。1897年，德国化学家布希纳（E.Buchner，1860—1917 年）通过精心设计的实验，从酵母细胞中提取到能使糖发酵产生酒精的"酿酶"，这场争论才有了结论。人们知道动物的唾液、胃液、胰液中都存在能水解淀粉的淀粉酶，能水解蛋白质的蛋白酶，能水解脂肪的脂肪酶，这些统称为细胞外酶，中国的传统酿酒工艺实际上是借助于霉菌和酵母菌分泌的酶来促使谷物淀粉（多糖物质）的糖化、酒化从而完成发酵的过程。布希纳通过实验证明细胞内存在酶，他用酵母菌细胞内榨出来的酶完成了酒化，说明只要有酿酶就能完成发酵的糖化和酒化作用，无须活体存在。发酵是个系统的酶催化的反应过程，酿酶的发现不仅揭示了生物新陈代谢研究的新篇章，同时也建立了酶化学这个新的学科分支，这对酿酒、制糖及食品工业具有重要的意义。布希纳由于发现了无细胞发酵和开拓了酶化学而荣获了 1907 年诺贝尔化学奖。

就在酶学研究和酶工程的应用在 20 世纪蓬勃发展的同时，继巴斯德等创立微生物学之后，科学家对致病微生物（病菌）展开了细致的研究。他们发现并提出了细菌致病的理论：某些细菌侵入到人体，会吞噬人体细胞。当人体细胞无力抵御时，细菌就会迅速繁殖，人体某些功能就受到了干扰，人就得病了。该理论在很大程度上改变了当时内科学的面貌。该理论的实质是揭示了微生物世界普存的一个抗极现象，即一些微生物会杀伤和侵蚀另一些微生物。正是依照这一思路，英国科学家弗莱明（A.Fleming，1881—1955 年）1928 年在实验中观察到青霉菌能抑制葡萄球菌（致病菌）的生长，从而发明了具有杀菌能力的青霉素（青霉菌的代谢物），随后科学家又发现并生产了链霉素、氯霉素、土霉素、四环素等一系列抗菌素，开创了医学上化学治疗的新局面。从 20 世纪 30 年代起微生物的研究开始从早期的酒精发酵研究，稳定地生产发酵产品逐渐扩展到许多新领域。科学家发现有些细菌可以提高土壤的肥力，例如根瘤菌；有些细菌可以用于石油脱蜡，用于冶金。从而继酶工程之后出现细菌工程，工业微生物研究成为微生物学中的重要内容。现在，人们发现微生物的利用，与人类的经济生活，无论是人类本身，还是人类的生活环境、人类的食品，甚至与人类的文化生活都直接发生关系。以发酵工程为前驱，由发酵工程、酶工程、细菌工程、基因工程等所构成的现代生物技术已成为当代前沿技术领域的重点内容。

20 世纪上半叶，随着近代科学在中国的传播，中国一批以孙雪悟、方心芳、陈騊声为代表的科学家认识到中国传统的酿造技术（酿酒、制醋、做酱）具有深邃的科学内涵，决定把研究中国传统的酿造技艺及相关的微生物菌系作为自己研究的主攻课题。他们首先对传统的酿造技艺进行考察，请教该行业一些有造诣的老师傅，对他们所掌握的传承下来的丰富实践经验进行科学总结，先后发表了一系列有指导意义的调查研究报告。这些报告标志着中国学者用科学理念审视中国传统酿造技艺的起步，同时也促使中国的酿造技艺与微生物工业共同迈入一个新的发展时期。

纵观中国传统酿酒工艺的演进历程可以看出，对于微生物的大千世界，中国先民已积累了与之打交道的丰富经验，对微生物的利用已有所认识。特别是从 20 世纪下半叶，通过对传统酿酒技艺的典型案例研究和先进技艺的推广应用，中国的酿酒业不仅有了飞快的发展，而且传统美酒在质量上也得到了提高。在技术进步的同时，人们对传统酿酒技艺内在的科学元素也有了更多的认知，例如蒸馏酒有许多香型及这些曲香型的主体呈香气成分，又如大曲可分为高温曲、中温曲及这些曲所具有的主要功效。但是，还应看到应用发酵工程、酶工程、细菌工程的新理念来剖释、认识中国传统的酿酒工艺科学内涵，还有许多研究工作尚须进一步努力，中国传统酿酒技艺中一些深层的机理仍需花费精力去挖掘和剖析。例如：目前酿酒技师在撒曲、摊凉的操作中仍用手摸脚踢，在品尝勾兑中还要眼观、鼻闻、口尝，在判断酒精度、掐头去尾时还采用手捻酒液，眼观酒花，这些经验性的特殊技艺为什么暂时仍不可取代？其科学的根据是什么？这些问题无不涉及当今前沿科学技术领域的诸多主流研究发展方向，说明当前前沿科学技术的发展能够使中国传统酿酒技艺继续保持研究和发展的空间，同时也表明中国传统酿造技艺的深层剖析必将推动以微生物技术为主的前沿科学技术的进步。正因如此，中国传统酿造技艺自始至终保持着其旺盛的生命力，在现代化的进程中如鱼得水，生机勃勃，这就是它的魅力所在。

三、中国的传统蒸馏酒的起源

人们习惯将那些由谷物或某些杂粮为原料而酿制的蒸馏酒称为白酒。实际上，绝大多数蒸馏酒的颜色并不是白色的，而是无色透明或略带有某一色调的。不过人们已习惯这种称谓，也就不考究其是否贴切了。

蒸馏酒在世界上分布很广，因各地的资源、环境、民族风俗、文化传统的不同而千差万别，品种极多。世界上的蒸馏酒的分类，通常可沿用两种方法。一是按原料来分，可分为淀粉类和含糖类两大类别。二是按糖化、发酵剂来分，可分为三类：用曲作为糖化发酵剂，采用边糖化边发酵的复式发酵技术，例如中国的大多数白酒、日本的烧酒；以麦芽为糖化剂，然后加入发酵剂来制酒；在含糖的原料中仅加入发酵剂的单边发酵技术，例如白兰地、兰姆酒等。后面这种划分比较科学，系统性也较强，并且能概括工艺的特点。

蒸馏酒在中国发明、生产的起始年代，一直是学术界长期争论的问题。目前仍没有完全一致的定论，大致有以下几种观点。长期以来较流行的观点是：白酒起始于元代。提出这一观点，并最具影响力的是明代嘉靖年间撰著《本草纲目》的李时珍。他写道："烧酒，非古法也，自元时始创其法，用浓酒和糟入甑，蒸令气上，用器承取滴露。凡酸坏之酒，皆可蒸烧。近时惟以糯米或粳米或黍或秫或大麦蒸馏，和曲酿瓮中七日，以甑蒸取，其清如水，味极浓烈，盖酒露也。"他又说："烧酒，纯阳毒物也。面有细花者为真。与火同性，得火即燃，同乎焰硝。北人四时饮之，南人止暑月饮之。其味辛甘，升扬发散；其气燥热，胜湿祛寒。……"[9] 这里不仅指出烧酒自元时始创，还清楚地讲述了烧酒的原料和制法、烧酒的性质和饮用的医用疗效及利弊。立论清楚，所以为后来的许多学者所赞同。第二种观点是始自宋代。早在 1927 年，曹元宇依据宋人苏舜钦的诗句"苦无蒸酒可沾巾"说："蒸酒，其烧酒乎？"而认为："宋时已知有烧酒矣。"[10] 致力于研究中国食品史的日本学者筱田统在 1976 年又根据宋代田锡在《曲本草》中有如下记载："暹罗酒，以烧酒复烧二次，入珍贵异香。每坛一个，用檀香十数斤，烧烟熏令如漆。然后入酒。蜡封，埋土中二三年，绝去火气，取出用之。有人携之至舶，能饮之人三四杯即醉。有疾病者饮一二杯即愈，且杀虫。予亲见二人饮此酒，打下活虫二寸许，谓之鞋底鱼蛊。"[11] 认为这种经"复烧二次"的酒当为蒸馏酒。不过田锡所言是"暹罗酒"（按：暹罗即今泰国），中国当时是否有这种酒，有人推测也可能有类似的蒸馏酒。筱田统又提到苏轼《物类相感志》中的一段文字："酒中火焰，以青布拂之自灭。"[12] 认为这种能燃烧的酒也应该是烧酒，即蒸馏酒。而 1975 年在河北青龙县发现的一套金代以前的铜制蒸馏器被许多人认为是宋代已能生产烧酒的最有力的证据。[13] 第三种观点是烧酒始自唐代。袁翰青持这一观点[14]，其根据是唐代的一些诗文。例如白居易有"荔枝新熟鸡冠色，烧酒初开琥珀香"[15] 的诗句。李商隐有"歌从雍门学，酒是蜀城烧"[16]的诗句。雍陶有"自到成都烧酒熟，不思身更入长安"[17]的诗句。唐人李肇在其《国史补》中讲道："酒则有剑南之烧春。"[18]宋代窦苹在其《酒谱》的"酒之名"中也说："唐人言酒之美者有鄂之富水、荥阳土窟、富春石冻春、剑南烧春、河东乾和……"[19]唐人言酒为某某春，故此有人推测烧春就是一种烧酒。另外，李时珍在其《本草纲目》的"葡萄酒"条下写道："葡萄酒有二样：酿成者味佳，有如烧酒法者有大毒。酿者，取汁同曲，如常酿糯米饭法。无汁，用干葡萄末亦可。魏文帝所谓葡萄酿酒，甘于曲米，醉而易醒者也。烧者，取葡萄数十斤，同大曲酿酢，取入甑蒸之，以器承其滴露，红色可爱。古者西域造之，唐时破高昌，始得其法。"[20]如果葡萄酒酿造的方法有如烧酒法，即"入甑蒸之，以器承其滴露"，应是今白兰地一类的蒸馏酒。李时珍讲唐时破高昌始得其法。如果确实，那么这是唐代已有蒸馏酒的又一证据。第四种观点是蒸馏酒始自东汉。1981年上海博物馆马承源在第三届考古学会上宣读了一篇题为"汉代青铜蒸馏器的考查和实验"的论文。据此，上海社科院历史研究所吴德铎于1986年5月在澳大利亚举行的第四届中国科技史国际学术讨论会上通报了在中国东汉利用蒸馏器制酒的发现，并在1988年发表文章，认为蒸馏酒在东汉已有。他所持中国蒸馏酒始于东汉的观点逐渐为科技史界所关注[21]。1987年，四川博物馆王有鹏依据四川彭县、新都县出土的东汉酿酒画像砖表示赞同烧酒始于东汉的观点[22]。

以上各种观点及其论证究竟如何，哪一种观点更符合历史的客观实际，多年以来，古今学者有关中国蒸馏白酒起源的文献解读与研究工作一直未断，我们也曾从此角度做过考释工作，在《自然科学史研究》1995年第3期上发表论文《中国蒸馏酒源起的史料辨析》来证伪上述观点和史料的正与误，认为比较稳妥的判定应该是：中国古代，蒸馏酒技术在中国的起源，其时间不应晚于元代，也可以说蒸馏酒的生产始于元代。然而仅就文献考据，终究是莫衷一是，本书对此不做进一步论述。

因为没有蒸馏技术的应用，就没有蒸馏酒的生产，所以关于传世蒸馏器的器物的研究分析不失为一条辅证思路。但是，设备及蒸馏技术发展的分析，虽然很重要，没有蒸馏技术的应用就不可能有蒸馏酒的生产，但是蒸馏器具的发现不能等同于蒸馏酒的生产！毕竟，即便可能已掌握较先进的蒸馏技术和设备，未必就能将这一技术用于蒸馏酒的生产。故关于蒸馏技术的讨论也只能作为蒸馏酒缘起的一个重要参考。

近年来考古的新发现为此提供了两则重要的资料，它们分别是荣获1999年度中国十大考古新发现之一的四川成都水井街酒坊遗址和荣获2002年度十大考古新发现之一的江西南昌进贤县李渡烧酒作坊遗址。这两个考古发现以及相关的研究工作，对中国蒸馏酒出现的时间的讨论很有帮助。

（一）成都水井街酒坊遗址

1998年8月，四川成都全兴酒厂在其位于成都市区东门传统的游乐胜地水井街的曲酒生产车间进行改建厂房时，发现地下埋有古代酿酒遗迹和遗物。随后由四川省博物馆进行考古调查，确定遗址的分布范围。1999年3月至4月成都市文物考古研究所和四川省文物考古研究所在上级主管部门领导下进行为期一个半月的发掘工作。此遗址已发现的面积约为1700平方米，发掘面积仅280平方米，揭露出晾堂3座，酒窖8口，灰坑4个，灰沟1条，蒸馏器基座、路面（散水）石条墙基、木柱及柱础等酿酒作坊的相应设施，还出土了众多瓷片、陶片等遗物，它们大都是碗、盘、杯、碟、壶等酒具的残片。

晾堂是酿酒过程中用于拌料、配料、堆积、发酵的场地。此次揭露的3座晾台依次重叠，建筑材料有青灰色方砖和三合土两种。晾堂因长期受发酵酒糟中酸性液体腐蚀，表面多凹凸不平。

酒窖（图5-1）是施加曲药粉末后的发酵醅（又称母糟）进行前期发酵和后期发酵的场所。它一般位于地下，呈口大底小的斗状，窖口平面为长方形，规格不一。其内壁和底部均用纯净的黄泥土涂抹而成，窖泥厚度 8—25 厘米不等。部分酒窖内壁插有密集的竹片，用来加固窖泥层。从建筑结构和配套设施来看，个别酒窖可能经过增修、改造，并被长期使用。

蒸馏器基座（图 5-2）的平面呈圆形，直径 2.25 米，上部已被破坏，残高约 0.4 米。底部平铺环形石盘，其上琢刻均匀的纵向渠槽，似为废弃的磨盘或辗盘。盘上砌有两圈砖石结构的立壁，外壁厚约 0.25 米，内壁厚约 0.3 米，壁间填以砖、石块和灰浆，立壁外表用白色灰浆抹光，基座内底砌一圈呈向心状排列的青砖，直径约 0.9 米，砖与砖之间的缝隙填有白色灰浆。该基座做工精细，且设在建筑物内，表明该设备在生产过程中占据十分重要的地位。从其形状和内部的烟炱痕迹，联系早期类似于天锅一类蒸馏器的装置，可以判断该基座应是蒸馏酒器具的遗存。

出土的遗物以瓷片、陶片为主，其中以酒具最为丰富。此外还有酿酒作坊窖池上常见的竹签和酒糟等，进一步揭示这一古代酿酒作坊的面貌。

根据考古专家的研究，可以初步判断晾堂的始建年代不晚于明代，其使用时间较长，可能直到清代仍在使用。由此可以判断，水井街酒坊遗址蒸馏酒的生产不晚于明代，历经明清，并延续发展至今。[23]

根据对水井街酒坊遗迹的实物资料（图 5-3）研究，有学者以保存遗迹较为齐备的第二期遗存，即清代遗存为例，分析了当时的蒸馏酒生产工艺及

图 5-1　成都水井坊酿酒作坊（明代）

图 5-2　成都水井坊酿酒作坊　天锅（明代）

图 5-3　成都水井坊酿酒作坊　晾堂（明代）

其相关设备，认为当时蒸馏酒生产主要有蒸煮、拌曲发酵、蒸馏三大工序。第一步是将酿酒原料（高粱或谷物等）予以粉碎加工，出土的石碾、碾盘等就是这类加工的器具。之后将粉碎的原料进行蒸煮，露出的灶可以表明这一工序的存在。第二步拌曲发酵过程是酿酒中技术性较强的工序，它通常是在晾台和酒窖中交叉进行。此遗迹中的晾台，就安排在蒸馏装置附近，其表层砖面凹凸不平，受侵蚀严重，一则说明它是拌料、配料、堆积及前期发酵的主要场所，二则表明它已经长年累月使用。发酵的主要过程是在酒窖中完成，不仅固体发酵所需的时间较长，而且酒窖已经长期使用，窖泥愈老愈好，酒窖内壁的堆积是多次形成便足以判明当时入窖发酵的情形。第三道工序就是蒸馏，尽管未见到类似于天锅的蒸馏器，但是从遗迹中的蒸锅基座的结构可以判断当时的蒸馏器设施是配套的。明代酿酒设施（第一期遗存）由于年代久远而没有清代齐全完整，但是残留的遗迹表明它在设施上与清代的是一脉相承的。由此可以说，最迟到明代，中国已有较成熟的蒸馏酒酿造技术。[24]

（二）江西李渡烧酒作坊遗址

2002 年 6 月江西李渡酒业有限公司在改建老厂无形堂车间时，发现地下埋有古代酿酒遗存。7—11 月

图 5-4　江西李渡（无形堂）酿酒遗址

间，江西省文物考古研究所在李渡酒业有限公司的大力协助下，经上级批准，对该遗址（图 5-4）进行发掘。该遗址位于江西省南昌市进贤县李渡镇，面积约 15000 平方米，现发掘面积约 300 平方米。

李渡烧酒作坊遗址地层共划分为 11 层。第 10 层和第 11 层为第一期，年代约在南宋，未见酿酒遗迹。第二期包括第 7 层、第 8 层、第 9 层和开口于灰坑下 F20 下，打破第 9 层的圆形酒窖，年代约为元代。第三期包括第 4 层、第 5 层、第 6 层和开口于第 4 层下，打破第 5 层的水井、水沟、炉灶、晾堂、圆形酒窖（图 5-5）、蒸馏设施、墙基、灰坑，其年代约为明代。第四期包括第 2 层、第 3 层和开口于第 2 层下，打破第 3 层的晾堂、蒸馏设备、砖池、墙基、灰坑等，其年代约为清代。开口于第 1 层下，打破第 2 层的墙基、砖柱等属于第五期，年代为近代。第六期为现代路面，晾堂、炉甑、蒸馏设备。长方形酒窖和增建，修补并沿用至今的圆形、腰形酒窖。

已揭露出来的遗迹中有水井、炉灶、晾堂、酒窖、

图 5-5　江西李渡（无形堂）圆形酒窖

蒸馏设施、墙基、水沟、路面、灰坑、砖柱等。它们按照元、明、清至近代几个不同层次呈现出来。之所

以形成这种现象，是与李渡地区地下水位逐年升高分不开的，因此，作坊是随着地下水位升高而不断抬高。

水井是提供酿酒用水和生产用水的设施，该遗迹中的水井始建于元代，后经增建、修补、近代弃用。

炉灶是用于原料蒸煮糊化和烤酒蒸馏的重要设施。该遗迹中的炉灶始建于明代，一度有过短暂废弃，后经增建、修补后继续沿用。

晾堂是用于拌料、配料、堆积、酒醅调温及前期发酵的重要场所。该遗迹晾堂有两处。距地表深 0.15—0.25 米，厚 0.06—0.16 米的晾堂为清代使用的晾堂，已揭露面积约 40 平方米。其土色棕黄、土质坚硬，边界用红石砌成，东部仍残留有酒醅并有卵石修补的痕迹。距地表深 0.58—0.7 米，厚 0.08—0.11 米的晾堂为明代晾堂，已揭露面积约 50 平方米。该晾堂表面凹凸不平，且由北向南倾斜。这是由于晾堂表面经酸性的酒醅长期使用而受腐蚀。经剖析，明代晾堂有三层堆积，第 1 层、第 2 层仅限于北部，且有石灰，第 3 层系三合工，说明该晾堂经多次增建、修补。

酒窖是蒸煮加工后的原料与曲、酒糟等混匀后进行主发酵和后期发酵的重要设施。该遗迹中，按平面形状酒窖可分为圆形、腰形和长方形三种。圆形酒窖共发现有 22 个，其中明代酒窖 9 个，其中 6 个仍在使用，它们直径为 0.9—1.1 米，深 1.52 米；元代酒窖 13 个，直径为 0.65—0.95 米，深度为 0.56—0.72 米。对上述圆形酒窖进行剖解，可以看到它是先挖一个大坑，坑底再挖一个小圆坑放置陶缸，然后用青砖夹土修建而成，这是一种特有结构的砖砌圆形地缸发酵池。部分酒窖中还有酒醅和黄水。据观察推测，这些酒窖的始建、使用及废弃在形态和时间上各不相同，即酒窖建成后，曾被长期使用，且经多次修建、改造。这些酒窖中，部分经修建改造后，一直沿用至今，另有一部分则废弃较早。腰形和长方形酒窖大都是近代开始使用。腰形酒窖是把两个圆形酒窖的地缸封闭改造而成，长 2 米，宽 0.78—0.94 米，深 1.43 米。长方形酒窖则由砖砌，窖底用泥，长 2.23 米，宽 1.08 米，深 1.48 米，实为现代酒窖。

形如圆桶的砖砌基座，内壁与底部用三合土填抹的蒸馏设施有两个，它们分别为清代、明代。明代的蒸馏设施一度有过短暂的废弃；清代的蒸馏设施经增建、修补后继续沿用，直径 0.8 米，高 0.62 米，距炉灶 0.85 米。这两个蒸馏设施都是当时安置天锅的地方。

统观李渡酿酒遗迹，可以看到其布局合理，砌叠精细，具有鲜明的地方特色。水井在作坊场地内，取水方便。以水沟为主体的排水系统极其流畅。晾堂宽敞、结实、防潮，有利于地面培菌和便于操作。炉灶的灶基较大，表明使用的甑也有较大的容量。烟道分别在两侧，可以使热能得以充分利用。圆形地缸发酵既可保持发酵温度，又可承接黄水，还可防止地下水的侵入。总之，遗迹中显现出的井、灶、晾堂、酒窖、蒸馏设施、水沟、墙基构成了一个比较完整、齐全的蒸馏酒生产作坊。由此人们可以推断还原出早期人们从原料蒸煮、拌曲发酵到蒸馏摘酒生产的全过程。参照当地民间的传统小曲酒生产工艺，工艺过程大致分为六步。第一步先把李渡当地盛产的优质稻谷用对臼破碎成米和谷壳。大米作为酿酒的原料，谷壳用作制酒的辅料。在拌料时加入以调剂酒醅的淀粉浓度和某些有效成分，利于发酵和蒸馏顺利进行。第二步用井水润料，为蒸煮糊化创造条件。第三步在炉灶上对原料进行蒸馏，使其内含的淀粉颗粒进一步吸水膨胀，破裂糊化，同时也使其在高温下灭除杂菌。第四步把蒸煮后的醅在晾堂上摊凉、拌曲，堆积进行前期发酵。第五步把拌匀摊凉后的酒醅入酒窖发酵，面上用黄泥封窖。第六步发酵 8—15 天后酒醅，起窖入甑，在天锅等蒸馏设备上蒸馏，就可以获得蒸馏酒，有经验者在取酒时还可以掐去最初流出的含有较多较低沸点物质的酒头，看酒花的形状、大小取酒，最后将最后流出的酒（俗称酒尾）倒入底锅再蒸馏[25]。

总之，考古的新成果为我们研究元、明时期的蒸馏酒生产技术提供了重要实证。四川成都水井坊是我国迄今为止发现的第一家大曲工艺白酒作坊遗址，而江西进贤李渡酒坊遗址是我国迄今为止发现的第一家小曲工艺白酒作坊遗址。它们开始生产蒸馏酒的年代都可以上溯到元代，作坊的蒸馏酒生产设备都可以确定为明代，而且从酿酒、卖酒到运输销售的前店后厂的布局，都能从发掘中展现出来。尽管许多问题还有待继续深入研究，但它的结论确是严谨的，我国蒸馏酒的生产应该不会晚于元代。

四、酒香魅力

中国酿酒的传统技艺之所以能从远古传承至今，并表现出强盛的生命力，另一个重要的原因是它和它的产品（美酒）在民间广为传播，遍布城乡，深入到生产、生活、礼仪、习俗、民风等社会生活的诸多层面，又与多种文化元素相结合，形成内容丰富的酒文化，逐渐演进为文化乃至精神的媒介，是富裕、欢乐、和谐生活的必备物质。

自从酒作为饮品进入人们的日常生活以来，它就与文学艺术结下了不解之缘。从中国最早的诗歌集《诗经》到四大名著（《红楼梦》《三国演义》《水浒传》《西游记》），都有不少饮酒的精彩描述。魏晋时期的建安七子、邺下七子、竹林七贤等，著名的文人大都嗜酒如命。唐代大诗人杜甫的诗作《饮中八仙歌》形象地反映了李白等人对酒的酷爱。宋代的诸多诗词大家，如范仲淹、欧阳修、苏轼、柳永的诗词都与酒有涉。文人爱喝酒，因为酒能给他们带来灵感、想象。这种情况在当代依然如此。作家王蒙在《文人与酒》中写道："有酒方能意识流，人间天上任遨游，神州大地多琼液，大块文章乐未休……自古文人爱美酒，酒中自有诗千首……茅台醇厚，亦刚亦柔，杏花村里，汾酒清秀。泸州特曲，芬芳润喉……酒中自有真情在，饮而不贪真风流。"作家吴祖光曾邀同行每人一篇，出版了一本专写"我与酒"的短文集《解忧集》，字里行间散发出浓烈的酒香，也可以看到酒的确成为他们从事文学创作的催化剂。此外，唱歌有敬酒歌等，戏剧有贵妃醉酒，武术有醉拳……几乎所有的艺术项目都能嗅到香酒的气息。

在中国，酒星、酒神的传说流传很久。酒星又名酒旗星，即狮子座的南三星。《晋书》记载："轩辕右角南三星，曰酒旗。"传说中最早造酒的祖师是仪狄、少康，《世本》记载："仪狄始作酒醪，辨五味；少康作秫酒。"他们是酒的始酿者，后被人们称为酒神。

酒最早作为水的替代物进入原始社会的礼仪，酒礼与酒几乎是同时诞生的，在西周，酒礼讲究时、序、数、令。时即饮酒的时间，只有天子、诸侯加冕、婚丧、祭礼等重大礼仪活动时才可饮酒；序即等级次序，按天、地、鬼（祖）、神、长、幼、尊、卑的次序饮酒；数即饮酒的数量，每饮不得超过三爵；令即必须服从酒官的指挥。周代时的酒官就有酒正、酒人、浆郁人等，专职负责酒的礼宾事宜。

在隆重神圣的祭祀仪式上，酒是一种不可或缺的祭品。祭拜后，剩下的酒不会被丢掉，而由头人饮用。随着饮用群体逐步扩大到普通百姓阶层，酒成为最常见的饮品和礼品。在接客待友、尊老敬长、庆功贺礼及红白喜事的宴席上，酒是不可缺少的，所谓"无酒不成礼、无酒不成饮、无酒欠敬意"，"座上客常满，樽中酒不空"。由此，酒的功能随着社会的发展已远远超出饮料的范畴。浸染着文化气息的酒将与它相关的许多习俗提升为民俗。蒙古族为表示对客人的尊敬，常单膝跪下，唱着祝酒歌，敬客三杯酒。藏族也有向客人连斟三杯青稞酒的礼仪，地处东北的鄂温克族、赫哲族委托媒人上门求亲时，必须带上酒。地处云南的傣族、苦聪族、景颇族都有这样的习俗。总之，中国56个民族的民俗活动中无不飘散着美酒的芬芳。

酿好酒、饮美酒已成为社会的一种时尚，酒作为一种特殊的文化元素已渗入到社会生活的方方面面，成为人们相处交往的重要载体。酒和它的酿造技艺已是民俗、民风无可替代的要素。当代的中国人在人际交往、接待来宾时，美酒也是不可或缺的。外宾也好慕名主动要求饮用具有中国风味的中国名酒。酒已成为各国人民友谊的媒介和象征。

很难想象，没有酒和饮酒礼仪，现在的社会生活会是怎样。实际上，自从酒走进了千家万户，融入了民俗、民风，它就与柴米油盐酱醋茶一样，成为安家生活的必需。酿酒的生产也就很自然地成为社会生产的一个重要组成部分，酒作为商品进入流通领域就必然会对经济的结构和发展产生影响。在中国，酒税自汉代起就是国家重要的财政收入。实行怎样的酒税政策是朝廷必需反复斟酌的问题。汉武帝开始实行酒的专卖政策，遭到商人的反对，后来又出现较为宽松的酒税政策，政策只对制曲和卖酒征税，时至今日，酒税仍是国家财政的重要收入。

政府关注的是在酿出好酒足以满足社会需求的同时，提倡科学、理性地饮酒，弘扬传统的酒德，尽量遏制因酗酒影响社会安定和人们身体健康的不良现象的出现。根据这一理念，那些达到质量标准的传统名酒便成为宴席上的主导品牌，而保证这些好酒品质的必要措施，就是保护它们的传统酿造技艺，使之得以传承和发扬。

综上所述，中国酿酒传统技艺是具有鲜明的民族特色的非物质文化遗产，这种技艺蕴藏着深厚的科学内涵，故在历史的长河中能与时俱进，得以传承下来。保护、传承、研究、创新这一技艺是社会发展的需求。

中国的酒品种类繁多，不胜枚举。对于众多酒品的评价实可谓仁者见仁，智者见智。本书无意为众多的美酒定位排序，谨以酒品典型和特色鲜明为选取原则，并结合近年来考察所见，择例介绍最具代表性的中国传统蒸馏酒酿造技艺，向读者展示中国传统酿酒技艺的魅力。

第二节   几种国家名酒的酿造工艺

一、茅台

（一）茅台酒的历史

茅台酒是享誉世界的中国国家名酒之一，是中国酱香型白酒的典型代表，也是中国的历史文化名酒。

茅台酒产于贵州省仁怀县城西 13 千米处赤水河东岸的茅台镇。大约在西汉年间茅台已形成集镇，最早叫马桑湾，因在赤水河东岸长满马桑树而得名。后又因为当地有一股纯净的泉水，居民们砌了一个四方井来蓄存泉水，地名因水改为四方井。直到宋代，该镇因是历代濮人祭祖的圣地：土台长满了茅草，人们习称其为茅台，这一称谓在元朝的郡县设置中被正式确认。尽管在明代茅台镇上修建起万寿宫大庙，清代时商业发达，曾有人欲变更其为云鼓镇和益商镇，但是居民还是习惯地称其为茅台镇。

茅台镇的名声远扬主要还是缘于蜀盐和美酒。古代很早就有"蜀盐走贵州，秦商聚茅台"的说法，茅台镇在明清时期已是黔北重要的交通口岸。贵州省三分之二的食盐由茅台起程转销，随着食盐的运销，素有独特风味的茅台美酒走向全国，远销海外，茅台也随之成为"家唯储酒卖，船只载盐多"的繁华名镇。据考古资料显示，茅台一带（古称仁怀）的土著居民——濮人，很早就有酿酒、饮酒的生活习俗。《史记·西南夷列传》记载了这么一则掌故：公元前 135 年，鄱阳令唐蒙出使南越（今广东番禺），吃到了产自古夜郎国习部地区的饮品"枸酱","啖之甘美如饴",于是，便绕道取之献于汉武帝，"帝尝甘美之"。根据这一故事，清代仁怀直隶厅同知陈熙晋写下了"尤物移人付酒杯，荔枝滩上瘴烟开。汉家枸酱知何物，赚得唐蒙习部来"的诗句。西汉的"枸酱"究竟是何物，《遵义府志》称："枸酱，酒之始也。"据此推测，枸酱可能是一种添加了水果的发酵原汁酒，其原因是古时饮用酒，有时是连酒糟一起吃；有时是从浓醪酒糟中过滤出清酒饮用，无论哪种饮用方式，酒的存放形态都是半固态，故称为枸酱。

唐宋时期，酿酒业和酿酒技术都有较大的发展，作为当时边远地区的黔北，酒业的发展也不例外，更何况当时黔北地区的汉人和少数民族已把酿酒、饮酒作为民族的生活习俗。《旧唐书·南蛮西南蛮传》记载："东谢蛮婚姻之礼，以牛酒为聘。"《新唐书》《通典》也有此类记载。宋人朱辅所著的《溪蛮丛笑》记述了湘黔边境仡佬、苗、瑶等民族的酿酒情况："酒以火成，不刍不篱，两缶西东，以藤吸取，名钩藤

图 5-6 元代青铜蒸馏器（河北承德青龙县出土）

酒。"钩藤酒又名咂酒，亦名竿儿酒，以粳米或麦粟粱黍酿成，酒熟则以滚汤灌入坛中，用通节细竹入坛咂饮，不断添水，直至味淡为止。这种以藤竹吸取的钩藤酒至今在西南少数民族的日常生活中仍可见到。（图5-6）

据茅台镇现存的《邬氏族谱》扉页所绘邬氏家族住址地形图的标注，其邻近有一酿酒作坊。邬氏是明代万历二十七年（1599年）随李化龙进军贵州，平定播州土司杨应龙动乱后定居茅台，说明茅台镇早在1599年前就有了酿酒作坊，而这一作坊也应有一定规模，稍有名气。再据考古资料，1990年发现的茅台镇外一块路碑上，刻有清乾隆四十九年（1784年）茅台偈盛酒号。茅台镇杨柳湾一尊建于清嘉庆八年（1803年）的化字炉上所铸的捐款户名单上就有大和酒坊。这些资料表明明末清初，茅台镇上的烧酒作坊，有点名气的已不止一两家。随着清代康乾时期经济的兴旺，茅台镇成为川盐运黔的集散地，许多商人都看好了茅台镇能酿出好酒，并对酒的需求与日俱增，纷纷在茅台开设酒坊。据不完全统计，清道光年间，茅台镇的烧酒作坊已不下20家。《遵义府志》（清道光年间）引自《田居蚕室录》记载："茅台酒，仁怀城西茅台村制酒，黔省称第一。其料用纯高粱者上，用杂粮者次。制法：煮料和曲即纳地窖中，弥月出窖烤之，其曲用小麦，谓之白水曲，黔人称大曲酒，一曰茅台烧。仁怀地瘠民贫，茅台烧房不下二十家，所费山粮不下二万石。"

"酒冠黔人国，盐登赤虺河"，名冠贵州省的茅台酒随着市场发展远销滇、湘、川。赞美的诗句更是远播四处，清朝张国华在竹枝词《茅台村》中写道："一座茅台旧有村，糟丘无数结为邻；使君休怨曲生醉，利锁名缰更醉人，于今酒好在茅台，滇黔川湘客到来，贩去千里市上卖，谁不称奇亦罕哉！"清朝卢郁芷有诗云："茅台香酿酽如酒，三五呼朋买小舟，醉倒绿波人不觉，老渔唤醒月斜钩。"清朝吴振械（咸丰初）在《黔语》中写道："南酒道远，价高，至不易得，寻常沽贯皆烧春也。茅台村隶仁怀县，滨河土人善酿，

名茅台春，极清洌……"

清咸丰四年（1854年），在黔北有杨龙喜领导
的号军起义，清廷派兵镇压，激战于茅台一带，许
多村寨夷为废墟，茅台的酒坊皆毁，生产完全中断。
直到同治元年（1862年），原籍江西临川，康熙年
间就来贵州经商，以盐务致富的华联辉在茅台开办
成裕酒房，1872年改为成义烧房，依靠昔日的酒师
恢复了酿酒生产。该酒坊的酒质地优良，供不应求，
逐渐扩大了生产。早期酒坊只有两个窖坑，年产1.75
吨，取名为回沙茅酒，人称华茅，仅在茅台和贵阳
的盐号代销，后来最高年产量曾达到5吨。1944年
成义烧房遭火灾大部分被烧毁，华联辉之孙华问渠
着力恢复并借机扩建，使窖坑增至18个，年产量最
高达21吨。

图5-7　20世纪50年代蒸酒器

先后与成义烧房一起壮大茅台酒业的还有荣和
烧房（光绪五年，1879年设立）和恒兴烧房（由
1929年开设的衡昌烧房更名）。荣和烧房年产仅1
吨多，人称"王茅"。1949年窖坑增至4个，酒的
最高产量也达到了近4吨。恒兴烧房所产酒，人称
赖茅。发展到1947年，酒的年产量也提高到3.25吨
左右。1915年茅台酒在巴拿马万国博览会荣获了金
奖，其荣誉就由成义和荣和两家烧房共享。

1951年11月，仁怀县政府购买了成义烧房，成
立了贵州省专卖事业公司仁怀茅台酒厂。1952年荣
和烧房、恒兴烧房也先后合并到国营茅台酒厂。当
年酒厂有职工49人、酒窖41个、甑子（即蒸锅）5个、
石磨11盘，年产酒75吨，表明恢复生产的第一年
已超过三家烧房合并前的最高总产量。从1953年起，
国家开始投资扩建茅台酒厂，到1968年止，先后投
资149.7万元。扩建后的酒厂已有酒窖287个、酒甑
54个，无论是厂房规模还是设备都有较大的发展。
国家不仅增加投入，还组织酿造专家，依靠工厂配合，
总结茅台生产中的经验，制定出茅台传统工艺的14

图5-8　"天锅"蒸酒器上搅拌冷却

项操作要点，为初步完善茅台酒传统生产工艺作出了重要贡献。（图5-7—图5-9）

从1958年到1977年，茅台酒的生产经历了起伏，在"大跃进"思潮影响下，一度放松了管理，产量
虽上去了，质量却下来了。鉴于此轻工业部组派了"贵州省茅台酒总结工作组"，对茅台酒的生产和工艺
进行了全面的调查研究与总结，为恢复、提高茅台酒质量作了一次新的努力。但是由于组织工作没有跟上，

图5-9　茅台酒　人工踩曲

质量下降没有得到根本解决，茅台酒厂在1962年至1964年的经济核算甚至出现连年亏损局面。1964年，在轻工部的主持下，再次成立了"茅台酒试点委员会"，用了两年的时间完成了茅台酒两个生产周期的科学试验，进一步总结了茅台酒传统的操作技术，进行了酒样的理化分析及茅台酒主体香成分及其前驱物质和微生物的研究，揭开了茅台酒的一些质量秘密，初步认识了茅台酒的生产规律，基本上了解了茅台酒酿造过程中微生物的活动规律，用科学的理论完善了传统的操作技术。这次试验也肯定了茅台酒师李兴发提出的茅台酒中存在三种典型体香型——"酱香、窖底香、醇甜"的观点。两年的科学试验不仅为科学领引技术，保证产品质量奠定了坚实基础，同时也在节约原料、燃料等方面取得了成效。在当时那种局面，科学试验的成果虽然降低了生产亏损，但是仍未能完全扭亏为盈。这种状况持续到1976年。

中国共产党十一届三中全会以后，茅台酒厂新的领导班子全面开展了企业整顿，建立和健全了生产的各项管理制度，在全体职工的积极努力下，茅台酒的产量、质量及经济效益不但很快地得到恢复，而且有了明显增长。1977年生产量达到763吨，1978年达到1068吨，结束了连续16年的亏损局面。1980年产量为1152吨，到1985年增至1265吨。

为了满足市场对茅台酒的需求，茅台酒厂在1985年开始动工年产800吨、投资达3843万元的扩建工程。这是茅台酒厂的改革向深度和广度发展的重要内容之一。改革深化的另一重要内容是在完善各项经济责任制的基础上，全面推行了吨酒工资包干责任制，促进了经济效益的持续增长。茅台酒厂从20世纪80年代起进一步完善了经营管理制度，使其标准化，编制了茅台酒企业标准体系，其中管理标准体系18项113个，技术标准体系7项56个，工作标准体系179个。最突出的是全面的质量管理：制定了茅台酒生产操作要点（包括制曲生产、勾兑操作、管窖操作等要点），制定了各工序质量标准（包括制曲、制酒、包装及茅台酒的标准等），做到了提高产品质量有法可依，有章可循，使传统工艺的精华得到了可靠的传承。同时，还制定和执行严格的质量检查制度，从原料的入库质量、酒曲检验、半成品酒的分析、新酒的入库检验、茅台酒出厂前的品尝鉴定都有一套完整的检查制度，从而把好了生产过程的质量关，保证了茅台酒的质量。

1986年，茅台酒厂提出以"我爱茅台，为国争光"的口号作为企业精神，这激励了广大职工的生产热情。从此茅台酒厂加强了企业的文化建设。在茅台人和众多学者的共同努力下，首先搞清楚茅台酒由古至今演进历史。在国家轻工部的支持下，茅台人在国内著名酿酒专家的配合下，用现代科技手段研究并总结了茅台酒酿造的历史经验，阐明了茅台酒传统工艺中高温酿造这一工艺精髓的科学奥秘，解开了自然环境条件与茅台酒之间存在的症结。其次收集整理了大量的与茅台酒相关的经济、政治、军事、文化及民俗的历史典故，其中不乏珍贵的历史文物，有前人留下的典章史志、诗词曲赋，这些史实都充分展现了伴随茅台酒发展的丰富文化要素。这些研究成果1997年云集在位于茅台镇上的"中国酒文化城"。该酒文化城占地3万余平方米，规模宏大，气势恢宏。该馆以文物、书画、摄影、雕塑及模型建筑等5000多件作品展示了酒类生产的历史发展沿革，突出地解读了茅台酒的发展历程。置身其间，不仅被浓郁的酒香所陶醉，而且还享受到一种特殊的文化盛宴。茅台的酒文化城可以说是茅台酒发展的又一历史性标志。

自 1915 年茅台酒勇摘美国巴拿马万国博览会的金牌奖之后，在国内历次评酒会上，都被尊举在国家名酒（即最高奖）之列，在国际的众多食品和饮料的博览会上都捧得金樽而归，这一切都表明，当今的茅台酒不仅位于国家名酒之列，同时也为世界众多酒客所赞赏，誉满全球。

茅台酒为什么这样受推崇？首先它是历史名酒，中国名酒。酱香突出、幽雅细腻、醇厚丰满、回味悠长的茅台酒不仅占据中国酱香型白酒的鳌头，同时也在世界蒸馏酒行列中独树一帜。茅台酒的独特口味，在于它传承和发展了茅台地区古老、原始、传统的酿造技艺，也传承了茅台地区悠久的多民族融合的文化传统。

根据史料，茅台镇原居民善于酿酒且皆有饮酒习俗，秦汉之际便已成为远近闻名的酒乡。唐宋时期，该地见于史籍的酒有钩藤酒、夹酒、女酒、窨酒、蓼花酒、刺梨酒等。咂酒在当地直到明清仍被赞美，有较多的诗词记载了它。例杨慎在《饮咂酒诗》云："酿人烟霞品，功随曲糵高，秋筐收橡栗，春瓮发满桃，旅集三更兴，宾酬百拜芳，若无多酌我，一吸已陶陶。"查慎行的《咂酒》云："蛮酒钩藤名，乾糟满瓮城，茅柴输更薄，桐酪较差清，暗露悬壶滴，幽泉借竹行，殊方生计拙，一醉费经营。"李宗昉则在《黔记》中也记述了它的酿法："咂酒，一名重阳酒，以九日贮米于瓮而成，他日味美，以草塞瓶颈，临饮，注水平口，以通节小竹插内吸之，视水容若干征饮量，苗人富者以多鲊此为胜。"由此可见，咂酒是一类速酿的发酵米酒，一直在苗族等少数民族中流行。关于女酒、窨酒，张澍在《续黔》中介绍道："黔之苗育女，数岁时必大酿酒，既漉，候寒月陂池水，以泥密封罂瓶，座于陂中，至春涨水，满亦复不发，候女于归日，因决取之，以供宾客，味甘美不可常得，谓之女酒。又有窨酒，色红碧可爱，余初至黔，饮之经日，头热涔涔，后畏之，如白驹吻，问诸人言，此酒用胡罗卜汁溲也。"蓼花酒、刺梨酒也是别具一格。吴振棫在《黔语》中介绍说："长寨人多以蓼花入曲酿酒，色碧，味微甘，特不酽耳"，"刺梨一名送春归，实可酿酒"。上述各种酒都是以米谷或杂水果花卉为原料配制的发酵原汁酒，在酿法上各有一套，特别像那种以泥密封瓮瓶的女酒和窨酒，酒精度都是较高的。在贵州酒乡，美酒随处可见，许赞著写的《滇黔纪程》（康熙年间）中说："贵州各属，产米精绝，尽香稻也，所酿造亦甘芳入妙，楚中远不及。"这说明贵州许多地方都具备酿造美酒的天然条件。上述各种酒的酿造经验无疑为茅台酒的面世做了非常重要的技术和人文要素的积淀。

根据对史料的分析，茅台镇大约在明代万历年间就有了蒸馏酒的生产，由于充分吸取了传统的酿酒经验，不仅茅台镇的茅台烧名冠贵州省，而且在技艺上也闯出了自己的独特风格。民国期间赵恺、杨思元编纂的《续修遵义府志》写道："茅台酒，前志：出仁怀县西茅台村，黔省称第一，《近泉居杂录》制法，纯用高粱作沙，蒸熟和小麦面三分，纳酿地窖中，经月而出，蒸烤之，即烤而复酿，必经数回然后成。初日生沙，三四轮日燧沙，六七轮日大回沙，以次概日小回沙，终乃得酒可饮，品之醇气之香，乃百经自俱，非假曲与香料而成，造法不易，他处难以仿制，故独以茅台称也。"从这段文献来看，《近泉居杂录》中关于茅台酒的工艺是当时比较翔实的记录，不难看出当时的茅台酒工艺已经定型，而且有独特的工序和流程，它以独有的酱香跻身于中国的名酒之列。

自 20 世纪五六十年代起，在国家轻工部和有关专家的指导下，茅台厂组织技术人员进行科研攻关，传统白酒酿造机理，包括茅台酒酿造实践经验的科学根据展开了系统研究，不仅解开了茅台酒生产中许多技艺的机理之秘，将古老、传统的酿酒技艺与现代科技较好地结合起来，进一步传承和完善了茅台酒传统的酿造工艺，从而确保了茅台酒质量长期稳定不变的高水准。同时还对中国白酒多种香型的主体香物质成分及其生成机理，对白酒勾兑的技术从简单的"掐头去尾"发展到"酒兑酒"的科学认知等作出了突出贡献。茅台人的这些努力不仅维护了作为国家名酒和世界名酒的地位和品质信誉，同时也带动整个白酒行业继承传统、勇于创新、与时俱进、健康发展的前进态势。

（二）茅台酒传统酿造技艺

茅台酒酿造工艺的特点可以概括为："高温制曲，季节生产，高温堆积发酵，高温蒸馏接酒，长期陈酿，精心勾兑。"下面简单地作一阐释。

高温制曲是茅台酒酿造的基础环节，它鲜明地区别于其他香型白酒的制曲要求，形成茅台酒特有品质品味风格的根本要素。其工序流程如下：

小麦（粉碎）——→配料（加母曲、水）——→成型——→大房培养——→成曲贮存（贮存半年以上，使用时粉碎成曲粉）

高温制曲工艺的核心技术主要是："精心用料，端午踩曲，生料制作，开放制作，高温制作，自然培养。"

制曲用的小麦产自赤水河流域茅台酒厂选建的原料生产基地。在基地不仅种植经过挑选的适于酿酒的小麦、高粱品种，而且在种植过程中绝不使用化肥、农药及任何生长激素，从而保证原料的质量。基地的种植农户已把绿色食品的质量标准化看作一种科学种植的文化认同。

"端午（伏天）踩曲"是指制曲选择在"端午"这个节气开始进行，实际上是在每年端午节前后开始踩曲，重阳节结束，生产的季节性强。这个时段恰好处在炎热的夏天，在相对封闭的茅台镇的河谷环境中，气温高，湿度大，弥布在空气中的微生物不仅种类多、数量多，而且十分活跃。这个时节制曲对微生物的菌系繁殖非常有利，故能使制得的曲饼中网罗培育更多更好的微生物菌系。

"生料制作"是中国传统制曲技术的一个重要经验。在早期制曲中，人们曾采用过熟料（例煮蒸熟的谷物），发现有时曲坯会变质，即熟料比生料在制曲中较易引入腐败的菌种（大多是喜氧的菌种），生料则有利于厌氧菌（酿酒中的有益菌主要为厌氧菌）的繁殖。

"开放制作"是指在整个制曲过程中，都是让曲坯暴露在空气中，与空气中弥散的各个微生物菌种广泛接触并侵入曲坯，从而嫁接并培育了曲坯中的菌系。

"高温制作"是茅台制曲工艺中的又一关键和特色。一般来说，不同的温度所带来的微生物菌系不一样。茅台酒酿造所用的酒曲是高温曲，它不同于浓香型酒（如五粮液、泸州老窖）、清香型酒（如汾酒）所用的中温曲。所谓的高温曲是指其曲坯在制作过程中经历了一段高达 $60℃—65℃$ 温度的堆放，这种高温曲中成活下来的微生物耐高温，代谢产生的香气成分与中温曲的不同，且较稳定、不易挥发。与中温制曲相比较，在高温状态下，部分分泌糖化酶的霉菌没有存活下来，因而较少存在，但是那些分泌蛋白化酶的霉菌又因耐高温而存活下来，故香气成分就会多些、浓些。

"自然培养"是指整个高温曲的制作过程是个自然生成过程，品温高，培养时间长，特别是培养过程中的温度变化完全纯属自然控制。曲坯所经历

图5-10 茅台酒 成熟的曲块

的60℃以上高温培养，其间只需两次翻曲，待40天才成熟。成熟后还要存放半年，才能投入生产使用。曲块经长时间存放，自然干燥，酶活力虽然有所降低，但是曲块的香味则有所增加。

茅台高品质酒曲的制作过程尽管是个自然培育的过程，但是人们在制曲温度的控制、麦粉精细的搭配、水分轻重的把握、曲母掺和的比例、翻曲时间的恰当、曲醅入仓发酵堆积的方式等操作环节的讲究，做到了丝丝入扣，独具匠心。（图5-10）

茅台酒酿酒工艺是非常有特色的，概括起来有以下几点：

（1）生产从9月重阳投料开始到丢糟直至结束，恰好需要一年时间，故生产周期为一年。

（2）茅台酒全年的生产用料——高粱，要在两个月内分两次投完。第一次为下沙投料，第二次为造沙投料，两次投料量相同。

（3）同一批原料要经过8次发酵，即8次摊凉，8次加曲，8次堆积，8次入窖发酵。每次入窖前都要喷洒一次尾酒。这种回沙技术既独特又科学。

（4）经窖池发酵的酒醅要经7次取酒。由于每一轮次的酒醅的基础不一样，发酵过程的环境因素不一样，造成发酵后的酒醅内涵也不相同，故每一轮次取得的酒都会各有特点。所谓的发酵过程的环境是指发酵设备的构造，堆积发酵和入窖发酵的各层次的微生物数量及品种。这些因素的差异就会造成即便是同一窖的酒醅，也可以生产不同的酒。一般来说这些酒的香味是由酿造产生的酱香、醇香、窖底香三种典型香体为主融合而成的复合香。构成这些香味的物质成分非常丰富，据目前的科学分析，构成这些香味的微量成分多达1200余种，其中能叫得出名称的就有800多种。正是这些复合香的酒体经多次勾兑相互取长补短，最终构成酒体丰满醇厚的茅台酒。

（5）茅台酒使用的酒曲是特有的高温大曲。这种高温曲经过数十天的高温发酵、时间之长、温度之高在白酒酒曲中首屈一指。这种高温曲曲香特别浓郁，加上在酿酒时，用曲量较大，这在白酒酿造中十分突出，是形成茅台酒酱香突出的重要原因。

（6）茅台酒生产中除上述独特的高温制曲外，还有高温堆积、高温润料、高温发酵、高温接酒等工艺特色，特别是其中的高温堆积，是茅台酒酱香突出的关键工序。因为在高温曲中，部分起糖化、酒化的霉菌、酵母菌在高温中失活，造成大曲中微生物的某些品种的不足，这一缺陷在高温堆积中得以补偿。在堆积中再次从空气中网罗、繁殖、筛选了某些微生物。只要掌握好堆积发酵的条件和程度，就决定了入池发酵前酒醅的微生物品种、数量和其中的香味物质及香味的前驱物质，也决定了入窖发酵中产生代谢物质的品种、数量。酱香型物质成分的生成就取决于高温堆积的工序。

（7）茅台酒所用的高温曲要经过6个月以上的贮存才能使用，而茅台酒的原酒的陈酿时间，最短也要四年以上。在陈酿中有个生化反应的变化，只有经过长时间陈酿，在勾兑好的前提下茅台酒更显幽雅细腻、酒体协调。

茅台酒单元生产流程如下：

第一轮投料发酵（下沙）

高粱——→粉碎——→加热水润料——→拌和（加出窖酒醅5%—7%）——→蒸沙——→摊凉——→配料拌和（加曲粉）——→堆积发酵（加尾酒）——→入窖发酵（加尾酒）——→出窖酒醅

第二轮投料发酵（造沙）

高粱——→粉碎——→加热水润料——→拌和（第一轮出窖酒醅）——→蒸沙——→摊凉——→配料拌和（加曲粉）——→堆积发酵（加尾酒）——→入窖发酵（加尾酒）——→出窖酒醅——→蒸酒——→原酒

第三轮至第八轮的酿造流程

上一轮蒸酒后酒醅 ──→ 冷却 ──→ 拌和（加曲粉、尾酒） ──→ 堆积发酵 ──→ 入窖发酵 ──→ 蒸酒（出窖酒醅分层蒸） ──→ 原酒（分上层、中层、下层酒）

陈酿工艺流程

原酒 ──→ 入库酿三年 ──→ 勾兑调味 ──→ 封贮一年 ──→ 检验 ──→ 包装出厂

从上面的流程图示可以看出，茅台酒酿造工艺中的八次发酵，第一轮称为下沙，第二轮称为造沙，沙即原料高粱。第三轮至第八轮都是发酵蒸酒。第一轮实际是酒粮原材料的加工，从第二轮至第八轮才生产原酒，故为七次摘酒。

下沙投料，先将高粱破碎后，用高温热水润料（茅台人称发粮），粮食润透后，加一定数量的母糟（约为5%—7%）拌匀进行混蒸。高粱蒸熟后出甑摊在晾堂里，经酒水、摊凉、加尾酒、加曲粉，掺拌均匀，立即进行堆积发酵。堆积发酵约6小时，成熟后下窖继续发酵，入窖发酵时间长达一个月。造沙操作则是在高粱破碎、润料后加入等量的上述下沙的出窖酒醅进行混蒸，其后的工艺流程同下沙一样。第三轮至第八轮的酿造流程，已不再添加原料高粱，而是将上一轮蒸酒后的酒醅，重新进行堆积发酵、入窖发酵直至蒸酒。只是在堆积前加入曲粉和尾酒进行拌和。经过八次发酵、七次接取原酒后，其酒醅除少量用于下沙外，大部分将被弃作饲料或综合利用。这时的酒醅中含有淀粉类物质已较少。（图5-11—图5-13）

图5-11　茅台酒　人工下甑

在蒸馏接酒上茅台酒也有自己的独到之处。它要求接酒温度达到40℃以上，比其他蒸馏酒的接酒温度高出15℃左右；而接酒的浓度则为52%—56%（V/V），比其他蒸馏酒低10%—15%（V/V）。这样不仅最大限度地排除了如醛类及硫化物等有害物质，而且使茅台酒的传统酒精浓度达到了科学、合理、和谐的境界。这正是茅台酒为何酒精度高而不烈，饮时不刺喉，饮后不上头、不烧心的关键原因。

图5-12　茅台酒　半机械化的行车下甑

茅台酒的陈酿也是很特别的，它不是将原酒放在那里几年进行简单陈酿，而是要经过几次科学的勾兑。一般情况下，新酒入库后，首先经检验品尝鉴定香型后，装入容量为100千克的大酒坛内，贴上标签，注明该坛酒的生产日期，哪一班、哪一轮次酿制，属于哪一类香型。（注：茅台酒的酱香型由三种曲型体酒：酱香体、窖底香、醇甜体构成）。存放一年后，将此酒盘勾。盘勾后再陈酿两年。共经过三年的陈酿，可以认为酒已基本老熟，此时进

图5-13　茅台酒　下沙生产时的发粮操作

入小型勾兑，再将勾兑后的样品摇匀，放置一个月，与标准酒样进行对照，如质量达到要求，即按小型勾兑的比例进行大型勾兑。然后再密封贮存大型勾兑后的酒，一年后，再检查一次，确认酒的质量符合或超过质量标准，即可送到包装车间，装瓶出厂。

由此可见，茅台酒工艺中的长期陈酿是茅台酒独特工艺的一个重要组成部分。人们在茅台酒厂酿造车间品尝刚烤出的原酒，会有一种爆辣、冲鼻、刺激性大的感觉。这些原酒经过一定的陈酿期后，新酒变成陈酒，上述新酒具有的缺点基本上会消失。因为在长期陈酿中，经过氧化还原等一系列化学变化和物质变化，有效地排除了酒液中那些像醛类和硫化物等低沸点的化学成分，从而清除了新酒中令人不愉快的气味。又通过乙醛的缩合，减少了辛辣味，增加了酒的芳香。长期存贮中，增加了水分子和酒精分子的缔合，也可以减少酒的辛辣味，酒体变得柔和、绵软、芳香。总之长期陈酿对于茅台酒质量保证是至关重要的。茅台酒的陈酿，流失的是岁月，积淀的是成熟、完美、大度和气派。

与陈酿一样，勾兑也是不容忽视的。通过对酒的化学分析，可以确认白酒中的主要成分是醇类物质和水，还含有微量的酸、酯、酮、酚等成分，它们之间的量比关系决定了产品的风格。由于各轮次、各甑酒的质量不尽相同，甚至具有不同的香型。所以各甑的原酒所含的微量成分及其比例是不同的，不是这种微量成分多了就是那种微量成分少了，要使各具不同微量成分和不同量比的酒达到适宜的比例，就必须进行勾兑。茅台酒厂对勾兑工艺特别重视，它将本厂酿制的不同香型、不同轮次、不同酒精度、不同陈贮时间的茅台酒相互勾兑、取长补短，达到色香味俱佳。这就是茅台酒的精心勾兑。从上述生产流程也可以看到勾兑不是一次，而是多次。茅台酒的勾兑，融合的是酒体，收获的是极品、奇香、美誉和钟情。

（三）茅台酒的特色

茅台酒以其酱香突出、幽雅、细腻、酒体醇厚、协调丰满、回味悠长的风格，在国内外赢得众多酒客的追捧。为了满足市场需求，20世纪70年代有关部门曾在贵州遵义建了一个酒厂，采用与茅台相近的原辅料，完全按照茅台酒生产工艺和设施，试图生产"茅台酒"，结果产出的酒与茅台酒仍有差距，只能称其为珍酒。许多地方酒厂也搬学茅台酿酒技艺，但是生产的酒多为兼香型，即便是酱香型，也明显有别于茅台酒。茅台酒易地生产试验完全失败的实践让人们接受了一个结论："离开了茅台镇，就生产不出茅台酒。"对这一实践的科学分析，人们进而认识到茅台酒的品质与生产它的自然环境条件之间存在着难以割舍的联系。这种天人作合的结果是有其科学根据的。

中国的白酒酿造大多采用传统的固态发酵，这是一个开放式与封闭式相结合的发酵过程，整个发酵过程不像西方酿造酒那样采用纯种微生物发酵，而是利用自然环境中的微生物群，故发酵依靠的是自然环境和当地的气候。

茅台镇一带的地质地貌，主要是7000万年以前形成的侏罗白垩系紫色砂页岩、砾岩结构。其间，广泛发育着岩石风化后形成的紫色土壤，土层较厚，一般在50厘米左右，酸碱适度，含有机质在1.5%左右，多粒状结构。碳、氮比在8:1至9:1之间，质地中性，盐基饱和度为70%—80%，中性至微酸性反应。特别是土体中砂质和砾石含量高，土体松散，孔隙度大，具有良好的渗透性。土壤中富含的多种微量元素，通过雨水和地下水的浸湿、溶解，形成纯洁香甜的清泉水流进了赤水河。发源于云南镇雄县的赤水河，在流到茅台镇的400千米干流中没有被污染，水质极好。赤水河水成为茅台酒酿造的重要资源。

位于赤水河畔的茅台镇，地势低凹，四面环山，形成一个相对封闭的环境空间。这里的气候冬暖夏热，风微雨少，年平均气温达到17.4℃，1月平均气温为6.9℃，7月平均气温为27.9℃，夏季最高气温达到39.9℃，炎热季节持续半年以上。冬季气候温和，温差小，霜期短，年平均无霜期达326天，最低气温为2.7℃。

年降雨量仅有 800—1000 毫米，日照充足，这种气候非常适合各种微生物的繁衍，加上历史上经久不息的酿酒活动，造就了一个独特的微生物菌系。这个强盛的菌系无疑已深刻地影响，也可以说主宰了茅台镇上的酿酒活动。这可能是人们看不见的，但能感觉到的一个重要元素，正是这一元素帮助茅台酒高温酿造工艺的形成和在发展中逐步完善。

仁怀县沿赤水河谷的 5 个区 24 个乡镇（包括茅台镇）的地理环境很适合耐高温、耐瘠薄的高粱生长。在这些地区产出的高粱颗粒小、皮厚、扁圆、结实，属于硬质胚乳型，水分含量为 11.5%，单宁含量在 2% 以下，淀粉含量为 63%，其中利于酿酒的支链淀粉占 99% 以上。这种高粱耐蒸、耐煮、耐翻造，适合茅台酒酿造中的高温堆积，8 次蒸馏，8 次摊凉翻造的工艺要求。多次混拌也不糊烂，从原料源头保证了酿酒的质量。相比之下，若选用其他地区生产的高粱，尽管粒大皮薄，淀粉含量高达 70% 以上，但是其支链淀粉只占 60% 左右，加上其含可溶性糖量高，在高温条件下易破碎成糊状，是不适合多次混拌和多次蒸馏的工艺要求的。于是，在仁怀、赤水两县沿着赤水河的 5 个区 24 个镇营造了优质高粱生产基地，从而保证了茅台酒生产的原料供给。

同高粱一样，小麦也是酿造茅台酒的主要原料之一（用于制造高温曲），在仁怀赤水河沿岸紫红色土壤上产出的小麦，成熟早、颗粒饱满均匀，无虫蛀，不霉烂，腹沟深而多粉，适合制曲。故仁怀县扩大小麦的种植面积，保证了茅台酒生产的需求。

酿造原料具有绿色、有机的高品质属性，酿造用水具有原生态的优质性，环境和气候造就了特有微生物菌系资源的稀有性，这些共同构成了茅台酒生产得天独厚，难以复制，唯茅台独享的环境资源。正是这些要素决定了茅台酒独特的生产工艺。

茅台酒是茅台镇自然环境的"内在价值"的释放，也是茅台人继承中华酿造科技文明精髓的创新成果。高品位的茅台品牌文化则是积淀深厚的历史酿造文化和现代人文精神的美好融合。正如现任贵州茅台酒股份有限公司董事长袁仁国所说："历史对茅台酒的选择，中华文化和酿造文明对茅台酒的熏陶、培育，成就了古老、传统的茅台酒。但是，我们不满足于挖掘历史，我们有必要，也完全有能力创新茅台酒文化。"茅台酒传承中华酿造文明的本质力量源泉，就是"在继承中创新、在创新中发展、在发展中完善、在完善中提高"。茅台酒是地地道道的传统产品，如果说茅台酒酿造在传统领域内有什么创新的话，那就是运用现代科学技术和信息技术对传统工艺进行集成与创新，比较好地解决茅台酒质量稳定的问题，使茅台酒摆脱了传统工艺品的历史局限，具备了现代工业制造的性质。这就是茅台酒和它的传统工艺能与时俱进的原因所在。

二、汾酒

（一）汾酒的历史

汾酒是久负盛名的历史文化名酒，也是中国清香型白酒的典型代表。

汾酒产于山西省汾阳市杏花村。据对杏花村及其周边地区的遗址考古发掘研究表明在 4000 年前，居住在这里的先民已开始酿酒和饮酒。出土的大量陶制酒具，特别是小口尖底瓮（古代常见的酿酒发酵容器）就是明证。经历了殷商、西周、春秋战国、秦汉和魏晋时期的演进，在南北朝时，汾阳所产的汾清酒已迈入当时的宫廷御酒之列。据《北齐书》卷十一记载："河南康舒王孝瑜，字正德，文襄长子也，初封河南郡公，齐受禅，进爵为王，历任中书令、司州牧。初，孝瑜养于神武宫中，与武成同年相爱。将诛杨愔等，孝瑜予其谋。乃武成即位，礼遇特隆。帝在晋阳，手敕之曰，吾饮汾清二杯，劝汝于邺酌二杯。其亲爱如此。"

这段文献的大意是在561—564年间，北齐高湛（即武成帝）在高孝瑜等人的帮助下诛杀杨愔等而继承帝位，由此两人成为挚友。他们关系非常亲密，武成帝在齐国下都晋阳（即今太原晋祠一带）经常喝汾清酒，他仍手敕远在齐国上都邺，向高孝瑜推荐喝汾清酒。这段史实表明汾清酒在当时不仅是地方名酒，还是御用酒，可见其酒品质之高。

进入隋唐之后，太原作为李唐王朝的发祥地，成为北方的政治军事中心，伴随着经济和商贸的发展，汾清酒为更多人所推崇。在唐代汾清酒亦被叫作"干和酒""干酿酒""干酢酒"。宋伯仁在《酒小史》中有"汾州干和酒"之说。唐代诗人张籍说："酿酒爱干和。"北宋窦苹在《酒谱》称："张籍诗云，'酿酒爱干和'。即今人不入水酒也，并、汾间以为贵品，名之曰干酢酒。"由此可见，干和酒的称谓来自一项酿酒技术的进步，这一技术就是酿酒时对用水量的控制，用现代的术语就是掌握了浓醪发酵。当时汾清酒技术的另一个特色就是"清"，不仅是酒色洁净透明，而且在整个酿造过程中突出一个洁净：从原料到器具，从操作到环境都讲究清洁。这两个技术要素一直得到传承，并成为后来清香型白酒制作的技术传统。

元代，蒸馏酒技术得到迅速传播，杏花村是率先运用这一技术生产白酒的地方之一，汾酒坚持的地缸发酵就是一个证据，因为蒸馏酒的生产是从蒸馏黄酒开始的，黄酒发酵大多在陶缸中进行。杏花村生产的白酒，色如冰清，香如幽兰，味赛甘露，是酒中极品。不仅国人称道，连洋人也嗜饮。因此在1915年美国的巴拿马万国博览会上获得甲等金质大奖章。从此杏花村汾酒名扬天下。在中国历届的评酒会上都是金牌不倒，誉满全球。

从汾清酒、干和酒、干酢酒、羊羔酒（发酵原汁酒）到老白汾酒、竹叶青酒、玫瑰汾酒（蒸馏酒、露酒），杏花村所产美酒随着晋商传播到华夏大地的许多地方。晚唐诗人杜牧在《清明》中写道："清明时节雨纷纷，路上行人欲断魂。借问酒家何处有，牧童遥指杏花村。"这就道出了酒香不怕巷子深的情结。为什么杏花村一直能产美酒？笔者认为至少有两点：一是有一个适宜酿酒的生态环境，二是有一个深厚的文化积淀。

汾阳市杏花村位于山西省中部，吕梁山脉东麓，太原盆地西缘，安上河与小相河冲积平原的交接地带，海拔高度740米。地属温带干旱气候，四季分明，春季干燥多风，夏季炎热多雨，秋季凉爽湿润，冬季雨雪稀少。年平均气温约9.7℃，年降水量约470毫米。杏花村地下水属于第四系松散岩孔隙水，以洪积型和冲积型含水层为主，潜水埋深5—25米，含水层5—15米，深层水埋深80—280米，单井出水量500—1000吨/日。水是酒的血液，传统的汾酒酿制一直使用杏花村八槐街的古井亭井水和卢家街的申明亭井水。其水质清澈，甘馨爽净，无悬浮物，无邪味，洗涤时手感绵软，沸煮时锅内不结垢，煮饭不溢锅，不生水锈，洗涤衣服、毛巾等不发硬。经分析，这井水虽然碱度稍大，但不是强碱性，正是所谓的"甘井水"，是适宜酿酒的。现代杏花村采用的是郭庄泉源的地下水，属于第四系松散岩系孔隙水，水源长，过滤干净，无污染，地层中锶、铁、钙、锌、钼、镁、碘等元素含量较高。尤其是1991年打的5号井，井深840米。经专家认定，属于优质天然饮用矿泉水，对人体有很好的医疗保健作用。

晋中盆地汾河一带盛产优质高粱，俗称"一把抓"。它颗粒饱满、均匀、壳薄、无霉变，淀粉含量在70%以上，蛋白质在10%以上，水分在15%以下，脂肪在4%左右，粗纤维约有2%左右，灰分不超过2.3%。大麦、豌豆也选自晋中一带，粒满皮薄，无蛀虫，含水量不高于13.5%。由此可见，原料主要来自本地，保障可靠，这是发展的物质基础。

汾阳杏花村一带植被绿化一直较好，没有明显影响环境的污染源。空气清新，存活着一种适宜酿酒的微生物菌系，它内含丰富的霉菌致使制出来的酒曲具有较强的发酵酿酒功能。

由于水质、原料、微生物菌种对于汾酒酿造都具有决定性意义，而这些因素又与自然环境密不可分，因此就要求人们自觉地加强环境的保护和建设，形成一种人与自然"天人合一"的和谐关系。

汾阳杏花村虽然地处晋西，但是它离太原不远，是南下盐湖和到古都长安要道上的重镇。杏花村土地肥沃，气候温和，水质甘美，物产丰富，环境优美，曾是中华文明的摇篮。一万年前，夏氏族先民在此繁衍生息，传说中的炎帝族在其南部，尧、舜、禹也都在此建都立业。在夏商周，许多人饮酒连酒糟一块儿吃，故吃酒也能饱腹，酿酒、饮酒遂被看好，并成为人们生产、生活的一部分。杏花村的酿酒业就是在这样的文化氛围中茁壮成长的。更值得书写的是一代代杏花村人传承了先辈们积累的优良酿酒技艺，并且不断超越完善，造就了名酒辈出，同时创造了灿烂的文化。

据传古代的杏花村绿树千丛，红杏万棵，景色宜人，酒业兴隆，是一著名的酒村闹市。唐宋时期全村的酒坊达70多家，美景好酒曾吸引众多文人墨客在此聚会畅饮。清代文人曹树谷曾写了一首赞美汾酒的长诗："味彻中边蜜样甜，瓮头青更色香兼。长街恰副登瀛数，处处街头揭翠帘。甘露堂荒酿法疏，空劳春鸟劝提壶。酒人好办行春马，曾到杏花深处无？神品真成九酝浆，居然迁地弗能良。申明亭畔新淘井，水重依稀亚蟹黄。沽道何妨托一廛，家家酿酒有薪传。当垆半属卢生裔，颂酒情深懒学仙。火候深时融辣味，酒花圆处寄遐情。曲生元晏谁能作，千古随园有定评。琼酥玉液漫夸奇，似此无惭姑射肌。太白何尝携客饮，醉中细校郭君碑。玉瓶不让谷溪春，和人青韶味倍纯。最是新年佳酿熟，蓬蓬铁鼓赛郎神。无限闲愁付酴醾，停杯坐对卜山青。老夫记得高王语，两字汾清补酒经。"这首诗内容丰富，讲述了中国酒史上的许多典故，用它来赞美汾酒之美，实在是一篇难得的文献。在有关汾酒的传说中，有几则"神井"的记载。其中最著名的是在杏花村古井亭旁一块题为"申明亭酒泉记"的石刻。刻文如下："近卜山之麓有井泉焉，其味如醴，河东桑落不足比其甘馨，禄俗梨春不足方其清冽"，以赞美此井泉水之佳美。古今文人酒客留下了大量赞美汾酒的诗文，足显汾酒的雄厚文化底蕴。

（二）汾酒传统酿造技艺

自从汾清酒成为皇室御酒之后，杏花村生产的酿造酒名声大震，历代名酒都榜上有名。以"香甜绵软"的口感和"清纯"的视觉为特色的精湛酿酒技艺得到传承。在黄酒向白酒的品牌转型中，杏花村的酿酒工艺有了新的提升。当代的汾酒生产工艺就是在继承传统酿酒工艺的基础上，得到不断创新、发展的结晶。汾酒传统酿造技艺是中国最具代表性的传统酿酒工艺之一，其工艺技术主要表现在制曲和酿造两个阶段中。

行话说："曲是酒骨头，没有好曲就生产不出好酒。"传统的汾酒制曲采用的原料是大麦、豌豆，先将原料按比例混合，在石磨上粉碎，粉碎时通过石磨上的进料口控制粗细比例。然后将粉碎好的原料在铁锅里加水手工搅拌，搅拌均匀后的原料装入长9寸、宽6寸、厚2寸的四方形曲模里，人工踩制成像砖块一样的曲坯，这就是踩曲。踩曲是劳动强度很大的一个工序。工人们赤脚踩，由一组13人轮流协作完成。3人和料，一人装斗，一人盯斗，其余8人踩曲。每人每次踩7—9脚，然后轮换其他人接着踩，每块曲共踩60余脚，曲坯踩制的好坏直接影响成曲的质量。因此曲工老师傅对曲坯踩制十分重视，踩曲时常守候在踩曲现场，发现不合格的曲坯要重新处理。踩曲有这样一首工艺口诀：踩曲工序是前提，环节重要须精细，豌豆大麦严配比，曲面粗细多留意。水分适中按比例，充分搅拌要牢记，生面疙瘩是大忌，对制曲最不利。踩制过程要细腻，踩匀踩平不麻痹，四周光滑厚薄齐，重量匀称遵工艺。具体地说，原料配比是大麦60%、豌豆40%，不能混杂小麦和杂豆。粉碎的程度要求过20孔筛的细粉达20%（冬季）或30%（夏季），通不过的粗粉占80%（冬季）或70%（夏季）。水分在曲坯中占36%—38%。踩成的曲坯要求外形平整，四角饱满无缺，厚薄一致。曲坯每块约重3.2—3.5千克。

将曲坯搬运到曲房去排列，称为"卧曲"。曲房里的温度一般为15℃—20℃，夏季则可低些。在地面上撒铺一层稻壳，将踩好的曲坯在稻壳上依次排列、侧放，间距约2—3厘米，冬季可近些，夏季要远一点。排好的每层曲坯上，放置苇秆或竹竿，上面再码放一层曲坯，一共可放三层，并成品字形。入室的曲坯稍许风干后，即可在曲坯四周和上面铺盖席子或麻袋，保温保湿。夏季或干燥之时，应在上面洒点凉水，然后将曲房门窗紧闭。曲坯的品温开始上升，一天后开始生衣，即曲坯表面有白色真菌的菌丝和斑点出现。夏季约经36小时，冬季约经72小时，品温可升至38℃—39℃。这一过程应注意控制品温，温度上升缓慢，真菌才能繁殖良好，这时的曲坯表面呈现的是根霉丝和内孢霉的粉状霉点及比针头稍大的乳白色或乳黄色的酵母菌落。假若品温已达38℃—39℃，而曲坯表面的真菌尚未长好，则应缓缓揭开部分席片进行散热，但要注意保湿，适当延长数小时，促使长霉良好。当品温达到38℃—39℃后，可以打开曲房门窗，以排除潮气，降低室温，同时揭去曲坯上面的覆盖物，进行翻曲，即将上下层曲坯翻倒一次，增加曲坯间的间距，这样就可以降低曲坯的水分和温度，控制曲坯表面微生物的生长，勿使菌丝过厚，同时使曲坯表面干燥，曲块定型。用湿润的苇席封盖曲坯的过程称为"上霉"。曲坯上霉完好后依次进入"晾霉"。晾霉应及时，若过早，菌丝长得少，会影响曲坯中微生物的进一步繁殖，曲体内部也就实重不疏松；若过迟，菌丝长得过厚，曲皮会起皱，曲坯内的水分就难以散发，从而影响曲坯质量。晾霉温度为28℃—32℃，时间2—3天。此时不允许有较大的对流风，以免曲坯表面水分迅速挥发造成干裂现象。晾霉期间，每天翻曲一次。翻曲一次就可将曲坯码高一层，最高可码排五层。晾霉2—3天后，曲坯表面已不粘手时，即可再次封门窗，曲坯进入潮火阶段。所谓"潮火"即让曲坯的品温继续上升至36℃—38℃，再进行翻曲，每2天翻曲一次，每日门窗两封两启，品温两起两落，并由38℃升至45℃—46℃。这个潮火阶段需要4—5天，曲坯的码放也由五层增至七层。随后曲坯培养进入大火即高温阶段。这一阶段是微生物繁殖最旺盛的时间，水分和热量由里向外散发，菌丝从表面向里面生长。温度宜保持在44℃—46℃之间，不能超过48℃，也不能低于30℃。人们可通过开闭门窗来调节室温。大火阶段需7—8天，每天仍需翻曲一次。待这一阶段结束，有50%—70%的曲坯成熟了。大火阶段之后，曲坯日渐干燥，品温开始下降，由44℃—46℃逐渐下降到32℃—34℃，直到曲块不热为止。这个后火阶段要3—5天，这期间曲坯的内部水分会继续蒸发干燥。后火阶段结束，还会有10%—20%的曲坯由于坯内仍存有水分而不够成熟，需进一步"养曲"。这时因为曲坯本身已不发热，只能采用外温保持32℃的微温措施来催熟，让曲心中尚存的水分蒸发干净。此时酒曲已制成，宜出曲房入库房，堆放待用。从上霉、晾霉、潮火、大火、后火到养曲，主要有两大任务，曲工师傅称之为"翻曲"和"看曲"。此过程中先后翻曲10多次，全部是手工操作。看曲是根据曲坯的升降温情况进行开关门窗通风和盖撒苇席等操作来控制室内温度、湿度，这种控制完全是靠曲工师傅的经验和感觉来完成的。通过控制温度和湿度，曲工师傅生产了清茬、红心、后火三种汾酒酿造用曲。清茬曲的制作，热曲中的最高温度为44℃—46℃，晾曲降温则控制在28℃—30℃，称为小热大晾。后火曲，从起潮火到大火阶段，曲温可达47℃—48℃，并在这种高温环境下维持5—7天，晾曲降温的极限温度为30℃—32℃，称为大热中晾。红心曲则采用边晾霉边关窗起潮火。减去了晾霉阶段，也省去潮火阶段升温的两起两落，升温较快，很快达到了38℃，这时主要依靠调节窗户大小来控制室温和品温，从起潮火到大火阶段，品温最高达到45℃—47℃，而晾曲温度不低于34℃—38℃，属于中热小晾。品温的稍许差别就会生产出三种不同的大曲，可见其中的奥秘不少。过去人们主要凭借经验，现在人们可以通过科学的控温方法替代过去的经验。这三种大曲的主要差别在于它所含的菌株有所不同。从曲坯入曲房到出曲房总培菌天数为26—28天。然后是出房验收。传统的成曲验收往往是由曲工师傅、酿酒师傅和掌柜一起从霉面、曲皮、茬口、曲香等方面进行品评，最主要的是看成曲的流酒情况。验收合格的曲坯放入专设的曲房存贮，使用时三种汾酒大曲按一定比例混合，

按标准粉碎后投入酿酒过程。（图 5-14）

微生物繁殖的生化过程十分复杂，稍有操作不当，即会出现病害，影响成曲的质量。从上述技术来看，看曲需要耐心、细心，要有高度的责任感和敬业精神。在生产旺季时，看曲师傅一两个月不分昼夜地待在曲房。在过去没有温度计和湿度计的年代，操作全凭经验和感觉，经验起着决定性的作用。传授技术完全靠口授心传，掌握制曲技术相当不容易。为了学到本事，徒弟跟着师傅形影不离，师傅的一举一动，徒弟都看在眼里，记在心上。天长日久，师傅的生活习惯、工作作风都在徒弟身上留下深深的烙印，现代的曲工身上依然体现着先辈的秉性。

由于制曲温度没有超过50℃，故汾酒的酒曲属于中温曲。其大致的生产流程如图 5-15 所示。

汾酒的酿酒技艺也是具有典型意义的。汾酒生产有六个主要的工艺流程，称为"一磨、二润、三蒸、四酵、五馏、六陈"。

一磨主要指原料的加工。首先是原料的加工。准备酿造用的高粱，必须粉碎后才能使用。粉碎度一般视生产工艺的要求而变化。虽然原料粉碎得愈细，愈有利于蒸煮糊化，有利于与微生物的接触，但是大曲酿造一般周期较长，醅中所含淀粉浓度较高，若粉碎过细，会造成升温过快，散热难，酒醅发黏而影响发酵过程的正常进行，还可能引入污染物和杂菌，因此一般要求高粱粉碎成4—8瓣/粒即可，细粉不能超过20%。酒曲采用清茬、红心、后火三种中温大曲，按30%、30%、40%的比例混合使用。上述大曲除了注意其糖化力、液化力、发酵力、蛋白质分解力，还要注意其外观质量。清茬曲要求断面茬口为青白色或灰黄色，不掺杂其他杂色，嗅起来气味清香。红心曲要求其断面中间呈一道红，曲心部分掺红色，无异圈，无杂色，具有曲香味。后火曲要求其断面呈灰黄色，有单耳、双耳，曲心呈五花茬口，具有曲香或豌豆香。酒曲同样要粉碎，其粉碎度基于同样理由也不能太细。一般要求第一次用于发酵的酒曲，粉碎后，大的如豌豆大，小的如绿豆大即可，通过 1.2 毫米筛孔的细粉不能超过55%。第二次发酵用的大曲，粉碎后达到大

图 5-14　汾酒的制曲车间

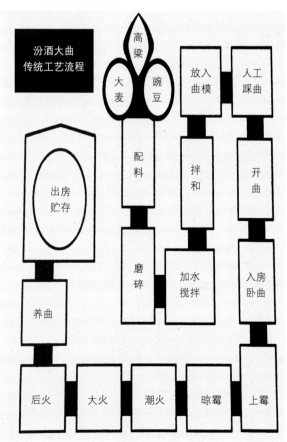

图 5-15　汾酒　制曲工艺流程示意图

的如绿豆，小的接近小米粒即可，通过 1.2 毫米筛孔的细粉不超过 70%。此外，粉碎度还与天气有关，夏天炎热，颗粒可粗些，以防发酵升温过快。冬天寒冷时，颗粒可细些。

二润即润糁，粉碎后的高粱原料，人们习惯称它为红糁。在蒸料前要将它用热水浸润，这就是高温润糁。润糁的目的是让红糁吸收一定的水分以利于糊化。吸水的速度与红糁的粉碎度及水温有关。一般情况下，在粉碎后的红糁中加入相当于原料重量的 55%—62% 的热水，夏季水温为 75℃—80℃，冬季水温为 80℃—90℃。拌匀后进行堆积润料，时间需 18—20 小时。由于堆积润糁过程中品温会上升，冬季达 42℃—45℃，夏季达 47℃—52℃，所以中间需翻动 2—3 次。为了保持一定的湿度，避免水分大量蒸发，堆料上应覆盖芦席等物，如发现糁皮干燥，还应补加水（原料重量的 2%—3%）。在润糁过程中，可能会有一些混入原料中的野生菌（好氧性微生物）趁机发酵、繁殖，从而产生某些芳香气味。这一过程无妨润糁，还可能对增加酒质的回甜起一定的作用。经过润糁后，要求红糁润透，没产生淋浆，无异味，无疙瘩，用手搓能成面。

三蒸是指蒸料。先将底锅水煮沸，在其上放置甑桶，将 500 千克润料后的红糁均匀撒入甑桶。待蒸汽上匀后，再用 60℃ 的热水 15 千克（原料的 25%—30%）泼在表面以促进糊化，俗称闷头量。蒸煮初期品温可达 98℃—99℃，加盖芦席，加大蒸汽，温度逐渐上升。蒸料时间若从装完甑起算，至少需 80 分钟。假若在红糁上覆盖辅料（糠），可以一道清蒸，但是清蒸的辅料必须当天用完。经清蒸的红糁要求达到"熟而不黏，内无生心，有高粱糁的香味，无其他异味"的标准。

四酵是指红糁拌曲入缸发酵。糊化后的红糁趁热从甑桶中取出堆成长方形，然后泼入原料重量 28%—30% 的冷水（18℃—20℃ 的甜井水），边泼边翻拌，这一过程是用木锹将红糁扬到空中冷却，俗称扬片，使红糁充分吸水，随后进行通风晾糁。冷却到一定温度（冬、春两季要求品温降到 20℃—30℃，夏、秋两季降到室温即可）后，加入磨细的大曲粉，大曲粉用量为原料重量的 9%—11%，加曲时红糁的温度一般控制在春季 20℃—22℃、夏季 20℃—25℃、秋季 23℃—25℃、冬季 25℃—30℃。加曲拌匀后即成为酒醅，稍后即可入缸发酵。

酒醅发酵是在特制的陶缸中进行的，分别有容量为 255 千克和 227 千克两种缸。将陶缸埋入地下，口与地表相平。发酵前要用花椒水清洗地缸，酒醅入缸时的温度最好低于气温 1℃—2℃，夏季则越低越好，一般控制在 10℃—16℃。入缸时酒醅的水分应达 52%—53%。水分过少，糖化发酵就不完全；水分过多，发酵也不正常，此后烤出来的酒味淡不醇厚。因此温度和水分是发酵的首要条件。酒醅入缸后，缸口用清蒸后的小米壳封盖，再盖上稻草保温。

地缸发酵分三个阶段进行。前期升温缓慢，中期保持一定的高温，后期温度缓慢降落，即常说的"前缓、中挺、后缓落"。传统的发酵期为 21 天，根据经验，现已延长至 28 天。（图 5-16）

前期发酵是低温入缸，这是一项不容忽视的要领。假若入缸温度过高，前期会迅猛升温，将会影响糖化过程的正常进行，小则影响酒的质量，大则败坏整缸酒。当然温度也不能过低，否则会延长前期发酵时间。前期发酵一般为 6—7 天，使品温上升到 20℃—30℃。这期间由于微生物的作用，糖化反应使淀粉含量迅速下降，酒醅中还原糖迅速增加，酒化反应也开始进行，酸度也在增加。

中期发酵一般从入缸后的第 7—8 天开始，大约需要 10 天，这段发酵通常被认为是主发酵阶段。其间微生物繁殖及由此产生的发酵极为旺盛。酒醅中的淀粉迅速被糖化、酒化，酒精含量明显增加，通常可达 12 度左右。酵母菌的迅速繁殖能有效地抑制产酸菌的活动，所以这期间的温度虽高一点，酸度的增加却很缓慢。假若发酵温度过早过快降下来，就可能导致发酵不完全，产酒率低，酒质较次。

后期发酵一般指酒醅在缸中发酵的最后 11—12 天。首先由于大量的淀粉已耗尽，糖化发酵作用较微弱。

图 5-16　汾酒的地缸发酵车间

由于缺乏营养源，那些真菌会部分死亡而减少，酵母菌也由于酒化作用的减缓而逐渐死亡。这时候产酸菌开始活跃起来，酸度增加较快，因此温度应缓慢下降。后发酵期往往又是生成酒中呈香物质的过程，即酯化过程，这也是很重要的。为了有利于酯化反应的正常进行，品温不宜下降过快：假若品温不下降，一则会造成酒精挥发而带来的损失，二则会使有害杂菌，包括产酸菌过于活跃而生酸，影响酒的质量。解决矛盾的方法就是控制温度缓降。

在整个发酵过程中，仅仅掌握好酒醅入缸时的温度和水分是不够的，还应控制好整个发酵过程的保温和降温工作。冬季要在缸盖上加铺稻草席之类的保温材料，夏季则少用保温材料，有时甚至要在缸周围的土地上扎眼灌凉水。为了延长前发酵期以及前、中、后发酵期对温度的不同要求，在控温中要不断调整保温措施。

在发酵的 28 天里，一般在酒醅入缸后的前 12 天，隔天检查一次。12 天以后检查次数可少些，甚至可不检查。若在发酵室里能闻到一种类似于苹果的芳香味，则意味着发酵进行良好。随着发酵的正常进行，酒醅会逐渐下沉，通常酒醅会下沉到全缸的 1/4 的深度。酒醅下沉的愈多，则产酒率会愈高。

五馏实际上指出缸蒸馏。发酵 28 天后，将成熟的酒醅从缸中取出，加入原料重量的 22%—25%的辅料，辅料为稻壳加小米壳以 3:1 比例混合，拌匀后即可入甑蒸馏。

酒醅和辅料装甑，根据经验，要遵循"轻、松、薄、匀、缓"的要领，使酒醅在甑桶中疏松，便于蒸汽通行。蒸馏中采取"蒸汽二小一大"，"酒醅材料二干一湿"，缓汽蒸酒，大汽追尾的方法。所谓的"酒醅材料二干一湿"，指的是装甑垫底的醅料要干些，其上的中间层醅料可湿一点，最上层的醅料又要干些。在操作过程中调节干湿主要通过添加辅料的多少来实现，辅料加少一点就湿些。与"二干一湿"相匹配，进入甑桶内的蒸汽要求底小中大顶又小，实际操作中往往在盖上甑盖后，蒸汽要缓，不要过早加大蒸汽量，

图 5-17　汾酒 酒醅下甑是关键的手工技术之一

要使蒸汽与酒醅充分接触，在一个适当的湿度范围内，蒸汽将酒醅中所含的酒精成分和呈香有机分子烤出。一般流酒速度控制在 3—4 千克 / 分，流酒温度为 25℃—30℃。直到烤酒后期，酒醅中所含的酒精大多烤出，再来个大汽追尾，把剩余的酒精尽量烤出。之所以采取这种措施，目的很明显，通过控制温度最大限度地减少酒精和呈香成分的损失，还可以最大限度地排除有害杂质，从而在烤酒工序中保证或提高酒的质量和产量。（图 5-17）

由于蒸汽和温度及酒醅成分的变化，烤酒过程产出的酒先后质量是不同的，前头烤出的酒不仅酒精度较高，而且芳香成分也较多，有害的醛类物质也较多。到了烤酒的后头，烤出的酒液中酒精度又会随着酒醅中酒精成分的减少而明显降低，当流出的酒精度下降至 30 度以下时，此后烤出的酒人们习惯称它为尾酒，尾酒酒精度虽低，但是其中所含的有机酸、有机酯类物质却很多，它们大多是酒中的呈香或呈味成分，例如汾酒的主体香成分乳酸乙酯和某些呈味物质有机酸。通常人们在烤酒时总是要摘头去尾。所谓的摘头即将前头烤出的酒头截取下来，回缸发酵，截取多少应视成品酒的质量而定。假若截多了，会使成品酒中的芳香物质去掉较多而显酒味平淡；截少了，又易使成品酒中的醛类物质成分过多或超标，致使酒味烈辣。一般操作中，平均每甑烤酒截取酒头约 1 千克。尾酒也必须摘除，因为它的酒精度已低于 30 度，留得过多会降低酒精度而影响酒的质量；假若摘尾过早，则会将大量的呈香和呈味物质留存在酒醅之糟或尾酒中，从而影响成品酒的质量。因此要适时摘尾，摘取的尾酒可以待下次蒸馏时，返回甑桶进行重新蒸馏。在蒸烤尾酒时，通常可以加大蒸汽量，尽可能地将酒醅中的尾酒追烤出来，从而使酒糟中尽可能地少含成品酒的有用成分。在流酒结束后，一般还要抬起排盖，敞口排酸 10 分钟。（图 5-18）

原料中的淀粉不可能通过一次发酵就被完全分解为糖类，因而在蒸馏后的酒醅中仍含有部分淀粉。为了提高淀粉利用率和充分利用原料中的淀粉，传统的生产工艺中，常将第一次用于蒸酒的酒醅（称为大渣）

在蒸酒后再继续用于发酵，此次发酵的酒醅称为二渣。二渣发酵的工序基本同大渣。具体操作如下：

在蒸完酒的酒醅上泼洒 25—30 千克约 35℃ 的温水，即所谓的蒙头浆。泼多泼少视醅子的干湿而定。然后出甑，迅速扬片，使温度降至 30℃—38℃，加入大曲，其量相当于大渣量的 10%。翻拌均匀后，待品温降到规定的温度，即可入缸发酵。入缸的温度，春、秋、冬三季为 22℃—28℃，夏季略低，为 18℃—23℃。二渣入缸还应注意控制水分，一般在 60% 左右。发酵期一般掌握在 28 天左右。

二渣不同于大渣，首先淀粉含量明显低于大渣，其次糠含量明显高于大渣，糠主要来自蒸酒时拌入。所以二渣入缸后不仅比较疏松，还会带入大量空气。空气显然不利于发酵，还有可能促使醋酸菌的繁殖，为此必须在二渣入缸后适当将醅子压紧，然后再喷洒少量尾酒。

二渣酒醅发酵出缸后，加少量谷壳即可按大渣酒醅一样的操作进行蒸馏，蒸出来的酒大多称为二渣酒。烤完酒的酒糟则弃掉，部分也可作为饲料。

六陈是指贮存勾兑。蒸烤出的酒在掐头去尾之后，要分班组入库，入库前应由质检部门逐批进行品尝鉴定，再按大渣酒、二渣酒、合格酒、优质酒分别贮存在耐酸防漏的陶瓷容器中，一般贮存 3 年。出厂时，再重新品尝鉴定，再按大渣酒（一般在 75 度左右）、二渣酒（一般在 65 度左右）某一比例混合，勾兑出优质酒或合格酒。先勾兑出小样，经质检部门核准，再勾兑大样，装瓶包装出厂。

上述汾酒生产工艺流程如图 5-19：

从整个酿造过程来看，一些关键性工序都是在人工操作下完成的，如人工润糁时水温和水量的控制，又如堆积温度随季节的不同而调节，蒸红糁要熟而不黏，内无生心，加浆要水落均匀，冷散时帘子和鼓风机的合理运用，以及入缸、出缸时两次用胡椒水对缸的清洗，人工起糁等烦琐劳动都需要严格和灵活的人工作业，这些是机械化生产暂时无法取代的。汾酒酿造技艺的最大特点是"固态地缸分离发酵，清蒸二次清"的发酵和蒸馏方法，即每投一批新料，这批新料就清蒸糊化一次，发酵两次，流酒两次。汾酒发酵的设备不是池窖，而是一个个埋在地下，

图 5-18 早期的蒸馏器

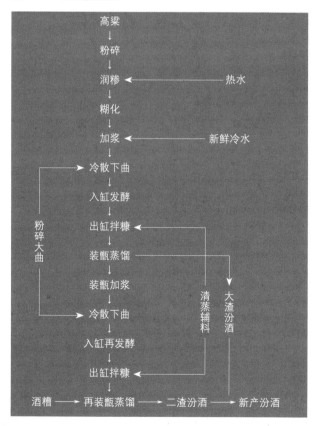

图 5-19 汾酒 酿造流程示意图

口与地面平齐的陶缸，每酿造 1000 千克原料，大约需用 8—16 个缸。使用陶缸发酵是汾酒工艺的特色，它继承了黄酒酿造使用陶缸的传统。由于陶缸发酵易于保温，青茬曲中所含的微生物在 28 天的发酵期内作用旺盛，最后几天，酒精发酵几乎停止，发酵的酯化过程顺利进行，因而在蒸酒时严格做好掐头去尾工作后，成品酒的质量得到保证，才能达到酒质纯净、幽雅醇正、绵甜味长的汾酒三绝。1933 年中国微生物学家方心芳来到杏花村，与汾酒义泉泳作坊老掌柜杨德龄一起总结出汾酒酿造的七大工艺秘诀："人必得其精，水必得其甘，曲必得其时，粮必得其实，器必得其洁，缸必得其湿，火必得其缓。"这是杏花村近千年酿酒技艺的传承和结晶，也是古代（先秦时期）酿酒技艺要诀："秫稻必齐、曲蘖必时、湛炽必洁、水泉必香、陶器必良、火齐必得，兼用六物，大酋监之，毋有差贷"的继承和发展。现代的酿酒实践已证明，这些要诀是合乎酿酒的科学原理的。

　　在汾酒传统技艺的传承链上，杨德龄是一个杰出的人才。他是山西孝义县下栅乡人，生于 1859 年，卒于 1945 年，享年 86 岁。他童年失母，少年丧父，14 岁只身到汾州府义泉涌酒坊学徒 3 年，深得师傅悉心精传。凭着勤奋、聪慧与悟性，18 岁时已熟练掌握了汾酒酿造的操作技术，成为酒坊代师领班。21 岁时擢升为三掌柜。后来他与汾阳南垣寨首富王协舒合作，创立了宝泉益酒坊，生产老白汾酒，由于工艺精湛，经营得法，当时宝泉益酒坊所产的老白汾酒深受欢迎。民国初年，宝泉益先后兼并崇盛永、德厚成两家酒坊。1915 年宝泉益改名为义泉泳，杨德龄任经理。同年，义泉泳选送的老白汾酒在庆祝巴拿马运河开航的巴拿马万国博览会上获金质大奖章。自此老白汾酒驰誉中外。汾阳籍举人申季庄撰写了《申明亭酒泉记》详述始末，为后人留下了珍贵的史料。1919 年在山西督军阎锡山指定下，其副官张汝萍等五人，各认股金 500 元，共 2500 元，义泉泳以酒入股在太原市桥头街成立晋裕汾酒有限公司。经营方式为义泉泳供酒，晋裕公司经营，杨德龄任经理。晋裕公司的成立，成为中国近代白酒业第一家私营股份制企业。1923 年，北洋政府颁布《商标法》，第二年杨德龄就率先注册了中国白酒第一枚商标：高粱穗汾酒商标。1932 年义泉泳转卖资产给晋裕公司，义泉泳消失了。此后晋裕公司在总经理杨德龄的带领下不断创造佳绩，创立了以汾酒为主，竹叶青、白玉汾、玫瑰汾等配制酒为辅的品牌系列。1949 年在晋裕公司义泉泳酿造厂的基础上成立了国营汾酒厂。50 多年来，汾酒人凭着一股"振兴国酒，为国争光"的坚定信念和拼搏精神，在国家大力支持下，先后进行了九次改建扩建，规模和效益都取得辉煌成果。1949 年产酒 131 吨，实现利税 4100 元；1979 年酒产量在全国白酒厂中第一家突破 3000 吨，1986 年第一家突破 1 万吨；从 1988 年起，汾酒厂连续六年的销售收入和经济效益位居全国同行之首。1993 年改组成立山西杏花村汾酒厂股份有限公司，是山西省第一家上市公司。汾酒传统酿酒技艺经历店家传承和厂家传承，又在传承中不断创新，日益完善、科学，至今已成为汾酒集团的宝贵财富。经过千年洗礼，以"色、香、味"三绝著称的汾酒继续散发出愈久弥香的醉人气息。

三、泸州老窖

（一）泸州老窖的历史

　　泸州老窖大曲酒，酒液透明晶莹，酒香芬芳馥郁，酒味绵柔宜人，酒体丰满醇厚，以"醇香浓郁，清冽甘爽，回味悠长，饮后尤香"的完美风格而享誉古今，被国家定为全国浓香型白酒的典型代表，故甚至有人称浓香型白酒为"泸型"酒。

　　泸州谷物酿酒的历史，与巴蜀文明同样古老，可以用几句话来概括：始于秦汉、兴于唐宋、盛于明清、发展在当代。据泸州市博物馆藏的在泸州出土的秦代陶质饮酒角杯证明，秦朝泸州已有饮酒；又据 1983 年泸州出土的汉棺"巫术祈祷图"，巫师高举酒杯，相互祝酒，以酒为祭的仪式表明，早在 2000 年前，泸州人已懂得"酒以成礼";汉代开始了由国家来管理和经营酒的买卖,制曲技术已由散曲发展到饼曲,供曲成为国家收取酒税的渠道,泸州也不例外。连曾经卖过酒的汉代文人司马相如也说:"蜀南有醪兮,香溢四宇。"到了隋唐五代时期,由于少受中原战乱的影响,相对安定的环境为农业的发展提供了契机,泸州酒业已经相当兴盛。1999年在泸州营沟头泸州老窖池侧发掘出隋唐五代时期的民间陶瓷古窖址,出土了一批酒器,有200多件,酒窖旁出土大量酒具说明当地酿酒业的发达。唐代,泸州地区聚居了少数民族,他们在酿酒技术上与汉族的交流进一步推动了泸州酿酒技术的发展。荔枝被用于酿酒,生产出以荔枝果香为主体香的荔枝春。唐朝诗人郑谷诗曰:"我拜师门更南去,荔枝春熟向渝泸。"这诗句就是说荔枝春是当时泸州、重庆的地方名酒。宋代,中国经济重心南移,长江流域的繁荣超过历史上的黄河流域。泸州发达的农业经济,加上舟车要冲的地理位置,使得泸州也较快地繁荣起来。随着泸州政治、经济、军事、文化地位的上升,泸州酒业有了更大的发展。北宋诗人黄庭坚曾因被贬,路居泸州半年,在他的《山谷全书》里,描绘了当时泸州酒业的兴盛:州境之内,作坊林立。官府士人,乃至村户百姓,都自备槽床,家家酿酒。这一点,从当时酒税征收的数额便可反映出来。《文献通考》记载,宋熙宁年间,泸州是全国年商税额达十万贯以上的26个州郡之一,其中,酒税占泸州商税的十分之一。仅熙宁十年(1077年)泸州交纳的酒税就有6432贯,北宋初期政府对泸州实行"弛其(酒)禁,以惠安边人"的政策。《宋史·食货志》记载:"太平兴国七年(982年)罢(榷酤之制),仍旧(由官府)卖典。自是,惟夔、达、开、施、泸(今泸州)、黔、涪、黎、威州、梁山军、云安军……不禁(民间酿酒)。自春至秋,酤成即鬻,谓之'小酒',其价钱自五钱至三十钱,有二十六等;腊酿蒸鬻,侯夏而出,谓之'大酒',自八钱至四十八钱,有二十二等。凡酝用秫、糯、粟、黍、麦等及曲法酒式,皆从水土所宜。"宋代诗人唐庚用"万户赤酒流霞"的名句来描绘宋代泸州酿酒饮食的繁华景象。宋代大文豪苏轼也曾称赞说:"佳酿飘香自蜀南。"泸州一带出现一种"腊酿蒸鬻,侯夏而出"的大酒,这种酒因酿造时间长,酒精度较高。其在原料选用和发酵工艺上为以后的泸州老窖酒的出现准备了条件。

元朝的统治者主要是以成吉思汗及其子孙为首领的蒙古族,他们擅长骑马弓射,并以此建立起战斗力极强的军队,远征了亚欧的许多地方,西北达到了波兰华沙,西南来到了伊朗和伊拉克。征战中,他们没有改掉他们的嗜酒习惯,每当集会或出战前都要饮酒。饮酒时他们认识并喜爱上了阿剌吉(来自阿拉伯的烧酒——蒸馏酒,具体为葡萄烧酒)。忽必烈建立的元朝就把阿剌吉奉为法酒(即相当于今说的国宴酒)。法酒的推崇无疑地促使原先已了解蒸馏技术的中国人开始大胆地采用蒸馏技术以黄酒为原料生产出中国自己的蒸馏酒(曾叫烧酒、火酒、酒露,后称白酒)。据清代《阅微堂杂记》记载,元代泰定年间(1324—1382年)泸州酿酒人郭怀玉总结了前人经验,研制出"甘醇曲"曲药,提高了酒的质量。

时常酗酒逐渐使一些威猛的蒙古骑兵变成了拉不开弓、骑不稳马的不堪一击的朽兵。鉴于这一教训,明朝开国皇帝朱元璋登上皇位后立即强力推行禁酒政策。此时的酒已深入到社会生活的方方面面,上至皇亲国戚,下至平民百姓,生活中都不能断酒,所以,禁酒令实际上没有得到真正的执行,很快成为一纸空文。洪武二十七年(1394年),朝廷又允民可建酒楼,很快京都酒楼林立。饮酒之风又起,民间酿酒业有了更快的发展。朱元璋禁酒的结果,倒是促成了官方掌控的酒类专卖的废除。后来朝廷不能完全放弃酒税对财政的补贴,遂又推行起税酒政策,但是酒的税率是很低的。这一政策使得,民间酿酒、贩酒及制曲行业都有相应的发展。明英宗时,明令:"各处酒课,收贮于州县,以备其用。"这实际上是把酒税纳入地方财政,促成地方政府对酒业的扶持。这种酒政促进了酿酒业的蓬勃发展,特别是受到普通劳动者欢迎的烧酒的发展。一些中国历史名酒和生产它们的中华老字号酿酒企业大多在这一时期涌现,泸州酒业在这一时期获得蓬勃发展也不例外。除宽松的酒政和平稳的粮价外，明中叶以后商品经济相当活跃，且出现一些资本主义的萌芽。在这种社会背景下，酿酒业进一步脱离农业而成为一个独立的手工业生产行业。酿酒户星罗棋布，泸州的状况就是这样。

明代洪熙年间（1425 年），泸州酿酒师傅施敬章改良了制曲配方，剔除曲药中燥、涩成分，同时采用了泥窖发酵，发展出"泥窖生香、固态发酵、甑桶蒸馏"一套特殊技术，使泸州酿酒工艺得到提升，为泸州大曲酒的生产工艺奠定了基础。

技艺随着酒业的兴旺而进步。据《永乐大典》载：泸州南门（来远门）至史君岩之间的修德坊"酒务街"内，酒楼、酒肆遍及。据《明史·食货志》载，明代的泸州，已列为全国 33 个商业都会之一，四川成、渝、泸三地名列其中。由此可以看出明代泸州酒业的兴旺。

传说明代泸州有一位姓舒的武举，此人嗜酒如命，对当地所产佳酿每餐必饮。他为了保证自己日日都能饮到美酒，便决定自己开糟坊，他选在泸州城南营沟头龙泉井旁开建了六口酒窖，并用龙泉井的清洌泉水为酿酒用水。这便是至今保存完好、连续使用时间最长的明代老窖池酿酒作坊——舒聚源糟坊。1958 年国家轻工部组织来自全国的有关专家，对国家名酒泸州老窖大曲的酿造工艺和老窖进行考察，专家们一致认为，这些老窖的建成时间在明代万历年间（1573—1619 年）。明代万历年间的舒聚源糟坊，继承洪熙年间施敬章所传授的曲酒酿造技艺，生产出质量更高的大曲酒。此后酿酒技艺与酒窖一起代代相传，在传承中不断创新、不断发展，逐渐成熟定型。

大约到了清代乾隆嘉庆时期，舒氏将已发展至十口窖池的糟坊转卖于饶天生。饶天生经营酒坊至同治八年（1869 年），又将窖池转卖给从广东来泸的温氏。据温永盛糟坊第 11 代传人温筱泉回忆，温家祖籍广东，清代雍正七年（1729 年）迁到四川泸州，世代开设酿酒作坊。清代同治八年，温家九世祖温宣豫买下这十口窖池，并将酒坊改名为豫记温永盛曲酒厂，酿制"三百年老窖大曲酒"。

清代光绪三年（1877 年），四川总督丁宝桢整饬盐政，正式把食盐官运局设在泸州，表明泸州早已成为四川的盐务中心。泸州进一步巩固了四川四大商业口岸之一的经济地位。在此经济基础上，泸州酒业得到了进一步发展。《泸县志·食货志》记载了清末泸州酒业的概况："以高粱酿制者曰白烧，以高粱、小麦合酿者曰大曲。清末白烧糟户六百余家，出品远销永宁及黔边各地……大曲糟户十余家，窖老者尤清洌，以温永盛、天成生为有名，远销川东北一带及省外。"

民国元年（1911 年），温筱泉继承祖业，改"豫记"为"筱记"，将酒厂更名为筱记温永盛曲酒厂。1915 年，筱记温永盛曲酒厂将陶瓦罐包装的泸州大曲酒送往旧金山，参加巴拿马万国博览会，夺得金质奖章。这是泸州老窖大曲酒获得的第一块国际金牌。与温永盛曲酒厂一样，天成生、春和荣等老糟房也同样生产出好酒。当时老窖池遍布泸州市区，共有老牌酿酒糟房 36 家，窖池 1000 多口。这些酿酒糟房相互学习，你追我赶，推动了酿酒技艺的蓬勃发展。中华人民共和国成立后，在政府的"组织起来，走合作、联营道路"方针扶植下，1951 年温永盛、春和荣、定记、曲联等 36 家曲酒作坊相继联营，于 1952 年正式成立了四川省专卖公司国营第一酿酒厂。1953 年，小市、南城、罗汉、南田、胡市、福集 6 家酒厂组成国营泸州酒厂，并于 1954 年与四川省专卖公司国营第一酿酒厂合并，命名为国营泸州曲酒厂。1961 年，国营泸州曲酒厂与泸州市公私合营曲酒厂合并为泸州市曲酒厂，1964 年更名为四川省泸州曲酒厂，1985 年至 1988 年酒厂进行了扩建改造，率先在全国酒行业中建起了配套设施先进、年产万吨的大型酿酒基地。1990 年酒厂又更名为泸州老窖酒厂，从而使厂名、品牌名和老窖池群合而为一。1993 年，四川省酿酒行业中第一家上市的股份制企业成立。1994 年，酒厂又更名为泸州老窖股份有限公司。至此泸州老窖已成为以酿酒业为主，集生物科技、米业、房地产、宾馆等为一体，跨行业、跨地区、跨所有制、跨国经营的大型现代化企业集团公司。

从古至今，泸州一直产美酒，除了与上述社会经济背景有关，还依赖于它有着一个适于酿酒的自然地理环境。泸州处于四川盆地南缘与云贵高原的过渡地带，北部平坝连片，为鱼米之乡；南部河流纵横交错，森林、矿产、水能资源丰富。长江与沱江交汇于泸州，凭两江舟楫之利，历史上的泸州很自然形成川、滇、黔三省接合部的物资集散地和川南经济文化中心。

泸州素有"酒城"之美称，又因为它处于川黔地区"中国名酒经济圈"的中心地带。中国的国家名酒在川黔地区分布最为密集，有四川的泸州老窖、五粮液、郎酒、剑南春、全兴、沱牌和贵州的茅台酒。从地理位置上来看布局，以川南泸州为中心，大大小小的酒类企业向周围发散分布，北到剑南春，西至五粮液，南达茅台，构成一个名酒经济圈。

泸州的土地以侏罗系紫色母岩分布最广、土层深厚、土壤肥力高、矿物质含量丰富、胶质好等得天独厚的自然环境，特别适合于高粱、小麦等农作物的种植，为酿酒原料的生长提供了优质的条件。因为是泥窖发酵，那种循环使用的装窖黄泥成为建窖发酵的独特设备材料。泸州老窖所采用的黄泥主要来自五渡溪的黄泥，这种泥色泽金黄，绵软细腻，不含沙石杂土，黏性极好，不仅本身含微生物，而且适宜微生物的存活和繁殖。

泸州北部为准南亚热带季风湿润气候，南部山区气候有中亚热带、北亚热带、南温带和北温带气候之分，具有山区立体气候的特点。年平均气温为 17.1℃—18.5℃，年平均降雨量为 748.4—1184.2 毫米，日照时长为 1200—1400 小时 / 年，无霜期为 300—358 天。日照充足，雨量充沛，四季分明，气温较高，无霜期长，温、光、水同季，季风气候明显，春秋暖和，夏季炎热，冬季却不太冷。这样的气候加上土壤肥沃，为酿酒原料糯红高粱的生长提供了一个优越的环境。泸州特产糯红高粱比其他地方的高粱对酿酒生产具有独到的优势。其皮薄红润、颗粒饱满，秆矮而粗壮结实，穗大而籽粒丰硕，基本上不使用化肥。高粱籽角质层薄，内含支链淀粉高，支链淀粉容易糊化，糊化后黏性好，不易老化，显示出原料特有的糯性，非常适合酿酒微生物的繁衍，促进糟子的保水生香；其富含的单宁、花青素等成分在微生物作用下的生成物可赋予白酒特有的芳香。这种糯红高粱只适宜南方部分地区种植，来源有限。

现在酒厂在当地建立了一个大型的"绿色有机生态原粮种植基地"，使"蜀南粮仓"确保了糯红高粱对酿酒的需求。与糯红高粱一样，"软质小麦"也是泸州的特产。这种小麦面筋质丰富、支链淀粉含量高，曲药微生物容易形成繁殖生长优势，用它制作大曲从原料上保证了曲药的高品质。

用水的质量对于酿成好酒十分重要。当年"舒聚源"选窖址首先考虑的条件就是龙泉井水。龙泉井位于泸州凤凰山麓。"凤凰山秀，龙泉水清"，数百年来，它已成为泸州人酿酒和饮用的源泉，就连官府也专程从此井取水饮用。用其所酿之酒，清冽甘爽，远近闻名。经过专家分析，龙泉井水清澈透明、口感微甜、呈微酸性、硬度适中，能促进酵母繁殖，有利于糖化和发酵。（图5-20）

图 5-20　泸州老窖的"源泉"——龙泉井

春花秋实、夏甸冬庚的天府特色，促使泸州酒成为当地的特产，这既是自然环境的天成，又是历史文化的沉淀。泸州扼长江与沱江汇合的咽喉，控川、滇、黔、渝四省（市）要冲，是长江上游的重要港口。是川南走向全国的物资集散地。商贾云集，文人交会，经济繁华，酒业兴盛，使蕴藏丰富的地俗文化得到不断张扬。历朝历代，都有文人骚客、风流名士在畅饮泸州好酒后留下赞美的诗篇。其中清代诗人张问陶写道："城下人家水上城，酒楼红处一江明，衔杯却爱泸州好，十指寒香给客橙。"该诗句在泸州几乎是老幼皆知，逢客必诵。与酒相关的文化现象遍布四处。泸州好酒自元明以来声名鹊起，与文人墨客的诗酒文化是密不可分的。

中国西南是多民族聚居之地，泸州地区杂居着汉、苗、彝、回等民族。在泸州的民族文化中，酒具有众多民族所共认的文化内涵，包括内容丰富多样的酒礼、酒俗、酒令、酒歌、酒诗、酒词、酒舞……这种形式多样、千姿百态的文化元素汇聚成泸州今天的酒文化。总之，无酒不成礼，无酒不成俗，离开了酒，民俗活动便会缺乏活力。2000多年来的休养生息，娱乐、好客、善饮的休闲方式，崇尚酒礼、酒仪、酒德之风，形成泸州酿酒独具特色的人文环境。

（二）泸州老窖的传统酿造技艺

在泸州的诸多名酒中，名气最大的要数在巴拿马万国博览会上摘取金牌的泸州老窖大曲酒。名酒的产出必须有一套与之相配的先进的独特酿酒技艺。泸州老窖大曲的酿酒工艺在经历长期的经验积淀后，又有一个从发端、发展到成熟、完善的过程。下面作一简单的叙述。

元泰定年间，郭怀玉创制"甘醇曲"，用以酿之酒浓香、甘洌、优于回味，辅以技艺改进，大曲酒成焉。这是技艺的发端。

明洪熙年间，施敬章去除了曲药中含燥和涩味成分，研制出"泥窖"酿酒法，开创了"固态发酵，泥窖生香，甑桶蒸馏"的技艺新途径。从此有了泸型酒酿造工艺的雏形。据陈铸《泸县志》载："初麦面一石，高粱面一斗浇水和匀，模制成砖，置于隙地上，以物覆之，数日发酵，再翻之覆如故，听其霉变，是为曲母。始用高粱四石磨面，每石和曲母一石，加枯糟六石，浇水和匀，收制地窖（窖在屋内，先以黏土泥和烧酒，筑成长方形，深六尺、宽六尺、长丈许），上覆以泥，俟一月后酝酿成熟，取出以小作法蒸馏之，三日能毕一窖，即市中所售大曲也。"由此可见雏形阶段的工艺特点是：原料高粱和小麦都是石磨成面；续糟、泥窖发酵，不蒸粮入窖；发酵周期30天左右；小作法蒸馏。

从明代万历元年（1573年）舒聚源糟坊建成营业开始到温永盛酒坊的发达，几代传承人在生产经营中，总结探索了包括窖藏储酒在内的"培坛入窖、固态发酵、酯化老熟、泥窖生香"的一整套工艺技术，使泸州老窖大曲的技艺逐渐成熟起来。

经过一代代的传承，泸州老窖大曲的生产已形成一套先进的技术系统，酿酒技师们对酿酒中粮、糠、水、酒、曲、糟之间复杂的量比关系，对发酵中水分、温度、湿度等技术要素都有深切的感知，他们的技术水平在同行中都是站在前列的。但是这些技术大多没有系统的文字记载，而是通过师傅带徒弟，言传身教方式相传，更缺乏用现代的科学知识对其进行探原的分析。为了使泸州老窖浓香绝技更好地发扬光大，同时指导、规范全国浓香型白酒的生产，1958年国务院指示：迅速恢复和巩固名酒质量，由当时的中央食品工业部牵头，组织15个部委参与，成立"泸州老窖大曲酒操作法总结委员会"，负责整理历史经验，总结优良传统的老操作法。这是泸州老窖历史上第一次较系统的总结。

通过这次总结，人们认识到对传统技艺的不断挖掘、研究及创新就是最好的继承。总结之后的新操作工艺有以下的特点：

（1）清蒸糠壳，一般要求要蒸40分钟以上，到有谷香气才出甑。

（2）分层起糟，分甑堆糟。

（3）上甑"轻、松、匀、薄、平、探、缓"。

（4）分质摘酒，掐头去尾，缓火蒸馏，中温流酒，大汽蒸粮追尾。

（5）高温打量水，一般要求80℃以上。

（6）摊凉、下曲，减糠减曲。

（7）养窖、入窖要求醅热时接近地温，逐甑踩窖，分季踩窖。

（8）封窖用泥封，也可用塑料布封。

（9）分质贮存。

（10）延长发酵期。

（11）可采用人工培窖技术。

（12）双轮底。

（13）翻沙、夹沙。

（14）串酒提香。

（15）窖外生香。

泸州老窖大曲酒生产技艺经历数百年的演进和积淀，形成了独特和高超的技术水平。其主要内容如下：

（1）泸州老窖大曲酒窖池群是泸州老窖最宝贵的财富。现存的泸州大曲老窖池百年以上的就有300余口，分布在泸州市城市中心区约40平方千米范围内，城区原有酒业作坊竟达36家。其中明万历年间的老窖池现有4口，1996年被国务院定为全国重点文物保护单位，为中国至今保存完整而且仍在使用的最古老的窖池，其窖壁及底部泥土均为深褐色弹性黏土，微生物种类有己酸菌、乙酸菌、霉菌、丁酸菌等400余种，且数量庞大，每口窖池容量达22立方米以上。这些不间断地在使用的泥窖，其泥中所含的微生物菌种，虽然历经了生长繁殖、物质代谢、衰老死亡的往复过程，但是，它们始终不断地从粮糟中获得营养，菌群得到不停驯化和富集，致使这些被誉为"千年老窖"的性能越来越优良，酿造的酒日臻完美。（图5-21）

图5-21 泸州老窖的老窖池

（2）与"千年老窖"相匹配的是"万年母糟"。在续糟配料中，每轮发酵完成后，80%左右的糟醅都作为母糟，投入新粮拌和继续发酵，仅把增长出来的20%左右的糟醅在发酵后丢弃。犹如一杯水，每次倒掉1/5，再把这杯水盛满，如此循环，这杯水中永远保有其最原始的母本水存在。母糟也是如此，通过原始母本成分的积淀，"万年母糟"使酒质的香味成分越来越丰富。

（3）每轮部分替换的"千年草"技艺，与"千年老窖""万年母糟"一样是酿造微生物菌群传承的重要途径。作为覆盖物的稻草——"千年草"，首先给新鲜曲坯接种当地所特有的微生物菌群，微生物在曲坯内生长繁殖后，又向稻草反馈微生物，周而复始地操作循环，制曲微生物菌系得到螺旋式的驯化和富集，这种"千年草"在提高曲药质量上的作用就显得很重要了。

（4）在泸州古酒坊附近有醉翁洞和八仙洞两大自然山洞群，山洞内常年恒温恒湿，温度在20℃左右、湿度在80%左右，非常适宜放置陶缸贮酒。在这种自然环境中，酒体得以吸天地之灵气，聚日月之精华，大大减弱长时间储酒中的挥发损失，贮存中酒体内的化学变化可使某些优质的调味成分得以增加和积淀，由此调味酒大多储藏在山洞中，调味酒在勾调技艺中常起画龙点睛的作用。因此山洞储酒也是提高和保证泸州老窖大曲酒的秘密之一。

（三）当今泸州老窖的技艺

当今泸州老窖大曲酒的酿造技艺除窖池维护和窖泥制作技艺外，还有曲药的制作评鉴、原酒的酿造摘取、原酒的陈酿及勾兑。具体内容如下：

窖泥的制作维护技艺：泥窖是泸州老窖酒的发酵容器，其内壁的窖泥，是酿酒主体生香功能菌繁衍栖息的场所。1573国宝窖池（国家级重点文物保护单位）是当今的"活文物"，自明代万历元年烧酒建窖池采用城外五渡溪纯黏性黄泥和投粮酿酒至今，从未间断过酿酒生产，窖池里的窖泥微生物群体得到不断驯化和富集，这就是泸州老窖酒传统酿造技艺的奥妙。

1. 曲药的制作与鉴评

（1）工艺流程。

小麦 ——→ 润麦 ——→ 小麦粉碎 ——→ 加水拌料 ——→ 踩制曲药坯 ——→ 安放曲药坯 ——→ 低温培菌 ——→ 翻曲药坯 ——→ 高温转化 ——→ 检验入库 ——→ 成品粉碎 ——→ 运送到酿酒场地。

小麦：主要采用泸州本地的软质小麦，要求颗粒饱满，无霉烂，无虫蛀，杂质少。

润麦：向小麦添加3%左右的85℃以上的高温水，一人喷水，两人相对搅拌，搅拌均匀后，堆放12—24小时。

小麦粉碎：用石磨磨碎，磨碎要求是"烂心不烂皮"，麦皮呈大块的梅花瓣，麦心呈细粉状。

加水拌料：向小麦粉加水拌和，拌和后的物料，用手捏成团，不粘手，水分在38%左右。

踩制曲药坯：将拌和好的物料，装在曲药盒里，赤脚用掌心在中间踩一遍，再用脚跟沿四边踩一遍，再翻过曲药盆踩一遍，最后翻过来又踩一遍，完成一块曲药的踩制。

安放曲药坯：地面上铺上一层谷壳，将踩制成型的曲药坯横着安放在谷壳上，曲药坯上再盖稻草，再向稻草喷洒部分水。

低温培菌：安放好的曲药坯，由于微生物的生长繁殖，曲药坯品温逐渐升高，升温遵循"前缓、中挺、后缓落"的规律，通过适时开启门窗来调节温度和湿度，达到培养好曲药微生物的目的。

翻曲药坯：将低温培菌结束后的曲药坯，打拢堆放成7—10层，层与层之间以曲药杆相隔。

高温转化：翻曲药坯后，曲药坯水分逐渐散失，但曲药坯数量的增多又使得曲药坯品温进一步升高，曲药坯水分进一步排出，直至曲药坯自然风干。

检验入库：将自然风干后的曲药坯，转入库房堆积，储存纯化。

成品粉碎：将库房储存的曲药块，敲碎成颗粒状，未通过 20 目筛孔的约占 70%。

运送到酿酒班组：将粉碎后的曲药粉打包，运送到酿酒场地，投入酿酒生产使用，用量一般为酿酒原料的 20%。（图 5-22—图 5-25）

1. 小麦

2. 润麦

3. 拌料

4. 踩坯

5. 凉曲

6. 安曲

7. 培菌

8. 翻曲

9. 储存

图 5-22　泸州老窖药曲制作流程

图 5-23　曲模

图 5-24　曲杆架起的曲块

图 5-25 泸州老窖的"千年草"

（2）曲药制作。

"曲药接种"：从 1324 年泸州老窖酿酒先师郭怀玉发明"甘醇曲"至 1950 年的数百年间，由于酿酒作坊规模小，用曲药也就少，而且泸州夏季天气炎热，不宜酿酒，人们巧妙地利用夏天热季酿酒停产期间环境微生物非常活跃的这段时间，抓紧制作曲药。在制作曲药的配料时，通过加入 5% 左右的上一年优质的曲药作种源，始终使上一年优质曲药的微生物传承到了下一年的曲药中，如此循环往复，泸州老窖的曲药微生物得到不断驯化传承。

曲药微生物与环境微生物之间的"相互辐射"：除泸州老窖除酿酒工艺技术这些可控因素优势外，其区域气候、水质和土质等自然条件这些不可控因素优势也给制作曲药、酿酒有益微生物菌系营造了适宜的环境，并始终得以富集，促进了制作曲药、酿酒过程中对环境微生物群体的自然网罗并实现优势接种，构成制作曲药、酿酒发酵的优势条件，最终实现制作曲药、酿酒的良性循环。1996 年泸州老窖在中国白酒行业率先建起了楼盘式的曲药制作生态园，以占园区 60% 以上面积组织高、中、低立体交叉的园林工程为依托，不仅保证了园区始终阴凉湿润，而且保持了园区空气清新，为各种类群的曲药微生物创建了良好的生息场所。同时，在园区曲药投产前，实施了规模巨大的优质曲药喷洒，加之生产中不同发酵阶段的曲药坯微生物与环境微生物间不断地相互辐射，在园区率先形成曲药有益微生物菌群优势并不断传承，泸州老窖也因此在中国白酒行业率先步入了四季制作曲药的前列。

曲药制作技艺特点：润麦"外软内硬"，粉碎"烂心不烂皮"，拌料"成团而不散"，踩坯"光滑而不致密"，安坯"宽窄适宜"，培菌"前缓、中挺、后缓落"，翻坯"时机适度"，自然积温，自然风干。

（3）曲药质量的鉴评。

凭借手掂、眼观、鼻闻等感官方式对曲药质量进行判定。

曲药块泡气程度：有泡气——上等；一般——中等；死板——下等。

曲药块外观：若为棕黄色、灰白色、穿衣好，表面光滑，属于上等；多数为灰白色，有棕黄色，穿衣略差，表面欠光滑，属于中等；呈灰白或小麦粉本色，穿衣差，表面粗糙或有杂菌菌斑，为下等。

曲药块断面：上等为断面整齐，有泡气，呈灰白色或有黄红菌斑、菌丝生长丰满，有轻微水圈；中等为整齐，较泡气，呈灰白色或有少量黄红菌斑，有轻微水圈；下等的是断面不整齐、死板有黑心或轻微青霉菌感染。

断面香味：曲药香味浓厚纯正或有酱香味，无异味为上等；曲药香味较浓或有酱香味，无异味为中等；曲药香淡薄，有异味，为下等。

断面皮张：分为薄（上等）、一般（中等）、厚（下等）。

2. 原酒的酿造摘酒技艺（图 5-26）

高粱：采用本地产的糯红高粱，要求颗粒饱满，无霉烂、无虫蛀，杂质少。

高粱粉碎：采用石磨将高粱颗粒粉碎成 4—8 瓣。

挖糟：将堆糟坝上的糟醅整齐地挖取一定量，堆成平台，铺上高粱粉（粮糟比约为 1:4）。

糟醅拌粮：用耙梳将高粱粉和糟醅翻拌匀，再用铲子将高粱和糟醅进一步拌匀，利用糟醅中的水分和

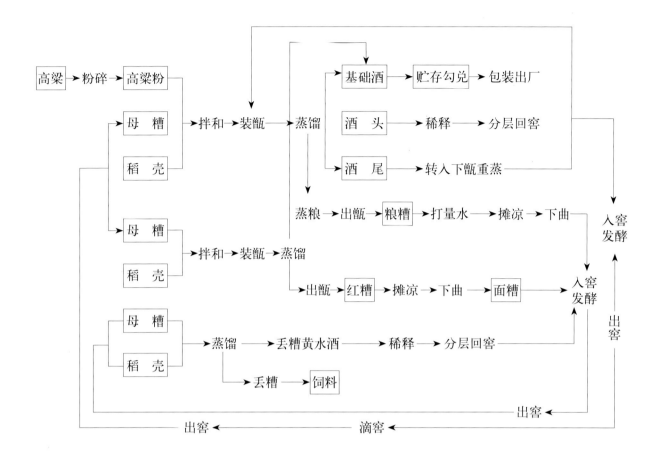

图 5-26　泸州老窖酿造流程示意图

酸度达到润粮的目的。

糟醅拌糠：拌粮后的糟醅，盖上本甑要用的谷壳（约为高粱的 20%），待上一甑出甑前夕，用耙梳将谷壳和糟醅拌匀，再用铲子将谷壳和糟醅进一步铲匀，使得谷壳吸收的水分尽可能少，利于起到疏松作用。

糟醅上甑：将拌好的糟醅一撮一撮地端起来往甑内铺撒，遵从"轻撒匀铺、回马上甑、探汽上甑"的要求，在 45 分钟左右将一甑糟醅装完，盖好云盘（甑盖），连好烟杆（连接甑子与冷却器的过汽筒）。

蒸酒蒸粮：发酵成熟的糟醅和高粱粉拌和在一起，称为"混蒸混烧"，蒸馏前期为蒸酒，当酒流完后，开大火力，继续蒸煮，使高粱粉蒸熟糊化。

摘酒：蒸馏的时候，盖好云盘后 5 分钟内必须流出酒来，开始 0.5 千克左右为酒头，单独接开，回下甑重蒸，然后开始接正品酒，直至酒花断（看花摘酒），将酒尾单独接走，酒尾也回下甑重蒸。

糟醅出甑：将蒸煮好的糟醅用叉子撬出，用叽咕车将其运到地晾堂，并泼洒 80℃以上的"量水"，促进高粱淀粉的进一步吸水糊化。

糟醅摊凉：将上述糟醅摊开，用耙梳、铲子反复翻造，用芭蕉扇降温至适宜（一般为热季平地温、冷季 13℃），酒师脚踢感受温度的高低。

糟醅拌曲药：将磨碎的曲药粉均匀地撒在已摊凉的糟醅上面，用耙梳、铲子等将曲药粉和糟醅拌匀。

糟醅入窖：将拌好曲药粉的糟醅用叽咕车运至泥窖内，热天将每甑糟醅铺平，用脚一层一层地密踩，冷天则只是沿边密踩，糟醅高出窖池地平面一尺左右，将糟醅拍光，用柔熟的泥巴糟醅密封。

封窖发酵：密封后，糟醅在微生物的作用下，开始产酒生香，窖内温度变化遵循"前缓、中挺、后缓落"

的规律，前七天每天清光封窖泥一次，由于发酵的缘故，糟醅往下沉跌，叫"跌头"，封窖泥上冒气泡，叫"吹口"。

开窖鉴定：发酵成熟的糟醅，将封窖泥扒开，由"大瓦片"（大组长）带领酒师们一起，通过"看、闻、尝"糟醅、黄水来鉴定糟醅的发酵情况，并依据糟醅发酵情况，确立下一轮配料和入窖条件，同时也趁机传授经验。

糟醅滴黄水：将上一层糟醅起到堆糟坝后，在窖池一侧将糟醅挖起放在另一侧，形成一个坑，糟醅的黄水就源源不断地流到黄水坑内，再不断地舀出，称为"滴窖勤舀"，一般12小时左右，再将窖内剩下的糟醅起到堆糟坝上。

起运母糟：将发酵好的糟醅起运到堆糟坝。

堆砌母糟：将发酵好的糟醅，一层一层地挖起来，并一层一层地堆在堆糟坝上，踩紧，拍光，撒上一薄层谷壳，称为"分层堆糟"，堆砌好的糟醅通过"挖糟"配料步入下一循环，由于又入在上一轮同一个窖池内发酵，称为"本窖循环"。

续糟酿造（也称配糟酿造）与"万年母糟"：上一轮发酵成熟的母糟，通过加入下一轮酿酒的粮食和辅料，上甑蒸酒蒸粮，再出甑摊凉下曲药，入泥窖密封发酵。由于曲药的生产整个操作是开放式的，酿酒的摊凉下曲药入窖操作也是开放式的，铸就了酿酒糟醅体系微生物及其酶系的多样性，代谢生成的香味物质品类

1. 泸高粱	2. 挖糟	3. 下粮
4. 拌粮	5. 上甑（蒸酒蒸粮）	6. 看花摘酒
7. 出甑	8. 打量水	9. 摊凉

图5-27　泸州老窖酿造流程之一

10.下曲（用脚踢手摸测试温度）

11.入窖

12.封窖

13.滴窖

14.起糟

15.堆糟

16.洞藏

17.尝评勾兑

18.包装成品

图5-28　泸州老窖酿造流程之二

图5-29　拌酒粮

图5-30　泸州老窖的酒粮摊凉架

图5-31　泸州老窖早期的锡制天锅

图5-32　竹制酒巴儿，用于盛装刚蒸馏的原酒

图5-33　竹制酒敞子（漏斗）

繁多，在蒸馏取酒过程中，只能达到部分提取，诸多香味物质仍然残留在入窖发酵的母糟中，如此循环的糟醅称为"万年母糟"，香味物质因此得到了极大的积淀和富集传承。

混蒸混烧：蒸酒与蒸粮在同一甑桶内同时进行，就称为"混蒸混烧"。粮食的香味被蒸馏带入酒体中，丰富了酒体的香味成分；同时粮食还吸收糟醅中的水分、酸度等成分，更易于糊化，有利于糖化发酵。

回马上甑：如上述拌和好的上甑糟醅，挖入"端撮"（也称"撮箕"），端起来向甑桶内撒去，要求每一撮糟醅要相对均匀地在甑内铺一薄层，同时要求一下倒出来就铺实一撮，而且操作要"轻撒匀铺"，以保证"探汽上甑"，实现很好的蒸酒提香。这种上甑的方法就是"回马上甑"。

3. 原酒陈酿技艺

基础酒的陈酿技艺：新蒸馏出来的原酒，其酒体呈现刺激、粗燥、辛辣等味道，处于"极阳状态"，必须经过漫长的贮存与陈酿，削弱新酒的阳刚之气，去除酒体的刺激、粗燥、辛辣，使酒体日趋平和、缓冲、细腻、柔顺和协调，醇香和陈香渐渐显露。泸州老窖原酒采用天然山洞陈酿，陈酿的终极状态是一种"极阴状态"：陈香优雅、窖香浓郁、醇厚、绵柔、细腻，感官稠密而挂杯壁，手触嫩滑柔软如丝绸。

调味酒的积淀陈酿技艺：由于窖池上、中、下不同层次糟醅产酒质量不同，发酵周期、发酵季节、贮存时间差异等因素，因此有目的地将一些品质优异、独具个性的原酒贮存下来（调味酒），用于对成品酒勾兑起画龙点睛作用。不断地留存，不断地积淀，赋予了泸州老窖调味酒品类繁多、品质优异的显著特点，成为泸州老窖酒传统酿造技艺中不可复制的唯一资源。

4. 尝评、勾兑技艺

通过"眼观、鼻闻、口尝"的方式从色泽、香气、味道和风格4个方面来判断酒质。酒体中的物质，因其"阈值"（最低浓度）的大小、含量的高低不同，呈现"酸、甜、苦、辣、咸、鲜"等味道，通过鉴别和勾兑，使之保持平衡、谐调。

泸型酒的正常色泽：无色、晶亮透明、无悬浮物、无沉淀。

泸型酒的香气：具有以乙酸乙酯为主体纯正谐调的香气。

泸型酒味道的描述语言为：绵甜甘爽、香味谐调、后味长、爽净等。（图5-27—图5-33）

四、剑南春

（一）剑南春酒的历史渊源

剑南春酒具有芳香浓郁、纯正典雅、醇厚绵柔、甘洌净爽、余香悠长、香味谐调、酒体丰满圆润、典型独特的风格。因其高贵品质、独特风格被誉为中国浓香型白酒的典型性代表之一。

名酒同名人一样，能脱颖而出总有着它不平凡的历史、曲折而顽强的经历，甚至书写了千古的传奇。川西的好酒，从古蜀文明中走来，在大汉强盛中发达，于三国演义中兴衰，历两晋浩劫中磨难，终于在盛唐宫筵上绽放。唐代中书舍人李肇在《唐国史补》记载了当时的名酒："酒则有郢州之富水，乌程之若下，荥阳之土窟春，富平之石冻春，剑南之烧春……"627年唐太宗李世民分天下为十道，剑阁以南为剑南道，"剑南"地名由此诞生，而绵竹属于剑南道。当时绵竹酒业兴旺，酒好地美，声名鹊起，时人因地取名，遂有了"剑南烧春"之美名。

剑南烧春出自绵竹，既有天作之成铺垫，又有传统文化的积淀。绵竹位于四川盆地西北部，幅员面积1245平方千米，全境山地和平原各半。西北崇山峻岭，属于龙门山地区，东南部平畴沃野，属于成都平原的一部分。绵竹境内河流纵横，水源充沛，气候温和，四季分明。

绵竹属于亚热带季风气候，气候温和，四季分明，夏季不太热，冬季不太冷，日照充足，无霜期长。绵竹土层深厚，土质肥沃，土壤中有机质含量很高，微酸性土壤占68.07%，正好满足了泥窖窖池建筑的要求。这样的气候和土质不仅盛产水稻、玉米、小麦等优质农作物，也非常适合酿酒微生物生长繁衍，对于酒的自然陈放老熟也相宜。绵竹河流属沱江水系上游，绵远河、马尾河、龙蟒河、射水河、白水河、石亭河，一字排开由西北向东南而去，无数地下暗河也潜流暗涌，400余眼清泉点缀于高山、平原间。这些水均来自不远处西北龙门山系上的冰雪消融下渗，形成了不少地质矿泉，其中著名的山泉——玉妃泉甘甜净冽，经地质专家鉴定为：低钠含锶无杂质，富含硅、锶等有益人体的微量元素和矿物质。总之，绵竹的气候、土壤和丰富、优质的水源为好酒的酿造创造了得天独厚的条件。

最早的蚕丛氏族人从西边的山林迁徙到川西平原，在绵竹开始了农耕生活。谷物酿酒随着农耕社会的形成而自然地发生。从三星堆遗址到金沙遗址，大量陶制、青铜制酒器的出土都表明酿酒、饮酒已走进当地的社会生活。

公元前256—前251年，秦昭王派李冰为蜀郡守，李冰入蜀即大兴水利，主持修筑都江堰水利工程，并疏浚平原上广汉、什邡、绵竹等地河流要道，使成都平原成为"水旱从人，不知饥馑，时无荒年，天下谓之天府也"，为日后四川酒业雄起打下了物质基础。

由于铁制农具得到推广，汉代粮食生产进入一个快速的发展时期，四川农桑的繁荣尤为突出。绵竹的酒业随之兴盛起来，出土的大量汉墓画像砖可以佐证。这些画像砖上有着各式各样的酿酒图、卖酒图、饮酒图及酒器，人物形象生动，表情欢乐，充分反应了酒业的兴盛和民间饮酒风尚。《汉书·平当传》如淳注："稻米一斗得酒一斗为上尊，黍米一斗得酒一斗为中尊，粟米一斗得酒一斗为下尊。"一斗米出酒一斗，可见酿酒的发酵醪液中酒的浓度较高。追求浓烈醇厚是汉代酿酒技术的发展方向。最典型的例子就是曹操给汉献帝推荐的"九酝春酒法"。这种酿酒法就是当今"喂饭法"的前身，在整个发酵周期中，原料不是一次性都加入进去，而是分为几批依次投入。汉代块曲替代了散曲，由于块曲中根霉菌和酵母菌的数量比散曲中的相对要多，发酵的功能强大多了，从而使酿成的酒醇厚多了。绵竹兴盛的酒业在技艺上也取得同样的进步。

三国时期，绵竹虽有近80年的安定，但是连年的战争带来的重负，给酒业的影响也是明显的。与酒相关的故事层出不穷，这些故事却不能促进酒技的前进。到了两晋，"八王之乱""五胡乱华"相继而来。战乱和屠杀促使全国大乱，人口锐减，引发了全国性的难民潮。十数万的流民入蜀，官府无力安置，造成以川陕要道上的绵竹为中心的流民与蜀人的长期对立。作为这次风暴中心的绵竹更横遭劫掠，不要说酿酒，活着就是幸运。

南北朝时期，劫后的绵竹酒业开始恢复。1985年在剑南春天益老号古窖池下发现的南齐"永明五年"纪年砖可以作为明证。北魏人贾思勰的名著《齐民要术》也记载了当时蜀地米酒的制作方法："蜀人作酴酒法：十二月朝，取流水五斗，渍小麦曲二斤，密泥封。至正月、二月冻释，发，漉去滓，但取汁三斗，杂米三斗。炊作饭，强调软，合和，复密封，数十日便熟。合滓餐之，甘、辛、滑如甜酒味，不能醉人，多啜，温温小暖而面热也。"贾思勰的记述从另一个角度说明此时的绵竹酒业开始了很好的休养生息。

南齐之后的百年，虽经朝代几次更替，四川却奇迹般未有大的战乱，渐又恢复"天府之国"的昌盛局面。绵竹的酒业随唐初"贞观之治"而获得长足发展。经济繁荣的四川成为唐朝主要财赋来源地之一，"时号扬、益，俱为重藩，左右皇都""自陇右及河西诸州，军国所资，邮驿所及，商旅莫不取给于蜀"，可见四川的经济地位。"安史之乱"后，唐玄宗、唐德宗、唐僖宗等均把蜀中当作避难所，"倚剑蜀为根本"，再现朝廷对剑南道地区的倚重。除正常税赋外，剑南道给皇家的"珍贡"繁多，名酒剑南烧春就在其列。剑南烧春成为朝廷贡酒可能始于武则天当权之时，因为她的祖籍在四川广元，属剑南道管辖，对家乡好酒的偏爱也在情理之中。《旧唐书》记载："大历十四年五月辛酉，代宗崩。癸亥，即位于太极殿……剑南岁贡春酒十斛，罢之。……七月辛，罢榷酤。"德宗重视剑南春酒的进贡，下令免除了它的酒税，促使它有了更大的发展。

唐代的文人大多爱酒，李白就是他们的典范。"天若不爱酒，酒星不在天。地若不爱酒，地应无酒泉。"这就是李白对酒的情怀。酒催诗兴，诗壮酒胆，促成了"太白遗风"。唐诗中赞美酒的篇章数不胜数，赞颂剑南烧春的也有不少。杜甫在《送路六侍御入朝》中写道："童稚情亲四十年，中间消息两茫然。更为后会知何地，忽漫相逢是别筵。不分桃花红胜锦，生憎柳絮白于绵。剑南春色还无赖，触忤愁人到酒边。"杜甫与童年的稚友相逢在别筵上，喝的就是剑南烧春酒。杜甫的好友韦续《时任绵竹县令》写了"七绝"来赞美剑南烧春："烧春誉满剑南道，把盏投壶兴致高。美景良辰添此物，诗情酌兴翻波涛。"

唐代文人赞颂好酒的诗篇车载斗量，然而对于酿酒技艺却很少关注。宋代却不然，在清代以前的历代王朝中，编撰酒经最多的朝代是宋代。宋代酒业之发达由此可见一斑。北宋实行的是榷酒政策（即国家专卖），在各地设置酒务官，专门管理酒的酿造、贩卖和税收，对酒业是鼓励多酿多销。作为酒乡的绵竹，酒业更加兴旺。据《宋会要》记载，北宋神宗时为增加国库收入，特别在汉州（当时绵竹所属的州府）设酒务19个，一年酒税高达一万七千余贯，在成都府路的十五个州、府、军中，酒课（酒税）排第二位。

南宋时期，由于抗金需要筹集更多的经费，朝廷采纳了总领四川财赋官赵开的建议，取消国家对酒类的专卖，允许民间纳钱酿酒，于建炎三年（1129年）实行"隔槽酒法"（又名"两税法"）。即官办酒糟坊，提供酒曲和酒具，让糟户自行酿酒，按酿酒数量多少缴纳酒税。《宋史·食货志》记载："绍兴十七年（1147年），四川设酒务监，成都府二员……富川顺监并汉州绵竹县各一员。"以上史实清楚表明无论是在北宋还是在南宋，绵竹酒业与四川酒业一样，它的兴盛已超过唐代，在税赋上作出了重大贡献。宋代绵竹产的名酒似乎已随地方管辖的变更而改名。长年生活在蜀中的陆游，尝遍了蜀中美酒，他写诗《游汉州西湖》赞道："叹息风流今未泯，两川名酿避鹅黄。"宋代祝穆的《方舆胜览》中也记有："鹅黄乃汉州名酒，蜀中无能及者。"可见鹅黄酒就是当年的剑南烧春。鹅黄的称谓十分雅致，来自这种酒呈鹅黄色，米酒经长时间的发酵和陈酿后就可能呈现这一颜色，具有醇酽味浓香甜的口感。

元代的绵竹，虽然曾遭元军的屠城，元军的好酒之风使当地的酿酒工匠幸存下来，故酒业没有受到彻底破坏。蒙古军队的西征，使欧亚大陆畅通无阻，促进了东西方文化、科学、经济的交流。建立元朝的忽必烈把哈刺吉定为法酒，促使蒸馏酒技术得到很快的推广和发展。这是酿酒技艺一次新的融合和提升。

元初曾因前方军粮紧缺而实行过酒禁，但四川是个例外。据《元史·世祖纪》记载，忽必烈以川蜀地多岚瘴而弛酒禁。这一特殊政策无疑使川酒保持继续发展的局面，绵竹的鹅黄酒作为土特产仍在名酒之列。

明初朱元璋因粮荒而禁酒，甚至连不用粮的葡萄酒也进行限制。实际上无论是官还是民都会寻找各种借口，偷偷地酿酒饮酒。洪武二十七年（1394年）皇帝废除禁酒令，又令民设酒肆，并且大建酒楼于京都四处。统治者不禁，民间酿酒成风。在270多年的明代，废除了酒的专卖政策，以征税制度取而代之，而且税赋亦较轻微。在这样宽松的酒政下，酒业和酿酒技术都获得了长足进步。最引人注目的变化是在元代得到推广的蒸馏酒生产技术在明代有了很大提高。蒸馏酒生产的起始大多都是因地制宜，原先以稻米为原料生产米酒或杂粮酒的地区，在此基础上用蒸馏技术生产米烧酒和黄酒糟烧酒；原先以高粱、大麦等为原料的北方酒坊生产北方烧酒（主要是高粱酒）。各地用不同原料来酿造烧酒是很自然的，由此造就了南北烧酒具有各自不同的风格。烧酒技术在探索中不停地发展，酿酒技师通过对各种原料蒸馏酒的比较，认识到在单粮蒸馏酒发展的同时，采用多粮酿制蒸馏酒也可酿造出高质量、有特色的好酒。当年绵竹的酿酒技师就是沿着这一思路发展自己的酒坊的。明朝后期，统治阶级腐败，税赋沉重，民不聊生，官民矛盾尖锐。1628年，农民起义群起，拉开了长达30余年的明末农民战争。战况惨烈，尤其是张献忠率军入川，一场浩劫几乎将四川被夷为平地。不仅糟坊尽毁，也造成明代绵竹糟坊及大量元明史料未能留存下来。

随着清朝统治的巩固，四川的局势也逐渐稳定。长期战乱给四川造成的破坏，连康熙也感叹："蜀省有可耕之田，而无可耕之民。"据康熙二十四年统计，全川人口仅为18000余丁，约9万人。康熙初年下移民诏书，令湖南、湖北、广东、广西、江西、陕西等省向四川移民，并实行了减免税赋、鼓励生育、支持垦荒等一系列优惠政策，这就是有名的"湖广填四川"。移民政策在十年间就取得了立竿见影的效果，川西平原农业生产和酒业糟坊很快得以恢复，逐显"天府之国"的繁华面貌。

最早移民四川的是跟随清军入川的陕西人，他们成为战后四川重建的第一批"先富起来的人"。陕西三元县人朱天煜于康熙初年由汉中经川陕古道来到绵竹，开办酒坊生产大曲酒。入川之前，朱天煜为陕西一家酒坊的酿酒技师，精于"略阳大曲法"，并善选址酿酒。他来到绵竹后，首先抢占了城西一处一直用于酿酒的老糟坊遗址，建成朱天益酿坊。据其六世子孙朱沾安六："吾先祖是酿酒工人，一见绵竹水好，便移居至此开办大曲作坊，自己操作酿酒，其酒坊名'朱天益酿坊'。"《绵竹县志》说："惟西南城外一线泉脉可酿此酒。"该书并指出，"用城西外区井水蒸烤成酒，香而洌，若别处则否"，可见选址正应了"名泉出佳酿"的俗话。朱天煜不愧为经验丰富的酿酒技师，他将"略阳大曲法"与当地传统的"剑南烧春法"取长补短地结合起来，生产出绵软醇厚、滋味悠长的新型大曲酒，深受酒客喜爱，生意十分兴隆。有"朱天益酿坊"作榜样，酿酒作坊竞相开设。据清代《绵竹县志》记载，康熙年间，绵竹酒家林立，逐渐形成"朱、杨、白、赵"四大酿酒糟坊，陕、甘、滇、黔、川及松潘、茂汶等少数民族地区的行商纷至沓来，络绎不绝，一派繁荣景象。

各省移民把来自家乡的特色农作物及其栽培技术带到了四川，从而增强了四川农耕生产的多样性。一个地区可以同时种植大米、糯米、小麦、高粱、玉米等多种粮食，为酿酒提供了丰富多样的原料。在酿酒的实践中，发现不同的酿酒原料对酿酒过程，特别是酒的质量会有不同的效果。通过实验和比较，逐渐认识到采用"高粱、玉米、大米、糯米、小麦"这五种粮食混合发酵酿出的大曲酒，不仅有特殊的风味，而且质量也很好，就这样创造了有别于单粮酿造的多粮酿造新途径。

酿酒糟坊之间的竞争，除了比经营外，最重要的是谁家的酒好。这就促进了酿酒技艺的共同提高。乾隆年间杨德新在朱天益酿坊对面开办了恒顺大曲坊，对发展酿酒技艺作出了贡献。他创制了以小麦为原料的中高温制曲法，率先改单粮酿造工艺为五粮酿造工艺，使绵竹大曲酒技艺迈上了一个新的发展平台。当时的五粮型绵竹大曲，酒色晶莹剔透、酒质醇厚挂杯、状若清露，被人们形象地称作"清露大曲"，深受酒友的钟爱。

清代《绵竹县志》记载了五粮型绵竹大曲酒的酿造方法：小麦七成、大麦三成磨烂作曲，伏天作者为佳，疏曲成块以纸封之；酿酒时以谷壳为底，掺以大麦、小麦、高粱、玉米、稻米各种磨面和之，下窖酿经四十日为一轮，用城西外井水蒸烤成酒。《绵竹县志》对该酒作了形象的描述："大曲酒，邑特产，味醇香，色洁白，状若清露。"并记载了当时的朱、杨、白、赵四家酒坊知名度最高，规模最大。

从清代中期开始产出的绵竹五粮酒（民间俗称杂粮酒），将高粱的浓郁芳香、玉米的甘甜、大米的纯净、糯米的醇厚、小麦的醇爽、大麦的冲劲汇集融合，各取所长、诸味谐调，令人回味无穷。绵竹五粮酒在高粱烧酒风行之中独树一帜，何等风光。光绪年间，恒顺大曲坊后人杨映和经过长期探索，固定了五粮的配比，又为稳定酒的质量和口味，开始采用勾兑技术，使绵竹大曲酒在质量上达到了一个新的高度。

宣统三年（1911 年），恒丰泰所产的绵竹大曲酒获四川劝业会头等奖。据中华民国《绵竹县志》载：1919 年绵竹"有大曲房 25 家，岁可出酒十数万担，获钱五六万缗，销路极广"。1922 年，天益老号所产绵竹大曲酒获四川省劝业会一等奖。绵竹美酒声名鼎盛，时人赞誉说："十里闻香绵竹酒，天下何人不识君！"1937 年以前，绵竹酒业步入高峰，酒坊达 200 余家，年产酒达 200 余万千克，以朱天益、杨恒顺、乾元泰、大道生、天成祥等 38 家最负盛名，所拥有的酒窖皆在 200 个以上。

抗日战争和解放战争时期，绵竹避免了战火，酒业虽然萧条，但能维系，全县酿酒作坊减至 83 家。1951 年，政府将朱天益、天成祥、积玉鑫、裕川通等绵竹老牌酒坊整合成立了四川绵竹县地方国营酒厂，打破了"门户之见"，使得被各酒坊视为命脉的酿酒秘方和工艺得到了融通，优势整合促进了酿酒技艺的提升。当年的酿酒技师将绵竹城西各大酒坊的技艺加以总结，摸索出更合理的粮食配比，并开始了"双轮底糟发酵"的技术攻关并取得成功。所谓"双轮底糟发酵"即在开窖时，将大部分糟醅取出，只在窖池底部留少部分糟醅（也可投入适量的成品酒、曲粉等）进行再次发酵的一种方法。这种方法通过延长留于窖池底部一小部分糟醅的发酵期来提高酒质。与此同时，他们统一了绵竹大曲酒的生产标准和操作规程，进一步完善了绵竹大曲酒的典型风味。1958 年该厂曲酒年产量已达 1950 吨。也就在这一年，酿酒技师徐光智、卿起珍等在博采众长、继承传统酿制工艺的基础上，对工艺进行研究更新，加大投料且将高粱、大米、玉米、小麦、糯米按新配方比例混合粉碎，酿制出"芳、洌、甘、醇，恰到好处"的新大曲酒，这新酒体集绵竹各大糟坊精华之大成，达到更高水准，被定名为"剑南春"。"剑南春"既是绵竹大曲酒在新时代的质量水平的典型代表，也表明一个新的酒业盛世的开启。

1964 年四川绵竹县地方国营酒厂更名为四川省绵竹酒厂，升级为省属企业。1979 年在酿酒大师徐占成的率领下，"剑南春"在全国评酒大会上，以"芳香浓郁、醇和回甜、清洌净爽、余香悠长"的专家评语，荣登金榜，首获"中国名酒"称号。此后，在 1984 年全国第四届评酒会和 1989 年全国第五届评酒会上，分别以"色清透明、窖香浓郁、味厚味绵、余味悠长、浓中带酱，恰到好处""具有芳香浓郁、醇和回甜、清洌净爽、余味悠长、风格典型"的特点，蝉联"中国名酒"称号。1985 年，四川省绵竹酒厂正式命名为四川剑南春酒厂。同年四川剑南春酒厂总工程师徐占成在总结历代勾兑、调味技术及其他名酒先进经验的基础上，提出了酒体设计理论，首创"酒体风味设计学"。在激烈的市场竞争中，剑南春酒厂的当家人审时度势，不为紧张的供求关系所左右，控量保质，把品牌建设作为工作重点，根据消费者口味需求变化设计酒体，并努力提高质量，总结出"一长二高三适当"的剑南春工艺要领，实现"发酵时间、指标控制、酒体设计"三大工艺调整。发酵时间延长，使剑南春滋味更加醇厚悠长；指标控制增多，使剑南春质量水平更高、更稳定；突出酒体设计，使剑南春口味更符合消费者心意。精益求精和诚信经营使工艺和质量水平更上一层楼，成为全国人民公认的高档名优白酒。

为了揭开剑南春传统酿酒技艺的神秘面纱，在"四川剑南春集团有限责任公司"的支持、配合下，由四川省文物考古研究院和德阳市文物考古研究所、绵竹市文物管理所、剑南春酒史博物馆组成"剑南春联合考古队"对天益老号酒坊遗址进行勘探和发掘。从 2003 年至 2004 年，历时 2 年的艰苦工作，发掘面积 800 平方米，出土文物 200 多件，并清理出土一大批和白酒酿造工艺密切相关的遗存，包括酒窖 26 口、炉灶 5 座、水井 1 口、晾堂 2 座及粮仓、池子、水沟、蒸馏设备等，各种生产要素齐全，内容极为丰富。同时发现，不同窖池生产着不同品种的酒类，这在过去任何酒坊遗址中尚未发现。整个酿酒遗址设施布局配套完善，遗迹保存较为完整且特色鲜明，清晰地展示出从原料浸泡、蒸煮、制曲、拌曲发酵、蒸馏摘酒、废水排放等传统白酒酿造工艺的全过程。这一考古发现被国家文物局评为"2004年全国十大考古新发现"。

进行初步考古发掘的天益老号酒坊，是剑南春酒厂保存较完整的清代酿酒作坊遗址。该遗址所在的棋盘街是明清时期最集中的酿酒作坊区，从清代到民国时期有曲酒作坊20余个，集中在此生产"绵竹大曲"等曲酒，且各自有坊号，天益老号仅是其中之一。所以尚待考古发掘研究的酿酒古遗址还有不少，期待以后会有更多收获。

天益老号酒坊遗址所展示的是距今有数百年的清代前后绵竹曲酒酿制状况、规模和水平。当今剑南春的酿制已有很大发展，即在传承古代酿酒技艺精华的基础上，后人有不少创新，使先辈的技艺更为科学而完善。

（二）剑南春酒的传统酿造技艺

剑南春酒采用糯米、大米、小麦、高粱、玉米等五种粮食为原料，用小麦制成中高温曲，泥窖固态低温发酵，生产采用续糟配料、混蒸混烧、量质摘酒、原度贮存、精心勾兑等工艺手段，其传统酿造工艺流程如图5-34所示：

这套工艺是以清代绵竹大曲酒传统生产工艺为基础，又经历近代百年技术进步逐渐积累而日趋完善。发酵期从清代的40天演变成现在的70天以上，新酒储存3年以上方能出厂，甚至选料加工也要求必须把每粒粮食粉碎到6—8瓣的程度，可见当前工艺远较过去要复杂和严密。剑南春酒传统酿造技艺的主要内容有：泥窖的制作、维护及保养；大曲药制作鉴评技艺；原酒酿造技艺；蒸馏摘酒技艺；原酒的陈酿技艺；尝评、勾兑技艺；等等。

1. 泥窖的制作、维护及保养技艺

泥窖是发酵容器，其内壁的窖泥是酿制所必须的微生物生长繁殖和积累代谢产物的特殊环境。所承传的古法"泥窖纯粮固态发酵"工艺，就是特别依赖其独有的老窖窖池。天益老号酒坊所留存使用的老窖池就是当今的"活文物"。清代康熙初年朱天煜选用城西门外灌耳河边"黏性好、无沙、肥效高"的优质黄泥建窖，从建窖投粮酿酒至今，从未间断过酿酒生产，老窖中的窖泥微生物群体与发酵糟中的营养成分作用生成以乙酸乙酯为主体的香味物质，而且老窖中的微生物群体始终得到不断驯化和富集，使酿造酒日臻完美，具有"芳香浓郁、绵软甘甜、清冽净爽、余香悠长"的独特性状，因此，在技艺传承中都把泥窖的制作、维护保养和窖泥的培养放在传授的首要位置。一方面将酿造所用泥窖作为传承之重要实体保留使用至今，另一方面也使相关技艺形成独立体系传承下来，进而根深叶茂，以利后成。

2. 大曲药制作鉴评技艺

传统白酒酿制使用的糖化发酵剂——大曲药，目前有三种模式，即按曲坯的培菌控制品温的不同而区分为低温大曲、中温大曲、高温大曲。在浓香型大曲酒生产中，绝大多数使用的是曲心温度在50℃左右的中低温曲，而剑南春酒在培菌过程中是将曲心温度控制在50℃—60℃之间，为中高温曲。这种曲的糖化力较高，采用这种曲酿制的剑南春酒就具有芳香浓郁、酒体醇厚丰满、个性口味特征明显的典型风格。大曲药制作的工艺流程如下：

配料——→润粮——→粉碎——→加水拌和——→压踩制成型——→入室——→发酵——→培菌——→成曲入库——→出库——→干曲粉碎。入室后的控温控湿发酵培菌是关键。（图5-35）

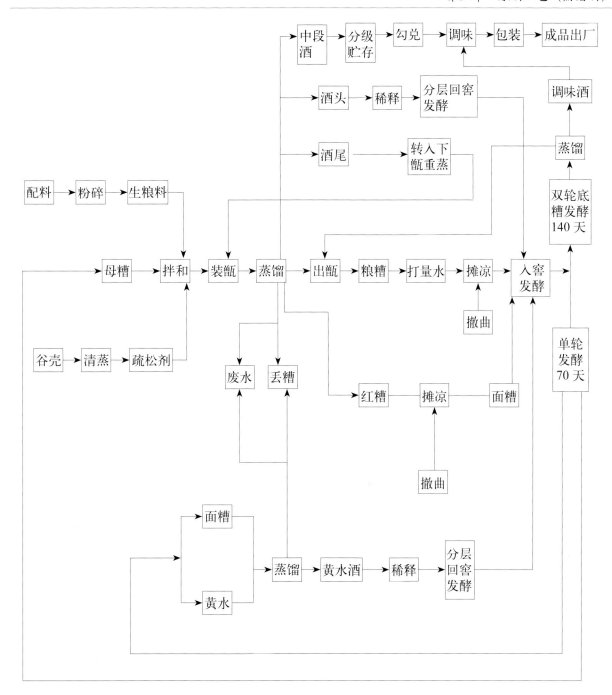

图 5-34　剑南春传统酿造工艺流程图

图 5-35　剑南春传统酿造技艺　制曲

3.原酒酿造技艺

糯米、大米、小麦、高粱、玉米五种原料按一定配比混合粉碎。每粒粮食分成 6—8 瓣，配料拌和应"低翻快搅"。粮糟上甑要"轻撒匀铺、探气上甑、分层搭满"。低温入窖、缓慢发酵、撒曲均匀、分层回糟、续糟配料，双轮底窖发酵，烤酒中，断花摘酒、掐头去尾、中温流酒、缓火蒸酒、大火蒸粮，开窖时要"眼观、鼻闻、口尝"来鉴定。

其中酿造秘诀可概括为"一长二高三适当"。

"一长"即发酵时间长。早先粮醅发酵一般在 30 天左右，清代的绵竹曲酒改进为 40 天，而今演变为 70 天以上。发酵时间长可使有机酸、醇等物质得以充分转化和酯化，特别是大曲酒的主体香乙酸乙酯含量增多，大曲酒的质量显著提高。"二高"指的是入窖母糟酸度高和入窖母糟淀粉含量高。剑南春酒一般把入窖母糟的酸度控制在 2.0—2.4 范围内，出窖糟醅的酸度达 3.6 以上。这种酸度环境方能更好地促进酯类香味物质生成，但是高酸度又使得发酵升温困难，因此提高入窖糟醅的淀粉含量，一般控制在 19% 左右。在发酵过程中，微生物使淀粉转化释放出热能而促使温度上升，从而解决母糟酸高不升温不发酵的弊端。"三适当"是指水分、温度、谷壳适当。在原酒酿造中，糟醅入窖的水分控制在 53%—54%，出窖水分一般在 58%—60%；根据入窖糟醅的淀粉含量来控制入窖的温度；谷壳用量一般控制在每 100 千克原料加 20% 以内的谷壳。这样的"三适当"就使得酿酒微生物能在一个最佳的发酵、生香环境中繁衍、代谢，求得最好的酸酯平衡。这样产出的酒芳香浓郁典雅、味道绵柔甘洌、回味悠长爽净，酒体醇厚丰满，风格独特。这一套酿酒理论和实践打破了过去白酒酿造过程中"低进低出"的老套经验，成就剑南春酒酿制技术的优势。如今，剑南春的这些独特工艺在全国白酒企业得到推广验证，为中国白酒的发展作出了贡献。

4. 蒸馏摘酒技艺

蒸馏摘酒是收获的工序，其中也有一些技巧。将发酵好的固态酒醅采用续糟混蒸法在一种又低又矮的传统甑桶缓火蒸馏，甑内众多物质成分混杂在一起，多种香味物质都溶合在被烤出的酒液中，不同时间段流出的酒所含乙醇、酯、酸成分都不一样，因此要分段量质摘酒，掐头去尾留中间。

5. 原酒的陈酿技艺

新蒸馏出来的原酒，其酒体大多会呈现出某种刺激、粗燥、辛辣等不愉快味道，必须经过长时间的贮存和陈酿，才能通过贮存中的生化反应逐渐去除上述不愉快的口感，酒体会日趋平和、缓冲、细腻、柔顺和谐调，醇香与陈香渐渐显露。剑南春基础酒采用陶坛贮存，用棕席盖严，置于阴凉的房内，酒体会变得陈香优雅、窖香浓郁、醇厚、绵柔、细腻。由于窖池上、中、下不同层次糟醅产酒的质量不同，发酵周期、发酵季节、贮存时间的差异等因素也会使酒的质量不同。因此原酒之间是存在质量差异的。有目的地将一些品质优异、独具个性的原酒挑选出来，加以关注地贮存，这就是调味酒，它专门用于成品酒的勾兑。不断地挑选留存调味酒是保证优质酒大量产出的重要前提。一般像天益老号等留存下来的老窖池中发酵糟醅烤出的原酒，大多由于其酒质优异、口味奇特而用作调味酒。因此这些老窖池已成为剑南春酒酿造的不可复制的资源优势。（图 5-36—图 5-47）

图 5-36　剑南春传统酿造技艺　出甑

图 5-37　剑南春传统酿造技艺　摊凉

图 5-38 剑南春传统酿造技艺 撒曲

图 5-39 剑南春传统酿造技艺 收堆

图 5-40 剑南春传统酿造技艺 入窖

图 5-41 剑南春传统酿造技艺 封窖

图 5-42 剑南春传统酿造技艺 清窖

图 5-43 剑南春传统酿造技艺 出窖

图 5-44 剑南春传统酿造技艺 润粮拌和

图 5-45 剑南春传统酿造技艺 装甑

图 5-46　剑南春传统酿造技艺　蒸馏

6.尝评、勾兑技艺

尝评是通过人的眼、鼻、口对酒的色、香、味、风格四个方面来判断酒质的一种方法。白酒中的各类微量香味物质，因其"阈值"的大小、含量高低的不同，呈现"酸、甜、苦、辣、咸、涩"等味道，通过鉴别和勾兑，使之保持平衡、谐调，保证产品质量的稳定和一致。

首先通过人的眼睛来观察酒的色泽。举杯对光，白纸作底，杯中酒正常色泽是无色、清澈透明、无悬浮物、无沉淀。不正常的色泽：微黄、稍黄、灰

图 5-47　剑南春传统酿造技艺　陶罐存贮

白色、白色、乳白色、微浑、浑浊，有悬浮物，有沉淀等。

白酒的香气是用鼻子来判断的，辨别酒的香气和异味。剑南春酒是以乙酸乙酯为主体呈香物质，但同时具有丁酸乙酯、乳酸乙酯等数百种为量不等的微量香味成分陪衬、烘托、平衡，使其具有"芳香浓郁、香气悠久而舒畅"的特点。

剑南春酒的口感为：绵软甘洌、回味悠长、味爽尾净、各味谐调。

剑南春酒酒体风格的评语为：芳香浓郁、绵软甘美、清洌净爽、余味悠长。

随着剑南春酒传统酿造技艺的不断发展，酿酒师傅在口传身教的传承中创造和总括出一些通俗的顺口溜，这些顺口溜精湛、形象地描述了酿酒过程的关键和要点。下面就是在剑南春酒厂流行的重要口诀：

（1）窖乃酒之魂，曲乃酒之骨，粮乃酒之肉，水乃酒之血。

（2）千年老窖万年糟。

（3）匀、透、适、稳、准、细、净、低。

（4）一长二高三适当。

（5）糠、水、温、酸、淀、曲、糟。

（6）轻、松、平、匀、薄、探、缓、分。

（7）内无生心，外无粘连。

（8）掐头去尾、量质摘酒、分段摘酒、按质并坛。

（9）热平地温冷十三。

（10）夏踩满脚冬踩花脚。

这些口诀对于外行人来说，神秘到难以理解，但是对于剑南春人来说，既是经验又是经典，潜移默化地成为他们酿酒时的操作规范。每一个口诀都有明确的含义。（1）形象地指出窖、曲、粮、水在酿酒时的作用。这是所有酿酒人对中国古代酿酒技艺的共识。（2）是在酿制浓香型白酒中，人们对老窖、陈糟在酿出好酒中作用的中肯评价。（3）是指在生产操作中，人们必须重视的八点：匀，指在操作上，拌和糟醅，物料上甑，泼打量水，摊凉下曲，入窖温度等要做到均匀一致；透，指在润粮过程中，原料高粱等要充分吸水润透，同时原料在蒸煮糊化过程中要熟透；适，则指糠壳用量、水分、酸度、淀粉浓度、大曲加量等入窖条件，都要做到适宜于与酿酒有关的各种微生物的正常繁殖生长，这才有利于糖化、发酵；稳，指入窖、转排配料要稳当，切忌大起大落；准，指挖糟、配料、打量水、看温度、加大曲等在计量上要准确；细，凡各种酿酒操作及设备使用等，一定要细致而不粗心；净，指酿酒生产场地、各种工用器具、设备乃至糟醅、原料、辅料、大曲、生产用水都要清洁干净；低，则指填充辅料、量水尽量低限使用，入窖糟醅，尽量做到低温入窖，缓慢发酵。（4）前面已介绍，它是剑南春人独创的酿造秘诀。（5）是指在生产操作中要关心糠、水、温（度）、酸（度）、淀（粉含量）、曲、糟等七项用量或指标。（6）是糟醅上甑时的操作要领。（7）是蒸粮醅要达到的要求。（8）讲的是摘酒技艺。（9）指的是糟醅摊凉的技术要领。（10）是制曲的要领之一。由于酿酒技艺的交流，这些作为口诀形式的经验，已被大家所认同，并成为中国传统白酒酿造技艺中的宝贵遗产。

五、五粮液

（一）五粮液酒的历史

五粮液酒作为中国浓香型白酒的典型代表，其酿造工艺是在岷江、金沙江、长江三江汇合处的川南历史重镇宜宾产生、发展并传承下来的。作为这一工艺重要载体之一的五粮液窖池群，包括历史悠久的明代老窖窖池，以及清代和近代窖龄较老的窖池。它们是五粮液集团尤为珍视的宝藏，是五粮液酒传统技艺得以传承的重要根基。（图5-48）

宜宾酿酒肇始于先秦时期，汉代已具备一定规模，唐、宋两代的名酿层出不穷，明清之时，达到鼎盛。五粮液酒传统酿造技艺就是在宜宾这一有着悠久酿酒传统和技术优势的地区得以孕育，于明清两代产生、发展、不断完善，并最终成型的。

宜宾的酿酒业有着两千多年的悠久历史。在这里的出土文物中，有不少都展现了秦汉时期古僰道上悠久的酒业历史和丰厚的酒文化。发生在秦汉之际的"蒟酱逸事""鬏鬏苗"果酒劳军等历史故事，一直流传至今，成为宜宾酿酒业滥觞时期的记忆。唐宋时期宜宾被称为戎州，出产的美酒更是为后人留下了许多人间佳话。大诗人杜甫为这里的"重碧酒"写下了"重碧拈春酒，轻红擘荔枝"的诗句。此后，戎州官府将重碧春酒命名为郡酿。戎州各糟坊酿酒，均以仿照并改良"重碧"酿为荣。宋时，戎州佳酿迭出，其中"荔枝绿"和"姚子雪曲"更是声名远播。宜宾位于西南少数民族聚居地区，各兄弟民族的酿酒技艺、饮酒习俗也都在历史长河中交融到宜宾的酒文化中，成为民族交流与融合的一个方面，为五粮液的产生作了积淀。

以杂粮酿造为特色的五粮液，其前身可追溯到宋代的"姚子雪曲"。"姚子雪曲"是居于戎州岷江北岸索江亭附近的绅士姚君玉私家酿酒的名称。北宋著名词人黄庭坚在寓居戎州的3年中写下了17篇有关酒

图 5-48 五粮液 明朝老窖

的诗文，这些诗作中，诗人尤其推崇"姚子雪曲"。明初，温德丰第一代老板陈氏在这里开设糟坊，亲任酿酒师傅，几经摸索创立了至今仍在使用的"陈氏秘方"。陈氏酿造的杂粮酒由此声名鹊起。"陈氏秘方"嫡传至第六代，传给了外姓弟子赵铭盛，赵铭盛承袭师业后，扩大了生产规模，并改温德丰为利川永。到民国初年，赵铭盛把"陈氏秘方"传给弟子邓子均。邓子均继承"陈氏秘方"后，又多次对配方进行了调整，对高粱、大米、糯米、玉米、荞麦、小米、黄豆、绿豆、胡豆等9种粮食不断筛选，最后留下了今天的这五种粮食（高粱、大米、糯米、小麦、玉米）和比较科学的比例，酿出了更加醇美的杂粮酒，被人称为"天下一品"。晚清举人杨惠泉说："如此佳酿，名为杂粮酒，似嫌凡俗。此酒集五粮之精华而成玉液，何不名为五粮液。"五粮液的美名由此流传。在1915年的巴拿马万国博览会上，五粮液获得了金质奖章，从此享誉世界。1932年，五粮液正式注册了第一代商标，开始在海内外行销。

新中国成立以后，"陈氏秘方"的传人邓子均于1952年献出秘方，邓老先生的义举，形成了五粮液有史以来配方的首次文字记载："荞子成半黍半成，大米糯米各两成，川南红粮用四成。"此后邓老先生应聘出任酒厂技术指导，对五粮液的秘方又作了潜心的研究和改进，经过长期的实践，五粮液的配方得到不断完善，它揭开了酒的生物菌种科学组合的奥秘，推动了酿酒科学的发展。在1963年的第二届全国评酒会中，评酒专家给予五粮液"香气悠久、味醇厚、入口甘美、入喉净爽、各味谐调、恰到好处、酒味全面"的高度评价。1960年以后，经过技术人员无数次试验和验证，得出了沿用至今的优化配方，用小麦取代了荞麦，并对五种粮食的配比进行了精细的调整。五粮液配方的日臻完善是几百年来众多劳动者千百次尝试的结晶，是中华民族精益求精、创新不止精神的写照。

（二）五粮液酒传统酿造技艺

五粮液酒是以高粱、大米、糯米、小麦、玉米五种粮食为原料，以纯小麦生产的包包曲作为糖化发酵剂，

图 5-49　五粮液传统酿造技艺　传统制曲　踩曲

图 5-50　五粮液传统酿造技艺　发酵室

采取泥窖固态发酵、续糟配料、甑桶蒸馏，再经陶坛陈酿、精心勾兑调味工艺而生产出来的。整个生产过程有 100 多道工序，3 大工艺流程：制曲、酿酒、勾兑（组合调味）。

五粮液酒传统酿造技艺具体如下：

（1）包包曲生产工艺：以优质小麦制成中高温大曲——包包曲。

工艺流程：小麦出仓 → 热水润料 → 原料粉碎 → 加水拌料 → 装箱上料 → 踩制成型 → 入室安曲 → 培菌（接

图 5-51　五粮液传统酿造技艺　翻曲

种适应增殖前缓期、生长繁殖代谢中挺堆烧生香期、后火收拢呈香期）→ 出室 → 入库储存 → 粉碎计量包装成袋。

制作技艺：润料"表面柔润"，破碎麦粉"烂心不烂皮呈栀子花瓣"，加水拌和"手捏成团而不粘手"，踩制成型"大小均匀、厚薄一致、紧度一致"，安放"不紧靠不倒伏"，培菌"前缓、中挺、后缓落"，纯粹自然接种、富集环境微生物、过程驯化淘汰、消涨和多菌群自然发酵等制作技艺。（图 5-49—图 5-51）

包包曲突出的特点：包包曲使曲块比其他平板曲表面积更大，更有利于网罗富集环境中各种微生物参与繁殖和代谢，有利于酒的香味物质的形成。同时，包包曲具有高温曲和中温曲的优良品质。曲块的高温部分具有成熟老练浓郁的大曲香味特征，且耐高温芽孢杆菌受到培菌过程高温条件的驯化，使之具有适应酿酒发酵需要的耐高温微生物活性的特点；曲块的中温部分又具有较高的生物酶活性和耐温范围更广的微生物活性的特点。这种结合（大曲的特有曲香，各种生物酶，适应范围广、适应能力强且受到驯化的微生物三大功能）非常合理、完善。

大曲质量的鉴评技艺：通过"眼观、手摸、鼻闻"的方式对大曲质量进行感观鉴定，主要判定大曲的断面结构、颜色、香味、泡气程度等状况。优质包包曲质量标准为：曲香纯正，气味浓郁，断面整齐，结构基本一致，皮薄心厚，一片猪油白色，间有浅黄色，兼有少量黑色、异色。

（2）五粮液原酒酿造工艺：采取泥窖固态发酵、跑窖循环、续糟配料、混蒸混烧、量质摘酒、按质并坛的原酒独特工艺。

工艺流程：原料（五种粮食）检验出仓 → 按配方配料 → 拌和粮食 → 混合粮粉碎 → 开窖 → 起糟 → 滴窖舀黄水 → 配料拌和 → 润料 → 蒸糠 → 熟糠出甑 → 添加熟（冷）糠拌和 → 上甑 → 蒸馏摘酒 → 按质并坛 → 出甑 → 打量水 → 摊凉 → 下曲拌和 → 收摊场 → 入窖踩窖 → 封窖 → 窖池管理。（图5-52—图5-61）

图5-52　五粮液传统酿造技艺　开窖

图5-53　五粮液传统酿造技艺　分层起糟

图5-54　五粮液传统酿造技艺　尝黄水

图5-56　五粮液传统酿造技艺　上甑（听）

图5-55　五粮液传统酿造技艺　配料拌和

图 5-57 五粮液传统酿造技艺 按质摘酒

图 5-58 五粮液传统酿造技艺 按质并坛

图 5-59 五粮液传统酿造技艺 窖池群

制作技艺：按五种粮食配方碎粮"四、六、八瓣，粗细适中"，配料"稳定、准确"，上甑"轻撒匀铺，探汽上甑"，混蒸混烧"缓火流酒、大火蒸粮"，蒸馏摘酒"分甑分级、边摘边尝、量质摘酒、按质并坛"，入窖发酵"前缓、中挺、后缓落"，黄水"滴窖勤舀"，分层起糟、跑窖循环等原酒酿造技艺。

具体操作：①五种粮食配方，产生全面的香味物质成分，从而使五粮液产品体现出五谷杂粮的风味和发酵风味。②苛刻的入窖工艺条件：入窖条件淀粉含量最高（18%—22%），酸度最高（1.3—2.4），水分最低（50%—54%）。这些条件的合理调节达到协调平衡是构成生产好酒的关键和环境条件。这种极端的工艺条件恰好是五粮液独特品质的根本所在。③泥窖固态发酵、甑桶蒸馏：泥窖固态发酵是浓香型白酒的共同特点，泥窖有别于其他任何香型的白酒发酵设备。五粮液的泥窖在独特的传统工艺条件

图 5-60 五粮液传统酿造技艺 跑窖循环

图 5-61 五粮液传统酿造技艺 续糟配料

下，经过长期驯化形成了良好的、独特的千年老窖窖泥微生物群落。甑桶蒸馏是中国独有的传统蒸馏技术，它完全有别于国外其他的蒸馏技术。④跑窖循环、续糟配料：跑窖循环使优质的母糟不断扩展延续到其他窖池，有利于以糟养窖，促进窖泥的良性循环。续糟配料使母糟已有的香味物质得以留存和延续，有利于微生物繁殖、代谢和香味物质的积累，糟醅的不断续用就成了"万年糟"。⑤发酵期长（合理的双轮底糟发酵）：同行业中发酵期最长（一般为 70 天以上，双轮底糟为 140 天以上），有利于酯化、生香和香味物质的累积，其主体香味成分远远高于同香型酒。⑥分层起糟、分甑蒸馏：将不同层次酒醅产出的不同类型的原酒准确有效地区分开，为陈酿勾兑提供种类丰富的基础原酒。⑦分甑分级、量质摘酒、按质并坛：完全靠个人感官经验判断，需要长时间地进行品尝训练和摸索，练就出过硬的技能（敏感的检出力、准确的识别判断能力）。由于糟醅层次不同，发酵状态有别，蒸馏时各层次不同时段馏分的组合含量和量比不同，利用这种规律将原酒质量细分，有利于精选出质量最佳的馏分，更好地满足顾客的不同需求。

五粮液原酒酿造工艺决定了五粮液酒酒味全面谐调的独特风格和特点。

原酒质量的鉴评技艺：五粮液原酒感观鉴定主要包括眼观其色，鼻闻其香，口尝其味，并综合确定其四个部分风格。一级以上原酒感观质量标准：无色透明，无悬浮物，无沉淀等肉眼可见物。具有以浓郁纯正的乙酸乙酯香气为主的复合香气。味香、浓、醇、甜、净、爽，香气优雅，底窖风格突出。

（3）陈酿、勾兑工艺：通过蒸馏出来的酒头酒、中间酒等在商品酒的生产过程中，只是半成品的原酒。原酒具有辛辣味和冲味，饮后感到不醇和而燥，并含有硫化氢、硫醇、游离氢和丙烯醛等臭味物质。因此，必须经过一段时间的贮存，利用原酒在储存过程中受到氧化还原、酯化、水解、螯合，以及储存酒的陶瓷坛中金属离子的催化老熟等化学作用，一年四季温度的变化、酒库小环境等物理作用，使酒的味道变得醇和、浓厚，酒液中自然产生出一种令人心旷神怡、优雅细腻、柔和愉快的特殊香气，从而改善原酒的感官风味，促进原酒品质的提高。这一过程就是原酒通过"老熟"而成为陈酿的过程。陈酿生产是原酒生产的重要组成部分，对稳定和保证原酒质量具有重要的作用。

工艺流程：取酒样 ⟶ 半成品酒验收定级 ⟶ 分级计量入库 ⟶ 密封 ⟶ 陈酿 ⟶ 选基础酒 ⟶ 取小样酒组合 ⟶ 基础酒组合 ⟶ 加浆 ⟶ 小样调味 ⟶ 感官理化验收。

传统的人工尝评勾兑法，是完全按照眼观其色、鼻闻其香、口尝其味的方式逐坛验收合格酒，按照香、浓、醇、甜、净、爽的感观印象进行组合掺兑的勾兑方法。

（三）五粮液酒传统酿造技艺的特色

酒的东方审美特点分为谐调美、柔性美、诗乐美。五粮液属于谐调美。集高粱、大米、糯米、小麦、玉米五种粮食之精华的五粮液，味觉层次全面而丰富，和谐地调动了人的视觉、嗅觉、味觉三种感官的最佳享受，形成了不偏不倚、恰到好处的独特风格，体现了中国"中庸"文化的精神境界。

保留并连续使用至今的明代地穴式曲酒发酵窖池，是四川省文物保护单位，有着很高的历史、科学和人文价值。五粮液的"老窖泥"是在特殊的地质、土壤、气候条件下，在特定的工艺条件辅助下，通过长期不断润育、培养而形成的。其珍贵之处在于通过数百年的岁月积淀，这些老窖泥中聚集了一个特殊的、专为酿酒而形成的微生物生态环境，而这个微生物生态环境中存在着高达数百种之多的有益微生物群落。它们的存在本身也说明了五粮液在技艺传承上的唯一性。

五粮液酒是典型的"地域资源型"产品，其品质很大程度上得益于当地得天独厚的地理环境。宜宾山水交错，常年温差和昼夜温差小，湿度大，土壤丰富，有水稻土、新积土、紫色土等六大类优质土壤，非常适合种植糯稻、粳稻、玉米、小麦、高粱等作物。这些正是酿造五粮液配方中的主要原料。特别是宜宾紫色土上种植的高粱，属糯高粱种，所含淀粉大多为支链淀粉，是五粮液独有的酿酒原料。五粮液筑窖和喷窖用的弱酸性黄黏土，黏性强，富含多种矿物质。这一生态环境非常有利于酿酒微生物的生存。五粮液的生产需要空气中和土壤中的数百种微生物参与发酵，宜宾正好提供了这样的生态环境。宜宾酿酒历史悠久，千百年来不仅酿酒老窖池中窖泥的微生物被选择、富集、繁殖，而且酒厂周围空气中的微生物也被酿酒活动所选择、驯化与繁殖。而空气中的微生物既无法复制，也无法搬运，这就成为本地具有独占意义的垄断资源。如果缺失了这些环境，五粮液的酒味就不会这么全面。可以说，这独一无二的天时地利之美，使得五粮液更具独有性。另外，宜宾地处少数民族聚居区域，五粮液融合西南地区诸民族制酒工艺，民众喜酒、尚酒习俗，这也是五粮液传统酿造技艺中的人文因素。

五粮液酒传统酿造技艺传承了传统的"五粮配方""脚踢手摸""泥窖固态发酵、跑窖循环、续糟配料、混蒸混烧、量质摘酒、按质并坛"的独特酿造工艺，特别是依托于其独有的老窖窖池，历代重要技艺传人以师徒相授或口口相传的形式，一方面将酿造用泥窖作为传承的重要设备保留并使用至今，另一方面，也使相关酿造技艺形成其独特的传承体系。

五粮液明代老窖及其他一些窖龄在百年以上的窖池中的各种微生物，经过长期驯化、富集和作用，形成了一个庞大而神秘的微生物生态体系。五粮液酒的高贵品质正取决于这个微生物宝库。另外，以师徒相传方式传承的五粮液酒传统酿造技艺，自明代以来沿用至今，其存在本身就说明这项工艺的科学合理性。

五粮液传统酿酒技艺，具有多方面突出的特点：五粮液传统酿酒技艺，一直遵循古传"陈氏秘方""小麦成半黍半成、大米糯米各两成、川南红粮凑足数、糟糠拌粮天锅蒸"的基本要求，以大米、糯米、高粱、小麦、玉米五种粮食为酿酒原料，有效规避了其他白酒用料单一、风味单调、口感欠佳等不足，味觉比其他白酒丰富得多。

以纯小麦制曲生产包包曲为糖化发酵剂，经过续糟混蒸、甑桶蒸馏、跑窖循环、特殊老窖池、长发酵期的固态发酵工艺生产五粮液原酒，再经过储存陈酿、精心勾兑调味，最后包装出厂。五粮液酒源丰富，品质特色明显，利于勾兑组合选择，产品质量稳定，品质特点十分突出。

作为五粮液传统酿酒技艺的重要基础和载体，五粮液明代古窖池堪称活着的文物，对微生物学界酿酒类微生物物种及其在发酵酿酒中作用的研究，具有重要的科学价值。五粮液老窖窖泥中丰富的微生物群落，为微生物种类、繁衍、生物链构成等历史溯源提供了极为宝贵的研究载体和渠道，使人们更好地弄清微生物发展历史、把握微生物发展规律成为可能。

六、古井贡酒

（一）古井贡酒的历史渊源

"一家饮酒千家醉，十家开坛百里香。"这是一位诗人赞美古井贡酒的诗句，诗句虽然出自文人的夸张，但是古井贡酒给许多人留下香醇美味的印象确是事实。古井贡酒属于浓香型白酒，酒精度高达 60—62 度，它酒液清澈，幽香如兰，黏稠挂杯，味感醇和，浓郁甘润，回味悠长。

古井贡酒是中国名酒之一。早在 1963 年的第二届全国评酒会上古井贡酒荣获国家名酒称号。此后在历届全国评酒会上蝉联金牌，继列国家名酒之列。虽与五粮液、泸州老窖同属浓香型大曲酒，但其在口感和理化指标等方面均有明显不同。例如所含醛类、酮类物质成分就有较大差异，特别是新发现的 5- 羟甲基糠醛物质，是古井贡酒所独有的物质成分，其适当含量与古井贡酒中的醇类、酯类、酸类、醛类、酚类、酮类成分共同形成古井贡酒幽香淡雅的独特风格。

图5-62　古井贡酒所用的古井

古井贡酒传统酿造技艺有别于五粮液、泸州老窖所代表的川酒，是因为它有不同的地理位置和自然环境，还有不同的文化积淀。它是中原地区酿酒技艺的杰出代表，并深刻地影响苏、鲁、豫、皖的酿酒产业。

古井贡酒产于安徽省亳州市。亳州是三朝古都，全国首批历史文化名城。曹操、华佗的故里，人文璀璨，物产丰饶，商贸繁荣，素有"小南京"之称。古井贡酒顾名思义就知道与古井有关。据说亳州地方多盐碱，水味苦涩，唯独减店集一带井水清澈甘美。这井水显然对酿制好酒非常重要。在古井贡酒厂里就有一口古井，据《亳州志》记载，这眼古井（图5-62）在532年就有了，迄今已近1500年，是名副其实的古井。这口井中的水属中性，矿物质含量极其丰富，是理想的酿酒用水。即使在干旱的春天，它仍像泉水一样突突冒涌，终年不竭，古井贡酒因此得名。

亳州地处中纬度暖温带半湿润季风气候区，四季分明，光照充足，气候温和，雨量适中，兼具南北气候之长，光、热、水组合条件较好。表层土壤多为黄泛冲积，富含有机物，利于微生物繁殖；往下逐步变为青黄色、棕黄色、灰黄色亚黏土层和浅黄色亚砂土层，富含锗、锌、锶等对人体有益的微量元素，既适宜粮食作物生长，也适宜酿酒制窖、养窖。近年来检测数据表明，亳州减店集地下蕴藏丰富的天然优质饮用矿泉水，达到国家标准，常年稳定供应量在1000万吨以上，为酿造优质白酒提供了物质基础。

亳州地区是传统的旱作物农业区，农作物以麦、豆为主，兼种多种粮食。历史上，亳州农业有增、间、套、混种栽培习惯，造就了当地农民丰富的种植经验。今天的亳州不仅主产小麦、大豆、玉米、高粱、红芋，是国家商品粮生产基地，而且也是中药材、棉花及烤烟的重要产地。小麦中的靠山红、红芒糙，高粱中的朝阳红、黑柳子、黄罗伞、骡子尾等产量较高的品种非常适宜在亳州栽种。这也为亳州酿制好酒提供了可靠的物质保障。

亳州位居中原战略要地，素有"南北通衢，中州锁钥"之称。这里水陆交通较为发达，自古就是古代驿站的交会点，有着著名的水旱码头，成为黄淮之间商品集散地。陆路四通八达，水路辅以涡河。亳州城内会馆云集、商店星罗棋布。手工业和商业十分繁荣，唐宋以来，手工业门类渐趋齐全，酿造、粮食加工、织染、木作等手工技巧全国闻名。明清时期，亳州已成为黄淮一带酒业生产中心，同时也是全国四大药市之一。上述的社会经济背景都为传统的酿造技艺在亳州的传承和发展创造了一个良好的环境空间。

亳州，上古时属豫州，商成汤为诸侯时居于此。周秦以来，亳州或设国，或设州，或设郡，或设都，其政治地位或见一斑。这里自古崇文重教，有后世誉为"建安风骨"的曹操父子，有道教之祖老子、庄子及大家陈抟，有神医华佗，还有巾帼英雄花木兰，皆生于此。宋代欧阳修、曾巩、晏殊相继到此为官……唐代城内即设学官，清代城内书馆林立，名重一时。亳州因此名流辈出，人文荟萃。丰富的文化遗存表明在较长的历史时期，亳州在黄淮一带的政治、经济、文化发展中占据一个重要地位。这种地位与酒业、饮酒风尚联系起来，不难想象对酿酒技艺的发展是个重要的推动。

亳州减店集出好酒，历史可追溯到东汉三国时期。出生在亳州的曹操特别欣赏他家乡的美酒，在东汉建安年间（196—220年），他专门写了一个奏折给汉献帝刘协，推荐家乡美酒——九酝春酒，并介绍了该酒的酿制方法。曹操在其"上九酝春酒法奏"中写道："臣县故令南阳郭芝，有九酝春酒法。用曲三十斤，流水五石，腊月二日渍曲，正月冻解，用好稻米，漉去曲滓。便酿法饮。日，譬诸虫虽久，多完三日，一酿满九石米止。臣得法酿之，常善：其上清，滓亦可饮。若以九酝苦难饮，增为十酿，差甘易饮，不病。"

"春酒"，指春酿酒。《四民月令》称正月所酿的酒为"春酒"，十月所酿的酒为"冬酒"。关于"九酝"，一种解释为原料分九批加入依次发酵，另一种解释为原料分多批（至少三次）加入。《西京杂记》则认为"九酝"与"酎"是同样的酒。《说文解字》谓："酎，三重醇酒也。"清人段玉裁解释说，酎为用酒代水再酿造两遍而酿成的酒。"十酿"是相对"九酝"而言的。由此可以认为，曹操介绍的这种酿酒法，是在正月酿造，每酿一次，用水五石（1 石约合 26.7 千克），用曲 30 斤（1 斤约合 223 克），用米九石。三日一批，分几批加入，依次发酵，推算可知，用曲量是较少的，加入的曲主要作菌种用。由于曲中以根霉为主，能在发酵液中不断繁殖，其分泌的糖化酶将淀粉分解为麦芽糖，酵母菌又将部分麦芽糖转化成乙醇。在整个发酵过程中，不仅用曲量少，而且只加了五石水，用水量也是很少的，可以认为发酵是接近于固态醪发酵，又是重酿，所以酿制出的酒当然比较醇酽，加上根霉糖化能力强，它较之酵母菌能耐较高的醇度，从而使酒中能保留住部分糖分，故此酒带有甜味。方法的最后一句是："若以九酝苦难饮，增为十酿，差甘易饮不病。"补充这点很重要，所谓酒"苦"，就像现在称谓的"干"酒，如干葡萄酒、干啤酒，即酒中的糖分都充分地被转化为乙醇，无甜味，会觉得略苦。再投一次米，其中淀粉被根霉分解为糖，同时由于醪液已具有一定的乙醇浓度，抑制了酵母菌的发酵活力，已无法使新生成的糖分继续转化为乙醇，从而可使酒液呈甜味。由此可见，在这种酿酒法中，人们已掌握了利用根霉在酒度不断提高的环境中，仍能继续繁殖，产生糖化酶的特点，促使发酵醪的糖化功能高于酒化能力，终使酒液具有甜味。九酝春酒法中，稻米为酿酒原料，所用的曲很可能是小曲。因为如此少量的曲能在五石水中产生强的糖化能力，只有小曲才能达到。九酝春酒法在技术上有两大特点：一是上面已讨论过的九酘即酿酒的米饭为九次投入过滤过的浸曲酒母中。第二个特点是浸曲技术。文中所说的渍曲即是浸曲，它已不是单纯地将饼曲破碎，加以渍浸，而是在浸出糖化酶、酵母菌后，不断利用它进行扩大培养。该工艺就是我国古代长期应用的酒母培养法。九酘和浸曲在当时都属于新技术。正是由于连续投料包含了这些新技术，所以在汉魏时期得到推广，在晋代已相当普遍。浸曲技术中，还有一个问题在"九酝春酒法"中已引起了注意。浸曲过程不仅将各种酿酶和酵母浸出，同时也会将饼曲中的酸类物质溶出，提高了酸度有助于酵母的增殖。但是气温高时，也会有利于杂菌繁殖，因此浸曲一般选在低温季节进行较好，低温可抑制杂菌污染。"九酝春酒法"选在腊月浸曲就较好。

曹操推荐"九酝春酒法"的历史片段，不仅介绍了当年亳州的酿酒技艺，而且也表明当年亳州酿酒技艺能产出好酒。这些先进的技术还影响和带动了整个中原广大地区的酿酒技术水平，在中国酿酒史上留下清晰的一页。这就是古井贡酒的历史文化积淀。

唐宋时期，亳州减店集一带酿酒业依然兴盛。以色、香、味俱佳的减店集美酒远近闻名，成为礼尚往来和待客的上品。当时民间流传"涡河鳜鱼黄河鲤，减酒胡芹宴佳宾"的民谣。五代时期亳州人陈抟用洺河水加黏谷酿造出洺流酒，亦称"希夷酒"，此酒酒性温和，舒筋活血，多作中医入药用，成为亳州特产。北宋时期，冗宦、冗兵、冗费，财政支出庞大，急需商酒二税来充其虚。因此酒类专卖抓得更紧了，课税越来越严重。可以说，历史上的榷酤，"未有如宋之甚者"。宋时的榷酒榷曲政策，全国实行的并不一致，有松有紧。边远地区，夷汉杂居之地，皇上"惠安边人"；像亳州这样的有名的酒乡则强行官榷，弊害甚多，酒的质量下降，卖不出去，则实行摊派，有婚丧事者，令其买足酒量，引起民怨载道。据《宋史·食货志》记载，亳州当时的酒课（税）在 10 万贯以上，居全国第四。从另一个角度来看，酒税数额大也反映了该地酿酒业的规模和兴盛状况。

明清时期，是古井贡酒传统酿造技艺成型时期。据《亳州志》记载，明代万历年间（1573—1620 年）减店集有酒坊 40 余家。家住减店集百里之远的当朝阁老沈鲤，把减酒进贡皇宫，皇帝饮罢称好，钦定此酒为贡酒。此为"减酒"作为贡品的又一历史记载。当年生产"减酒"的最著名的酒坊当数怀氏的公兴糟坊。据《亳州志》记载，怀氏为当地望族，其先祖曾是三国时吴国尚书怀叙，其后代怀忠义经商过亳州，发现此地环境甚好，于是在明初举家由金陵迁往亳州，在减店集南建成了"怀家楼"。减店集即是古井镇的前身，该地因古井和用它酿制的美酒而名声四扬。怀氏看好酒业的前境，故在此安家的同时兴办了公兴糟坊，酿酒卖酒。他们为所卖的酒取名"怀花"，生产工艺采用当时在黄淮一带流行的"老五甑"（雏形）酿酒法。这应该是古井贡酒传统酿酒技艺（指蒸馏酒）的开端。

据《怀氏家谱》载，公兴糟坊经怀厚祖（明正德年间）、怀传民（明嘉靖年间）、怀家仁（明万历年间）的相继经营，生产规模有了扩大，形成了"前店后坊"的合理格局，酿酒技艺在传承中也在进步，逐使"怀花酒"声名远播。"怀花酒"又通过阁老沈鲤的推荐，成为了皇宫的贡酒。到了清代光绪年间，又经历近三百年的发展，外号"怀老万"的怀家传人怀兴万，继承传统，遂至大富，并通过官员的举荐，将其生产的"怀花酒"上贡，为酒坊和亳州再取光环，延续了贡酒的历史。同时也借机进一步扩大生产，占地48顷，有酒池数十条，工人数百，所产减酒行销全国，成为减店集乃至亳州最大的酿酒作坊主。他也凭借徽商的精明和才干，调整了生产结构，多种经营，生产以减酒为基础的其他酒，如"竹叶青""状元红"等。当地百姓夸其富有时记：南到槐树北到墙，一溜银子十八缸。槐树即现古井亭旁的老槐树。这应是怀家的公兴糟坊的鼎盛时期。民国时期，由于战乱和经济发展的不稳定，公兴糟坊的生产经营状况时好时坏，抗日战争期间曾一度停产歇业。公兴糟坊历经九代，于1952年因国家禁止私酿而停业。1958年，当地在公兴糟坊上成立公社酒厂，招收原公兴糟坊技师酿酒。1959年，公社酒厂改为国营安徽亳县古井酒厂（即现安徽古井贡酒股份有限公司前身）。古井酒厂建厂后，利用原有老窖池（现为古井贡酒的"功勋池"）和千年古井，在查定总结减店集地区减酒传统"老五甑"操作法基础上，酿出浓香型独特风格的"古井贡酒"。这酒以其"色清如水晶，香纯如幽兰，入口甘美醇和，回味经久不息"的崭新风格，从1963年开始，连获四届全国评酒会金奖，跻身全国名酒之列。

（二）古井贡酒传统酿造技艺

自从公兴糟坊生产减店集的古井酒以来，一直采用流行于苏、皖、鲁、豫等省生产浓香型大曲酒的混烧老五甑法工艺。这种工艺有别于四川浓香型大曲酒的生产工艺：原窖分层堆糟法和跑窖分层蒸馏法。正是工艺的差异，所产的浓香型大曲酒形成两种流派，川酒是纯浓香型的流派；古井贡酒与洋河、双沟、宋河粮液等大曲酒属浓中带陈味型的流派。所谓的"老五甑法"即将窖中发酵完毕的酒醅分成五次蒸酒和配醅的传统操作法。正常情况下，窖内有4甑酒醅，即大渣、二渣、小渣和回糟各一甑。

原料经粉碎和辅料经清蒸处理后进行配料，将原料按比例分配于大渣、二渣和小渣中，回糟为上排的小渣经发酵、蒸馏后的酒醅，不加新原料。回糟经发酵、蒸馏后为丢糟。各甑发酵材料，经蒸馏出原酒，再验收入库、贮存、勾兑和调味，达到产品标准，包装为成品。

当今古井贡酒所采用的工艺虽然属于上面展示的工艺，但是在发展中，古井贡酒在具体操作上还是有自己的特点。（图5-63、图5-64）

古井贡酒传统酿造流程主要包括：制窖、制曲、酿酒、摘酒、尝评、勾兑、陈酿等工艺环节。

1. 制窖

泥窖是古井贡酒的发酵容器，其内壁窖泥，是酿酒主体生香功能菌繁衍栖息场所。每个窖池保持在22立方米左右，以最大化地使糟醅与窖泥接触，确保最大表面积，同时又适宜窖泥微生物生存、繁衍。

古井贡酒在原公兴糟坊老窖池基础上得以复生。古井人称誉这些老窖池为"功勋池"，它们帮助酿酒

图 5-63　古井贡酒文化博物馆中展示手工酿酒器具

人出好酒。建厂初期，古井酒工曾对这两条百年发酵池进行钻探，直到深 6 米时才见到黄土，可见窖泥之厚实，由上而下窖泥由深青色变成灰色，泥体呈蜂窝状，且酒香扑鼻，酒工们谓之"香泥"。科学的测试表明，发酵池泥中栖息以乙酸菌为主的多种微生物，它们以泥为载体，以酒醅为营养源，以泥池与酒醅的接触面为活动场所，进行着永不停息的生化过程，产生了以乙酸乙酯为主体的几十种香气物质。这就是古井贡酒香醇浓厚独特的原因。

　　因窖池的窖底泥活性的强弱与产品质量有直接关系，为保持和强化窖底泥的发酵活性，对窖底泥必须进行经常的保养与培养。总结多年的经验，可采用以下三种保养与培养方法。

　　小培养，称窖底培养：窖底泥外观正常，泥质较绵软，可踩出脚印深 1 厘米左右，为活性较好的窖底。其保养方法是：用叉子扎眼，行间距 10 厘米，

图 5-64　早期的天锅蒸酒器

眼深 15 厘米。洒热水（50℃—60℃）适量，以窖底见明水为宜。用约 2 千克曲粉均匀撒满窖底，等待渣醅入窖。

　　中培养：窖底泥外观较硬，脚踩微见脚印，称作窖底活性一般。其培养方法是：将 5 千克曲粉均匀撒满窖底。用叉子排行斜叉或用抓勾斜刨 10—15 厘米深，将窖底原地掀起后仍放置原处，行间距为 10 厘米。洒热水（50℃—60℃）适量，以窖底见明水为宜。将窖底整平，用约 1 千克曲粉均匀撒满窖底，等候渣醅下窖。

大培养：窖底外观较板结，脚踩不见脚印，称作窖底活性较差。其培养方法是：将50千克曲粉均匀撒满窖底。用抓勾深刨窖底15—20厘米，并将窖底泥块翻起打碎，最后将整个窖底搂平。加热水至饱和，用脚反复踩和，用锹多次翻抄，使泥达到柔软细腻。将窖底整平，用约2千克曲粉布满窖底，等待渣醅入窖。窖底经大培养后，应注意渣醅的入窖方法。即醅运到窖边时，用木锨轻微匀撒入窖内，严禁整车醅子直接倒入。

质量要求：培养操作要细致，用水要适量，培养好的泥必须呈不稀不硬的泥状；应达到柔软、细腻、无疙瘩的要求。

2. 制曲

主要的工艺流程：小麦 —→ 润料 —→ 粉碎 —→ 加水拌料 —→ 踩坯 —→ 晾干 —→ 安坯 —→ 培菌 —→ 翻坯打拢 —→ 出曲 —→ 入库贮存。

技术要求：润麦"外软内硬"，粉碎"烂心不烂皮"，拌料"成团而不散"，踩坯"光滑而不致密"，安坯"宽窄适宜"，培菌"前缓、中挺、后缓落"，翻坯"时机适度"，自然积温，自然风干等曲药制作技艺。择时制曲：选每年3月份进行制曲。贮曲：成品曲要储存半年时间才用于生产。曲药评定：凭借"手掂、眼观、鼻闻"等感官方式对曲药质量进行判定；曲药块泡气程度如泡气等；曲药块外观如颜色、穿衣、光滑度等；曲药块断面如菌丝粗细、颜色、水圈、杂菌斑等；断面香味如浓厚度、纯正度等；断面皮张如厚、薄等。

3. 酿酒

古井贡酒传统酿造原料主要采用本地小麦、豌豆、高粱。本地小麦、豌豆是制曲的重要原料。

出池前，首先将窖池头清理干净，铺好挡板。出池时，应轻挖轻放，严格按分层出醅进行操作，层层出平，务必保证各甑分开，严禁混杂。按配料数量要求，放置于规定的地点。出池完毕，要进行清窖工作，先用扫帚将窖底、窖壁的残留醅子打扫干净，然后用10—15千克酒精含量为2%—3%的酒尾喷洒窖底及窖边，并撒入少量（约250克）大曲粉，以保养窖池，防止窖泥退化。分层出醅，层层出平。即按自上而下的顺序，揭去池头泥并清理干净。先起出面糟，再打回渣，打小渣，打大渣，打二渣。

配料要严格按粮醅比、粮辅料比进行。粮、糠、醅、曲数量准确，掺拌均匀，无疙瘩。配料、拌料除了稳和准，还要各甑分清，按甑次分成堆，并撒一层稻壳拍紧。

装甑前，首先检查锅底，打开阀门放水，然后关闭阀门，用辅料铺甑箅，再打开蒸汽阀门。装甑时，要做到"轻、松、匀、薄、准、平"，见潮撒料，不跑汽，不压汽，使甑内蒸汽均匀上升。蒸汽压力不超过0.2P，用行话则是：用汽"两小一大"、醅料要求"两干一湿"、醅在甑内保持"边高中低"。

装甑完毕，立即盖严甑盖进行蒸馏。流酒前必须放尽冷凝器中的尾酒或水酒，然后缓火蒸馏，接取酒头0.5—2.0千克，再行量质摘酒。以"花酒"断尾，大汽追尾。流酒时，蒸汽压力应控制在0.05—0.1P，流酒温度在25℃—35℃，入库酒的酒精含量在63%以上。

待酒即将淌完，即开大汽门，进行蒸煮糊化和排酸。要掌握好糊化时间，要求蒸熟蒸透，达到熟而不腻，内无生心。糊化好的醅子出甑后，要迅速在帘上摊平，并立即加入洁净的70℃—80℃热水泼浆，使淀粉颗粒充分吸收水分。

醅子加入热水泼浆后，立即翻醅，并趁热用扫帚、木锨消除疙瘩，然后开鼓风机降温。在降温过程中，要勤翻醅子，消除疙瘩，以免影响发酵。待醅温达到工艺要求时，即可加入曲粉和水，在加曲粉时，要求撒匀，加水量要准。然后收堆，用扬片机打一遍，圆堆后再入窖。入窖醅应新鲜、疏松、柔而不黏，水曲均匀，温度适宜。

醅子入池时，必须各甑分清，分层入池，渣渣平整，入池完毕后要摊平，并用少量稻壳分隔，用泥封窖。入池的四大生化条件（水分、酸度、淀粉、温度）根据季节不同按工艺要求掌握在最佳状态进行操作。封窖泥要求和细和匀，无结块，泥厚应保持在 7—10 厘米，四周边口要封严，上盖塑料薄膜。冬季要加强保温，可加盖 4—6 包稻壳。（图 5-65、图 5-66）

封窖后，应有专人负责管理窖池。经常注意窖池内温度变化，温度变化能反映池内发酵是否正常。在发酵前期，每天要进行踩窖边，这是因为窖池内酒醅经发酵，醅子将下降，窖池四周会出现裂缝，引起霉变，影响糟醅质量。每天踩窖并封上沙土就可保证封窖严密，为发酵创造一个厌氧的环境。在跟窖（即踩窖）和平窖（沙土平）的同时，还要保持窖池卫生清洁，避免杂菌感染。

图 5-65 酒窖发酵

图 5-66 制曲现场和工具

4. 摘酒

在蒸馏取酒过程中，由于乙醇与水表面张力不同，不同酒精浓度呈现出不同液珠样态，俗称酒花。技术熟练的工人根据酒花大小、停留时间长短判断酒精度数，以掌握取酒时间。而摘酒采取掐头去尾做法，即最开始部分酒称酒头，将其倒入酒尾桶下甑复蒸，当酒流完后，又截取剩余部分直至不含酒精。

5. 尝评工艺

尝评即通过感官方式，从色泽、香气、味道和风格四方面判断酒质的方法。酒体中"酸、甜、苦、辣、涩、咸、鲜"物质，因为含量高低不同，呈现不同特征，通过感官鉴别，使之保持平衡、谐调，保持批次产品的质量一致性。

6. 勾兑

由于白酒酿造一定程度上依靠自然环境和酿造时的手工操作经验，不同季节、不同轮次新窖与老窖、新酒与老酒呈现出不同风味。勾兑是通过对不同酒质白酒调配，以保证产品风味、质量基本一致的工序。这需要靠技师对白酒的微量成分作综合品评后，进行细致、复杂的勾兑和调配。

7. 陈酿

新蒸馏出来的原酒，酒体呈刺激、燥辣等味道，古井贡酒传统酿造技艺往往将新酒装入陶制酒坛，贮存于山洞和地窖中至少 5 年，通过漫长的陈酿过程，在相对恒温状态下，进一步削弱新酒燥辣之气，使酒体趋于平和、细腻、柔顺和谐调，醇香与陈香渐渐显露。

古井贡酒的酿造是采用独特的传统生产工艺，即"泥窖发酵、混蒸续渣、老五甑法操作"，并以小麦、大麦、豌豆为原料制成中高温曲作糖化发酵剂；以纯小麦为原料制成高温曲作发酵增香增味增绵剂，其中中高温曲和高温曲按 9 : 1 比例使用。工艺特点做到"三高一低"，即入池水分高、入池酸度高、入池淀粉高和入池温度低。同时，要求以部分下层醅作留醅发酵，所谓留醅发酵，即在窖池的一边将已发酵一轮的酒醅按原状态不变，与新入糟醅再次共同发酵。通过留醅发酵，可生产"幽雅型酒"。再以部分中下层醅作回醅发酵。所谓回醅发酵，即在出池时，将部分中下层醅取出单放，待池内醅出净后，再将次部分单放酒醅入池内（一边或一角），与新入渣醅共同发酵的操作。通过回醅发酵，生产出醇香型酒。通过正常发酵醅，生产出"醇甜净爽型"酒。

在糟醅体系中存在大量香味物质前驱，确保母糟独特的"质"，再经传统生产工艺与现代微生物技术酝酿出基础酒。再经分层出池、小火馏酒、量质摘酒，分级贮存，从而摘出三种典型酒，即窖香郁雅型、醇香型及醇甜净爽型。

基础酒与调味酒的生产是根据发酵周期不同及特定工艺而生产。基础酒发酵期为 60—120 天，调味酒发酵期为 120—180 天。经特殊甑桶蒸馏、量质摘酒、掐头去尾，分级分典型体入陶坛贮存。基础酒经贮存 5 年以上，调味酒贮存 10 年以上，再精心反复勾兑、品评、调味，最后定型。

第三节　几种著名地方历史名酒的酿造工艺

一、山东景芝酒

（一）景芝酒的历史渊源

世界上蒸馏酒的种类无数，这是因为自然环境的差异、采用原料的不同，酿造技术上各显神通，所产的酒在口味风格上都有自己的特色。由于各类型酒之间不断相互学习模仿，特别是较多的人追捧浓香型白酒而促使它得到推广。借鉴的结果就孕育产生了一些新的不同口感、不同风格的白酒品牌。"兼香"中就分化出芝麻香、药香、特香、凤香和豉香等香型。芝麻香型以山东景芝酒为代表，药香型以贵州遵义董酒为代表，特香型以江西的四特酒为代表，凤香型以陕西西凤酒为代表，豉香型以广东玉冰烧酒为代表，兼香型以湖北白云边酒为代表，老白干香型以河北衡水老白干酒为代表。其中"芝麻香"则是近 50 年来，在科学总结传统工艺基础上加以发展、创新的几个新香型之一。下面就景芝酒和它的生产工艺作一陈述。

山东传统名酒景芝白干，古称"景芝高烧"，产于齐鲁古镇——景芝。景芝镇被明代思想家顾炎武称为"齐鲁三大古镇"之一，并以盛产高粱大曲酒而闻名于世，素有"齐鲁酒都"美誉。景芝之名称，始见于《元史·顺帝本纪》。关于名称的由来大体有两种说法。其一是宋朝时期，此地一井中生出灵芝来，地方官向朝廷上表献瑞，故此地被称为"井芝"，后来衍化成"景芝"。其二是说发现灵芝的时间是在宋朝的景祐年间，故名"景芝"。当地曾发现一块古代残碑，把景芝地名写为"芝镇"。无论哪种说法，都与发现灵芝有关，此事应是可信的。灵芝是一种菌类，既然能长出菌类则表明环境适宜微生物生长。该镇位于山东省潍坊市安丘市（县级市）境内东南部，海拔高度平均 42 米，东南两面以渠河与诸城县为界，北与王家乡接壤，西与宋官疃乡为邻，西南接浯乡，西北接石堆乡，东北濒峡山水库，面积为 106 平方千米。206 国道从镇区穿过，该镇四通八达，交通便利。该镇地处山东半岛近海内陆潍河冲积平原，与胶莱平原相接，四面环水，东临潍水，西傍浯河，南有渠河，北依峡山，有山东最大的平原水库——峡山水库，还有洪沟河、灰沟子河流经镇域。这些河流多为季节河，即夏天雨大时，山洪暴发，流量大，流速快；天旱时，河水流量小，流速甚慢。镇境除西部为丘陵外，其余大部分是渠河冲积平原。南部以潮土为主，东部及东北部洼地多为砂姜黑土。全镇地表水与地下水均较丰富。景芝镇系暖温带大陆性季风半湿润气候，春季多风，夏季湿热，秋凉冬晴，平均气温 12.1℃，降雨量 711 毫米左右，无霜期约 189 天。在北方地区，这里可以说是山清水秀，气候湿润，雨量充沛。远古时代此地曾是一片洼地，据著名地理学家邹豹君考证，它是白垩纪时代形成的，其范围在安丘、莒县以东地区，面积达数十平方千米。今天已成为胶莱大平原的一部分。这一带的气候与地势有利于形成良好的生态环境，颇宜于微生物的生长，也适合各种生物的生长繁衍，其微生物生态系统经过千万年的自然淘汰与优化，结构比较稳定。这一生态环境对酿酒有着重要的影响。该地自古以来，农业、手工业及商业经济都比较发达，曾是繁华的乡镇，当今是全国重点城镇建设样板。

水和气候对景芝的酿酒业影响很大。据《山东·轻工业志》载：浯河水质清冽，深处藻萍映绿，浅处水净沙明，游鱼相戏，鹬蚌相争，河畔多生灵芝。汲水烹茶，茶香浓郁；引流酿酒，酒味芬芳。有楹联曰："三产灵芝真宝地，一条浯水是酒泉。"潍水则是历史上一条著名的河流，古时曾帮助汉朝大将大败过龙且，是楚汉之争的古战场。在景芝酒厂内有一口"松下古井"，据资料显示，该井由古至今一直与潍河、浯河的水系属同一水脉。经山东省地矿局分析化验，该水里含有 20 多种微量元素，达到天然饮用矿泉水的标准。这种地下水正是数百年来景芝酒业赖以存在和发展的重要生态资源。当地古谚"景芝水含三分酒"，暗含了现代的科学原理。对于酿酒而言，气候因素犹如空气之于人。渤海、黄海两海交汇吹过的略带潮湿的季风，使景芝呈现出典型的半岛湿润气候，有利于微生物群的形成和生长；而冬无严寒，夏无酷暑的自然环境，也有益于酿酒微生物菌群的繁殖，成为丰富白酒香气成分、提升酒质的天然"屏障"。即使同一操作工艺，同一酿酒班子，离开景芝到别处酿酒，酒味和质量就大为逊色。据当地老人回忆，约在 1950 年当地就组织了 20 多人的酿酒班子到东北去烧酒（酿酒），同样的工艺技术却酿不出与景芝酒相同口味的酒。由此可见，景芝的气候和水质是造就景芝传统美酒的重要因素之一。

安丘及其周边的县市农业都发达，而且盛产高粱、小麦、玉米、棉花、瓜菜等农作物。保证景芝的酿酒原料是不成问题的。景芝地处高密、诸城、安丘三县交界处，历史上有"三县之首"之称，古代就是重要的农副产品集散地。便利的交通既能使景芝酒远销四周，甚至供给塞外、关东，还反馈了各种客户的不同消费习惯和酿酒技艺，因此历史上的景芝酒久负盛名。

1957 年，考古工作者在景芝镇的新石器时代墓葬群中出土了 74 件文物，两年后在大汶口又出土了大批文物，它们同属大汶口文化晚期，距今已有 4500 余年，其中酒器占一半左右。从这批出土酒器来看，那时在景芝已有酿酒习俗。让更多人了解景芝酒的飘香美味的众多文人墨客中，我们不能不提到宋代大文豪苏轼。北宋神宗熙宁七年（1074 年）九月苏轼罢杭州通判任，十月北上，十二月就任密州（今山东诸城）太守，熙宁九年十二月又调任徐州。在密州寓居两年中，他生活得十分充实。在其（与王庆源）信中说："高密（即密州）风土食物稍佳……近稍能饮酒，终日可饮十五银盏。"可见在密州任上，他对当地的酒十分感兴趣，如不是这酒味美，本不胜酒力的苏轼怎能一日饮酒十五盏之多！苏轼在密州所作的诗词中，言酒者几乎占其作品的一半以上，甚至达到了 70%。在此前的杭州任期，他尚是一个"不解饮者"，即很少饮酒，而在密州，虽然生活物质条件不如杭州，但是酒几乎天天进入他的生活。他不仅诗饮、书画饮、宴饮，还野饮、刀剑饮、抚琴饮、流杯饮、打猎饮，甚至还强饮、痛饮、狂饮。"径饮不觉醉，欲和先昏疲""但恐酒钱尽，烦公挥橐金"，这些洋溢着酒香的文学作品都表现出他对酒的嗜好。是什么诱使苏轼变成地道的酒客？只能说是当地的好酒。这些美酒究竟产自何方？从历史资料上来看，当年的诸城及周边的胶南、高密、日照诸县都是少有酒坊，这些地方的人要喝酒，大多是从景芝挑运过来。可以说苏轼讲的密州酒应当就是景芝酒。

当年的景芝酒又是哪类酒呢？这一问题应该很好地探究一番。作为山东安丘景芝老乡，又是研究苏轼的大学问家的朱靖华（中国人民大学教授）认为：东坡在密州任上所饮之美酒，当是景芝烧酒。为了论证这一观点，朱先生列举了九点论据。笔者认为朱先生关于"苏东坡与景芝酒"的研究很有价值。他指出，东坡饮的是景芝酒，这是让人信服的。但是说这时的景芝酒是蒸馏酒，笔者有不同的认识。当时文人笔下的烧酒大多指在饮用酒时，为了改善口感，往往将酒加热，这种加热后的酒也称作烧酒。在山东半岛严寒的冬天人们饮用这种烧酒应是很常见的。苏轼的酒量是很小的，几杯黄酒下肚就有点醉了，倘若他喝的是酒精度较高的蒸馏酒，一天喝上 15 杯，他能承受吗？再说苏轼对酿酒技术很感兴趣，他不仅写了许多饮酒的诗文，还通过诗文介绍了几种酒及其酿制方法。例如蜜酒、桂酒、黄柑酒、竹叶酒、真一酒等，他在黄陂及许多地方都亲自动手制酒，请朋友们同饮。为了向人们介绍他的酿酒经验，他还写了《东坡酒经》。这些史实都表明他对当时的酿酒技术有一些研究，问题是无论是"酒经"还是其他论酿酒的文章，介绍的都是黄酒酿制技艺，而只字未提蒸馏制酒。按说他是很关心新事物的，例如秧马歌、井盐开采的卓筒井、蔗糖加工技术、六合麻纸、四川名纸、制墨及医药、饮食的许多技巧和新发现。若饮到用蒸馏技术生产的景芝酒，他必定会有议论。但有一点要肯定，当年苏轼饮用的景芝酒的确是当时远近闻名的美酒。民国 4 年出版的《山东通志》记载："各县皆有黄酒，黍米所酿，蓬莱、即墨为盛；烧酒以安丘景芝为最盛。"笔者认为，在宋代的京东（即山东半岛）各县都有黄酒生产，以黏黄米（小米的一种）为原料的即墨黄酒是北方黄酒的典型代表，是黄酒中的精品，其酿造工艺不同于绍兴黄酒，有许多独特的技艺。宋代的景芝酒技术可能与即墨黄酒相近，但是它的原料不同，它是以秫（黏高粱）等杂粮为主体，所以酒的风味及其酿造技术会有自己的特点。正是这些独特的技艺为后来的景芝烧酒的出现提供了技术的铺垫。

用蒸馏技术生产的景芝酒始于何时尚待研究，但是当今景芝酒的传统酿造技艺中仍保留有部分发酵过程采用陶缸发酵，用陶缸作发酵容器是黄酒工艺的常规，这表明早期景芝烧酒的工艺是从黄酒工艺中传承来的，景芝是较早生产烧酒的地区之一。关于景芝烧酒（指蒸馏酒）的史料，从明朝中期开始，包括地方志、物产志等有记载。明万历的《安丘县志》记载，全县每年纳"酒课一百锭四贯"，而景芝居多，景芝镇"商业繁盛，产白酒颇著"，明朝的禁酒主要在初期，在洪武二十七年（1394 年）后，废除禁酒和酒的专卖，改为税赋较轻的税酒政策，故明朝中后期酿酒业得到快速发展。趁此机遇，景芝酒业迅速扩展以景芝白干为主体的生产格局，有别于即墨仍以黄酒为主的品牌状况。这种以高粱为原料，以小麦制曲，用蒸馏法烧制白酒（烧酒）的烧锅业，相对于黄酒酿制，发展要快得多。这是因为白酒比传统的黄酒的酒度高，能饮白酒四两始醉者，饮黄酒二三斤而不足，黄酒之沽十倍于白酒。价低而易得一醉的白酒，较之价高而难以充量的黄酒，更受饮者的欢迎。黄酒不能长贮久搁，难于远销，深春炎夏初秋皆不可酿造，白酒则不受这些限制。白酒所用的原料有高粱等杂粮，当时都是属于粗而贱者，制酒的成本可大为降低。由于上述这些原因，在景芝这个传统的酿酒业较发达的地方，白酒取代黄酒，并在酒业中占据重要地位，既是自然的，又是很有远见的。当时的造酒之家，固然有三斗五斗比户而烧的小糟坊，更有有一定资本的大烧坊，在景芝应是"灶火如屋，突烟腾上，数里外皆见之"的旺盛之象，烧酒生产的规模在当时是相当大的。这一状况在清代公文中得到验证。

在粮食不富裕的时候，饮酒愈多，耗粮就愈大，从而扩大了粮食供需之间的不平衡，当酿酒原料与民食之矛盾突显时，朝廷就会颁发禁酒令。清朝乾隆年间，禁酒与反禁酒之争就很热闹。乾隆二年（1737 年）下令，禁止直隶、河南、山东、山西、陕西北方五省烧酒，"违者杖一百"，其法可谓严厉，主要禁用高粱生产的白酒。乾隆六年（1741 年）十一月六日山东巡抚喀尔吉善奏报说："察知私踩私烧聚集之所，如阿城、章丘、鲁桥、南阳、马头镇、景芝镇、周村、金岭镇、姚沟并界联江省之夏镇，向多商贾于高房邃室踩曲烧锅，贩运渔利……"并说经他查禁后，"闻风知儆，商贩亦颇敛迹"。乾隆朱批："好，应如是留心者也，钦此。"景芝镇成为巡抚查禁酒曲的重点，恰好说明了景芝酒业的繁华。由于酒税关系到地方的财政收入和官吏土豪的经济利益，禁酒政令依然是上面呈"雷厉风行"，下面显"阳奉阴违"，实际效果并不大，"不过使酒价益腾，沽者之耗财越甚耳"。景芝酒业的情况也是这样，酒商在官员的庇护下，秘密地进行"地下"酿酒，酒业得到继续发展。当时在景芝镇内经营白酒的著名铺号有益大、源元隆、协和、德源、德茂、恒泰等十几家。到清朝后期，在商人运作下，景芝白酒已远销沈阳、大连、吉林、察哈尔、上海、南京、青岛等地。据《安丘乡土志》记载，齐鲁烧酒，"贸易较繁之区，首推景芝镇"，"烧酒岁销约一百万斤"，"麦曲岁销约120万个"，"烧酒陆运至诸城、高密、昌邑一带及胶州海口"，"烧酒以高粱制之，出自景芝者最醇也，他处所不逮，为特产大宗"。台湾出版的李江秋《安丘述略·经济物产》记述："景芝镇最大出产为高粱酒（白干酒），闻名左近各县，并远销青岛及东北。最盛期有烧锅七十二家，品质居全省之冠……"这个最盛期大概指20世纪30年代，有72家烧锅，投资经营酒业的有200多家。为什么72家烧锅却有200多家经营者呢？这与景芝酒业生产的特殊结构有关。在景芝，酿酒的工场叫"场子"，又叫烧锅。场子的主人叫"锅主"，拥有烧锅的主要设备，有的人是向房主租来房屋和场地。烧酒工俗称为"烧包子"；领头人叫"把头"，是生产负责人兼技师。烧户是卖酒的店铺，负责提供原料和生产工具，委托锅主组织生产，并将产品卖出。不难看出，白酒生产的动因来自"烧户"，即酒商，酒商向"坊子"（类似粮栈）买进粮食，以来料加工的形式委托给锅主，锅主雇请把头和烧包子进行酿酒。酒酿好后，再由烧包子把酒送往商号，领回报酬。如果把原料供应的粮商算在一起，粮商、酒商赚的是利润，锅主赚的是加工费支付房租和工人工资后的剩余部分，把头和烧包子只挣工资。实际上，烧户的投资是推动白酒循环生产的关键。有的烧户既酿酒又开店卖酒，即锅主、烧户合二为一。据1960年撰修的《景芝酒厂厂志》载，由于景芝酒素称美酒，销路广，当地的地主、资本家争相经营。20世纪30年代，景芝镇上卖酒的字号有40多家。除卖酒外，酒曲作为商品销往外地。民国前期，景芝镇一年对外销售酒曲多达一百万斤。作为景芝商号的"四大天王"之一的福聚栈，资本雄厚，不仅在景芝镇上开设烧锅、油坊，还在青岛拥有一家"景源烧锅"，既酿酒又卖酒，生意十分红火。

1948年，融72家手工烧锅为一体，景芝镇成立了酿酒国营企业，1952年改称山东景芝酒厂。景芝高烧也改称为景芝白干，产量从1949年的322吨达到了近2万吨，是当时全国产量最大的高粱大曲酒的厂家。

景芝酿酒业的千年沧桑巨变清楚地告诉后人，景芝的传统酿酒技艺在代代传承中不停地演进。从龙山文化的黑陶，联想到早期的酒——醴和酎，从苏轼在密州任职所喝到的秫粮酒使人们认识到醇浓的景芝酒，明清时期商业繁荣的景芝镇通过林立的烧坊让景芝白干飘香四方。总之，当今的景芝酒传统酿造技艺是流传在千年传承链中文化积淀的结晶。这一技艺和它创制的酒，由于有自己的骨、肉、血及魂，故具有明显的地域特征。然而大多数酒友只知道景芝酒好，却没有留心考察其特色。

1957年9月，山东著名的酿酒专家于树民来到当时全省最大的酿酒企业之一——山东景芝酒厂进行技术指导。在酿酒车间里，于工程师无意中从景芝传统产品中品出一股淡淡的芝麻香味，对此于工程师十分惊喜，遂提出要抓住这一契机进行科研分析，研究形成这种香气的成分原因，并预测这可能会成为业界的一个亮点。从此，景芝人踏上了追寻"芝麻香"的研究之路。

1965年，国家轻工业部临沂会议正式确立了"芝麻香"这一科研课题。1980年，"芝麻香型白酒的研究"课题被山东省科委立项研究。1984年，景芝芝麻香型白酒投放市场，受到普遍欢迎。1985年，全国白酒专家齐聚山东，对芝麻香型白酒给予充分肯定，认为"芝麻香型白酒"有别于浓、清、酱三大香型，可以发展芝麻香型白酒作为鲁酒的代表香型。

1988年10月，由轻工业部食品发酵研究所和景芝酒业公司联合在武汉召开的芝麻香型白酒项目研讨会上，以著名的白酒分析专家胡国栋为主的课题组，在对各种香型白酒的数据用计算机进行统计分析后发现，白酒的各种香型大体上可以包括在以浓、清、酱为端点的一个三角形之内，芝麻香型处于三角形的中心点上，这一结论得到了与会专家的一致首肯。许多著名酿酒专家认为，芝麻香型的确存在，这是有科学根据的，对此景芝酒业作出了卓越贡献。著名的酿酒专家周恒刚题写了"山东东道主，景芝芝麻香"。茅台酒的酿造大师季克良感慨地说："芝麻香有了。"著名的白酒专家沈怡芳将芝麻香的成功称赞为"齐鲁之光"。1989年1月，在合肥召开的第五届全国评酒会上，芝麻香型单独列组评比，使评比更为科学而不失公允，获得一致好评。武汉会议的成果不仅剖释了"芝麻香型白酒"的科学内涵，同时也促使该酒的研究和生产取得了新的进展。在协作单位的共同努力下，景芝酒业公司科研人员进一步从工艺的稳定巩固及"芝麻香"口感的典型性上做了深入的探索和研究。于1995年制定了"芝麻香型白酒"行业标准，并经中国轻工总会发布实施。2007年4月，作为景芝酒芝麻香型代表作的"一品景芝"被公示为"中国名酒"。从发现"芝麻香"、研究"芝麻香"，到芝麻香型白酒的最终确立，景芝人用了整整半个世纪的时间。这就是景芝酒传统酿造技艺，"在继承中创新，在创新中发展，在发展中完善，在完善中提高"的自然结晶。如今，这经历50多年打造的一品景芝，正向世人展示着无限的曼妙神韵。

（二）景芝酒的传统酿造技艺

芝麻香型白酒的典型性，特别是其代表产品一品景芝独特风格的形成，与景芝镇的水质和气候有着密切关系。除此以外，还取决于它有自己一套有特点的工艺。

"芝麻香"一品景芝的工艺特点如下：以高粱、小麦为主要原料，加适量麸皮，泥底砖池，清蒸续渣，量质分析，长期贮存，科学勾兑。

一品景芝工艺的"四高一长"是：高氮配料，高温国曲与强化菌混合使用，高温堆积，高温入池发酵；贮酒时间长。

一品景芝集清、浓、酱三大香型生产工艺之精华，融合大曲、麸酒之优点，多种微生物混合发酵，使其达到闻香幽雅、香甜醇厚、绵柔舒适、余香悠长的芝麻香风味特点。添加小麦和麸皮，使配料中的含氮量成为各类香型白酒中之最高，这是发酵过程中发生"梅拉德反应"（多种香味成分产生的一种生化反应）的基础。全醅堆积使有益微生物大量繁殖，高温发酵是梅拉德反应发生的条件，而梅拉德反应又是产生芝麻香的源泉，由此可见，芝麻香的生产科学合理。

在传承传统酿酒工艺的实践中，景芝酒形成了这样的酿酒秘诀：原料粉碎呈"梅花瓣，无跑生"，配料"无团糟，防白眼"。入池发酵根据季节与气温变化，合理调整水分和酸度，装甑"轻、松、匀、薄、准、平"，蒸馏"大火追尾"，糊化"熟而不黏，内无生心"。

在景芝，酿酒人有这么一条经验：桃花盛开时是酿酒的好时节。冬天把酒醅埋入土池里发酵，桃花盛开时取出酒醅，把池子用土填上，在原地放上一排排大瓮当发酵容器。到了寒露前后，把填了的池子掘土清理出来，酒醅又入池发酵，这样可以使发酵保持较适宜的温度。"以第一排上瓮酒最佳，名字起得非常有意境，叫'桃花瓮酒'。"

一品景芝有"三境界"，给人带来身与心的双重怡悦和享受。一是一品景芝的制造过程精细而严密，被称作"醉世神土"：粮必精，水必甘，曲必陈，器必洁，工必细，储必久，管必严。二是"三正"：酒体正，酒味正，酒香正。三是"三香"：闻着香，入口香，回味香。尤其是闻香以芝麻香风味为主，入口清爽幽雅，带有焦香味和甘爽协调等典型特征，饮时先闻香、后品尝，确有回味悠长之特点，特别适宜在20℃左右时细品，此时芝麻香越发突出。

上述景芝酒传统酿造技艺中，有些生产要诀、操作规范是传承下来共有通用的，例如七必的"三字经"，又如原料粉碎要求、糊化要求、上甑经验等。也有一些工艺技巧是景芝独创的，例如制曲中使用苘叶（一种青麻叶），配料也特殊，又如发酵中既入池又进瓮很少见。下面具体地陈述这一有地方特色的酿造技艺。

1. 温曲的制作工艺

制曲多集中在夏季踩制，俗称"伏曲"。制曲中一般用15人，分8个工位，依次为和坯（2人轮流），供料1人，铺模1人，拉模1人，踏曲6人，平模1人，运曲2人，打水杂务1人。

选料加工：选优质小麦为原料，用石磨粉碎。

和坯：供料的人取一定量的粉碎好的小麦倒入锅里，和坯的人先舀一小瓢水倒入锅里，倒水时边打散水边搅拌麦粉，利于水与坯料混合，然后快速搅拌均匀，和成扁平团状。

铺模：将曲模放在布袋上，曲模原先是圆柱状，后改为方状，现为长方状，在曲模内铺上三片蔫了的苘叶，将和好的料用双手快速托起，装入曲模，再在坯上放一片小一点的苘叶，也就包住了曲坯，这叫三页瓦带顶叶。（图5-67）

图 5-67　景芝酒　制曲铺模

踩曲：拉模的人向下一个工位拉动曲模，用布袋盖住模里的曲坯，并把布袋方的一头放在铺模的人面前，铺模人立即放好另一个曲模，铺上苘叶。此时另一个曲坯已和好了，再重复上述动作。拉模的把布袋包着的曲坯略加踏实，即从布袋里取出交给踏曲工位，踏曲工位叫踩下模的。旧时多由10岁左右的孩子充当，一个工位踏几脚后用脚把曲翻过来，交给下一个工位，经过6个人踩踏后，最后交给平模的。此人把踩踏不平的整理平了，然后从曲模中把曲块磕出来，放在一块木板上。一般一块木板上放8块。运曲的在曲的一面点上石灰浆的白点，便于翻曲时识别。随后运到曲房里，进入发酵过程。（图5-68）

图 5-68　景芝酒　踩曲

将曲坯平躺单层排布在地面上，曲块与曲块之间要留有空隙，每天上下翻动，大概5—6天，品温升高，曲坯发硬。此时可将曲坯立起，仍单层排布，根据温度翻转，并靠近，又经过6—7天，曲坯发酵，温度升高后略有下降。（图5-69）

图 5-69　景芝酒　平放卧曲

小堆、大堆：将已发酵的曲坯密集起来，按照垒花墙的方式将其垒成 1 米 ×2 米的 6 层，7 天左右，温度上升到 42℃—45℃后又下降。仍然花垒，升至 10 层以上，曲堆四周用麦秸草打成帘子围住，10 天左右。

整个制曲过程需要 30 天左右，阳历 6 月至 8 月底是制曲最佳时间，称"伏曲"，将曲块掰开后应呈现"三道（火）圈一点红"，这就是优质的中温曲。

2. 景芝白酒传统酿造工艺

（1）设备、工具及原料。

甑桶、甑盘及天锅的安放：先挖一个长 3 米、宽 2 米、深 1.8 米左右的坑，底部砸三合土防水，周边用砖砌墙，叫火坑。支上一口大锅，叫底锅，锅沿上放由猪血、石灰和合的黏合剂，叫捻子，把木制甑桶放在锅上，在甑桶底部锅沿上放承重的梁子，上面放两层竹篦子。盖甑桶用平盘，中心部位留直径 50 厘米的圆孔，圆孔上加一圈木头强化，叫盘嘴子，盘嘴子上固定锡制天锅的座子设有一圈接酒槽，以承接冷却下来的酒液，并经溜子导流至酒篓中。锡制天锅中心是一个扣着的较深的锅，直径与锅座配套，约 60 厘米，此锅上部有一个约 60 厘米高的圆桶，与锅的边焊接在一起，底部有排水管，用木塞塞好，上部略收。底锅底有烟道与烟囱相通。

装甑时，甑盘和天锅放在一边，装好甑后，在甑盘用酒糟打上"墙"密封。抬上甑盘，再把天锅抬上去，天锅桶里装满凉水。甑桶里的酒气遇到冷的天锅，冷凝为酒，顺凹面流到锅底的槽里，引出来流至酒篓里。酒篓用刺条编外壳，里面用血料和桑皮纸糊上，约 1 厘米厚，固化后不溶于水和酒，是一种蛋白质塑性材料的盛酒容器。

发酵设备：酒醅发酵，冬天在土池子里进行。池子一般长 3 米，宽 2 米，深 1.6 米，醅包地上部分约高 70 厘米，用泥密封，上盖河草保温，池棚冬天加暖帐。夏天发酵在大瓮里，这是一种介于陶、瓷之间的夹砂陶器，高约 1 米，直径 1.2 米，瓮口用配套的瓮头扣住，用泥密封。天热时可以洒水降温，并打凉棚遮阳。

原料、辅料：原料以当地及安丘、高密两地西洼产的黑莘高粱为佳，这种高粱耐蒸煮，出酒率高，质量也好。辅料用当地的谷糠，用量不超过原料的 10%。

用工：用工一般为 8 人，把头是领导，负责与商号联系，也负责分发工钱，装甑和着酒等；二把头，又叫撮工簸箕的，是把头的助手，负责烧火及打（拌）糟；瓮把头负责领导制作酒醅，并封瓮、封窖；锨上 3 人，负责运送酒醅、制作酒醅；打水的 1 人，负责挑水、搅锅；打灰的 1 人，负责打杂及完工后清理火坑。

原料的准备：原料及大曲的粉碎在商号里进行，要烧酒了，事先把高粱、麦曲粉碎好，装在口袋（一种比麻袋细而长的布袋）里。木锨、扫帚、筲箩等工具也准备好。到时，烧坊工人都搬运到烧坊。一般每个池子投料 4 石高粱，麦曲约 300 斤，谷糠 40—50 斤。

（2）工艺操作流程。

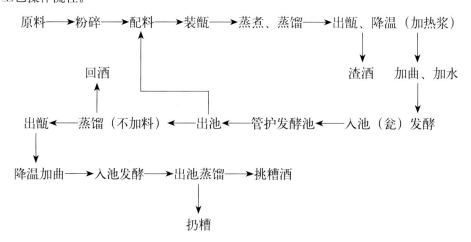

原料粉碎：用石磨磨碎，以四六瓣为好，号称梅花瓣。

出池配料：剥取池头泥，用木锨掘出酒醅，装在柳条编的筐篓里，过去工人是用肩膀背，在池、瓮、甑桶之间来回快速运送，劳动强度极高；现在改为小车运送，甚至用吊车运送。另有工人负责打（拌）糟，把原料按一定比例和酒醅拌和均匀，动作快速有力。第一遍要打成基本均匀、层次分明的大堆，第二遍即拌得完全均匀。

装甑：此时底锅水已开，开始上汽。先在箅子上撒一些谷糠，然后用簸箕装甑，要求轻、准、平，见潮就撒，以汽上得平、匀为主，装至平甑，用酒糟打墙，抬上甑盘，再抬上天锅，装满冷水。

蒸煮和蒸馏：由于火力的关系，加上天锅冷却的效果不是很好，所以实际上是采用了缓火蒸馏，高温流酒。当天锅里的冷却水热了，冷却效果差了，就通过放水管将热水放到热水瓮里，然后尽快地换上冷水。第二锅冷水刚换上时流出来的酒叫二锅头，它的酒度大约有 70 度，酒质较醇和。一般每一甑用 4 锅冷水，就可以结束蒸馏了。过去以看酒花的方式决定酒的质量，以为酒度高的酒好，方法是用酒提计量原酒，加水至直浆（约 50 度），如两提酒加一提水成为直浆的叫"俩一个"，约 75 度，这样的酒最好，而且对装甑的要求也很高，所以少有。十三提酒加六提水成直浆的，约 72 度，叫"十三个六"。十二提酒加五提水成直浆的叫"十二个五"，约 70 度。后来，也许是认识到了，或者是别的原因，没有这么高的酒度了，实际上酒的质量更好了。

装甑和蒸馏是关键环节，过去都是由把头亲自掌握。

出甑、降温：蒸完酒，放掉天锅冷却水，抬下天锅，抬下甑盘，压住锅底火，或撤去柴火，然后开始出甑。酒醅用木锨掘到甑前面，同时把头用小木桶往酒醅里加热水，数量由他自己掌握。一边出甑，锨上的几个人用木锨向地上拉出去，扬散开，甑出完后，把头和二把头再装下一甑，打水的再去挑水，瓮把头和掀上几个人用木锨把热酒醅多次扬、翻至合适的温度，冬天约 25℃，夏天尽可能降至室温，工人靠脚的感觉经验判断温度，瓮把头认可就行。夏天降温十分困难，工人大汗淋漓也难降至适宜温度，所以入伏以后一般就不烧酒了，而改为踏曲。

加曲加水，倒堆拌匀：酒醅降至适宜温度就把磨细的曲粉按规定的数量加到酒醅里，视情况补加适量的凉水，把酒醅合成一大堆，再分成两堆，再合成一堆，这叫倒堆。目的是使水和曲均匀分布，此时把头看水分大小，这对产酒多少很重要，多了少了都不行。用手抓一把酒醅，用力握紧，从指缝里冒出水珠来，把头据此判断水分是否合适，也是凭经验判断。

上瓮、入池：做好酒醅后，锨上 3 个人，一人用锨装到筐篓里，两个人运。上瓮时，用锨拍压落实，下池子时用脚适当踩紧，目的是控制发酵，酒醅如果疏松，空隙里有较多空气，发酵过猛；踩紧或压紧，排除了部分空气，控制发酵以达到高产优质的目的；太紧了也不行，也靠经验掌握。（图 5-70、图 5-71）

图 5-70　景芝酒　酒醅入瓮

图 5-71　景芝酒　瓮缸发酵

酒醅入满了，拍光滑，涂上一层泥，扣上瓮头。周边再抹一圈泥，要是入池子就弄平，拍紧，撒上一层糠，再厚厚地抹上一层黄泥，抹光后，盖上干燥的河草保温。

在瓮里发酵泥干不了，但是夏天不能晒着，要搭凉棚，太热时可洒水降温。在池子里发酵时要封严池子，因为发酵酒醅的体积会缩小，池子边就会出现裂缝，必须用脚或木锨弄严实，防止透气烂糟，这叫严池子。初期必须每天做，后期可以视情况减少。由于池子在池棚里，冬天要加暖帐保温，太凉了发酵不好，产酒也少。每年清明时节，就从池子里转到瓮里发酵。第一批上瓮的酒醅适值桃花开时的初春时节，加上酒醅在冬季低温发酵，残留物多，培养发酵就好，所以酒的质量好，叫桃花瓮酒，是春天待客馈赠的佳品。上瓮时，池子用土填上，霜降立冬时，把池子里的土掘出来，略加整理，又重新用于酒醅发酵。

上述的景芝酒传统酿造技艺的景象主要描述了 20 世纪 30 年代发生的事，是根据当事人的回忆而整理出来的。事过半个多世纪，今天在景芝人们所看到的是崭新面貌：设备改进了，劳动强度减轻了，工艺完善了，酒质更是醇浓幽雅爽净了，特别是酿酒人的素质高了，他们继承了景芝酒传统酿造技艺的精髓，融会了现代科技的技巧，发展出名副其实的创新品牌———一品景芝，在中国酿酒史上书写了新的篇章。

二、北京牛栏山二锅头酒

（一）牛栏山二锅头酒的历史渊源

北京牛栏山二锅头酒是北京地区的特产，原产地位于北京市顺义区牛栏山镇。它始创于北京，流传于全国。清初，牛栏山的酿酒业就已十分发达，其中以二锅头酒产量最大，品质最优。所酿之酒除本地销售外，主要通过三个途径以牛栏山二锅头的品名远销四方：一是以马车运往北京及山西、山东、河南等地；二是通过镇东的潮白河码头，走水路运往天津及南方各地；三是由骆驼运往内蒙古和西北、东北等地。

牛栏山镇位于顺义区城区正北 9.4 千米处。顺义位于北京市东北郊，地处燕山南麓，华北平原北端，属潮白河冲积扇下段。地下水深 2—7 米，水质为低矿化度软水，矿物质一般含量每升 0.4—1.0 克之间。

牛栏山镇交通便利。自古便有旱路北达内蒙古，南通京师；又有潮白河水路北通密云，南接天津。古时密云要塞所需的粮饷、木材，均借此水路运输。便利的交通条件促成了牛栏山的经济繁荣，同时也刺激了酿酒业的蓬勃发展。

牛栏山土地肥沃，季节明显，农作物品种丰富且质量上乘。又东临潮、白二河汇合处，地下水丰富并且水质优良，为牛栏山二锅头酒的酿制提供了得天独厚的物质保障。

牛栏山的烧锅确切创于何年已无从考证，鼎盛时期约始于清康熙年间。20 世纪初期，牛栏山镇较有名气的烧锅有两家，一为王记烧锅（后改名公利号烧锅），另一为富顺成号烧锅。后来从公利号烧锅中又分出了义信号烧锅和魁盛号烧锅。至此，牛栏山地区一共有 4 家烧锅，按规模排序分别是公利号、富顺成号、义信号和魁盛号，4 家烧锅均为"前店后厂"模式，传统技艺均是由厂店模式传承下来的。其中公利号烧锅最大，有 4 个甑桶；富顺成号次之，有两个甑桶；义信号和魁盛号则各有一个甑桶，规模较小。下面是这几家厂店的历史。

公利号：清同治年间，牛栏山有一王记烧锅主要生产二锅头酒，生意红火，东家为河北省香河县一王姓人。但王东家因患肺痨 40 余岁病故，王记烧锅留下孤儿寡母无力经营，遂将烧锅卖与牛栏山镇北门外人孙孝先。烧酒工多为香河县人。后孙氏分家，公利号烧锅分与孙孝先之六子孙化，并于 1917 年 10 月将烧锅更名为公利号；1935 年 10 月孙化病逝，公利号传与其子孙秉武，字绳斋，人称孙八爷。1952 年，孙秉武之侄孙校出面将公利号烧锅捐献与国家，与富顺成号等烧锅共同组建为牛栏山酒厂。

富顺成号：烧锅规模小于公利号烧锅，东家为任献亭。任献亭，名文达，字献亭，北京市怀柔杨宋镇梭草村人，清朝秀才，于 19 世纪后期到牛栏山烧锅学习烧酒酿制技艺，并落户于牛栏山镇。19 世纪末，任献亭接管烧锅，并于 1927 年 5 月将其更名为富顺成号。吴志和，牛栏山镇禾丰村人，约 1890 年生，12 岁来到富顺成号烧锅，师从任献亭，曾任二掌柜。20 世纪 40 年代，吴志和从任献亭手里把富顺成号烧锅买下，改名天府烧锅，但人们仍称其为富顺成号。吴志和于 20 世纪 40 年代末期去世，其徒弟阎文郁玉掌管酿造工作，传承技艺。阎文郁玉，字徒从周，牛栏山镇禾丰村人，原籍河北省三河县，1912 年生，1980 年病故。阎文郁玉十几岁入富顺成号烧锅学习烧酒，曾任会计和二掌柜。

义信号烧锅的大掌柜叫龚信忱，顺义区赵全营镇去碑营村人。魁盛号烧锅的东家为商魁廷，名文英，顺义区牛栏山镇夏坡屯村人，1888 年生，1908 年创立魁盛号烧锅；大掌柜叫吕荫庭，密云县人。

1952 年，河北省顺义县政府以富顺成号、公利号烧锅为基础，组建了牛栏山酒厂，厂址设在富顺成号烧锅原址。烧酒工二三十人，多为当时 4 家烧锅的工人。4 家烧锅的酿造技艺融合为一体，至此牛栏山二锅头酒传统技艺由牛栏山酒厂具体传承。

（二）牛栏山二锅头酒酿造工艺

传统的酿造工艺有制曲、高粱粉碎、清蒸排杂、润料、配料、扬活加曲、入池缸发酵、出池、装甑蒸酒和掐酒、窖存等具体工序。

制曲：以优质大麦、豌豆、小麦为原料，将三种原料按比例掺拌均匀后破碎，加入适量的水掺拌均匀后装进模中人工踩制。要求踩的曲块松紧适度，表面平滑、平整，无飞边、缺角；将踩成的曲凉至表面不干皮，曲子有挺劲，然后送入曲房卧曲；曲房地面铺好苇席或稻壳，喷洒适量的水，曲间距离要求 2—3 厘米，层间用竹竿隔开，以二至三层为宜；卧曲要适时通风、挑霉、长层、堆积，待曲子成熟后，出曲房入库养曲，3 个月后可投产使用。（图 5-72、图 5-73）

高粱破碎：二锅头酒的主要原料是高粱，第一步就是把高粱破碎，要求把原料破碎为四至六瓣，这样有利于完全糊化，提高出酒率。

清蒸排杂：清蒸原料（高粱）和清蒸辅料（稻壳）分别进行。目的是排出原、辅料的杂味，并杀灭其间的杂菌。

润料：将清蒸排杂后的原料加入适量的水，使其有效地吸水膨胀，有利于润料糊化及发酵作用，增加和微生物的接触界面，同时摊凉降温，以备配料。

配料：将蒸好的原料同发酵好的酒醅混匀，同时加入稻壳。加入稻壳可以使原料松散，防止黏结，利于霉菌繁衍。

扬活加曲：将蒸完酒的混合物薄铺在地上，工人用柳木锨向高处扬散，以使醅子降温，温度合适后就可以加酒曲和适量的水。掺匀后就可以入池缸发酵了。（图5-74）

入池缸发酵：入池缸就是将掺匀的醅子装入发

图5-72　牛栏山二锅头酒酿造工艺　踩曲

图5-73　牛栏山二锅头酒酿造工艺　曲房

酵池或地缸中发酵，入池缸温度根据季节而定，使发酵温度保持前缓升、中挺足、后缓落。在发酵过程中，产酒是在厌氧条件下进行的，由于发酵池中的酒醅发酵后体积减小、下沉，窖池和酒醅之间就会产生空隙进入多余的空气并带入杂菌。因此，酒醅在池中要踩实，尽量排出多余的空气，使其能够很好地发酵。（图

图 5-74　牛栏山二锅头酒酿造工艺　扬活

图 5-75　牛栏山二锅头酒酿造工艺　入池缸发酵

图 5-76　牛栏山二锅头酒酿造工艺　装甑

5-75）

出池：就是把发酵池中发酵好的酒醅依入池时所做的记号分层取出，以进行下一轮的配料蒸酒。

装甑蒸酒：装甑就是把从地缸中取出的发得较好的酒醅和清蒸、摊凉后的原料、辅料按照一定比例要求混合物混合，均匀地撒入甑中，这是最为关键的一道工序，直接影响到出酒率和酒的品质。烧酒工中，装甑的都是大师傅，就是手艺最好的技术工人。（图 5-76、图 5-77）

掐酒：掐酒就是出酒时掐去酒头和酒尾，掐酒讲究的是"看酒花盅"，掐酒师傅需要有相当丰富的掐酒经验，否则就无法准确把握分段截取的时机，从而影响酒的质量。（图 5-78）

窖存：将分段摘取的原酒放入陶缸，以塘泥黄泥封口，入地下酒窖贮存。至少贮存 3 个月以上。

在酿造工艺的操作过程中，造酒师根据季节、气候、原料以及空气温度、空气湿度等具体条件对整个

图 5-77　牛栏山二锅头酒酿造工艺　向天锅中加入冷水　　图 5-78　牛栏山二锅头酒酿造工艺　看酒花盅

酿造过程进行总体掌握。同时，每一道工序都需要造酒工熟练地掌握并且达到相应的要求。如扬活，需在离地 3 米左右的屋梁上系一个红布条，要求扬起来的醅子必须达到红布条的高度。而醅子的温度则由造酒工根据经验掌握；又如装甑，就是把取出的酒醅用柳条编织的簸箕均匀地撒入木甑中。装甑用的是巧劲，要求酒醅撒得越薄越好，要疏松均匀，不能压得太实，要让底部的水蒸气能够达到甑中酒醅的最顶层，但还不能让水蒸气冒出来，这就需要凭装甑工人的经验了。装甑有见潮法、见气法和探气法，根据造酒工的经验具体掌握，但必须保证水蒸气的三齐，即底齐、中齐、上齐。即不论甑中酒醅的下、中、上部都要求水蒸气均匀，刚好透过而又不冒气。再如掐酒，掐酒师傅全凭丰富的经验，根据冷凝器中流出的酒液撞在花盅上溅起的酒花大小、存在时间长短和出酒的口感来掐去酒头、酒尾，以保证酒的质量。下面是牛栏山二锅头酒酿造工艺流程。

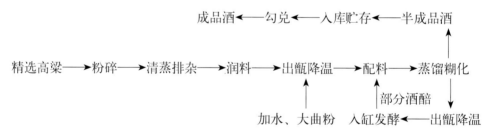

（三）工艺特点

二锅头酒是以酿酒工艺而命名的，具体来说是以其在蒸酒过程中掐头去尾保证酒的质量而采用的技术手段而得名的。"掐头"指在蒸馏时将先从蒸锅流出的酒液去掉，"去尾"就是去掉后流出的那部分酒度较低的酒液。在蒸酒时用作冷却器的甑锅，也称天锅。在甑锅内撒放发酵好的酒醅，然后在甑锅之上的釜锅内注入凉水，当甑锅中的酒醅被水蒸气加热后，蒸发出酒气，遇低温的釜底而凝聚成酒，用管引出。随着釜锅底的热交换，釜锅内的凉水温度逐渐升高，当水温升到影响热交换时，就需再换一锅凉水，以降低温度，继续使酒气冷凝成酒。第一锅冷水冷凝的酒大多属于酒头，而第二锅冷水所冷凝出的酒恰好是酒度较高、质量较好的酒液，商家特意引接出来单独售卖，并冠以"二锅头"的俗称，流传至今成为品名。而"酒头"和"酒尾"，因其含有多种低沸点和高沸点的物质成分，故提取出来做其他处理。二锅头酒是一种很纯净的酒，也是质量较好的酒。现在蒸酒时所采取的"掐头去尾""按质取酒"的方法就是沿承二锅头酒酿造工艺原理而来的。

牛栏山二锅头酒传统酿造技艺是数百年酿酒实践经验的总结，是历代酿造匠师们的智慧结晶。它的演进过程，折射出不同时期商贸往来、交通运输、军事布防、习俗风尚等诸多方面的特点，承载了我国北方农耕文化的历史，传承了历史悠久的烧酒酿造技艺。作为我国清香型酒的典型代表之一，牛栏山二锅头传统酿造技艺在绵延千年的中国酒文化中占有较重要的地位。

1932年的《顺义县工业调查录》对总体酿造工艺有所记载："烧酒制法：先将红粮磨碎，入甑蒸之（甑锅盛水），然后加曲（用大麦、豌豆做成）入缸中封盖。及至第八日，再加曲入甑蒸之。蒸后，复盛入缸中封盖，如是八日一周，至二十四日，再加曲入甑蒸之，酒乃成矣。"

工艺要点是中温制曲，清蒸续米渣，混蒸混烧，低温入缸，地缸发酵，陶坛贮存。

中温制曲：根据当地气候特点，采用夏季制曲。物料方面以优质的大麦、豌豆、小麦为原料。大麦的皮壳纤维含量高，起到一定的疏松作用，使物料充分吸收环境中的微生物菌，因而使成品曲得以拥有曲香和清香；小麦淀粉含量高，富含多种氨基酸，维生素含量也很丰富，是微生物菌系繁殖、产酶的优良物种；豌豆含有微生物繁殖所依赖的氮源，并能增加曲的芳香。温度控制方面，制曲培养温度最高不超过55℃的中温大曲。

清蒸续米渣、混蒸混烧：原料、辅料清蒸排杂后，对摊冷、发酵好的酒醅进行混蒸混烧。

低温入缸：是入缸发酵技术的关键，这个温度是个变值。

地缸发酵：地缸，酿酒发酵用的容器。牛栏山所用的地缸上口直径80厘米左右，深120厘米左右，容积350升左右，具有体积小、散热快、密闭性好、易于控制卫生环境等特点，从而使酒头酒体保持清、净、爽的特点。

陶坛贮存：①四壁具有十分微小的气孔结构，具有防渗、透气的物理特性，用陶坛存酒有利于新酒的酯化反应，促进老熟；②陶土中含有铁、钙、镁等多种金属矿物质元素，有利于促进酒体的平衡、稳定和老熟。

产品特征：牛栏山二锅头酒饭香、糟香、醇香、酯香四香合一，酸、甜、苦、辣诸味平衡，最终体现为清香芬芳、纯正典雅、甘洌醇厚、自然协调的风格特点。

所以，在牛栏山二锅头酒传统酿造工艺的传承中，经验的传承实为不可或缺的宝贵内容。丰富的经验是牛栏山数百年酿酒历史的结晶，由历代造酒工口口相传得以传承。

（四）踩曲趣事

笔者还特意对其制曲过程的踩曲进行了专门的考察，采访了早年曾经从事过踩曲的工匠，记录了一些有趣的事情。

1. 踩曲人

大约从清康熙年间开始，夏秋之间，潮、白河两岸不时出现一群群面色黝黑、背负铺盖、手执曲范的人们，当地人一看就知道这是牛栏山地区特有的踩曲人。

这些踩曲人世代以踩曲为生，牛栏山及周边地区兴旺的酿酒业孕育出了这一特有的专业人群，他们在每年特定的时间段里从农耕渔猎中分离出来，依从家族或村落的关系结帮成伙，用自己辛劳的汗水和独特的歌声，为一家家烧锅留下了堆积如山的曲饼，留下了回味无穷的酒香。

牛栏山的踩曲人为清一色的男性，人群组合数人至二十余人不等。人群的领头者不仅德高望重，具有丰富的踩曲经验，同时还与各个烧锅建立有密切的联系；人群中少不了拌料、提水的小工，其余的便是踩曲人。

踩曲人的活动范围很广，据老人讲，以牛栏山镇为中心，向北到过内蒙古、昌平，向南到过天津、通州。

步行数百里，循环往复，如同候鸟一般迁徙。所到之处，伴随着雄浑悠远的踩曲歌声和铿锵有力的曲范击打声，当地烧酒的旺季如期而至。

2. 踩曲歌

踩曲歌是踩曲人专用的劳动号子，有着劳动号子普适性的功能：协调动作、激励劳动热情。

踩曲人的组成年龄、工作经验参差不齐，掌握技术的熟练程度也不一样。踩曲的流水作业式的操作工序，对于所有参与者的动作协调性要求很高，每一个踩曲工的动作是否到位，节奏是否一致，都会对整体产生影响。踩曲工期短、劳动强度大，劳动效率取决于协调统一、步调一致。因此，踩曲歌强烈的节奏对工人动作节奏的约束功能十分明显。

踩曲的劳动强度极大，据参加过当年踩曲的老人介绍，二十来个人的组合一天要踩出两万块曲。为了能够按时完成任务，大家必须能够提起精神，长期保持专注和较高的劳动热情。因此，唱歌的人要用高亢的歌声和煽情的歌词调动起大家的积极性。

踩曲歌的曲调大体保持特定风格，每个踩曲人都有自己熟悉的主旋律；词句是歌唱者根据不同的环境氛围、现场的情绪、踩曲的进程，即兴发挥，随机编词，脱口而出的。唱曲者一般对于踩曲全套工序烂熟于胸，具有审时度势、随机应变的能力，与整个团队有极好的默契，是团队的总调度。

3. 歌声中的踩曲

踩曲的工序如下：

备料：以优质的大麦、豌豆、小麦为原料，将三种原料按比例掺拌均匀后破碎，加入适量的水掺拌均匀，备好曲料。

踩曲人集中：唱曲者手持称量物料的木斗（俗称"斗子"），用小木棍儿有节奏地击打，口中喊着踩曲歌的"开场白"——"斗子响哪，师傅们忙啊！踩曲的人啊，干起来啊！"急促的斗子声、激昂的曲调声，令四处休息的人们精神一振，急速进场站好队形，准备开工。参加过当时劳动的一位老者说："只要是斗子一响，开场白一唱，再累的人也是一个激灵站起来去干活。"当时他们最害怕的就是这个，做梦都怕。看来斗子起到了催人上阵的梆子的作用。

踩曲：曲料装进模中，踩曲人按照踩曲歌的节奏踩曲，踩完一遍后按照踩曲歌的口令用右手向右边的下一个踩曲人的位置翻转模子（曲范），由下一个人踩第二遍。一般每块曲要踩四到五遍，每一遍踩八脚。当最后一遍踩完后，曲范正好翻转到下一道工序的位置。

开曲：由一到两人负责将曲范中的曲块轻轻磕出来，两块一抄，放到凉曲的场地上。开曲的人要有极好的手感，否则曲块破损，前面工友踩了几遍的曲就毁在他的手中。返工就会严重影响工效，不能按时完成任务将影响整个团队的生存。

曲块要求松紧适度，表面平滑、平整，无飞边、缺角；将踩成的曲凉至表面不干皮，曲子有挺劲，然后送入曲房卧曲。

作为传统酿造技艺的组成部分，踩曲歌粗旷豪放的曲调风格、现实生活中的词句内容，使得北京牛栏山二锅头酒传统酿造技艺显现出地域文化的魅力。

三、辽宁老龙口酒

（一）老龙口酒的历史渊源

在沈阳大东区珠林路南有一家门口高悬"龙吐天浆"巨匾的酿酒厂——沈阳老龙口酒厂，是沈阳最早的民族工业之一，它生产的老龙口酒在东北三省是赫赫有名的，早在清朝时就曾作为"宫廷御酒"贡奉皇室，曾一度有"爱新觉罗家酒"之称，畅销盛京（沈阳的旧称）并远销南洋。因为该厂地址位于清盛京东边门，正处于龙城之口，故取酒名"老龙口"。

沈阳是座历史文化名城，地处长白山余脉与辽河冲积平原过渡地带，以平原为主，地势平坦，境内有辽河、浑河、北沙河、新开河、南运河等河流。地下水源充沛，水质优良，得天独厚。

沈阳位于温带半湿润大陆性季风气候区，春季短促多风，冬季长达六个月，冬季寒冷，夏季炎热，春秋温和，气温有较明显的垂直变化和区域差异。夏季雨量集中，降水量占全年降水量的60%以上。这种气候环境显然为酿酒造就了一个得天独厚的天地。

后金天命十年（1625年），努尔哈赤迁都沈阳作为后金的皇宫所在地，随后当地人口骤增，大兴土木，手工业和商业随之有了迅猛的发展。特别作为提供日常生活保障的"一锅三坊"（"一锅"即烧锅，"三坊"即铁工作坊、磨坊、布坊）兴旺起来了。康熙元年（1662年），山西太谷县一位经营烧锅的酿酒师孟子敬，因为山西连年旱灾，粮食歉收，酒坊难以维持下去，只好卖掉家业，持银携眷来到关外，投奔在盛京开酱园的亲戚张乐山。在张乐山的资助下，又筹措了一些资本，相中并买下了小东门外教军场临街的一块空地，干起了他的老本行，兴建了义隆泉烧锅。因地址位于盛京东边门，正处于龙城之口，故将生产的烧酒品牌命名为"老龙口"。孟子敬为了祈求自己生产的"老龙口"酒能走进千家万户，事业永远兴盛，烧锅酒如泉涌，后来又改店名为万隆泉烧锅。烧锅占地面积为50000平方米，建筑面积达1500平方米。烧锅内建有甑房、曲房、磨房、仓库、马棚、伙房、寝舍。特别是院内有一眼古井，由于水质清澈，饮后沁人心脾，故素有"龙潭水"之称。烧锅的老板是山西人，他深信山西的汾酒是最好的，山西人的酿酒技艺是高超的，因此，他雇用的酿酒师傅和工人大多也是山西来的。由此可以认定，"老龙口"酒的酿造技艺基本上是仿制山西的汾酒工艺，只是环境变了，气候条件不一样，甚至连原料高粱也有区别，酿制出的酒肯定与山西的汾酒不是一个味儿。为了产出好酒，必须在酿酒技艺的传承中，不断对工艺进行调整磨合，逐渐形成适合北方寒冷地区的有自己特点的酿酒技艺。当时他们采用东北特产的红高粱为原料，用小麦制曲，先将红粮蒸熟，用曲拌匀，入窖发酵8日后取出，所谓"八天窖，九天烧"，入甑蒸馏，酿造10天左右即成佳酿，再过几日即可装入酒海出厂去门市出售。

东北地区冬季较长，繁忙的农活都集中在短暂的春、夏、秋三季，人们有猫冬的习俗。天寒地冻的环境，使人们更多地饮酒，以酒暖体。农活较少时，人们有更多的借口聚在一起，饮酒聊家常。总之，相比南方人，北方人更爱饮酒，也更能饮酒。这样的社会需求致使像"老龙口"这种芳香爽口的美酒非常畅销，供不应求。万隆泉烧锅得到迅速的发展，嘉庆三年（1798年）进一步扩大了生产，投资五千银元，开办了分号万隆合，聘请山西太谷老乡武彝尊管理分号生意。后来，由于多种原因烧锅坊屡易其主，但是皆由山西太谷人经营。一是山西人善于经商，另一方面是他们觉得山西人较熟悉酿酒技艺，只要是由山西人管理，传统的酿酒技术就能得以传承。从1906年至1939年，先后由高大有、孟广瑞、贾成瑞、戴松林接管经营酒坊。在高大有经营期间（1906—1935年），万隆泉烧锅已是沈阳地区几家主要烧锅之一，生产规模较大，产品销往营口、海城、大连等地，年均销量达41万斤。孟广瑞只经营了一年多（1935—1936年），贾成瑞也只管了3年（1936—1939年），此后是戴松林接管，惨淡经营，1944年还被强行拆除了2/3的厂房，烧锅坊在艰难中度日。

1949年3月，沈阳特别市政府专卖局用重金买下万隆泉烧锅坊的全部资产，定名为沈阳特别市专卖局老龙口制酒厂；1949年6月，改名为沈阳市老龙口制酒厂；1960年定名为沈阳市老龙口酒厂；2000年11月改名为沈阳天江老龙口酿造有限公司。经历了长达300年的岁月，烧酒坊几经易主，历尽沧桑。最初的烧酒坊是由山西人相传经营，他们继承了以山西汾酒生产工艺为模式的传统酿酒工艺。由于东北地区的气候和环境与山西的差异很大，传统酿酒工艺在继承中变异，逐步演进成了具有北方独特风格和特点的老龙口白酒传统酿造工艺。

（二）老龙口酒的传统酿造技艺

老龙口白酒酿造工艺主要内容传承自传统的"混蒸混烧老五甑"工艺。在工序中包括"混蒸混烧""固态续糟""老窖发酵"等发酵技术，采用"分层起糟""分层蒸馏""分质摘酒""分质贮存""陈酿勾调"等独特工序。具体操作如下：

（1）选料：四种粮食主料，一种辅料及水。酿酒主料选择东北特产红高粱，要求成熟饱满、外壳不脱落、无虫蛀、无霉变。制曲原料选用大麦、小麦、豌豆，粉碎成细面，按比例加水混合，踩制成块，入房培养。出房的曲块富有浓郁的香味，需存贮数月后，方可使用。酿酒辅料选用新鲜无杂质、无霉变的稻壳。水乃酒之血，仍沿用300多年的古井水——龙潭水，该井水清澈甘冽，水质好，宜于酿酒。

（2）原料粉碎：为有利于原料中淀粉颗粒的吸水、膨胀、糊化、发酵，必须将高粱粉碎成4—6瓣（碎米状或粗面状），大曲块磨成细面，待酿酒发酵用。早先用石磨粉碎，今改用粉碎机。

（3）原料、辅料的排杂：稻壳与粉碎好的高粱按配料比例装入甑桶内，用水蒸气清蒸排杂。

（4）起窖帽：首先用木锨把窖帽上的封窖泥切成边长大约为25厘米的正方形，然后再一块一块地将窖泥掀下来，窖泥上尽量少带酒醅，把掀下的窖泥装入土筐里，运至泥池中进行踩制。（图5-79）

（5）起酒醅：就是"分层起糟"。将窖池内的发酵酒醅从上到下，按照回（扔）糟、小渣、二渣、大渣的先后顺序一层一层取出。（图5-80）

图5-79 老龙口酒 起窖帽

图5-80 老龙口酒 做回糟

（6）配料：将取出的大渣、二渣分别运至渣场上，按工艺要求加入不同比例已排杂的高粱和稻壳，配成大渣、二渣、小渣（三甑活），收成圆堆，上面撒上熟稻壳，堆积一段时间以促使粮粉从渣醅中吸收水分和酸度，进而有利于糊化。配料时掺拌要均匀，酒醅疙瘩要除净，应低而快翻搅，次数也不宜过多，以防止酒精挥发损失。

（7）装甑蒸馏：就是"分层蒸馏"。先将从窖池内取出的回糟装甑蒸馏后，弃之不用，即为扔糟。而后将取出的小渣进行蒸馏，做成回糟，再将取出的大渣、二渣依次蒸馏，再配成新一轮的大渣、二渣、小渣发酵酒醅。装甑前，将发酵酒醅和原料、辅料充分搅拌均匀，用木锨把疙瘩碾开，使材料松散。装甑时大师傅用簸箕将材料均匀地撒入甑内，做到松、轻、匀、薄、准、平。也就是说装甑材料要疏松，装甑动作要轻快，上气要均匀，醅料不宜太厚，盖料要准确，甑内材料要平整。在装甑过程中烧灶的酒工要控制火候，要注意缓慢供气，上气要齐，切不可大火供气。开始装甑时，甑底材料薄，容易跑气损酒，用气量要小，小火供气；甑的中间，随着料层加厚，上气阻力增大，要防止压气，用气量宜稍大；甑面和收口，因上下气路已通，用气量要小。一装甑时用气量要"两小一大"，保质保量地把酒醅中的酒精成分和各种香味成分充分地蒸馏出来。甑桶蒸馏的装甑操作要求精细。甑桶蒸馏的原理：底锅（甑下部的容器）产生的水蒸气，通过酒醅时使酒醅升温，达到78℃时乙醇汽化。水蒸气在上升过程中不断冷凝与汽化，最后与大量的挥发性香味成分（酸、酯、醇、醛类）一起进入冷却器，得到浓烈的白酒。（图5-81）

图5-81　老龙口酒　装甑

（8）摘酒："分质接酒"，将大渣、二渣、小渣蒸馏所接的酒分装在不同的酒篓中，入库单独贮存在酒海或陶坛里。在接酒过程中，酒度的高低，主要凭大师傅"看花摘酒"。入库的酒度控制在65度以上。

（9）打量水：将甑桶内蒸馏糊化完毕的材料起至凉场，加入热水，使材料达到入窖水分要求。

图5-82　老龙口酒　加入曲粉搅拌均匀

（10）扬片：酵醅或渣醅在晾堂上扒堆、摊开、散平甩匀、拉沟、成堆，再摊开、拉沟，同时打碎结块，如此反复数次，这个过程叫扬片。

（11）加曲：当材料温度达到入窖条件要求后，加入大曲粉，掺拌均匀，收成堆。大曲的作用：大曲是多种微生物（酶）的载体，主要作用是发酵产酒和制备某些香味物质成分或香味的前体物质。（图5-82）

（12）入窖：按大渣、二渣、小渣、回糟的不同渣活入窖，每入完一甑材料，要踩紧踩平（窖边踩得稍松，中间稍紧），以利于厌氧发酵。

图5-83　老龙口酒　封窖

（13）封窖：四甑材料都入窖后，修整好窖形，用已培养好的窖泥封窖。窖泥的厚度视季节而异。抹平、抹光踩严窖子四周，盖上麻袋片。（图5-83）

（14）发酵：发酵期长达90天。在厌氧条件下，窖泥中的微生物在酒醅中大量繁殖，同时产生香味

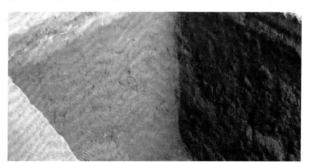
图5-84　老龙口酒　老窖四周夯实的窖泥

物质。发酵前期要经常跟窖，发现裂缝及时抹严，再盖上麻袋片。坚持窖泥养护，出窖后，往窖墙上撒酒尾和大曲粉，增加营养。（图5-84）

（15）贮存："分质贮存"，将蒸馏后的原浆酒按质量标准分别贮存在酒海中。

老龙口白酒传统酿造工艺是东北高寒地区典型的白酒酿造工艺，其核心内容可归纳为"水好粮精、端午踩曲、老窖发酵、甑桶蒸馏、酒海陈酿、精心勾调"。

水好粮精：指的是老龙口酿酒所用的水非常宜于酿酒。这水即是沿用了300多年的"龙潭水"，采自厂内老井。该井地处浑河古河道上，系长白山余脉的水系，水质清澈甘冽，没有被污染，成分稳定，是酿酒和饮用的好水。现井深达百米，水中所含的矿物质及微量元素成分过百种，为酿酒微生物的繁衍提供了丰富的营养物质。东北特产的红高粱，颗粒饱满，支链淀粉含量高。这就是老龙口白酒所具有的地方特色和环境优势。

端午踩曲：当地遵奉先人的遗训，端午是万物复苏的时节，是制曲的最佳季节。对于炎夏苦短的东北地区尤显突出，抓紧时机才能制出好曲。另外老龙口制曲以大麦、小麦、豌豆为原料，按3:6:1的比例混合粉碎加水制成中高温大曲。入房看火培养30—40天，相比之下，时间是足够长的。三种原料的混合，致使原料中淀粉、蛋白质、脂肪、矿物质等营养物质特别丰富，能更好地网罗自然界多种有益微生物旺盛地繁衍，酿酒的微生物菌系不仅丰富多样，还有一些独特的菌类，这也能保证发酵产生的香味成分种类多，数量大，并且比例协调，造就了老龙口白酒的独特风格。下面是老龙口中高温大曲生产工艺流程。

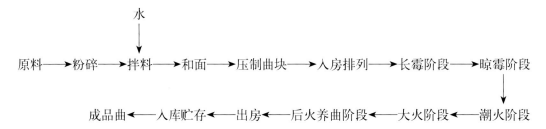

老窖发酵：老龙口一直沿用百年老窖发酵，这发酵窖也有地方的特色。最早万隆泉烧锅时发酵所用的窖子是木制的，后来逐渐演变成泥窖。在地下挖个梯形坑，深2米，长2.5米，宽1.6米，体积约8.5立方米。窖墙是用黄泥一层一层堆积起来的，堆一层夯一层，将其窖墙夯实。为防坍塌，后来窖子的四周改用钉竹签、缠麻、糊泥，窖池底部和窖帽均用窖泥抹窖，构成了历代传承的酿酒老窖。发酵醅子入窖后，其窖帽高度不同于南方，根据一年四季节气而定，一般不超过50厘米。这些窖泥从清初沿用至今，长达300多年，可以说是东北地区建造最早、规模最大、保存最完整、连续使用时间最长的一批老窖池。窖池经过百年以上的驯化，富集了适应东北环境的霉菌、细菌、放线菌、酵母菌等种类繁多的微生物菌系。这一菌系对于形成老龙口白酒特有的"浓头酱尾"风格是至关重要的。老窖窖墙和封窖采用的弱酸性黄黏土，其黏性强，富含磷、钙、铁、镍、钴等多种矿物质，经过与老窖泥长期混合培养后，不断循环使用，保证酒窖中微生物的活力百年不衰。

甑桶蒸馏：甑桶为上粗下细的倒圆台形，防止压气和穿孔。甑桶蒸馏的特点是，以含酒成分的酒醅作为填料层，在甑内边上气边上料，便于醅料得到冷热交换，气液交换，使酒分不断汽化，不断冷凝，最后得到浓烈的白酒。甑桶其自身结构有三大特征：酒气极短的输送路径、宽畅的流动通道、集团型的气液相变模式。正是这三个特征，蒸出了具有老龙口独特风格的白酒。操作如下：先"分层起糟"。将窖池内发酵成熟的酒醅从上到下，按照回（扔）糟、小渣、二渣、大渣的先后顺序——取出，按工艺要求加入不同比例已排杂的高粱和稻壳，配成大渣、二渣、小渣。将未配新料的软醅及配入新料的渣醅分别上甑蒸馏，进行"分层蒸馏"，在蒸馏过程中，所接的酒由大师傅"看花摘酒"，也称"分质接酒"。不同的酒装入不同的酒篓中，入库分别贮存在不同的酒海。

酒海陈酿：老龙口酒厂始终沿用百年酒海陈酿。将蒸馏得到的原浆酒，按质量标准分别贮存在酒海容器内，即"分质贮存"。酒海是一种木制贮酒容器，选用东北红松为原料，采用榫卯工艺制作成容积为几百升到上万升的木箱，内部用猪血、生石灰搅拌成糊，然后加桑皮纸裱装。装酒后，保持微量透气，但不渗漏。新蒸馏出的酒比较暴烈，将其入库贮存在酒海中，经长期（可多达数十年）贮存，即陈酿过程，使酒中乙醇与水缔合，有机酸与乙醇发生酯化反应，使酒体丰富，香气浓郁，回味悠长。老龙口沿用这批祖传下来的木制酒海贮存，保持了独特的烈柔相融一体的陈酿风格，在全国也是少见的。

精心勾调：这是目前所有的名酒厂都掌握的技巧，但是不同的厂子勾兑酒的内质不同，所以各有特长。老龙口白酒是将不同季节、不同酒窖中不同渣醅蒸馏出不同质量的酒，这些酒具有不同的储存期等，从而形成不同"质量"的酒。调酒师要把这些不同的酒，经品评按口味、质量级别、适当比例（配方）混合在一起，使新酒的芳香和陈年老酒的醇厚融为一体，从而构成了老龙口酒的特有口味。

四、宣酒古法小窖酿造技艺

宣城市属亚热带季风气候，常年气候温和，雨量充沛，年均降水量 1400—1600 毫米，境内江河湖汊纵横密布，主要有两江（水阳江、青弋江）、两湖（南漪湖、固城湖）和两河（华阳河、宛溪河），江河湖泊面积 284333 亩。敬亭山南侧平坦红层转换带和水阳江沿岸古河漫滩，均蕴藏着丰富优质的地下水资源。酿酒的水源主要来自敬亭河套地下水及敬亭山下的虎窥泉、古泉等山泉水，水质清澈，微甜爽口，酸碱适中，且水温较低，为宣酒生产提供了丰富的水源，这是形成宣酒独特品质的一个重要因素。

宣城市四季分明（春暖、夏热、秋爽、冬寒），全年光照充足，年平均气温在 15.9℃，年无霜期 250 天左右，适宜实行粮食与经济作物套种多熟制，地形南高北低，南部山丘绵亘，北部圩堤连环，圩内面积占总面积的三分之一，自古即为江南"鱼米之乡"，是全国商品粮生产地之一。主要粮食作物有籼米、糯米、大麦、小麦、玉米、豌豆、大豆、高粱等。特别是雨热同期的气候特征，更有利于稻谷种植。酿酒所需的主要原料籼米、糯米、小麦、玉米、豌豆、高粱以及重要辅料早籼稻壳等均选自本地。这些得天独厚的酿造条件，有利于宣酒酿造业的蓬勃发展。

宣城所辖县乡大都有悠久的酿酒历史，民间有私酿的习俗，"前店后坊"式的作坊较多。主要分布于敬亭山麓的古泉、养贤一带，历史上曾有"北有古井，南有古泉"之称（古泉镇因泉井众多而得名，至今仍保留众多古代泉眼，最深者达地下 208 米，为今酿酒之取水之井）。

20 世纪以来，宣城已成为江南主要白酒生产基地之一。宣酒古法小窖酿造技艺得到进一步的传承。

（一）宣酒的历史渊源

据史书载，大唐天宝年间，宣城盛酿酒之风，尤以纪叟善酿而闻名远近。纪叟（？—761 年），祖居宣城北郊敬亭山。唐天宝至上元年间（753—762 年），"诗仙"李白七游敬亭山，每次必至纪叟家中酣饮，皆惊羡称绝，遂赠酒名曰："纪叟老春"。加之纪叟"能礼贤士，了无吝色"，二人遂成为至交。唐上元二年（761 年）纪叟仙逝，李白哀作《哭宣城善酿纪叟》诗："纪叟黄泉里，还应酿老春。夜台无李白，沽酒与何人？"

宣城的美酒吸引了众多的文人墨客，造就"宣城自古诗人地"，是我国传统文化中诗与酒结合最为紧密的地区之一，酒助诗兴，诗随酒扬，形成了独特的诗酒文化。敬亭山古称"江南诗山"，谢朓之后，中唐至清，有据可考诗人名篇数以千首，其中誉酒之诗有 1000 首之多。如南齐谢朓的《游东田》："不对芳春酒，还望青山阁"；李白的《宣城谢朓楼饯别校书叔云》："抽刀断水水更流，举杯销愁愁更愁"；白居易的《郡斋》："再喜宣城章句动，飞觞遥贺敬亭山"；陆龟蒙的《怀宛陵旧游》："陵阳佳胜昔年游，谢朓青山李白楼。唯有日斜溪上思，酒旗风影落春流"；苏辙的《次韵候宣城题叠嶂楼》："小邑来时路，宣城最近邻。何时对樽酒，重为洗埃尘"；清代梅清的《重登烟雨亭》："造次重携浊酒卮，千山仍抱一亭攲。眼中烟雨三年梦，半是醒时半醉时"；梅尧臣的《昭亭潭别弟》："却入舟中饮，无令盏尽迟。须拼一日醉，便作数年期"。

清代中后期，宣城地区酿酒技艺发生了重大变化，由小曲酿造的老春酒逐渐演变为小曲加麦曲的黄酒。与此同时，由老春酒小曲糟经固态发酵、天锅蒸馏的烧春酒，后经改进完善逐渐演变为保留了小曲糟加原料、加小曲培菌发酵的小曲清香型酒，发展传承为至今的"小曲培菌、大曲续糟、小窖发酵、双醅串蒸"的宣酒古法小窖酿造工艺，并为纪氏后人世代传承。清末宣统年间，宣酒古法小窖酿造技艺出现了又一次高峰，除纪叟老春酒外，芳春酒、麻姑神酒、昭亭酒等也十分有名。此时，宣酒纪氏古法技艺开始向外姓传授，主要传承者为管家村的管氏家族，代表性传承人为管志富等。

抗日战争爆发后，1937年11月24日，日军进攻宣城，20多架飞机在县城狂轰滥炸达5小时，敬亭山酒坊和器具被毁。

1949年前，宣城主要私人糟坊分别在敬亭、古泉、水阳、狸桥等地，尤以敬亭山下管氏家族最为突出。1950年敬亭山小糟坊酿酒老艺人为解决生计，由管志富的徒弟汤光信、黄永梁、任光跃等牵头，将管志富小糟坊命名为志富敬亭小糟坊，恢复传统纪氏酿造技艺。

1951年政府将宣城四家最大私人糟坊进行合并，在原来敬亭山下管氏手工糟坊的基础上组建成安徽省宣城县国营酒厂，直属省管。安徽省宣城国营酒厂在当时很有名气，厂里老工人频频被附近的泾县、宁国、郎溪等县请去做技术顾问，并且给其他酿造厂传授古法酿造技术与经验，成为皖南酿酒行业的龙头企业。1960年安徽省宣城国营酒厂划为宣城行署管辖，1986年因行政区划名称更迭为宣州市酒厂，2005年初重新改制更名为安徽省宣城市酒业有限公司，2007年组建安徽宣酒集团。

为适应不断增长的消费需求，企业分别于1962年、1980年、2004年和2009年在原厂址的基础上进行改扩建，其中于1962年在生产扩建过程中挖掘出七条古窖池，容量只有7—8立方米。后经专家考察，是白酒酿造行业中最小的窖池之一。我国白酒专家沈怡方对小窖的价值做了专门的论述：窖池体积小，容糟醅量不多，糟醅接触窖泥面积大，有利于培养糟醅，提高酒的质量。宣酒在继承纪氏古法酿造的基础上，不断总结前人经验，逐步完善宣酒古法小窖酿造技艺，从而形成了自己独特的绵柔风格。

（二）宣酒的传统酿造技艺

宣酒古法小窖酿造技艺是以糯米为原料，以小（药）曲为糖化发酵剂，由敬亭山泉、古泉酿制而成，其酿造技艺完全是手工作坊式。纪氏小药曲由几十种天然名贵中草药为辅料制作而成，此酒适量饮用有健胃、祛劳、活血、焕神的功效，含有多种对人体具有保健功能的药物成分。随着经验的积累和生产规模的不断扩大，纪氏古法酿造技艺自清代中后期逐渐发生了演进，由单一原料糯米酿造演变为高粱、糯米、籼米、小麦、玉米、豌豆等多粮混合酿造；由小药曲作糖化发酵剂演变为小曲（高温曲）、中高温包包曲等多曲并用，多酶多菌发酵；生产设备由缸、木榨、木箱、土灶、木盒、天锅等逐渐演变为小窖、晾场、甑锅、冷凝器等；酿造技艺由小（药）曲酒手工酿造逐渐演变成为小曲糟醅堆积发酵、天锅蒸馏，后经生产实践，不断继承完善为小（药）曲培菌、大曲续糟，小窖发酵、浓香与清香相糅合的兼香型技艺、多粮浓香型酿造技艺以及香醅串蒸生产特殊调味酒技艺等。宣酒古法小窖酿造技艺主要由小药曲制造技艺、中高温包包曲制造技艺、宣酒原酒酿造技艺、原酒地下贮存勾兑技艺等四大部分组成，这些独特技艺造就了宣酒原酒的典型风格，既有大曲酒的浓郁芳香，又有小曲酒的绵柔、醇和、回甜，后味略带酱味，使勾兑出的宣酒系列产品具有窖香幽雅、绵甜净爽、醇厚丰满、回味悠长的特点。整个生产过程多达100多道工序。

图 5-85 宣酒 培菌

图 5-86 宣酒 小曲筛圆

1. 小药曲的制造

小药曲是以早籼米为原料，辣蓼草、中草药为辅料，经过母曲接种，在一定的温度、湿度下，培养繁殖而成，它含有根霉、毛霉、酵母菌等多种菌孢。在生产酿造中小药曲是小曲白酒的糖化发酵剂。它以宣城本地特有的早籼米为原料，通过碾磨破碎至细粉状；添加筛选的中草药或辣蓼草，上臼过筛将籼米粉、中草药和辣蓼草充分舂匀，搓碎成糕粉状，手捏成团，打药成曲，装箱踏实，切成正方形颗粒或竹篮打药成圆形小曲坯粒；通过缸窝培养，调节培养温度、湿度，促使小药曲生香发酵，直至手捞菌丝不粘手；采用手弹、眼观、尝嗅判定小药曲品质，通过驯化、富集、筛选，母曲接种的代代相沿的办法，为宣酒的独特品质奠定了不可复制的基础。（图 5-85、图 5-86）

（1）小药曲制作工艺流程。

鲜辣蓼草 + 中草药（去杂、洗净、晒干、去茎、舂碎、复晒、过筛、装坛密封）——┐

新早籼米（碾粉、过筛、摊凉）

（加水、拌匀、上臼、过筛）——→上箱压平——→切药——→打药——→接种（母曲）——→摆药保温培养——→出窝——→上蒸房——→翻匾——→搬箩——→晒药——→成品药曲

（2）小药曲制作原料的选择与制备。

辣蓼草粉及中草药粉的制备：在末伏期，选割小水辣蓼草，去掉黄叶、杂草等，洗净后暴晒，立即去茎留叶，再复晒，趁酥舂碎，过筛后装入坛内备用；中草药按一定比例混合后，经清洗、烘焙、粉碎后，装坛备用。

早籼米粉的制备：制曲药前碾好早籼米粉，碾后摊凉以防发热变质，要求碾一批生产一批，使米粉新鲜，保证曲药质量。

水质要求：色清、无味的自来水或深井水。

种曲要求：选择生产中发酵正常、生酸幅度小、温度控制平稳、酒质较好的曲药为佳。

（3）操作方法及工艺要求。

配料：早籼米粉与辣蓼草、中草药按比例配好。

上臼及过筛：将称好的米粉、辣蓼草及草药粉倒入石臼内拌匀，加水再拌匀，捣坯约呈块状，取出在谷筛上搓碎，然后入打药箱内打药。

打药：每臼料分3次打药，上覆盖软席，用脚踏实，以不散开为准，去掉软席，压平去箱，纵横切开成正方颗粒，倒入竹篮内打成圆形，倒入桶内撒入种曲，再过筛打匀摆药。

摆药培养：培养用缸窝，在缸内放入谷糠，铺上稻草芯，将药分行距摆平，然后在缸上加盖再覆袋，控制气温，经检查缸沿有水汽时，可将缸盖揭开（不能将缸盖全部打开）检查，视培菌是否底面均匀、完整、有菌丝，如果还能看见辣蓼草粉等说明坯嫩。要勤检查，注意调节温度，使根霉菌很快繁殖，直至手捞曲坯菌丝不粘手时，再将缸盖揭开调节温度，冷却至室温时，使曲坯坚实，就可以撮药撒匾。

出窝撒匾：将酒药撒至匾内，不要太厚，以防止升温变质。

上蒸房：培养房须严实密闭，木架分两档，匾放档上，经过4—5小时第一次翻匾。至12小时，上、中、下档调换位置（翻匾是将坯药倒入空匾内），再做第二次翻匾和调换位置，倒入箩内画成"凹"形，中间插稻草芯把儿。为防止升温把曲搁置在高温通风地方，再早晚倒一次，至第6日可晒药。

酒药入库：正常天气在竹匾上晒，冷至室温后倒入缸或坛内密封保存。成品药曲的外观质量：白黄色，指弹有空响，断面白漂，菌丝多而粗状整齐，尝嗅有甜香味。

2. 中高温包包曲制作

现在宣酒的生产用曲主要是中高温包包曲及少量的高温曲。包包曲是宣酒原酒酿造的发酵生香剂。包包曲是以宣城特产优质软小麦为原料，高温热水润麦粉碎，使麦粒外软内硬，便于粉碎成"心烂皮不烂"，提高曲坯的透气性和松紧度，以防曲坯培养过程中出现"沤心""干裂""不长霉"现象；麦粉添加古泉井水，在拌料锅中对糙拌和，至手捏成团面不粘；赤脚踩制成松紧适度、无缺边掉角、中间包包的块状曲坯，待曲坯风晾至断汗；适时开启门窗通风排潮，使曲坯发酵温度前缓，中挺，后缓落；以眼观、鼻闻掌握翻曲时机，以自然积温，自然风干实现块曲成熟，采用手掐、眼观、鼻闻，判定块曲品质。大曲粉经摊凉撒曲续糟进入原酒酿造循环。

中高温包包曲工艺流程：

小麦──→泼水──→翻拌──→堆积──→粉碎──→加水拌料──→装模──→踩曲──→晾汗──→入室安曲──→保温培菌──→翻曲──→堆烧──→收拢──→出曲──→贮存

操作要求：

原料要求及处理：原料用100%纯小麦，要求颗粒饱满、无杂质、无霉烂变质。用70℃以上热水（占比为3%—5%）润料30—60分钟，冬长夏短，润料均匀，润料后要求麦粒表面收汗，内心带硬，口咬不粘牙，尚有干脆声。

粉碎：原料粉碎后要"心烂皮不烂"，即麦皮成片状，麦心呈粉状，粉碎细度冬粗夏细，春秋介于两者之间，要求通过20目筛的占40%—50%，过粗或过细都影响吸水性、透气性，影响成曲质量，故要严格控制小麦的粉碎度。

加水拌料：在拌料前，制曲场地、拌料锅及曲模均需打扫洗净，以防止有害杂菌的感染。拌料时加水占到原料的38%—40%，夏季用冷水，其余季节用40℃—60℃的热水，拌料时150千克麦粉为一轮，四人拌面，两人在前面用钉耙挖，两人在后面用锨往中前方收，翻拌3—5次，拌匀，消灭灰包疙瘩，手捏成团不粘手，分开有粘连，加水拌料是包包曲制作非常关键的一环，曲料拌水后必须当天用完，不能过夜，以防隔夜生酸影响块曲质量。

装模、踩曲、晾汗，曲模大小为30厘米×20厘米×5厘米，踩曲的曲坯要求中间有5厘米的凸起，包包要求圆润、丰满，否则曲坯排列时间隙小，影响曲块的排潮及温度控制，踩曲要求紧、光，要提浆于表，不掉边缺角，无飞边。踩好的曲坯排列在踩曲场上，刚一收汗即运入曲房，不能晾汗过久，否则曲坯表面水分蒸发过多，造成表面裂口，入房后起厚皮或不挂衣。（图5-87、图5-88）

图 5-87　宣酒　包包曲踩曲　　　　　　　　　　　　　　图 5-88　宣酒　包包曲收汗

入室安曲：先在曲房地面撒一层新鲜稻壳（厚 3—5 厘米）刮平，安曲方法是将曲坯楞起，两边靠墙边纵排，中间横排，包包顶平面，并向曲坯平面倾斜约 15 度角，防止曲块倒伏变形，两排曲坯间相距 2—3 厘米，根据季节不同，在曲坯上面覆盖 2—3 层稻草保温，不能用潮湿霉烂的稻草，稻草要用竹竿拍平拍紧，边排曲边盖稻草，入满后插上温度计，关闭门窗，保持室内温度和湿度。（注：温度计应插在整个曲坯的中心处，即包包和侧面的交界处，深 10 厘米。）

培养：

（1）前期培养：曲坯入房后，由于条件适宜，微生物大量繁殖，曲坯温度逐渐上升，一般 5—7 天，品温可升至 55℃—60℃，前期培养很重要，适当注意保潮，排潮应做到"勤排短时"，以免品温下降，只要控制升温速度达到"前缓"即可。

（2）翻曲：曲坯入房后 5—7 天，品温升到 55℃—60℃，视曲坯软硬情况开始翻曲，过早过迟都不好，翻曲要求底翻面，面翻底，四周放中间，硬度大的放下层，包包对包包，翻成井字架，翻 3—4 层高，四周围上草帘，上盖 1—2 层稻草，翻曲时间一般控制在 30—40 分钟，要注意排潮、控温，温度控制在 58℃—60℃为宜。

（3）堆烧：翻曲后 5—7 天第二次翻曲进行堆烧，翻曲方法同上，只是要上层翻到下层，下层翻到上层，并增高至 4—5 层，温度控制在 55℃—58℃堆烧为宜，注意开启门窗控制温度，既要使中挺温度挺上去，又要控制品温不能过高过久，即达到"中挺"。

（4）收拢：堆烧 5—7 天待曲心水分大部分排出，品温逐渐下降时，即要进行最后一次翻曲，同时 3—4 间合为一间，堆至 6 层高，盖草，用草帘稍加厚，注意保温、防止窝水等。

成曲：曲坯从入房到成熟干透，需 26—30 天，新曲应贮存 3 个月后方能使用，贮曲室要干燥通风，前 20 天每隔 3 天开一次门窗，每次 4 小时，20 天后每周开一次窗，每次 4 小时，成曲应符合下列要求：

曲表：表面应有均匀的白斑或菌丝，不应有裂口，有灰黑包菌丝或光滑无衣。

断面：应布满白色菌丝，不应有明显裂口，润心，不应出现过多的灰白色，无青霉，皮张要薄。

香味：断面应香味浓郁，曲香纯正，不应有明显的酸味、霉味。

3. 原酒酿造技艺

宣酒兼香型白酒工艺是将小曲清香与大曲浓香两种工艺有机糅合，以传统小（药）曲培菌，大曲续糟，小窖发酵，香醅串蒸为主要内容，其工艺特征为：多粮颗粒为原料，粮醅清蒸清烧，小曲培菌糖化，大曲续糟发酵，小窖提质增香，香醅双醅串蒸等。这一独特酿造工艺造就了宣酒原酒的典型风格，在宣酒勾兑中主要起调味酒作用。

（1）工艺流程。

原酒生产工艺主要流程：

多粮──→高温润料──→蒸粮──→出甑──→摊凉──→撒曲──→保温培菌糖化──→摊凉配糟（加大曲）──→入窖发酵──→分层出窖──→装甑──→蒸馏──→摘酒──→地窖贮存

香醅制作工艺流程：

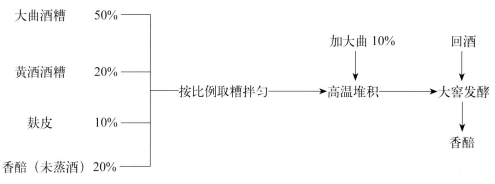

（2）操作要求。

原料、辅料处理：原料要经除尘、除杂，必要时对原料进行清蒸除杂5—10分钟，对霉变原料要采取清洗浸泡并进行清蒸处理，辅料稻壳必须清蒸40分钟以上。

润粮：小曲培菌原料采用整粒原料，须经高温浸泡，采用多粮原料，须按比例粉碎，混合后加入一定量的稻壳，拌匀收堆。按原料量的60%左右，取热水分两次加入已拌和均匀的粮食中，以高温快翻的原则，经多次加热水翻拌均匀、收拢，加盖麻袋进行高温堆积润料，其间翻拌，润料后物料要求不淋浆，手捻成粉，无硬心、无疙瘩、无异味。

蒸粮：洗净甑桶、底锅，放入清水安好甑，撒层稻壳，将润料完毕的混粮依次入甑，同时打开水蒸气，见气上甑，薄撒匀铺，圆气后，泼水于粮面蒸粮。颗粒原料要柔熟涎轻，多粮粉碎原料达到"熟而不黏，内无生心"。

培菌糖化操作：小曲酒酿造最大的特点是用曲量少而能达到发酵良好的目的，主要是发酵前培菌的扩大培养。"谷从秧上起，酒从箱上起"，培菌箱上所起的作用最重要的是对酿酒有益菌的扩大培养。它不仅是将淀粉转变成糖，同时亦是网罗环境中微生物的过程，从而丰富了参与发酵微生物的种类和数量，这也是宣酒具有小曲酒风格的主要工艺。

大曲续糟、小窖发酵：把培菌糖化的粮食进行配糟、加大曲、入泥池小窖续糟发酵是宣酒生产的独特工艺，是对浓香型大曲酒生产的继承与发展。使用包包曲，不但提供了发酵微生物菌种，还有很多酶类和曲香成分，以及形成酱香的前体物质。续糟发酵是对原料香味成分、有机酸等物质的传承，是"万年糟"的循环利用。小窖发酵是充分利用窖泥微生物所产生的特殊有机酸对酒体的作用，这是宣酒浓香型香气形成的主要工艺。宣酒古法小窖酿造除小曲包包曲制作外，主要是在宣酒生产中使用了传统小药曲培菌糖化原料。糖化原料的加入使参与窖内发酵的微生物种类、数量和活性都发生了显著的变化，这与传统浓香白酒窖内发酵有很大的区别，这是宣酒风格独树一帜的主要原因。（图5-89）

吹凉配糟：将所需配糟凉至15℃—20℃，加入大曲拌匀，摊平。将培菌糟均匀摊在配糟上，吹凉、拌匀，待混合糟品温降至16℃—18℃入小窖泥池发酵，发酵周期为50—60天。（图5-90）

江南小窖：是以黄泥加营养物质用木板固定夯实而成，黄泥筑窖，质地黏重，透气性差，但吸附能力

图 5-89　宣酒　大曲续糟

图 5-90　宣酒　摊凉

强，厌氧条件好，适合厌氧细菌生长繁殖。黄泥在窖内与酒糟长期接触，从酒糟中吸附了大量的营养物质，供给栖息在窖泥中的细菌生长繁殖，窖泥是土壤细菌的良好固着剂，在接近窖泥部位的酒糟中进行丁酸、乙酸发酵并在酵母酯酶的作用下进一步合成相应的酯类物质，特别是浓香型酒的主体香乙酸乙酯。宣酒酿制在长期的生产实践中摸索出了用长方形小窖代替正方形大窖，其目的就是增加酒糟与窖泥的接触面积从而提高酒质。小窖的特点是窖池体积小，窖糟接触窖泥的面积大，有利于培养糟醅，提高酒的质量。（图5-91）

清蒸清烧：通过清蒸可以排除原料杂味，发酵完后糟醅加入适量的熟糠壳拌和均匀即上甑清烧蒸馏取酒，此工艺保证了酒体中的香气成分全部来源于发酵过程，使酒体更加纯净、自然。

香醅制作：将香醅配糟按比例混合均匀，加入高温大曲。堆积成长条形，以利于糟与空气充分接触及以后的翻堆操作，堆积糟要疏松，水分、温度要均匀一致，高温堆积24—48小时后，香醅糟即可入窖发酵，并加基酒，发酵周期长达8—10个月，制成香醅用于双醅串蒸。高温堆积，实属二次制曲，一方面网罗环境微生物；另一方面形成酱香香气前体物质。这是构成宣酒古法小窖酿造风格的又一关键因素。（图5-92）

图 5-91　宣酒　小窖发酵

图 5-92 宣酒 双醅串蒸

双醅串蒸、量质摘酒、长期贮存：将发酵好的小窖大曲酒醅装在甑锅下部，将发酵成熟香醅装在甑锅上部，底锅冲入一定数量的新酒进行双醅串蒸，并"看花量质摘酒"，分级贮存，以最大限度地排除新酒中的有害物质成分，使酒更加纯净、醇和、协调、绵柔，同时使酒体带有酱香味，这是宣酒风格形成的又一原因。

4.浓香型宣酒原酒酿造

（1）工艺流程。

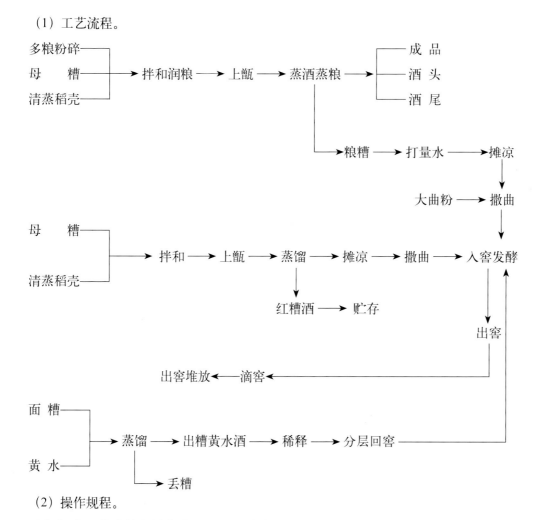

（2）操作规程。

剥窖皮：揭开盖窖的塑料薄膜，用工具将窖皮泥划块剥开，将泥上附着的面糟扫净，然后堆放在踩泥池中，加入新土、乙酸菌培养液、曲粉、黄水、酒尾等拌匀，消除疙瘩，踩熟备用。

起面糟：面糟和母糟间用竹片或大糠隔开，起糟时要注意将面糟与母糟严格分开，面糟堆到晾堂上，拍紧，撒上清蒸糠壳盖好，防止酒分挥发。面糟起净后清除干净面糟渣，准备起母糟。（现在一般不分渣次，投料一样，全窖均为粮糟，将多余的发酵粮糟蒸成红糟，用专门的窖池来发酵，叫回糟窖。）

起上层母糟：面糟起完后，在上层母糟中取出相应的红糟甑量，运至晾堂上，拍紧，并撒上清蒸的稻壳，紧接着起窖内母糟，分层堆放，待起至见黄水时，即停止起窖。

滴窖：停止起母糟后，在窖侧挖出黄水坑，随即将坑内黄水舀净，黄水要勤舀。

起下层母糟：黄水滴净后，即起下层母糟，下层母糟运至晾堂上，仍按层次分层堆放。

润料、拌和：母糟起出后，按比例加入粉碎的多粮原料，充分拌和两遍，要求均匀、疏松，无灰色疙瘩，拌和完毕，收堆拍紧，并在上面按比例加入清蒸稻壳覆盖。润料时间不低于60分钟，在装甑前拌和两遍，将母糟扣稻壳拌匀、装甑。

装甑：上甑要求做到"轻、松、准、薄、匀、平"，探气上甑，边高中低，装甑气压做到"两小一大"，盖盘后5分钟流酒。

量质摘酒：缓火流酒，流酒速度以1.5—2.5千克/分为宜，量质摘酒，酒头贮存另作他用，酒尾下锅复蒸或作酯化液用。

蒸粮：断尾后立即加大火力蒸粮，从流酒开始到蒸粮结束，要求"熟而不黏，内无生心"，既要熟透，又不起疙瘩。

出甑打量水：蒸粮时间到后，应及时出甑，出甑糟醅倒在鼓风帘子两边，收堆成梯形状，然后在上面泼入热水，泼洒均匀，再堆积10—15分钟，使淀粉尽量吸收水分并进一步糊化。

摊凉撒曲：打量水堆积后，按先出后翻的原则，用木锨将糟醅甩撒于晾床上摊凉，并划糟两次，要厚薄均匀，温度均衡一致，待温度下降至下曲温度，停止鼓风。翻拌撒曲要均匀，曲粉与糟醅充分混合后即可装车入窖。

入窖、封窖、窖池管理：粮糟要分层入池，下层的出池醅要入下层，上层的仍入上层。入完每一层均要摊平，踩紧，测量每层的入池温度并做好记录。最后一锅上层粮糟入窖踩紧后，放上竹片或大糠，入最后一锅红糟，粮糟入窖后差不多正好平池，红糟作为窖帽部分，同样要求踩紧并拍光，并用封窖泥封窖，封后拌光，然后盖上塑料薄膜，以防裂口，每天揭开盖布用泥撑抬开水清窖一次，以防长霉和窖皮破裂，清窖工作一般需持续15—20天，直到窖帽不再下沉为止。每天检查窖内发酵温度变化，并做好记录，直至池内酒醅温度回落为止。（图5-93—图5-95）

（3）小窖窖池修筑维护。

江南小窖是宣酒原酒的发酵窖器，其内壁窖泥是酿酒主体生香功能菌（乙酸菌、丁酸菌、甲烷菌）繁衍栖息的场所，1962年发掘的七座古窖池，是安徽省重点文物保护单位，是江南最小的古窖池、宣

图 5-93　宣酒　蒸酒

图 5-94　宣酒　摘酒

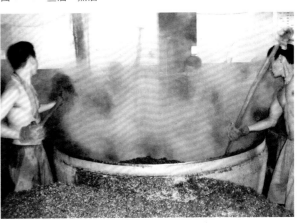

图 5-95　宣酒　出甑

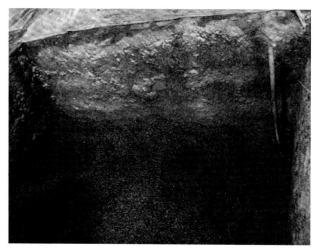

图 5-96　宣酒小窖窖池的窖泥逐层积累

酒纪氏古法传统酿造技艺的物质载体。现今的江南小窖群是用纯黄泥和酿酒下脚料夯筑而成，呈狭长形，所用窖泥是在七座古老窖池窖泥的基础上进行人工选育培菌、人工扩大培养而成，通过"以糟养窖，以窖养糟"，不间断循环生产。生生不息的小窖酿造技艺是宣酒纪氏古法酿造的核心所在。（图 5-96）

5. 原酒贮存及勾兑

（1）贮存老熟工序。

新生产出来的原酒，经品尝后，按不同的等级分别贮存在地下酒窖的陶坛容器和血料容器中，这个过程称为酒的老熟。原酒经贮存一年后，打入大罐容器中，继续贮存一年后用于勾调成品酒，部分优质酒贮存数年甚至数十年。一般贮存期越长，酒质越绵柔。

陶土烧制的容器是传统贮酒容器之一。通常是以小口为坛，大口为缸。这类容器的透气性较好，所含多种金属氧化物在贮酒过程中，对酒的老熟有促进作用。血料容器是用荆条或竹篾编成筐，或用木箱、水泥池内壁糊以猪血料作为传统贮酒容器之一。所谓血料是用猪血和石灰调制成的一种可塑性的蛋白质盐，遇酒精即开成半渗透的薄膜。其特性是水能渗透而酒精不能渗透，对酒精含量为 30% 以上的酒有良好的防漏作用。（图 5-97）

（2）勾兑调味工序。

图 5-97　宣酒　陶坛地下贮存

为了使每批产品质量稳定，老熟后的原酒需经专业人员勾兑调味，它对稳定酒质、提高优质酒的比例起着极为显著的作用。它由尝评、组合、调味三个部分组成，这三个部分是一个不可分割的有机整体。所谓勾兑调味就是将经过贮存老熟后的原酒，按事先设定好的比例，组合成近似成品的酒，经适当的贮存和根据不同类型的高级调味酒反复品尝调味，直至达到或超过原成品酒品质。成品要求达到无色清亮透明或略显微黄色，香气优雅谐调，醇和回甜，绵甜爽净，余味悠长。

（三）宣酒酿造技艺的特点

1. 工艺特征

纪氏古法酿造技艺源于唐代纪叟老春酒，后来演进为当今的宣酒酿造技艺。其技艺核心为小曲培菌，大曲续糟，小窖发酵，香醅串蒸，是江南地区独特的酿造技艺之一。

其包包曲制作技艺、原酒制作技艺和勾调技艺等，由于采用了本土原料，顺应了本地环境条件，闯出了自己的路子，同时造就出宣酒的典型风格。

2. 窖池特征

宣酒风格的形成，与宣酒老窖池有很大关系。泥池小窖是最为典型的传统老窖池，全是由黄泥制成。其优点是窖池体积小，容糟醅量不多，糟醅接触窖泥面积大，有利于糟醅的培养，提高酒的质量。经科学检测，这些发酵池泥中栖息着以乙酸菌为主的多种微生物，它们以泥为载体，以酒醅为营养源，以泥池与酒醅的接触面为活动场所，进行着永不停息的生化过程，产生了以乙酸乙酯为主体的几十种香气物质。这也是宣酒绵柔风格的主要原因之一。著名白酒专家沈怡方等给予宣酒古法小窖酿造技艺以高度评价——"两曲结合，培菌丰富，小窖绵柔，口感纯绵"，并题词"宣酒特贡，小窖绵柔，巧夺天工，江南一绝"。

3. 产品特征

宣酒既有大曲酒的浓郁芳香，又有小曲酒的绵柔、醇和、回甜，使勾兑出的宣酒系列产品具有窖香幽雅、绵甜爽净、醇厚丰满、回味悠长的风格特点，在中国白酒界独树一帜。

五、山西梨花春酒

（一）梨花春酒的历史渊源

梨花春酒是晋北的历史名酒之一，出自古城应县。应县，地处雁门关外，历史上曾先后是匈奴、鲜卑、突厥、沙陀、契丹、女真、蒙古等少数民族往来活动的地域，是典型的多民族文化融合地区；由于该地区气候严寒，酒便成为人们生活中必备的物品，并由此形成了人们豪饮的习俗，使当地的酿酒业颇为发达。

梨花春酒酿造以大麦、豌豆、麸皮为制曲原料，以高粱为酿酒原料，在纯自然的生态环境下酿造成酒。梨花春系列酒成为享誉山西、内蒙古、陕北、河北的美酒佳酿。梨花春传统酿造技艺采取中温制曲、堆积增香、地缸发酵、慢火蒸馏、分级贮藏、精巧勾兑等独树一帜的工艺，许多工序的操作都是凭借酿酒师傅辈辈口传身授的经验积累而形成，至今一些关键的工序仍需手工劳作。其中凝聚了近千年来酿酒工匠的智慧和才能，其传承下来的独特技艺成为多民族文化融合的成果。

应县古称应州，位于山西省北部，大同市之南，东邻浑源，西连山阴，北毗怀仁，南接繁峙、代县。地处黄土高原，平均海拔1000米，属温带大陆性气候，特点是干旱少雨，昼夜温差大。该地区有桑干河、浑河、黄水河三条河流过境，更有大石峪、小石峪、北楼峪、茹越峪、马兰峪等支流提供的丰富优质水资源。该地区地势平坦，物产丰富，其中尤以多品种五谷杂粮著称于世。杂粮的产量虽然不高，但由于作物生长周期长而质量上乘，所出粮食作物都含有较高的淀粉和糖分，为当地酿酒业的发展提供了得天独厚的物质保障。

应县位于雁门关以北，恒山西麓。在历史上，这里曾是多民族聚居融合地区。春秋战国时期，林胡、娄烦等民族在此游牧。据《史记》记载，赵武灵王胡服骑射击林胡，破娄烦，登黄华（今应县境内之黄花梁）之上，此地才归入中原版图。赵武灵王以降，该地区先后历经汉时匈奴，北魏时鲜卑，唐时突厥、沙陀，宋时契丹、女真及蒙古等游牧民族此消彼长的兴衰变幻。由于长期多民族融合的边塞文化，加上气候偏寒，习俗尚武，人们善酿豪饮，致使此地酿酒业长盛不衰。以梨花春为代表的应州美酒曾是历史上晋北、陕北、河北等地人们所喜爱的佳酿，还曾通过走西口，远销蒙古和俄罗斯，至今仍深受人们喜爱。

1056年，闻名世界的古塔——应县木塔（释迦宝塔）落成，出生应州的萧太后（辽国兴宗皇帝之皇后）

亲临开光盛典，在品尝应州霍老二酿酒作坊敬献的美酒后，连声称赞，并赐名该酒为梨花春。从此梨花春作为地方名酒而享誉四方。

应县的传统酿酒工艺源远流长。明万历年间的《应州志》记载，应州有一古迹金凤井。《大明一统志》记载，金凤井水甘甜清澈，当地人用它酿出的酒醇香味美。伴随着大量走西口的往来商贾和众多前来应县朝敬圣塔的圣徒途经应州，当地的酿酒作坊日益兴盛。据现存最早的明万历年间的《应州志》记载，成化五年（1469年），应州酿酒业共征税课一百三锭三贯五百文，酒税的收入就占全州税收的 6%。到了清初，虽然曾对酿酒业进行限制，但据乾隆年间《应州志》记载，当时仍有缸房 11 家。光绪三年大灾，光绪五年仍有酒户 22座。清朝同治年间，应县有名的酒作坊就有刘氏的万盛魁、张氏的聚和店、吴氏的德泰泉、何氏的福和永、康氏的福成永、郭氏的兴盛泉、赵氏的义德成等。其中南泉村张氏聚和店的酒不仅进京，而且进入宫廷。

我们在考察过程中，与当地有关人员一起发掘出梨花春酒主体代表万盛魁酒坊的遗存。在应县老城区一处即将拆迁的院落中，找到了尘封多年的金凤井，同时还发现了保存完整的万盛魁酿酒作坊的遗迹和一些散落的陈旧账目。该遗址仍保留有当时酿酒用的踩曲房、地瓮房（仍封存有 300 余口地瓮）、储酒房及敬酒神的牌位，此外还存有储酒、制酒用的器具。在账目中还找到了当时万盛魁向北京同仁堂出售炮制中药用酒的记录，可见当时该酒坊所出的酒质量上乘。据考察，这一处旧址曾经拥有 97 间缸房，其规模之大，可想象出当时应县酿酒业兴旺发达的景象。据《中国实业志》记载，民国 25 年（1936 年）应州有酿酒缸房9 家，年产酒 38760 斤，1947 年仅县城就有缸房 11 家，城外产粮区也有缸房数家。（图 5-98—图 5-104）

1956 年，万盛魁等多家酿酒作坊合并成公私合营酿酒厂，1974 年再次合并成应县地方国营酒厂，这就是现在的山西梨花春酿酒集团有限公司的前身。

梨花春酒从 1056 年以来虽然名扬晋北，但是作为历史名酒的工艺却难觅文字记载。1956 年公私合营主要由万盛魁、聚和店、德泰泉、福和永、福成永、兴盛泉、义德成等应县著名的老字号缸房联合组成，从规模及影响力而言，万盛魁居于首位。根据对兴盛于清中叶、驰名塞外的万盛魁缸坊遗存的考察，可以看出当时酿酒工艺基本上接近汾酒工艺，但有自己的独特之处。

图 5-98　梨花春　万盛魁酒坊旧址

1956 年后，不同时期的传统酿造技艺的代表性人物有：20 世纪 50 年代的周培源；20 世纪 60 年代的王汉杰；20 世纪 70—80 年代的王元甫、杨保全、段日才、秦文智；20 世纪 80—90 年代的张振忠、张保国；2000 年后的王权、高日宏。制曲工艺方面掌握传统技艺的师傅有：20 世纪 50—60 年代的白宏山；20 世纪70—80 年代的杨建军、马玉平、力义才；20 世纪 90 年代到 21 世纪的赵显、郑秀芬。

（二）梨花春酒传统酿造技艺

梨花春酒及其工艺历经近千年的演进，不断完善。至今，在传承、发扬传统技艺的同时还不断吸纳其他先进酿造技艺的优点，彼此优势互补、相得益彰，形成一整套具有地方特色的酿造工艺，研发生产出浓郁、清香并列，高中档酒品和酒度齐备的纯粮美酒。主要品牌有梨花春、梨花王、山西王、梨花老窖等，国内酿造界权威学者沈怡芳、高月明、高景炎、曾祖训、陶家驰等品尝后盛赞道："无色透明，窖香浓郁。绵甜醇和，谐调尾净，风格突出"，"清香纯正醇和爽净，谐调"。酿造这些美酒的主要工艺流程如下：

图 5-99 万盛魁酒坊供奉的酒神牌位

图 5-102 万盛魁酒坊的发酵地缸

图 5-100 梨花春 万盛魁踩曲房遗址

图 5-103 梨花春 万盛魁酒坊的账簿

图 5-101 万盛魁酒坊的存酒房

图 5-104 梨花春 万盛魁老掌门刘门张氏

1. 选料

水："水必得其甘"，用水特选离城 10 里的龙泉村的甘泉水，它与金凤井的水一样清醇甘冽，是上好的酿酒用水。

高粱：历来选用应县东上寨村一带的"狼尾巴"高粱，它颗粒呈红黄色，棱瓣发青，磨成粉呈粉红色，食之较其他地方高粱可口。

2. 制曲

酒曲用料为大麦、豌豆和麸皮，配料比例为 5:4:1。原料以当地南山所产为佳，一般在夏季的三伏天制曲。

具体而言，制曲分以下六个步骤。

润麦：润麦必须掌握用水量、水温和时间三项条件。一般应遵守"水少温高时间短，水大温低时间长"的原则。用水量视原料而定，时间以不超过 12 小时为宜。水温应保持在 40℃ 左右。润麦时应注意翻选堆积，要求水洒匀，旨在使每粒粮食都均匀地吸收水分。润麦后的标准是表面收汗，内心带硬，口咬不粘牙，尚有干脆响声。如不吸汗，说明水温低；如咬出无声，则说明用水过多或时间过长。

粉碎：粉碎由石磨磨成 70% 的细面、30% 的粗面。面粉可用 3 个手指捏成型，捏住不倒。有经验的曲师一般用手捏一捏即可判断出粉碎程度。

配料与拌料：配料用粉碎好的大麦、豌豆与麸皮按照比例人工拌料。拌料时二人对立，用手把各种原料拌均匀，标准是"手捏成团不粘手"。随后把面放入大锅里加入 46%—47% 的水，水为常温。

成型：将拌均匀的曲料用木斗放在石板上，用人工踩曲。踩曲一般用青壮年未结婚的人。按先中后边踩三遍的古法，先是用脚掌从中心踩一遍，再用脚跟沿边踩一遍，要求"紧、干、光"。上面完成后将曲箱翻转，再将下面踩一遍，完毕后再翻转至原来的面重复踩一次，即完成一块曲坯。人工踩曲讲究一个"溜"字，用脚掌和脚跟反复溜光。

曲坯入室培养：成型脱坯的曲块放入曲房的木头架上培养，卧曲两层。培养可分六个阶段。

第一阶段为入房晾阶段。为了使曲保湿、保温，在初入房时，每隔 5—6 小时开窗通风。在开窗通风前，将洒上水放置 1—2 个小时后的苇席苫盖到曲块上。

第二阶段为上霉阶段。晾置 3—4 天后，曲块开始上霉，上霉的温度为 27℃—45℃，过去用手摸曲的表面温度，现用温度计测温，温度达到标准以后拿掉苇席，开窗。

第三阶段为晾霉阶段，开窗晾 5—6 小时后，表皮发硬，开始翻曲，加到 3 层，垒成"丁"字形，2 天后温度控制在 30℃。

第四阶段为潮火阶段，垒成"丁"字形的曲块培养 2 天后，温度保持在 36℃—40℃，变成"人"字形，经 4 天后，曲块变成 5 层"人"字形，用苇席围上，温度提高到 52℃，最低不低于 47℃，培养 7 天。

第五阶段为大火阶段，"人"字形再加 1 层变成 6 层，继续用苇席围上，曲心温度达到 52℃—54℃，表皮为 45℃，连续 4 天后降温，降温至 37℃—38℃。

第六阶段为后火阶段，继续升温，表皮温度为 42℃—43℃，然后逐渐降温，降温至 35℃—36℃，时间为 4 天，这样曲块基本成型了，然后为养曲，养曲一般为 3 天。

管理：曲制成后放 3 个月以后可以投入使用。曲块入库前，应将卫生打扫干净，铺上糠壳和苇席，并保证曲库通风良好。

梨花春白酒制曲工艺流程图：

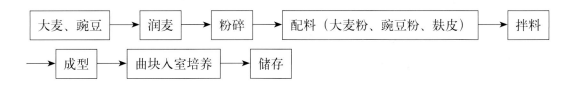

3. 酿制

梨花春白酒是以应州东上寨一带出产的"狼尾巴"高粱为原料，用筛筛去杂质和秕粮，然后进行粉碎、配料、润料和拌料、蒸煮糊化、冷散、加水堆积、入缸发酵、出缸蒸酒等工序。

粉碎：用磨把高粱粉碎成四至六瓣，成梅花状。

配料：将粉碎好的原料面和清蒸好的辅料（稻壳）按照比例人工翻拌均匀（夏季为25%，冬季为30%的辅料）。

润料和拌料：将配好料的面渣，按原粮量的40%—50%加水进行润料，水温为常温，翻拌均匀，堆积1小时左右，使粮充分吸收水分，利于糊化。加多少水全凭酿酒师傅的手感。

蒸煮糊化：将面渣上甑锅蒸煮糊化，蒸煮糊化前将面渣再翻拌一次，然后用木锨和簸箕将面渣一层一层地装入甑锅，待气圆后蒸煮糊化1小时左右，使面渣熟而不黏，内无生心，由有经验的酿酒师用手捻来感觉蒸煮程度。

冷散：将蒸好的面渣用木锨铲出甑锅放在干净的地面上摊薄、摊匀，进行自然冷散，中途翻拌数次，视温度达到夏季为20℃—22℃、冬天为16℃—18℃为宜。

加水堆积：将冷散好的面渣按原料的25%左右的比例加入曲粉，加入50%左右的水，水为常温，用木锨进行翻拌，使之均匀，用手掌捏住面渣从手指缝挤出1—2滴水为宜，然后进行堆积，堆积时间不低于1—2小时。

入缸发酵：将堆积好的酒醅用竹簸运入缸里，盖上石盖进行发酵。地缸一般埋在地下，缸口与地面平齐，缸的间距为10—20cm。入缸的酒醅的淀粉含量在9%—12%之间，水分含量在55%—57%之间，酸度在0.8—1.1mol/g之间，糖分在0.5%—0.6%。发酵周期一般为21天。发酵时要掌握酒度的变化，一般遵循"前缓升，中挺，后缓落"的原则，即入缸后，温度逐步上升；发酵中期，温度应稳定一个时期；到发酵后期，发酵温度缓慢下降。前缓升：一般入缸6—7天温度升至25℃—27℃，酒醅发甜，说明发酵正常。中挺：从入缸的第8天到11天，温度升至32℃—34℃，连续4天。后缓落：从入缸第12天到21天，温度逐渐下降，每天以下降0.5℃为宜，出缸时酒醅的温度降至26℃—28℃，发酵好的酒醅应有不硬、不黏的感觉，色泽呈紫红色。

出缸蒸酒：发酵到21天的酒醅用竹簸运至甑锅边，装甑时应按照"稳、准、细、匀、薄、平"的原则进行操作，装甑蒸汽应按照"两小一大"的原则进行操作，流酒时蒸汽应按照"中酒流酒，大气追尾"的原则进行操作，接酒时应依照酒花大小程度来判别酒头、原酒和酒尾，看花接酒都是凭酿酒大师傅的经验来判别。酒头、原酒和酒尾都分级分缸储存，一般储存6个月以上酒体成熟。

梨花春白酒传统酿造工艺图：

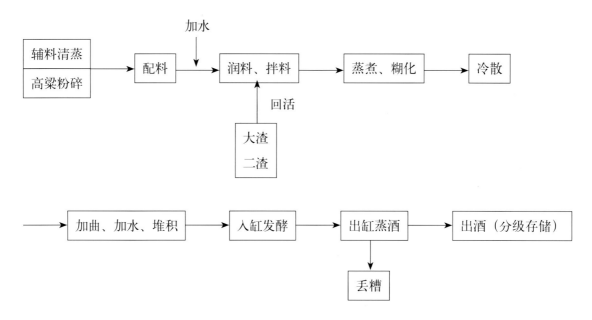

（三）工艺特征

（1）梨花春酒香型偏于清香型，略带浓香，是一种独特的香型。

梨花春酒酿造工艺在制曲、酿造、蒸馏勾兑等许多工序技术上都有自己的独特之处，从其独特的工艺路线既可以看到以汾酒酿造工艺为代表的清香型蒸馏酒的酿造技艺模式，又可看到从其他酿酒技艺中汲取的先进经验。许多酿造业专家认为梨花春酒的香型介于清香型和浓香型之间，为"淡雅型"酒品。

（2）梨花春酒传统酿造技艺是在塞外独特生态环境条件下孕育形成的，具有鲜明的地域性，是典型的"地域资源型"产品，其品质很大程度上得益于当地得天独厚的物候环境。

应县的气候属温带大陆性气候，干旱少雨，昼夜温差大，这种环境必然形成一种自己特有的微生物菌系，构成这种菌系的霉菌可在温差较大的环境中生衍繁殖，它们具有较强的糖化和酒化能力。从酿酒所用的主料上看，梨花春酒酿造用水在历史上就很有名，水清澈甘洌，用它酿成的酒尤为醇香味美，用此水做成的豆腐也是地方名产；原料是应州东上寨村一带的高粱，这种高粱也是山西的名产，产量虽然不高，但由于作物生长周期长而质量上佳，含有较高的淀粉和糖分。物候环境因素决定了梨花春酒传统酿造技艺的鲜明特色。

（3）梨花春酒富有深厚的地域人文特质

应州曾是少数民族游牧生活的区域，人们有尚武豪饮的习俗。多民族的相伴生息使多种文化在此交流，促使其酿酒技艺能博采众长而形成自己的特色。这一因素赋予梨花春酒传统酿造技艺独特的地域人文特质。

（四）工艺特点

梨花春传统酿酒工艺的主要特点如下：

制曲技术采用了大麦、豌豆、麸皮为原料，制成中温曲。通常大曲只用大麦、小麦、高粱、豌豆为原料，梨花春在其制曲上添加了10%的麸皮。麸皮在酿造中常用作纯种曲霉菌的培育，以麸皮为主要原料的麸曲是熟料制的散曲，在中国20世纪50年代才开始推广，虽然它制作周期短，出酒率高，但它并不被名酒厂家看好，只是用作中低档酒的酿造。其实在中国古代，添加麸皮制成的散曲常用于制醋。由此可见在梨花春的块曲中添加了10%的麸皮产生了一种特殊的作用，这种作用主要表现在改变了发酵过程中的霉菌体系，从而形成了梨花春新的特色。

梨花春的酿造工艺流程近于汾酒工艺，然而又有别于汾酒工艺，例如：在制曲时，将冷散好的面渣按原料的 25% 左右的比例加入曲粉，加入 50% 左右的水，水为常温，用木锨进行翻拌，使之均匀，用手掌捏住面渣从手指缝挤出 1—2 滴水为宜，然后进行堆积，堆积的时间不低于 1—2 小时。其堆积时间较其他工艺为长，制曲加入的水温度也远低于其他工艺，为常温水。这种工艺的直接效果就是能够充分汲取本地环境中的自然菌，并在这种环境中能够得到更好的繁殖，从而产生了独特的菌系，梨花春酒便有了独特的口感。

由此可见，梨花春传统的酿酒技艺既是从古代传承下来的，又根据自己独特的自然环境，在历史演进中汲取先进的技巧而有所创新发展，这才形成了独特的工艺技巧。

六、山东扳倒井酒

传统井窖酿制工艺酿制的国井扳倒井酒是山东省传统名酒之一，其工艺已有千余年的历史；它是中国的历史文化名酒，被评为山东老字号，2007 年，被国家商务部评为第六届中国名酒。

传统井窖酿制工艺创发于今山东省淄博市高青县境。古代高青为齐国属地，高青因独特的酿酒环境，加之经济发达，盛产粮食，为酿酒业的发展提供了良好的物质基础，成为当时"齐地"酿酒业的中心。《齐民要术》记载了自汉代以来的 10 多种制曲方法和 40 多种酿酒方法，就包括了"齐地"的酿酒技艺。宋初，开始出现使用扳倒井水、井形窖池酿酒的"井窖工艺"雏形。至今当地还流传着"迎春柳，回家走，喝井酒"的民谣。

国井扳倒井酒原产地高青县坐落于鲁中平原北部，属山东省淄博市。总面积 830 平方千米，呈狭长廊状，为黄河冲积平原，平均海拔 12 米。高青县是黄淮海平原开发和黄河三角洲农业综合开发区之一，是连接东部对外开放与西部平原开发区的桥梁，在实施山东省"东部开放，西部开发，东西结合，优势互补"的战略中具有重要的地位和作用，丰富的土地资源使之成为鲁北平原的主要粮食产区之一，并为白酒酿造生产带来了丰富的原料资源。

高青县属北暖温带大陆性气候，光照充足，主要农作物均有分布，特别是水稻、冬小麦、单季大米、小米、西瓜、西红柿等，食用菌风味尤佳。高青的黄河大米、小米等粮食闻名遐迩，其颗粒饱满圆润，又具香味，历来为进贡之佳品。

黄河流经高青，河底几乎与高青县城三层楼的楼顶持平，巨大的落差导致河水下渗，地下水源丰富，从而在该县北部地区造就了以大片湖泊、沼泽为特征的湿地，为酿酒提供了良好的气候和微生物发酵环境。独特的环境造就了独特的井窖工艺，生产的扳倒井酒具有独特的幽雅浓香。

（一）扳倒井酒的历史

国井扳倒井酒井窖酿造工艺简称"井窖工艺"，创发于山东省高青县。

据考证，宋初开始出现使用扳倒井水、井形窖池酿造酒。随后的几百年，朝代更替，再加上战乱和灾荒等，国井扳倒井酒的生产曾受到很大的影响，酿酒作坊有的改行，有的破产，井形窖池也大部遭到破坏、停用，只有极少数使用井窖工艺的艺人坚持传统的酿酒法。据传有一家酿制的扳倒井酒颇为著名，保存了几个古井窖。井窖工艺在民间流传时，出现了"衮龙桥""龙潭井""龙探井""芦湖"等与井窖工艺有关的白酒品牌，有的甚至以"赵匡胤"命名白酒。

元代，国井扳倒井酒以博山窑瓷器盛之，在当时京城的蒙古贵族中间被称为"奇珍"。明代，知县蔡诚上书，称"扳倒井现祥瑞以应盛世"，皇帝降旨重兴扳倒井酒坊，重修扳倒井井窖。

清雍正年间，扳倒井边有名号的酒坊出现7家，分别是隆祥、瑞祺、宏昌、达盛、广济、天祥、晋益，其中规模最大者为隆祥酒庄，产量为其他6家的总和，生产规模和社会影响在周边州城府县首屈一指。据考证，隆祥酒庄最早的东家叫宋启辰，他年轻时候曾考取举人，做过云南地方的县令，因厌倦官场偏好商贾，回到老家在扳倒井边经营起隆祥酒庄。雍正九年（1731年），高苑县官府对酒坊课以重税，导致高苑酒业总体产量下降，7家酒坊倒了5家，出现生产扳倒井酒的隆祥酒庄一家独大的局面，但发展规模也出现萎缩。

乾隆二年（1737年），隆祥酒庄的东家换成了宋和信，他继承前人酿酒技艺，在原料中加上了当地产的黄河小米，以其独特的配方和蒸煮酿酒工艺，使原酒口感更加细腻、香醇，深受当地善饮者的喜爱。乾隆二十二年（1757年），高苑知县张耀璧集本县酒坊5年税收，大修高苑四门。在各门城楼悬挂匾额，其中北门为"醴香帝京"，以表彰扳倒井酒坊对城防的贡献。乾隆五十六年（1791年），隆祥酒庄传到宋书绅（宋和信的重孙）手上。从历史资料上看，这个宋书绅才能平庸，缺乏进取心，在他经营数十年后，酒庄经营出现亏空，勉强维持。

从嘉庆到同治几十余年时间，隆祥酒庄先后由宋明堂、宋开祥、宋世仁经营。这期间，他们在原料中加入当地所产大米，扳倒井酒的品味大为改善，酒质大为提升，又开始畅销京城和两广，并随驼队远销大漠。宋家在高苑县城建成最大的一片庄园，隆祥出现中兴气象。为增加产量，隆祥改进了原有的荷叶包料制曲法，改为能够批量制曲的"五步"土房培曲法。宋世仁在酿酒时发现，接触窖泥的糟醅产酒格外香浓，特用竹篮子盛老窖泥放置糟子中间，也就是"井芯"，酒质得到了大幅度提高。至此，传统的井窖酿造工艺基本定型。

光绪十一年（1885年）宋清逸接手隆祥。宋氏家族已经开始没落，此时的高苑酒业也随着国家的凋敝而凋敝，内忧外患的大环境，对隆祥的发展造成了巨大的冲击。很多井窖工艺酿酒的师徒也都纷纷别寻生计，只有极少数使用井窖工艺的艺人坚持传统的酿酒法，其中原来在宋家当学徒的陈仲文，利用井窖工艺在自己家里酿酒，仍以扳倒井命名，只供给本村附近的人饮用。

民国时期，井窖酿酒法主要集中在城关、河西、丁夏一带。酒店以隆祥宋氏技艺传人陈鸿祥所经营的酒店最为有名。陈有三女，无子，其中三女婿丁福禄家庭富足，在妻子的帮助下开办了酒店，利用祖传酿酒法（即井窖工艺法）酿制扳倒井酒，成为有名的丁家酒店（也称扳倒井酒店）。后来因其酿出的酒醇香甘美，而且他每天都背着个酒葫芦，人们称他为"丁葫芦""酒葫芦"。

1946年，丁家酒店和附近几家酒店成立丁夏酒厂，沿用井窖工艺。1948年4月，高苑县改为高青县，酒厂迁至高青县城。1957年公私合营，以老井窖车间为中心，高青县组建了国营高青县酿酒厂，该厂培养了大批井窖工艺技术人员，为井窖工艺的推广发展起到了重要的作用，以古老的"井窖工艺"作为核心技术生产65度白酒，年产量30余吨。1959—1961年"三年困难时期"，粮食紧缺，高墨薪组织使用井窖工艺，利用高粱秆和地瓜母子做酒，使井窖没有间断使用。传统井窖酿造技艺得以流传。

1998年，酒厂通过股份制改造成立山东扳倒井股份有限公司，传统井窖酿造技艺得以流传至今。

（二）扳倒井酒的传统酿造技艺

1. 原料处理

高粱粉碎成四至六瓣，小麦粉碎成二至四瓣。大曲粉碎成通过20目筛的占30%，计量备用。稻壳清蒸60分钟后，出甑扬冷，计量备用。原料处理要求严格，选料以"优质、绿色、健康"为原则。

配料：原料为高粱、小麦、玉米、大米、小米、麸皮等。稻壳用量为投粮的10%—15%。

用曲为大曲及几种辅料的组合。

井窖工艺独特的原料配比，增加了原料中蛋白质的种类和含量，为杂环化合物的形成提供了物质基础。产出的酒典雅怡人、优美舒适，其品质优于传统白酒。

2. 井窖窖池发酵

井窖工艺的核心就是井窖，窖体呈圆井形，有井窖工艺特有的井芯，井芯附老窖窖泥，由内向外自然发酵，井窖受地表温度、湿度影响较小，有着相对独立的气候环境。独有的井窖温度、湿度，使窖壁、井芯常年处于潮湿状态，四季温差变化小。井窖窖泥富含有机物质，再加上窖壁、井芯内外发酵，增加了窖泥接触面积，为酿酒微生物的生长繁殖提供了"稳、匀、足、适"的生长环境。利用"二次窖泥"酿造的白酒香味独特。

扳倒井传统的酿酒设备为井形窖池。传统的井窖深 2.0—2.2 米，井壁为青砖砌成，井底为自然泥底，井口 1 米以下至井底，终年湿润，温度、湿度周年变化不大，受地表影响较小，微生物区系相对稳定。井窖间独立性较好。井窖窖池的土质选用当地河底的红黏土，这种土是由黄河水长期浸泡，干燥时呈不规则的方鳞片状，民间常用来与煤炭粉末加水混合后冬季取暖用，俗称"烧土""域泥"，为黄河冲击地所特有。井窖窖泥以烧土为主要原料，混合以黄水、丢糟、大曲粉、豆饼等有机物质，在夏至时踩揉，填至井窖底 1/3 处，密闭发酵至末伏结束，开始搭窖投料。池头泥厚度不低于 10 厘米，以保湿、保温，密闭发酵。（图 5-105—图 5-107）

3. 酿造

采用清蒸混烧工艺。（图 5-108—图 5-118）

装甑时间不低于 45 分钟，以平甑为标准。流酒温度为 30℃—35℃，流酒速度以 2.5 千克/分为宜，最低酒度 55%（v/v）。

量质摘酒，每甑分为 10 个馏分，单独贮存、品评。

蒸粮糟至柔熟不黏，内无生心，然后出甑打量水，同浓香操作。加入大曲及其他混合曲的一半，水分占 55%—57%，温度为 25℃—28℃，入发酵室堆积发酵。堆积高度不高于 50 厘米为宜。

发酵室在自然气温低于 10℃时，适当开暖气保持 20℃左右，覆盖草苫子，保温保潮发酵。视情况

图 5-105 扳倒井 井窖内部俯视

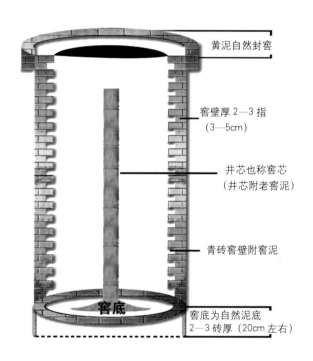

图 5-106 扳倒井 井窖内部结构示意图

黄泥自然封窖

窖壁厚 2—3 指（3—5cm）

井芯也称窖芯（井芯附老窖泥）

青砖窖壁附窖泥

窖底

窖底为自然泥底 2—3 砖厚（20cm 左右）

图 5-107 扳倒井 井窖发酵

图 5-108　扳倒井　从井窖出糟

图 5-109　扳倒井　曲房内制曲粉

图 5-110　扳倒井　清蒸排杂

图 5-111　扳倒井　蒸煮糊化

图 5-113　扳倒井　加曲拌料

图 5-112　扳倒井　摊凉（远处），堆积发酵（近端）

图 5-114　扳倒井　入窖

图5-115 扳倒井 窖群发酵

图5-116 扳倒井 装甑

图5-117 扳倒井 分段摘酒

图5-118 扳倒井 入库储存

堆积一天或两天，堆积完毕后，另一半混合曲均匀加入。在地温低于20℃时，入池温度不高于25℃，地温较高时不高于30℃。

4.井窖工艺独特的"五步"培曲法

第一步，单层主发酵：国井扳倒井井窖大曲的主发酵阶段采用单层地面培养的方式。培养时间比其他大曲缓慢1—2天，利于细菌、霉菌、酵母菌三大菌系的充分生长繁殖。

第二步，合房潮火烧：国井扳倒井井窖大曲的潮火阶段采用双房合并的方式，增加曲室温度、湿度。单位空间的曲块密度增加了一倍。湿热的环境有利于嗜热微生物的繁殖代谢。

第三步，中火炼菌系：国井扳倒井井窖大曲的中火阶段，一改前期制作方式，合房后上架子离地培养，并且控制顶温在一个水平线上。离地通风培养，有利于整个曲室的湿热均匀，使曲块质量一致。控制顶温可使中火持久，利于菌系的纯化与酶系的积累。

第四步，后火稻草绕：国井扳倒井井窖大曲的后火阶段，采用周边覆盖稻草的方式，保温使后火缓缓而降，大曲成熟充分。

第五步，贮存留风道：国井扳倒井井窖大曲的曲垛四周及顶部都留有通风口，利于出房大曲残余水分的散失。独特的通风贮存方式，利于井窖大曲的老熟。

5.储存

采用传统的猪血、石灰、毛头纸、蛋青裱糊的木制酒海，陈酿储存3年以上，然后由经验丰富的调酒师勾调成型。

（三）扳倒井酒的传统酿造技艺的特点

1. 工艺特征

国井扳倒井配料的优势：大米中的蛋白质仅有 5%—10% 为碱溶性，因此相对利用率大大高于高粱与小麦。小米中的蛋氨酸、半胱氨酸等含硫氨基酸较多。在生化反应过程中产生强烈的风味，是香味形成过程中产生强烈的风味的重要成分。玉米中含有丰富的维生素及植酸，有利于微生物的生长、代谢及醇厚甜物质的生成。国井扳倒井酒独特的原料配比，增加了原料中蛋白质的种类和含量，为杂环化合物的形成提供了物质基础。产出的酒典雅怡人、优美舒适，其品质显著优于传统白酒。

酿造微生物群系：扳倒井酒的酿造以河内白曲、米曲霉、红曲霉为主要糖化菌种；以生香酵母为主要发酵剂，辅以嗜热芽孢杆菌和高温大曲。传统白酒的酿造以河内白曲为糖化剂，生香酵母为发酵剂，辅以嗜热芽孢杆菌。白酒酿造过程添加的米曲霉会有较多的酸性蛋白酶及羧肽酶，并有较好的酸性。在酒的堆积和发酵过程中，米曲霉与白曲霉混合使用，可起协同作用。在发酵过程中，任何 2 种或 3 种菌种间的协同作用都要好于单一菌种。

白酒酿造过程中的红曲霉也起到重要作用。其主要作用有三：一是嗜酸性，在弱酸性环境中能生长、繁殖，消耗有机酸，这对维持窖内的动态平衡，保持良好的发酵环境至关重要；二是酯化作用，即将酒醅中发酵生成的有机酸转化成相应的酯类；三是红曲霉次生代谢的氨基酸种类含量高，为白酒的醇、酸、酮、醛、吡嗪等香味物质的形成提供了丰富的前体物质。

扳倒井酒酿造的另一特点是添加部分高温大曲。高温大曲中的微生物种类繁多、酶系复杂，呈香味物质丰富，在香味形成中起到不可或缺的作用。没有高温大曲参与发酵，扳倒井酒难以呈现典雅、怡人、优美、舒适的典型风格。

发酵：扳倒井酒的酿造主要依靠曲中的微生物，微生物的形成则离不开反复发酵的陈年老糟。因此，井窖工艺酿造的窖池是砖窖、泥底，发酵期不宜短于 30 天，也不宜超过 45 天。

分级摘酒是井窖工艺的重要环节。它既不同于酱香的按轮次摘酒，也不同于浓香的按甑次摘酒。扳倒井酒风味是某些香味成分的恰当组合。摘酒方式按三个层次，每层次 10 馏分，分段取酒。

2. 产品特征

井窖工艺酿造的国井扳倒井酒风味独特，别具一格。扳倒井酒香有多个层次，可分为前香、中香、后香、末香四部分。前香以清香为主，中香以窖香为主，后香以焦香为主，末香以糊香为主。清、窖、焦、糊四香的混合香气呈现出扳倒井酒特有的幽雅、细腻，具有多香韵、多层次、多滋味、多功效的特点。专家品评后认为闻香是酱香，入口是浓香，口味是幽雅的复粮香，具有多香韵、多滋味的特点。

注释：

[1]〔晋〕江统：《酒诰》，中华书局影印本《古今图书集成》，第 278 卷第 698 册，第 14 页。

[2]〔汉〕许慎撰，〔清〕段玉裁注：《说文解字注》十四篇酉部，上海：上海古籍出版社，1981 年，第 747 页。

[3]〔东汉〕刘熙：《释名》卷四，《丛书集成初编》，总第 1151 册，第 66 页。

[4]〔明〕宋应星：《天工开物·曲蘖》卷十七，崇祯十年初刻本，第 47 页。

[5]《魏书·勿吉国传》（卷 100），北京：中华书局，1974 年，第 2220 页。

[6]〔清〕徐寿，傅兰雅：《格致汇编》，格致书院，1878 年 1 月卷。

[7] 十三经疏，《礼记正义》（卷三十一），上海：国学整理社，1935 年，第 263 页。

[8]〔宋〕朱肱：《北山酒经》，见《中国科技典籍通汇》化学卷一，郑州：河南教育出版社，1995 年，第 856—868 页。

[9]〔明〕李时珍：《本草纲目》卷二十五，北京：人民卫生出版社，1982 年，第 1547 页。

[10] 曹元宇：《中国作酒化学史料》，《学艺》，8（6），1927 年。

[11]〔宋〕田锡：《曲本草》，《说郛三种》，上海：上海古籍出版社，1988 年，第 4332 页。

[12]〔宋〕苏轼：《物类相感志》，《说郛三种》卷二十二，上海：上海古籍出版社，1988 年，第 1076 页。

[13] 方心芳：《关于中国蒸馏酒器的起源》，《自然科学史研究》，6（2），1987 年。

[14] 袁翰青：《中国化学史论文集》，北京：生活·读书·新知三联书店，1956 年，第 87 页。

[15]〔唐〕白居易：《长庆集》卷十八，《荔枝楼对酒诗》，见《全唐诗》卷四百四十一，北京：中华书局，1960 年，第 4925 页。

[16]〔唐〕李商隐：《碧瓦》，见《全唐诗》卷五百三十九，北京：中华书局，1979 年，第 6158 页。

[17]〔唐〕雍陶：《到蜀后记途中经历》，《全唐诗》卷五百一十八，北京：中华书局，1979 年，第 5915 页。

[18]〔唐〕李肇：《国史补》卷下，见《津逮秘书》第 10 集，《学津讨原》第 8 集。

[19]〔宋〕窦苹：《酒谱》，见《说郛三种》卷六十六，上海：上海古籍出版社，1988 年，第 995 页。

[20]〔明〕李时珍：《本草纲目》卷二十五，北京：人民卫生出版社，1982 年，第 1568 页。

[21] 吴德铎：《烧酒问题初探》，《史林》1988 年第 1 期。

[22] 王有鹏：《我国蒸馏酒起源于东汉说》，《火的性格、水的外形——中国酒文化研究文集》，广东：广州人民出版社，1987 年，第 19 页。

[23] 成都市文物考古研究所，四川省文物考古研究所：《四川成都水井街酒坊遗址发掘简报》，《文物》2000 年第 3 期。

[24] 陈剑：《水井街酒坊遗址初步研究史》，《四川文物》2001 年第 6 期。

[25] 樊昌生，杨军：《江西进贤县李渡烧酒作坊遗址的发掘》，《考古》2003 年第 7 期。

第六章　皮革加工工艺 三

我国皮革、毛皮的应用历史悠久，早在史前时代就已经开始利用兽皮取暖、裹足。在北京周口店山顶洞人遗址中发现的骨针，长 82 毫米，尾部穿孔，圆滑锐利，用为缝制工具[2]；西安半坡遗址也发现 281 枚制作精致的骨针，是人们利用兽皮制作服饰材料的证明[3]。

以皮革、毛皮制作服饰、武具等物品，是古人生活的需要，今人对皮革制品的使用仍很普遍。自有史以来，皮革加工技术虽因民族不同而有出入，但也有相通之处，所用方法亦颇近似。本章拟从机理、沿革、加工技艺种类、加工技艺范例和皮革制品实例——蒙古靴制作这五个方面对传统皮革加工及制品予以陈述。

第一节　皮革加工的机理

皮革加工是指通过物理、化学和机械等方法的处理，将原料皮鞣制成符合品质要求的成革的过程。古代将直接从动物身上剥下来的毛皮叫作生皮，经不同方法鞣制加工后，带毛的称裘，无毛的叫革。制革所用原料皮主要是家畜皮，如牛皮、羊皮、猪皮以及驴皮、马皮、骡皮、骆驼皮等[4]。

从刚屠宰的动物身上剥下的鲜皮是制革的原料皮之一，但鲜皮供应具有季节性，一般冬季供应量大，夏季则较少。原料皮自不同地方采集，用于制革前需存放一段时间。而鲜皮带有多种微生物，含水量高，易腐烂，且含有溶酶体，剥下后最初几小时内易发生自溶。因此，需对鲜皮作有效的防腐处理才能长期保存。按现代科学的认知，防腐的基本原理就是抑制细菌和酶的作用。常用的防腐方法有：（1）干燥法，直接将鲜皮晾干或在高于室温的条件下干燥，但此法不适用于猪皮等含脂肪多的生皮；（2）盐腌法，用食盐腌制鲜皮，可将食盐均匀撒在鲜皮表面，盐用量约为皮重的 35%—50%，或将鲜皮浸泡在浓度为 25% 以上的食盐水中，16—24 小时后取出撒盐于表面，然后再将盐腌过的皮干燥；（3）冷冻法，在寒冷地区，冬季还可采用冷冻法处理。

原料皮要加工成革需经过鞣制工艺，即通过使用一系列物理、化学与机械的处理方法，除去原料皮上的毛、皮下脂肪和非胶原纤维等，使其真皮层胶原纤维适度松散、固定和强化，再对其加以整饰和修理。经过如此处理，原料皮品质已经改变，不再易于腐烂，即成为革，又称皮革。制成的皮革也因而具有多种优良性能，如较高的机械强度，一定的弹性和可塑性，耐湿热、耐腐蚀、耐老化，透气性能好等；用于生产各种革制品时，易于加工成型，在使用过程中不易变形，且易于保养，能长久保持天然外观。所以，直到今天皮革仍然广泛用于制作各类军需、工农业及民用革制品。

第二节　皮革业的沿革

　　"裘"和"革"字出现很早。甲骨文和金文中的"裘"字形似披着皮毛的野兽。清末河南安阳出土的殷周时代的戍革鼎上所刻"革"字，则形似剔去肉的野兽，也状如人披甲。[5]这些字对应着早期应用的不同种类的皮革制品及其加工方式。

　　新疆罗布泊北面铁板河地带（古楼兰国境内）古墓中发现的女尸，距今约4000年，脚穿生牛皮短靴，由靴筒和靴底两大部件组合而成，是迄今所知存世年代最久远的皮靴。[6]

　　商周时期皮革加工技术已较熟练，规模也相当可观。《周礼·天官》记载有专门的"屦人"负责天子和王后四时的鞋履制作；"司裘"管理王室皮革诸事、掌毛皮服装制作；"掌皮"职务是"掌秋敛皮，冬敛革，春献之，遂以式法颁皮革于百工。共（供）其毳毛为毡，以待邦事"。春秋时齐国官书《考工记》记述的攻皮之工有五种，即函、鲍、韗、韦、裘。"鲍人之事"记述了制皮革的工艺要求和检验方法，"望而睨之，欲其荼白也；进而握之，欲其柔而滑也；卷而抟之，欲其无迆也"。从出土实物，对商周时期的皮革加工亦可见一斑。[7]

　　《史记》记载匈奴人"自君王以下，咸食畜肉，衣其皮革，被旃裘"。《淮南子·原道训》记载："匈奴出秽裘。"《后汉书》记载："（建武）二十八年（52年），北匈奴复遣使诣阙，贡马及裘，更乞和亲，并请音乐。"由此可知战国至秦汉时期的匈奴人，已有制革、制裘技艺。裘能作贡品，必为精工细作珍品，匈奴人的制裘技艺由此可见。此外，匈奴人以皮革造铠甲，以马皮造船，说明匈奴人对制革技术也初步掌握。

　　秦朝统治时间虽短，但从秦始皇陵兵马俑坑出土的大批铠甲士兵俑所穿甲衣及鞋靴，可透见秦时皮革制作技术的熟练水平。[8]

　　汉代鞋靴有麻鞋、牛皮靴、丝鞋、丝织靴。百姓鞋以素履为准，以革、葛草制成。《汉书·货殖传》记载："通邑大都……屠牛羊彘千皮……狐貂裘千皮，羔羊裘千石……亦比千乘之家，此其大率也。"秦汉间商贩之家每年除其他产业外，并具牛羊猪皮一千张，备狐貂皮衣一千件，有羔羊皮衣一千石，也堪称大富商了。

　　新疆库鲁克山南麓的尉犁县营盘古墓出土的彩绘纹饰靴，属魏晋南北朝时期。以皮革为靴底，麻布为面，绣织云彩与C形纹样，纹饰呈赤、青、黑色，靴内垫柔软轻薄的毛织物。[9]

　　《隋书·礼仪制》曰："惟褶服以靴。靴，胡履也，取便于事，施于戎服。"在服饰礼仪中规定了靴子的位置，从此靴子这种皮革制品登上中原朝仪的大雅之堂。帝王和权贵之臣多穿用乌皮六合靴，六合靴即历代所称的皂靴，隋、唐、宋、元、明至清皆穿用，用六块皮缝合，有东、西、南、北、天、地六合之寓意。[10]

　　据《新唐书·百官志》载，唐朝少府设有右尚署，专掌马辔加工，以及刀、剑、甲胄等御用物，兼领皮毛作坊，按等级和场合规定了着靴制度。

　　宋代沿袭前代制度，朝会时穿靴，后改成履。《宋史·职官志》记载，宋初为军事需要，在军器监下设有大规模的制革厂——皮角场，掌管皮革、筋角的采收，以供作坊加工制作之用。

元代皮革、毛皮业非常兴盛。《蒙古秘史》记载，蒙古人部落很早就已开始使用皮革来制作甲胄、鞍鞯、皮囊（鼓风用具）和革囊（即羊皮船）等用品。据《元史·百官志》记述，元代设有甸皮局，管30多户匠人，每年可加工出2000多张红甸羊皮。在元上都省院宫署中，亦有软皮局、异样皮子局、斜皮局、杂造鞍子局等皮革毛皮手工业管理机构，分工之细可以想见。内蒙古、外蒙古地区在当时是皮革毛皮业生产的一个主要产源地[11]。

元朝灭亡，连年战争使蒙古地区的手工业遭到破坏，皮革毛皮业亦不免劫难。直到明代中后期，俺答汗开发丰州地区，招揽汉藏工匠到漠南地区从事手工业生产，蒙古地区的皮革毛皮业才开始得以恢复。《明史·职官志》记载，明代在工部亦设掌管相关皮革业的机构"皮作局"和"鞍辔局"。民间毛皮与皮革鞣制加工，使用硝面法（芒硝和面粉），宋应星的《天工开物》记载"麂皮去毛，硝熟为袄裤，御风便体，袜靴更佳"，描述的即为皮革加工硝面鞣法。

《清史稿·职官志》记载，清代于工部设置了"制造掌典五工：曰银工，曰镀工，曰皮工，曰绣工，曰甲工"，皮、甲工占据其二。作为皮革毛皮业盛产地的蒙古地区，以前牧民所需皮革毛皮制品一般由其家庭手工业自己供应，产品比较单一，生产场地零散，技术提高十分缓慢。进入清代后，在蒙古地区汉人经营的手工作坊开始出现，并逐渐增多起来，使该地区曾经繁荣的皮革毛皮业再度兴盛。《绥远通志稿》卷四十一曰："在归化、包头二地手工业中，曾以皮靴、皮袄、皮裤各业为巨擘，或就地出售，或驼运外销，营业额极大，他项工业皆不及。"这可视作归化、包头两地皮革业繁荣的例证。

据《近代中国实业通志》[12]统计，民国时期我国毛皮产量很大，出口输出量日增，可参见表6-1。

表6-1　1912—1929年毛皮输出数量及价值

年份	输出数量（张）	输出价值（两）
1912	4572564	3575826
1913	5584326	4582419
1914	4528982	3518211
1915	5289397	4230533
1916	5947235	4848229
1917	6971324	5820832
1918	6292421	5192642
1919	8543728	7470068
1920	7321541	6317187
1921	6885321	5883245
1922	8344257	7946279
1923	13176488	11322137
1924	13643029	11693518
1925	18264521	17279929
1926	22345478	21000594
1927	26832567	25847467
1928	34327896	33224735
1929	34351425	33241725

不过，毛皮进口输入量也呈逐年增加之势。输出以美、英为主要对象，输入则以俄国为最多。

近代开始使用机器生产和鞣制技术，1898 年成立的天津北洋硝皮厂是我国第一家近代化制革厂，采用了 19 世纪末期欧洲最新型的制革工艺和化工材料。其后，上海、成都、广州、昆明、汉口、沈阳等地纷纷兴起建立新式制革厂。所引进的西方制革新法的大概程序可分为浸水、洗垢、浸石灰水、脱毛、去里、切片、浸酸、鞣制、染色和磨光等 10 多道工序。从表 6-2 来看，民国以来我国生皮输出与熟革输入相比，虽每年皆为出超（1926 年为入超），但输出的是生皮，输入的是熟革，说明国内制革技术还有待改良，产量尚不能满足需求，熟革还需要大量依赖进口。

表 6-2　1912—1929 年生皮输出与熟革输入价值比较

年份	输出（两）	输入（两）	出超（两）
1912	12353190	7877516	4475674
1913	19789254	8609749	11179504
1914	17081079	7436815	9644264
1915	21430972	6710530	14720442
1916	24113574	9070236	15043338
1917	27008288	12656639	14351649
1918	20377438	13656639	6720749
1919	19845790	8654404	11191386
1920	16912333	9426884	7485449
1921	11369945	11692006	322061
1922	13639640	13046745	192845
1923	15725942	9292251	6433691
1924	10908762	10044192	864570
1925	13575445	10482014	3093431
1926	8981080	11787688	2806608
1927	11189231	10149300	1039931
1928	20140508	11158540	8981968
1929	13261633	11159574	2102059

总的来看，皮革因具有多种良好性能，以之制作的各种革制品颇受人们欢迎。除用于制作衣服外，还可用皮革缝制帐篷、毯子、床褥等，在军事上做甲胄、盾牌、弓上部件、剑鞘、马具、战鼓等战备品，以皮革制作的靴子并用在服饰礼仪场合。为适应上述各种需要，历朝历代都设有专职人员或机构，对皮革毛皮业进行统一管理。而皮革业在历史上的兴衰起伏，则在一定程度上蕴含了皮革加工技术成败得失的经验。

第三节　传统的皮革加工工艺

传统的皮革加工工艺，因时因地而有所区别。皮革制作主要依靠经验，技术水平一般不是很高。《中国大百科全书》所描述的世界历史上传统的皮革加工方法主要有以下几种[13]：

油鞣法：最古老的鞣皮方法可能是用动物的油脂和脑髓等涂抹在生皮上，并经常揉搓，使毛皮变软，这实际是油鞣法的前身。人类或许早在旧石器时代就已利用石器剥取动物皮，并制成有用之物。但问题也随之而来，时间长了湿皮容易腐烂，晒干后又会变得很硬难以处理。为克服这些问题，人类利用野兽的脑浆、骨髓、油脂和类脂物涂于生皮表面，经过揉搓等机械作用使它变软。油脂在空气中氧化后，可对生皮产生油鞣作用，使其在晒干后也能保持柔软，从而可用以御寒裹足，或用作防御性的兵器等。

烟熏鞣法：用点燃木材所产生的烟来熏生皮，可以起到防虫、防腐的作用，后来就形成了古老的烟熏鞣法，实质是醛鞣法。人类可能是在使用火的过程中，逐渐发现了这种方法。

植鞣法：搭在树枝或木材上的湿生皮，时间长了会显出颜色。人类或许从中得到启发，逐渐知道树皮里含有一种成分，可以用热水浸提出来。而把动物皮放在这种浸提液里浸透，待取出干后既不收缩也不腐烂，可以制成各种较为柔软而坚韧的用具，能长久保存。

发酵脱毛法：将湿生皮放在温暖而潮湿的地方，经数天后毛即自动脱落。此法与老石灰液脱毛法的原理基本相同，都是微生物酶在起作用，但后者的效果要好得多。后经过不断改进，形成以硫化碱加石灰液的灰碱脱毛法，沿用至今。

粪便软化法：继灰碱脱毛法之后，人类还发现，禽畜的粪便如鸽、鸡和狗等的粪便，经温水发酵后与生皮也能发生作用，使它变得更加柔软。起初人们不知道这是微生物酶产生的作用，将其视为一种秘密，仅在师徒之间手口相传，后成为人们制造软革的关键技术。

麸软法：用麸皮或米糠，放在温水中发酵1至2天，然后利用发酵后产生的有机酸处理浸灰后的裸皮，以除去裸皮中的石灰，为软化生皮创造最佳条件。

硝面法：采用明矾、食盐、蛋黄和面粉等天然材料浸渍或涂抹在裸皮肉面上，使生皮干后仍能保持柔软而不腐烂。其中起主要作用的是铝盐，是原始的铝鞣法。埃及、罗马、希腊和中国都曾使用过这种方法。

在发明脱毛和皮革鞣制方法的过程中，人们还发明了皮革的整饰和成型技术。埃及遗留的公元前9世纪的木乃伊身上带有压花镀金的皮带，中国陕西临潼出土的公元前3世纪的秦俑所穿的皮甲上，染有不同的颜色，说明古人已掌握了皮革的染色技术，皮革与毛皮的加工技术已经达到一定水平。

我国内蒙古地区流传的传统皮革加工工艺（俗称"熟皮子"）主要有四种[14]：

油鞣法：指前述的用动物油脂和脑髓等涂抹在生皮上，经过揉搓，使毛皮变软的鞣制工艺。

生钩法：这是内蒙古地区农村牧区个体手工业皮匠熟皮子的一种古老方法。用具是木叉钩子，在中间加一片铁铧作刀具。将生皮浸水回湿后，用木叉钩子刮去肉渣，再抹上黄米等，然后再用钩子把生皮拉软，使皮张在此处理过程中失去水分。

酸奶法：内蒙古牧区的蒙古族及其他少数民族很久以前就发明了奶鞣法。方法是将牛奶加入食盐或芒硝，放在大缸内，待牛奶变酸后，将羊皮或其他动物皮放入缸内浸泡。经半个月至30天，甚至更长的时间，再将皮捞出晒干，然后再浸泡回潮，用大镰刀片刮去肉渣，即成为熟皮。这种鞣皮方法属于浸酸油鞣法，在鞣制过程中，能使皮变软的实际是乳酸。由于此法使用的材料易得，且操作简单方便，所以在牧区广为应用。用这种方法鞣制的皮革性能尚好，但具有酸臭味。

面熟皮法：也称米面熟皮法或硝面熟皮法，是一种古老的熟皮工艺。实际是一种发酵软化法，其原理就是利用含淀粉和蛋白质的黄米面粉，加入少量的小米稀粥，并加入一定量的食盐或芒硝，发酵产生有机酸后，用以熟皮，可使生皮变软。这种熟皮法制成的皮子，可塑性较好，但是遇水回生，容易虫蛀，也有酸臭味，同时需要消耗不少粮食。

20世纪90年代，这几种熟皮子的方法在内蒙古地区仍有不同程度的使用。但在现代皮革加工工艺（图6-1）以及各种优质皮革制品的冲击下，传统皮革加工方法消失得很快，其应用也越来越不容易见到。

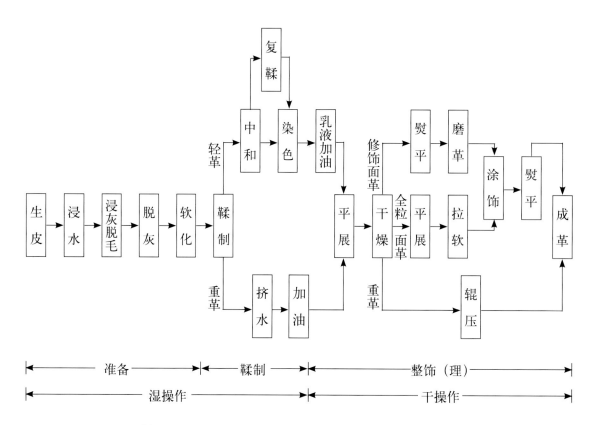

图 6-1 现代皮革加工工艺流程[15]

第四节　皮革加工工艺范例

传统皮革加工方法的使用，如今在民间尚能见到，但寻访起来已经非常困难。这里结合文献资料和田野调查，介绍几个传统皮革加工工艺的范例。

一、内蒙古地区鄂温克族熟皮子的技术

鄂温克人一直以打猎为生，以野兽肉为食，穿的是兽皮，在他们的生活中利用皮子做的东西很多。熟皮子和用皮子制作生产、生活用具的劳动，一般都由妇女负责。鄂温克人熟的皮子有狍、鹿、犴、牛等动物皮。

阿荣旗查巴奇乡鄂温克人熟习牛皮熟制技术。牛皮比狍皮大且厚，所以熟牛皮的技术比熟狍皮要难，所用工具也有所差别。熟牛皮时，第一步是先把皮子晒干，然后在皮上喷洒热水，再覆盖一层薄土，放在较热的地方，使其稍稍发霉，便于拔掉皮上的毛。[16]

第二步是把"巴拉德"涂在皮板上，再将皮子卷成卷，然后用"塔库热"（图6-2）铡压。铡压时，一般需要两个人相互配合加以操作。一人抬起"塔库热"的木刀，另一人把皮卷送到"塔库热"木刀齿下。前者用力向下压铡，像切草一样不断地铡，掌皮卷的人则不断挪动皮卷的位置。大约需要半天时间，基本能把皮子铡软。然后再用"哈地"（图6-3）铲刮，直到熟好为止。

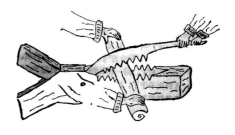

图6-2　塔库热

另一种熟皮方法是将皮子去掉毛以后，按用途切成大小块，放在木板上，捶打约3小时。将捶好的皮子放于一小箱内，用马粪稍加掩埋。需用皮子时，现用现取，这是熟制靴底靴帮皮子的方法。

"巴拉德"制法：把狍或猪肝煮烂切碎放进坛或盆内，盖好放置热炕上，大概一天时间就能发酵。以"巴拉德"均匀涂满皮子，能对皮板起分解作用，2个小时左右，皮板就会膨胀起来，油脂和残肉与之脱离，比较容易铲掉。"巴拉德"也可用燕麦制作，即用温水和面，等发酵后，将其涂到皮板上，作用与动物肝基本相同。涂时，不能涂得过厚，否则皮子会变硬。

"塔库热"是专用于熟大皮子的一种木制工具，木刀与床槽连接，刀上有齿，形如铡刀[17]。"哈地"是用废镰刀做的铲刮工具[18]。

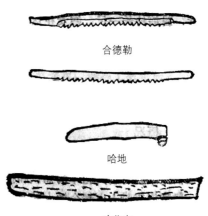

合德勒

哈地

哈荣克

图6-3　几种熟皮子工具

陈巴尔虎旗莫尔格河鄂温克人熟牛皮的过程与上述稍有不同，其法用獾油涂在皮子上，而不是"巴拉德"。先用刀把皮上

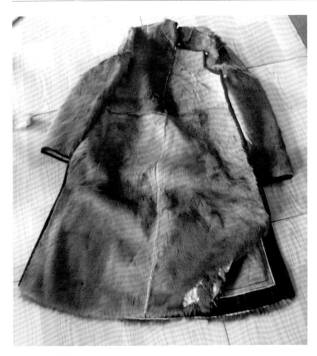

图 6-4　狍皮衣

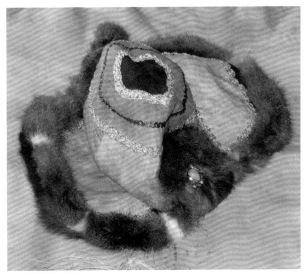

图 6-5　狍头帽

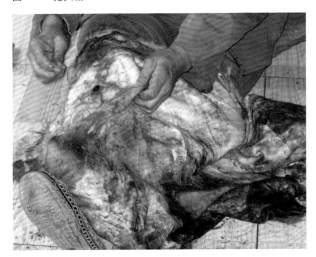

图 6-6　狍皮加工

的毛去掉，然后用"塔拉基"铡压。一人掌控木刀铡，另一人把涂了獾油的皮子卷成卷，放在"塔拉基"床槽上。不停地铡，然后涂油继续再铡，直至熟好，一天可熟一张大皮子。"塔拉基"与"塔库热"一样，也是熟大皮子用的木制铡刀。[19]

鄂温克族自治旗辉索木熟大皮子的方法，是趁温热先用刀子去掉毛，已经晒干的皮子，需经润湿后去毛，然后再晒干。熟时用水把皮子浸湿，毛面朝里卷成卷，用"塔库热"铡压。2天之后，打开皮卷在上面涂以獾油，涂豆油、马油也可以，接着再铡压一天即成熟皮子。

辉索木熟羊皮的方法有二。一种方法是将剥下的羊皮先晒干，熟前于皮板子上涂抹一层酸奶，然后把皮子毛朝外折起来，在屋内放置2—3天。再用木棍将其拧成毛团挂在外面，每天拧5—6次。2—4天后，拿到屋里，刮掉皮板上的酸奶，接着用酸奶中泡成的红色兽肝汤涂抹其上，毛朝外折起一段时间，再用镰刀刮和用手揉搓，即制成熟皮。另一种方法是把皮子拧成毛团后，将5—6张羊皮两两里对里地折起来，卷成大卷，然后在"塔库热"上铡压，持续铡压两天，打开皮卷再用"合德勒"铲刮。候干后，接着用"哈地"刀刮，直到皮子柔软为止。如果要熟光板皮子，则只需将皮板上的毛剪掉，其他过程与上述方法相同。"合德勒"约长二尺，宽一寸五分，有齿，两端有木柄。[20]

另外，在内蒙古和黑龙江交界地区生活的鄂伦春族人的服饰也充分显示了狩猎民族的特色[21]。由鄂伦春族妇女加工的狍皮结实、柔软、轻便，所制狍皮衣（图6-4）多半保持狍皮本色，用狍筋搓成的细线缝制，装饰"弓箭形""鹿角形""云卷形"等图案，美观结实；所做狍头帽（图6-5），戴上去很像一个狍子头，生动逼真，而且很保暖。鄂伦春族狍皮制作技艺（图6-6和图6-7）于2008年6月列入第二批国家级非物质文化遗产名录。

二、张家口地区的民间钩皮子工艺[22]

张家口是连接内蒙古和华北地区的重要枢纽。

据说，早在东汉时期，张家口一带就出现了毛皮贸易。1522年左右，张家口上、下堡先后筑成，其中上堡是蒙古族、汉族互市之所。每年春季，毛皮交易频繁。1783年，张家口上、下堡和永丰堡等地的居民从事皮毛加工的甚众，皮毛作坊鳞次栉比，工人数以万计。1860年，俄国商人开始在张家口出现。1884年，英、美、法等国商人也纷纷来到当地收购皮张和羊毛。因皮货贸易、皮革加工等行业非常繁荣，张家口在历史上被誉为"塞外皮都"。[23]

图6-7 狍子皮和加工工具

张家口市区等一些大城镇，主要是以大作坊生产为主，规模较大，每日可加工几百张皮子，所加工的皮子有从内蒙古贩运来的，也有从本地收购的。而农村各地的皮革加工则以个体手艺人为主体，当地称他们的手艺为"钩皮子"，一般规模较小，每次仅加工几张皮子，制作一两件皮革制品。黄兴于2007年7月调查记录了该地区宁大胜老人的钩皮子手艺。

宁大胜祖居河北宣化县深井镇宁家坊村，年轻时学会木工、钩皮子、制皮衣、打制麻绳等多项农村传统手艺，农闲时常以这些手艺为人做活，可挣钱贴补家用。他在21岁时，跟人学钩皮子手艺，五六年后出师自己单干，经常外出给人钩皮子。农村实行联产承包责任制后，经济发展很快，各种工业产品的大量供应，使得钩皮子、打麻绳这样的传统手艺逐渐失去市场。接受访谈的时候，老人已多年没有操作钩皮子手艺了，但他对此项技艺的操作还是很熟练。

图6-8 钩子

其钩皮子的主要工具有钩子（图6-8）、刷子和绳子等。钩子一般选用杏木、榆木等硬木的天然枝杈制成，内侧插有一不开刃的钢片。最上端是握柄，最下端凿孔穿一绳套。绳套以皮编制成或以麻和头发混编，非常结实、耐用。钩子与鄂温克人熟皮子用的钩子一样，刷子用于浸湿皮子，绳子用于挂皮子。

钩皮子时，首先需要浸泡皮子（图6-9）。未经加工的生皮子含有大量胶原蛋白和油脂，发脆发硬，不易钩动，也容易钩坏。需经过泡浸处理，把皮子里的胶质和油脂脱去。大作坊一般把皮子放在大池子里用水泡，添加生石灰（发热，碱性有利于除去油脂）和盐（防止脱毛）。

图6-9 浸泡皮子

个体钩皮子艺人们需走村串户，没有固定工作场所，每次也只钩几张。工序相对简单，不用把皮子放在池子里浸泡，只要把皮子毛朝下平铺在地，将温碱水刷在皮板内膜上。加碱的作用是可以快速去除油脂，还能使皮子发涩，在后期缝制皮制品时

图 6-10 对折皮子

图 6-11 折好的皮团

图 6-12 钩皮子

皮子不会夹针，容易缝制。有时候也不添加碱，直接用温水浸刷皮子。

下一步把皮子从左右两侧向中线对折（图 6-10），再从中线折叠，头尾依皮子大小分几次向中心对折起来，折成团状（图 6-11）。在冬天钩皮子，一般先把皮子折起来放在炕上烤 20 多分钟，再挂起来勒挤，皮板上的油就会流溢出来。

接下来是钩皮子（图 6-12）。把经过上述处理的皮子挂起来，将皮子的脚捆住，打成活结。右手握钩柄，用钢片搭住皮子内膜；左手执皮下端，使皮子和钢片成一定角度，反复钩刮。钩皮子时，左脚蹬地，右脚蹬钩子上的绳套，全身协调配合动作。

先钩皮子四边：挂头钩尾，挂尾钩头；分别挂住四角，钩斜对角，最后钩刮皮子中间部位。直到钩去皮子表面的肉膜，露出白色骨朵即球状纤维。至此，皮子变得柔软而舒展，不然需喷水继续钩刮。

钩的时候会渗出一些油脂。若渗出的油脂较多，则不容易钩。这时要取下皮子，在皮子上撒些白面、土或灰（撒白面钩出的皮子皮质较白），折叠起来放在热炕上把油烤尽，再重新钩。钩半小时左右休息一会儿，往皮子上撒些面。2—3 个小时就把一张皮子钩软了，需用白面大约一碗。老人年轻时一天可以钩 2 张狗皮，2 张 40—50 斤重的羊皮子。

三、内蒙古东乌珠穆沁旗乌里雅斯太镇的熟羊皮工艺[24]

白龙师傅 1984 年进东乌旗皮革厂工作，1992 年至 1998 年，在乌里雅斯太镇肉加工厂工作。1999 年下岗，他师从 20 世纪 50 年代从河北过来的李英茹，开始学习熟皮子。2000 年，他单干，刚开始生意少，近些年知道的人多了，到他家里加工皮子的增加了很多。他传承和应用的是传统的硝面熟皮法。

以大羊皮为例，他熟羊皮的工序主要如下：

第一步是初步清理。拣选皮子（图 6-13），在皮子上扎眼做记号（图 6-14），眼子的位置、数量、形状有别，在本子上做好记录。将经过拣选的羊皮用清水浸泡两三天，待变软了捞出来（图6-15），以弯刀在架子上刮去肉里子和肉渣（图6-16），再清洗干净。

第二步把经过清理的皮子毛朝外、板面朝里放在缸里，以熬好的小米汤浸泡（图6-17）。小米汤的主要成分是小米、黄米、盐和硝，以一定比例配制熬成。盐放少了，皮子容易烂，放多了后面难铲；根据情况，硝放多放少都可以，也可以不放，主要起膨胀作用。天气凉时需泡8—9天，热天5—6天可泡好。一天至少要翻一次，天热要多翻，防止皮

图6-13　拣选皮子

图6-14　扎眼做记号

图6-15　清水浸泡后的皮子

图6-16　铲刮

图6-17　小米汤浸泡

图 6-18　晾晒

图 6-20　对折捂放

图 6-19　刷清水

子被泡烂了。等皮子发滑了，开始出缸，控水半小时。

第三步是晾晒。把浸泡好的皮子放在阳光下晾晒（图 6-18），先晒板面，天气好，半天就可以晒好。再晒毛面，直到晾干。收起存放。

第四步是闷皮子。在铲和刮皮子前，把晾晒好的皮子板面刷以清水（图 6-19），对折用编织袋盖捂住（图 6-20），放两天。不能趁湿铲、刮，需晾透了。若效果不佳，就需要再闷一次。

第五步是铲（图 6-21）和刮（图 6-22）。闷好的皮子，用铲子铲直，去褶。接着在专用架子上以直刀刮平面子，去褶子。皮子铲、刮之后，要先晾毛面，晒热后再把板面捂干。

第六步是钩皮子（图 6-23）。把除湿后的皮子用钩子进行钩刮，先钩一头，再钩另一头，程序较以前简化，以前需钩四条腿，可能还有头尾和中间，现在一般只钩两次，直到把羊皮钩软了为止。若只钩一次，皮子是斜的。软的程度凭手感，钩子要钝一些，不然会割出口子。熟好的皮子越软越好。

第七步是修边和刮边，对钩好的皮子的边再做修刮，修刮好后，一张皮子就算熟好了（图 6-24），然后根据事先做好的记号进行分拣和捆扎。

一个工序过程大概需 10 天完成。他每年加工大、小皮子近 4000 张，主要是羊皮，还有牛犊皮、狼皮、狗皮、野生獭皮等。

图 6-21 铲

图 6-22 刮

图 6-23 钩皮子

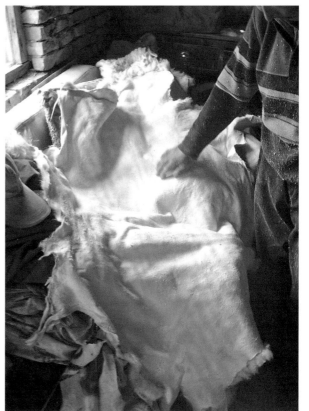

图 6-24 熟好的皮子

四、山西交城县的滩羊皮制作工艺 [25]

山西交城滩羊皮制作工艺于2008年6月入选第二批国家级非物质文化遗产名录，其历史沿革、经营情况、传承谱系、产品种类和工序如下：

（一）历史沿革

交城滩羊皮起源于明代中期，初以军需为主，后兼顾民用。明、清、民国时，交城毛皮作坊分布在现天宁镇（县城）、夏家营镇、西营镇、洪相乡，其中天宁镇最多。这些地方用水方便，交通便利。清顺治、康熙时，北京、张家口等地商人来交城投资经营。乾隆时得到大发展，外地来交城打工的毛皮匠结成"交城社"（同乡会），毛皮产品行销全国，鸦片战争后还打入了国际市场。据1994《交城县志》统计，清嘉庆二十一年至道光元年（1816—1821年）阳渠村有10家皮坊，覃村有2家皮坊，县城东关有3家皮坊，青村有2家皮坊。光绪二十一年至二十四年（1895—1898年），交城县毛皮作坊一百余户。民国10年，县城及义望、阳渠、柰林、安定等村拥有皮坊127家。民国14年至15年，县城有隆盛裕、福成玉等94家，加上阳渠、义望、安定、洪相、柰林、成村、梁家庄、东西汾阳等村的皮坊，共120多家。抗日战争时，交通和生皮供应断绝，产品销售不出去，皮坊、皮店及相关金融业、服务业纷纷破产，大批工人失业。新中国成立后，交城设立了国营毛皮厂，滩羊皮鞣制技艺得到传承。

（二）经营情况

交城毛皮业从原材料供应、加工生产，到产品销售，皆独立自主经营。滩羊皮鞣制选料精细，皮板薄、毛锋长、重量轻、毛锋自然卷曲呈波纹状，保持七道弯以上，皮质和加工工艺独具特色。其产品在国际市场上，为外国洋行所争相购买。各家皮坊产品均盖有商标戳印，如四合源的名牌产品"八仙庆寿"，深得客户信赖。

陕、甘、宁三地滩羊生皮大部分销往交城，每逢冬春时节，驼队骡帮，前呼后拥，从吴堡渡河后，经柳林、离石、吴城，经黄芦岭、峪道河直达交城，形成一条连通四省的"毛皮之路"。据《宁夏财政年刊》记载，1935年宁夏输出滩羊皮20余万张，价值50余万元，占全部出省物资总额的40%左右，生皮输出是其主要财政收入。

据《清宣统外务部开埠通商档》统计，光绪二十八年、二十九年两年间，仅英、德两国就有7家洋行通过平定县故关槐树铺厘卡运往天津口岸的交城皮货，品种有羊绒毛、驼毛、生熟皮、滩皮、羔皮、羊皮、皮袄、皮褥、杂皮等，计833包，962件，73440张。光绪三十一年（1905年）来交城等地采购皮货的洋行有德国瑞记、顺发等14家，英国高林、平和等14家，美国德泰、德记、茂生3家，法国拔维晏、立兴2家，日本三井1家，荷兰恒丰1家。

民国时，交城有一首顺口溜："四合两聚永兴成，意和德源三隆号；股实铺号成百处，三五合伙不计数。"前两句记载了九家排名靠前的大型皮坊："四合"指四合源，"两聚"指聚源兴、聚源厚，"意和德源"指意和德、意和源，"三隆"指隆盛昌、隆和裕、隆盛裕。隆盛昌在西街仓巷路北，隆和裕在南街马家巷路南，隆盛裕在西街宋家巷路南。"三隆"在1930年中原大战中同时倒闭。

民国时交城县皮坊统计 [26]：

1935年，交城有皮坊38家，累计资本总额542989银元，员工1995人，年产皮230937张，产值491278银元。其中，重点皮坊情况如下：

四合源，清咸丰元年开业，合股资本23976银元，股东有西街郭姓等，员工70人，年产皮14000张，产值24800银元，地址在南街真武庙街中段，南北两院。

聚源兴，1925 年开业，合股资本 33000 银元，员工 119 人，年产皮 12500 张，产值 36200 银元，地址在城内南街郝家十字。

聚源厚，1932 年开业，合股资本 34000 银元，员工 135 人，年产皮 12500 张，产值 33790 银元，地址在城内东正街路南，今县中医院中西部及北邻第二院。

意和德，清光绪十九年开业，合股资本 22100 元，员工 95 人，年产皮 8550 张，产值 24320 银元，地址在县城西门街路北。

意和源，清光绪二十一年开业，合股资本 12889 银元，员工 43 人，年产皮 4994 张，产值 13560 银元，地址在县城西门街路南。

益记，1928 年开业，独股资本 36200 银元，员工 110 人，年产皮 11200 张，产值 30840 银元，地址在县城东街龙虎巷北口路东。

泳记，1935 年开业，独股资本 7500 银元，员工 71 人，年产皮 5900 张，产值 13150 银元。

永庆和，1926 年开业，合股资本 12000 银元，员工 23 人，年产皮 3001 张，产值 6780 银元。

天源聚，1934 年开业，独股资本 7140 银元，员工 22 人，年产皮 2194 张，产值 5150 银元，地址在南街王家巷路南。

天德源，清光绪二十一年开业，合股资本 21062 银元，员工 59 人，年产皮 6801 张，产值 18400 银元，地址在南街下庙路北。

吉庆永，1916 年开业，独股资本 38366 银元，员工 91 人，年产皮 8940 张，产值 25800 银元，地址在南街胡家街路南。

晋记，1925 年开业，合股资本 15000 银元，员工 41 人，年产皮 4720 张，产值 14470 银元，地址在南街真武庙街东口路北。

三合和，1926 年开业，合股资本 18196 银元，员工 55 人，年产皮 4342 张，产值 12291 银元，地址在南街孙家巷路南。

玉泰厚，1925 年开业，独股资本 30250 银元，员工 64 人，年产皮 8400 张，产值 20845 银元，地址在下关街南河子路西。

正兴隆，1933 年开业，合股资本 26400 银元，员工 97 人，年产皮 12286 张，产值 29739 元，地址在西街西门街路南。

复兴源，1930 年开业，合股资本 12000 银元，员工 82 人，年产皮 4591 张，产值 13525 银元，地址在西街西门街东口路北。

和意权，1916 年开业，合股资本 21400 银元，员工 64 人，年产皮 6200 张，产值 19600 银元。

同和庆，1914 年开业，合股资本 21800 银元，员工 83 人，年产皮 7400 张，产值 22310 银元，地址在西街仓巷。

庆和祥，1921 年开业，合股资本 22160 银元，员工 92 人，年产皮 8850 张，产值 23505 银元，地址在南街胡家街西口路南。

新中国成立后，交城毛皮业一度复苏，先有合记皮坊开业，小批生产。1954 年，7 名老皮匠组成毛皮合作小组；1956 年，毛皮生产合作社成立，职工 53 人；1958 年，合作社升级为国营毛皮厂，职工增至 100 余人。1979 年，该厂产品在全国毛皮行业会上被评为质量第一名，获"山西省优质产品"称号。1983 年后连续亏损，交城毛皮厂最终破产。

（三）传承谱系

交城毛皮业的师承谱系历史主要依靠口头相传，见表6-3：

表6-3 交城毛皮业师承谱系

姓名	籍贯	生卒年	从业经历
张俊儒	交城县市崇坊人	？（清朝）	家贫，习皮工，客于辽东
王道纯（字厚庵）	祖籍文水县，民国10年落户交城县南街	1853—1933	清同治六年（1867年）入交城老字号四合源皮坊学徒，光绪中期升四合源掌柜
薛思聪（字达臣）	交城县南街人	1884—1957	光绪二十四年（1898年）入玉顺庆皮坊学徒，后任玉顺庆外采老板14年，往来交城与陕甘宁之间。民国4年，入聚源盛皮坊（民国6年改称聚源兴），任三掌柜，负责外采业务。抗战爆发后，山西沦陷，他抢运滩羊皮成品一万多张去往西安，再转湖南长沙，1938年10月13日，国民党军队制造"长沙大火"，所存毛皮尽成灰烬，损失数十万银元，聚源兴一蹶不振
乔克让	交城县义望村人	？—1929	清同治、光绪年间著名毛皮工匠，与阳渠村常景福合作创办天德源皮坊
郭世恭	交城县南街人	1866—1948	光绪五年（1879年）进县城福来永皮坊学徒，技艺精湛。吃劳金后被东家掌柜看中，提升为跑外老板。30岁即担当福来永皮坊大掌柜之职，30余年如一日，生意日隆
王志明	交城县瓦窑村人	？	20世纪二三十年代在陕西省定边开设同新裕皮坊
郭梅玉	交城县西街人	1874—1948	是清咸丰元年创办的交城四合源皮坊股东之一。早年从私塾辍学后入玉顺庆皮坊学徒，3年满徒后上案工作，又随掌柜去陕甘宁青采买生皮，20多岁任玉顺庆大掌柜。民国2年，玉顺庆倒闭。民国5年，创办吉庆永皮坊和公顺源皮坊。抗战爆发、交城沦陷后，皮坊倒闭，改营宜兴长银炉，不久再告破产。愁病交加，新中国成立前夕，病逝于太原
薛文富（又名薛宝）	交城县城关西街人	1898—1971	民国时著名毛皮工匠（铲皮工），人称"快刀薛宝"。先后在四合源、三合和、正兴隆等皮坊做工
许智宇	交城县西街人	1879—1948	12岁入隆盛昌皮坊学徒，多年后升外客二掌柜。1938年赴陕北定边经营皮坊，抗战胜利后回乡，以救助贫弱称誉乡里
张振泰	交城县西营村人	1880—1946	清光绪二十一年（1895年）进县城某皮坊学徒，其师兄弟有姚义（文水县杭城村人）、张应门（交城县辛南村人）、雷振兴（交城县义望村人）。3年学徒期满，"谢师"一年，张振泰即回乡自立门户，筹借1000银元，兴办"义泉泰"皮坊
张希曾（张振泰之子）	交城县西营村人	1914—1981	少年时即随父学徒，终身从事鞣皮行业，扩大义泉泰业务。到抗战爆发前夕，义泉泰从业人员多达30余人
张拉生（张振泰之孙）	交城县西营村人	1943—	继承祖父、父亲产业与技艺，交城县毛皮厂成立后即进厂当工人，20世纪90年代县毛皮厂停产，张拉生返乡重振义泉泰皮坊至今
张晓春（张拉生之子）	交城县西营村人	1968—	17岁随父张拉生学习传统毛皮鞣制技艺，经过十多年努力学习，接受严父耳提面命，熟练掌握了滩羊皮加工的20道工序。现为山西省民间文化遗产杰出传承人，交城县义泉泰皮业有限公司总经理。他是交城滩羊皮鞣制技艺传承者、老字号义泉泰皮坊第四代传承人

现在，交城皮坊大批房地产改作民居，低值易耗件如泡皮缸、钉板、皮案工具散失，毛皮硝鞣加工技术基本失传，在世老技工不足10人，年龄多在80岁以上，较年轻的有3人，也多为64—70岁，最小者义

泉泰皮坊第四代传承人张晓春也已 50 多岁。

义泉泰皮业有限公司，前身义泉泰皮坊（图6—25），由张振泰创建于清光绪二十四年(1898 年)，经张希曾、张拉生至张晓春，已历四代，经营的毛皮产品有 80 余种。1991 年，张晓春获得国家工商行政管理局、中国个体劳动者协会授予的"全国先进个体劳动者"称号。2006 年 10 月，山西省民间文艺家协会、山西省民间文化遗产抢救工程委员会授予张晓春"山西省民间文化遗产杰出传承人"荣誉称号。

图 6-25 义泉泰牌匾

张晓春在承继祖传技艺后，面临着交城滩羊皮行业全线萎缩的局面，他便开始转产工艺美术毛皮业，学习引进新工艺技术，克服传统工艺污染环境、产品易受虫蛀的缺点。毛皮壁挂型工艺书画是他近年来开发的新型产品，分成伟人书法、版画、水墨画、仿古画像石和装饰图案等系列，作品有《毛泽东书法》《大展鸿图》《岁寒三友》《徐悲鸿墨马》《寿比南山》和《闻鸡起舞》等。

（四）产品种类和工序

交城毛皮产品，可分为裘皮、羊毛（绒）与革制品三大类。以羊皮为主要产品，滩皮、滩二毛、滩羔皮为上乘，老羊皮、山羊皮则次之。杂皮中名贵产品有红白狐皮、黄鼠狼皮、猫皮、貂皮、灰鼠皮、虎豹皮、水獭皮等；稍次有獾皮、兔皮、狗皮、狼皮等。其余牛、马、驴、骡、猪皮等非裘皮类则统称为"黑皮"，属革制品，由"黑皮坊"经营。

"滩皮"是指我国西北地区戈壁滩放牧的滩羊之皮。滩羊体型较大，毛长 6—9 厘米，脂尾锥形，部分头部为黑色，主要分布于宁夏黄河沿岸及陕北地区，以贺兰所产最佳。《中国实业志》介绍："生皮因产区不一，故品质亦殊，除宁夏之平罗、宝丰，陕北之定边、盐池皆产滩羊皮而外，其他各地所产皮张，因地命名……有宁皮、永昌皮、口皮、榆林皮等数种。"[27]

交城滩羊皮加工采用陕甘宁戈壁滩的"滩羊皮"为原材料，经过洗、泡、晒、铲、钉、鞣、吊、压、裁、缝等 20 道工序精心鞣制而成。加工所用器具（图 6—26、图 6—27 和图 6—28）有山棒、竹板、剪子、搔子、裁刀、裁剪、尺板、顶针、钩子、楚刀、铲片子、铲弓、水刷，另有缸瓮、钉板、泡皮池、裁案等。辅助材料以大黄米、黄米面、皮硝、皂角等为主。

制品种类有蟒袍、长褂、马褂、朝衣、女裙、袄、大氅、斗篷、坎肩、套袖、皮袜子、皮褥子、皮裤、

图 6-26 滩羊皮加工工具

图 6-27 缸瓮

图 6-28 滩羊皮鞣制滚筒

图 6-29 梁撑

图 6-30 刮刀

手套、帽子、围脖、披肩、耳圈等。

五、霍梅尔在中国调查的制革工艺

德裔美国学者鲁道夫·P.霍梅尔于 1921—1930 年间前后 8 年（1927 年去了日本），在中国做传统手工艺的实地调查，用照片和文字记录了中国人使用的工具、器物和劳作的场景，所涉工具和器物 120 多小类，其中包含了对中国制革工艺的调查内容。这里择要介绍如下：

霍梅尔认为中国有 40 多种富含鞣酸的植物和树木，如中国出口的五倍子、柞蚕茧和茧丝的外壳和每天从茶壶里倒出的剩茶叶中都含有鞣酸，可做皮革制作的鞣剂，但中国人却没有掌握用鞣剂来制革的工艺。中国人制作皮革不使用鞣酸，而用明矾硝制。[28]

制革以黄牛皮或水牛皮做基本原料。取皮后，铺在地上，撒上生石灰和水，皮子开始收缩。大约过一小时，用梁撑（图 6-29）撑开皮子，然后用刮刀（图 6-30）刮去生皮内的黏附物和外表的毛。之后，将皮子放进水池泡 10—15 天，再捞出撑在木棍上，放在太阳下面晾晒。用这种方法制出的皮革质量很差，在水中很容易变软。若用以制成雨靴，需在靴底钉很多钉子。还得经常擦油保养，以免生霉。

霍梅尔在江西建昌地区和湖北省见到的皮革质量稍好些，制作过程和上述工序基本相同，但多了一道烟熏工序。浸泡后的皮子晾干后，放到炉子上，用烟火烤，以获得所需要的质感。

皮革制好后都要叠起来堆放，压以重木，到用时再取出。在制雨鞋时，皮匠还需先刮平所用皮革的内表面。另外，要用不开刃的工具压刮皮革，使之变得柔顺。在山东的一个农村集市上，霍梅尔看到了另一种柔顺皮革的方法，有人事先将皮子摊在人们赶集所经之地，当很多人走过时，就将皮子踩平软了。

现代皮革加工，从原料皮到制成符合品质要求的成革需要经过许多复杂的化学处理和机械处理工序，一般有 30 多道工序到 50 多道工序不等[29]。皮革制作企业的运作规模、生产效率等是传统作坊和个体手工业以及传统制作方法所无法相比的。但相对现代皮革业给环境带来的严重污染问题，传统皮革手工业以其低污染和浓浓的乡土风情，还是让现代人颇为怀念。

第五节　皮革制品实例——蒙古靴制作[30]

皮革用途很多，可做箱、包、袋、垫、服饰、皮靴、皮筏、刀鞘、甲胄、鼓面、车马挽具鞍辔和各种皮结、皮条等。这里仅以蒙古靴的制作为例，来做介绍。

靴子便于涉草、防沙，在严冬时可助抵抗寒冷，并很适于骑乘驰骋时穿用。历史上，在欧亚大陆中部靠北的辽阔草原地带上活动的许多游牧民族，或许都曾是靴子的制作使用者。《梦溪笔谈·故事一》言："中国衣冠，自北齐以来，乃全用胡服。窄袖、绯绿短衣、长靿靴、有蹀躞带，皆胡服也。窄袖利于驰射，短衣、长靿皆便于涉草。"长靿靴即高筒靴，与窄袖、短衣同属胡服。按沈括的说法，自北齐以来胡服已在中原普遍采用。隋代在服饰礼仪中规定了靴子的位置，隋唐以降，直至清代，靴子一直沿用为历代君臣服饰的一个配套部分[31]。

蒙古族过去作为一个以游牧生活为主的民族，靴子也曾是其服饰的基本组件。因民族兴起和生活区域的相对稳定，他们在日常生活中所喜穿的靴子，此后在民间可能渐被其他民族约定俗成地称为蒙古靴或蒙靴。显然，蒙古靴融合了诸多民族的手工技艺和智慧。长期以来，它已经与首饰、长袍、蒙古刀和腰带等一起成为颇具特色的蒙古族服饰的重要组成部件。

20世纪80年代后期以来，伴随着国家体制的改革，牧民的生活方式与穿着习惯发生了不小改变，蒙古靴的市场需求陡降，传统的手工制作也部分地为机器生产所代替。相应地，蒙古靴传统制作手艺赖以存在的环境也发生了很大变化。2006年，关晓武等了解到吴润达先生会做蒙古靴，便从当年11月13日开始，先后十几次前往吴师傅家做调查访谈，采用笔录、拍照、录音和摄像等方式，对他制靴的过程予以记录。

一、手艺传承

据吴润达叙述，吴家制作蒙古靴的历史较长，到他这里已经是第五代。

第一代（名字已不详），14岁从山西省大同县小坊城村来到呼和浩特（简称呼市），学习蒙古靴制作技艺，并以此为生。在什么作坊、师从何人学艺，皆不可考。但因他所做的靴子精致，于清咸丰年间被召入府衙，专给朝廷官员们制作朝靴。其子吴杰继承手艺，成为第二代传人，仍给官员做朝靴。

到第三代吴登明时，因清政府衰亡，吴家流落到民间专给蒙古族牧民做靴子。吴润达说，当时呼市制作经营蒙古靴的有7家店铺，分别是义德堂、大盛永、苁昇德、义盛泰、三和义、云祥瑞、福昇祥[32]，竞争非常激烈。吴家经营福昇祥蒙古靴铺，讲究诚信，礼仪待人，在牧民中享有很高声誉。

吴礼是第四代传人。在他29岁时（1937年），其父吴登明突然去世。他便教3个弟弟吴禄、吴祯、吴祥（后改名为吴永祥）制作蒙古靴。1940年起，牧区连续几年荒旱，牧民收入很少，来不了呼市，蒙古靴经营比较惨淡。于是他带着3个弟弟前往牧区，东至锡林浩特，西至阿拉善盟，给牧民们做新靴，修补旧靴子。临走之前，备齐制作蒙古靴所需要的各种原材料、工具，载上所用家具和口粮，骑上骆驼，每年过了正月十五从家出发，腊月才从牧区返回。这样在呼市和牧区之间往返，一直持续了6年。后来牧区风调雨顺，牧民们手中积攒起了钱，又开始往来呼市，他们弟兄4个才不再出去。在往返牧区期间，吴礼结识了很多牧民，练出一口流利的蒙古语，与牧民相处得很融洽。那时吴家在呼市太平街有两座院子，每座院子都有30多间房。牧民们往来呼市旅游、看病的，很多都住在他家。吴礼还给看病的牧民推荐最好的中医大夫，并让女儿帮他们抓药。

1958年，吴禄、吴祯、吴永祥与李生业、阎合奎等在政府的组织下，参与成立一个蒙古靴生产合作小组，后来经过合并重组合作小组演变成了呼和浩特市民族用品厂[33]，产品主要有蒙古靴、马靴和马鞍等少数民族特需用品。吴礼因家庭人口多（有5男4女9个子女），政府还允许他继续单干。吴家做出靴子，交到百货公司，由公司按市场价格付给他们钱款。吴润达是吴礼次子，上小学四年级时，吴礼对他说："做蒙古靴到我这里已是第四代，还没有继承人。你不要上学了，来跟我做靴子吧。不然，这手艺就断代失传了。"在此情况下，他便弃学开始学做蒙古靴，后成为第五代传人。1964年，政府不再允许吴家个体经营。那时吴礼年事已高，就不再做靴子了。吴润达二十刚出头，但跟他一起做靴子的都是中老年人，他不想成天与他们在一起这样单调乏味地工作，就改了行。先做了几年临时工，1967年进呼市第四毛纺厂，成为国家正式职工。干了18年，1984年调到蔬菜公司，一直工作到退休。

2006年4月，退休不久的吴师傅到市场上做了一番考察。他发现街上民族工艺品店里卖的蒙古靴，所用材料质量不好，工艺也不到位，于是有了再做蒙古靴、发扬传统手艺的想法。自1975年始，呼和浩特市民族用品厂制作蒙古靴，都是机器设备流水线作业，每个工人只负责其中一个环节[34]，独自一个人完成不了全部流程。像吴润达这样继承了家传手艺，能独自制作蒙古靴的全能型艺人并不多。吴润达对呼市塞上老街一家民族工艺品店的店主说："你现在卖的蒙古靴工艺太差，材料也不行，我会做地道的蒙古靴。"店主就让他做一双来看看。第二天，他拿上制靴材料，在店门前现场做起来。虽多年不做蒙古靴了，但吴师傅的手艺还是很娴熟。当时有很多人围观，店主见吴润达做的蒙古靴确实好，手艺也与众不同，给《内蒙晨报》打了电话。记者闻讯赶过去，对吴师傅进行了采访，访谈报道没过几天就刊登出来。这引起其他多家报纸和内蒙古卫视台的关注，相继跟进报道，吴润达的手艺也逐渐为很多人所知[35]。

2007年6月，吴师傅因其技艺被授予呼和浩特市"非物质文化遗产代表性传承人"称号，2008年初，被列入内蒙古自治区"非物质文化遗产代表性传承人"名录。

二、样式和结构

蒙古靴的造型精致、种类繁多。按靴头的样子，可分为尖头靴、圆头靴等；依据靴勒的高矮，可分为高勒、中勒和矮勒靴；以制靴材料来分，则有毡靴、皮靴和布靴之别。每一种靴子的制作都很讲究，且有特定工艺。

吴师傅能够制作7种样式的蒙古靴：大板尖、小板尖、大仙、皂样、武步员、抓地虎和八宝。除抓地虎靴外，其他6种样式又有别称，大板尖又称军样，小板尖又叫三报，大仙、武步员又称朝靴，皂样可称作鸡蛋头，八宝又称为童靴。它们之间的区别主要表现为帮、勒和靴底款式、尺寸的不同。大板尖靴（图6-31）帮勒接口处稍微上挑，靴尖上翘弧度在几种样式中是最大的，靴尖上翘高度距靴底平面可达9厘米；小板尖靴（图6-32）帮勒接口弧度比大板尖略小，靴尖也仅翘起很小一点弧度；大仙靴（图6-33）帮勒接口上翘的弧度在几种样式中最大，靴尖则略向上挑；皂样靴（图6-34）帮勒接口上翘弧度不大，靴尖形似鸡蛋头；武步员靴（图6-35）帮勒接口上翘弧度类似于皂样靴，靴尖则略为下挑；抓地虎靴（图6-36）形似皂样靴，但靴头要长出靴底3厘米左右，且较皂样靴头为瘦；八宝靴（图6-37）是孩童穿的靴子，它的靴筒

图 6-31 大板尖靴

图 6-32 小板尖靴

图 6-33 大仙靴

图 6-34 皂样靴

是由帮子、脖子、后跟、脸子、勒子和盖子（图 6-38）缝制而成，而其他几款样式的靴筒则是由 4 块皮子缝合的。抓地虎靴的勒子高度尺寸相当于大板尖靴等样式的大半勒尺寸，其靴筒高度 30 厘米左右，而大板尖靴等样式的靴筒高度则近 40 厘米。吴润达说，大板尖靴、小板尖靴在达茂旗、乌盟、伊盟等地较为流行，大仙靴是伊克昭盟人常穿的样式，阿拉善盟人常穿抓地虎靴，而武步员靴是四子王旗人穿得较多的款型[36]。

图 6-35　武步员靴

图 6-36　抓地虎靴

图 6-37　八宝靴

图 6-38　八宝靴靴筒材料

　　除八宝靴外，其他 6 种样式蒙古靴，皆主要由靴筒和靴底两个部分组成，结构如图 6-39 所示。其中靴筒是由帮子、勒子、云子、楞子、口子、镶条、溜跟、座条[37]等部分制成，靴底则由盖板、千层和皮底 3 个部分合成，各部位名称如图 6-40 所示。蒙古靴靴筒内部和靴底都比较硬实，穿时一般要在靴底垫上毡垫，在脚上套上厚毡袜，以防硌脚。

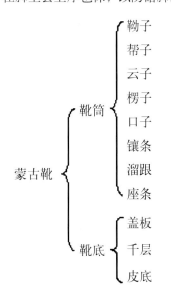

图 6-39　蒙古靴的结构组成

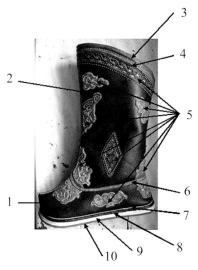

图 6-40　蒙古靴各部位名称
（靴筒部分：1. 帮子，2. 勒子，3. 口子，4. 楞子，5. 云子，6. 镶条，7. 座条；靴底部分：8. 盖板，9. 千层，10. 皮底）

三、制作工艺

蒙古靴制作需经 50 多道工序才能完成，其主要工艺流程如图 6-41 所示：

图 6-41 蒙古靴制作的主要工艺流程

总体来看，吴师傅制作蒙古靴主要有靴底制作、靴筒制作、上靴子和排靴子这四大步骤：

（一）靴底制作

这一步骤主要是做千层、盖板、粘皮底以及纳底子。

打层子（图 6-42）：就是糊袼褙，制作千层、盖板和底芯所用。一般选择夏季天气晴好的时候打层子，先在一块长方形木板上铺上两张白麻纸，用刷子在纸上均匀地涂上一层薄糨糊，再先后粘上 2 层碎布或旧棉布。清理接头边脚处使之平整，然后将糊好的袼褙放在阳光下晾晒，至干透备用。一次糨出 4 大张 2 层布厚的袼褙。另糨 8 层、10 层布厚的袼褙各一种，方法同前。2 层布厚的袼褙用来做千层，8 层布厚的袼褙用于做底芯，盖板是由 10 层布厚的袼褙制成。以前制作蒙古靴用的千层皆是购买的，现在需要自己做。

图 6-42 打层子

裁层子（图 6-43）：需裁切 3 种分别用于千层、盖板和底芯的层子。将制备好的 2 层布厚的 4 大张袼褙叠放在一起，依靴底样用寸刀裁切，一次裁出 4 张千层袼褙（图 6-44）。依底样裁出一个 10 层布厚的袼褙，用于做盖板（图 6-45）。另裁切出一个比底样略小、与靴底中心部大小接近的 8 层布厚的袼褙，以制成底芯（图 6-46）。吴师傅说年轻时下料，一次可裁切出 40 层布厚的袼褙。

捏千层（图 6-47）：裁切好层子后，在每层千层袼褙的边沿均粘捏上白布条，形成 8 层布厚的 4 张袼褙千层。白布条的制法，把一块白棉布铺好，

图 6-43 裁层子

涂上糨糊，沿对角折叠起来，从垂直于折痕的方向剪下宽 2 厘米左右的布条。这样剪下来的布条具有伸展性，便于粘捏层子。布条的粘镶接头尽量放在足弓位置，若放在其他部位，穿时会因底子的高低不平而感觉不适。

图 6-44　千层袼褙

图 6-46　底芯

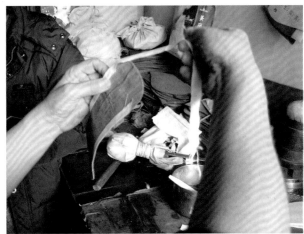

图 6-47　捏千层

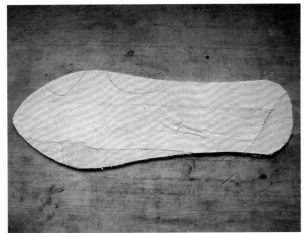

图 6-45　盖板袼褙

在 4 张千层跟部再添加一层沿边沿粘捏了白布条的后跟型袼褙（图 6-48），就形成了前 8 层、后 10 层布厚的袼褙千层。

图 6-48　后跟型袼褙

　　裁盖板：将依底样裁切的 10 层布厚的袼褙周边粘捏上一条黑色或绛红色的猪皮长裹条，即成盖板（图 6-49）。

　　千层袼褙边沿皆粘捏了布条，中间部分就显得不实，因此需在千层与盖板之间夹垫黏结一个 8 层布厚的底芯袼褙，以确保靴子底部饱满。底芯制法，先在一张硬纸上描出千层底所粘镶的布条边沿以内的"芯"的轮廓，再依此轮廓裁出一个 8 层布厚的底芯。

　　粘皮底（图 6-50）：千层与盖板黏合好后，再在千层底部涂抹糨糊，粘上 4—5 毫米厚的熏牛皮底，然

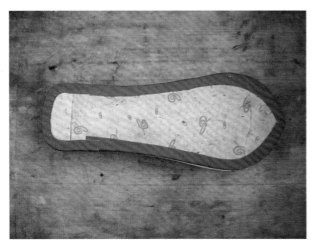

图 6-49　盖板

图 6-50　粘裁熏牛皮底

图 6-51　纳底子

图 6-52　纳底子用的粗、细两种麻绳

后裁切整齐。

纳底子（图 6-51）：用夹板子夹住黏合在一起的盖板、千层和皮底，以纳底锥钻孔，对针穿引麻绳缝纳。先纳出底子周边的 2 圈"把圈"，再画线缝纳中间的"钉底"部分。缝纳把圈与钉底所用的锥子和针的型号相同，但所用麻绳的粗细不同。缝纳把圈用的麻绳直径约 5 毫米，钉底用的麻绳要稍细一点，直径在 4 毫米左右。如图 6-52 所示，左边为缝钉底的麻绳，右边为纳把圈的麻绳。针脚大小与细密程度凭感觉经验，没有定数，以均匀整齐为好。吴师傅年轻时，纳钉底不需画线，如今怕针路控制不好，便在靴底画出轮廓线，以防止走偏。

经过上述诸道工序，厚 2 厘米左右的靴底（图 6-53）就基本制作好了。不同样式的蒙古靴靴底都有不同的弧度，这时还需对靴底进行蘸水成型处理，然后弯曲到所需形状。在做靴底的过程中，纳底子最见手艺。要将底子纳得紧实致密，一要有好力气，二要有好针线活。而在千层跟部添加一层后跟型袼褙，并在千层和盖板之间粘垫底芯，以确保靴底饱满，这是我们一般人不会想到的工序。

（二）靴筒制作

此步骤主要是制作帮、勒和云子以及将云子契在帮、勒上，并将帮、勒缝合在一起。

下帮子（图 6-54）：用香牛皮材料依样裁制出所需尺寸的左右 2 块帮子。把所需靴帮样子固定在一块香牛皮上，在样子边缘轻轻掸上粉笔灰，挪开样子后，香牛皮上就显出帮子的清晰轮廓图案来，再用拉刀依轮廓线裁出帮子。如果材料比较薄，需添加一层猪皮或其他皮质材料做帮子衬里。过去下帮子不需掸灰印迹，能依帮样子轮廓直接裁出。帮子的尺寸是制靴的基准尺寸，勒和靴底都须参照帮子来确定长度尺寸。

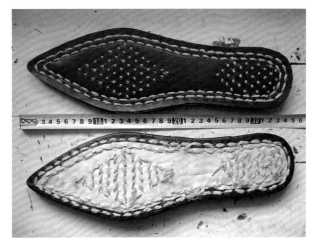

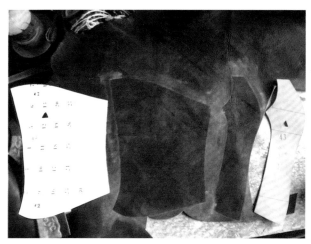

图 6-53　靴底

图 6-54　下帮、勒

各样式蒙古靴的靴底和帮子长度尺寸的相对大小是确定的：

大板尖靴的帮子长度比靴底长度要小 3 分（行话叫"倒 3 分"）；小板尖靴的帮子长度比靴底长度要大 3 分（行话叫"顺 3 分"）；大仙靴的帮子长度比靴底长度要大 8 分（行话叫"顺 8 分"）；皂样靴的帮子长度比靴底长度要大 6 分（行话叫"顺 6 分"）；武步员靴的帮子长度比靴底长度要大 7 分（行话叫"顺 7 分"）；抓地虎靴的帮子长度比靴底长度要大 5 分（行话叫"顺 5 分"）；八宝靴的帮子长度比靴底长度要大 6 分（行话叫"顺 6 分"）。

分是市制单位，3 分等于 1 厘米。吴润达说这个尺寸关系是传承下来的，无论靴的型号尺寸如何改变，靴底和帮子长度之间的这个相对关系却是固定的，不能改变，否则靴筒与靴底相互间就会显得极不相称。

下勒子（图 6-54）：与下帮子同样的方法，用香牛皮材料依样裁制出合乎尺寸要求的左右 2 块勒子。

帮勒裁齐：将部位相互对应的帮、勒放在一起加以比对修整，裁切整齐。在帮、勒表面稍洒一点水，清除皱褶，然后放置重物于帮、勒上，把它们压平整。

挖云子（图 6-55 和图 6-56）：云子用绿色或黑色的驴股子皮制作。先在一大块股子皮料上依样画出需要的云子轮廓线，再用裁刀依线裁切、挖出云子形状。

镶纸绳（图 6-57）：给裁切好的云子里面涂抹上用水熬制化开的水胶溶液，用拔锥将牛皮纸绳按压、粘镶在云子上。当将云子缝合在帮、勒上时，所镶纸绳能起到的作用，是使云子纹样具有立体凸起感，效果美观。

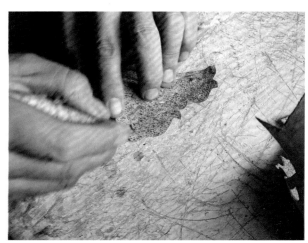

图 6-55　画线

图 6-56　挖云子

图6-57　镶纸绳

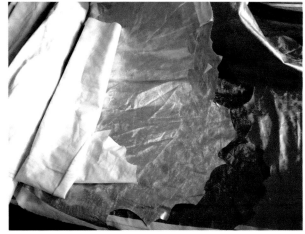

图6-58　彩布

挂彩布：给镶了纸绳的云子粘上黄、绿、紫、粉红等颜色的彩布（图6-58）做衬底，以衬托云子的色彩，然后用重物将云子压平。以前是用绸子料做的衬底彩布。

帮、勒和云子准备就绪，接着是契云子。

契云子（图6-59）：是将粘了纸绳和彩布底的云子缝合在帮、勒适当位置的工序。先将云子粘在帮、勒的合适位置，然后用重物压于帮、勒上，把它们进一步压平。契云子时，把帮子或勒子夹在夹板子上，以锥子钻眼，用两根针从两面对缝，针眼较为细密，线头皆收在里面。契云子所用的夹板子是斜的，与纳底子用的不同，前者的尺寸比后者的要大。不同部位所使用的云子式样是有区别的，而不同部位使用的云子纹样（图6-60）也有多种可供选择。云子纹样多取动植物等图案，以象征吉祥如意，如蝙蝠、云纹等符号组合，一方面蕴含文化意义，另一方面可起到很好的装饰效果。

图6-59　吴师傅在契帮云

图6-60　云子纹样

调圈（图6-61和图6-62）：是连接帮子和勒子的工序。将相互对应的帮、勒（契了云子或素面）接合部位对齐，用攀脚子和压子将它们束缚在腿上。在帮、勒连接处添加3条绿色股子皮镶条，每条里面皆包裹以一根竹条。以锥子钻眼，双针引线从两面对缝。缝合完毕，需对外面的镶条进行修整，将里面的接合处锤平。帮、勒有左右之分，所以一个靴筒的调圈工序也要按左右部位分别进行。

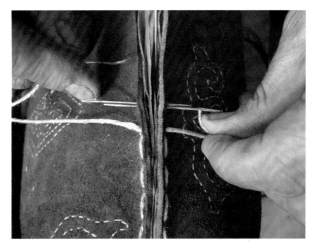

图6-61　调圈

图6-62　修整镶条

图6-63　提脸子

图6-64　翻出的靴尖

提脸子（图6-63）：是靴筒前脸部分的缝合工序。将调好圈的左右帮勒前脸部位对齐，于帮跟部穿以攀脑针固定，另用攀脚子把帮勒缚于腿上。在中间添加3条绿色股子皮镶条，每根夹条里面也裹上1根竹条，以专用锥子穿眼，用双针从两面引线对缝，缝合方法与调圈相似。缝合一段长度后，即可除去固定用的攀脑针。缝合完毕，也要锤平里面的接合处，对外部的镶条加以修整。对于带尖的样式，在提脸子工序完成后，需要翻出靴尖（图6-64）。将帮子尖端内面部位削薄，并在靴尖里面的对应部位剪出一个小缺口，用拔锥把尖部逐渐顶出来。翻好尖要用檀头绷一下，这样才舒展耐看。制靴艺人要凭经验来选择翻尖的部位，需依靠纯熟手艺和对力度的熟练掌握来确保翻尖的效果。

起楞子（图6-65）：是靴筒近口沿部的装饰工序。沿口云的上边沿起一圈楞子，以红色、黑色或绿色

图 6-65　起楞子

图 6-66　契口子——反上里面

图 6-67　契口子——正上外边

猪皮长条包3—4根竹条缝制起来，可以起到很好的装饰效果。起楞子亦采用专用锥子穿眼，双针两面对缝的缝制方法。

契口子（图6-66和图6-67）：是靴筒口沿部的镶边工序。以适当宽度、长度的深绿色羊皮长条缝制，先将口子皮反缝在里面，再翻边正向把它缝合于口沿外边。

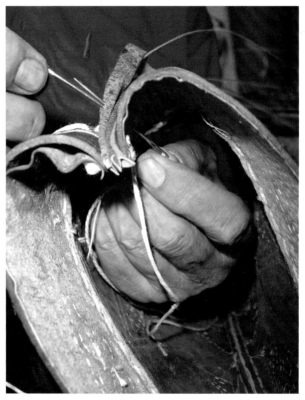

图 6-68　拉后缝

口云、楞子和口子需分别采用3种不同颜色的皮子，搭配在一起的色调要相互协调。

拉后缝（图6-68）：是靴筒后脸部分的缝合工序。先将后脸左右两边对齐，用专用锥子在后脸左右对应部位穿好眼。与提脸子一样也从跟部开始缝合，在中间添加3条绿色股子皮镶条，每个镶条里面亦皆裹着1根竹条。缝制时，只用专用锥子在镶条上钻眼，以穿针引线贯穿镶条和事先已穿好眼的后脸左右两边的相应部位。钻眼引针缝制后脸时，眼睛看不到走针情况，全靠手摸的感觉，即使手艺纯熟，一不小心也比较容易扎着手。后缝缝好了，也要将里面的接合处锤平。后缝部位亦可根据顾客要求开口子，开口的长度可长可短，开口两边一般要穿3对气眼，以穿带系靴或用作装饰。在靴筒里面的脚后跟部位还需缝制一条溜跟（图6-69）。溜跟以牛皮、羊皮等皮质材料制作皆可，主要作用是保护穿靴者的脚后跟，使其避免被后缝接口处比较坚硬的棱硌着。

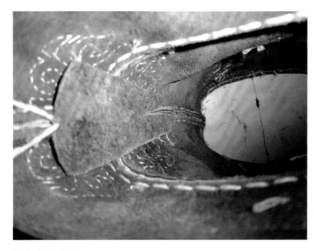

图 6-69　溜跟

图 6-70　上靴子

此道工序完成后，再将楞子和口子收口缝合。至此，靴筒也基本制作好了。在靴筒制作中，以调圈、提脸子和拉后缝的工艺最为复杂。尤其是拉后缝，最考究手艺的熟练程度。诸缝制工序，不同锥子和线绳的更换，千针万线或疏或密的均匀对缝，都考验的是制作艺人的技艺和耐性。

（三）上靴子

靴底和靴筒部分都制作好后，下一步是对这两个部分的缝合，即进行上靴子工序（图 6-70），采用的是正上成型工艺。先用拔锥将靴底的盖板边缘与千层部分稍稍分离，以便于钻眼穿针引绳，然后从靴底左侧近中间稍后部位开始上起。起初针脚较疏，至前半部分特别是靴尖及附近部位时，要求针脚最密，因此缝合难度也最大。而靴底和靴筒相应部位是否对齐，两个部分缝合得是否均匀整齐美观，将决定所上靴子的最后质量，没有经验和熟练技艺很难保证上靴子的效果。在靴底和靴筒的连接处一般都添加一条浅绿色猪皮座条，以增加装饰性。靴子上好后，需要对千层进行修整，以保持其与盖板的紧密接触，从而掩住上靴子的针脚线绳痕迹。

（四）排靴子

靴子上好后，还有最后一道排靴子工序（图 6-71）。即用楦头、腰板、打芯、后跟等辅助工具从内部将靴子撑起，再往靴筒里加入一些微湿的荞麦皮、麻絮等材料将楦头等充塞住，然后用锤子在靴筒外敲打，使靴子成型。所用腰板的数量可根据靴的尺寸大小来确定。放置一天左右的时间拆去排靴子工具，这样一只（双）色彩艳丽、造型挺拔的蒙古靴算是最终制作完成了。

蒙古靴各种样式一般不分男女，不分左右。吴润达说，过去有钱的人才穿带云子的靴子，没钱的穿光面的素靴。修饰以云子的靴子，一双最多可饰 40 个云子，最少要契 4 个。吴师傅年轻时制作一双靴子大概需要 10 天左右，现在年纪大了，做一双需半个多月。以一双契 40 个云子的靴子来看，每天工作 8 小时左右，打层子、裁层子、捏千层和裁盖板共需 2 天，纳底子 1 天，挖云子、镶纸绳和挂彩布共需 3 天，契云子 5 天，调圈 1 天，提脸子 1 天，起楞子和契口子共 1 天，拉后缝 1 天，上靴子和排靴子需 2 天，总计约 17 天[38]。蒙古靴很耐穿，一双用上 30 年没问题。时间长，靴底若穿坏了，换个底子就可以了。

图 6-71　排靴子

四、材料和工具

《蒙古秘史》记有一种"鹿蹄皮"的靴子[39]。《天工开物·裘》亦载："麂皮去毛，硝熟为袄裤御风便体，袜靴更佳。"以麂皮制袄裤可以御风护体，轻便行动，做袜、靴的质料则更好。蒙古靴靴面以鹿皮做成，应很珍贵，通常皮靴可能还是以牛皮或马皮做靴面材料的为多。

吴润达制作蒙古靴工序、工具和原材料，可参看表6-4：

表6-4 蒙古靴制作工序、工具和原材料

工 序		工 具	原 材 料
靴底制作	打层子	案板、刷子、剪刀	千层、盖板和底芯的袼褙：白麻纸、碎布或旧棉布；千层布条：白布；盖板裹条：猪皮；皮底：熏牛皮；糨糊；纳底子用的粗、细两种麻绳（粗的直径约5毫米，用于纳把圈；细的直径约4毫米，用于纳钉底）
	裁层子	案板、靴底样、寸刀（现长38厘米，原长约45厘米，尾宽1.9厘米，刃部宽2.1厘米）	
	捏千层	案板、刷子、剪刀	
	裁盖板	案板、靴底样、寸刀、剪刀	
	粘皮底	案板、刷子、寸刀	
	纳底子	直尺、铅笔、夹板子、1号锥（长13.5厘米，刃尖最宽处为6毫米）、1号针（长约6.8厘米）、压底棒（硬木质）、老虎钳	
靴筒制作	下帮子	案板、帮样子、粉笔灰包、拉刀（长19.6厘米，宽3.7厘米）	帮子：香牛皮（或衬猪皮、羊皮等）；鞠子：香牛皮；云子：绿色或黑色驴股子皮、牛皮纸绳、彩布；楞子：猪皮、竹条；口子：深绿色羊皮；镶条：绿色驴股子皮、竹条；溜跟：牛皮（或羊皮、猪皮）；糨糊（挂彩布用）；水胶（镶纸绳用）；丝光线（契云子用）；青麻线（调圈、提脸子和拉后缝用）；麻线（直径约0.8毫米，起楞子、契口子用）
	下鞠子	案板、鞠样子、粉笔灰包、拉刀	
	帮鞠裁齐	案板、拉刀	
	挖云子	案板、1号针、裁刀（以前传下来的一种宽7毫米，长18.6厘米；现在用的是裁纸刀，宽1.8厘米）	
	镶纸绳	案板、刷子、拔锥（头最宽处为1.8厘米，长11.5厘米）、剪刀	
	挂彩布	案板、刷子、剪刀	
	契云子	夹板子、4号锥（2种：一种长10.5厘米，刃宽1.5毫米；另一种长11厘米，刃宽1.8毫米）、4号针（长约4.2厘米）、剪刀	
	调圈	攀脚子、压子（长21.5厘米，一头宽1.4厘米，另一头宽4.2厘米）、2号锥（长13厘米，刃宽3毫米）、2号针（长约5厘米）、铁锤、拔锥、劈锥（长14.3厘米，刃宽4毫米）、剪刀	
	提脸子	攀脑针（长13.3厘米）、攀脚子（攀板长13.3厘米，宽6厘米）、2号锥、2号针、拉刀（或其他刀具）、铁锤、拔锥、劈锥、剪刀	
	起楞子	攀脚子、3号锥（长约12.3厘米，刃宽2.5毫米）、3号针（长约5厘米）、剪刀、劈锥	
	契口子	攀脚子、3号锥、3号针、剪刀	
	拉后缝	2号锥、2号针、剪刀、拔锥、铁锤、剪刀、劈锥	
上靴子		圆锥（前脸和后缝镶条处穿眼用）、拔锥、上锥（长13厘米，刃宽3毫米）、1号针、剪刀	靴底；靴筒；座条：绿色猪皮；青麻线（上靴子用）
排靴子		楦头、腰板、打芯、后跟、荞麦皮、麻絮、铁锤	蒙古靴成品

　　吴师傅制作蒙古靴所用原材料主要有香牛皮、股子皮、羊皮、猪皮、棉布、麻绳、青麻线、棉线、丝光线、竹条等。他用的香牛皮、股子皮等皮质材料仍是 20 世纪 50 年代留存下来的，已经放了好几十年。上靴子是连接靴底和靴筒的工序，除用绿色猪皮作座条、以青麻线缝合外，不添加其他材料；而排靴子是蒙古靴的最后成型工序，在靴子上没有增加新的材料，因此下面主要介绍靴底和靴筒两个部分制作使用材料的情况。

（一）靴底部分

　　千层、盖板和底芯的袼褙皆以白麻纸、碎布或旧棉布为材料，千层边沿粘捏的布条为白布（图6-72），盖板裹条为猪皮，皮底为熏牛皮。糨糊是黏结材料，用来糊袼褙，粘捏布条、裹条，黏合千层、底芯、盖板和皮底。粗细两种麻绳用于纳靴底的把圈和钉底。

图 6-72　捏千层用的白布条

图 6-73　牛皮纸绳

（二）靴筒制作部分

　　帮、勒都以香牛皮为原材料，帮子较薄时，需加猪皮、羊皮等作衬里。云子用绿色或黑色驴股子皮、牛皮纸绳（图6-73）和彩布制成。楞子用红色猪皮制成，里面包裹竹条。口子以深绿色羊皮作材料。镶条用绿色驴股子皮制作，包裹以竹条。溜跟以牛皮或羊皮、猪皮为材料制作皆可。座条用绿色猪皮做成。挂彩布用糨糊作黏结材料。水胶（图6-74）是镶纸绳用的黏合剂。调圈、提脸子与拉后缝，起楞子和契口子以及契云子分别用青麻线（图6-75）、麻线（图6-76）和丝光线（图6-77）来缝合。纳底子用的麻绳和这3种线的直径各不相同，是从粗到细变化的。竹条要放在水里泡软了，这样使用起来韧性好，不易折断。香

图 6-74　水胶

图 6-75　青麻线

牛皮、股子皮等材料因放置久了，有些发脆，制作时根据情况，有时需在表面蘸刷冷水，帮助软化材料，使之易于成型。

　　吴师傅所用制靴工具也主要是从他父亲那儿传承下来的。

　　（1）有制作大板尖、小板尖等7种类型蒙古靴的靴底和帮、勒的样子（图6-78—图6-85）。

　　（2）刀具4种。寸刀（图6-86）用来裁切层子、盖板与皮底。拉刀（图6-87）用作下帮勒、裁齐帮

图6-76　麻线

图6-77　丝光线

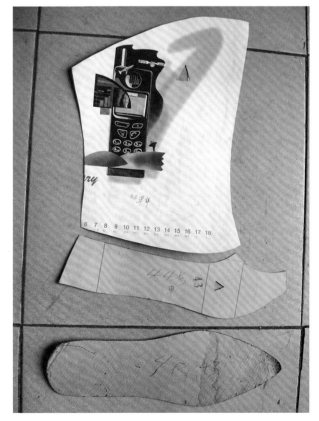

图6-78　大板尖

图6-79　小板尖

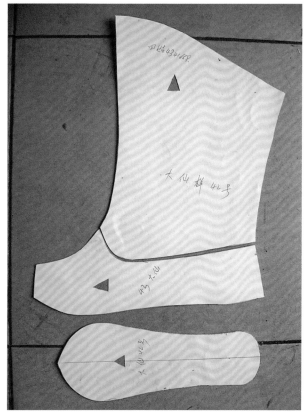

图 6-80 大仙

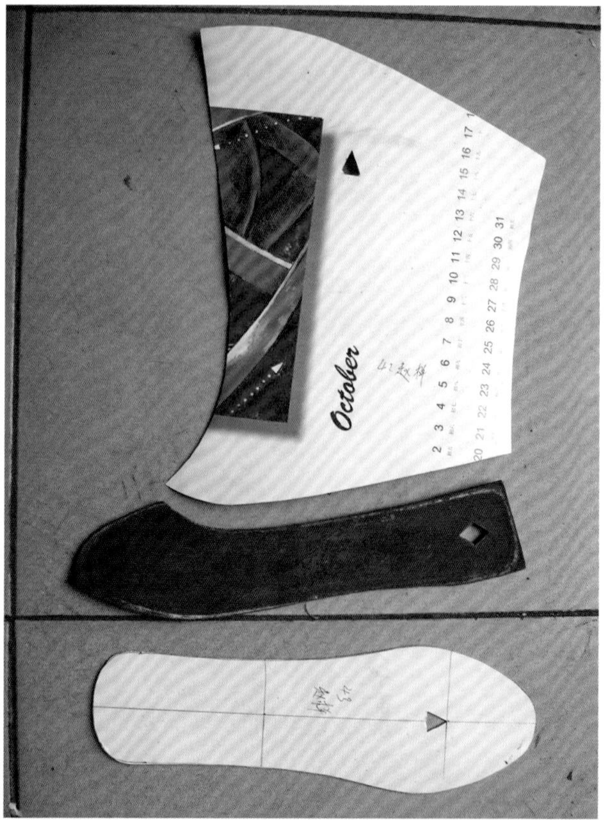

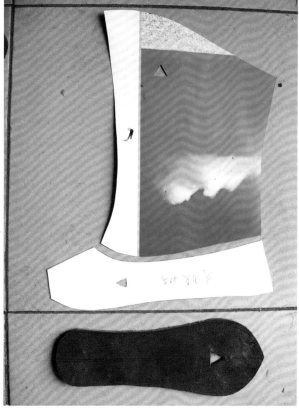

图 6-82 武步员

图 6-81 皂样

图 6-83 八宝（1）

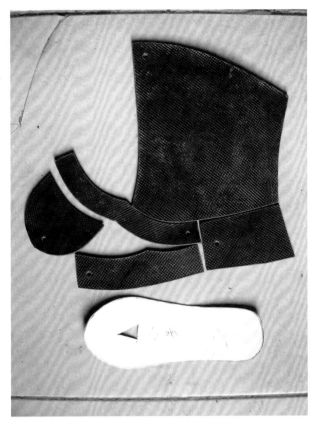

图 6-84 八宝（2）

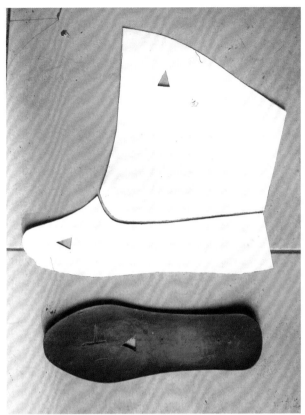

图 6-85 抓地虎

图 6-86 寸刀

图 6-87 拉刀

勒以及翻尖切口的工具。裁刀（图 6-88）是挖云子用的。剪刀（图 6-89）使用的地方很多，用于剪制布条、裹条、镶条、楞子、口子、座条、纸绳、彩布、各种缝纳用的绳线和修齐裢褶边缘等。

（3）针 5 种，锥子 8 种。纳底子，帮勒缝合工序（调圈、提脸子和拉后缝），起楞子和契口子以及契云子所用锥、针各有对应 4 种型号。为便于陈述，文中将它们由大到小、由粗至细分别标作 1、2、3、4 号（图 6-90，从右至左：下排 1—4 号针；上排 2 个 1 号锥、1 个上锥以及 2—4 号锥）。如纳底子用的是 1 号锥和 1 号针，余依此类推。这 4 种锥子的尖部皆磨成宝剑刃部形状，较为锋利好看。1 号针又用于画云子的轮廓线。攀脑针（图 6-91）以铁制成，两头磨钝，在提脸子时用作固定的工具。拔锥（图 6-92）在镶纸绳时用于将牛皮纸绳按压在云子上，用作镶条（调圈、提脸子和拉后缝）的修整工具，上靴子时用来分离千层和盖板边缘。上锥（图 6-92）是上靴子的穿眼工具。上靴子上到前脸和后缝的镶条部位时，用圆锥（图 6-92）代替上锥来钻眼，以免扎断里面包裹的竹条。劈锥（图 6-93）是用以分劈调圈、提脸子与拉后缝工序所用竹条的工具。

图 6-88 裁刀

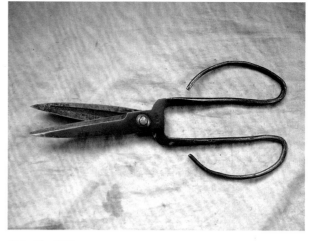

图 6-89 剪刀

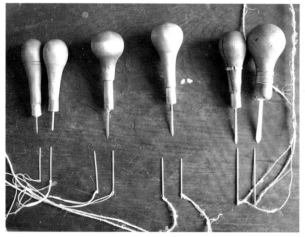

图 6-90 针、锥

图 6-91 攀脑针

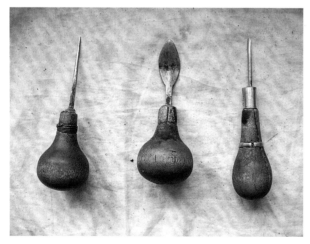

图 6-92 左起：圆锥、拔锥和上锥

图 6-93 劈锥

（4）夹板子2种，攀脚子和铁锤各1个。一种夹板子是在纳靴底时用于夹持固定底子的（图6-94），另一种用作契云子时夹固帮勒的工具（图6-95）。后者上面刻有吴润达父亲的名"礼"字（图6-96）。前者两脚等高，较后者为小，后者支架是斜的，两脚高度不等。攀脚子（图6-97）是调圈、提脸子、起楞子和契口子时，用于将帮勒缚于腿上的工具。调圈、提脸子和拉后缝完毕后，需用铁锤（图6-98）将帮勒接合处、前脸部位以及后缝部位里面的凸棱锤平整，排靴子时也要用铁锤将靴子敲打成型。

（5）排靴子的工具有多种式样。各式样的主要部件皆由檀头、腰板、打芯和后跟组成（图6-99），用

图 6-94 纳底子用的夹板子

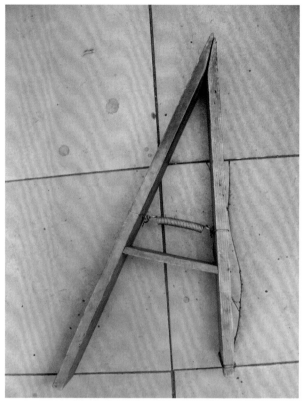

图 6-95 契云子用的夹板子

图 6-96 夹板子上刻有"礼"字

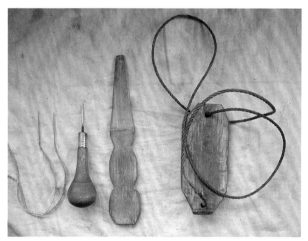

图 6-97 左起：2 号针、锥，压子，攀脚子

图 6-98 铁锤和老虎钳

图 6-99 左起：楦头、腰板、打芯和后跟

于在靴筒内撑起靴子，再充塞些许荞麦皮（图6-100）、麻絮等，以利于将靴子定型。

（6）案板1个。是靴底、靴筒制作多个工序操作时的支撑台面。涂抹糨糊和水胶用刷子。直尺、铅笔用于画钉底的轮廓线。压底棒（图6-101）在纳底子时，用以勒紧麻绳，以确保缝纳得紧实。纳靴底穿针滞塞时，用老虎钳（图6-98）来将针钳出。粉笔灰包用于印出帮勒轮廓痕迹，以便下帮勒。另有润光青麻线的球状蜂蜡2团（图6-102）和磨砺锥刃的粗细磨刀石4块（图6-103）。

图6-100 荞麦皮

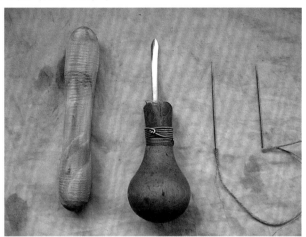

图6-101 左起：压底棒、锥、针

图6-102 青麻线和蜂蜡

图6-103 磨刀石

吴润达制靴用的工具主要是以前保留下来的，其中有些是过去吴家自己制作的，如靴样子、排靴子用的楦头、打芯、腰板、后跟等；有些是购置的，如寸刀、拉刀、各种锥子等。还有一些工具是他根据情况配置的，如裁刀和一些针具。制靴所用材料，如各种绳、线、水胶等是现从市场上买的；香牛皮、股子皮、熏牛皮等材料，则主要是几十年前存留下来的。吴家保存的皮料还可以再制作几十双蒙古靴，等用完这些皮子，吴师傅以后需要到市场上去寻找制靴的替代材料。

五、小结

手艺的赋存状态与行业状况联系紧密，吴家制作蒙古靴的历史只是呼市蒙古靴业兴衰历程的一个缩影。与过去相比，不难看出呼市蒙古靴业在经营模式、行业规模、原材料来源、制作者群体、使用者市场以及社会背景等方面，都发生了很大变化。

创始于清康熙年间的呼市蒙古靴业，鼎盛时有蒙古靴作坊十几家，从业人员约300名[40]。其中，最负盛名的"蒙靴七大号"——永德魁、义生泰、长义永、兴盛永、元升永、泰和德和元和德，在呼市都有自己的门市和柜台，并皆在库伦（今蒙古人民共和国的乌兰巴托）设有分号（门市部）。1947 年以前，蒙古靴作坊均以私人入股、盈利分红的方式运作，掌柜和制靴艺人群体主要是山西、河北等省来呼市经商谋生的外地人。当年，呼市外地客商云集，牲畜、皮毛业和以皮毛为原料的加工业非常兴盛，呼市的制靴作坊在当地不难购买到制靴用的质量上佳的原材料[41][42]。蒙古靴的销售范围主要是面对内外蒙古广大区域的牧民和部分农民。1937 年至 1945 年这一段时期，由于日本人的入侵，受动荡时局影响，呼市不少蒙古靴作坊关闭，仅存 3—5 人左右的小作坊 10 来家，人数总计不到 50 人，行业规模、销售市场大为缩小，经营模式、原材料来源与制作者群体等方面，也或多或少会受到影响。

1947 年以后，蒙古靴业从私营逐步过渡到公私合营，仅允许少量像吴家这样的个体私营作坊存在。至 1964 年，蒙古靴业进一步集体化、国有化，个体经营权被取消。由于实行的是计划经济，政府在蒙古靴业的管理经营上起主导作用，原材料供应、蒙古靴产品的生产与销售都按政府计划进行调配。产量和销售价格也受政府控制，比如：民族用品厂生产一双大皂蒙古靴的成本是三十四元八角一分，出厂价却只有二十元九角四分，每双赔十三元八角七分，企业亏损的部分则由政府财政予以补贴[43]。不少个体从业者转变成国家职工，从事蒙古靴生产的从业人数也在不断增加。以民族用品厂为例，1958 年李生业、吴永祥等组成蒙古靴生产合作小组时，开始仅有 7 人；1972 年更名为呼和浩特市民族用品厂时，已有职工 103 名，1982 年则增加到了 269 名。

此后，伴随着国家政治经济体制改革和一系列政策变更，蒙古靴的生产经营也时起时落。改革开放的推进，计划经济向市场经济过渡，产品价格的放开，这些体制政策上的变化，曾使得蒙古靴的销售一度呈现增长的势头，如 1982 年内蒙古全区马靴的销售量多达 71953 双，1984 年全区蒙古靴销量多达 30920 双[44]。但自 20 世纪 80 年代后期以来，尤其是进入 90 年代后，牧民由游牧逐步走向定居，在生活方式上发生了很大改变；市场商品的丰富，则使得牧民在穿着上可以有更多更好的选择，蒙古靴、马靴的销售量也随之逐年减少。1990 年，内蒙古全区蒙古靴销售量下降为 8831 双，比 1984 年减少 71.5%；马靴销售量下降为 35101 双，比 1982 年减少 51.2%[45]。

现在像呼和浩特市民族用品厂这样的以蒙古靴、马靴等民族特需用品为主导产品的国营企业已倒闭多年，曾经兴盛一时的呼市蒙古靴行业也已不复存在。目前市场上可见销售的蒙古靴，部分工序采用了机器加工，价格较吴师傅给自己制作的靴子定的价要便宜不少[46]，但在材料和工艺上与吴师傅制作的存在很大差距。过去手艺娴熟的蒙古靴制作者群体现已荡然无存，广阔的蒙古靴销售市场也基本消失了。现在人们购买蒙古靴主要是用在婚礼等喜庆场合，或用作拍摄电影电视的道具等[47]。到吴师傅那里去购买靴子的人，是从报纸和电视的访谈报道中，得知他会做蒙古靴的信息的。购买的目的也不是自己穿用，而可能是要作为礼物赠送他人或作为工艺品存放（图 6-104 和图 6-105）。

在影响呼市蒙古靴业兴衰的诸多因素中，社会背景的变化在其中起了重要作用。在历史上时局、政策持续稳定时，蒙古靴业的经营模式、行业规模、原材料来源、制作者群体和使用者市场都按照一定方式运转、存在着。时局的变化、体制的改革和政策的更动，则可能会让一个行业赖以生存的使用者市场萎缩，也从而使得这个行业趋于消亡。对于蒙古靴从业者来说，这些变化虽然不是他们的主动选择，但历史无法倒转回去，我们也不可能再造出此行业得以生存的社会环境。以机动车辆为主要代步工具的牧民们不可能再回到马背上，曾经的蒙古靴从业者们也要么已经退休，要么转向了其他行业。

图6-104　蒙古靴成品

图6-105　左起：大板尖靴、小板尖靴、大仙靴、八宝靴、抓地虎靴、武步员靴、皂样靴

注释：

[1] 本章由关晓武根据文献资料、学界已有工作以及本人与同事的一些实际调查编写。

[2] 赵承泽主编：《中国科学技术史·纺织卷》，北京：科学出版社，2002年7月，第3页。

[3] 中国科学院考古研究所，陕西省西安半坡博物馆编：《中国田野考古报告集考古学专刊丁种第十四号·西安半坡——原始氏族公社聚落遗址》，北京：文物出版社，1963年9月，第81页。

[4] 魏世林主编：《制革工艺学》，北京：中国轻工业出版社，2001年1月，第12页、第30—37页、第57页。

[5] 何露，陈武勇：《中国古代皮革及制品历史沿革》，《西部皮革》2011年第16期。

[6] 穆舜英：《楼兰古墓地发掘简况》，上海自然博物馆编：《考察与研究》（总第7辑），上海：上海科学技术文献出版社，1987年，第76—79页。

[7] 彭波：《先秦时期出土皮革制品的相关问题研究》，陕西师范大学，2013年硕士学位论文，第7—11页。

[8] 袁仲一：《秦始皇陵兵马俑研究》，北京：文物出版社，1990年，第227—287页。

[9] 李肖冰：《丝绸之路服饰研究》，乌鲁木齐：新疆人民出版社，2009年，第77页。

[10] 靴子的种类历代各异，可从史书《礼仪志》《舆服志》以及像附有插图的元刻《事林广记》等文献中窥见一斑。缪良云主编的《中国衣经》（上海文化出版社，2000年）第198—202页对历代靴子种类进行了梳理，有短勒靴、长勒靴、虎皮靴、朝靴、皂靴、云头靴、尖头靴等，数量在30种以上。另从考古发现的青铜塑像、陶俑、壁画与现存实物上，也可见识靴子的形貌。

[11] 曾昭义主编：《内蒙古轻纺工业志》，呼和浩特：内蒙古人民出版社，1995年11月，第84—85页。

[12] 杨大金编：《近代中国实业通志（制造业）》，台北：台湾学生书局，1976年，第136—145页。

[13] 《中国大百科全书·轻工卷》图文数据光盘DISK14（总共24张盘），北京：中国大百科全书出版社出版发行，北京东方鼎电子有限公司制作，1999年1月。

[14] 曾昭义主编：《内蒙古轻纺工业志》，呼和浩特：内蒙古人民出版社，1995年11月，第108—109页。

[15] 《中国大百科全书·轻工卷》图文数据光盘DISK14（总共24张盘），北京：中国大百科全书出版社出版发行，北京东方鼎电子有限公司制作，1999年1月。

[16] 内蒙古自治区编写组：《鄂温克族社会历史调查》，呼和浩特：内蒙古人民出版社，1986年11月，第75—76页。

[17] 内蒙古自治区编写组：《鄂温克族社会历史调查》，呼和浩特：内蒙古人民出版社，1986 年 11 月，第 75—76 页。

[18] 内蒙古自治区编写组：《鄂温克族社会历史调查》，呼和浩特：内蒙古人民出版社，1986 年 11 月，第 467 页。

[19] 内蒙古自治区编写组：《鄂温克族社会历史调查》，呼和浩特：内蒙古人民出版社，1986 年 11 月，第 321 页。

[20] 内蒙古自治区编写组：《鄂温克族社会历史调查》，呼和浩特：内蒙古人民出版社，1986 年 11 月，第 467—468 页。

[21] 关晓武和诺敏于 2011 年 7 月对内蒙古鄂伦春族自治县的狍子皮制作技艺做了调查，对狍皮传统制作技艺的传承人满古梅做了访谈。

[22] 资料由黄兴（时为内蒙古师范大学科学史与科技管理学院 2006 级硕士研究生）提供，来自他 2007 年的实地调查。

[23] 马清傲：《张家口皮毛业的由来及其兴衰》，《张家口文史资料第 13 辑（工商史专辑）》，张家口：张家口日报出版社，1988 年 4 月，第 1—8 页。

[24] 关晓武和诺敏于 2010 年 9 月 22 日对东乌珠穆沁旗乌里雅斯太镇白龙师傅熟羊皮工作做了调查和访谈。

[25]2009 年 8 月，关晓武和段海龙赴山西交城对滩羊皮制作工艺做调查，山西省非物质文化遗产保护中心赵中悦主任和牛晓珉、王真和边疆等在资料收集和实地调查方面提供了大力帮助。

[26] 实业部国际贸易局：《中国实业志·山西省》第六编"工业"，第四章"化学工业"，十二"硝皮业"（页 453 己—464 己），上海：华丰印刷铸字所，1937 年 1 月。

[27] 实业部国际贸易局编：《中国实业志·山西省》第六编"工业"，第四章"化学工业"，十二"硝皮业"（页 456 己），上海：华丰印刷铸字所，1937 年 1 月。

[28][美] 鲁道夫·P.霍梅尔著，戴吾三等译：《手艺中国：中国手工业调查图录》，北京：北京理工大学出版社，2012 年 1 月，第 225—229 页。

[29] 魏世林主编：《制革工艺学》，北京：中国轻工业出版社，2001 年 1 月，第 3 页。

[30] 本节内容摘自《蒙古靴传统制作工艺调查》（作者：关晓武、董杰、黄兴和冯呈，发表于《中国科技史杂志》2007 年第 3 期）一文。

[31] 靴子的种类历代各异，可从史书《礼仪志》《舆服志》以及像附有插图的元刻《事林广记》等文献中窥见一斑。缪良云主编的《中国衣经》（上海文化出版社，2000 年）第 198—202 页对历代靴子种类进行了梳理，有短勒靴、长勒靴、虎皮靴、朝靴、皂靴、云头靴、尖头靴等，数量在 30 种以上。另从考古发现的青铜塑像、陶俑、壁画与现存实物上，也可见识靴子的形貌。

[32] 据《呼和浩特文史资料》（中国人民政治协商会议呼和浩特市委员会文史资料研究委员会编，1989 年 11 月）第 7 集"工商经济专辑"第 69 页记载，民国 15 年时，呼和浩特有蒙古靴作坊十几家，太平路东的永德魁、义生泰、长义永、兴盛永，小东街路西的元升永，东顺城街路北的泰和德与东马道巷的元和德，为"蒙靴七大号"，这与吴润达所说的七家作坊不一样。如果记忆无误的话，他的陈述或许是对史料的一种有益补充。

[33] 关于呼和浩特市民族用品厂的历史概况，可参见赵梁的文章《呼市民族用品厂》（《呼和浩特史料》

第 3 集，1983 年，第 415—424 页）。

[34] 赵梁：《呼市民族用品厂》，《呼和浩特史料》第 3 集，1983 年，第 416 页。

[35] 在没有政府扶助和其他支持帮助的情况下，宣传报道或许可以为他招来一定数量的顾客，从而为他维系自己的手艺提供一个空间。

[36]《呼和浩特文史资料》（中国人民政治协商会议呼和浩特市委员会文史资料研究委员会编，1989 年 11 月）第 7 集 "工商经济专辑" 第 70 页记载："产品的式样是按地区分类的。销往四子王旗一带的产品，男靴称点勒半，女靴叫五步元，童靴称八宝。销往达尔罕旗、茂明安旗一带的产品称将军式（男靴）、皂靴（女式）、一码三尖（童靴）。销往苏尼特旗一带的除男靴亦称将军式外，女靴、童靴均称三报靴，又叫小搬尖。销往召河一带的蒙古靴，通称鸡蛋头式样。销往乌珠穆沁旗一带的通称邬郡靴。销往鄂托克旗一带的称作大官（靴尖部位较肥）、二官（靴尖部位不仅瘦而且靴筒较短）。销往额济纳旗、阿拉善旗一带的蒙古靴，通称纳木尔靴，又叫大搬尖。销往库伦一带的靴子，肥而且大，也称将军式，又叫哈拉罕靴。" 所提及的样式名称以及流行地区与吴润达的说法有所不同，并录于此，以供识者鉴别。

[37] 从靴子结构来看，座条既不属于靴筒部分，也不属于靴底部分。本文为叙述方便，将其归入靴筒部分。

[38] 吴师傅给出的蒙古靴制作所需工时比较粗略，可能有所保留。

[39] 额尔登泰，乌云达赉校勘：《蒙古秘史》，呼和浩特：内蒙古人民出版社，1980 年，第 183 页，译文见第 995 页。

[40] 中国人民政治协商会议呼和浩特市委员会文史资料研究委员会编：《呼和浩特文史资料》第 7 集 "工商经济专辑"，1989 年 11 月，第 69—71 页。

[41] 内蒙古自治区地方志编纂委员会，内蒙古商务厅编：《内蒙古自治区·商业志》，呼和浩特：内蒙古人民出版社，1998 年，第 200 页记载：清末民国初时，呼市 "以牛马羊皮制革的黑皮行、香皮行作坊，有双盛永、义和昌、公义德、双德永、福义德、盛记、义记等四五十家，多属河北束鹿人开办，全市制革工人不下 500 人。黑皮行主要生产车马挽具和熏皮，香皮行主要生产蒙古靴用的香牛皮和红蓝底皮"。

[42]《呼和浩特文史资料》第 7 集，第 71 页载："制作皮蒙靴的原料牛皮，早年是从红皮坊购进。靴筒料称作 '花皮'，皮面由人工制成花纹、刷上黑煤烟后再用发酵的羊油、牛油、植物油烤搓均匀，花纹，色泽经火不褪，但制作十分复杂。民国 2 年（1913 年）前后，有了木制带铜辊的压纹机，方才用栲胶水等鞣制成香牛皮。靴底革是从熏皮坊进料，在三伏天用桐油浸泡后纳制，经久耐磨。"

[43] 中共呼和浩特市委党史资料征集办公室，呼和浩特市地方志编修办公室：《呼和浩特史料》第 3 集，1983 年 11 月，第 415—424 页。

[44] 内蒙古自治区地方志编纂委员会，内蒙古商务厅编：《内蒙古自治区·商业志》，呼和浩特：内蒙古人民出版社，1998 年，第 57 页。

[45] 内蒙古自治区地方志编纂委员会，内蒙古商务厅编：《内蒙古自治区·商业志》，呼和浩特：内蒙古人民出版社，1998 年，第 57 页。

[46] 市面上卖的蒙古靴一般定价在 500—600 元，吴润达认为那些靴子的质量和材料都很差，赶不上自己制作的靴子，他给自己做的蒙古靴定价为 1500 元。

[47] 在一些重要场合以及日常生活中，牧民们应还有穿用蒙古靴的。比如，在每年草原盛大的那达慕大会上，还能看到许多参赛选手穿着蒙古靴走上博克或赛马场地的情景。蒙古靴在牧区的使用情况，还有待今后开展进一步的调查工作。

附录

工艺名词索引

（按汉语拼音音序排列）

英文简介
（Abstract）

In the history of world civilization, most regions have a long agricultural civilization history with distinguishing characteristics. The ecological signs of agricultural civilization were manual production methods in agricultural and animal husbandry. In two thousand years of feudal society, self-sufficient peasant economy was the main economic entity in China. A lot of living materials for daily life were made through traditional crafts skill, such as agriculture, livestock and mineral processing, which were closely related with daily life. Traditional crafts skill is the important carrier for social economic, cultural and people's spirit.

In the agricultural society, agriculture, livestock and mineral processing penetrated most production area. In the first volume, *Brewing, of Traditional Crafts Skill*, the traditional skills of wine, vinegar and sauce are introduced. In this volume, we focus on daily essentials, cooking oil, salt, sugar, tea and leather processing, and add brewing technical skills in it. What is discussed in this volume is basically based on the records from field surveys, associates with the interpretation of references and attach an analysis of the evolution of processes.

Via the introduction of the traditional crafts skill, we can gain partial knowledge as to the Chinese agricultural civilization, the wisdom of Chinese ancients and their contribution to the world civilization. At the same time, we can have a better understanding to the practical significance and cultural value of the traditional crafts skills and related protections and successions.

Your comments and advice are highly appreciated for our mistakes and limited knowledge.

英文目录
(Contents)

APPENDICES

后记

　　本卷任务要撰写盐、油、糖、茶、酒及皮革加工等多项内容，故需要多人合作，经与丛书负责人华觉明先生商定，编写组由周嘉华负责，编写组成员有李劲松、关晓武、朱霞。其中，朱霞负责制盐传统工艺一章的编撰；关晓武负责皮革加工工艺一章的编撰；周嘉华负责油、糖、茶、酒这四章的编写；李劲松负责油、糖、茶、酒四章部分内容的编撰工作，同时负责全书的编务工作。

　　工作伊始，大家都把主要精力投放到相关传统工艺的调研之中。预先没有想到调研工作的量很大，而且相当有难度，故花费了较长的时间。原先极易见到的工艺生产场景，现在，许多已难寻踪迹。就拿木榨油生产工艺来说，记得1964年，笔者在安徽寿县参加农村社会主义教育运动（"四清"）时，一个大队就有几个油坊。"四清"完成后，留下来劳动锻炼时，所在生产队就有一个小油坊。当时主要用黄豆榨取豆油。我们吃的豆油都是直接到油坊买。木榨油的生产场景历历在目。可是，现在要找这种木榨油生产工艺，却很难了，因为油坊都改用机械榨油了。我们还是借着非物质文化遗产普查的机会，先后在山西神池和浙江衢州的开化、常山的山村，以及桂北和贵州等地找到这种标准的木榨油生产工艺。寻找土法榨蔗熬糖的技术也同样费了大劲。在2004年，笔者就土糖生产询问过广西的朋友，得知在广西的种蔗产糖区，土法榨蔗熬糖几乎是村村可见。2008年，笔者到柳州地区寻此工艺，蔗农告诉笔者，收甘蔗时，成熟的甘蔗全部被糖厂收购了，自己哪里还费功夫去榨汁熬土糖！2009年，笔者到四川出差，原先知道内江地区曾是历史上的产糖区，宋代王灼撰写的《糖霜谱》所介绍的冰糖生产就是源于涪江流域的遂宁地区。可是找有关部门询问，获知土法生产蔗糖的传统工艺在那里已消失了。2010年8月，在云南红河州建水，笔者借参加《名陶之乡》论证会，寻问了当地的朋友，得知土法制糖在那里许多地方都有。为了慎重一点，不再扑空，笔者特地请云南省工艺美术行业协会张化忠会长帮忙，落实确切考察地点。张会长几经努力，到11月才联系上，由云南糖业公司出面接待我们来到了德宏州，在边陲的瑞丽中缅交界处看到了完整的木榨蔗设备和土法榨蔗生产及熬糖工艺。总之，改革开放后，社会生产的工业化、机械化步伐加快了，像木榨油、土法榨蔗熬糖一类的手工劳作已经成为濒危的生产技术。这一状况表明一些传统工艺的调研，不仅难度大，而且已成为亟待完成的工作。

　　传统的制茶工艺和传统的酿酒工艺虽然仍然有较多较好的传承，但是对这里面的丰富内容和深邃内涵的探究也非易事。就茶来说，主要有七类茶（绿茶、黄茶、青茶、红茶、黑茶、白茶、花茶）。酒有发酵原汁酒、蒸馏酒、配制酒等几大类。选择哪些产品，介绍哪些工艺都是需要斟酌的，因为篇幅所限，只能是介绍具有代表性的典型技巧。为此，我们求助于全国非物质文化遗产名录评审调研工作处，收集并整理了许多名茶名酒的传统工艺，力求能够剖析这些名茶名酒生产的内在科学奥秘。

　　2012年初稿成型后，我们总觉得调研有欠缺，特别是少数民族边远地区的留传手工技艺。为此，李劲松又多次前往黔东南和桂西北等地的苗族、侗族、壮族、瑶族、仡佬族等少数民族山寨进行田野调查，挖掘出一批新的资料，对本书的相关章节作了很好的补充。总之，这项调研今后还须继续做，必须抓紧做。

整个课题的调研工作中，我们深深地感到我们是多么势单力薄，没有许多同人和朋友的支持与帮助，我们是难于交差的。我们能奉上这卷随笔，实际上是许多热心和支持传统手工技艺的保护及可持续发展的群体的集体劳作。在这卷书付印之时，我们要真诚、深切地感谢下列同行或朋友：山西省非物质文化遗产保护中心赵忠悦、孙文光、牛晓珉、王真和边疆；山西杏花村汾酒集团有限责任公司郭双威，山西梨花春酿酒集团有限公司秦文科，山西神池木榨油坊技艺人张富贵；浙江衢州市文化局郑奇平、林伟民、陈玉英、王其旗、吴林锋，开化龙顶茶技艺传承人周光霖，常山木榨油技艺传承人谢樟华；安徽黄山学院樊嘉禄，安徽亳州古井集团有限责任公司杨小凡，黄山市歙县名茶协会王均奇，安徽宣城市文化局范瓦夏，安徽宣酒集团股份有限公司李健、郑建新、胡益民；云南省工艺美术行业协会张化忠，云南农业大学诸锡斌，云南省群艺馆赵耀新，云南省德宏州芒市党委宣传部杨春萍，云南糖业公司李晓全，云南省云龙县曹涧小学黄金鼎，云龙县诺邓村杨黄德、肖永明；北京科技大学冶金史研究所李晓岑；北京牛栏山酒厂李怀民、张树峰；山东省景芝酒业股份有限公司刘全平、赵德义、王海平，山东扳倒井酒厂赵纪文、李永训；辽宁沈阳天江老龙口酿造有限公司邹长顺；贵州茅台酒厂有限责任公司季克良，四川泸州老窖股份有限公司谢明、张良、沈才洪、杨辰，四川剑南春集团有限责任公司乔天明、徐占成，四川五粮液酒集团有限责任公司王国春；广西民族大学万辅彬教授及 2008 级研究生刘安定，广西民族大学韦丹芳、秦双夏，广西文化厅社文处李为民，广西群艺馆万立仁，桂林市文化局涂科长，龙胜县吴珂全；湖北省文物局王凤竹、李劲，远安县鹿苑茶叶专业合作社黄毅、高远兵、杨先政、刘孝明、彭宗平；贵州凯里吴新友、段春艳，贵州从江县杨忠诚，贵州石阡县中学汪娅，石阡县政协杨越盛、蔡中华，石阡县文广电局蔡建兴，石阡县工贸局林雪；蒙古靴制作工艺传承人吴润达，内蒙古师范大学段海龙、董杰、冯呈、2006 级硕士研究生黄兴，内蒙古鄂伦春族自治县狍皮传统制作技艺传承人满古梅，东乌珠穆沁旗乌里雅斯太镇白龙。

本卷从编写之初，确定内容提纲、编写规范直到完成初稿和定稿的过程中，得到大象出版社领导和成艳、管昕、燕楠等同志的热情帮助和技术指导，在此一并致以诚挚的谢意！

编者

2015 年 5 月